J.BARRENECHEA

Geometría plana y del espacio

con una introducción a la

Trigonometría

GEOMETRIA PLANA Y DEL ESPACIO

CON UNA INTRÓDUCCION A LA

TRIGONOMETRIA

DR. J. A. BALDOR

TEXTO REVISADO POR LOS PROFESORES DE MATEMATICAS MARCELO SANTALO SORS Y PABLO E. SUARDIAZ CALVET

PRESENTA UN NUEVO TEXTO DE GEOMETRIA PLANA Y DEL ESPACIO

CONTIENE REPASOS ALGEBRAICOS, TABLAS TRIGONOMETRICAS Y .EJERCICIOS ADICIONALES

PRIMERA EDICIÓN
MÉXICO, 2005

PUBLICACIONES
CULTURAL

Para establecer comunicación con nosotros puede hacerlo por:

correo:
Renacimiento 180, Col. San Juan Tlihuaca, Azcapotzalco, 02400, México, D.F.

fax pedidos:
(01 55) 5354 9109 • 5354 9102

e-mail:
info@patriacultural.com.mx

home page:
www.patriacultural.com.mx

Geometría Plana y del Espacio y Trigonometría

Miembro de la Cámara Nacional de la Industria Editorial
Registro núm. 43

ISBN 970-24-0781-8

Impreso en México
Printed in Mexico

Primera edición: Publicaciones Cultural, S.A. de C.V., 1983
Primera edición: Grupo Patria Cultural, S.A. de C.V., 2005

Esta obra se terminó de imprimir en marzo del 2005
en los talleres de Compañía Editorial Ultra, S.A. de C.V.
Centeno No. 162 Local 2, Col. Granjas Esmeralda
C.P. 09810, México, D.F.

Prólogo

El estudio de la Geometría en la enseñanza media es uno de los puntos que más se ha discutido y se discute en las conferencias nacionales e internacionales, que sobre la enseñanza de la matemática se celebran en todo el mundo.

En primer lugar, debemos precisar a qué ciclo damos el nombre de enseñanza media y para ello lo mejor será indicar la edad que comprende, y que de una manera general son los estudios realizados de los 12 a los 17 ó 18 años, divididos en dos etapas: enseñanza secundaria o prevocacional de los 12 a los 15 años (tres años) y enseñanza preparatoria * de los 15 a los 18 (tres años). En muchos países los seis años forman el bachillerato.

En segundo lugar, debemos señalar lo que entendemos por "matemática moderna" y por "revolución de las matemáticas escolares". Las características de la nueva matemática son, dice el Dr. Luis A. Santaló (Argentina) *"su poder de síntesis y la variedad de nuevos dominios en que es aplicable, consecuencias de su gran generalidad y de su construcción axiomática"*. El poder de síntesis permite que teorías de distinto origen, y desarrolladas independientemente, se vean englobadas como casos particulares de teorías más amplias. La variedad de nuevos dominios se ha logrado con teorías modernas que, como la teoría de juegos de J. von Neumann, han permitido tratar matemáticamente disciplinas del campo de la economía, la sociología, la estrategia, etc., que antes se mantenían al margen de las ciencias exactas. La biología también necesita de ramas matemáticas como la estadística.

Al hablar de "revolución de las matemáticas escolares" nos referimos, principalmente, a la búsqueda de lo que hay que suprimir de la matemática tradicional para poder dedicar un tiempo a la enseñanza de temas que antaño se reservaban a estudios en un nivel superior. También la revolución se refiere a la manera de enseñar los temas tradicionales y los nuevos, sin perder de vista que la mayor parte de lo que se llama "matemáticas antiguas" sigue siendo lo más importante y debe continuar enseñándose.

Al aplicar estos conceptos a la Geometría, nos encontramos con una situación bien curiosa: al decir muchos matemáticos que la Geometría de Euclides debe desaparecer, porque no tiene nada que ver con la matemática moderna, que es estéril y que se halla fuera del camino principal de los adelantos matemáticos, pudiendo relegarse a los archivos para uso de los historiadores del mañana, criterios, que se resumen en la célebre frase de Dieudonné en el Seminario de Royaumont (Francia) "¡abajo Euclides, basta de triángulos!", han logrado, al ser mal interpretados, que no se enseñe geometría sintética y, en consecuencia, son ya muchos los países latinoamericanos en los que, prácticamente, el estudiante no conoce esta disciplina, con lo que su formación matemática presenta serias deficiencias. Pero son muchos los profesores de América Latina que opinan como el Prof. Omar Catunda (Brasil) quien, en la *Primera Conferencia Interamericana sobre Enseñanza de la Ma-*

* En México también se tiene el ciclo vocacional de dos años equivalente a una preparatoria.

temática celebrada en Bogotá (Colombia) en 1961, dijo: en mi país no debe decirse "abajo Euclides" sino "¡al menos Euclides!"

La mala interpretación que ha conducido al estado de cosas que señalamos procede principalmente de no haber precisado lo que se entiende por enseñanza media. Lo dicho por Dieudonné y otros profesores universitarios sobre Euclides, se refiere a la enseñanza de la Geometría en el grado superior de la segunda enseñanza (15 a 18 años). Es en este grado donde, después de haber adquirido los conocimientos básicos de álgebra moderna, ha de volverse a la Geometría pero con tratamiento analítico y en forma vectorial Un tratamiento analítico a partir del concepto de espacio vectorial, permitirá volver a la axiomática por el camino algebraico de los espacios vectoriales.

Pero en la enseñanza primaria (6 a 12 años) los alumnos deben adquirir la cantidad de ideas geométricas que sirvan de base para aprender, de los 12 a los 15 años, la parte de geometría euclidiana necesaria para llegar a los conceptos de punto, figura, recta, plano y espacio, como construcciones puramente mentales y generalizar las relaciones entre estos elementos hasta el punto, como dice el Dr. Fehr (EE. UU.), *de poder establecer cortas cadenas deductivas de teoremas sobre algo menos que una base axiomática*

Este criterio viene apoyado en el hecho de que si pensamos en todos los alumnos que cursan la segunda enseñanza, no solamente en los futuros matemáticos, la geometría euclidiana crea un hábito de raciocinio que la hace importante para la conformación del individuo organizado. Y no es válida la opinión de algunos profesores de que es más útil iniciar a las mentes jóvenes en una estructura matemática axiomática enseñando las estructuras del Algebra, porque la introducción del álgebra moderna se ha visto que es difícil y hay que hacerlo en una etapa superior (de los 16 a los 18 años) y siempre que se haya alcanzado una formación matemática bastante completa.

El texto del Prof. Baldor tiende al concepto actual de la enseñanza de la Geometría en el ciclo secundario (12 a 15 años). No se trata de enseñar una Geometría euclidiana al estilo clásico sino aprovechar el valor formativo de esta materia en el sentido axiomático, que constituye la esencia de toda la matemática, estableciendo los teoremas como "cortas cadenas deductivas sobre algo menos que una base estrictamente axiomática". La obra señala un provechoso término medio entre la enseñanza de tipo clásico y lo que podríamos llamar un enfoque contemporáneo de la Geometría que debe iniciarse en el grado superior del bachillerato y en la Universidad.

Este es el punto de vista que actualmente se está dando a los textos de Geometría euclidiana en la mayoría de los países. En el Seminario de Aarhus organizado por la International Commission for Mathematical Instruction (I.C.M.I.) celebrado del 30 de mayo al 2 de junio de 1960 en Dinamarca y en la reunión celebrada en Bolonia (Italia) del 4 al 7 de octubre de 1961, concentraron principalmente sus trabajos en el estudio de los axiomas que permitan conservar la geometría de Euclides.

De los textos tradicionales el autor ha suprimido un gran número de teoremas, lèmas, escolios, y corolarios, principalmente en la geometría del espacio. Ha conservado el enunciado de muchas propiedades pues el alumno debe aprender lo más posible. También ha procurado que el alumno vea en la deducción matemática un método para comprender cosas no evidentes, soslayando las demostraciones complicadas de proposiciones, cuyo enunciado, parezca al alumno de una claridad tal que no sienta la necesidad de una justificación. El suprimir demostraciones complicadas de propiedades evidentes, hace más agradable el estudio de la matemática y permite hacer ver al alumno, con mayor facilidad, los fines que la matemática persigue. Muchas de estas propiedades se pueden aceptar como postulados cuya comprobación suele ser sencilla.

La inclusión de la Trigonometría puede ser debido a la necesidad de ajustarse a la mayoría de los programas oficiales de la materia. En realidad, la Trigonometría tiende a desaparecer como disciplina independiente y así debe entenderlo el Prof. Baldor al incluirla como unos capítulos de la Geometría. La importancia de la Trigonometría en el siglo pasado, en América, era por la necesidad de su aplicación en la navegación, la agrimensura y la astronomía. En la actualidad, lo más importante de la Trigonometría es el estudio de las propiedades de las funciones trigonométricas y por esto su estudio, en nivel superior, ha pasado a formar parte de la Teoría de funciones. La parte elemental que incluye el Prof. Baldor en su texto, es un buen fundamento para los estudios posteriores.

Sobre la didáctica del libro se puede decir que el autor utiliza en esta obra, muy acertadamente, el color, como eficaz ayuda para desarrollar el espíritu estético y, en algunos casos, descubrir, de manera óptica, ciertos conceptos y relaciones.

Para que el alumno pueda aprovechar el texto a su máximo, necesita de la ayuda del profesor. Es éste quien tendrá que decidir, en cada caso, lo que debe suprimirse y lo que debe ampliarse. La experiencia le indicará el valor efectivo de la obra para el fin que le está señalado: establecer las bases para una mejor comprensión de los temas de Geometría que le serán enseñados en el ciclo superior, según las nuevas normas señaladas en las distintas reuniones internacionales de los organismos dedicados al estudio de la enseñanza de la matemática en nuestra época.

México, julio de 1966.

MARCELO SANTALÓ

Profesor de la Escuela Nacional Preparatoria de
la Universidad Nacional Autónoma de México

índice

Geometría plana

BREVE RESEÑA HISTORICA

Los primeros conocimientos geométricos que tuvo el hombre consistían en un conjunto de reglas prácticas. Para que la Geometría fuera considerada como ciencia tuvieron que pasar muchos siglos, hasta llegar a los griegos.

Es en Grecia donde se ordenan los conocimientos empíricos adquiridos por el hombre a través del tiempo y, al reemplazar la observación y la experiencia por deducciones racionales, se eleva la Geometría al plano rigurosamente científico.

BABILONIA. En la Mesopotamia, región situada entre el Tigris y el Eufrates, floreció una civilización cuya antigüedad se remonta a 57 siglos aproximadamente.

Los babilonios fueron, hace cerca de 6000 años, los inventores de la rueda. Tal vez de ahí provino su afán por descubrir las propiedades de la circunferencia y ésto los condujo a que la relación entre la longitud de la circunferencia y su diámetro era igual a 3. Este valor es famoso porque también se da en el Antiguo Testamento (Primer Libro de los Reyes).

Los babilonios lo hallaron considerando que la longitud de la circunferencia era un valor intermedio entre los perímetros de los cuadrados inscrito y circunscrito a una circunferencia.

Cultivaron la Astronomía y conociendo que el año tiene aproximadamente 360 días, dividieron la circunferencia en 360 partes iguales obteniendo el grado sexagesimal.

También sabían trazar el hexágono regular inscrito y conocían una fórmula para hallar el área del trapecio rectángulo.

EGIPTO. La base de la civilización egipcia fue la agricultura. La aplicación de los conocimientos geométricos a la medida de la tierra fue la causa de que se diera a esta parte de la matemática el nombre de Geometría que significa medida de la tierra.

Los reyes de Egipto dividieron las tierras en parcelas. Cuando el Nilo en sus crecidas periódicas se llevaba parte de las tierras, los agrimensores tenían que rehacer las divisiones y calcular cuánto debía pagar el dueño de la parcela por concepto de impuesto, ya que éste era proporcional a la superficie cultivada.

Pero la necesidad de medir las tierras no fue el único motivo que tuvieron los egipcios para estudiar las matemáticas, pues sus sacerdotes cultivaron la Geometría aplicándola a la construcción.

Hace más de 20 siglos fue construida la "Gran Pirámide". Un pueblo que emprendió una obra de tal magnitud poseía, sin lugar a dudas, extensos conocimientos de Geometría y de Astronomía ya que se ha comprobado que, además de la precisión con que están determinadas sus dimensiones, la Gran Pirámide de Egipto está perfectamente orientada.

La matemática egipcia la conocemos principalmente a través de los papiros. Entre los problemas geométricos que aparecen resueltos en ellos se encuentran los siguientes:

1. *Area del triángulo isósceles.*
2. *Area del trapecio isósceles.*
3. *Area del círculo.*

Además, en los papiros hay un estudio sobre los cuadrados que hace pensar que los egipcios conocían algunos casos particulares de la propiedad del triángulo rectángulo, que más tarde inmortalizó a Pitágoras.

GRECIA. La Geometría de los egipcios era eminentemente empírica, ya que no se basaba en un sistema lógico deducido a partir de axiomas y postulados.

Los griegos, grandes pensadores, no se contentaron con saber reglas y resolver "problemas particulares"; no se sintieron satisfechos hasta obtener explicaciones racionales de las cuestiones en general y, especialmente, de las geométricas.

En Grecia comienza la Geometría como ciencia deductiva. Aunque es probable que algunos matemáticos griegos como Tales, Herodoto, Pitágoras, etc., fueran a Egipto a iniciarse en los conocimientos geométricos ya existentes en dicho país, su gran mérito está en que es a ellos a quienes se debe la transformación de la Geometría en ciencia deductiva.

TALES DE MILETO. Siglo VII A. C. Representa los comienzos de la Geometría como ciencia racional. Fue uno de los "siete sabios" y fundador de la escuela jónica a la que pertenecieron Anaximandro, Anaxágoras, etc.

En su edad madura, se dedicó al estudio de la Filosofía y de las Ciencias, especialmente la Geometría.

Sus estudios lo condujeron a resolver ciertas cuestiones como la determinación de distancias inaccesibles; la igualdad de los ángulos de la base en el triángulo isósceles; el valor del ángulo inscrito y la demostración de los conocidos teoremas que llevan su nombre, relativos a la proporcionalidad de segmentos determinados en dos rectas cortadas por un sistema de paralelas.

PITÁGORAS DE SAMOS. Siglo VI A. C. Se dice que fue discípulo de Tales, pero apartándose de la escuela jónica, fundó en Crotona, Italia, la escuela pitagórica.

Hemos dicho que los egipcios conocieron la propiedad del triángulo rectángulo cuyos lados miden 3, 4 y 5 unidades, en los que se verifica la relación $5^2 = 3^2 + 4^2$, pero el descubrimiento de la relación $a^2 = b^2 + c^2$ *para cualquier triángulo rectángulo* y su demostración se deben indiscutiblemente a Pitágoras.

Se atribuye también a la escuela pitagórica la demostración de la propiedad de la suma de los ángulos internos de un triángulo y la construcción geométrica del polígono estrellado de cinco lados.

EUCLIDES. Siglo IV A. C. Escribió una de las obras más famosas de todos los tiempos: los "Elementos", que consta de 13 capítulos llamados "libros". De esta obra se han hecho tantas ediciones, que sólo la aventaja la Biblia.

Euclides construye la Geometría partiendo de definiciones, postulados y axiomas con los cuales demuestra teoremas que, a su vez, le sirven para demostrar otros teoremas.

El edificio geométrico construido por Euclides ha sobrevivido hasta el presente.

Libro I. Relación de igualdad de triángulos. Teoremas sobre paralelas. Suma de los ángulos de un polígono. Igualdad de las áreas de triángulos o paralelogramos de igual base y altura. Teorema de Pitágoras.

Libro II. Conjunto de relaciones de igualdad entre áreas de rectángulos que conducen a la resolución geométrica de la ecuación de segundo grado.

Libro III. Circunferencia, ángulo inscrito.

Libro IV. Construcción de polígonos regulares inscritos o circunscritos a una circunferencia.

Libro V. Teorema general de la medida de magnitudes bajo forma geométrica, hasta los números irracionales.

Libro VI. Proporciones. Triángulos semejantes.

Libros VII, VIII y IX. Aritmética: proporciones, máximo común divisor y números primos.

Libro X. Números inconmensurables bajo forma geométrica a partir de los radicales cuadráticos.

Libros XI y XII. Geometría del espacio y, en particular, relación entre volúmenes de prismas y pirámides; cilindro y cono; proporcionalidad del volumen de una esfera al cubo del diámetro.

Libro XIII. Construcción de los cinco poliedros regulares.

Platón. Siglo IV A. C. En la primera mitad de este siglo, se inició en Atenas un movimiento científico a través de la Academia de Platón. Para él, la matemática no tiene finalidad práctica sino simplemente se cultiva con el único fin de conocer. Por esta razón, se opuso a las aplicaciones de la Geometría. Dividió la Geometría en elemental y superior. La Geometría elemental comprendía todos los problemas que se podían resolver con regla y compás. La Geometría superior estudiaba los tres problemas más famosos de la Geometría antigua no resolubles con la regla y el compás:

1. *La cuadratura del círculo*. Se trata, como indica su nombre, de construir utilizando solamente la regla y el compás el lado de un cuadrado que tenga la misma área que un círculo dado.

2. *La trisección del ángulo.* El problema de dividir un ángulo en tres partes iguales utilizando solamente la regla y el compás no es, más que en casos particulares, resoluble.

3. *La duplicación del cubo.* Este problema consiste en hallar, mediante una construcción geométrica, en la que se utilice solamente la regla y el compás, un cubo que tenga un volumen doble del de un cubo dado.

Estos tres problemas se pueden resolver, con la regla y el compás, con toda la aproximación que se desee. Y se resuelven exactamente utilizando curvas especiales. No se trata por consiguiente de problemas que no se hayan resuelto en la práctica, sino de problemas de importancia puramente teórica.

ARQUÍMEDES DE SIRACUSA. 287-212 A. C. Estudió en Alejandría. Se encuentra en él una mentalidad práctica, un genio técnico, que lo llevó a investigar problemas de orden físico y resolverlos por métodos nuevos. Por esto, después de grandes disputas con los euclidianos, se retiró a Siracusa donde puso sus descubrimientos al servicio de la técnica.

Calculó un valor más aproximado de π, el área de la elipse, el volumen del cono, de la esfera, etc. Estudió la llamada espiral de Arquímedes que sirve para la trisección del ángulo.

APOLONIO DE PÉRGA 260-200 A. C. Estudió ampliamente las secciones cónicas que, dieciocho siglos después, sirvieron a Kepler en sus trabajos de Astronomía, determinando casi todas sus propiedades. En su obra se encuentran ya, las ideas que condujeron a Descartes a inventar la Geometría Analítica, 20 siglos después.

HERÓN DE ALEJANDRÍA. Siglo II D. C. Demostró la conocida fórmula que lleva su nombre, para hallar el área de un triángulo en función de sus lados.

Geometrías no euclidianas. Los "Elementos" de Euclides fueron considerados como una obra en la que sigue el método axiomático, ya que partiendo de proposiciones previamente establecidas: definiciones, axiomas y postulados, se deduce toda la Geometría en una forma lógica.

Posteriormente se ha visto que tiene varias fallas lógicas, es decir, no se cumplen en el texto todas las exigencias que impone la lógica. Sin embargo, todos los defectos que pueden señalarse resultan insignificantes comparados con el mérito extraordinario de haber construido una ciencia deductiva a partir de conocimientos empíricos.

De los cinco postulados de Euclides, el V es el que, desde un principio, llamó más la atención: *Por un punto exterior a una recta pasa una y solamente una paralela.* Durante veinte siglos se trató de "demostrar", es decir, convertirlo en teorema. Finalmente, se pensó que si de verdad era un postulado, el hecho de negarlo, aceptando los demás, no debía conducir a contradicción alguna.

De esta manera procedieron Lobatchevsky (1793-1856) y Riemann (1826-1866).

La Geometría de Riemann sustituye el postulado V por el siguiente:

Por un punto exterior a una recta no pasa ninguna paralela

Y la Geometría de Lobatchevsky lo sustituye por el que dice:

Por un punto exterior a una recta pasan dos paralelas que separan las infinitas rectas no secantes de las infinitas secantes

Con estos nuevos postulados construyeron nuevas geometrías que se llaman *geometrías no euclidianas*

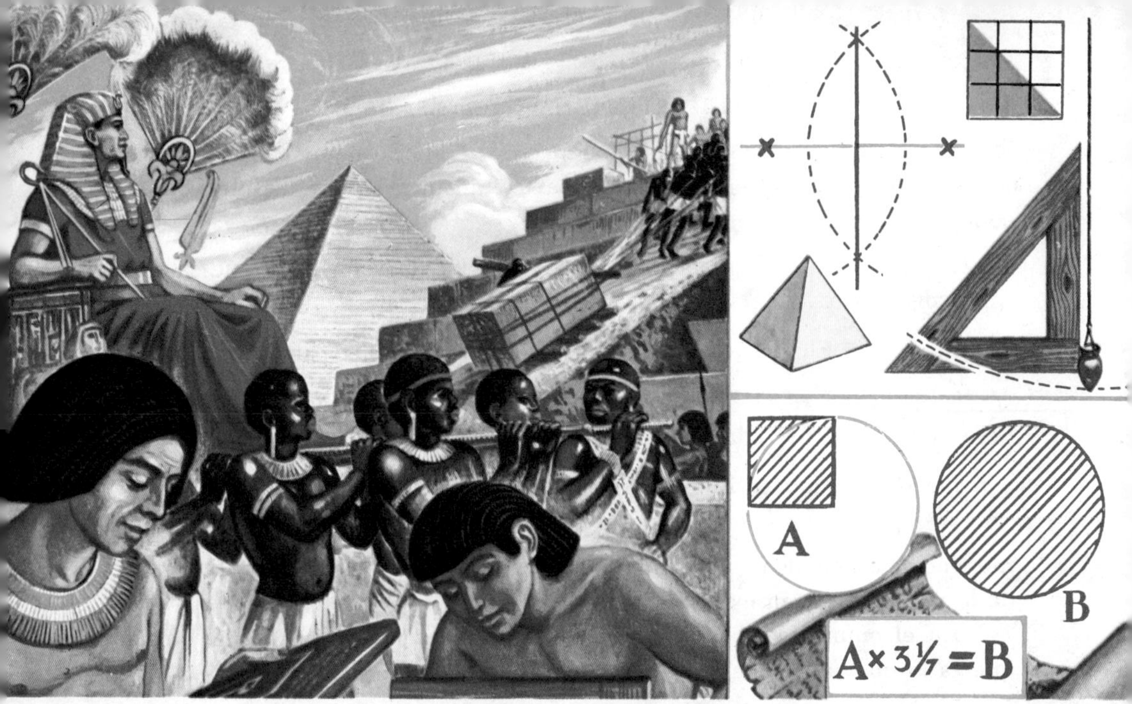

APIRO DE RHIND. Centuria (18-16 a. d. C.) El do-umento egipcio más importante que se conoce es l Papiro de Rhind, atribuído a Ahmes, quien dejó entado que el área del círculo (B) era casi 3 1/7 eces el área del cuadrado (A) que se trazara con su radio. Al llevar a la realidad las magistrales obras de las pirámides, es evidente que conocían los egipcios cómo trazar una perpendicular a una línea. Asimismo sabían hallar el área del cuadrado y el triángulo y el uso de la plomada.

1

Generalidades

1. EL METODO DEDUCTIVO. Es el usado en la ciencia y, principalmente, en la Geometría. Este método consiste en encadenar conocimientos que se suponen verdaderos de manera tal, que se obtienen nuevos conocimientos. Es decir, obtener nuevas proposiciones como consecuencia lógica de otras anteriores.

No todas las propiedades son consecuencia de otras. Hay algunas que se aceptan como ciertas por sí mismas: son los *axiomas y postulados*.

Hay además las definiciones que son proposiciones que exponen con claridad y precisión los caracteres de una cosa. Una característica de la Geometría moderna consiste en evitar la definición de conceptos primarios que tenían poco o ningún sentido. Así, por ejemplo, las definiciones tan conocidas de

Euclides: "Punto es lo que no tiene partes" "Línea es una longitud sin anchura", etc., se basan en conceptos (partes, anchura) cuya definición es más compleja que lo que se trata de definir.

2. AXIOMA. Es una proposición tan sencilla y evidente que se admite sin demostración.

Ejemplo. El todo es mayor que cualquiera de sus partes.

3. POSTULADO. Es una proposición no tan evidente como un axioma pero que también se admite sin demostración.

Ejemplo. Hay infinitos puntos.

4. TEOREMA. Es una proposición que puede ser demostrada. La demostración consta de un conjunto de razonamientos que conducen a la evidencia de la verdad de la proposición.

En el enunciado de todo teorema se distinguen dos partes: la hipótesis, que es lo que se supone, y la tesis que es lo que se quiere demostrar.

Ejemplo. La suma de los ángulos interiores de un triángulo vale dos rectos.

HIPÓTESIS. A, B y C son los ángulos interiores de un triángulo.

TESIS. La suma de los ángulos A, B y C vale dos rectos.

En la demostración se utilizan los conocimientos adquiridos hasta aquel momento, enlazados de una manera lógica.

5. COROLARIO. Es una proposición que se deduce de un teorema como consecuencia del mismo.

Ejemplo. Del teorema: **La suma de los ángulos interiores de un triángulo es igual a dos rectos**, se deduce el siguiente corolario: **La suma de los ángulos agudos de un triángulo rectángulo vale un recto.**

6. TEOREMA RECIPROCO. Todo teorema tiene su recíproco. La hipótesis y la tesis del recíproco son, respectivamente, la tesis y la hipótesis del otro teorema que, en este caso, se llama teorema directo.

Ejemplo. El recíproco del teorema: **La suma de los ángulos interiores de un triángulo vale dos rectos** dice: **Si la suma de los ángulos interiores de un polígono vale dos rectos el polígono es un triángulo.**

La hipótesis y la tesis del recíproco son:

HIPÓTESIS. Tenemos un polígono cuyos ángulos interiores suman dos rectos.

TESIS. El polígono es un triángulo.

No siempre los teoremas recíprocos son verdaderos. Así, por ejemplo, hay un teorema que dice: "Las diagonales de un cuadrado son iguales" y su recíproco dice: "Si las diagonales de un paralelogramo son iguales la figura es un cuadrado". Este recíproco es falso porque la figura puede ser un rectángulo que también tiene sus diagonales iguales.

7. LEMA. Es una proposición que sirve de base a la demostración de un teorema. Es como un "teorema preliminar" a otro que se considera más importante.

Ejemplo. Para demostrar el volumen de una pirámide se tiene que demostrar antes el lema que dice: "Un prisma triangular se puede descomponer en tres tetraedros equivalentes".

Actualmente se ha prescindido bastante del uso de la palabra lema y se le suele llamar teorema o bien teorema preliminar.

8. ESCOLIO. Es una observación que se hace sobre un teorema previamente demostrado.

Ejemplo. Después de demostrar el teorema que dice: En una misma circunferencia o en circunferencias iguales a mayor arco corresponde mayor cuerda (considerando arcos menores que una semicircunferencia), se podría añadir, como escolio: "Si no se consideran arcos menores que una semicircunferencia, a mayor arco corresponde menor cuerda".

Actualmente apenas se usa la palabra escolio para sustituto de observación.

9. PROBLEMA. Es una proposición en la que se pide construir una figura que reuna ciertas condiciones (los problemas gráficos) o bien calcular el valor de alguna magnitud geométrica (los problemas numéricos).

Ejemplo de problema gráfico. Construir la circunferencia que pasa por tres puntos dados.

Ejemplo de problema numérico. Calcular la altura de un triángulo equilátero cuyo lado mide 6 cm.

10. EL PUNTO. Ya hemos dicho que el punto no se define. La idea de punto está sugerida por la huella que deja en el papel un lápiz bien afilado.

Un punto geométrico es imaginado tan pequeño que carece de dimensión

Admitimos el siguiente postulado:

Hay infinitos puntos

Notación: Los puntos se suelen designar por letras mayúsculas y representar por un trazo, un circulito o una cruz. Así decimos el punto A; el punto B; etc. (Fig. 1).

Fig. 1

11. LA LINEA. Son tipos especiales de conjuntos de puntos. Entre los más notables están:

La *línea recta*. Una imagen de este conjunto de puntos es un rayo luminoso, el borde de una regla, etc.

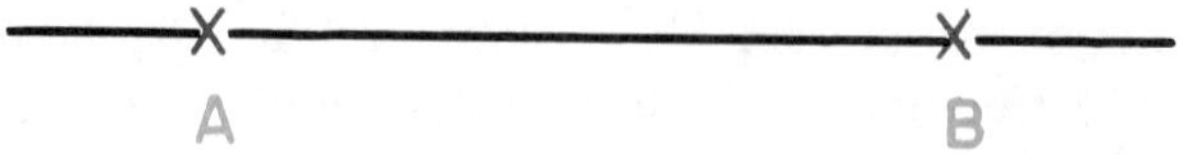

Fig. 2

Una recta geométrica se extiende sin límite en dos sentidos. No comienza ni termina. Admitimos los siguientes postulados:

Por dos puntos pasa una recta y solamente una.

Dos rectas no pueden tener más que un solo punto común.

La recta se suele designar por dos de sus puntos con el símbolo $\leftrightarrow$ encima. Así, la recta AB (Fig. 2) se representa $\overleftrightarrow{AB}$.

La línea curva. Una imagen de línea curva es la circunferencia. Actualmente se considera que las líneas curvas pueden tener trazos rectos o no tenerlos (Fig 3).

Fig. 3

Un tipo especial de curva es la línea quebrada, formada por trazos rectos. Al principio extraña llamar curva a una línea formada por trazos rectos, pero conviene acostumbrarse a esta nueva nomenclatura por la utilidad que tiene en estudios más avanzados.

Otro tipo especial de curva es la curva simple cerrada. Es la que se puede trazar de tal manera que empieza y termina en el mismo punto y éste es el único que se toca dos veces. Este tipo de curva tiene un interior y un exterior y admitimos el siguiente postulado:

Al unir un punto interior A con uno exterior B (Fig. 4) *de una curva simple cerrada se corta dicha curva.*

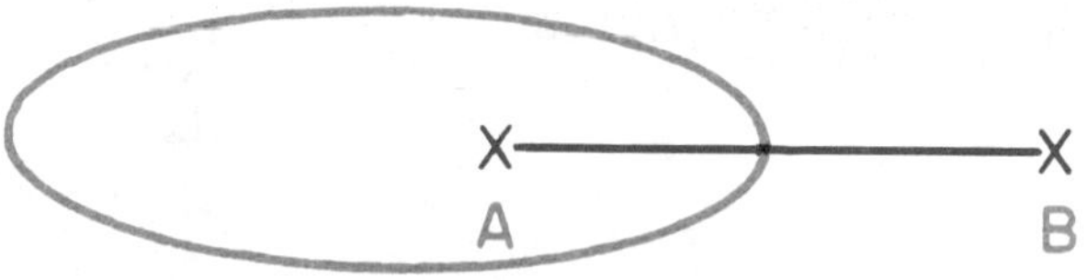

Fig 4

Una línea tiene una sola dimensión: longitud.

12. CUERPOS FISICOS Y CUERPOS GEOMETRICOS. Son cuerpos físicos todas las cosas que nos rodean: libros, lápices, mesas, etc. Tienen forma, color, están hechos de una sustancia determinada y ocupan un lugar en el espacio.

Hay esquemas ideales de ciertos cuerpos físicos de los cuales la Geometría considera solamente su forma y su tamaño. Son los cuerpos geométricos o sólidos (Fig. 5). Son los prismas, conos, esferas, etc.

Los sólidos tienen tres dimensiones: largo, ancho y alto.

13. SUPERFICIES. Son los límites que separan a los cuerpos del espacio que los rodea.

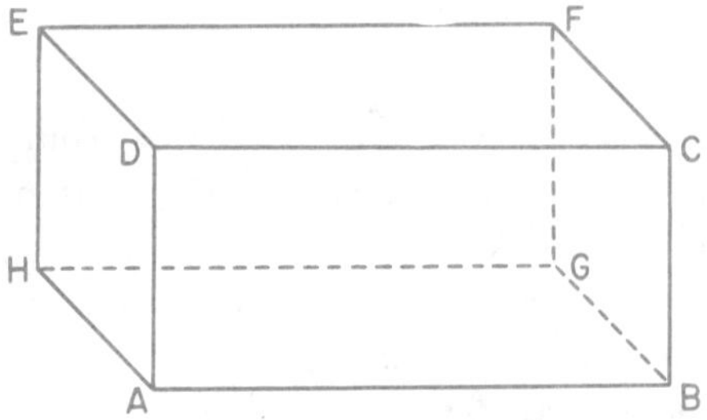

Fig. 5

Las superficies tienen dos dimensiones: largo y ancho.

Ejemplo. *ABCD* es una parte, llamada cara, de la superficie de la figura 5.

14. SEMIRRECTA. Si sobre una recta señalamos un punto *A*, se llama semirrecta al conjunto de puntos formado por el *A* y todos los que le siguen

o todos los que le preceden. El punto A es el origen de la semirrecta.

Una semirrecta se suele representar por el origen y otro punto de ella, con el símbolo — encima.

Así, la semirrecta de origen C y otro punto D (Fig. 6) se representa por $\overrightarrow{CD}$.

Fig. 6

15. SEGMENTO. Si sobre una recta señalamos dos puntos A y B,se llama segmento al conjunto de puntos comprendidos entre A y B más estos dos puntos que se llaman extremos del segmento. Generalmente al que se nombre en primer lugar se le llama origen y al otro, extremo.

Se admite el siguiente postulado:

La distancia más corta entre dos puntos es el segmento que lcs une.

Fig. 7

Un segmento se designa por las letras de sus extremos y con un trazo encima.

Ejemplo. El segmento EF (Fig. 7) se representa así: $\overline{EF}$.

16. PLANO. Una superficie como una pared, el piso, etc., nos sugiere la idea de lo que en Geometría se llama plano. Son conjuntos parciales de infinitos puntos.

Un plano, en matemáticas, se imagina de extensión ilimitada. Se suele representar por un paralelogramo como el $ABCD$ (Fig 8) y se nombra por tres de sus puntos no alineados o por una letra griega. Así el plano de la Fig. 8 se nombra: plano ABC o bien plano α.

Dos propiedades características de los planos son las dadas por los siguientes postulados:

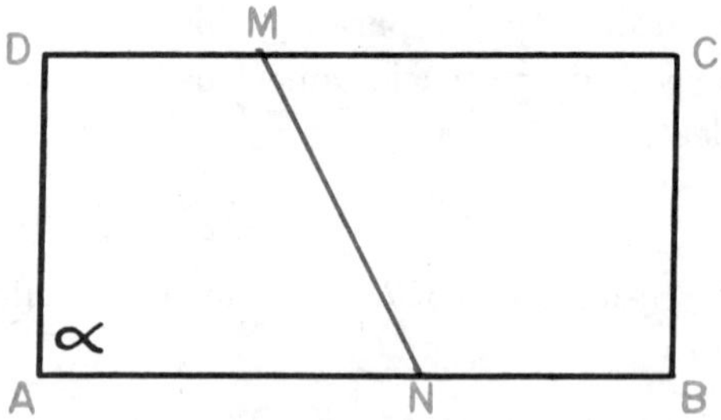

Fig. 8

Por tres puntos no alineados pasa un plano y solamente uno.

Si una recta tiene dos puntos comunes con un plano, toda la recta está contenida en el plano.

17. SEMIPLANO. Toda recta $\overleftrightarrow{MN}$ (Fig. 8) de un plano lo divide en dos regiones llamada semiplanos. Cada punto del plano pertenece a uno de los semiplanos, excepto los puntos de la recta que pertenecen a los dos.

Se admite el siguiente postulado de la separación del plano:

Dos puntos de un mismo semiplano determinan un segmento que no corta a la recta que da origen a los dos semiplanos; y dos puntos de distinto semiplano determinan un segmento que corta a la recta.

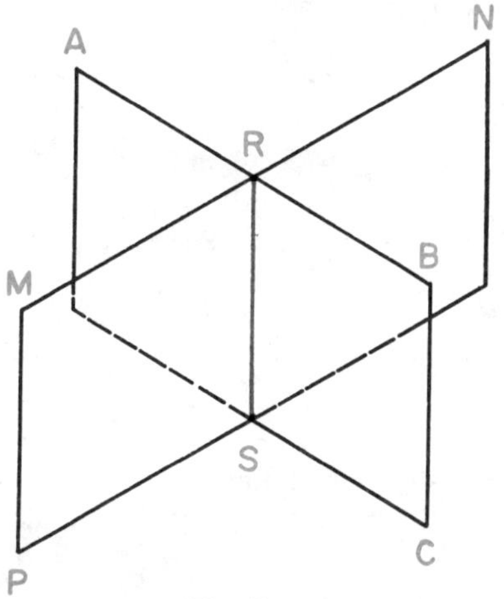

Fig. 9

18. INTERSECCION DE PLANOS. Se admite el siguiente postulado:

Si dos planos tienen un punto común tienen una recta común.

En este caso se dice que los dos planos se cortan y a la recta común se le llama recta de intersección. En la Fig. 9 la recta *RS* es la intersección de los dos planos *ABC* y *NMP*.

19. POLIGONALES CONCAVAS Y CONVEXAS. A las líneas quebradas se les llama también *poligonales* y, en este caso, los segmentos que las forman reciben el nombre de *lados* y a los puntos comunes de los lados se les llama *vértices*.

Una poligonal es convexa (Fig. 10-A) si al prolongar en los dos sentidos uno cualquiera de sus lados, toda la poligonal queda en un mismo semiplano.

Se llama poligonal cóncava (Fig. 10-B) si al prolongar en los dos sentidos alguno de sus lados, parte de la poligonal queda en un semiplano y parte en el otro.

20. MEDIDA DE SEGMENTOS. Medir un segmento es compararlo con otro elegido como unidad. Para este fin se usan las unidades de longitud del sistema métrico decimal, del sistema inglés o de cualquier otro sistema.

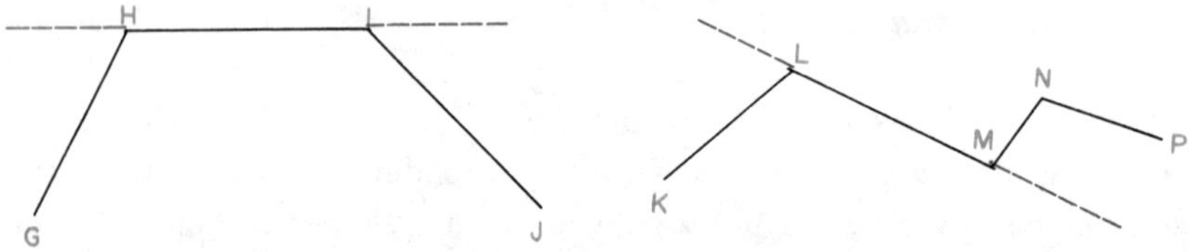

Figuras 10-A y 10-B

Los instrumentos usados son las reglas graduadas, cintas, etc.

Así, para medir el segmento $\overline{AB}$ (Fig. 11) se hace coincidir una división cualquiera (generalmente el cero) de la regla con uno de los extremos del segmento y se observa la división que está más en coincidencia con el otro extremo. La diferencia entre ambas lecturas da el valor de la longitud del segmento.

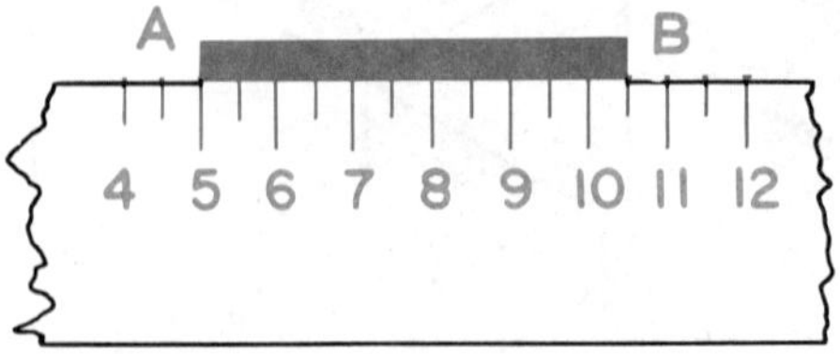

Fig. 11

En este caso tenemos:

$$\text{Extremo } B = 10\,5 \text{ cm}$$
$$\text{Extremo } A = 5\,0 \text{ ''}$$
$$\text{Longitud } \overline{AB} = 5\,5 \text{ cm}$$

También se puede usar el siguiente método: con un compás que tiene ambas puntas metálicas, se toma la longitud del segmento (Fig. 12-A) y se lleva esta abertura sobre la regla (Fig. 12-B).

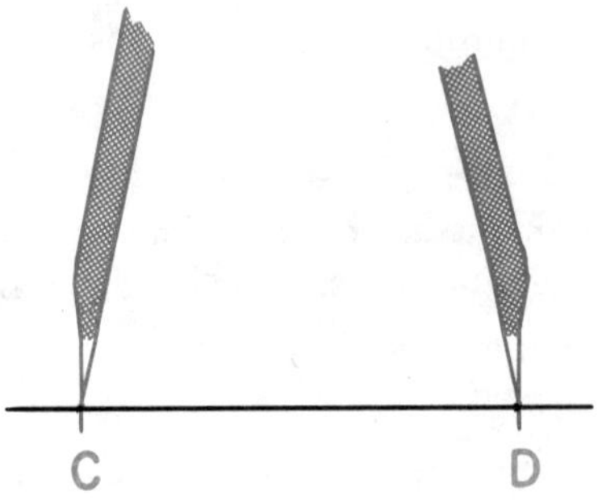

Fig. 12-A

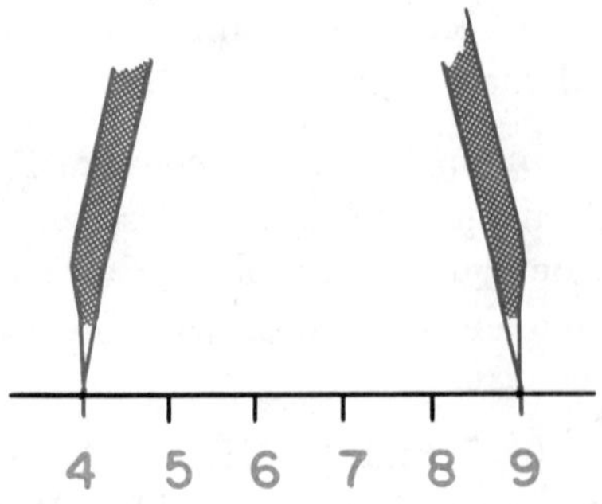

Fig. 12-B

21. ERROR. Las medidas, en la práctica, son generalmente aproximadas. A la diferencia entre la verdadera longitud del segmento y el valor obtenido se le llama error de medida. El error puede ser por exceso, cuando se toma un valor mayor que el verdadero, o por defecto, cuando se toma un valor menor que el verdadero. El error es debido a las imperfecciones de nuestros sentidos, o de los instrumentos que empleamos, o a otras causas.

22. OPERACIONES CON SEGMENTOS. Se puede proceder gráficamente así:

a) Suma de segmentos. Para sumar, por ejemplo, los segmentos $\overline{AB}$, $\overline{CD}$, $\overline{EF}$, procederemos así:

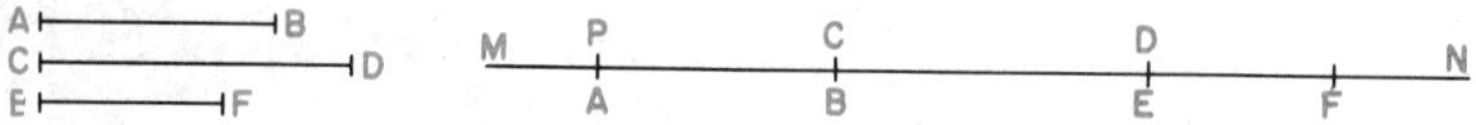

Fig. 13

Sobre una recta indefinida $\overleftrightarrow{MN}$ (Fig. 13) y a partir de un punto cualquiera P, se llevan los segmentos que se van a sumar, en un sentido determinado, uno a continuación de otro, haciendo que el extremo de cada sumando coincida con el origen del siguiente. El segmento $\overline{AF}$, que tiene por origen el origen del primero y por extremo el extremo del último, representa la suma.

$$\overline{AB} + \overline{CD} + \overline{EF} = \overline{AF}.$$

b) Sustracción de segmentos. Para la diferencia de los segmentos $\overline{AB}$ — $\overline{CD}$ se procede así:

Sobre el segmento minuendo $\overline{AB}$ (Fig. 14) se lleva el segmento sustraendo $\overline{CD}$, de manera tal que coincidan A y C.

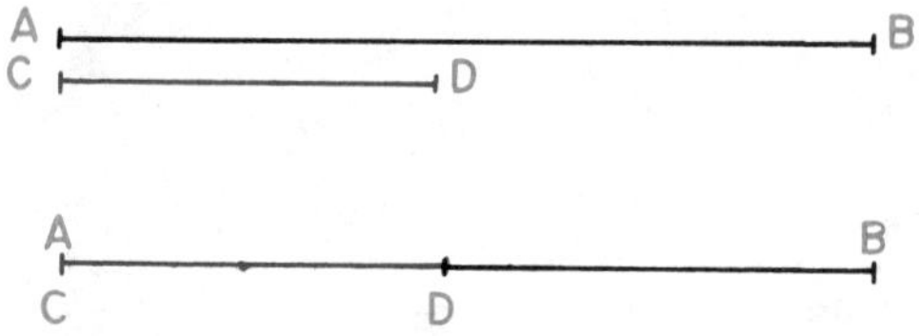

Fig. 14

El segmento resultante, $\overline{DB}$, representa la diferencia. Es decir:

$$\overline{AB} - \overline{CD} = \overline{DB}.$$

c) Multiplicación de un segmento por un número real. El producto del segmento $\overline{AB}$ por un número natural, 4 por ejemplo, se obtiene llevando sobre una recta cualquiera $\overleftrightarrow{MN}$ (Fig. 15) y a partir de un punto cualquiera de ella, P, el segmento $\overline{AB}$, tantas veces como indica el número, 4 en este caso, por el cual se va a multiplicar. Así:

$$\overline{PR} = 4\ \overline{AB}.$$

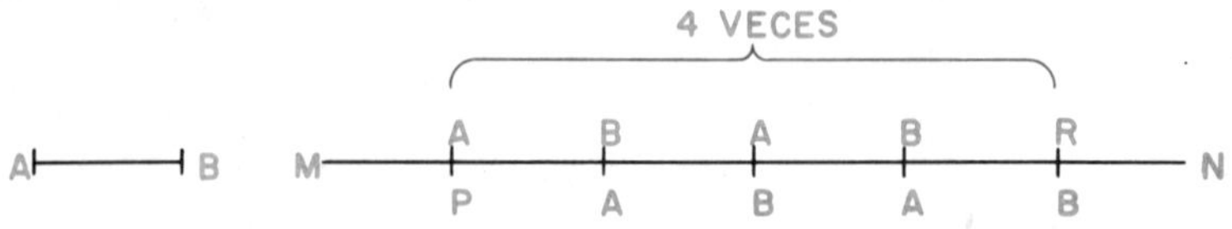

Fig. 15

d) División de un segmento en un número de partes iguales. Sea el segmento $\overline{AB}$ que se quiere dividir en 8 partes iguales.

A partir de uno de los extremos del segmento $\overline{AB}$ (Fig. 16), se traza una semirrecta $\overrightarrow{AC}$, con cualquier inclinación. Sobre $\overrightarrow{AC}$ y a partir de A, se lleva un segmento de cualquier longitud b, tantas veces (8 en nuestro caso) como indica el divisor. El extremo del último segmento b, se une con B y se traza paralelas al segmento $\overline{B8}$ por los puntos 1, 2, 3, etc. Tendremos:

$$x = \frac{\overline{AB}}{8}.$$

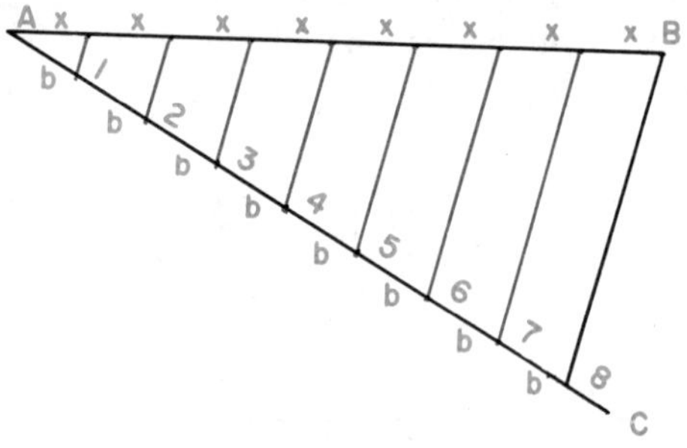

Fig. 16

Más adelante veremos la razón de esta construcción.

Observación. Las operaciones anteriores se pueden efectuar midiendo los segmentos y operando con las medidas obtenidas.

23. IGUALDAD Y DESIGUALDAD DE SEGMENTOS. Si al superponer dos segmentos $\overline{AB}$ y $\overline{CD}$ (Fig. 17) se puede hacer coincidir los dos ex-

tremos del primer segmento con los dos extremos del segundo, dichos segmentos son iguales (=).

Cuando no se cumple la condición anterior, se dice que son desiguales.

De dos segmentos desiguales, uno de ellos es mayor que (>) o menor que (<) el otro. Así $\overline{AB} > \overline{EF}$ y $\overline{EF} < \overline{AB}$ (Fig. 17).

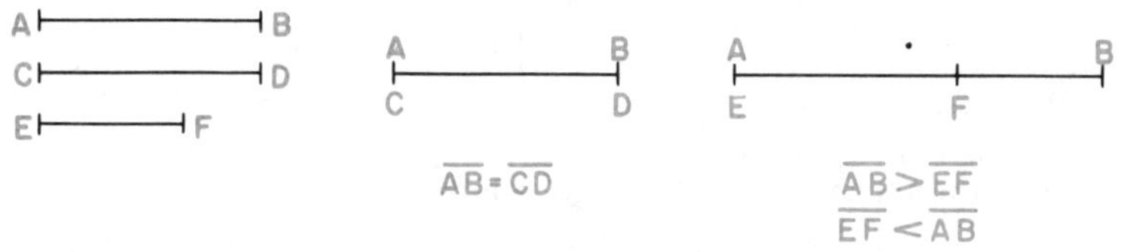

Fig. 17

24. GEOMETRIA. La Geometría elemental es la rama de las matemáticas que estudia las propiedades intrínsecas de las figuras, es decir, las que no se alteran con el movimiento de las mismas.

Cuando estudia figuras contenidas en un plano, (o sea de dos dimensiones) se llama "*Geometría plana*". Si estudia cuerpos geométricos (de tres dimensiones) se llama "*Geometría del espacio*".

Hay otras Geometrías que constituyen especialidades dentro del campo de la Matemática: Geometría analítica, Geometría descriptiva, Geometría proyectiva, etc.

25. TEOREMA 1. **"En dos poligonales convexas, de extremos comunes, la envolvente es mayor que la envuelta".**

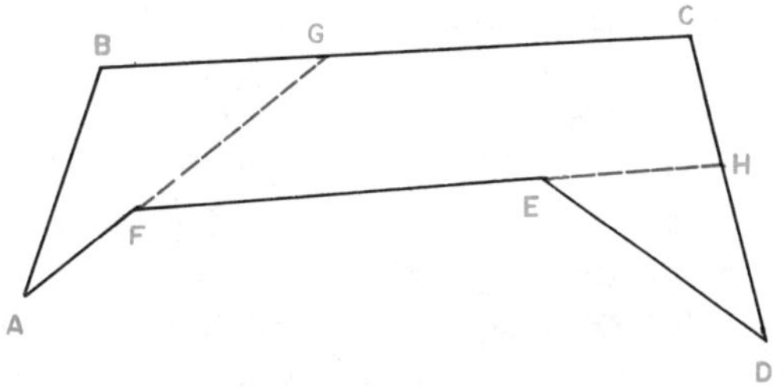

Fig. 18

HIPÓTESIS: *ABCD*, poligonal envolvente (Fig. 18).
AFED, poligonal envuelta.
A y *D* extremos comunes.

TESIS:

$$\overline{AB} + \overline{BC} + \overline{CD} > \overline{AF} + \overline{FE} + \overline{ED}.$$

Construcción auxiliar. Prolonguemos $\overline{AF}$ hasta cortar a $\overline{BC}$ en G y a $\overline{FE}$ hasta cortar a $\overline{CD}$ en H.

DEMOSTRACIÓN:

En $ABGF$: $\overline{AB}+\overline{BG}>\overline{AF}+\overline{FG}$	(1)	Postulado de la menor distancia entre dos puntos.
En $FGCHE$: $\overline{FG}+\overline{GC}+\overline{CH}>\overline{FE}+\overline{EH}$	(2)	
En EHD: $\overline{EH}+\overline{HD}>\overline{ED}$	(3)	

Sumando ordenadamente (1), (2) y (3), tenemos:

$$\overline{AB}+\overline{BG}+\overline{FG}+\overline{GC}+\overline{CH}+\overline{EH}+\overline{HD}>\overline{AF}+\overline{FG}+\overline{FE}+\overline{EH}+\overline{ED} \quad (4)$$

Pero:

$\overline{BG}+\overline{GC}=\overline{BC}$	(5)	Suma de segmentos
$\overline{CH}+\overline{HD}=\overline{CD}$	(6)	"

Sustituyendo (5) y (6), en (4), tenemos:

$$\overline{AB}+\overline{BC}+\overline{CD}+\overline{FG}+\overline{EH}>\overline{AF}+\overline{FG}+\overline{FE}+\overline{EH}+\overline{ED} \quad (7).$$

Simplificando: $\overline{AB}+\overline{BC}+\overline{CD}>\overline{AF}+\overline{FE}+\overline{ED}.$

como se quería demostrar.

EJERCICIOS

(1) *Señalar cuál es el axioma:*

a) En todo triángulo rectángulo, el cuadrado de la hipotenusa es igual a la suma de los cuadrados de los catetos.

b) La suma de las partes es igual al todo.

c) En todo triángulo isósceles, los ángulos en la base son iguales.

R.: (*b*).

(2) *Señalar cuál es el postulado:*

a) El todo es mayor que cualquiera de las partes.

b) Todo punto en la bisectriz de un ángulo, equidista de los lados del ángulo.

c) Hay infinitos puntos. *R.:* (*c*).

(3) *Señalar cuál es el teorema:*

a) Las diagonales de un rectángulo se cortan en su punto medio.

b) Dos cantidades iguales a una tercera, son iguales entre sí.

c) La parte es menor que el todo.

R.: (*a*).

(4) Dibujar los segmentos:

a) $\overline{AB} = 1.5$ cm

b) $\overline{CD} = 2$ cm

c) $\overline{EF} = 3$ cm y sumarlos gráficamente.

(5) Dibujar los segmentos:

$\overline{MN} = 8$ cm

$\overline{PQ} = 3$ cm y restarlos gráficamente.

(6) Multiplicar el segmento $\overline{AB} = 2$ cm, por 3, gráficamente.

(7) Dividir el segmento $\overline{AB} = 9$ cm en 3 partes iguales, gráficamente.

(8) Si B es el punto medio de $\overline{AD}$, C es el punto medio de $\overline{BD}$ y $\overline{AD} = 20$ cm; hallar:

$\overline{AB}$, $\overline{BC}$ y $\overline{CD}$.

R.: $\overline{AB} = 10$ cm; $\overline{DC} = \overline{BC} = 5$ cm.

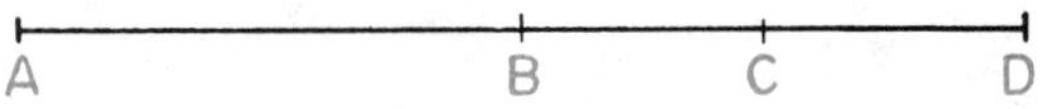

Ejer. 8

(9) Demostrar que: $\overline{AB} + \overline{BC} + \overline{CD} + \overline{DE} > \overline{AG} + \overline{GF} + \overline{FE}$

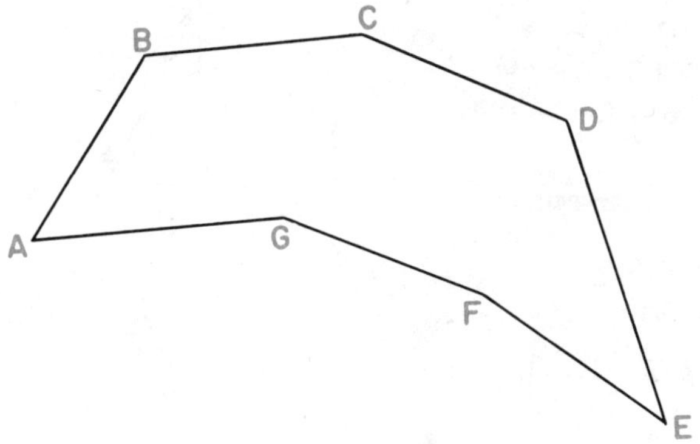

Ejer 9

(10) Si: $\overline{MN} = \overline{QR} = \overline{2PQ}$; $\overline{NP} = \overline{MN} + 1$ y $\overline{MR} = 50$ cm;
Hallar: $\overline{MN}$, $\overline{NP}$, $\overline{PQ}$ y $\overline{QR}$.

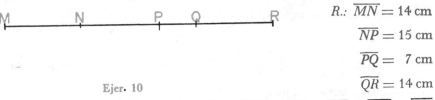

Ejer. 10

R.: $\overline{MN} = 14$ cm
$\overline{NP} = 15$ cm
$\overline{PQ} = 7$ cm
$\overline{QR} = 14$ cm

(11) Demostrar: $\overline{AB} + \overline{BC} + \overline{CD} + \overline{DA} > \overline{EF} + \overline{FG} + \overline{GH} + \overline{HE}$.

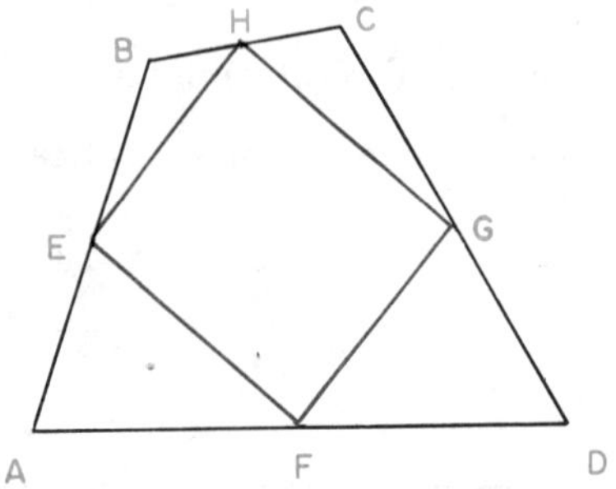

Ejer. 11

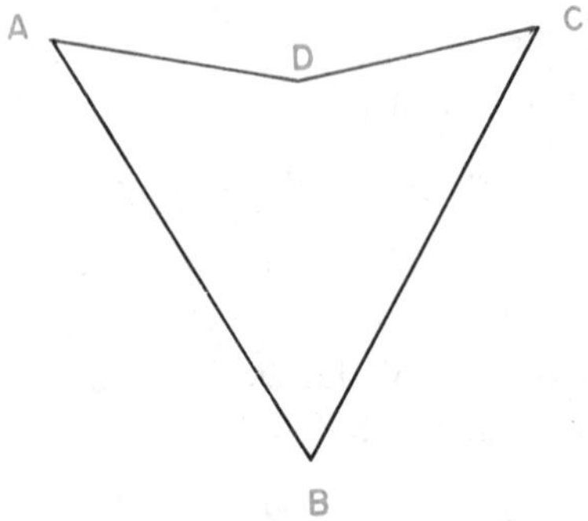

Ejer. 12

(12) Si $\overline{AD} = \overline{DC}$ y $\overline{AB} = \overline{BC}$, demostrar que $\overline{AB} > \overline{AD}$.

(13) Demostrar que la suma de dos segmentos que se cortan es mayor que la suma de los segmentos que unen sus extremos.

(14) Demostrar que si desde un punto interior de un triángulo, se trazan segmentos a los vértices, la suma de dichos segmentos es mayor que la semisuma de los lados.

(15) Si E es la intersección de $\overline{CD}$ con $\overline{AB}$ y $\overline{CG} = \overline{GD}$,

$\overline{CF} = \overline{FD}$,

$\overline{CE} = \overline{ED}$;

demostrar que:

$\overline{CG} > \overline{CF} > \overline{CE}$:

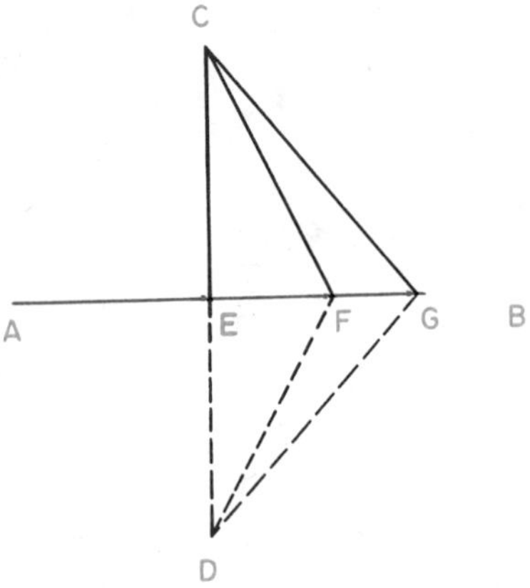

Ejer 15

(16) Demostrar que: $\overline{AB} + \overline{CD} > \overline{AF} + \overline{FC} + \overline{DE} + \overline{EB}$.

(17) Demostrar que el perímetro del $\triangle ABC$ es mayor que el perímetro del $\triangle ADC$.

(18) Demostrar que el perímetro del $\triangle ABC$ es mayor que el perímetro del $\triangle EDF$.

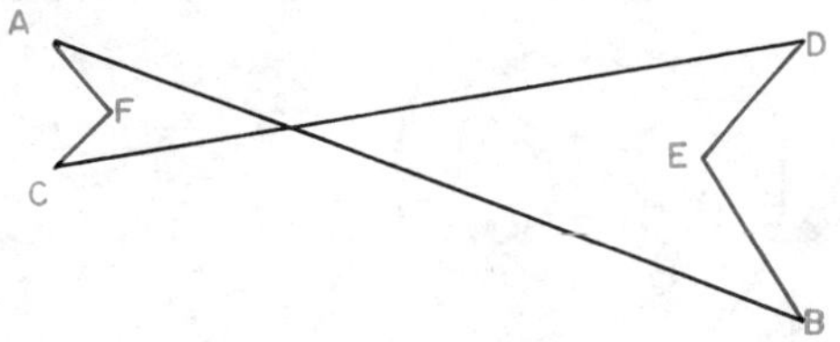

Ejer. 16

(19) Demostrar que el perímetro del rectángulo $ABCD$ es mayor que el perímetro del rectángulo $MNPQ$.

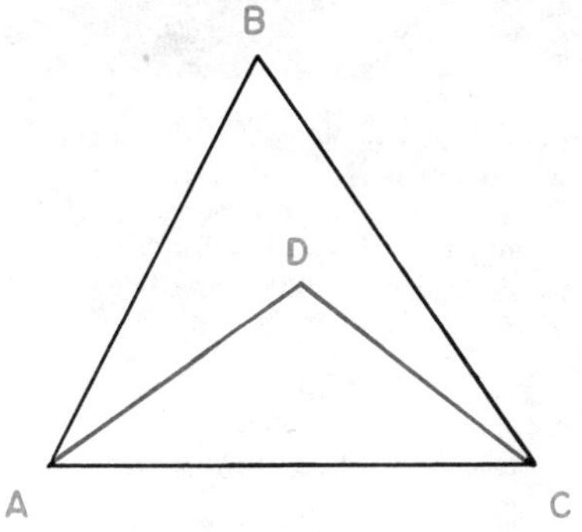

Ejer. 17

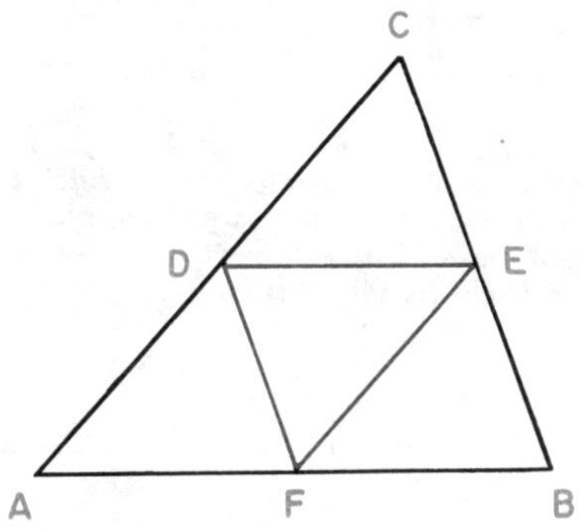

Ejer. 18

(20) Demostrar que el perímetro del rectángulo $ABDE$ es mayor que el perímetro del triángulo ACE.

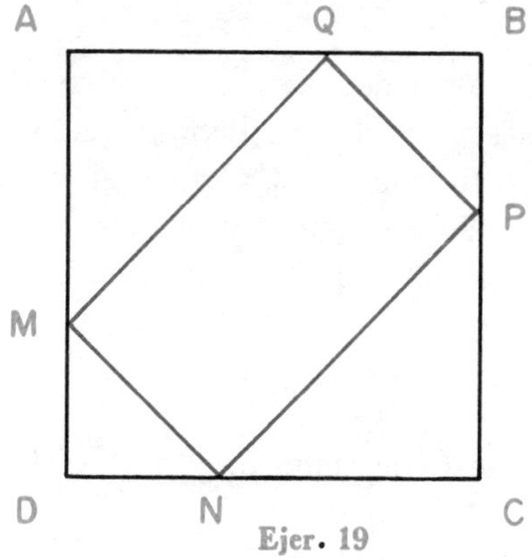

Ejer. 19

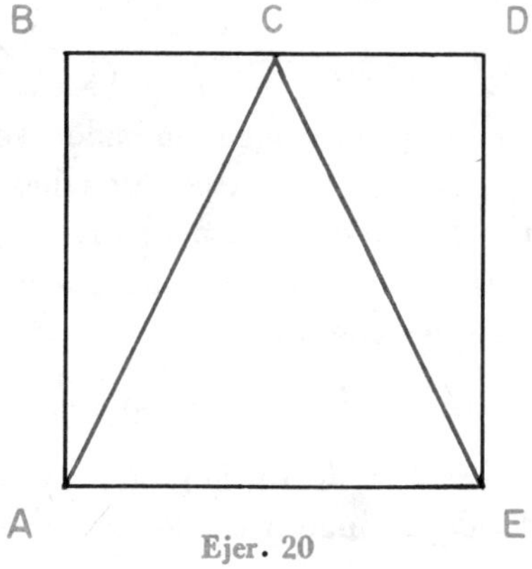

Ejer. 20

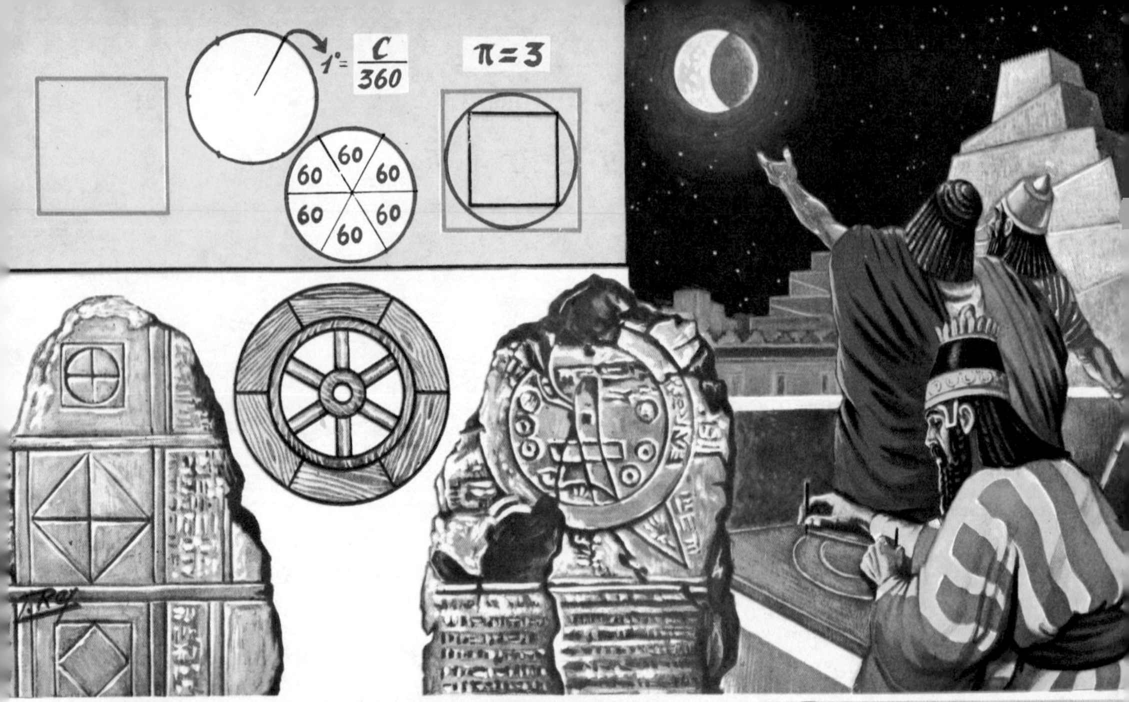

LOS CALDEOS hacia el III milenio a. d. C. Dieron una gran importancia al cuadrado y al círculo. La división del círculo en 360 partes es patrimonio suyo. Tomaron por base la división del año en 360 días. Así les era fácil dividir el círculo y la circunferencia en 6 partes iguales. Probablemente éste fue el fundamento del cómputo sexagesimal que usaron. Sirvió para la construcción de las ruedas para las carrozas. La rueda, aplicación del círculo es una creación suya y data ya de casi 6.000 años

2

Angulos

26. ANGULO. Angulo es la abertura formada por dos semirrectas con un mismo origen llamado "vértice". Las semirrectas se llaman "lados". El ángulo se designa por una letra mayúscula situada en el vértice. A veces se usa una letra griega dentro del ángulo. También podemos usar tres letras mayúsculas de manera que quede en el medio la letra que está situada en el vértice del ángulo.

En la figura 19 se representan los ángulos A, α y MNP, o PNM.

Bisectriz de un ángulo es la semirrecta que tiene como origen el vértice y divide al ángulo en dos ángulos iguales.

En la Fig. 19, la semirrecta $\overrightarrow{NQ}$ es la bisectriz del $\angle N$ si $\angle MNQ = \angle QNP$.

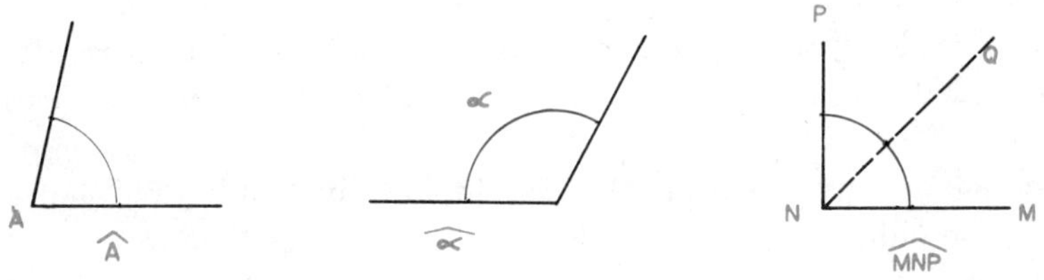

Fig. 19

27. MEDIDA DE ANGULOS. Medir un ángulo es compararlo con otro que se toma por unidad. Desde muy antiguo se ha tomado como unidad el grado *sexagesimal* que se obtiene así:

Se considera a la circunferencia dividida en 360 partes iguales y un ángulo de un grado es el que tiene el vértice en el centro y sus lados pasan por dos divisiones consecutivas. Cada división de la circunferencia se llama también grado.

Cada grado se considera dividido en 60 partes iguales llamadas minutos y cada minuto en 60 partes iguales llamadas segundos.

Los símbolos para estas unidades son:

grado $^{\circ}$
minuto $'$
segundo $''$.

Ejemplo: Si un ángulo *ABC* mide 38 grados 15 minutos 12 segundos se escribe: $38^{\circ}15'12''$.

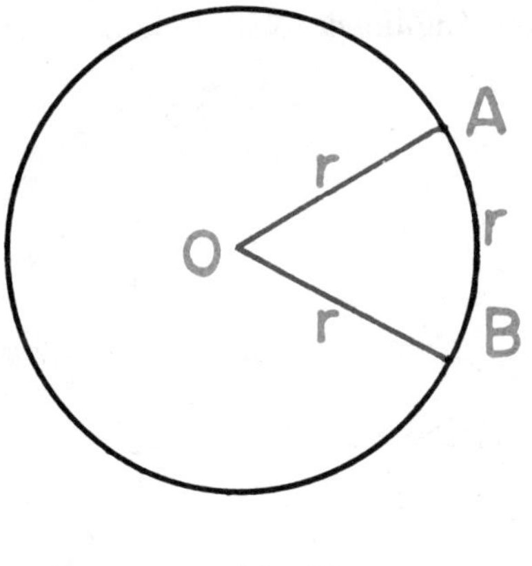

Fig. 20

Sistema centesimal. Modernamente se considera también a veces a la circunferencia dividida en 400 partes iguales, llamadas "grados centesimales". Cada grado tiene 100 "minutos centesimales" y cada minuto tiene 100 "segundos centesimales".

Ejemplo: Si un ángulo *ABC* mide 72 grados 50 minutos 18 segundos centesimales se escribe:

$$72^{g}\ 50^{m}\ 18^{s}.$$

Sistema circular. En este sistema se usa como unidad el ángulo llamado "radián".

Un radián es el ángulo cuyos lados comprenden un arco cuya longitud es igual al radio de la circunferencia.

Así, si la longitud del arco AB (Fig. 20) es igual a r, entonces $\angle AOB = 1$ radián.

Como la longitud de una circunferencia es 2π radios, resulta que un ángulo de 360° equivale a 2π radianes, es decir: 6.28 radianes, dándole a π el valor de 3.14.

Un radián equivale a 57°18′ (se obtiene dividiendo 360° entre 2π).

En este libro, si no se advierte lo contrario, usaremos el sistema sexagesimal.

28. RELACION ENTRE GRADO SEXAGESIMAL Y EL RADIAN.— Si representamos por S la medida de un ángulo en grados sexagesimales y por R la medida del mismo ángulo en radianes, podemos establecer la siguiente proporción:

$$\frac{S}{360^\circ} = \frac{R}{2\pi}; \qquad \pi = 3.14.$$

Simplificando:
$$\frac{S}{180^\circ} = \frac{R}{\pi}.$$

Ejemplo 1. Expresar en radianes un ángulo de 90°:

$$\frac{S}{180} = \frac{R}{\pi};$$

$$\frac{90}{180} = \frac{R}{\pi};$$

$$\therefore R = \frac{90\pi}{180} = \frac{\pi}{2}$$

y como $\pi = 3.14$, también podemos escribir:

$$R = \frac{3.14}{2} = 1.57.$$

2. Expresar en grados sexagesimales un ángulo de 6.28 radianes:

$$\frac{S}{180} = \frac{R}{\pi}; \qquad \frac{S}{180} = \frac{6.28}{3.14}; \qquad \pi = 3.14;$$

$$\therefore \quad S = \frac{180 \times 6.28}{3.14};$$

$$\therefore \quad S = 360^\circ.$$

29. ANGULOS ADYACENTES. Son los que están formados de manera que un lado es común y los otros dos lados pertenecen a la misma recta.

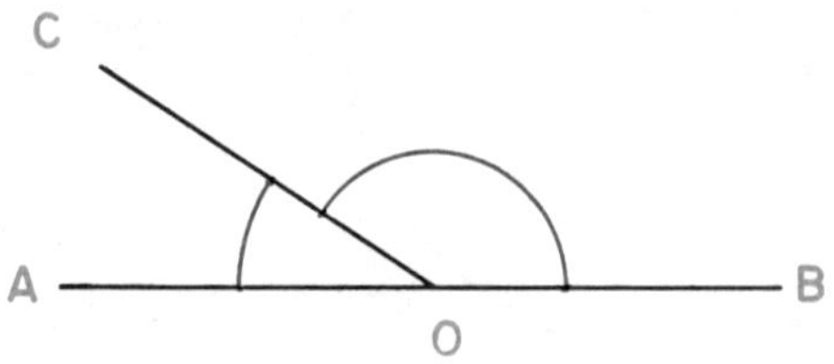

Fig. 21

Ejemplo: $\overrightarrow{OA}$ y $\overrightarrow{OB}$, están sobre la misma recta $\overrightarrow{AB}$ (Fig. 21); $\overrightarrow{OC}$ es común.

$\therefore$ $\angle AOC$ y $\angle BOC$ son ángulos adyacentes.

30. ANGULO RECTO. Es el que mide 90° (Fig. 22).

$$\angle AOB = 1 \angle \text{recto} = 90°.$$

31. ANGULO LLANO. Es aquel (Fig. 23) en el cual un lado es la prolongación del otro. Mide 180°.

$$\angle MON = 1 \angle \text{llano} = 180°.$$

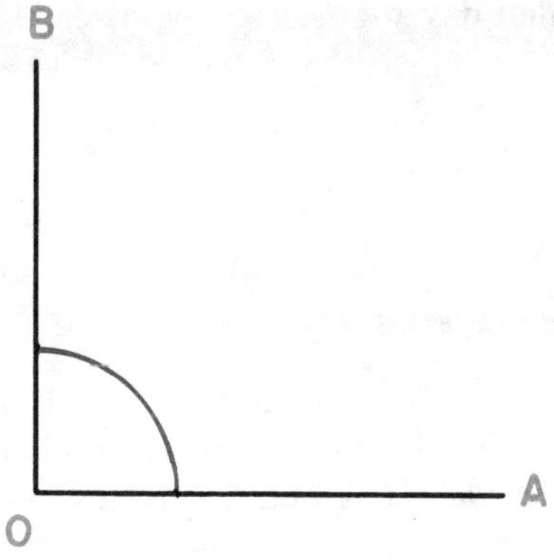

Fig. 22

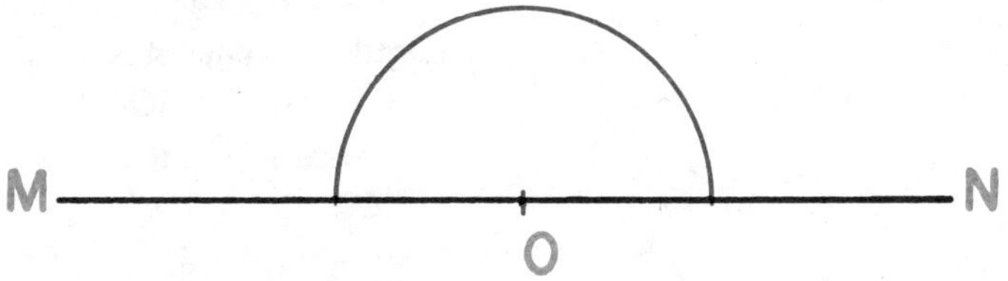

Fig. 23

32. ANGULOS COMPLEMENTARIOS. Son dos ángulos que sumados valen un ángulo recto, es decir, 90°.

Ejemplo. Si (Fig. 24):

$$\angle AOB = 60°$$
$$\angle BOC = 30°$$

Sumando:

$$\angle AOB + \angle BOC = 90°$$

y los ángulos AOB y BOC son complementarios.

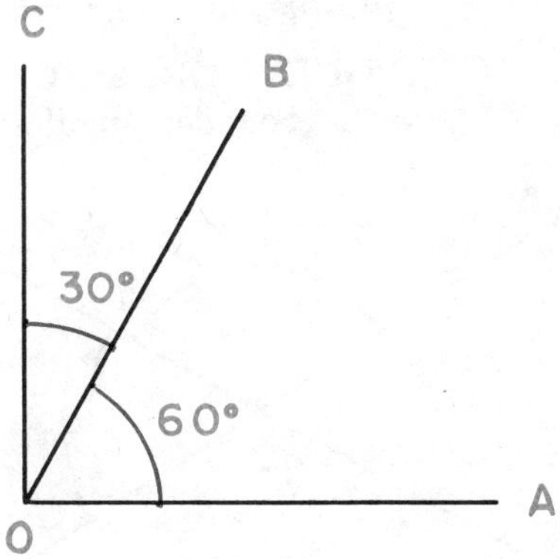

Fig 24

33. COMPLEMENTO DE UN ANGULO. Se llama complemento de un ángulo a lo que le falta a éste para valer un ángulo recto.

El complemento del $\angle AOB$ (figura 24) es 30° y el complemento del $\angle BOC$ es 60°.

34. ANGULOS SUPLEMENTARIOS. Son los ángulos que sumados valen dos ángulos rectos, o sea, 180°.

Ejemplo. Si (Fig. 25):

$\angle MON = 120°$; $\angle NOP = 60°$.

Sumando:

$$\angle MON + \angle NOP = 180°$$

y los ángulos *MON* y *NOP* son suplementarios.

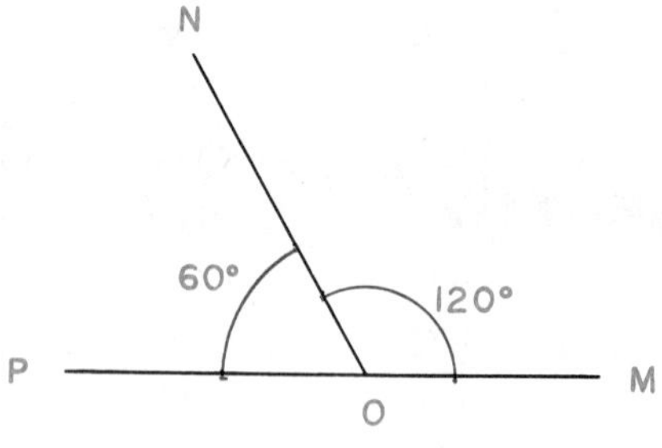

Fig. 25

35. SUPLEMENTO DE UN ANGULO. Es lo que le falta al ángulo para valer dos ángulos rectos.

El suplemento del $\angle MON$ (figura 25) es 60° y el suplemento del $\angle NOP$ es 120°.

36. TEOREMA 2. "Dos ángulos adyacentes son suplementarios".

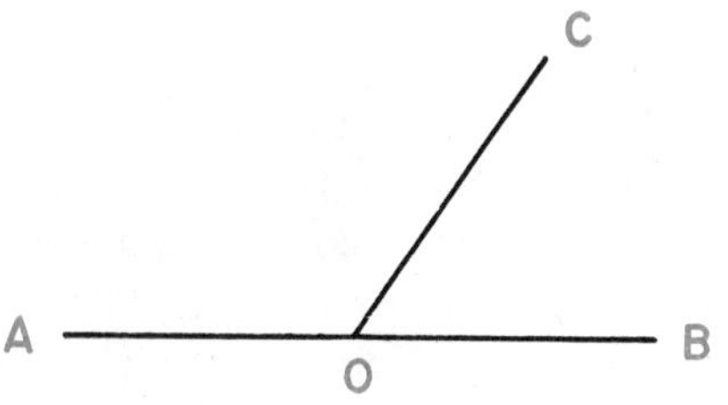

Fig. 26

HIPÓTESIS: $\angle AOC$ y $\angle BOC$ son ángulos adyacentes (Fig 26).

TESIS: $\angle AOC + \angle BOC = 180°$.

DEMOSTRACIÓN:

$\angle AOC + \angle BOC = \angle BOA$ (1)

(por suma de ángulos)

$\angle BOA = 180°$ (2)

(por ángulo llano).

Luego: $\angle AOC + \angle BOC = 180°$, por el axioma que dice: *Dos cosas iguales a una tercera son iguales entre sí* (*carácter transitivo de la igualdad*).

37. ANGULOS OPUESTOS POR EL VERTICE. Son dos ángulos tales que los lados de uno de ellos, son las prolongaciones de los lados del otro.

En la figura 27 son opuestos por el vértice:

$\angle AOC$ y $\angle BOD$;

$\angle AOD$ y $\angle BOC$.

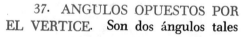

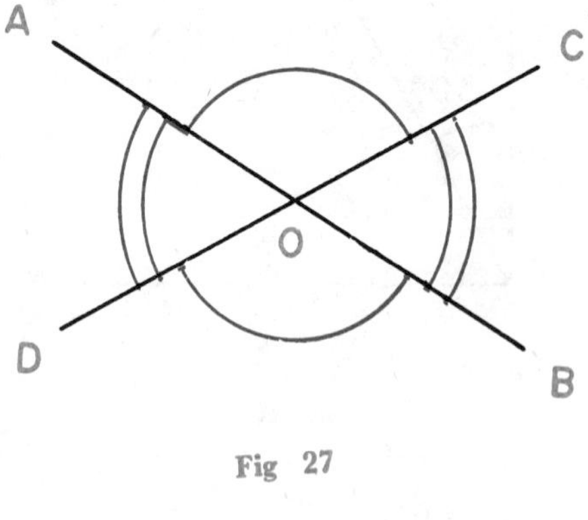

Fig 27

38. TEOREMA 3. "Los angulos opuestos por el vértice son iguales".

HIPÓTESIS:

$\angle AOD$ y $\angle BOC$ son opuestos por el vértice (figura 28).

TESIS:

$\angle AOD = \angle BOC$.

DEMOSTRACIÓN:

$\angle AOD + \angle AOC = 2R$ (por ser adyacentes);

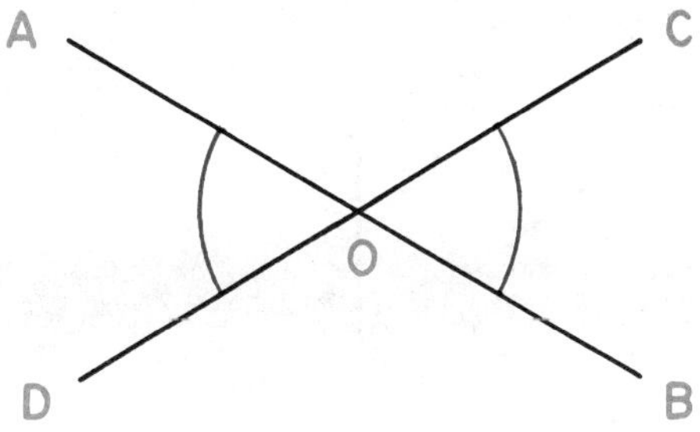

Fig. 28

trasponiendo $\angle AOC$:

$$\angle AOD = 2R - \angle AOC \quad (1)$$

$$\angle BOC + \angle AOC = 2R \qquad \text{Adyacentes;}$$

trasponiendo $\angle AOC$:

$$\angle BOC = 2R - \angle AOC \quad (2)$$

Comparando las igualdades (1) y (2):

$$\angle AOD = \angle BOC. \qquad \text{Carácter transitivo de la igualdad}$$

Análogamente se demuestra que $\angle AOC = \angle BOD$.

39. ANGULOS CONSECUTIVOS. Dos ángulos se llaman consecutivos si tienen un lado común que separe a los otros dos.

Varios ángulos son consecutivos si el primero es consecutivo del segundo, éste del tercero y así sucesivamente.

Ejemplos: Los ángulos *COD* y *DOE* (Fig. 29) son consecutivos.

Los ángulos *AOB*, *BOC*, *COD*, *DOE*, *EOF* y *FOA* (figura 29) son consecutivos.

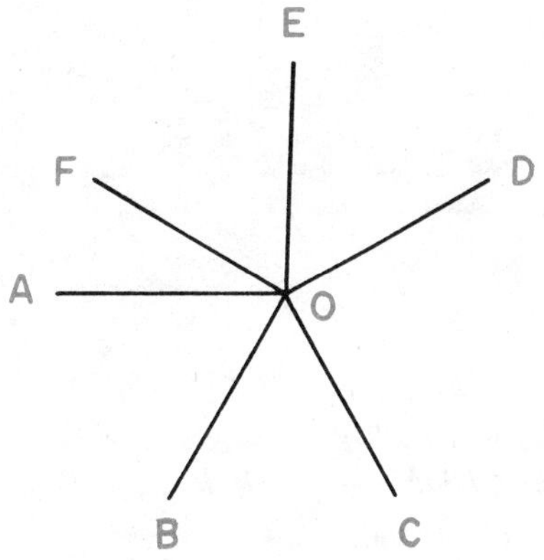

Fig 29

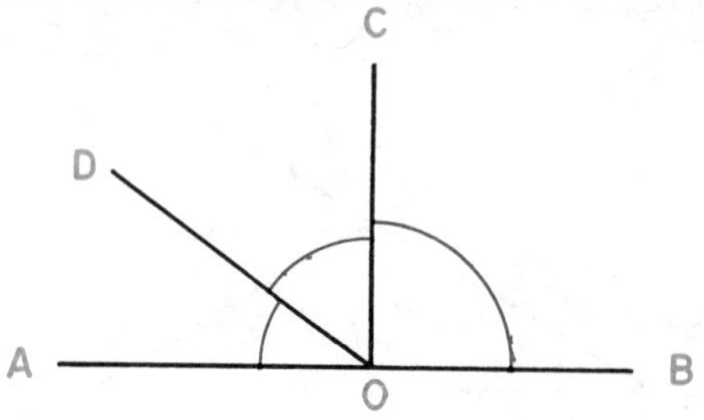

Fig. 30

40. TEOREMA 4. "Los ángulos consecutivos formados a un lado de una recta, suman 180°".

HIPÓTESIS:

$\angle AOD$, $\angle DOC$ y $\angle COB$

son ángulos consecutivos formados a un lado de la recta AB (Fig. 30).

TESIS:

$$\angle AOD + \angle DOC + \angle COB = 180°.$$

DEMOSTRACIÓN:

$\angle AOD + \angle DOB = 180°$ (1) Adyacentes.

Pero:

$\angle DOB = \angle DOC + \angle COB$ (2) Suma de ángulos.

Sustituyendo (2) en (1) tenemos:

$$\angle AOD + \angle DOC + \angle COB = 180°.$$

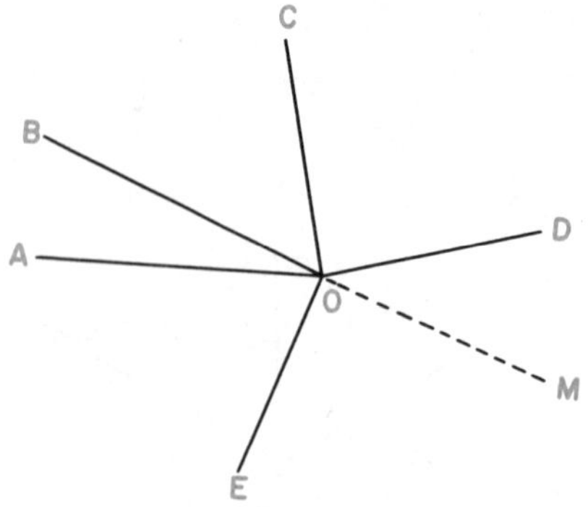

Fig. 31

41. TEOREMA 5. "La suma de los ángulos consecutivos alrededor de un punto, vale cuatro ángulos rectos".

HIPÓTESIS:

$\angle AOB$, $\angle BOC$, $\angle COD$, $\angle DOE$ y $\angle EOA$ (Fig. 31) son ángulos consecutivos alrededor del punto O.

TESIS:

$$\angle AOB + \angle BOC + \angle COD + \\ + \angle DOE + \angle EOA = 4R.$$

Construcción auxiliar: Prolonguemos un lado cualquiera, por ejemplo BO, de manera que el $\angle DOE$ quede dividido en $\angle DOM$ y $\angle MOE$ tales que $\angle DOM + \angle MOE = \angle DOE$.

DEMOSTRACIÓN:

$\angle BOC + \angle COD + \angle DOM = 2R$ (1) Consecutivos a un lado de una recta

$\angle AOB + \angle EOA + \angle MOE = 2R$ (2) La misma razón anterior.

Sumando miembro a miembro las igualdades (1) y (2):

$\angle AOB + \angle BOC + \angle COD + \angle EOA + \angle DOM + \angle MOE = 4R$ (3).

Pero:

$\angle DOM + \angle MOE = \angle DOE$ (4) Suma de ángulos

Sustituyendo (4) en (3):

$$\angle AOB + \angle BOC + \angle COD + \angle EOA + \angle DOE = 4R$$

como se quería demostrar.

EJERCICIOS

(1) Expresar los siguientes ángulos en el sistema sexagesimal:

a) 3.14 rad. *R.:* 180°;

b) 9.42 rad. 540°.

(2) Expresar los siguientes ángulos en el sistema circular:

a) 45° *R.:* 0.785 rad.

b) 135° 2.35 rad.

(3) $\angle AOC$ y $\angle COB$ están en la relación 2:3. Hallarlos.

R.: $\angle AOC = 72°$; $\angle COB = 108°$.

(4) Si:

$\angle AOD = 2x$,

$\angle DOC = 5x$,

$\angle COB = 3x$;

¿Cuánto mide cada ángulo?

R.: $\angle AOD = 36°$;

$\angle DOC = 90°$;

$\angle COB = 54°$.

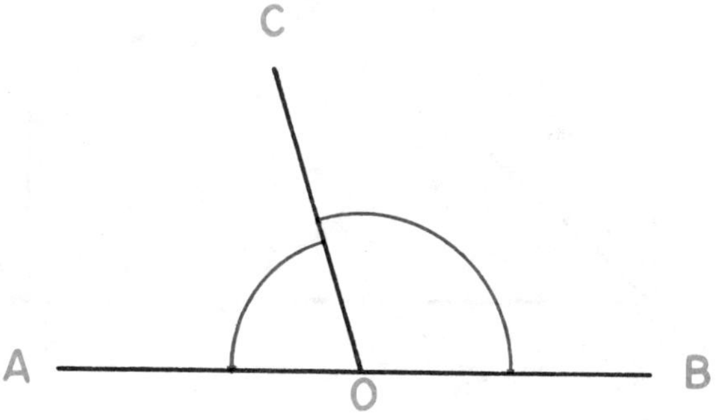

Ejer. 3

(5) Hallar los complementos de los siguientes ángulos:

a) 18°. *R.:* 72°.

b) 36°52′. 53°8′.

c) 48°39′15″. 41°20′45″.

(6) Hallar los suplementos de los siguientes ángulos:

a) 78°. *R*.: 102°.

b) 92°15′. 87°45′.

c) 123°9′16″. 56°50′44″.

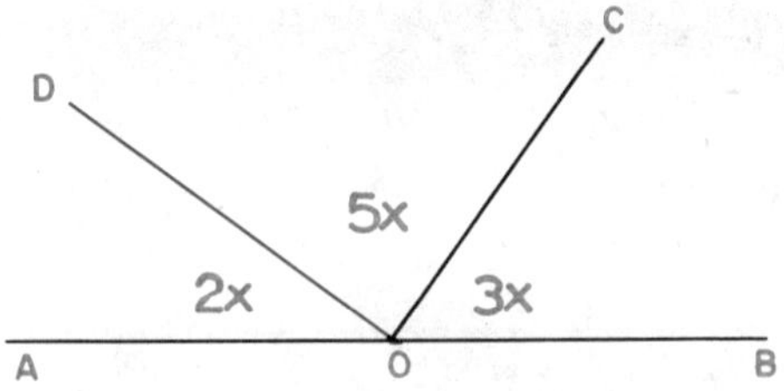

Ejer. 4

(7) Si el $\angle AOB$ es recto y $\angle AOC$ y $\angle BOC$ están en la relación 4:5, ¿cuánto vale cada ángulo?

R.: $\angle AOC = 40°$; $\angle BOC = 50°$.

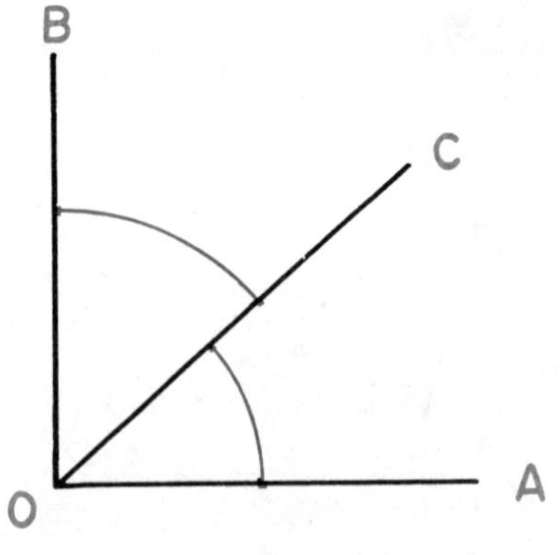

Ejer. 7

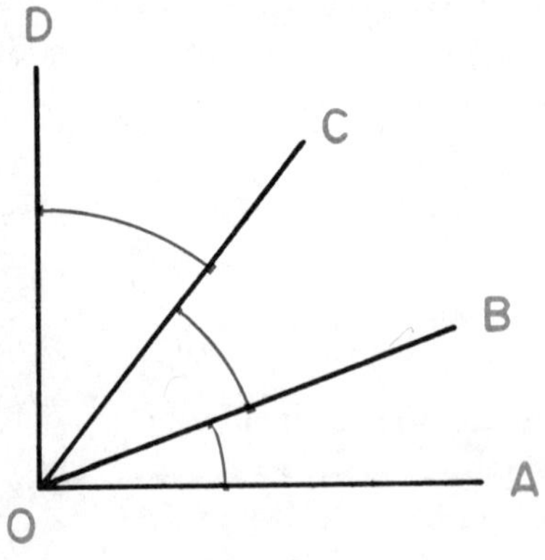

Ejer. 8

(8) Si el $\angle AOD$ es recto y
$\angle AOB = 2\,x$,
$\angle BOC = 3\,x$,
$\angle COD = 4\,x$,
¿cuánto vale cada ángulo?

R.: $\angle AOB = 20°$;
$\angle BOC = 30°$;
$\angle COD = 40°$.

(9) Si $\angle BOC = 2\angle AOB$, hallar:

$\angle AOB$, $\angle COD$. $\angle BOC$, $\angle AOD$.

R.: $\angle AOB = \angle COD = 60°$; $\angle BOC = \angle AOD = 120°$.

(10) Si $\angle MON$ y $\angle NOP$ están en la relación 4:5, ¿cuánto mide cada uno?

R.: $\angle MON = \angle POQ = 80°$; $\angle NOP = \angle MOQ = 100°$.

(11) Hallar el ángulo que es igual a su complemento. *R.:* 45°.

(12) Hallar el ángulo que es el doble de su complemento. *R.:* 60 °

(13) Hallar el ángulo que es igual a la mitad de su complemento. *R.:* 30°

(14) Un ángulo y su complemento están en relación 5:4. Hallar dicho ángulo y su complemento. *R.:* 50° y 40°.

(15) Hallar el ángulo que es igual a su suplemento. *R.:* 90°.

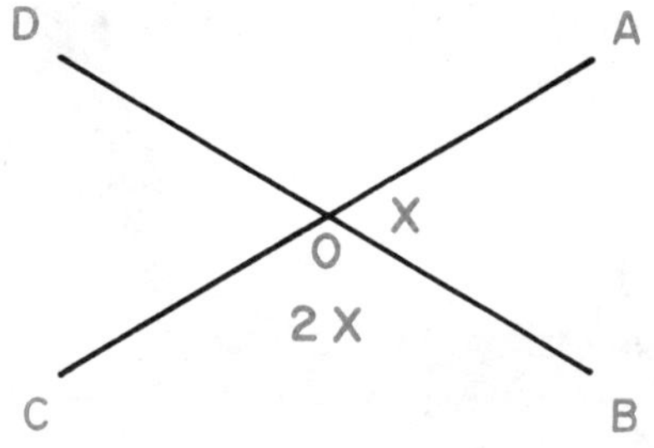

Ejer. 9

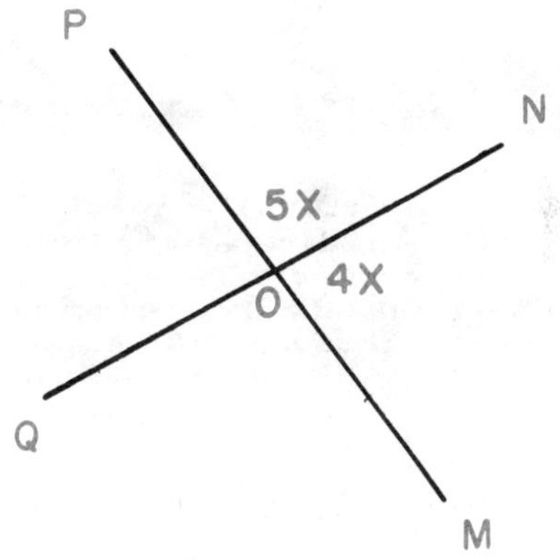

Ejer. 10

(16) Hallar el ángulo que es igual a la mitad de su suplemento. *R.:* 60°.

(17) Hallar el ángulo que es igual al doble de su suplemento. *R.:* 120°.

(18) Un ángulo y su suplemento están en relación 5:1. Hallarlos. *R.:* 150° y 30°

(19) Dos ángulos están en relación 3:4 y su suma vale 70°. Hallarlos. *R.:* 30° y 40°

(20) Dos ángulos están en relación 4:9 y su suma vale 130°. Hallarlos. *R.:* 40° y 90°

LOS HINDÚES Y LA GEOMETRÍA. El documento indio más antiguo referente a la Geometría es el «Sulva-Sutra» de Apastamba, anterior al s. VII a. d. Cristo. El nombre de este documento significa «reglas relativas a la ciencia» y en él se enuncian explícitamente algunas proposiciones, a las que refiere la ilustración. Una de ellas no vuelve aparecer hasta el Menón de Platón. En el s. V nuestra era Ariabhata da a «pi» el valor de 3,14 que es hoy todavía aceptado en muchos cas

3

Perpendicularidad y paralelismo Rectas cortadas por una secante Angulos que se forman

42. DEFINICIONES. Se dice que dos rectas son *perpendiculares* cuando al cortarse forman cuatro ángulos iguales. Cada uno es un ángulo recto.

El símbolo de perpendicular es .

Si dos rectas se cortan y no son perpendiculares se dice que son *oblicuas*.

Ejemplo. En la figura 32: $\overleftrightarrow{CD} \perp \overleftrightarrow{AB}$.

$$\angle 1 = \angle 2 = \angle 3 = \angle 4 = 90°.$$

43. CARACTER RECIPROCO DE LA PERPENDICULARIDAD. *"Si una recta es perpendicular a otra, ésta es perpendicular a la primera".*

Es decir, si $\overleftrightarrow{CD} \perp \overleftrightarrow{AB}$ (Fig. 32) entonces $\overleftrightarrow{AB} \perp \overleftrightarrow{CD}$.

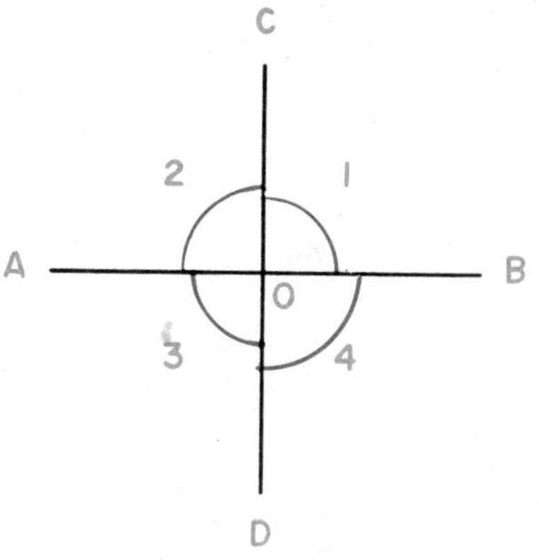

Fig. 32

44. POSTULADO. *"Por un punto fuera de una recta, en un plano, pasa una perpendicular a dicha recta y sólo una".*

En la Fig. 33, tenemos una recta $\overleftrightarrow{AB}$ y un punto P, fuera de ella.

Entre todas las rectas que pasan por P y cortan a la recta $\overleftrightarrow{AB}$, admitimos que solamente una, $\overleftrightarrow{CD}$, es perpendicular a $\overleftrightarrow{AB}$.

Tracemos también las rectas $\overleftrightarrow{EF}$ y $\overleftrightarrow{GH}$ de tal manera que intersecten a $\overleftrightarrow{AB}$ en M y N.

El punto O de intersección se llama pie de la perpendicular.

Los puntos M, N, etc. de intersección de las oblicuas se llaman pies de las oblicuas.

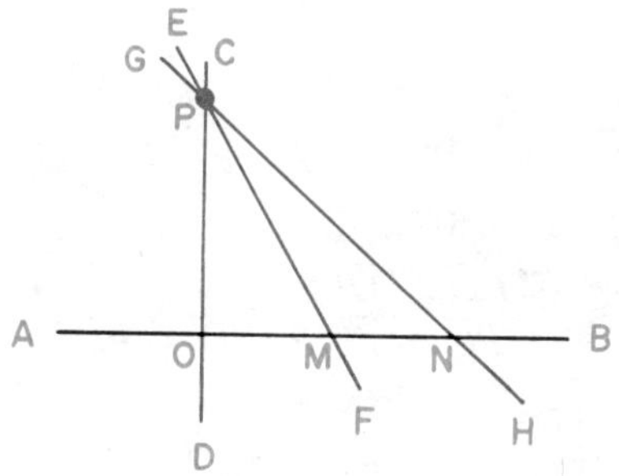

Fig. 33

45. TEOREMA 6. **Si por un punto exterior a una recta trazamos una perpendicular y varias oblicuas, se verifica** (Fig. 34):

1º) El segmento de perpendicular comprendido entre el punto y la recta, es menor que cualquier segmento de oblicua.

2º) Los segmentos de oblicuas cuyos pies equidistan del pie de la perpendicular, son iguales.

3º) De dos segmentos de oblicuas cuyos pies no equidistan del pie de la perpendicular, es mayor aquel que dista más.

Para la demostración de este teorema utilizaremos el siguiente postulado del movimiento:

Una figura geométrica puede moverse sin cambiar de tamaño ni forma.

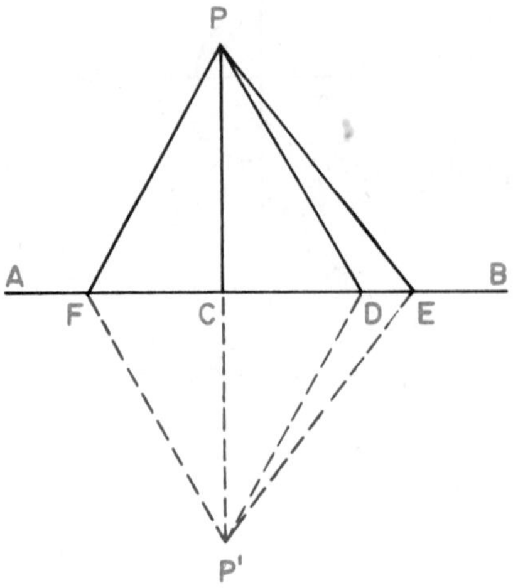

Fig. 34

HIPÓTESIS:

$\overleftrightarrow{PC} \perp \overleftrightarrow{AB}$ y $\overleftrightarrow{PF}$, $\overleftrightarrow{PD}$, $\overleftrightarrow{PE}$ oblicuas a $\overleftrightarrow{AB}$.

(Fig. 34): $\overline{CF} = \overline{CD}$;

$\overline{CE} > \overline{CD}$.

TESIS:

1ª) $\overline{PC} < \overline{PD}$;

2ª) $\overline{PF} = \overline{PD}$;

3ª) $\overline{PE} > \overline{PD}$.

Construcción auxiliar. Doblemos la figura por $\overleftrightarrow{AB}$ (postulado del movimiento). El punto P ocupará la posición P' de manera que $\overline{CP'} = \overline{CP}$ y

$\overline{P'F} = \overline{PF}$;

$\overline{P'D} = \overline{PD}$;

$\overline{P'E} = \overline{PE}$.

DEMOSTRACIÓN. (*1ª parte*):

$\overline{PC} + \overline{CP'} < \overline{PD} + \overline{DP'}$ (1)	La distancia más corta entre dos puntos es la recta
Pero: $\overline{PC} = \overline{CP'}$ (2)	
$\overline{PD} = \overline{DP'}$ (3)	Construcción.
$\therefore\ \overline{PC} + \overline{PC} < \overline{PD} + \overline{PD}$	Sustituyendo (2) y (3) en (1).
$\therefore\ 2\overline{PC} < 2\overline{PD}$	Sumando.
$\therefore\ \overline{PC} < \dfrac{2\overline{PD}}{2}$	Trasponiendo.
$\therefore\ \overline{PC} < \overline{PD}$	Simplificando.

(*2ª Parte*):

Doblemos la figura por $\overleftrightarrow{PP'}$ de manera que llevemos el semiplano de la izquierda sobre el semiplano de la derecha. El punto F coincidirá con el punto D porque $\overline{FC} = \overline{CD}$. Entonces tendremos que $\overline{PF} = \overline{PD}$ por coincidir sus extremos, ya que el punto P es común y *por dos puntos pasa una recta y solamente una* (postulado).

(*3ª Parte*):

$\overline{PE} + \overline{P'E} > \overline{PD} + \overline{P'D}$ (6)	Envolvente y envuelta
Pero: $\overline{PE} = \overline{P'E}$ (7)	Construcción
$\overline{PD} = \overline{P'D}$ (8)	

$\therefore \quad \overline{PE}+\overline{PE}>\overline{PD}+\overline{PD}$ Sustituyendo (7) y (8) en (6)

$\therefore \quad 2\overline{PE}>2\overline{PD}$ Sumando.

$\therefore \quad \overline{PE}>\dfrac{2\overline{PD}}{2}$ Trasponiendo.

$\therefore \quad \overline{PE}>\overline{PD}$ Simplificando.

46. RECIPROCO. Si por un punto exterior a una recta, se trazan varias rectas que corten a la primera, se verifica:

1º) El menor de todos los segmentos comprendidos entre el punto y la recta, es perpendicular a ésta.

2º) Si dos segmentos oblicuos son iguales, sus pies equidistan del pie de la perpendicular.

3º) Si dos segmentos oblicuos son desiguales, el pie del segmento mayor dista más del pie de la perpendicular que el pie del segmento menor.

47. DISTANCIA DE UN PUNTO A UNA RECTA. Es la longitud del segmento perpendicular trazado desde el punto a la recta. Este segmento tiene las propiedades de ser único y el menor posible.

48. PARALELISMO. Se dice que dos rectas de un plano son paralelas cuando al prolongarlas no tienen ningún punto común.

El paralelismo tiene la propiedad recíproca, es decir: si una recta es paralela a otra, esta otra es paralela a la primera.

Se acepta que toda recta es paralela a sí misma. Esta propiedad se llama "propiedad idéntica".

El paralelismo se expresa con el signo $\|$. Así: $AB \parallel CD$ (Fig. 35).

Fig. 35

49. TEOREMA 7. "Dos rectas de un plano, perpendiculares a una tercera, son paralelas entre sí".

HIPÓTESIS: $\overleftrightarrow{CD} \perp \overleftrightarrow{AB}; \quad \overleftrightarrow{EF} \perp \overleftrightarrow{AB}.$

TESIS: $\overleftrightarrow{CD} \parallel \overleftrightarrow{EF}.$

DEMOSTRACIÓN: Supongamos que $\overleftrightarrow{CD}$ no es paralela a $\overleftrightarrow{EF}$. En este caso se cortaría en algún punto, por ejemplo en P.

Pero entonces tendríamos que por *P* pasarían dos perpendiculares a la misma recta $\overline{AB}$, lo cual es imposible (Postulado, Art. 44). Luego $\overleftrightarrow{CD}$ y $\overleftrightarrow{EF}$ no pueden tener ningún punto común y, por tanto, son paralelas. Es decir, $\overleftrightarrow{CD} \parallel \overleftrightarrow{EF}$.

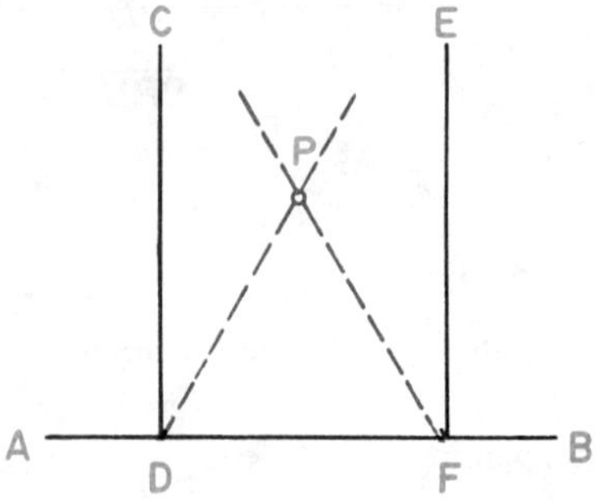

Fig. 36

50. COROLARIO. **"Por un punto exterior a una recta, pasa una paralela a dicha recta".**

Sea $\overleftrightarrow{AB}$ la recta dada y *E* el punto exterior. Por *E* trazamos $\overleftrightarrow{EF} \perp \overleftrightarrow{AB}$ y en el punto *E* trazamos $\overleftrightarrow{CD} \perp \overleftrightarrow{EF}$; resulta entonces $\overline{CD} \parallel \overline{AB}$, en virtud del teorema anterior. (Fig. 37).

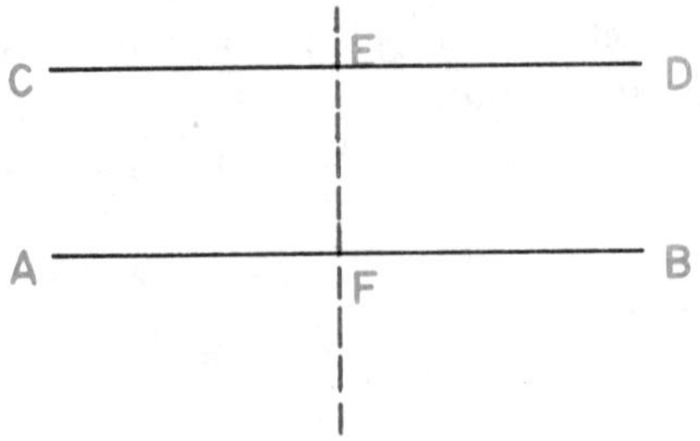

Fig. 37

51. POSTULADO DE EUCLIDES. *"Por un punto exterior a una recta, pasa una sola paralela a dicha recta".*

En el capítulo I, ya se hicieron las observaciones correspondientes a este postulado, muy discutido y cuya negación dio origen a las geometrías no euclidianas.

52. COROLARIO I. *"Dos rectas paralelas a una tercera, son paralelas entre sí".*

HIPÓTESIS: $\overleftrightarrow{CD} \parallel \overleftrightarrow{AB}$; (Fig. 38);
$\overleftrightarrow{EF} \parallel \overleftrightarrow{AB}$.

TESIS: $\overleftrightarrow{EF} \parallel \overleftrightarrow{CD}$.

DEMOSTRACIÓN. Si $\overleftrightarrow{EF}$ y $\overleftrightarrow{CD}$ no fueran paralelas, se cortarían en un punto *P*.

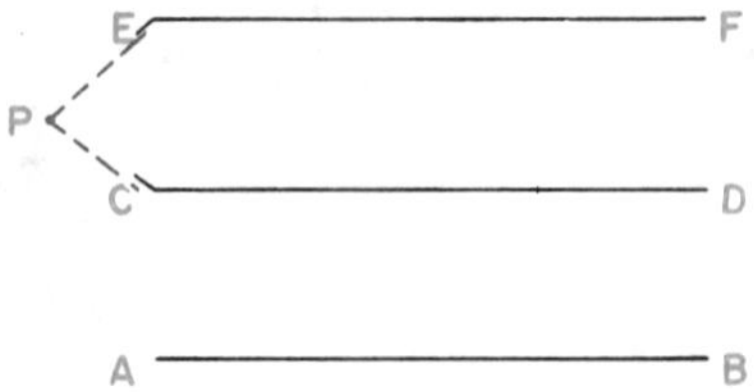

Fig. 38

Entonces por el punto P pasarían dos paralelas a $\overleftrightarrow{AB}$, lo cual es contrario al postulado de Euclides.

Por tanto: $\overleftrightarrow{EF} \parallel \overleftrightarrow{CD}$.

53. COROLARIO II. *"Si una recta corta a otra, corta también a las paralelas a ésta".*

HIPÓTESIS:

$\overleftrightarrow{AB} \parallel \overleftrightarrow{CD}$ (Fig. 39)

$\overleftrightarrow{EF}$ corta a $\overleftrightarrow{AB}$ en P.

TESIS:

$\overleftrightarrow{EF}$ corta a $\overleftrightarrow{CD}$.

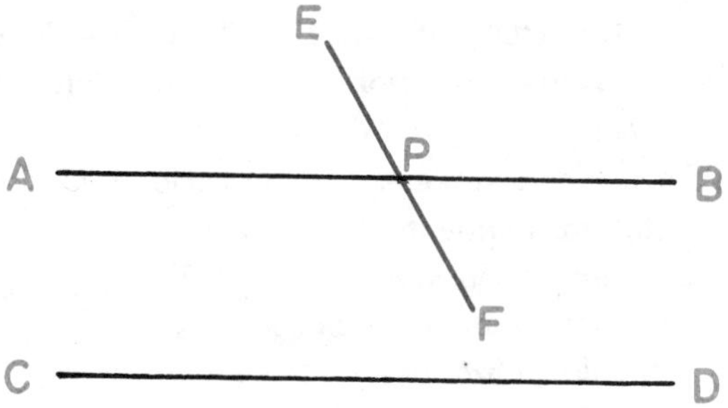

Fig. 39

DEMOSTRACIÓN: Supongamos que $\overleftrightarrow{EF}$ no corta a $\overleftrightarrow{CD}$. Entonces sería paralela a ella. Pero esto es imposible porque tendríamos por el mismo punto P, dos paralelas a $\overleftrightarrow{CD}$; la recta $\overleftrightarrow{AB}$ y la recta $\overleftrightarrow{EF}$. Por tanto $\overleftrightarrow{EF}$ corta a $\overleftrightarrow{CD}$.

54. COROLARIO III. *"Si una recta es perpendicular a otra, es también perpendicular a toda paralela a esta otra".*

HIPÓTESIS:

$\overleftrightarrow{AB} \parallel \overleftrightarrow{CD}$ (Fig. 40).

$\overleftrightarrow{GH} \perp \overleftrightarrow{AB}$.

TESIS:

$\overleftrightarrow{GH} \perp \overleftrightarrow{CD}$.

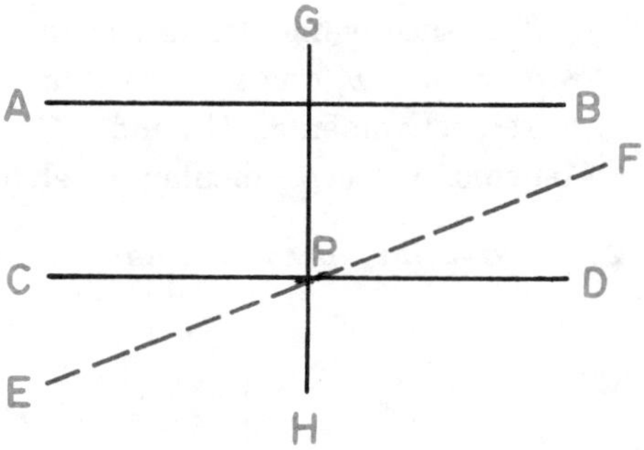

Fig. 40

DEMOSTRACIÓN: Si $\overleftrightarrow{GH}$ corta a $\overleftrightarrow{AB}$, también corta a $\overleftrightarrow{CD}$. Supongamos que el punto de intersección es P y que $\overleftrightarrow{GH}$ no es perpendicular a $\overleftrightarrow{CD}$. Entonces, por P podríamos trazar $\overleftrightarrow{EF} \perp \overleftrightarrow{GH}$ y tendríamos: $\overleftrightarrow{EF} \parallel \overleftrightarrow{AB}$, o sea, que por el mismo punto P pasarían dos paralelas a $\overleftrightarrow{AB}$, las $\overleftrightarrow{CD}$ y $\overleftrightarrow{EF}$. Esto es imposible, por tanto: $\overleftrightarrow{GH} \perp \overleftrightarrow{CD}$.

55. CARACTERES DEL PARALELISMO:

1º) *Idéntico:* "Toda recta es paralela a sí misma".

2º) *Recíproco:* "Si una recta es paralela a otra, ésta es paralela a la primera".

3º) *Transitivo:* "Dos rectas paralelas a una tercera, son paralelas entre sí".

56. METODO DE DEMOSTRACION POR REDUCCION AL ABSURDO. En los teoremas anteriores, sobre paralelismo, se ha empleado el método llamado por "reducción al absurdo".

Consiste en suponer lo contrario a lo que se quiere demostrar y, mediante un razonamiento, llegar a obtener una conclusión que se contradice con otros teoremas ya demostrados o con postulados admitidos.

Con esto sabemos que es verdadera la tesis que queremos demostrar.

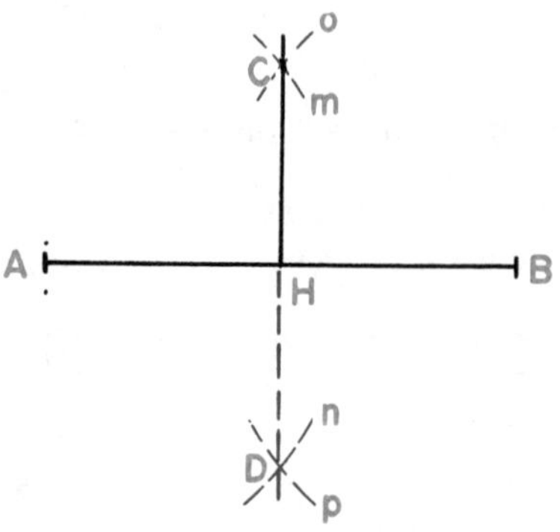

Fig 41

57. PROBLEMAS GRAFICOS:

1) *Trazar una perpendicular en el punto medio de un segmento.*

Sea el segmento $\overline{AB}$ (Fig. 41). Con una abertura de compás mayor de la mitad del segmento y haciendo centro en A y en B, sucesivamente, se trazan los arcos o, m, n y p, que se cortan en C y D, respectivamente. Uniendo C con D, tenemos la perpendicular en el punto medio H, del segmento $\overline{AB}$.

2) *Trazar una perpendicular en un punto cualquiera de una recta.*

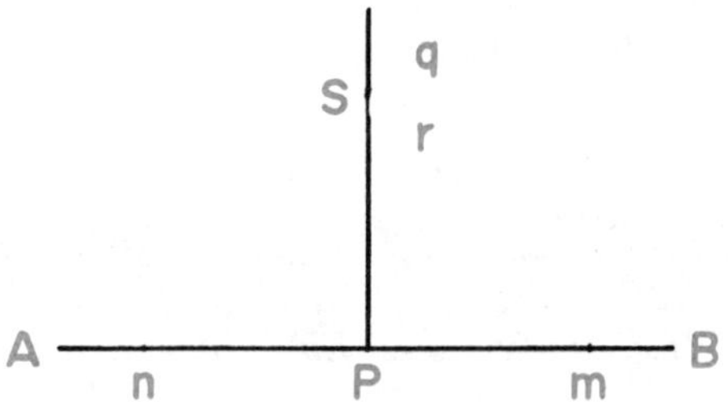

Fig. 42

Sea P un punto cualquiera de la recta $\overline{AB}$ (figura 42). Haciendo centro en P y con una abertura cualquiera del compás, se trazan los arcos m y n; haciendo centro en los puntos en que estos arcos cortan a la recta se trazan los arcos q y r, que se cortan en el punto S. Uniendo S con P, se tiene $\overline{PS}$ que es la perpendicular buscada.

3) *Trazar una perpendicular en un extremo de un segmento sin prolongarlo* (Fig 43)

Sea $\overline{AB}$ el segmento. Para trazar la perpendicular en un extremo *B*, se hace centro en *B* y con una abertura cualquiera de compás, se traza el arco *p g r* que corta a $\overline{AB}$ en *C*. Haciendo centro en *C* y con la misma abertura, se señala el punto *D*; haciendo centro en *D* se señala el punto *E*. Haciendo centro en *D* y en *E*, sucesivamente se trazan los arcos *s* y *t*, que se cortan en *U*. Uniendo *U* con *B*, tendremos la perpendicular buscada.

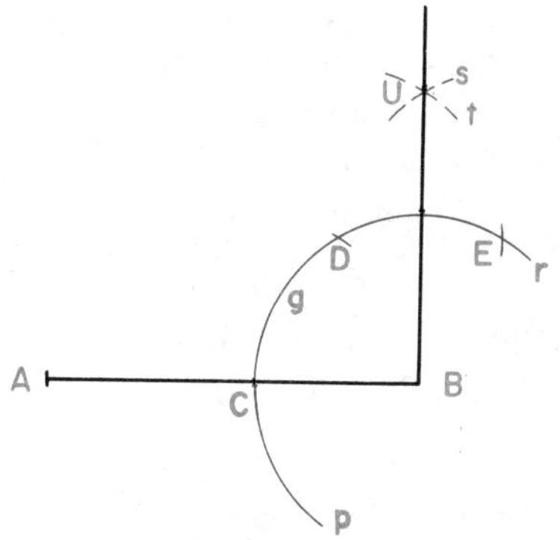

Fig. 43

4) *Por un punto P exterior a una recta* $\overleftrightarrow{AB}$ *trazar a ésta una paralela* (Fig. 44 A).

Por un punto cualquiera *C* de la recta y con radio $\overline{CP}$ se traza el arco $\frown PD$. Haciendo centro en *P* y con el mismo radio se traza el arco $\frown CE$.

Con centro en *C* y tomando una abertura de compás igual a $\overline{PD}$ se señala el punto *M*.

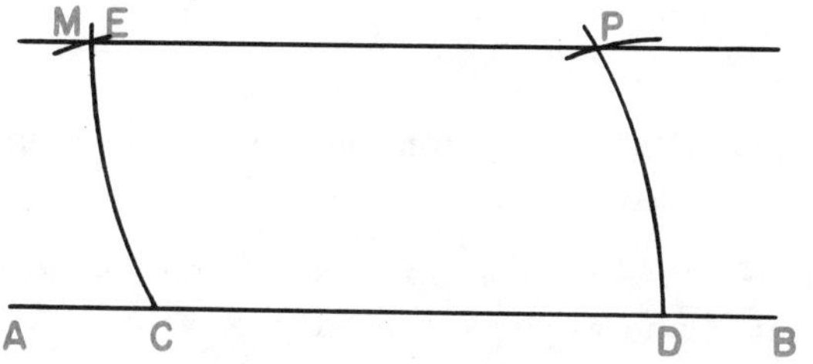

Fig. 44-A

La recta $\overleftrightarrow{PM}$ es paralela a la recta $\overleftrightarrow{AB}$ y pasa por *P*.

5) *Trazar la bisectriz de un ángulo.*

Sea el ángulo *ABC* (Fig. 44 B).

Haciendo centro en el vértice *B* se traza el arco $\frown MN$.

Con centro en *M* trazamos el arco *r* y con centro en *N* el arco *s*. Entonces *r* y *s* se cortan en *P*.

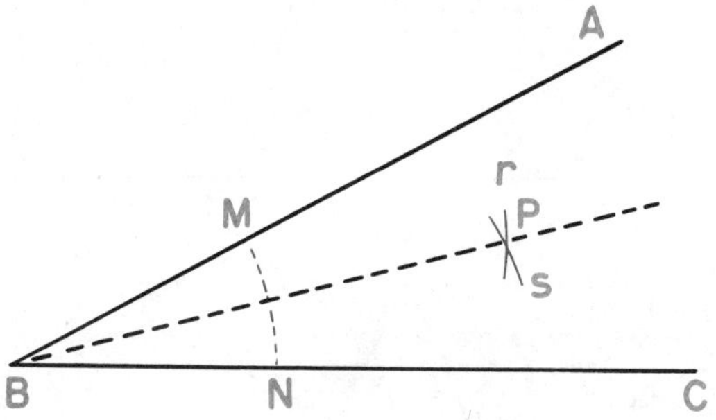

Fig. 44-B

La semirrecta $\overrightarrow{BP}$ es la bisectriz del ángulo *ABC*.

58. RECTAS CORTADAS POR UNA SECANTE. Al cortar dos rectas, $\overleftrightarrow{AB}$ y $\overleftrightarrow{CD}$ (Fig. 45) por una tercera recta $\overleftrightarrow{SS'}$ llamada secante, se forman 8 ángulos. 4 en cada punto de intersección.

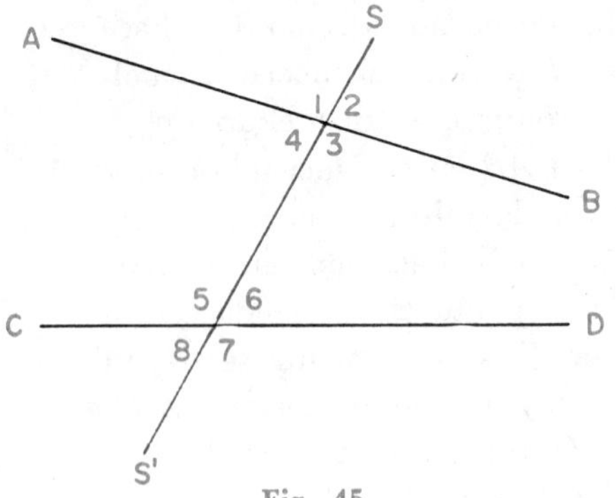

Fig. 45

59. ANGULOS INTERNOS. Son los ángulos $\angle 4$, $\angle 3$, $\angle 6$, $\angle 5$.

60. ANGULOS EXTERNOS. Son los ángulos $\angle 1$, $\angle 2$, $\angle 8$, $\angle 7$.

61. ANGULOS ALTERNOS. Son los pares de ángulos $\angle 3$ y $\angle 5$; $\angle 4$ y $\angle 6$; $\angle 1$ y $\angle 7$; $\angle 2$ y $\angle 8$.

Los ángulos alternos pueden ser:

1) alternos internos: $\angle 3$ y $\angle 5$; $\angle 4$ y $\angle 6$;

2) alternos externos: $\angle 1$ y $\angle 7$; $\angle 2$ y $\angle 8$:

62. ANGULOS CORRESPONDIENTES. Son los pares de ángulos $\angle 1$ y $\angle 5$; $\angle 2$ y $\angle 6$; $\angle 3$ y $\angle 7$; $\angle 4$ y $\angle 8$.

63. ANGULOS CONJUGADOS. Son dos ángulos internos, o dos externos, situados en un mismo semiplano respecto a la secante.

Los ángulos conjugados pueden ser:

1) conjugados internos: $\angle 3$ y $\angle 6$; $\angle 4$ y $\angle 5$;

2) conjugados externos: $\angle 2$ y $\angle 7$; $\angle 1$ y $\angle 8$:

64. PARALELAS CORTADAS POR UNA SECANTE. POSTULADO: "*Toda secante forma con dos paralelas ángulos correspondientes iguales*".

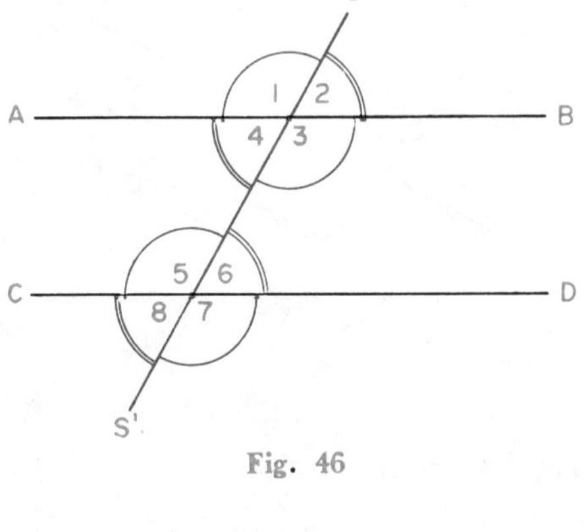

Fig. 46

Si $\overleftrightarrow{AB} \parallel \overleftrightarrow{CD}$, se verifica (Fig. 46);

$\angle 1 = \angle 5$ $\quad$ $\angle 3 = \angle 7$

$\angle 2 = \angle 6$ $\quad$ $\angle 4 = \angle 8$.

65. LEMA. Admitido el postulado anterior se demuestra que "*Si una se*

cante forma con dos rectas de un plano, ángulos correspondientes iguales, dichas rectas son paralelas".

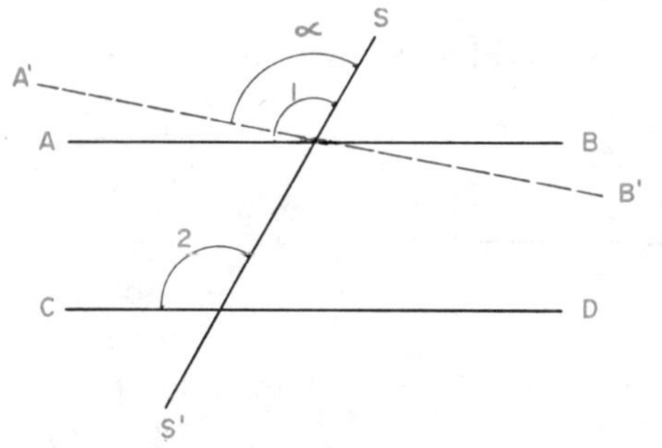

Fig. 47

HIPÓTESIS:
$\angle 1 = \angle 2$ (Fig. 47).

TESIS: $\overleftrightarrow{AB} \parallel \overleftrightarrow{CD}$.

DEMOSTRACIÓN *por el método de reducción al absurdo:* Supongamos que $\overleftrightarrow{AB}$ no es paralela a $\overleftrightarrow{CD}$. Entonces podremos trazar $\overleftrightarrow{A'B'} \parallel \overleftrightarrow{CD}$ (postulado de Euclides).

Tendríamos: $\angle \alpha = \angle 2$, en virtud del postulado.

Comparando esta igualdad con la hipótesis, tenemos:

$\angle \alpha = \angle 2$; $\angle 1 = \angle 2$ $\therefore$ $\angle \alpha = \angle 1$ (carácter transitivo).

Esta conclusión es absurda a menos que la recta $\overleftrightarrow{A'B'}$ coincida con la recta $\overleftrightarrow{AB}$. Luego $\overleftrightarrow{AB} \parallel \overleftrightarrow{CD}$, como se quería demostrar.

66. TEOREMA 8 **"Toda secante forma con dos paralelas ángulos alternos internos iguales".**

HIPÓTESIS: $\overleftrightarrow{AB} \parallel \overleftrightarrow{CD}$; $\overleftrightarrow{SS'}$ es una secante (Fig. 48);
$\angle 4$ y $\angle 6$, $\angle 3$ y $\angle 5$ son ángulos alternos internos.

TESIS:
$\angle 4 = \angle 6$;
$\angle 3 = \angle 5$.

DEMOSTRACIÓN:
$\angle 4 = \angle 2$
(opuestos por el vértice);
$\angle 2 = \angle 6$
(correspondientes);
$\therefore$ $\angle 4 = \angle 6$
(carácter transitivo).

Análogamente se demuestra que $\angle 3 = \angle 5$.

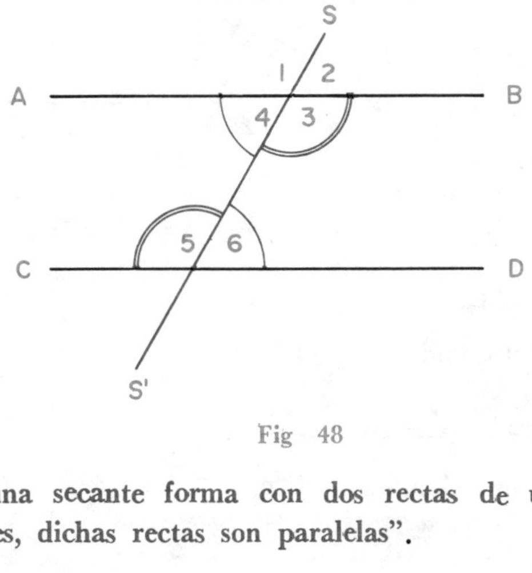

Fig 48

67. RECIPROCO. **"Si una secante forma con dos rectas de un plano ángulos alternos internos iguales, dichas rectas son paralelas".**

68 TEOREMA 9. "Toda secante forma con dos paralelas ángulos alternos externos iguales".

HIPÓTESIS: $\overleftrightarrow{AB} \parallel \overleftrightarrow{CD}$; $\overleftrightarrow{SS'}$ es una secante (Fig. 49);

$\left.\begin{array}{l}\angle 1 \text{ y } \angle 7 \\ \angle 2 \text{ y } \angle 8\end{array}\right\}$ ángulos alternos externos.

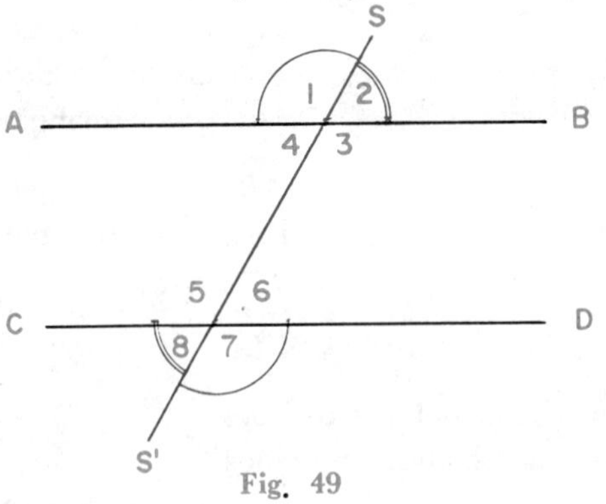

Fig. 49

TESIS:

$\angle 1 = \angle 7$;

$\angle 2 = \angle 8$.

DEMOSTRACIÓN:

$\angle 1 = \angle 3$ (1)
(opuestos por el vértice);

$\angle 3 = \angle 7$ (2)
(correspondientes);

Comparando (1) y (2): $\angle 1 = \angle 7$
(carácter transitivo).

Análogamente se demuestra que $\angle 2 = \angle 8$.

69. RECIPROCO. "Si una secante forma con dos rectas de un plano, ángulos alternos externos iguales, dichas rectas son paralelas".

70. TEOREMA 10. "Dos ángulos conjugados internos, entre paralelas, son suplementarios".

HIPÓTESIS: $\overleftrightarrow{AB} \parallel \overleftrightarrow{CD}$; $\overleftrightarrow{SS'}$ es una secante (Fig. 50);

$\left.\begin{array}{l}\angle 3 \text{ y } \angle 6 \\ \angle 4 \text{ y } \angle 5\end{array}\right\}$ conjugados internos

TESIS:

$\angle 3 + \angle 6 = 2R$;

$\angle 4 + \angle 5 = 2R$.

DEMOSTRACIÓN:

$\angle 5 + \angle 6 = 2R$ (1)
(por adyacentes);

$\angle 5 = \angle 3$ (2)
(por alternos internos).

Sustituyendo (2) en (1):

$\angle 3 + \angle 6 = 2R$.

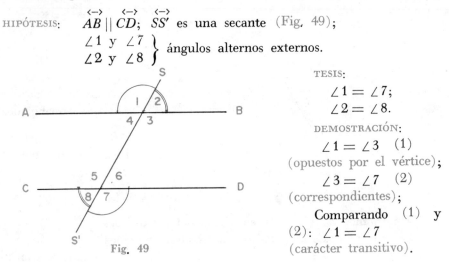

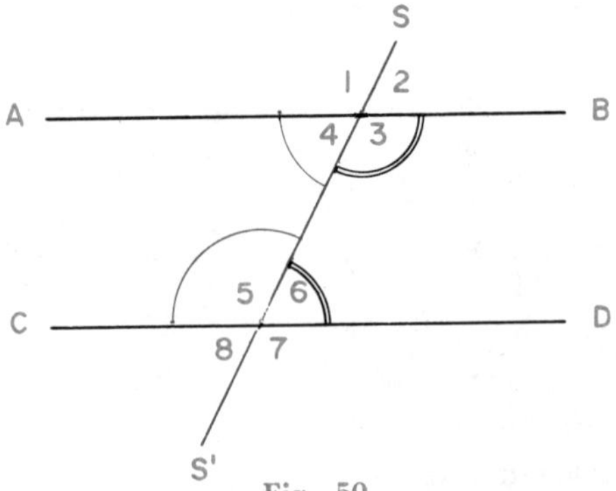

Fig. 50

Por el axioma que dice: *Un número se puede sustituir por otro igual en cualquier operación entre números.*

Análogamente se demuestra que $\angle 4 + \angle 5 = 2R$.

71. RECIPROCO. "Si una secante forma con dos rectas de un plano ángulos conjugados internos suplementarios, dichas rectas son paralelas"

72. TEOREMA 11. "Los ángulos conjugados externos, entre paralelas, son suplementarios".

HIPÓTESIS: $\overleftrightarrow{AB} \parallel \overleftrightarrow{CD}$; $\overleftrightarrow{SS'}$ es una secante (Fig. 51);

$\left.\begin{array}{l}\angle 1 \text{ y } \angle 8 \\ \angle 2 \text{ y } \angle 7\end{array}\right\}$ son ángulos conjugados externos.

TESIS:

$\angle 1 + \angle 8 = 2R$;

$\angle 2 + \angle 7 = 2R$.

DEMOSTRACIÓN:

$\angle 7 + \angle 8 = 2R$ (1) (por adyacentes);

$\angle 7 = \angle 1$ (2) (por alternos externos).

Sustituyendo (2) en (1):

$\angle 1 + \angle 8 = 2R$.

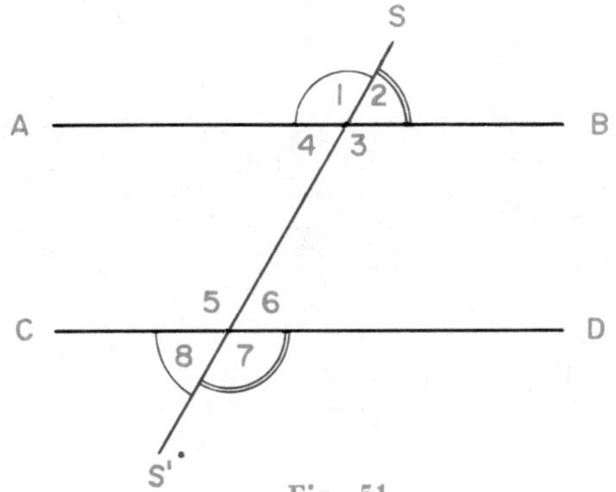

Fig. 51

Análogamente se demuestra que $\angle 2 + \angle 7 = 2R$.

73. RECIPROCO. "Si una secante forma con dos rectas de un plano ángulos conjugados externos suplementarios, dichas rectas son paralelas".

EJERCICIOS

(1) ¿Tiene la perpendicularidad la propiedad recíproca? ¿Y la propiedad idéntica? *R.:* Si; no.

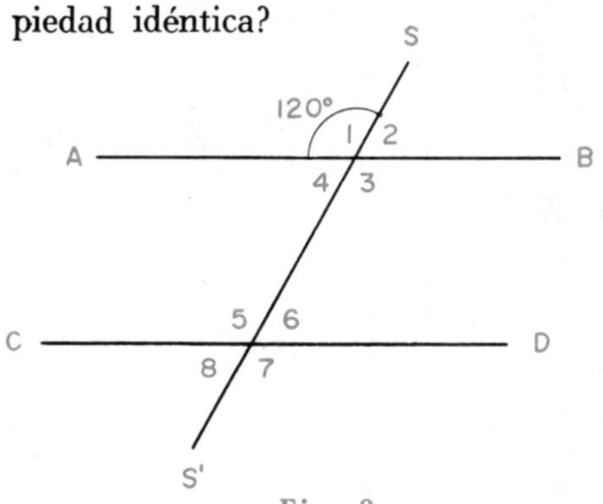

Ejer. 2

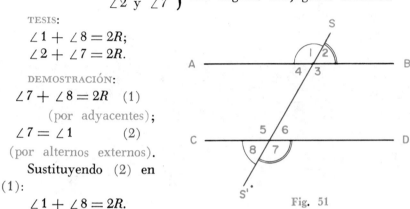

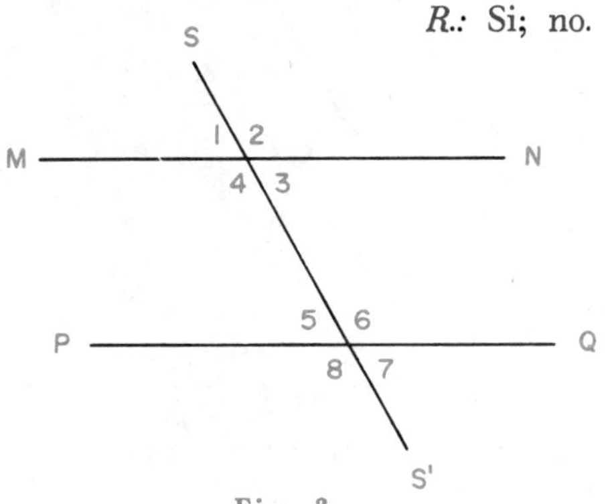

Ejer. 3

(2) Si $\overleftrightarrow{AB} \parallel \overleftrightarrow{CD}$, $\overleftrightarrow{SS'}$ es una secante y $\angle 1 = 120°$; hallar los otros ángulos.

R.: $\angle 2 = \angle 4 = \angle 6 = \angle 8 = 60°$;
$\angle 3 = \angle 5 = \angle 7 = 120°$.

(3) Si $\overleftrightarrow{MN} \parallel \overleftrightarrow{PQ}$. $\overleftrightarrow{SS'}$ es una secante y $\angle 7 = \frac{\angle 8}{2}$; hallar los otros ángulos.

R.: $\angle 1 = \angle 3 = \angle 5 = \angle 7 = 60°$;
$\angle 2 = \angle 4 = \angle 6 = \angle 8 = 120°$.

(4) Si $\overleftrightarrow{PQ} \parallel \overleftrightarrow{MN}$. $\overleftrightarrow{SS'}$ es una secante y $\angle 1 = 5x$, $\angle 6 = 13x$; hallar todos los ángulos.

R.: $\angle 1 = \angle 3 = \angle 5 = \angle 7 = 50°$;
$\angle 2 = \angle 4 = \angle 6 = \angle 8 = 130°$.

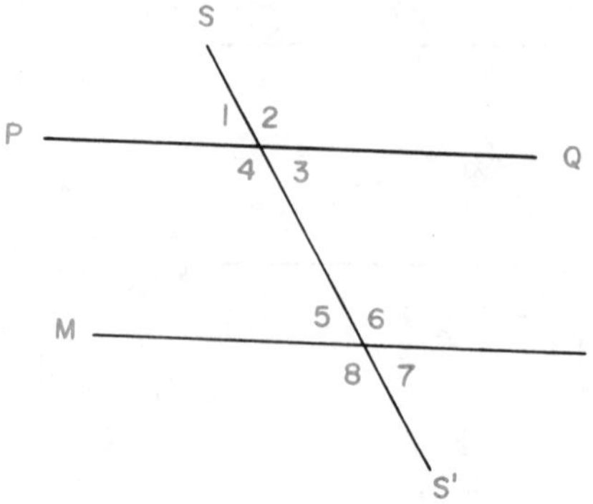

Ejer. 4

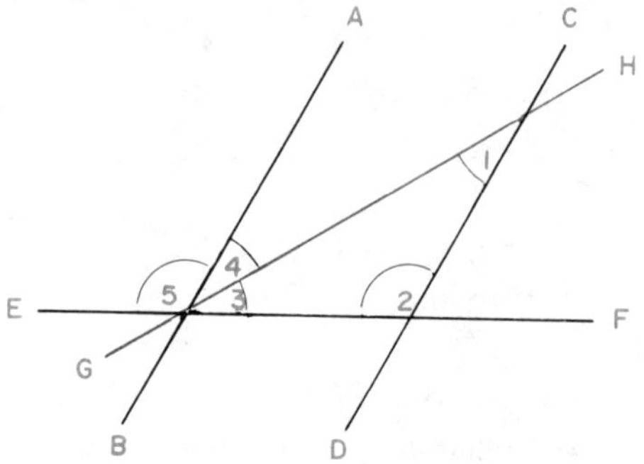

Ejer. 5

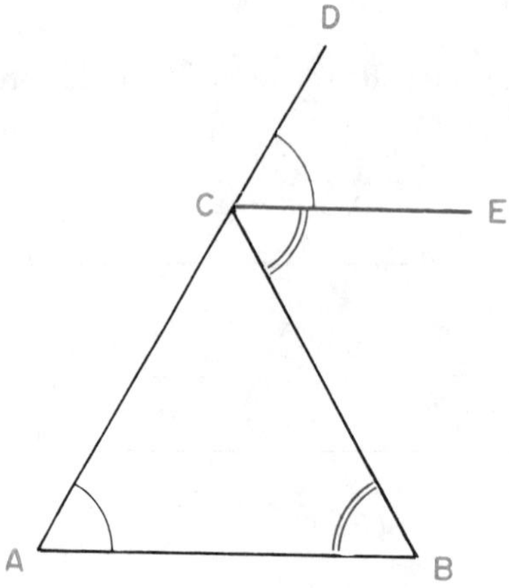

Ejer. 6

(5) Si $\overleftrightarrow{AB} \parallel \overleftrightarrow{CD}$, demostrar que:

$$\angle 1 + \angle 2 + \angle 3 = 2R.$$

(6) La recta $\overleftrightarrow{CE}$ es bisectriz del $\angle BCD$ y $\angle A = \angle B$.

Demostrar que:

$$\overleftrightarrow{EC} \parallel \overleftrightarrow{AB}.$$

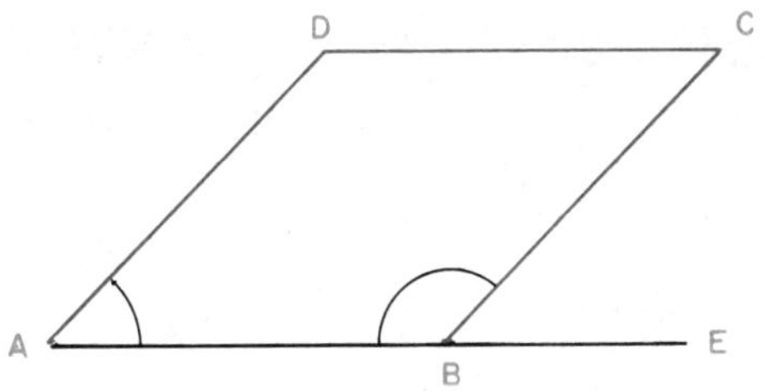

Ejer. 7

(7) Si $\overleftrightarrow{AD} \parallel \overleftrightarrow{BC}$,
$\overleftrightarrow{CD} \parallel \overleftrightarrow{AB}$,
$\angle BAD = 2x$
y $\angle ABC = 6x$;
hallar: $\angle ABC$; $\angle BCD$; $\angle CDA$; $\angle DAB$.

R.:
$\angle ABC = \angle CDA = 135°$;
$\angle BCD = \angle DAB = 45°$.

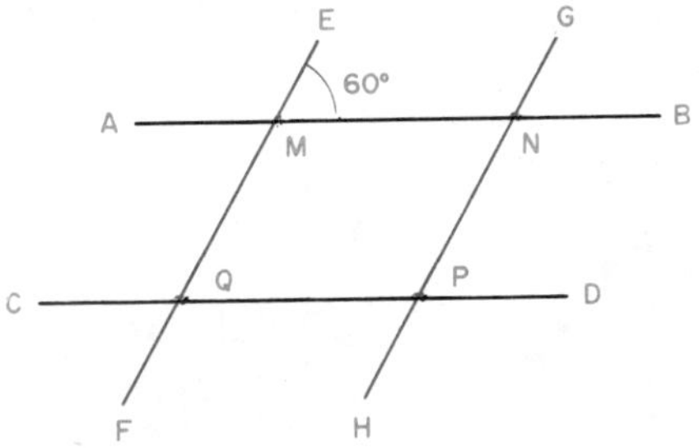

Ejer. 8

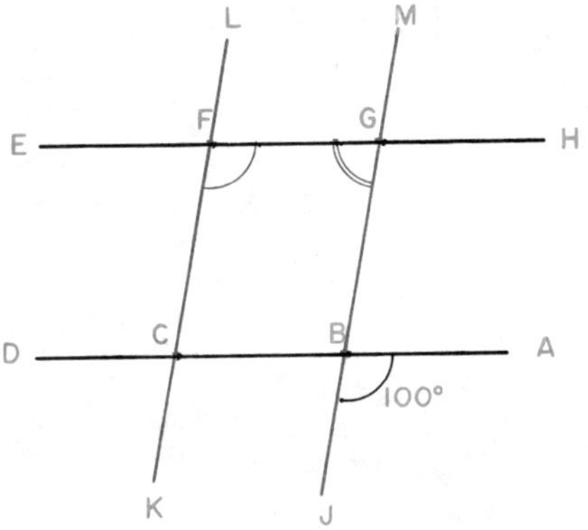

Ejer. 9

(8) Si $\overleftrightarrow{AB} \parallel \overleftrightarrow{CD}$; $\overleftrightarrow{EF} \parallel \overleftrightarrow{GH}$ y $\angle EMN = 60°$; Hallar $\angle HPD$.
R.: $\angle HPD = 120°$.

(9) Si $\overleftrightarrow{EH} \parallel \overleftrightarrow{DA}$;
$\overleftrightarrow{LK} \parallel \overleftrightarrow{MJ}$
y $\angle ABJ = 100°$;
hallar: $\angle FGB$ y $\angle CFG$.

R.: $\angle FGB = 80°$;
$\angle CFG = 100°$.

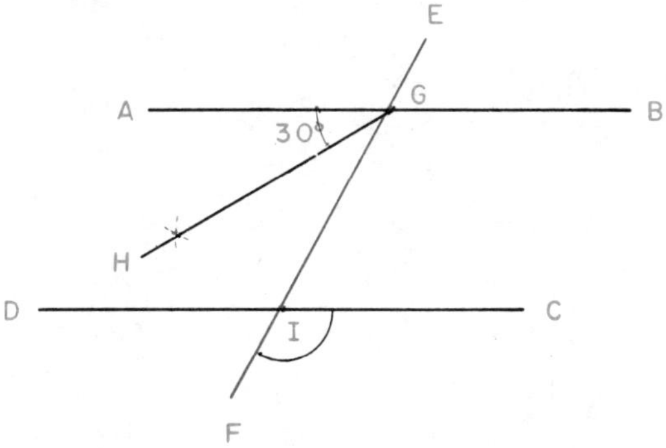

Ejer. 10

(10) Si $\overleftrightarrow{AB} \parallel \overleftrightarrow{CD}$,
$\overleftrightarrow{EF}$ es una secante,

$\overleftrightarrow{GH}$ es bisectriz del $\angle AGI$

y $\quad \angle AGH = 30°$;

hallar $\angle CIF$.

R.: $\angle CIF = 120°$.

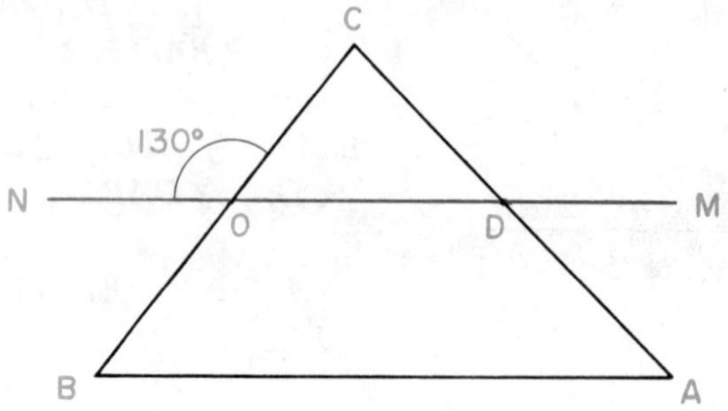

Ejer. 11

(11) Si $\overleftrightarrow{AB} \parallel \overleftrightarrow{MN}$

y $\quad \angle CON = 130°$;

hallar $\angle ABC$.

R.: $\angle ABC = 50°$.

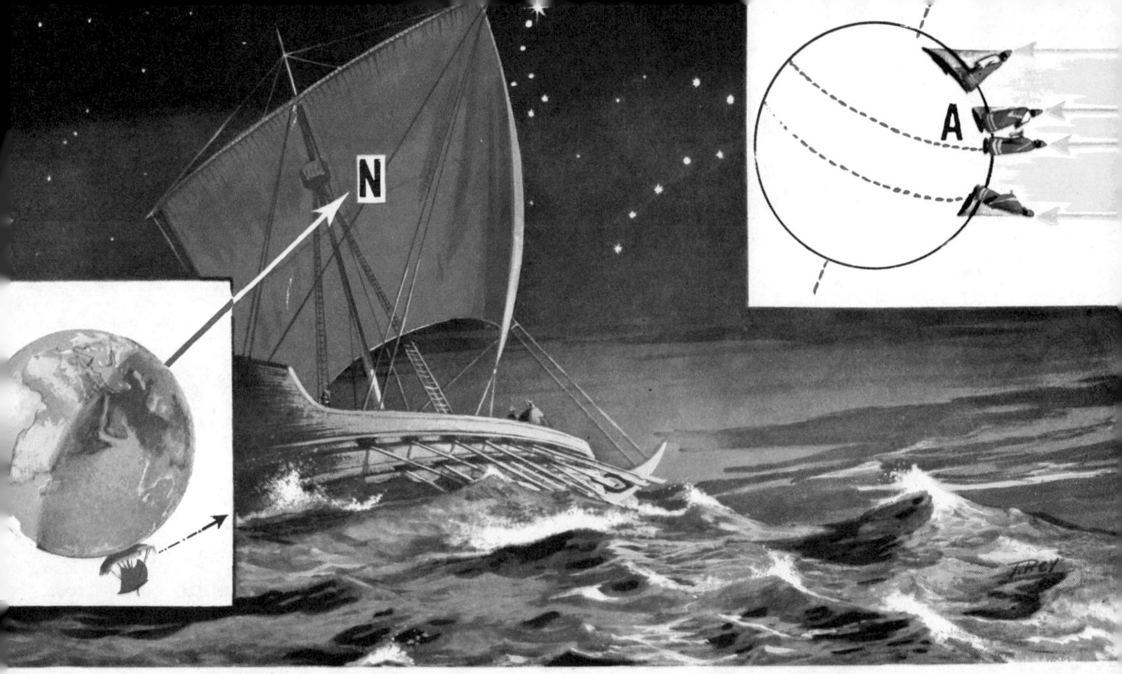

OS FENICIOS. Hacia el año 1.500 a. d. C. los fe- cios recorrían el Mediterráneo vendiendo toda ase de mercancías. La navegación les dio valiosas periencias sobre el Cielo y la Tierra, que nin- ín otro pueblo había tenido antes. Sabían que la Tierra era esférica, por la observación de los barcos que aparecían en el horizonte: mástiles y velas en primer lugar. Descubrieron la estrella polar y observaron la posición de las sombras proyectadas por un cuerpo iluminado por el Sol.

4

Angulos con lados paralelos o perpendiculares

74. TEOREMA 12. "Dos ángulos que tienen sus lados respectivamente paralelos y dirigidos en el mismo sentido son iguales".

HIPÓTESIS: $\overrightarrow{BA} \parallel \overrightarrow{B'A'}$; (Fig. 52).

$\overrightarrow{BC} \parallel \overrightarrow{B'C'}$;

$\angle ABC$ y $\angle A'B'C'$ tienen sus lados dirigidos en el mismo sentido.

TESIS: $\angle ABC = \angle A'B'C'$.

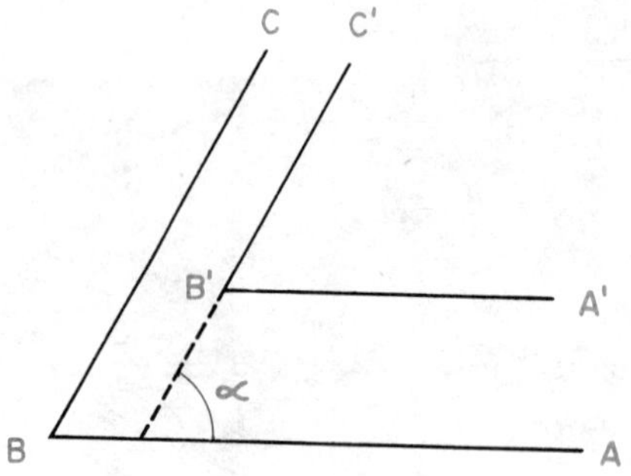

Fig. 52

Construcción auxiliar: Prolonguemos el lado $\overrightarrow{C'B'}$ hasta que corte al lado $\overrightarrow{BA}$ formándose el $\angle \alpha$.

$\angle ABC = \angle \alpha$;

(por correspondientes);

$\angle A'B'C' = \angle \alpha$;

(por correspondientes);

$\therefore \quad \angle ABC = \angle A'B'C'$;

(carácter transitivo).

75. TEOREMA 13. **"Dos ángulos que tienen sus lados respectivamente paralelos y dirigidos en sentido contrario, son iguales".**

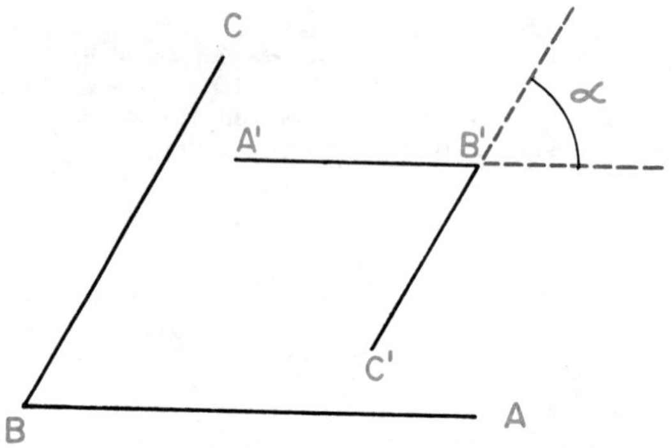

Fig. 53

HIPÓTESIS:

$\overrightarrow{BA} \parallel \overrightarrow{B'A'}$; (Fig. 53)

$\overrightarrow{BC} \parallel \overrightarrow{B'C'}$.

$\angle ABC$ y $\angle A'B'C'$ tienen sus lados dirigidos en sentido contrario.

TESIS:

$\angle ABC = \angle A'B'C'$.

Construcción auxiliar: Prolonguemos los lados $\overrightarrow{A'B'}$ y $\overrightarrow{C'B'}$ para formar el $\angle \alpha$.

DEMOSTRACIÓN.

$\angle ABC = \angle \alpha$;	Por tener lados paralelos y dirigidos en el mismo sentido.
$\angle A'B'C' = \angle \alpha$;	Opuestos por el vértice.
$\therefore \quad \angle ABC = \angle A'B'C'$;	Carácter transitivo.

76. TEOREMA 14. **"Si dos ángulos tienen sus lados respectivamente paralelos, dos de ellos dirigidos en el mismo sentido, y los otros dos en sentido contrario, dichos ángulos son suplementarios"**

HIPÓTESIS: $\overrightarrow{BA} \parallel \overrightarrow{B'A'}$ y en sentido contrario (Fig. 54)

$\overrightarrow{BC} \parallel \overrightarrow{B'C'}$ y en el mismo sentido.

TESIS: $\angle ABC + \angle A'B'C' = 2R$.

Construcción auxiliar: Prolonguemos $\overleftrightarrow{A'B'}$ formándose el ángulo α.

DEMOSTRACIÓN:

$\angle A'B'C' + \angle \alpha = 2R$ (1) (por adyacentes);

$\angle \alpha = \angle ABC$ (2) (por tener lados paralelos y del mismo sentido).

Sustituyendo (2) en (1) tenemos: Por el axioma: *Un número se puede sustituir por otro igual en cualquier operación entre números.*

$\angle A'B'C' + \angle ABC = 2R$.

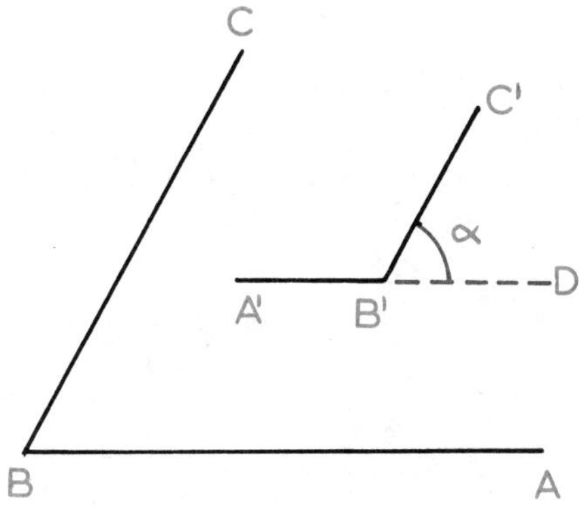

Fig. 54

77. TEOREMA 15. "Dos ángulos agudos cuyos lados son respectivamente perpendiculares son iguales".

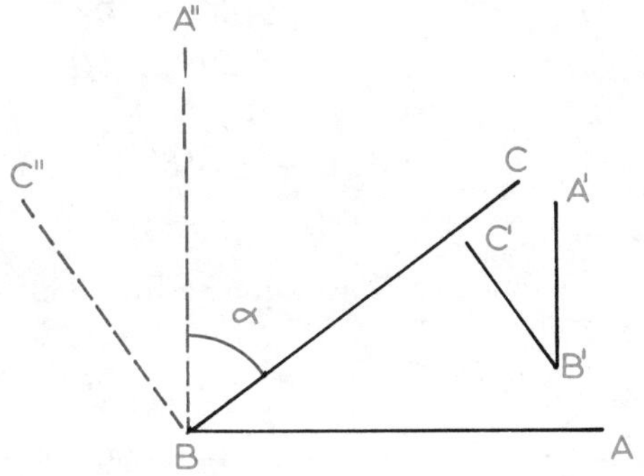

Fig. 55

HIPÓTESIS:

$\overrightarrow{BA} \perp \overrightarrow{B'A'}$ (Fig. 55).

$\overrightarrow{BC} \perp \overrightarrow{B'C'}$;

$\angle ABC < 1R$;

$\angle A'B'C' < 1R$.

TESIS:

$\angle ABC = \angle A'B'C'$.

Construcción auxiliar: Tracemos por B las semirrectas $\overrightarrow{BA''} \parallel \overrightarrow{B'A'}$ y $\overrightarrow{BC''} \parallel \overrightarrow{B'C'}$ de manera que $\angle A''BC'' = \angle A'B'C'$ por tener lados paralelos y del mismo sentido. Además se forma el $\angle \alpha$.

DEMOSTRACIÓN:

$\angle C''BA'' + \angle \alpha = 1R$, por ser $\overleftrightarrow{BC} \perp \overleftrightarrow{B'C'}$ y $\overleftrightarrow{BC''} \parallel \overleftrightarrow{B'C'}$, según el Art. 54 es $\overleftrightarrow{BC} \perp \overleftrightarrow{BC''}$.

Trasponiendo:

$\angle C''BA'' = 1R - \angle \alpha$ (1)

$\angle ABC + \angle \alpha = 1R$, por ser $\overleftrightarrow{BA} \perp \overleftrightarrow{B'A'}$ y $\overleftrightarrow{BA''} \parallel \overleftrightarrow{B'A'}$ es, según el Art. 54, $\overleftrightarrow{BA''} \perp \overleftrightarrow{BA}$.

Trasponiendo:

$\angle ABC = 1R - \angle \alpha$ (2).

Comparando (1) y (2):

$\angle C''BA'' = \angle ABC$ (3); Carácter transitivo.

Pero:

$\angle C''BA'' = \angle A'B'C'$ (4); Lados paralelos en el mismo sentido.

Sustituyendo (4) en (3), tenemos:

$$\angle A'B'C' = \angle ABC.$$

78. TEOREMA 16. "Dos ángulos, uno agudo y otro obtuso, que tienen sus lados respectivamente perpendiculares son suplementarios".

HIPÓTESIS:

$\overleftrightarrow{B'A'} \perp \overleftrightarrow{BA}$; (Fig. 56)

$\overleftrightarrow{B'C'} \perp \overleftrightarrow{BC}$;

$\angle ABC < 1R$;

$\angle A'B'C' > 1R$.

TESIS:

$$\angle ABC + \angle A'B'C' = 2R.$$

Construcción auxiliar: Prolonguemos $\overleftrightarrow{A'B'}$ hasta que se forme el $\angle \alpha$.

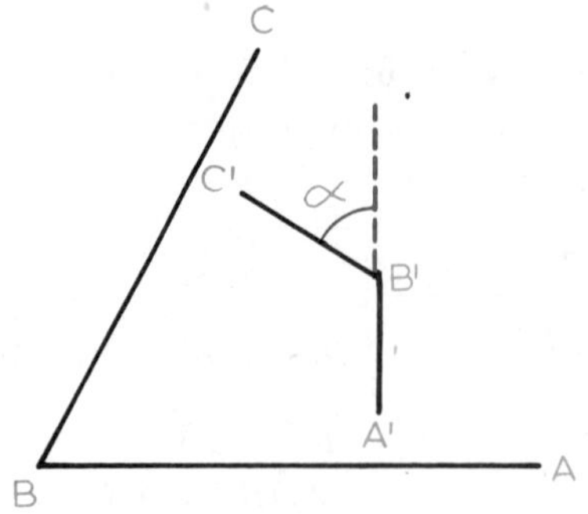

Fig. 56

DEMOSTRACIÓN:

$\angle ABC = \angle \alpha$ (1); Por tener lados perpendiculares y ser los dos ángulos agudos.

$\angle A'B'C' + \alpha = 180°$ (2). Por adyacentes.

Sustituyendo (1) en (2) resulta: $\angle A'B'C' + \angle ABC = 180°$;

79. TEOREMA 17. "Dos ángulos obtusos que tienen sus lados respectivamente perpendiculares son iguales" (Fig. 57)

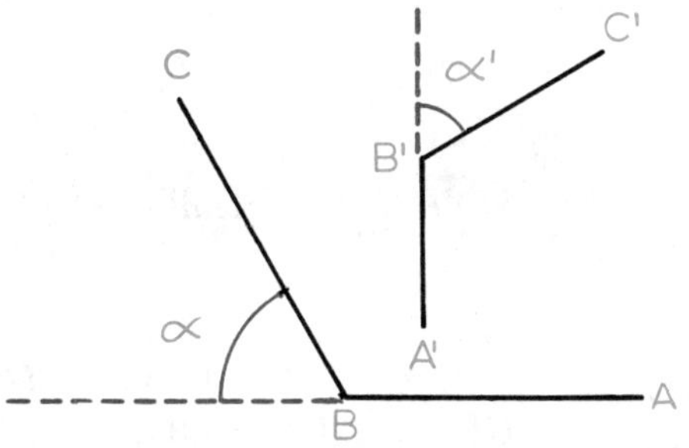

Fig. 57

HIPÓTESIS:

$\overleftrightarrow{B'A'} \perp \overleftrightarrow{BA}$;

$\overleftrightarrow{B'C'} \perp \overleftrightarrow{BC}$;

$\angle ABC > 1R$;

$\angle A'B'C' > 1R$.

TESIS:

$\angle ABC = \angle A'B'C'$.

Construcción auxiliar.

Prolonguemos $\overleftrightarrow{AB}$ y $\overleftrightarrow{A'B'}$, formándose los ángulos: $\angle \alpha$ y $\angle \alpha'$, que son iguales por ser agudos y tener sus lados respectivamente perpendiculares.

DEMOSTRACIÓN:

$\angle ABC + \angle \alpha = 2R$;		Adyacentes.
Trasponiendo:		
$\angle ABC = 2R - \angle \alpha$	(1).	
También:		
$\angle A'B'C' = 2R - \angle \alpha'$	(2).	
Pero: $\angle \alpha' = \angle \alpha$	(3).	Por agudos y lados perpendiculares.
Sustituyendo (3) en (2):		
$\angle A'B'C' = 2R - \angle \alpha$	(4).	
Comparando (1) y (4), tenemos:		
$\angle ABC = \angle A'B'C'$;		Carácter transitivo.

EJERCICIOS

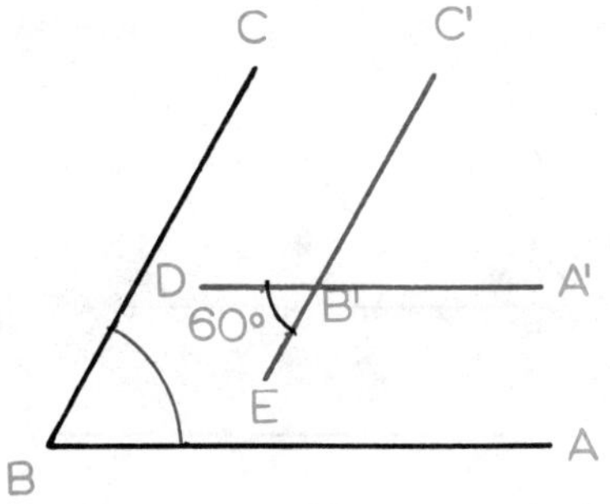

Ejer 1

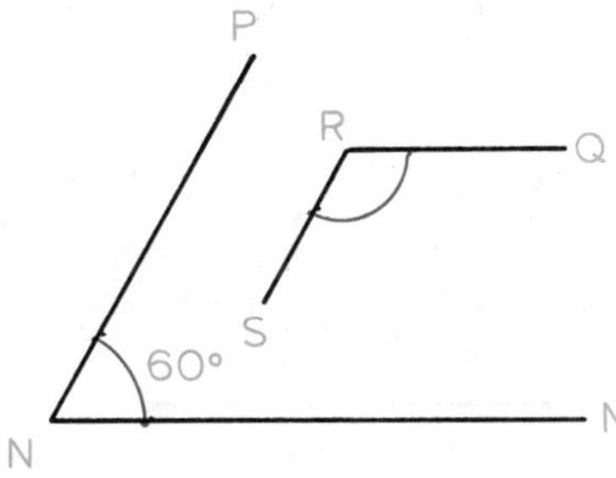

Ejer 2

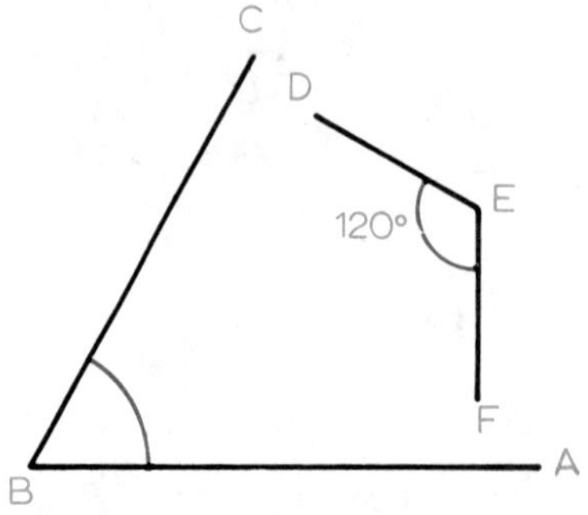

Ejer. 3

(1)

$\overleftrightarrow{AB} \parallel \overleftrightarrow{A'B'}$; $\overleftrightarrow{BC} \parallel \overleftrightarrow{B'C'}$, $\angle EB'D = 60°$. Hallar el $\angle ABC$.

R.: $\angle ABC = 60°$.

(2)

$\overleftrightarrow{PN} \parallel \overleftrightarrow{RS}$; $\overleftrightarrow{MN} \parallel \overleftrightarrow{RQ}$,

$\angle MNP = 60°$. Hallar $\angle QRS$.

R.: $\angle QRS = 120°$.

(3)

$\overline{EF} \perp \overline{AB}$, $\overline{DE} \perp \overline{BC}$,
$\angle DEF = 120°$. Hallar $\angle ABC$.

R.: $\angle ABC = 60°$.

(4) $\overleftrightarrow{TU} \perp \overleftrightarrow{RQ}$; $\overleftrightarrow{UV} \perp \overleftrightarrow{RS}$; $\angle WUX = 30°$. Hallar $\angle QRS$.

R.: $\angle QRS = 30°$.

(5)

$\overleftrightarrow{AB} \parallel \overleftrightarrow{PQ}$: $\overleftrightarrow{BC} \parallel \overleftrightarrow{MN}$,
$\angle ABC = 70°$.

Hallar: $\angle MOP$, $\angle NOP$, $\angle NOQ$ y $\angle MOQ$.

R.: $\angle MOP = 70°$; $\angle NOP = 110°$; $\angle NOQ = 70°$; $\angle MOQ = 110°$.

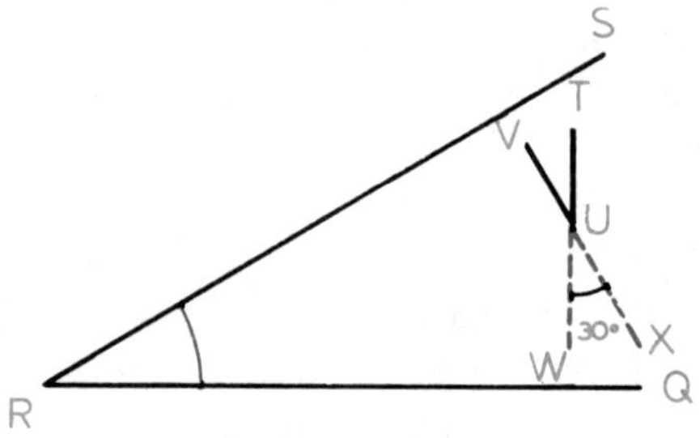

Ejer. 4

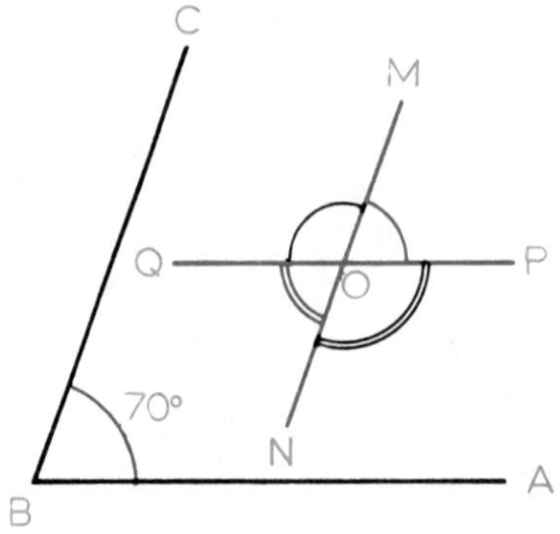

Ejer. 5

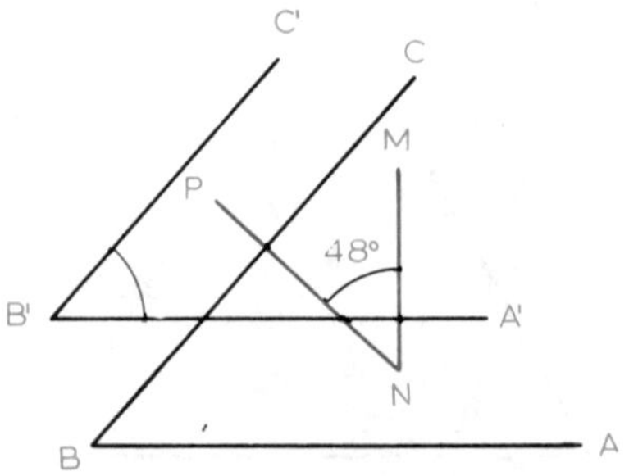

Ejer 6

(6)

$$\overleftrightarrow{A'B'} \parallel \overleftrightarrow{AB},\ \overleftrightarrow{B'C'} \parallel \overleftrightarrow{BC},$$
$$\overleftrightarrow{MN} \perp \overleftrightarrow{AB},\ \overleftrightarrow{NP} \perp \overleftrightarrow{BC},$$
$$\angle MNP = 48°.$$

Hallar $\angle A'B'C'$.

R.: $\angle A'B'C' = 48°$.

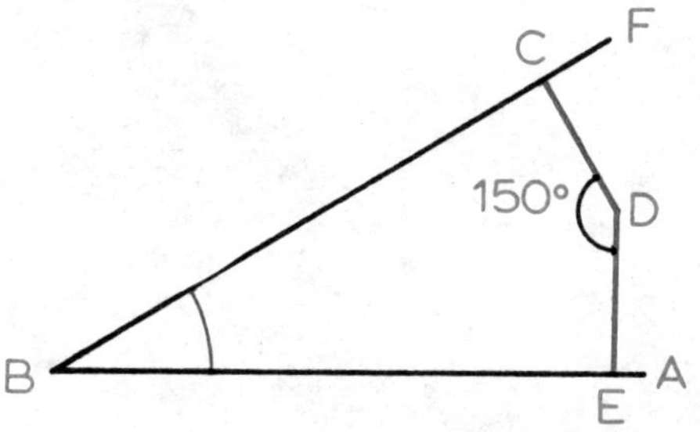

Ejer 7

(7)

$$\overleftrightarrow{AB} \perp \overleftrightarrow{ED};\ \overleftrightarrow{BF} \perp \overleftrightarrow{CD};$$
$$\angle CDE = 150°..$$

Hallar $\angle ABC$.

R.: $\angle ABC = 30°$.

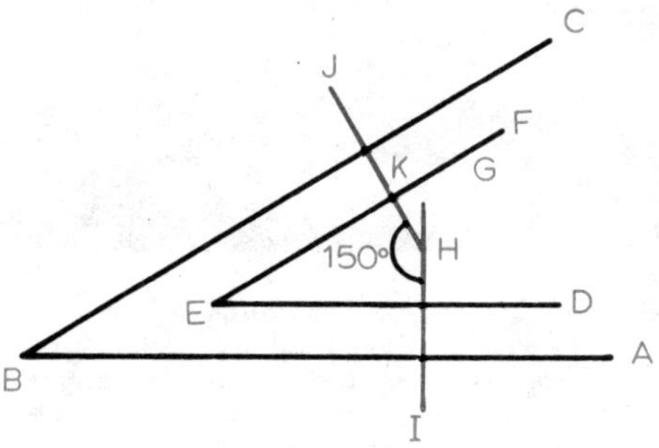

Ejer. 8

(8)

$$\overleftrightarrow{AB} \parallel \overleftrightarrow{ED};\ \overleftrightarrow{BC} \parallel \overleftrightarrow{EF};$$
$$\overleftrightarrow{HI} \perp \overleftrightarrow{ED};\ \overleftrightarrow{HK} \perp \overleftrightarrow{EF};$$
$$\angle JHI = 150°.$$

Hallar $\angle ABC$.

R.: $\angle ABC = 30°$.

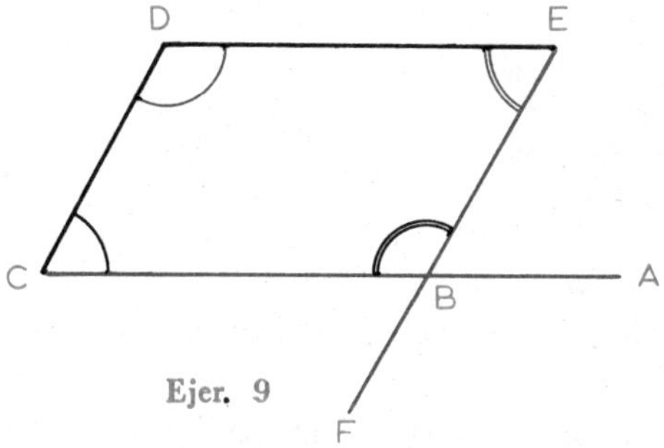

Ejer. 9

(9)

$$\overleftrightarrow{AC} \parallel \overleftrightarrow{DE};\ \overline{EF} \parallel \overline{CD};$$
$$\angle EBC = 2\ \angle BED.$$

Hallar:

$\angle B$, $\angle C$, $\angle D$, $\angle E$.

R.:

$\angle B = 120°$; $\angle D = 120°$;
$\angle C = 60°$; $\angle E = 60°$.

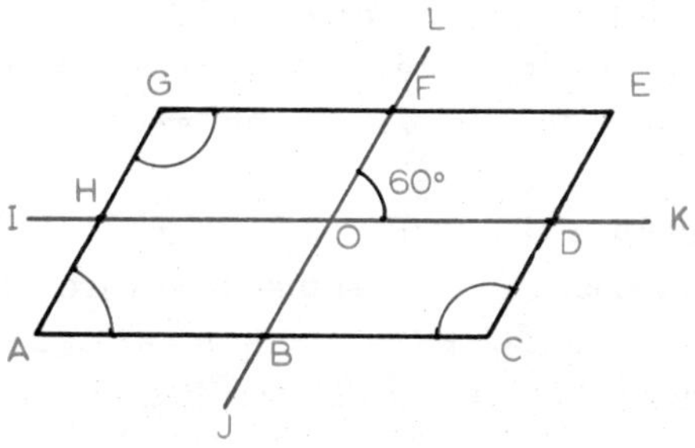

Ejer. 10

(10)

$$\overleftrightarrow{GE} \parallel \overleftrightarrow{AC} \parallel \overleftrightarrow{IK};$$
$$\overleftrightarrow{AG} \parallel \overleftrightarrow{CE} \parallel \overleftrightarrow{JL};$$
$$\angle FOD = 60°.$$

Hallar:

$\angle A$, $\angle C$, $\angle E$, $\angle G$.

R.:

$\angle A = 60°$; $\angle C = 120°$;
$\angle E = 60°$; $\angle G = 120°$.

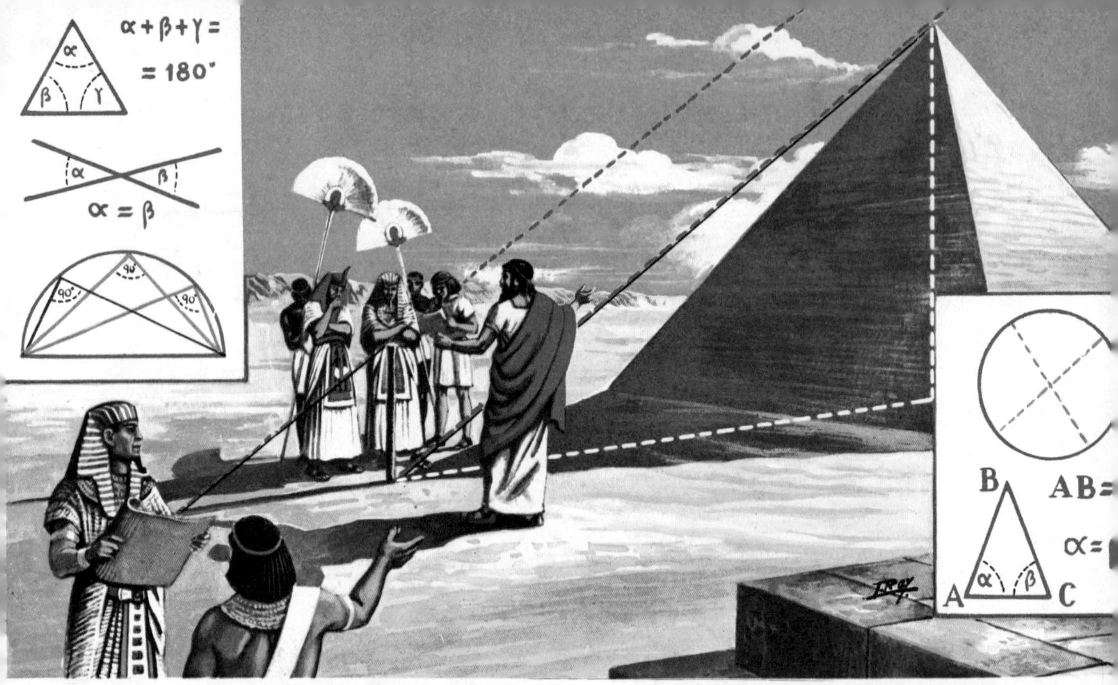

THALES DE MILETO (640-545 ó 546). Fue el primer geómetra griego y uno de los siete sabios de Grecia. Tuvo como discípulo y protegido a Pitágoras. En la ilustración son gráficamente mostrados algunos axiomas enseñados por él: La suma de los 3 ángulos de un triángulo es = dos rect[...] o sea 180°. Los ángulos opuestos por el vérti[...] son iguales. Todos los ángulos inscritos en una s[...]micircunferencia son rectos. Cualquier diámetro [...]vide exactamente al círculo en 2 partes igual[...]

5

Triángulos y generalidades

80. TRIANGULO. Es la porción de plano limitado por tres rectas que se cortan dos a dos (Fig. 58).

Los puntos de intersección son los vértices del triángulo: A, B y C.

Los segmentos determinados, son los lados del triángulo: a, b y c.

Los lados forman los ángulos interiores que se nombran por las letras de los vértices. El lado opuesto a un ángulo, se nombra con la misma letra pero minúscula.

Un triángulo tiene elementos: 3 ángulos, 3 lados y 3 vértices.

Se llama *perímetro* de un triángulo a la suma de sus tres lados.

En el triángulo ABC: $\overline{AB} + \overline{BC} + \overline{CA} = a + b + c = 2\,p$

donde p representa al semiperímetro (mitad del perímetro).

81. CLASIFICACION DE LOS TRIANGULOS. *a*) Atendiendo a sus lados:

Triángulo isósceles.— es el que tiene dos lados iguales (Fig. 59).

Más adelante veremos que los ángulos opuestos a dichos lados, también son iguales. Es decir:

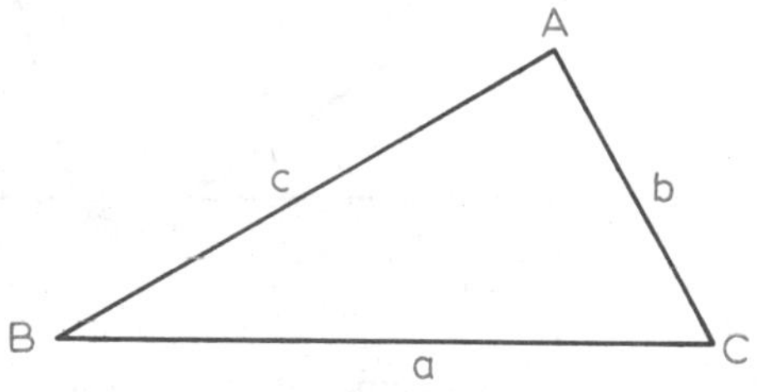

Fig. 58

Si $\overline{AB} = \overline{BC}$, también $\angle A = \angle C$.

El lado desigual se suele llamar *base* del triángulo.

Triángulo equilátero. Es el que tiene sus tres lados iguales (Fig. 60). Los tres ángulos también son iguales.

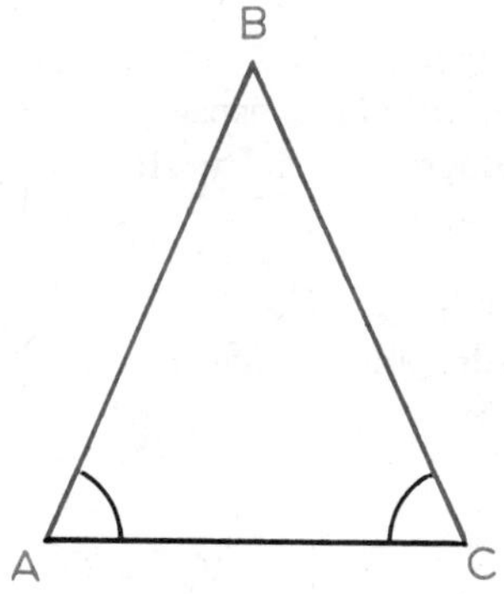

Fig. 59

$\overline{AB} = \overline{BC}$

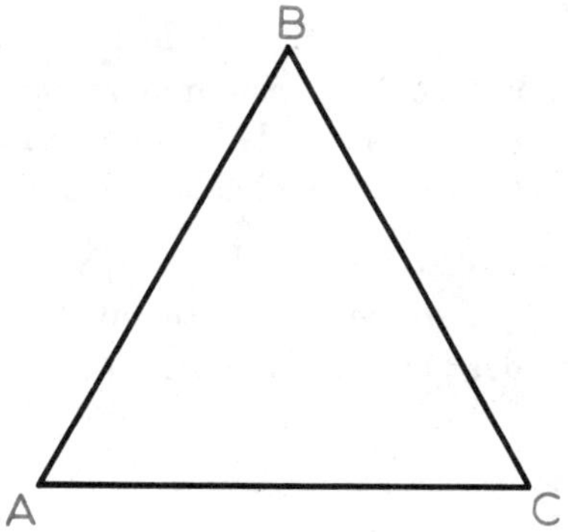

Fig. 60

$\overline{AB} = \overline{BC} = \overline{CA}$.

Triángulo escaleno. Es el que tiene sus tres lados diferentes (Fig. 61). $\overline{AB} \neq \overline{AC} \neq \overline{BC}$; $\angle A \neq \angle B \neq \angle C$. Sus ángulos son también desiguales.

b) Atendiendo a sus ángulos:

Acutángulo. Es el que tiene los tres ángulos agudos (Fig. 62).

$\angle A < 1R$; $\angle B < 1R$; $\angle C < 1R$.

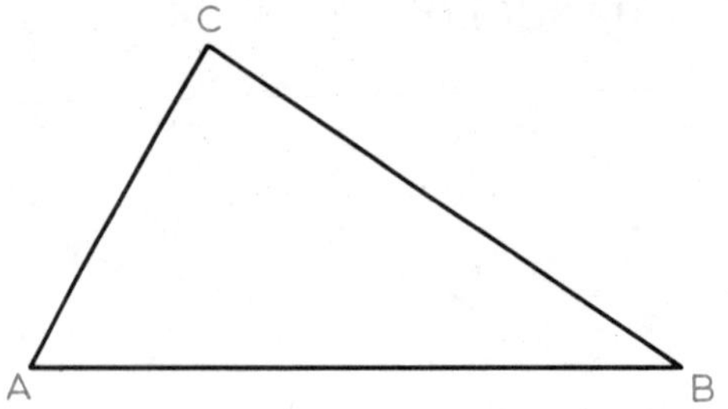

Fig. 61

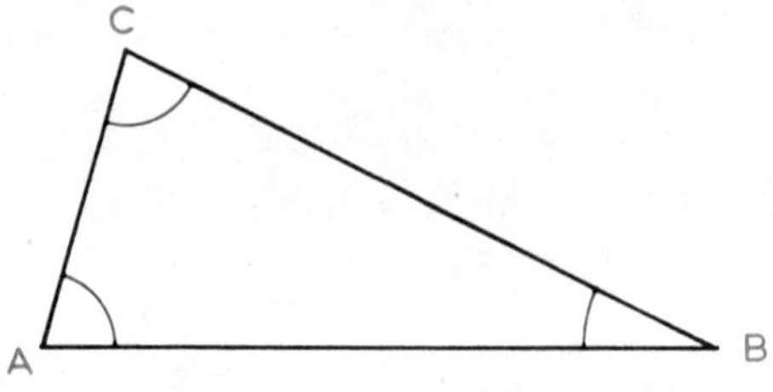

Fig. 62

Obtusángulo. Es el que tiene un ángulo obtuso (Fig. 63): $\angle A > 1R$.

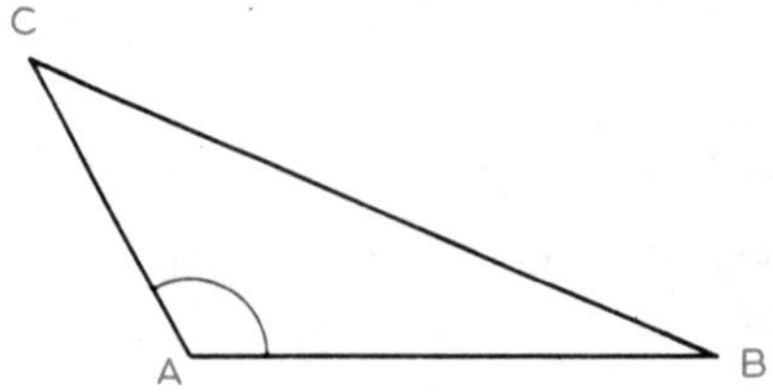

Fig. 63

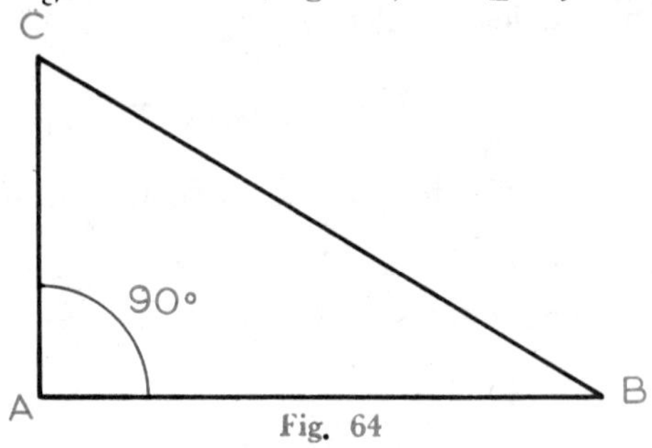

Fig. 64

Rectángulo. Es el que tiene un ángulo recto (Fig. 64): $\angle A = 1R$.
Los lados del triángulo rectángulo reciben nombres especiales:
Catetos son los lados que forman el ángulo recto: $\overline{AB}$ y $\overline{AC}$.
Hipotenusa es el lado opuesto al ángulo recto: $\overline{BC}$.

82. RECTAS Y PUNTOS NOTABLES EN EL TRIANGULO:

a) *Mediana:* es el segmento trazado desde un vértice hasta el punto medio del lado opuesto: $\overline{AR}$, $\overline{BP}$ y $\overline{CQ}$ (Fig. 65).

$$\overline{AP} = \overline{PC};$$
$$\overline{AQ} = \overline{BQ};$$
$$\overline{BR} = \overline{CR}.$$

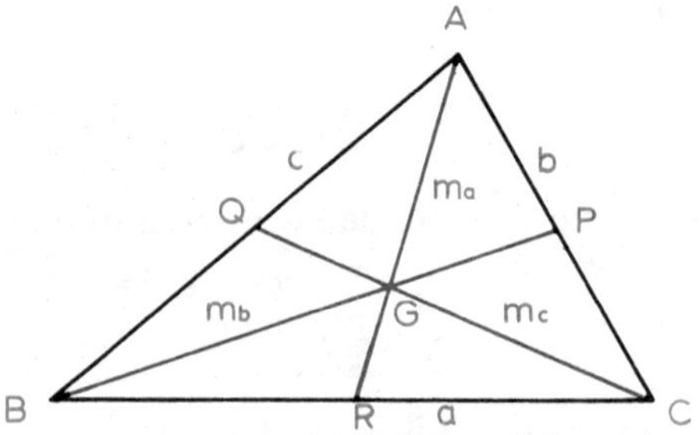

Fig 65

Hay tres medianas, una correspondiente a cada lado. Se designan con la letra "*m*" y un subíndice que indica el lado:

$$\overline{AR} = m_a;$$
$$\overline{BP} = m_b;$$
$$\overline{CQ} = m_c.$$

El punto de intersección, G, de las tres medianas se llama *baricentro*.

b) *Altura.* Es la perpendicular trazada desde un vértice, al lado opuesto o a su prolongación: $\overline{AM}$, $\overline{BP}$ y $\overline{CN}$ (Fig 66-A).

Hay tres alturas, una correspondiente a cada lado. Se designan con la letra "h" y un subíndice que indica el lado (Fig. 66-B).

$$\overline{AM} = h_a;$$
$$\overline{BP} = h_b;$$
$$\overline{CN} = h_c.$$

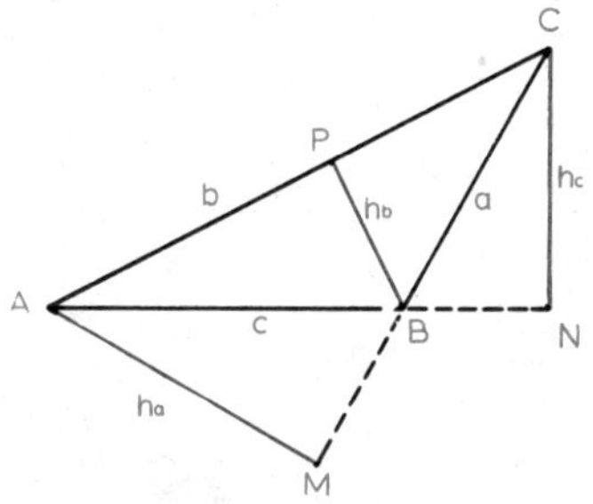

Fig. 66-A

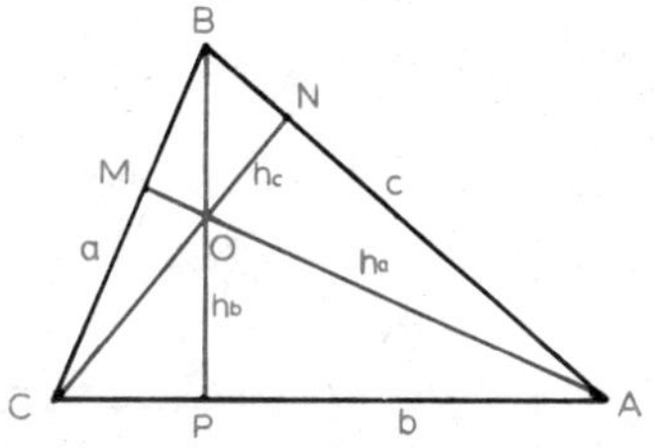

Fig. 66-B

El punto O donde concurren las tres alturas se llama *ortocentro*.

c) *Bisectriz.* Es la recta notable que corresponde a la bisectriz de un ángulo interior. Consecuentemente hay tres bisectrices, una para cada ángulo, que se nombran generalmente con letras griegas: α (alfa), β (beta), γ (gamma) (Fig. 67)

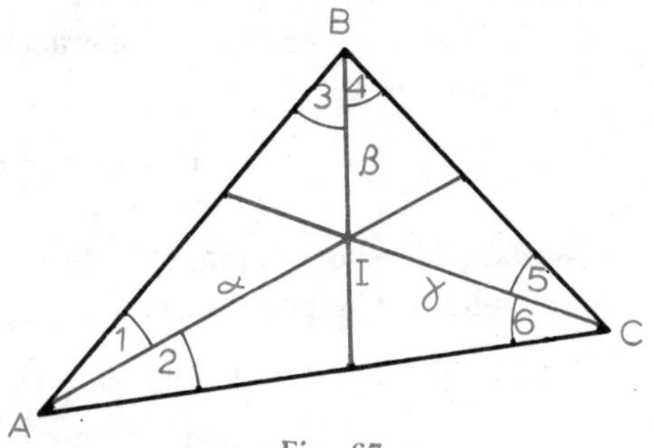

Fig 67

$$\angle 1 = \angle 2;$$
$$\angle 3 = \angle 4;$$
$$\angle 5 = \angle 6.$$

El punto I donde concurren las tres bisectrices, se llama *incentro*.

d) *Mediatriz* Es la perpendicular en el punto medio de cada lado. Hay tres mediatrices que

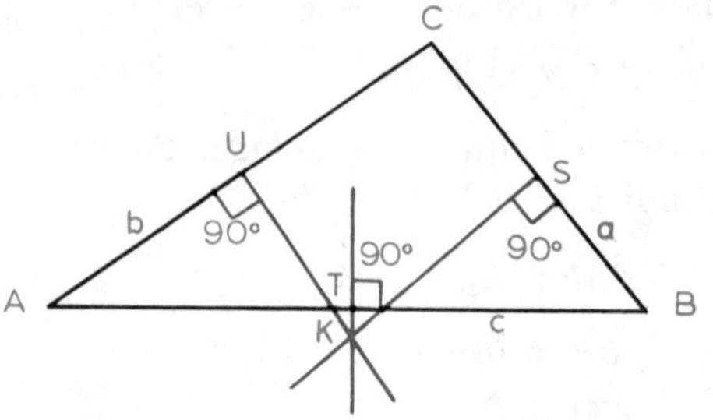

Fig. 68

se denominan con la letra "M" y un subíndice que indica el lado (Fig. 68):

$$\overline{KS} = M_a;$$
$$\overline{KU} = M_b;$$
$$\overline{KT} = M_c.$$

El punto K de intersección de las tres mediatrices, se llama *circuncentro*.

83. TEOREMA 18. "La suma de los tres ángulos interiores de un triángulo vale dos ángulos rectos".

HIPÓTESIS: $\angle A$, $\angle B$ y $\angle C$ son los ángulos interiores del $\triangle ABC$ (figura 69).

TESIS:

$$\angle A + \angle B + \angle C = 2R.$$

Construcción auxiliar. Tracemos por el vértice C, $\overleftrightarrow{MN} \parallel \overleftrightarrow{AB}$ formándose los $\angle x$, $\angle y$.

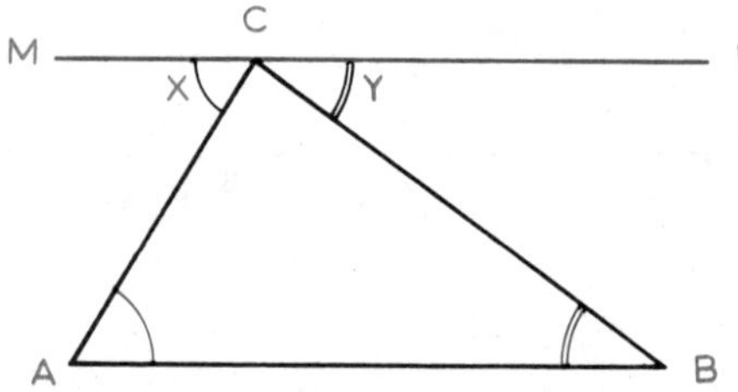

Fig. 69

DEMOSTRACIÓN:

$\angle x + \angle C + \angle y = 2R$ (1) Consecutivos a un lado de una recta.

Pero: $\angle x = \angle A$ (2)
$\angle y = \angle B$ (3) } Alternos internos entre paralelas.

Sustituyendo (2) y (3), en (1): Un número se puede sustituir por otro igual en cualquier operación entre números.

$\angle A + \angle B + \angle C = 2R$

COROLARIO. La suma de los ángulos agudos de un triángulo rectángulo vale un ángulo recto.

En efecto: si los tres ángulos suman 2 rectos y uno de ellos mide un recto, la suma de los otros dos deberá valer un ángulo recto.

84. ANGULO EXTERIOR DE UN TRIANGULO. Es el formado por un lado y la prolongación de otro.

Ejemplo. $\angle x$, $\angle y$, $\angle z$ son los ángulos exteriores del $\triangle ABC$ (Fig. 70).

85. TEOREMA 19. **"La suma de los ángulos exteriores de un triángulo vale cuatro ángulos rectos".**

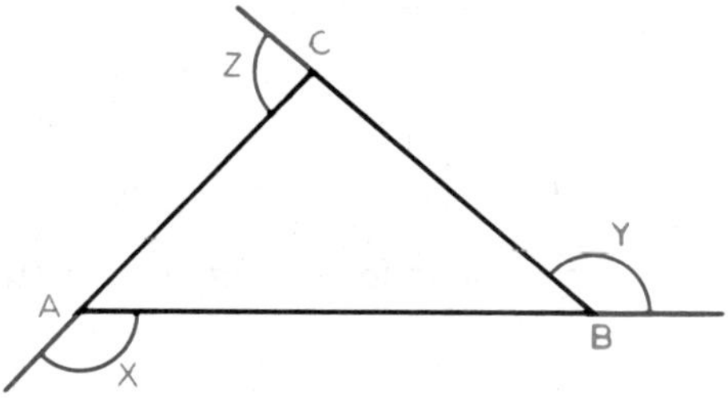

Fig. 70

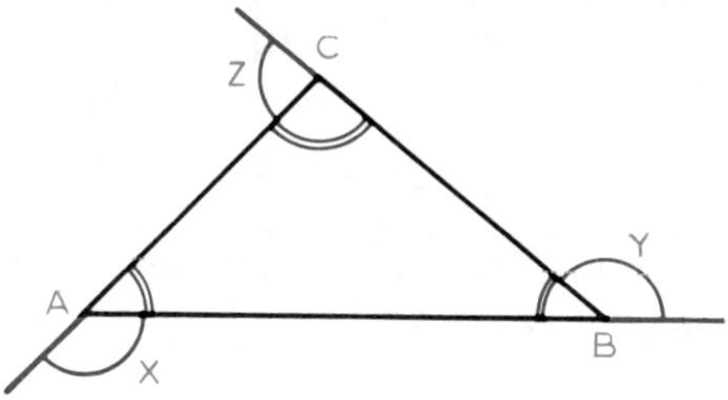

Fig. 71

HIPÓTESIS: $\angle x$, $\angle y$, $\angle z$ son los ángulos exteriores del $\triangle ABC$ (Fig. 71)

TESIS: $\angle x + \angle y + \angle z = 4R$.

DEMOSTRACIÓN:

$\angle A + \angle x = 2R$ (1) Adyacentes;

$\angle B + \angle y = 2R$ (2) Adyacentes;

$\angle C + \angle z = 2R$ (3) Adyacentes.

Sumando (1), (2) y (3): $\angle A + \angle B + \angle C + \angle x + \angle y + \angle z = 6R$ (4)

Pero: $\angle A + \angle B + \angle C = 2R$ (5) Suma de ángulos interiores

Sustituyendo (5) en (4):

$2R + \angle x + \angle y + \angle z = 6R$ Un número se puede sustituir por otro igual en cualquier operación entre números.

$\therefore \angle x + \angle y + \angle z = 6R - 2R$ Trasponiendo.

$\therefore \angle x + \angle y + \angle z = 4R$ Simplificando.

86. TEOREMA 20. **"Todo ángulo exterior de un triángulo es igual a la suma de los dos ángulos interiores no adyacentes".**

HIPÓTESIS:

En el $\triangle ABC$ (figura 72): $\angle x$ = ángulo exterior.

$\angle A$ y $\angle C$ ángulos interiores no adyacentes a $\angle x$.

TESIS:

$\angle x = \angle A + \angle C$.

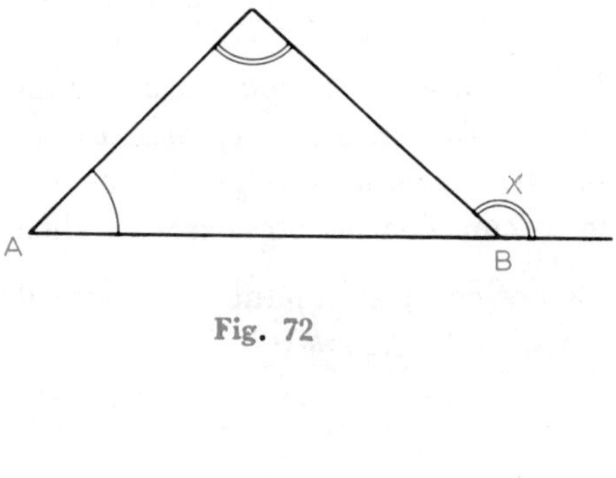

Fig. 72

DEMOSTRACIÓN:

$\angle x + \angle B = 2R$	Adyacentes
$\therefore \quad \angle x = 2R - \angle B \qquad (1)$	Trasponiendo;
También; $\angle A + \angle B + \angle C = 2R$	Suma de los ángulos interiores;
$\therefore \quad \angle A + \angle C = 2R - \angle B \quad (2)$	Trasponiendo;
Comparando (1) y (2), tenemos:	
$\angle x = \angle A + \angle C$	Carácter transitivo.

87. IGUALDAD DE TRIANGULOS. **Dos triángulos son iguales si superpuestos coinciden.**

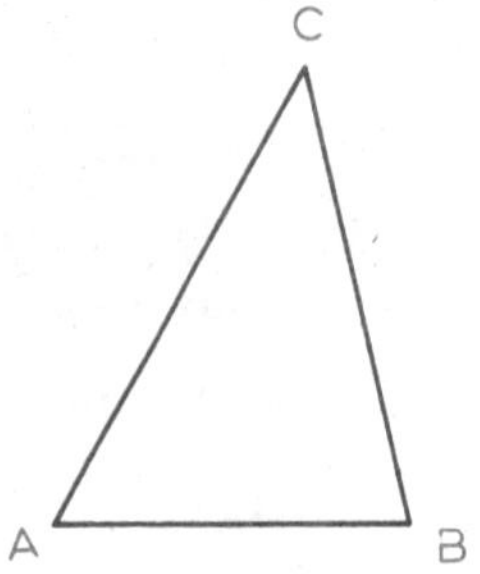

Fig. 73-A

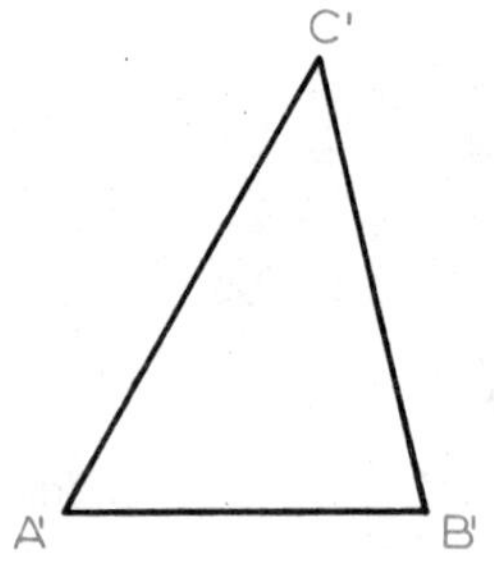

Fig. 73-B

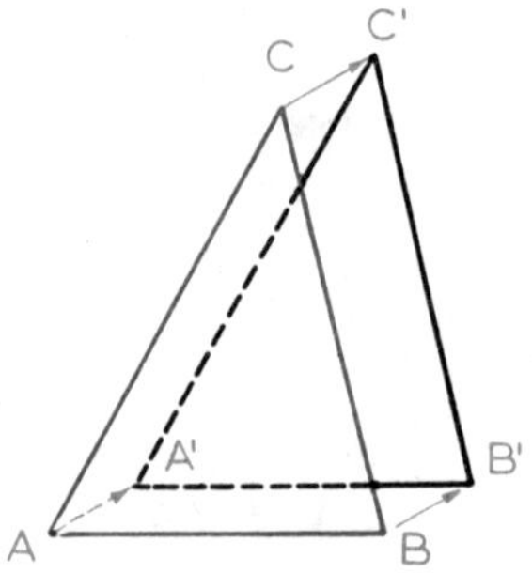

Fig. 73-C

Así, por ejemplo, al llevar el triángulo $\triangle ABC$ (Fig. 73-A) sobre el triángulo $\triangle A'B'C'$ (Fig. 73-B), observamos que al coincidir A con A' vemos que B (Fig. 73-C) coincide con B' y C con C', es decir, que el triángulo $\triangle ABC$ coincide con el triángulo $A'B'C'$, decimos que:

$$\triangle ABC = \triangle A'B'C'$$

Entonces se cumplen las seis condiciones siguientes:

$\overline{AB} = \overline{A'B'}$	$\angle A = \angle A'$
$\overline{BC} = \overline{B'C'}$	$\angle B = \angle B'$
$\overline{CA} = \overline{C'A'}$	$\angle C = \angle C'$

No obstante, para demostrar que dos triángulos son iguales, no es necesario demostrar estas seis igualdades puesto que veremos que si se cumplen tres de ellas, siempre que por lo menos una se refiera a los lados, necesariamente se cumplen las otras tres condiciones.

Es decir, en el capítulo siguiente demostraremos que *dos triángulos son iguales si tienen iguales:*

1º) *Un lado y los dos ángulos adyacentes* (Fig. 74):

Si $\overline{AB} = \overline{A'B'}$, $\angle A = \angle A'$, $\angle B = \angle B'$;

Entonces $\triangle ABC = \triangle A'B'C'$.

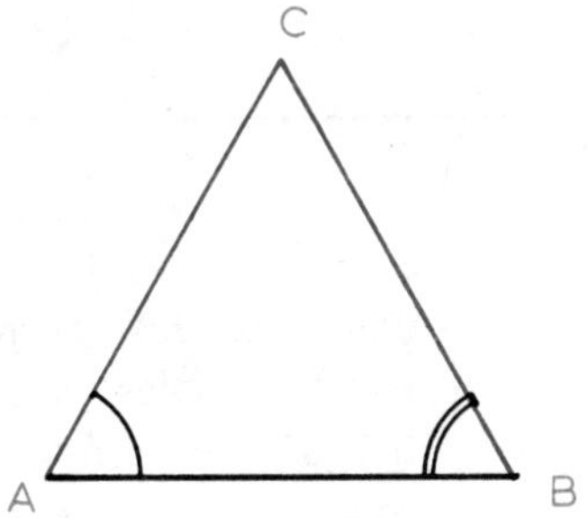

Fig. 74 A

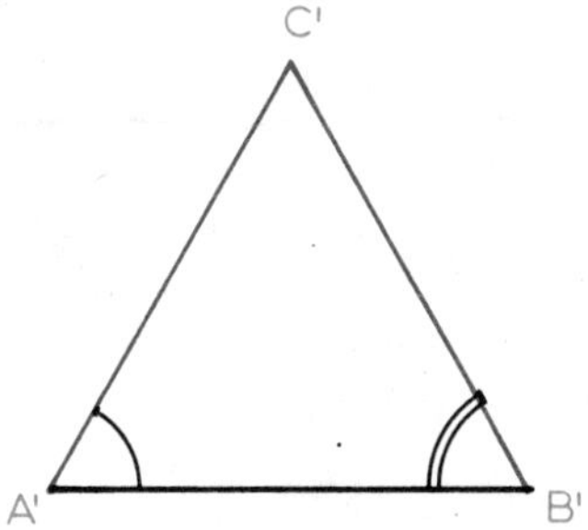

Fig. 74 B

2º) *Dos lados y el ángulo comprendido entre ellos:* (Fig. 75):

Si $\overline{AC} = \overline{A'C'}$, $\overline{AB} = \overline{A'B'}$, $\angle A = \angle A'$;

Entonces $\triangle ABC = \triangle A'B'C'$.

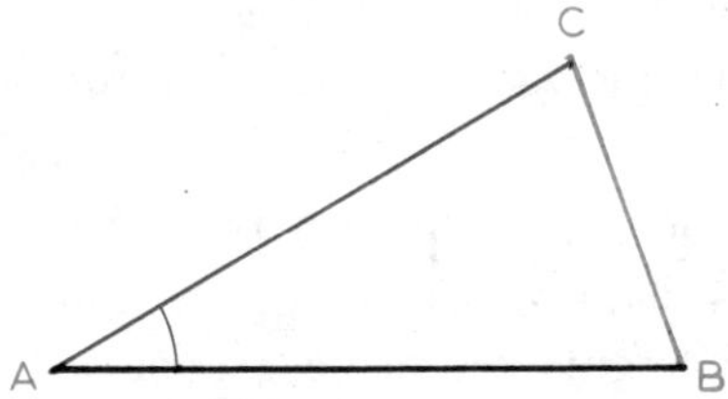

Fig. 75 A

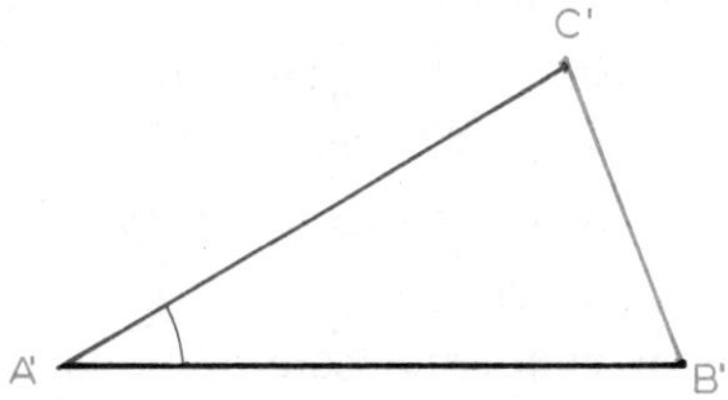

Fig. 75 B

3º) *Los tres lados:* (Fig. 76):

Si $\overline{AB} = \overline{A'B'}$, $\overline{BC} = \overline{B'C'}$, $\overline{CA} = \overline{C'A'}$;

Entonces $\triangle ABC = \triangle A'B'C'$.

Observación. **Los alumnos tienen tendencia a creer que dos triángulos también son iguales si tienen los tres ángulos respectivamente iguales. Esto no es cierto, hay triángulos como** $\triangle ABC$ **y** $\triangle A'B'C'$ (Fig. 77) **que tienen sus**

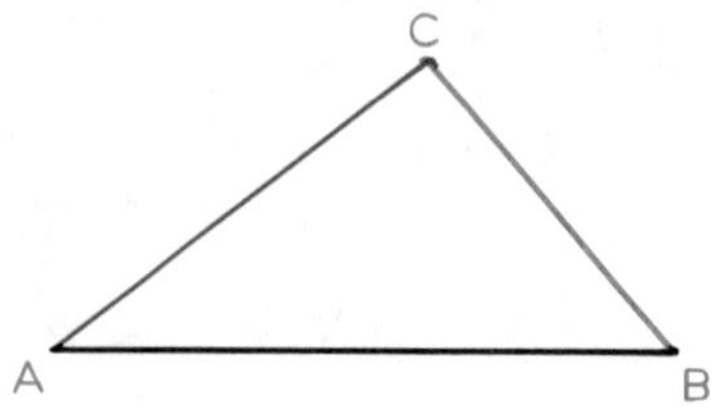

Fig 76 A

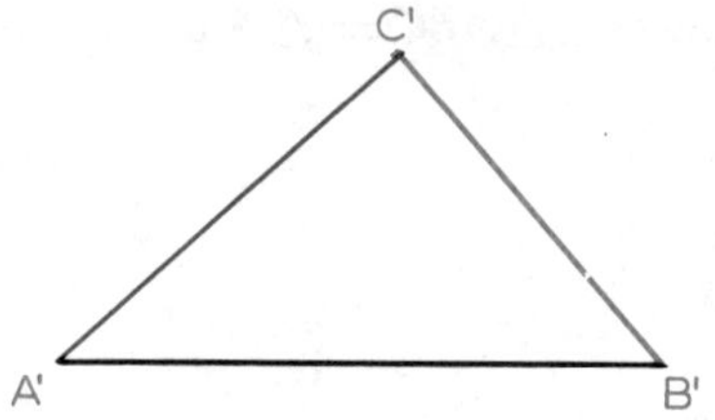

Fig. 76 B

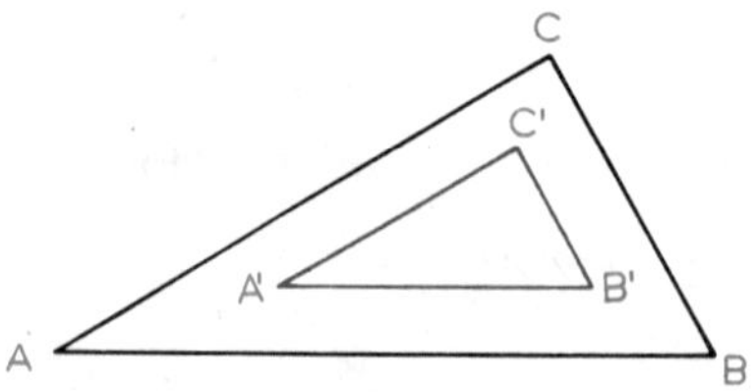

Fig. 77

tres ángulos respectivamente iguales y, sin embargo, los triángulos no son iguales. Más adelante veremos que estos triángulos se llaman semejantes.

$$\text{Si: } \angle A = \angle A', \quad \angle B = \angle B', \quad \angle C = \angle C;$$

$$\therefore \quad \triangle ABC \neq \triangle A'B'C'.$$

88. PROPIEDADES DE LOS TRIANGULOS:

1. *En dos triángulos iguales* a ángulos iguales se oponen lados iguales y recíprocamente. Estos lados y ángulos se llaman homólogos.

2. En un triángulo, un lado es menor que la suma de los otros dos y mayor que la diferencia.

3. En un triángulo, a mayor lado se opone mayor ángulo y recíprocamente.

4. En dos triángulos que tienen dos lados respectivamente iguales y desigual el ángulo comprendido, a mayor ángulo se opone mayor lado.

5. La altura correspondiente a la base de un triángulo isósceles es también mediana y bisectriz del triángulo.

EJERCICIOS

(1) Los lados de un triángulo miden 6 cm, 7 cm y 9 cm. Construir el triángulo y calcular su perímetro y su semiperímetro. *R.:* 22 cm y 11 cm.

(2) Los lados de un triángulo miden 3 pulgadas, 4 pulgadas y 5 pulgadas. Construir el triángulo y calcular su perímetro y su semiperímetro en

pulgadas y en centímetros (tomar como valor de la pulgada 2.54 cm).

R.: 12 y 6 pulgadas; 30.48 y 15.24 cm.

(3) Construir un triángulo que tenga un ángulo de 50° y los dos lados que lo forman midan 5 cm y 3.5 cm.

(4) Construir un triángulo que tenga un ángulo que mida 60° y los dos lados que lo forman midan tres pulgadas y cuatro pulgadas. Trazar las tres medianas y señalar el baricentro.

(5) Construir un triángulo que tenga un lado que mida 7 cm y los dos ángulos adyacentes midan 30° y 70°. Trazar las tres alturas y señalar el ortocentro.

(6) Construir un triángulo que tenga un lado que mida 4 pulgadas y los ángulos adyacentes midan 40° y 50°. Trazar las bisectrices y señalar el incentro.

(7) Construir un triángulo equilátero de 5 cm de lado. Trazar las mediatrices y señalar el circuncentro.

(8) Construir un triángulo rectángulo cuyos catetos midan 3 cm y 4 cm.

(9) Construir un triángulo rectángulo que tenga un cateto que mida 8 cm y cuya hipotenusa mida 10 cm. Dibujar las tres alturas.

(10) Construir un triángulo rectángulo que tenga un cateto que mida 6 cm y tenga un ángulo agudo de 50°. Dibujar las tres mediatrices.

(11) Construir un triángulo rectángulo que tenga una hipotenusa que mida 5 cm y un ángulo que mida 45°. Dibujar las tres medianas.

(12) ¿Cuánto vale el ángulo de un triángulo equilátero?

R.: 60°.

(13) Dos ángulos de un triángulo miden 40° y 30° respectivamente. ¿Cuánto mide el tercer ángulo y cada uno de los ángulos exteriores?

R.: 110°; 140°; 150°; 70°.

(14) Los ángulos en la base de un triángulo isósceles miden 40° cada uno. ¿Cuánto mide el ángulo opuesto a la base?

R.: 100°.

(15) ¿Puede ser obtuso el ángulo en la base de un triángulo isósceles?

(16) ¿Puede construirse un triángulo cuyos lados midan 10 cm, 5 cm y 4 cm?

(17) ¿Puede ser equilátero un triángulo rectángulo?

PITÁGORAS (585-500 a. d. C.) Místico y aristócrata mezcló su ciencia con cierta religión y magia, siendo el símbolo de su secta el pentágono estrellado, que ostenta la ilustración. El concepto de arranque de sus enseñanzas geométricas es el punto, que para él era lo más simple que existía; es, de «la unidad que tiene una posición». Todos demás cuerpos geométricos son «pluralid porque están constituídos por un número infi de puntos. Sobre los triángulos sentó su teore

6

Casos de igualdad de triángulos

89 PRIMER CASO TEOREMA 21. "Dos triángulos son iguales si tienen un lado igual, y respectivamente iguales los ángulos adyacentes a ese lado"

HIPÓTESIS. En la figura 78 tenemos que:

$$\overline{AB} = \overline{A'B'};\ \angle A = \angle A';\ \angle B = \angle B'.$$

TESIS:

$$\triangle ABC = \triangle A'B'C'.$$

DEMOSTRACIÓN: Llevemos (postulado del movimiento) el $\triangle ABC$ sobre $\triangle A'B'C'$ de manera que el vértice A coincida con el vértice A' y el lado $\overline{AB}$ coincida con el lado $\overline{A'B'}$. Entonces:

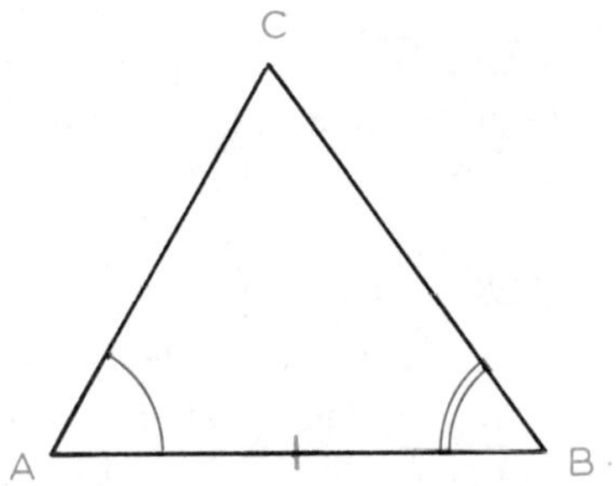

Fig. 78-A

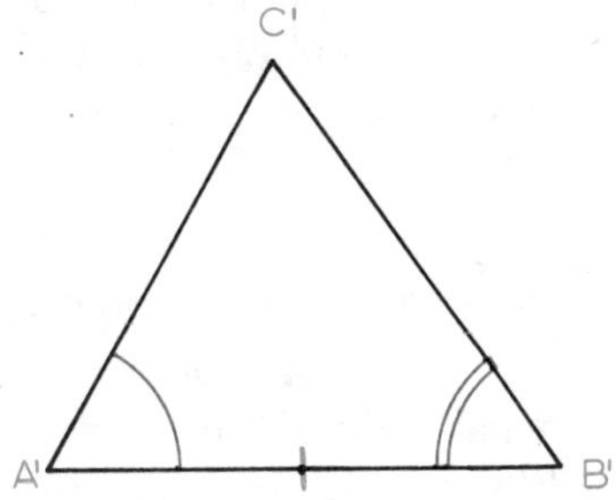

Fig. 78-B

El vértice B coincidirá con el vértice B'.	Porque $\overline{AB} = \overline{A'B'}$ por hipótesis.
El lado $\overline{BC}$ coincidirá con $\overline{B'C'}$.	Porque $\angle B = \angle B'$ por hipótesis.
El lado $\overline{AC}$ coincidirá con $\overline{A'C'}$.	Porque $\angle A = \angle A'$ por hipótesis.
$\therefore$ El vértice C coincidirá con C'.	Postulado (dos rectas que se cortan tienen un solo punto común).

Todos los elementos del $\triangle ABC$ han coincidido con los elementos del $\triangle A'B'C'$.

$$\therefore \quad \triangle ABC = \triangle A'B'C'.$$

90. SEGUNDO CASO. TEOREMA 22. **"Dos triángulos son iguales si tienen dos lados y el ángulo comprendido entre ellos, respectivamente iguales".**

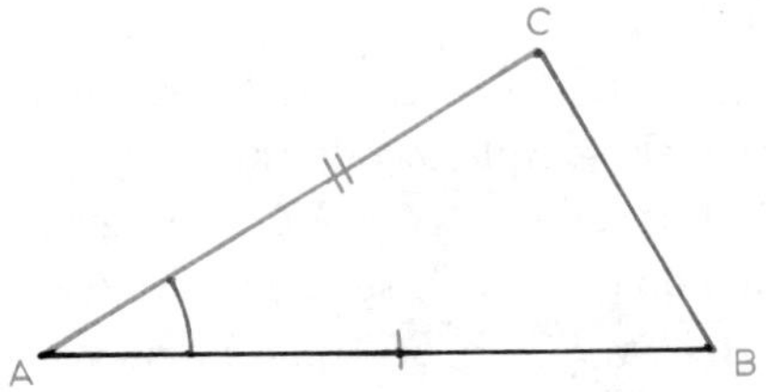

Fig. 79-A

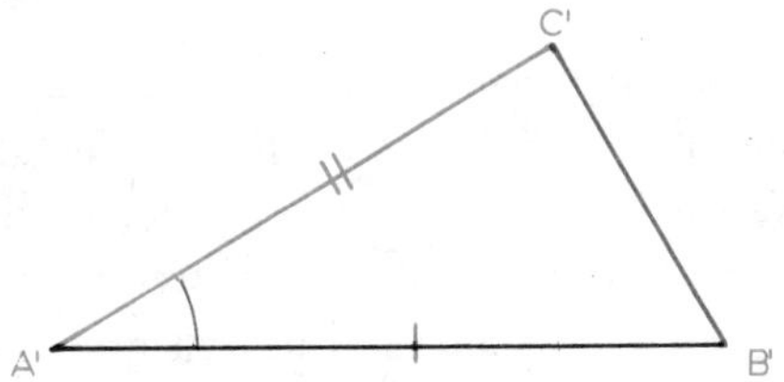

Fig. 79-B

HIPÓTESIS: (Fig. 79) $\overline{AB} = \overline{A'B'}$; $\overline{AC} = \overline{A'C'}$; $\angle A = \angle A'$.

TESIS: $\triangle ABC = \triangle A'B'C'$.

DEMOSTRACIÓN:

Llevemos el $\triangle ABC$ sobre el $\triangle A'B'C'$ de manera que el $\angle A$ coincida con el $\angle A'$. — Postulado del movimiento.

El vértice B coincidirá con el vértice B'. — Porque $\overline{AB} = \overline{A'B'}$ por hipótesis.

El vértice C, coincidirá con el vértice C'. — Porque $\overline{AC} = \overline{A'C'}$ por hipótesis.

$\overline{BC}$ coincidirá con $\overline{B'C'}$. — Postulado (dos puntos determinan una recta).

Todos los elementos han coincidido. $\therefore$ $\triangle ABC = \triangle A'B'C'$.

Corolario. En todo triángulo isósceles ABC, a lados iguales se oponen ángulos iguales. En efecto: basta considerar el triángulo dado y el mismo invertido ACB y ver que superpuestos coinciden los ángulos de la base: el ángulo B con el C y el C con el B.

91. TERCER CASO. Teorema 23. "Dos triángulos son iguales si tienen sus tres lados respectivamente iguales".

HIPÓTESIS. (Fig. 80): $\overline{AB} = \overline{A'B'}$; $\overline{BC} = \overline{B'C'}$; $\overline{CA} = \overline{C'A'}$.

TESIS: $\triangle ABC = \triangle A'B'C'$.

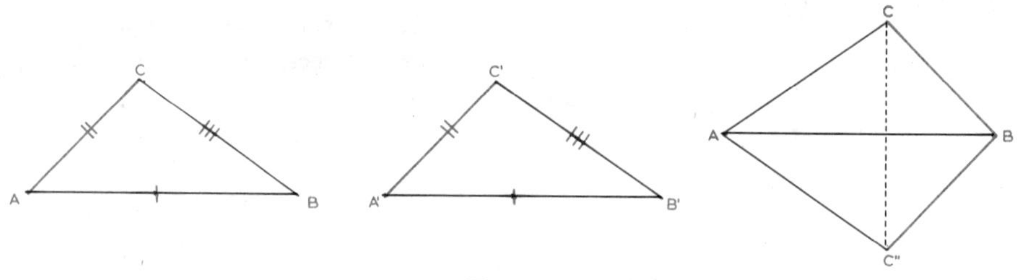

Fig 80

Construcción auxiliar. Llevemos el $\triangle A'B'C'$ sobre el $\triangle ABC$, de manera que $\overline{A'B'}$ coincida con $\overline{AB}$ y el vértice C' en el semiplano opuesto al que contiene a C. Sea C'' la posición del vértice C'. Los lados $\overline{A'B'}$ y $\overline{B'C'}$ ocuparán las posiciones $\overline{AC''}$ y $\overline{BC''}$ respectivamente. Uniendo C con C'', se formarán $\triangle ACC''$ y $\triangle BCC''$; ambos isósceles ya que $\overline{AC} = \overline{AC''}$ y $\overline{BC} = \overline{BC''}$ por hipótesis; entonces $\angle ACC'' = \angle AC''C$ y $\angle BCC'' = \angle BC''C$ por ser ángulos en la base de triángulos isósceles.

DEMOSTRACIÓN:

$\angle ACC'' = \angle AC''C$ — Construcción;

$\angle BCC'' = \angle BC''C$ — Construcción;

$\angle ACC'' + \angle BCC'' = \angle AC''C + \angle BC''C$ (1) Sumando miembro a miembro

Pero:

$\angle ACC'' + \angle BCC'' = \angle C$ (2) Suma de ángulos;

y $\angle AC''C + \angle BC''C = \angle C'' = \angle C'$ (3) Suma de ángulos;

Sustituyendo (2) y (3) en (1) Axioma;

tenemos: $\angle C = \angle C'$

$\therefore \quad \overline{AC} = \overline{A'C'}$ Hipótesis;

$\overline{BC} = \overline{B'C'}$ Hipótesis;

$\angle C = \angle C'$ Demostrado;

$\therefore \quad \triangle ABC = \triangle A'B'C'$ Por el segundo caso.

92. IGUALDAD DE TRIANGULOS RECTANGULOS.Todos los triángulos rectángulos tienen un elemento igual, *el angulo recto*; basta que se cumplan solamente dos condiciones para la igualdad de los mismos.

En la igualdad de triángulos rectángulos, podemos considerar los siguientes casos:

1º) La hipotenusa y un ángulo agudo iguales (Fig 81):

$$\angle A = \angle A' = 1R.$$

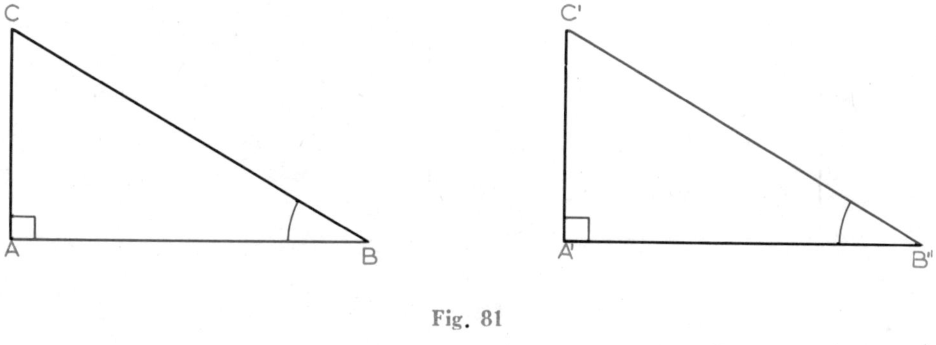

Fig. 81

Si $\overline{BC} = \overline{B'C'}$ y $\angle B = \angle B'$ entonces $\triangle ABC = \triangle A'B'C'$ porque al ser iguales los ángulos $\angle B$ y $\angle B'$ también lo son los $\angle C$ y $\angle C'$ que son complementos de ángulos iguales. Los dos triángulos tienen pues iguales un lado y los dos ángulos adyacentes.

2º) Un cateto y un ángulo agudo iguales.

a) Un cateto y el ángulo adyacente (Fig. 82):

$$\angle A = \angle A' = 1R.$$

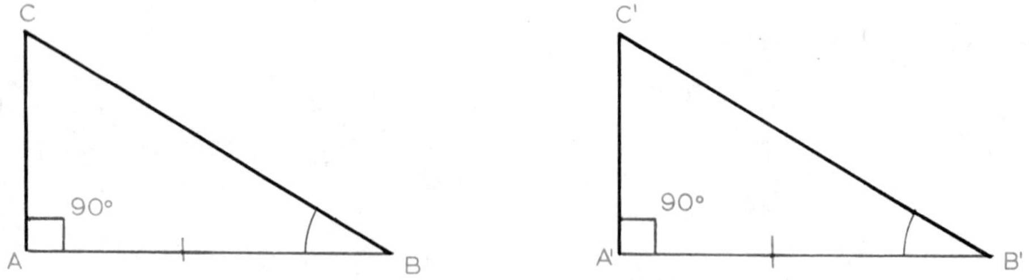

Fig 82

Si $\overline{AB} = \overline{A'B'}$ y $\angle B = \angle B'$ entonces $\triangle ABC = \triangle A'B'C'$, por tener un lado igual e iguales los dos ángulos adyacentes.

b) Un cateto y el ángulo opuesto (Fig. 83):

$$\angle A = \angle A' = 1R.$$

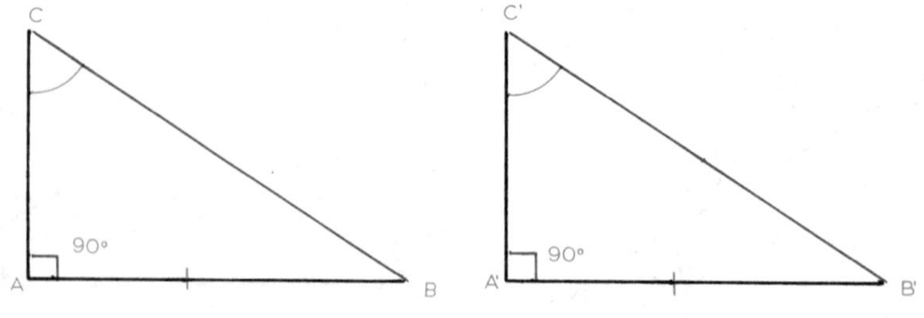

Fig 83

Si $\overline{AB} = \overline{A'B'}$ y $\angle C = \angle C'$ entonces $\triangle ABC = \triangle A'B'C'$, porque al ser iguales los ángulos $\angle C$ y $\angle C'$ también lo son $\angle B$ y $\angle B'$ que son sus complementos. Los dos triángulos tienen pues iguales un lado y los dos ángulos adyacentes.

3º) Los dos catetos iguales (Fig 84):

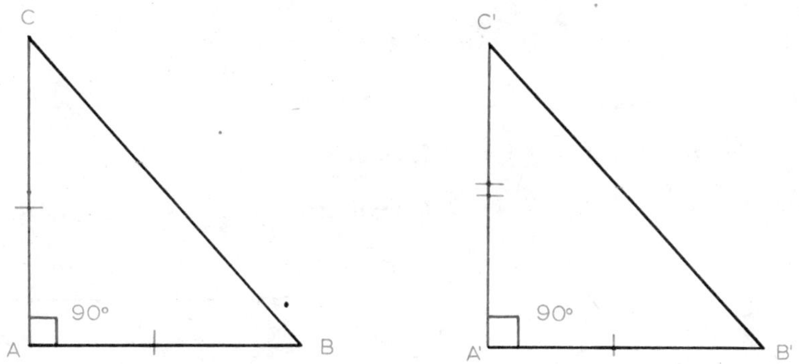

Fig 84

Si $\overline{AB} = \overline{A'B'}$ y $\overline{AC} = \overline{A'C'}$ entonces $\triangle ABC = \triangle A'B'C'$ por tener dos lados iguales e igual el ángulo comprendido, ya que $\angle A = \angle A' = 1R$.

4º) La hipotenusa y un cateto iguales (Fig. 85):

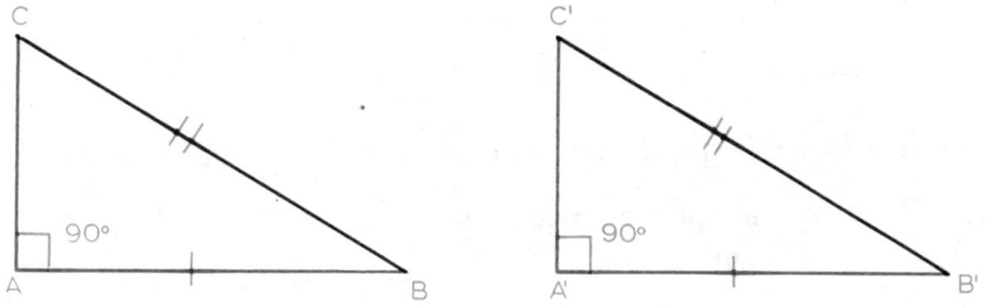

Fig. 85

Si $\overline{BC} = \overline{B'C'}$ y $\overline{AB} = \overline{A'B'}$ entonces $\triangle ABC = \triangle A'B'C'$. En efecto más adelante, al estudiar el Teorema de Pitágoras, veremos que si dos triángulos rectángulos tienen iguales la hipotenusa y un cateto, tienen también igual el otro cateto.

De aquí resulta que los dos triángulos *ABC* y *A'B'C'* tienen sus tres lados iguales y, por lo tanto, son iguales.

93. APLICACIONES DE LA IGUALDAD DE TRIANGULOS.—

1ª Para demostrar que dos segmentos son iguales suele ser útil demostrar que se oponen a ángulos iguales en triángulos iguales.

2ª) Para demostrar que dos ángulos son iguales suele ser útil demostrar que dichos ángulos se oponen a lados iguales en triángulos iguales.

EJERCICIOS

(1) Si $\angle 1 = \angle 2$ y $\angle 3 = \angle 4$, demostrar que: $\triangle ABC = \triangle ABD$.

(2) Si $\overline{AC} = \overline{AD}$ y $\angle 1 = \angle 2$; demostrar que $\triangle ABC = \triangle ABD$.

(3) Si $\overline{AC} = \overline{AD}$ y $\overline{BC} = \overline{BD}$; demostrar que $\triangle ABC = \triangle ABD$

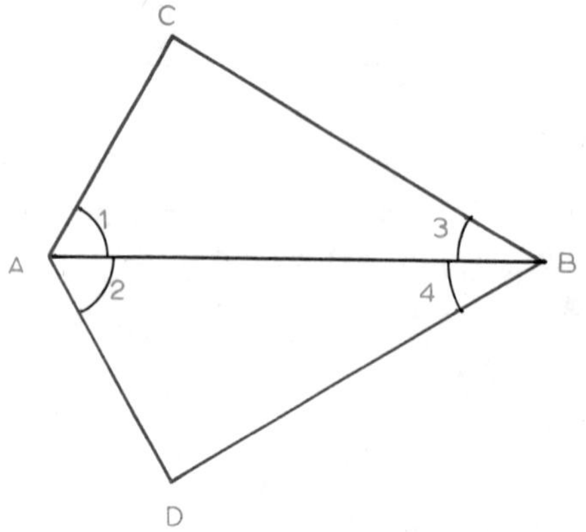

Ejercs. 1-2-3

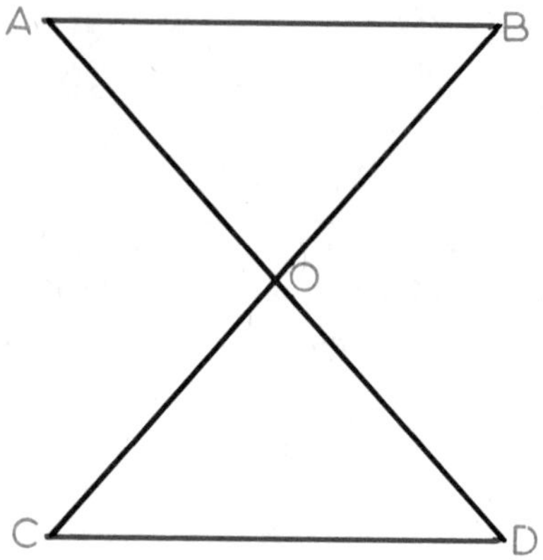

Ejer. 4-5

(4) Si $\overleftrightarrow{AB} \parallel \overleftrightarrow{CD}$ y $\overline{AB} = \overline{CD}$; demostrar que $\triangle AOB = \triangle COD$.

(5) Si O es el punto medio de $\overline{AD}$ y de $\overline{BC}$, demostrar que: $\triangle AOB = \triangle COD$.

(6) Si $\overleftrightarrow{AB} \parallel \overleftrightarrow{CD}$; demostrar que: $\triangle ACD = \triangle ACB$.

(7) Si $\overline{CD} = \overline{AB}$ y $\angle 1 = \angle 3$; demostrar que $\triangle ACD = \triangle ACB$ y $\overline{BC} = \overline{AD}$.

(8) Si $\overline{AD} = \overline{BC}$ y $\overline{CD} = \overline{AB}$; demostrar que $\triangle ACD = \triangle ACB$ y $\angle D = \angle B$.

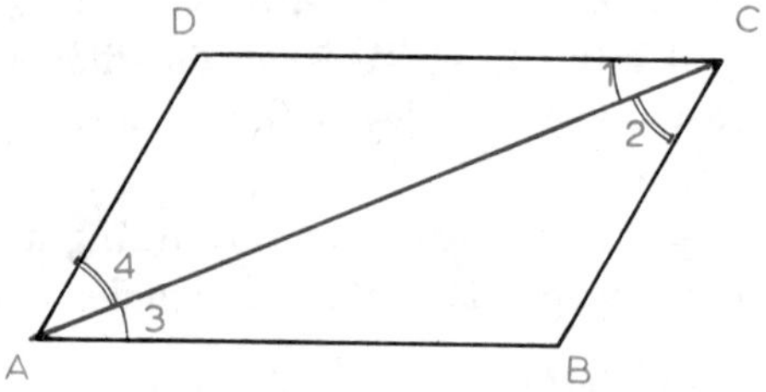

Ejercs 6-7-8

(9) $\triangle ABC$ es isósceles; D y F son los puntos medios de $\overline{AC}$ y $\overline{BC}$. Demostrar que $\overline{AF} = \overline{BD}$ y $\angle 1 = \angle 2$.

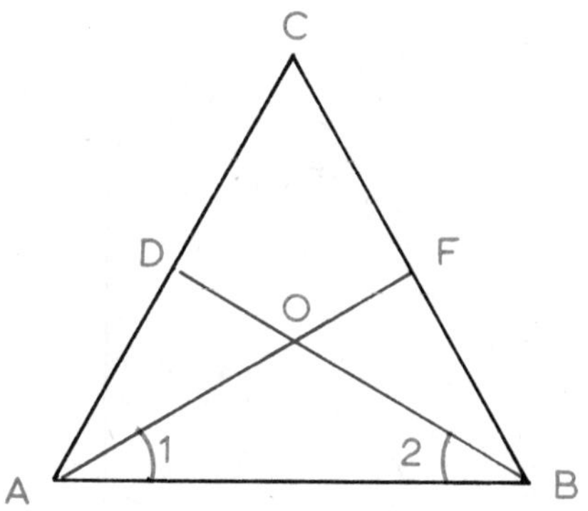

Ejer. 9

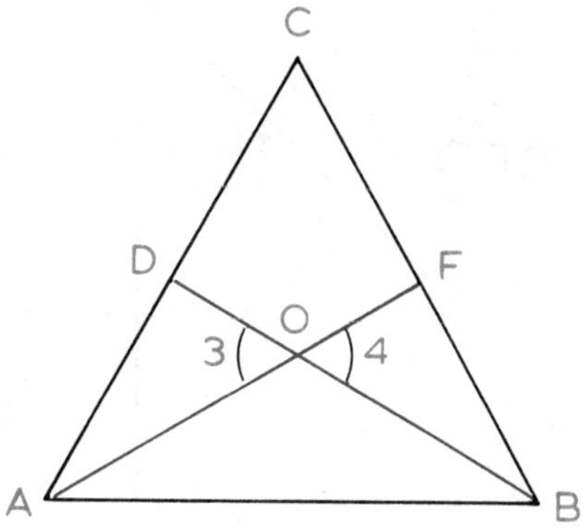

Ejer. 10

(10) $\triangle ABC$ es isósceles; D y F son los puntos medios de $\overline{AC}$ y $\overline{BC}$. Demostrar que $\overline{AO} = \overline{BO}$, $\overline{DO} = \overline{FO}$ y $\angle 3 = \angle 4$.

(11) Si $\overleftrightarrow{BD} \perp \overleftrightarrow{AC}$, $\angle 1 = \angle 2$ y $\overline{AD} = \overline{CD}$; demostrar que:

$$\triangle ABD = \triangle CBD.$$

(12) Si $\overleftrightarrow{BD} \perp \overleftrightarrow{AC}$ y $\angle A = \angle C$; demostrar que $\triangle ABD = \triangle CBD$.

(13) Si $\overleftrightarrow{BD} \perp \overleftrightarrow{AC}$ y $\angle 1 = \angle 2$; demostrar que: $\triangle ABD = \triangle CBD$; $\overline{AD} = \overline{CD}$; $\angle A = \angle C$.

(14) Si $\overleftrightarrow{BD} \perp \overleftrightarrow{AC}$ y B es el punto medio de $\overline{AC}$; demostrar que:

$$\angle 1 = \angle 2.$$

(15) Si $\overleftrightarrow{BD} \perp \overleftrightarrow{AC}$ y $\overline{AD} = \overline{CD}$; demostrar que $\overline{AB} = \overline{BC}$.

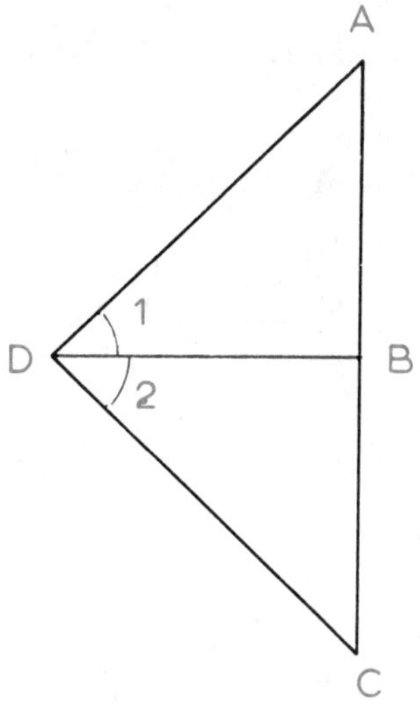

Ejercs. 11-13

(16) Si $\overleftrightarrow{DA} \perp \overleftrightarrow{AB}$ y $\overleftrightarrow{CB} \perp \overleftrightarrow{AB}$; demostrar que $\triangle ABD = \triangle ABC$.

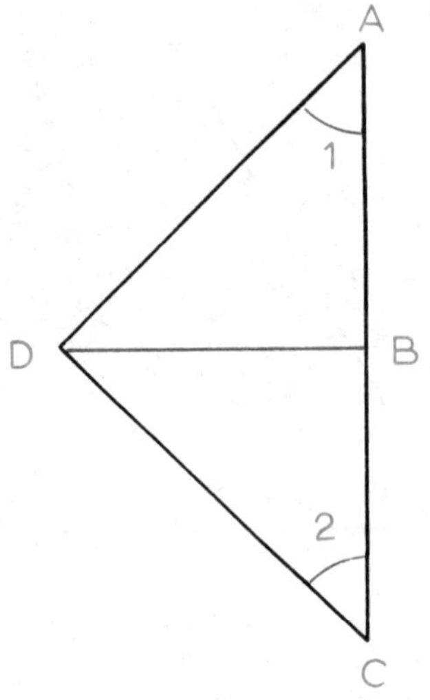

Ejercs. 14-15

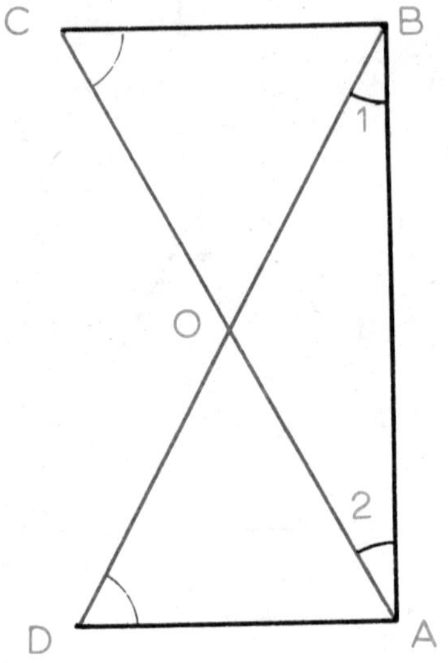

Ejercs. 16-20

(17) Si $\overleftrightarrow{DA} \perp \overleftrightarrow{AB}$, $\overleftrightarrow{CB} \perp \overleftrightarrow{AB}$ y $\overline{AD} = \overline{BC}$; demostrar que: $\triangle ABD = \triangle ABC$.

(18) Si $\overleftrightarrow{DA} \perp \overleftrightarrow{AB}$, $\overleftrightarrow{CB} \perp \overleftrightarrow{AB}$ y $\angle C = \angle D$; demostrar que: $\triangle ABD = \triangle ABC$.

(19) Si $\overleftrightarrow{DA} \perp \overleftrightarrow{AB}$, $\overleftrightarrow{CB} \perp \overleftrightarrow{AB}$ y $\angle 1 = \angle 2$; demostrar que: $\triangle ABD = \triangle ABC$.

(20) Si $\overleftrightarrow{DA} \perp \overleftrightarrow{AB}$, $\overleftrightarrow{CB} \perp \overleftrightarrow{AB}$, $\overline{AC} = \overline{BD}$ y $\angle C = \angle D$; demostrar que: $\triangle ABD = \triangle ABC$.

ATÓN (nacido el 428 a. d. C.) En la Academia, ar donde impartió sus enseñanzas, se podía r la siguiente inscripción: NADIE ENTRE QUE) SEPA GEOMETRÍA. Platón sostiene en el Ti-o que Dios dio a todas las cosas la mayor perfección posible componiendo sus elementos (fuego, tierra, aire y agua) por medio de los cuerpos geométricos más perfectos: tetraedro, octaedro, icosaedro y cubo. Platón contempló la Geometría más con ojos de poeta que con mirada científica.

7

Polígonos

94. DEFINICIONES. *Se llama polígono a la porción de plano limitada por una curva cerrada, llamada línea poligonal.*

El polígono es convexo (Fig. 86-A) cuando está formado por una poligonal convexa y es cóncavo (Fig. 86-B) si está formado por una poligonal cóncava.

Los lados y vértices de la poligonal son los lados y vértices del polígono.

Angulos internos o *interiores* de un polígono, son los formados por cada dos lados consecutivos.

Angulos exteriores o *externos* de un polígono son los ángulos adyacentes a los interiores, obtenidos prolongando los lados en un mismo sentido.

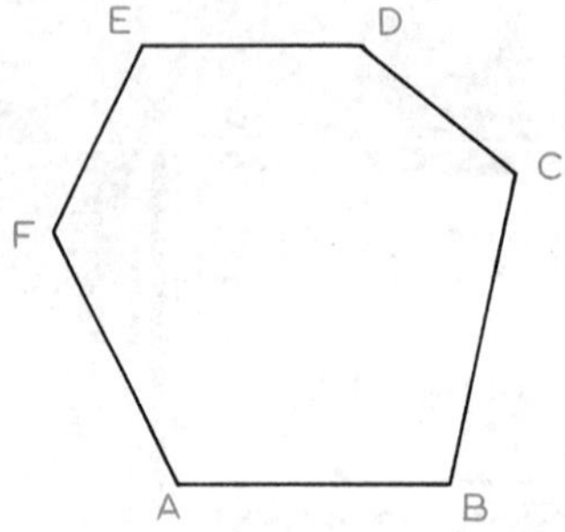

Fig. 86-A

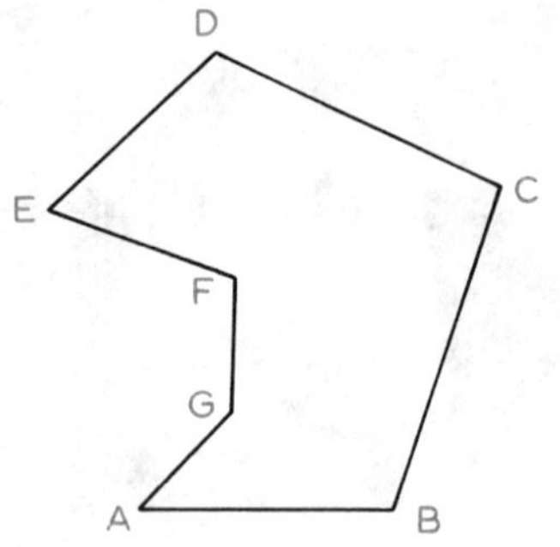

Fig. 86-B

En la figura 87 tenemos:

Angulos internos:	$\angle ABC$	$\angle DEF$
	$\angle BCD$	$\angle EFA$
	$\angle CDE$	$\angle FAB$

Angulos externos:	$\angle 1$	$\angle 4$
	$\angle 2$	$\angle 5$
	$\angle 3$	$\angle 6$

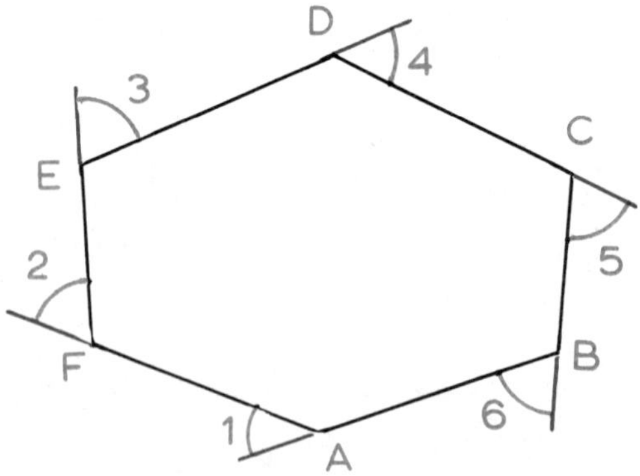

Fig. 87

Los lados del polígono son los lados de la poligonal: $\overline{AB}$, $\overline{BC}$, $\overline{CD}$, etc.

El número de lados del polígono es igual al número de vértices y de ángulos. La línea poligonal que limita al polígono se llama contorno. *Perímetro* de un polígono es la longitud de su contorno, es decir, la suma de sus lados. En la Fig. 87:

$$\text{Perímetro} = \overline{AB} + \overline{BC} + \overline{CD} + \overline{DE} + \overline{EF} + \overline{FA}.$$

Polígono regular (Fig. 88) es el que tiene todos sus lados y ángulos iguales, es decir que es equilátero y equiángulo.

De acuerdo con el número de lados, los polígonos reciben nombres especiales. El polígono de menor número de lados es el triángulo.

Nº de lados	Nombre
tres	*triángulo*
cuatro	*cuadrilátero*
cinco	*pentágono*
seis	*hexágono*
siete	*eptágono*
ccho	*octágono*
nueve	*cneágono*
diez	*decágono*
once	*endecágono*
doce	*dodecágono*
quince	*pentedecágono*

Los polígonos de 13, 14, 16, 17, 18, 19, etc. lados, no tienen nombre especial.

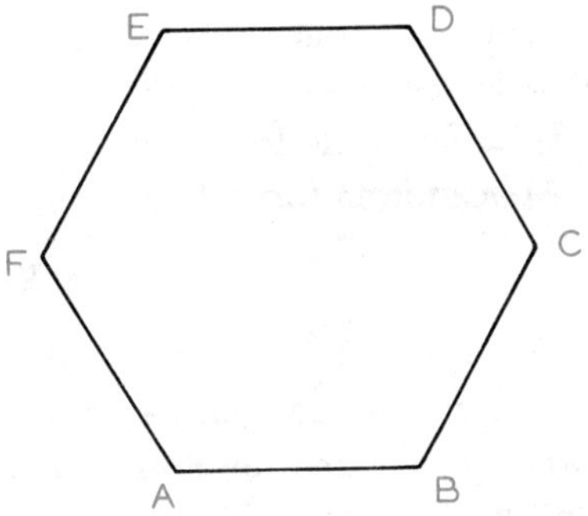

Fig. 88

95. DIAGONAL. Se llama diagonal al segmento determinado por dos vértices no consecutivos.

En la figura 89 los segmentos $\overline{AC}$ y $\overline{BD}$ son diagonales.

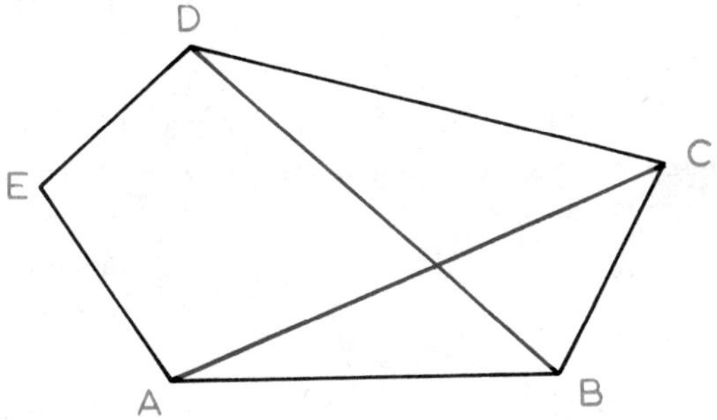

Fig. 89

96. TEOREMA 24. "La suma de los ángulos interiores (S_i) de un polígono convexo es igual a tantas veces dos ángulos rectos, como lados menos dos tiene el polígono".

HIPÓTESIS: $\angle A$, $\angle B$, $\angle C$, etc., son los ángulos interiores de un polígono convexo de n lados.

TESIS:

$$S_i = \angle A + \angle B + \cdots = 2R(n-2).$$

Construcción auxiliar. Desde un vértice cualquiera, tracemos todas las diagonales que parten de ese vértice. El polígono quedará descompuesto en $n-2$ triángulos.

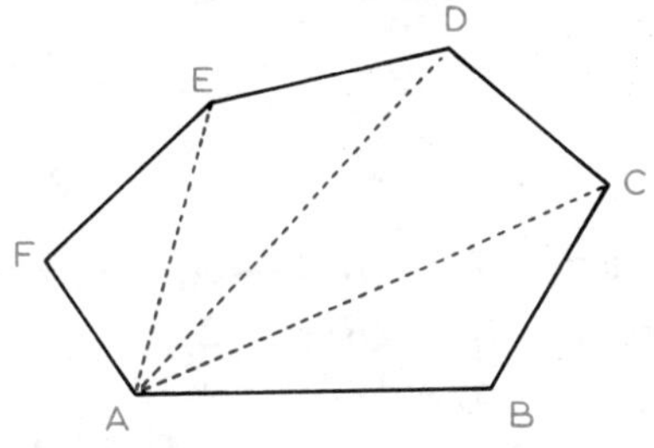

Fig. 90

DEMOSTRACIÓN: La suma de los ángulos interiores de los $n-2$ triángulos es igual a la suma de los ángulos interiores del polígono.

La suma de los ángulos interiores de cada triángulo vale dos rectos, es decir $2R$.

Como el número de triángulos en que se ha descompuesto el polígono de n lados es $n-2$, resulta:

S_i = Suma de los ángulos interiores del polígono $= 2R\ (n-2)$.

Aplicando la fórmula al polígono de la figura 90, tenemos:

$$S_i = 2R(6-2) = 8R.$$

97. VALOR DE UN ANGULO INTERIOR DE UN POLIGONO REGULAR. Como el polígono regular tiene todos sus ángulos interiores iguales, el valor "i" de uno de ellos lo hallaremos dividiendo la suma entre el número "n" de ángulos.

$$i = \frac{S_i}{n}.$$

Y como $S_i = 2R(n-2)$, resulta:

$$i = \frac{2R\ (n-2)}{n}.$$

98. TEOREMA 25. "La suma de los ángulos exteriores (S_e) de todo polígono convexo es igual a cuatro ángulos rectos" (Fig. 91)

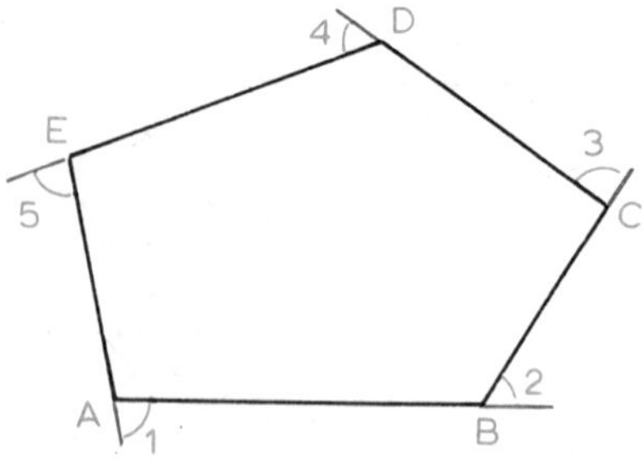

Fig. 91

HIPÓTESIS: $\angle 1$, $\angle 2$, etc. $\cdots$ son los ángulos exteriores de un polígono convexo de n lados.

TESIS: $S_e = \angle 1 + \angle 2 + \cdots = 4R$.

DEMOSTRACIÓN: El ángulo exterior y el ángulo interior en cada vértice, suman dos rectos por ser adyacentes. Multiplicando este valor por el número de vértices "n", tendremos la suma de todos los ángulos interiores, más la suma de todos los ángulos exteriores, es decir:

$$S_i + S_e = 2R \cdot n;$$

de donde $S_e = 2R \cdot n - S_i$; (1)

pero: $S_i = 2R(n-2)$. (2)

Sustituyendo (2) en (1), tenemos:

$$S_e = 2Rn - 2R(n-2);$$

$$S_e = 2Rn - 2Rn + 4R; \qquad \therefore\ S_e = 4R.$$

99. VALOR DE UN ANGULO EXTERIOR DE UN POLIGONO REGULAR. Como todos los ángulos interiores de un polígono regular son iguales, los exteriores también lo serán. Para hallar el valor de "e" de un ángulo exterior, dividiremos la suma de todos ellos entre el número de ángulos que hay. Es decir:

$$e = \frac{S_e}{n}$$

y como $S_e = 4R$, resulta:

$$e = \frac{4R}{n}.$$

100. TEOREMA 26. "El número de diagonales que pueden trazarse desde un vértice es igual al número de lados menos tres".

HIPÓTESIS: $ABC \cdots$ es un polígono de n lados; $\mathbf{d}$ = número de diagonales desde un vértice.

TESIS: $\mathbf{d} = n - 3.$

DEMOSTRACIÓN: Si desde un vértice cualquiera se trazan todas las diagonales posibles, siempre habrá tres vértices a los cuales no se puede trazar diagonal: el vértice desde el cual se trazan y los dos vértices contiguos.

Como el número de vértices es igual al número de lados n, resulta:

$$\mathbf{d} = n - 3.$$

Aplicando la fórmula al pentágono de la figura 92 resulta; $\mathbf{d}$ = *número de diagonales desde un vértice* = 5 — 3 = 2.

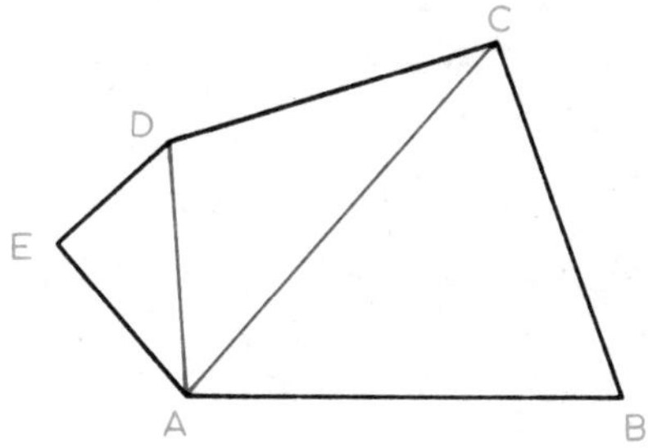

Fig. 92

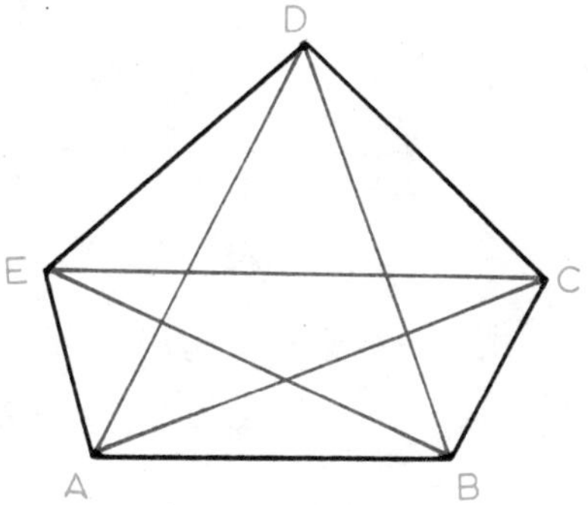

Fig. 93

101. TEOREMA 27. Si n es el número de lados del polígono, el número total de diagonales D, que pueden trazarse desde todos los vértices, está dada por la fórmula $D = \frac{n(n-3)}{2}$.

HIPÓTESIS: $ABC \cdots$ es un polígono de n lados.
D = número total de diagonales.

TESIS:
$$D = \frac{n(n-3)}{2}.$$

DEMOSTRACIÓN: Desde un vértice pueden trazarse $n-3$ diagonales. Como hay n vértices, el número de diagonales será $n(n-3)$. Pero como cada diagonal une dos vértices, de esta manera hemos contado doble número de diagonales. Luego:

$$D = \frac{n(n-3)}{2}.$$

Ejemplo: Aplicando la fórmula al pentágono de la figura 93 tendremos:

$$D = \frac{5(5-3)}{2} = 5.$$

102. TEOREMA 28. **"Dos polígonos son iguales si pueden descomponerse en igual número de triángulos respectivamente iguales y dispuestos del mismo modo".**

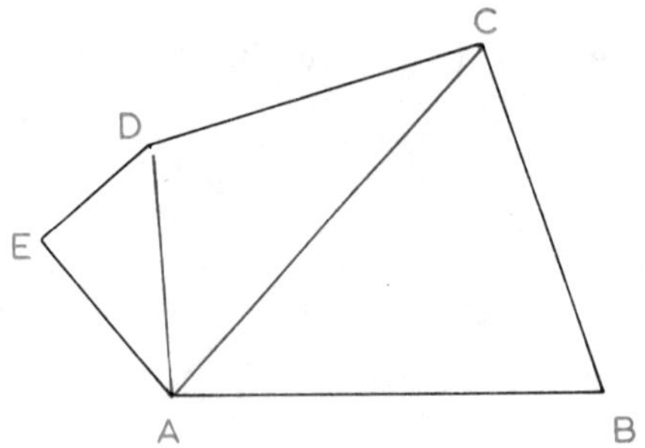

Fig. 94-A

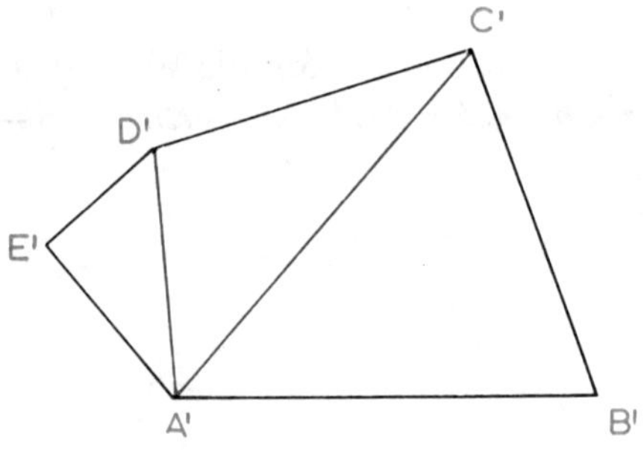

Fig. 94-B

HIPÓTESIS: $ABCDE$ y $A'B'C'D'E'$ (Fig. 94) son dos polígonos tales que:

$\triangle ABC = \triangle A'B'C'$;

$\triangle ACD = \triangle A'C'D'$;

$\triangle ADE = \triangle A'D'E'$.

TESIS: $ABCDE = A'B'C'D'E'$.

DEMOSTRACIÓN: Siendo respectivamente iguales los triángulos en que han quedado descompuestos ambos polígonos, resulta:

$$\left.\begin{array}{l}\overline{AB} = \overline{A'B'} \\ \overline{BC} = \overline{B'C'} \\ \overline{CD} = \overline{C'D'} \\ \overline{DE} = \overline{D'E'} \\ \overline{EA} = \overline{E'A'}.\end{array}\right\} \text{ por ser lados de triángulos iguales.}$$

Ademas: $\left.\begin{array}{l}\angle B = \angle B' \\ \angle E = \angle E'\end{array}\right\}$ por oponerse a lados iguales en triángulos iguales.

También:

$$\left.\begin{array}{l}\angle A = \angle A' \\ \angle C = \angle C' \\ \angle D = \angle D'\end{array}\right\} \text{ por sumas de ángulos respectivamente iguales.}$$

Por tanto: $ABCDE = A'B'C'D'E'$ por tener lados y ángulos respectivamente iguales.

103. RECIPROCO. **"Si dos polígonos son iguales, se pueden descomponer en igual número de triángulos respectivamente iguales e igualmente dispuestos".**

EJERCICIOS

(1) Hallar la suma de los ángulos interiores de un cuadrado. *R*.: 360°.

(2) Hallar la suma de los ángulos interiores de un octágono. *R*.: 1080°.

(3) Hallar la suma de los ángulos interiores de un pentágono. *R*.: 540°.

(4) ¿Cuál es el polígono cuya suma de ángulos interiores vale 540°?
R.: Pentágono.

(5) ¿Cuál es el polígono cuya suma de ángulos interiores vale 1260°?
R.: Eneágono.

(6) ¿Cuál es el polígono cuya suma de ángulos interiores vale 1800°?
R.: Dodecágono.

(7) Hallar el valor de un ángulo interior de un hexágono regular.
R.: 120°.

(8) Hallar el valor de un ángulo interior de un dodecágono regular.
R.: 150°.

(9) Hallar el valor de un ángulo interior de un decágono regular.
R.: 144°.

(10) Determinar cuál es el polígono regular cuyo ángulo interior vale 60°.
R.: Triángulo.

(11) Determinar cuál es el polígono regular cuyo ángulo interior vale 90°.
R.: Cuadrado.

(12) Determinar el polígono regular cuyo ángulo interior vale 135°. *R.:* Octágono.

(13) Hallar la suma de los ángulos exteriores de un eptágono. *R.:* 360°.

(14) Hallar el valor de un ángulo exterior de un octágono regular. *R.:* 45°.

(15) Hallar el valor de un ángulo exterior de un decágono regular. *R.:* 36°.

(16) Hallar el valor de un ángulo exterior de un polígono regular de 20 lados. *R.:* 18°.

(17) ¿Cuál es el polígono regular cuyo ángulo exterior vale 120°? *R.:* Triángulo.

(18) Determinar cual es el polígono regular cuyo ángulo exterior vale 60°. *R.:* Hexágono.

(19) Determinar cuál es el polígono regular cuyo ángulo exterior vale 90°. *R.:* Cuadrado.

(20) Calcular el número de diagonales que se pueden trazar desde un vértice de un pentágono. *R.:* 2.

(21) Calcular el número de diagonales que se pueden trazar desde un vértice de un octágono. *R.:* 5.

(22) Calcular el número de diagonales que se pueden trazar desde un vértice de un decágono. *R.:* 7.

(23) ¿Cuál es el polígono en el que se pueden trazar tres diagonales, desde un vértice? *R.:* Hexágono.

(24) ¿Cuál es el polígono en el que se pueden trazar seis diagonales, desde un vértice? *R.:* Eneágono.

(25) ¿Cuál es el polígono en el cual se pueden trazar nueve diagonales, desde un vértice? *R.:* Dodecágono.

(26) Calcular el número total de diagonales que se pueden trazar en un octágono. *R.:* 20.

(27) Calcular el número total de diagonales que se pueden trazar en un decágono. *R.:* 35.

(28) Calcular el número total de diagonales que se pueden trazar en un polígono de 20 lados. *R.:* 170.

(29) ¿Cuál es el polígono en el cual se pueden trazar 14 diagonales en total? *R.:* Eptágono.

(30) ¿Cuál es el polígono en el cual se pueden trazar 20 diagonales en total? *R.:* Octágono

PÓCRATES DE QUÍO (nacido el 450 a. d. C.) e primeramente comerciante. Aparece en Ate- s hacia el año 430 para reivindicar ciertos de- chos, donde funda poco después una escuela Geometría. Echó las bases del método de «reducción», o sea «transformar un problema en otro ya resuelto». Inició el uso de las letras en las figuras de Geometría. La Geometría dejó de ser con él una técnica, para tomar el rango de «ciencia deductiva», que había de culminar en Euclides.

8

Cuadriláteros

104. CUADRILATERO. Es el polígono de cuatro lados.

105. LADOS OPUESTOS. Son los que no tienen ningún vértice común. En la figura 95, $\overline{AB}$ y $\overline{CD}$; $\overline{AD}$ y $\overline{BC}$ son pares de lados opuestos.

106. LADOS CONSECUTIVOS. Son los que tienen un vértice común. En la figura 95:

$\overline{AB}$ y $\overline{BC}$; $\overline{CD}$ y $\overline{DA}$;

$\overline{BC}$ y $\overline{CD}$; $\overline{DA}$ y $\overline{AB}$;

son pares de lados consecutivos.

107. VERTICES Y ANGULOS OPUESTOS. Vértices opuestos son los que no pertenecen a un mismo lado. Angulos opuestos son los que tienen vértices opuestos.

En la figura 95. A y C. B y D son pares de vértices opuestos.

108. SUMA DE ANGULOS INTERIORES. "*La suma de los ángulos interiores de un cuadrilátero vale 4 ángulos rectos*".

DEMOSTRACIÓN: La suma de los ángulos interiores de un polígono cualquiera es: $\mathbf{S_i} = 2R\,(n-2)$ (1);

En este caso observamos que: $n = 4$ (2).

Sustituyendo (2) en (1), tenemos: $\mathbf{S_i} = 2R(4-2) = 4R$.

109. DIAGONALES DESDE UN VERTICE. "*Desde un vértice de un cuadrilátero solo se puede trazar una diagonal*".

En efecto: el número de diagonales desde un vértice. en un polígono, está dado por la fórmula:

$\mathbf{d} = n - 3$ (1).

En este caso:

$n = 4$ (2).

Sustituyendo (2) en (1):

$\mathbf{d} = 4 - 3 = 1$.

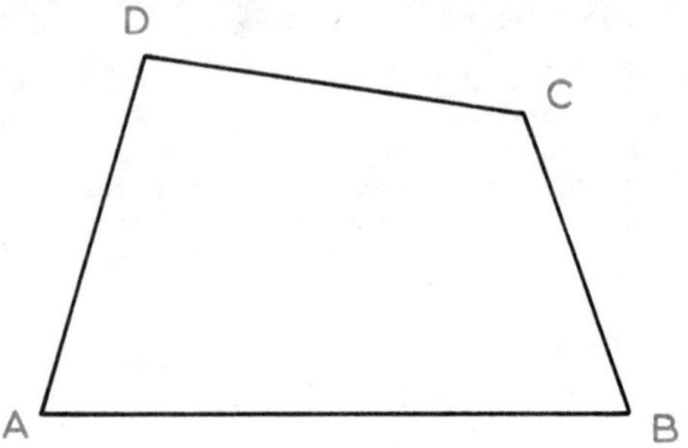

Fig. 95

110. NUMERO TOTAL DE DIAGONALES. "*El número total de diagonales que se pueden trazar en un cuadrilátero, es 2*".

En efecto: el número total de diagonales de un polígono está dado por la fórmula:

$$\mathbf{D} = \frac{n(n-3)}{2}. \qquad (1)$$

Como se trata de un cuadrilátero. tenemos: $n = 4$. (2)

Sustituyendo (2) en (1), tenemos:

$$\mathbf{D} = \frac{4(4-3)}{2} = \frac{4(1)}{2} = \frac{4}{2} = 2.$$

111. CLASIFICACION DE LOS CUADRILATEROS. Los cuadriláteros se clasifican atendiendo al paralelismo de los lados opuestos.

Si los lados opuestos son paralelos dos a dos la figura se llama *paralelogramo* (Fig. 96)

$$\overline{AB} \parallel \overline{CD} \quad \text{y} \quad \overline{AD} \parallel \overline{BC}.$$

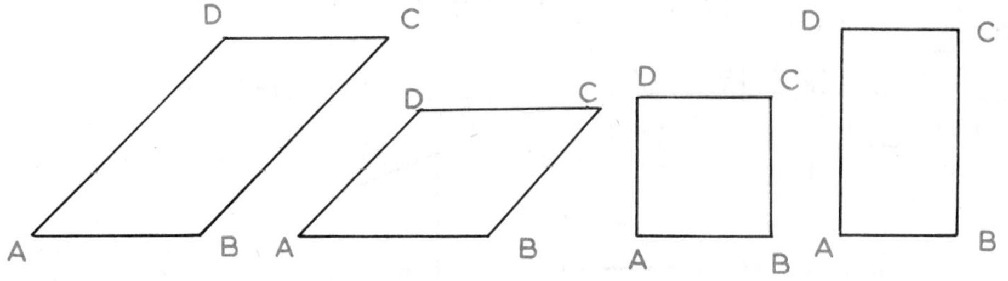

Fig. 96

Cuando solo hay paralelismo en un par de lados opuestos, la figura se llama *trapecio* (Fig. 97).

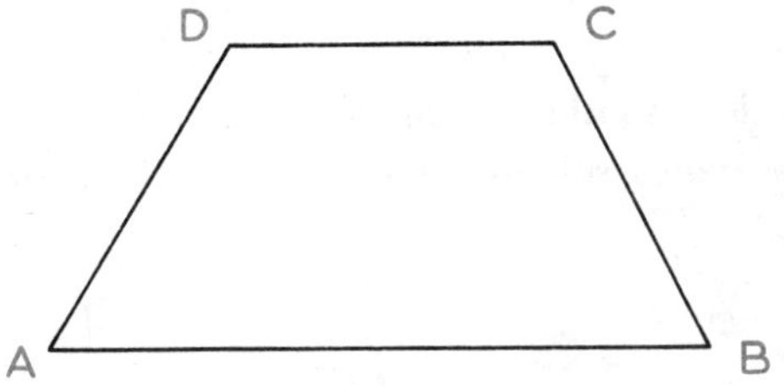

Fig. 97

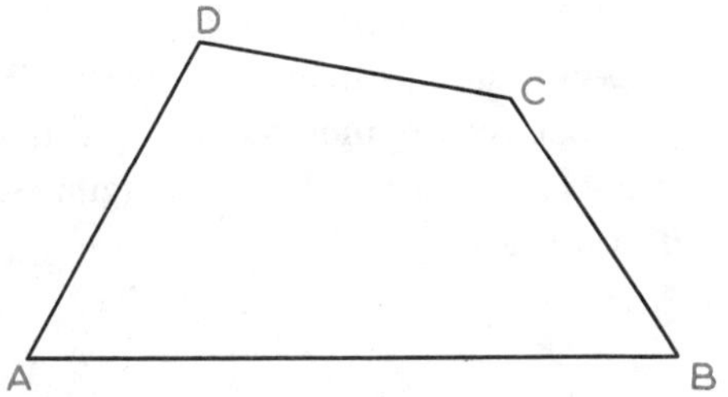

Fig. 98

Cuando no existe paralelismo alguno. la figura se llama *trapezoide* (Fig. 98).

$\overline{AB}$ y $\overline{CD}$ no son paralelos. $\overline{AD}$ y $\overline{BC}$ no son paralelos.

112. CLASIFICACION DE LOS PARALELOGRAMOS.

1) **Rectángulo.** Tiene los cuatro ángulos iguales y los lados contiguos desiguales (Fig. 99-1).

$\angle A = \angle B = \angle C = \angle D;$ $\overline{AB} \neq \overline{BC}.$

2) **Cuadrado.** Tiene los cuatro ángulos iguales y los cuatro lados iguales (Fig. 99-2).

$\angle A = \angle B = \angle C = \angle D;$ $\overline{AB} = \overline{BC} = \overline{CD} = \overline{DA}.$

3) **Romboide.** Tiene los lados y los ángulos contiguos desiguales (Fig. 99-3).

$$\angle A \neq \angle B; \qquad \overline{AB} \neq \overline{BC}.$$

4) **Rombo.** Tiene los cuatro lados iguales y los ángulos contiguos desiguales (Fig. 99-4).

$$\overline{AB} = \overline{BC} = \overline{CD} = \overline{DA}; \qquad \angle A \neq \angle B.$$

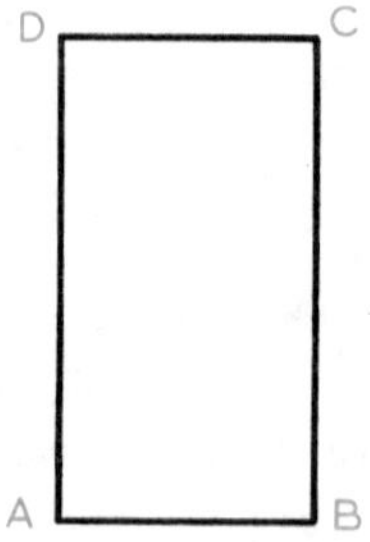

Fig. 99-1

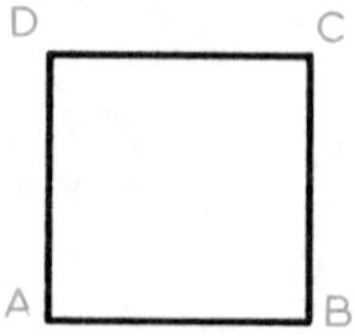

Fig. 99-2

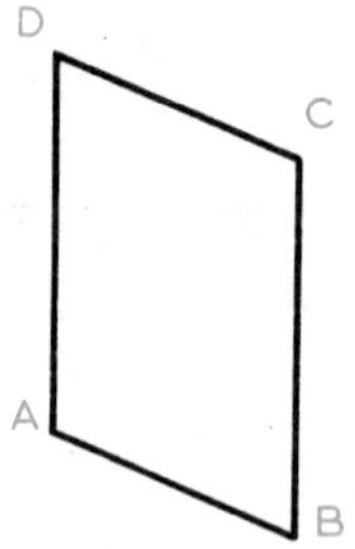

Fig. 99-3

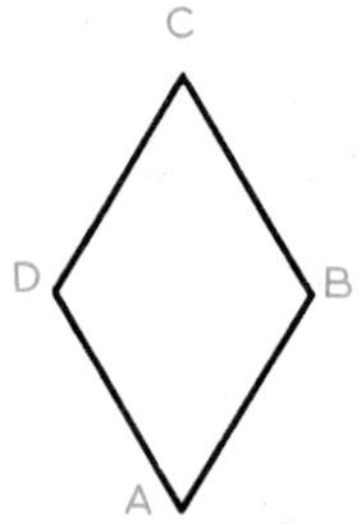

Fig. 99-4

113. CLASIFICACION Y ELEMENTOS DE LOS TRAPECIOS. Los trapecios se clasifican en *rectángulos, isósceles* y *escalenos*.

Los rectángulos son los que tienen dos ángulos rectos. Se llaman isósceles si los lados no paralelos son iguales. Escalenos son los que no son rectángulos ni isósceles.

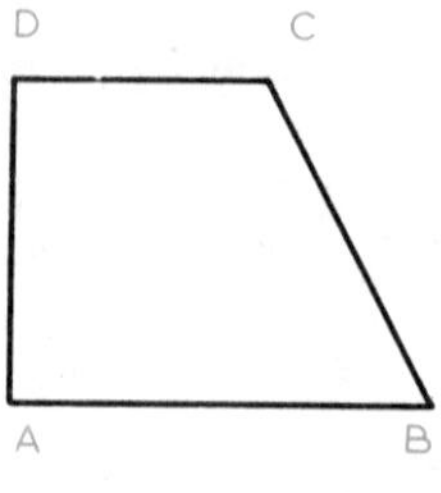

Fig. 99-A

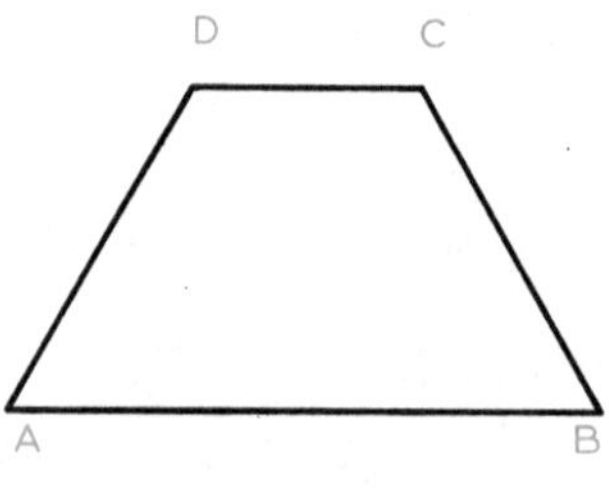

Fig. 99-B

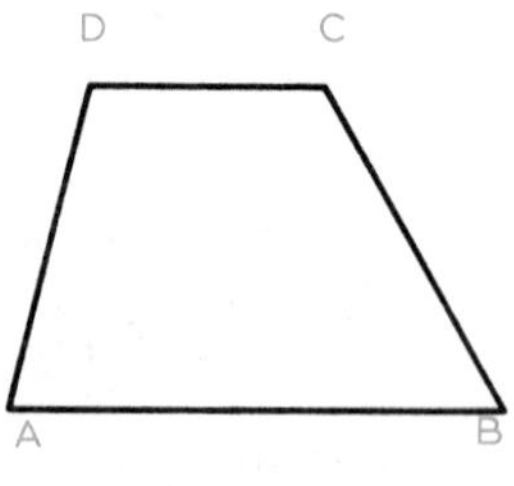

Fig. 99-C

Elementos. Los lados paralelos se llaman *bases* y como son desiguales una es la base mayor y otra la base menor.

La distancia entre las bases, o sea, la perpendicular común, es la *altura* del trapecio.

El segmento que une los puntos medios de los lados no paralelos se llama *base media* y tiene la importante propiedad de que es igual a la semisuma de las bases. También se le suele llamar *paralela media*. (Fig. 99-D).

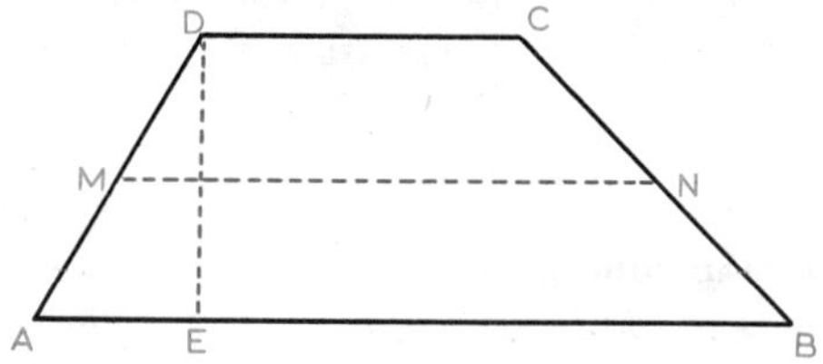

Fig 99-D

$\overline{AB}$ = base mayor;

$\overline{DC}$ = base menor;

$\overline{DE}$ = Altura;

$\overline{MN}$ = base media.

114. CLASIFICACION DE LOS TRAPEZOIDES. Los trapezoides se clasifican en *simétricos* y *asimétricos*.

Los simétricos tienen dos pares de lados consecutivos iguales pero el primer par de lados consecutivos iguales es diferente del segundo. Los asimétricos son los que no son simétricos.

En los trapezoides simétricos las diagonales son perpendiculares y la que une los vértices donde concurren los lados iguales es bisectriz de los ángulos y eje de simetría de la figura.

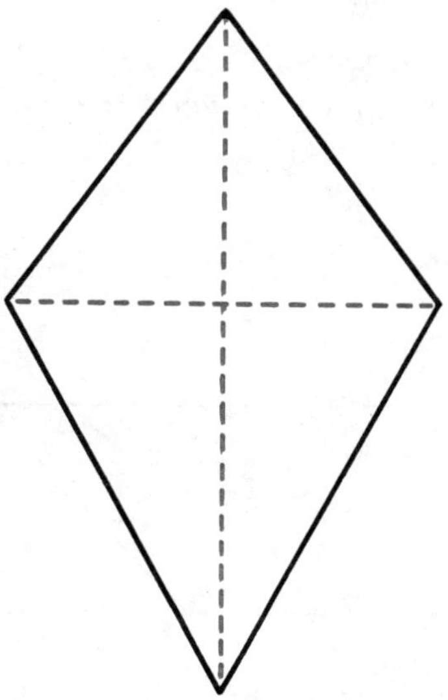

Simétrico

Fig. 99-E

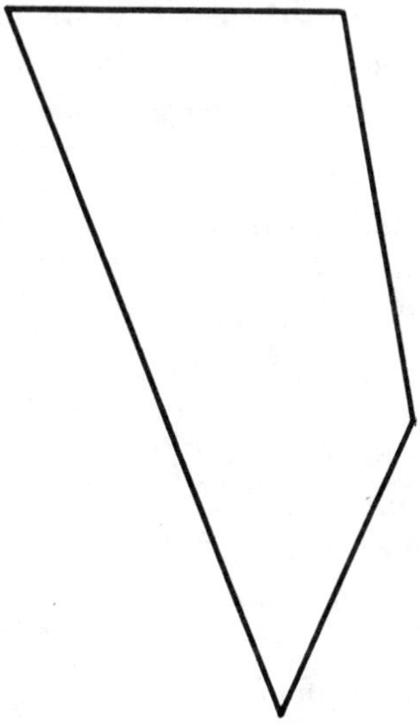

Asimétrico

Fig. 99-F

115. PROPIEDADES DE LOS PARALELOGRAMOS:

1. *Todo paralelogramo tiene iguales sus lados opuestos.*

2. *Todo paralelogramo tiene iguales sus ángulos opuestos.*

3. *Dos ángulos consecutivos de un paralelogramo son suplementarios.*

4. *En todo paralelogramo las diagonales se dividen mutuamente en partes iguales.*

Todas estas propiedades son fáciles de demostrar.

Propiedades particulares del rectángulo:

1. *Un ángulo interior de un rectángulo vale un ángulo recto.* En efecto: siendo todos los ángulos iguales, el valor de un ángulo interior será:

$$\frac{4R}{4} = 1R.$$

2. *Un ángulo exterior de un rectángulo vale un ángulo recto.* En efecto: si la suma de los ángulos exteriores es 360° y en el rectángulo los cuatro ángulos son iguales. resulta que cada uno valdrá:

$$\frac{4R}{4} = 1R.$$

3. *Las diagonales de un rectángulo son iguales.* Se demuestra por igualdad de triángulos.

Propiedades particulares del rombo:

1. *Las diagonales del rombo son perpendiculares.*

2. *Las diagonales del rombo son bisectrices de los ángulos cuyos vértices unen.*

Propiedades particulares del cuadrado:

1. *Los ángulos del cuadrado son rectos.*

2. *Cada ángulo exterior del cuadrado vale un ángulo recto.*

3. *Las diagonales del cuadrado son iguales.*

4. *Las diagonales del cuadrado son perpendiculares.*

5. *Las diagonales del cuadrado son bisectrices de los ángulos cuyos vértices unen.*

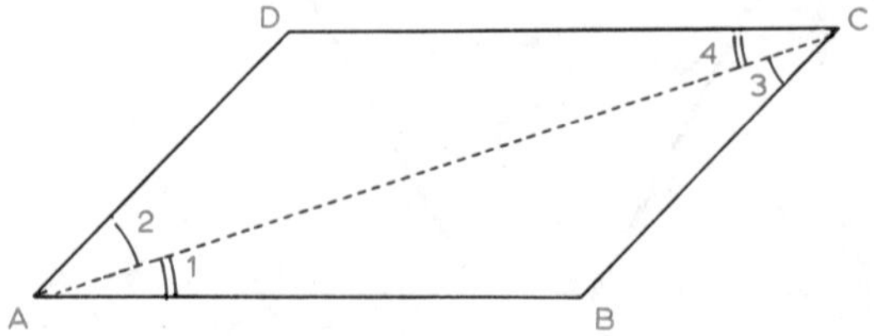

Fig. 100

Observación. Estas propiedades permiten la construcción de paralelogramos en una gran cantidad de casos.

116. TEOREMA 29. **"Todo paralelogramo tiene iguales sus lados opuestos".**

HIPÓTESIS: *ABCD* (Fig. 100) es un paralelogramo.

TESIS: $\overline{AB} = \overline{CD}$; $\overline{BC} = \overline{AD}$.

Construcción auxiliar. Se traza la diagonal $\overline{AC}$ y se forman los triángulos $\triangle ABC$ y $\triangle ADC$ que tienen el lado $\overline{AC}$ común.

DEMOSTRACIÓN:

En el $\triangle ABC$ y $\triangle ACD$, tenemos:

$\overline{AC} = \overline{AC}$ Lado común.

También: $\angle 1 = \angle 4$ Alternos internos entre $\overline{AB} \parallel \overline{CD}$.
$\angle 2 = \angle 3$ Alternos internos entre $\overline{AD} \parallel \overline{BC}$.

Por tanto: $\overline{AB} = \overline{CD}$
y $\overline{BC} = \overline{AD}$ } Por oponerse a ángulos iguales en triángulos iguales.

117. RECIPROCO. **"Si cada par de lados opuestos de un cuadrilátero son iguales, también son paralelos y el cuadrilátero es un paralelogramo".**

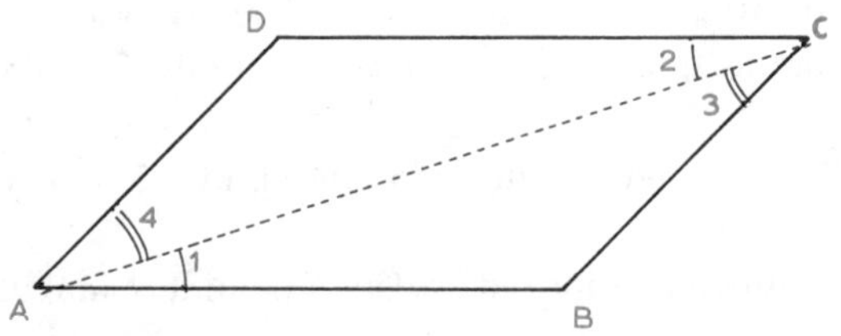

Fig. 101

HIPÓTESIS:

En el cuadrilátero *ABCD* (Figura 101) se verifica: $\overline{AB} = \overline{DC}$; $\overline{AD} = \overline{BC}$.

TESIS:

$\overline{AB} \parallel \overline{DC}$; $\overline{AD} \parallel \overline{BC}$.

Construcción auxiliar. Se traza la diagonal $\overline{AC}$ formándose los triángulos: $\triangle ABC$ y $\triangle ADC$.

DEMOSTRACIÓN:

En los $\triangle ABC$ y $\triangle ADC$:

$\overline{AB} = \overline{DC}$
$\overline{AD} = \overline{BC}$ } Hipótesis;

$\overline{AC} = \overline{AC}$ Identidad.

Luego: $\triangle ABC = \triangle ADC$ Por tener sus tres lados iguales.

Por tanto: $\angle 1 = \angle 2$
y $\angle 3 = \angle 4$ } Por ángulos opuestos a lados iguales en triángulos iguales.

Por tanto: $\overline{AB} \parallel \overline{DC}$
y $\overline{AD} \parallel \overline{BC}$ } Por formar ángulos alternos-internos iguales con la diagonal $\overline{AC}$.

∴ *ABC* es un paralelogramo. Por definición.

EJERCICIOS

(1) Construir un cuadrado de 5 cm de lado, trazar sus diagonales y comprobar, por medición, que son iguales y perpendiculares, que se dividen mutuamente en partes iguales y que son bisectrices de los ángulos cuyos vértices unen.

(2) Construir un romboide de lados 6 cm y 3 cm formando un ángulo de 120°. Comprobar, por medición, que sus lados opuestos y sus ángulos opuestos son iguales y que las diagonales se dividen mutuamente en partes iguales.

(3) Construir un rombo cuyo lado mida 6 cm y tenga un ángulo agudo de 60°. Comprobar, por medición, que las diagonales son perpendiculares, se dividen mutuamente en partes iguales y son bisectrices de los ángulos cuyos vértices unen.

(4) Construir un rectángulo de lados 4 cm y 3 cm y trazar sus diagonales. ¿Las diagonales son iguales? ¿Las diagonales son perpendiculares? ¿Las diagonales se dividen mutuamente en partes iguales? ¿Las diagonales son bisectrices de los ángulos cuyos vértices unen? Averiguarlo por medición.

(5) Construir un cuadrado cuya diagonal mida 5 cm.

(6) Construir un rombo cuyas diagonales midan 8 cm y 4 cm.

(7) Construir un rectángulo que tenga un lado que mida 7 cm y una diagonal que mida 9 cm.

(8) Construir un rombo que tenga un lado que mida 5 cm y una diagonal que mida 8 cm.

(9) Un ángulo de un romboide mide 36°. ¿Cuánto mide cada uno de los otros tres? *R*.: 36° , 144° , 144° .

(10) Construir un trapecio cuyas bases midan 10 cm y 6 cm. Trazar la paralela o base media y comprobar, por medición, que su longitud es igual a la semisuma de las bases.

(11) Construir un trapecio rectángulo cuyas bases midan 12 cm y 8 cm y la altura 5 cm. Trazar la base media y comprobar, por medición, que es igual a la semisuma de las bases.

(12) Averiguar qué figura se obtiene al unir los puntos medios de los lados de un rectángulo.

(13) Averiguar qué figura se obtiene al unir los puntos medios de los lados de un cuadrado.

(14) Si un ángulo agudo de un trapecio isósceles mide 50° ¿cuánto miden cada uno de los otros tres ángulos? *R*.: 50° , 130° , 130° .

(15) Construir un trapezoide simétrico cuyas diagonales midan 10 cm y 6 cm, y uno de los lados mida 4 cm.

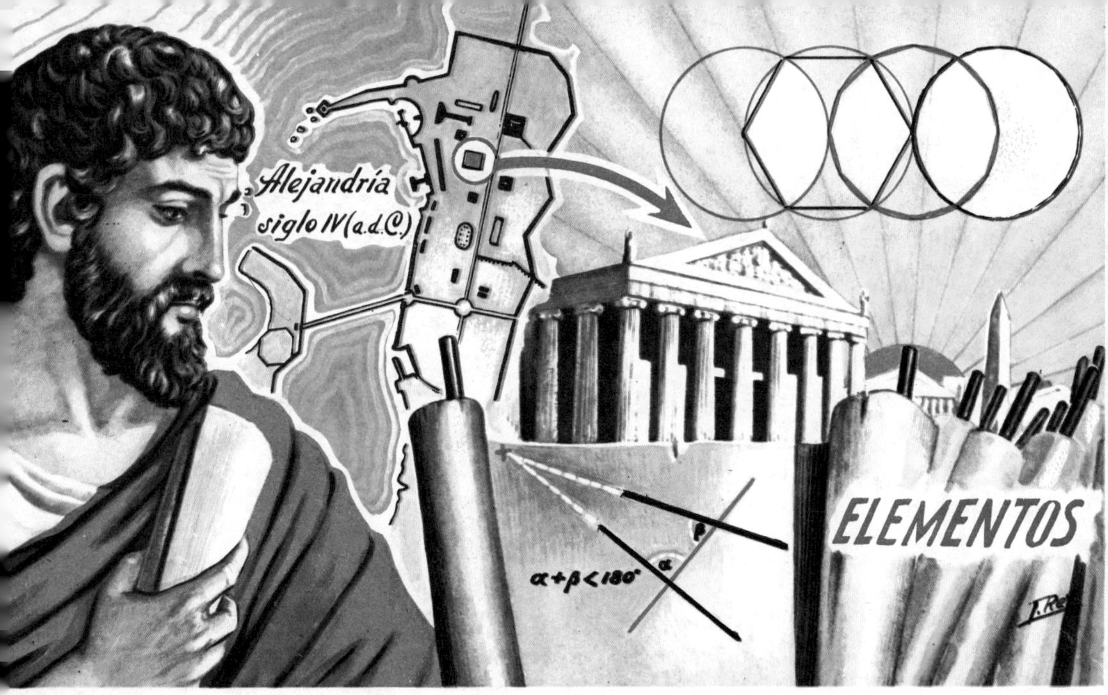

UCLIDES. Primero en la Edad de Oro de la Geoetría griega (365-275 a. d. C.) Alejandría se conrtió, gracias a los Ptolomeos, en la capital cienfica del mundo griego. El Museo pasó a ser un ntro docente, y fue el precursor de nuestras actuales Universidades. Allí desde el 323 a. d. C. Euclides ocupó la Cátedra de Matemáticas, año en que murió Alejandro Magno. Sus Elementos fueron el punto de partida hasta llegar al siglo XVIII en el que hace su aparición la Geometría Analítica.

9

Segmentos proporcionales

118 REPASO DE LAS PROPIEDADES DE LAS PROPORCIONES

"En toda proporción, la suma o diferencia de los antecedentes, es a la suma o diferencia de los consecuentes como cada antecedente es a su consecuente"

$$\text{Si } \frac{a}{b}=\frac{a'}{b'} \quad \text{también} \quad \frac{a\pm a'}{b\pm b'}=\frac{a}{b}=\frac{a'}{b'}.$$

"En toda proporción la suma o diferencia del antecedente y consecuente de la primera razón es a su antecedente o consecuente, como la suma o diferencia del antecedente y consecuente de la segunda razón es a su antecedente o consecuente".

$$\text{Si } \frac{a}{b}=\frac{a'}{b'} \quad \text{también} \quad \frac{a\pm b}{a}=\frac{a'\pm b'}{a'} \text{ y } \frac{a\pm b}{b}=\frac{a'\pm b'}{b'}.$$

"En una proporción el producto de los medios es igual al producto de los extremos".

Si $\frac{a}{b}=\frac{c}{d}$ también es $ad = bc$.

"En una proporción un medio es igual al producto de los extremos dividido entre el otro medio" y "un extremo es igual al producto de los medios dividido entre el otro extremo".

$$\text{Si } \frac{a}{b}=\frac{c}{d}, \text{ también } a=\frac{bc}{d},\ b=\frac{ad}{c},\ c=\frac{ad}{b},\ d=\frac{bc}{a}.$$

119 CUARTA PROPORCIONAL Se llama cuarta proporcional de tres cantidades a, b y c, a un valor x, que cumple la condición:

$$\frac{a}{b}=\frac{c}{x}$$

120 TERCERA PROPORCIONAL Se llama tercera proporcional a dos cantidades a y b, a un valor x, que cumpla la condición:

$$\frac{a}{b}=\frac{b}{x}$$

121. MEDIA PROPORCIONAL. Se llama media proporcional a dos cantidades, a y b, a un valor x que cumpla la condición:

$$\frac{a}{x}=\frac{x}{b}$$

122. SERIE DE RAZONES IGUALES. Dada una serie de razones iguales:

$$\frac{a}{a'}=\frac{b}{b'}=\frac{c}{c'}=\frac{d}{d'}=\cdots\cdots$$

Se cumple que: la suma de todos los antecedentes es a la suma de todos los consecuentes, como un antecedente cualquiera es a su consecuente:

$$\frac{a+b+c+d+\cdots\cdots}{a'+b'+c'+d'+\cdots\cdots}=\frac{a}{a'}=\frac{b}{b'}=\frac{c}{c'}=\frac{d}{d'}=\cdots\cdots$$

123. RAZON DE DOS SEGMENTOS. Es el cociente de sus medidas con la misma unidad.

Sean los segmentos $\overline{AB}$ y $\overline{CD}$ (Fig. 102) y sea u la unidad de medida.

Si $\overline{AB}=5\,u$, el número 5 es la medida de $\overline{AB}$ con la unidad u.

Fig 102

Si $\overline{CD} = 7\,u$, el número 7 es la medida de $\overline{CD}$ con la unidad u.

La razón de $\overline{AB}$ a $\overline{CD}$ es $\dfrac{\overline{AB}}{\overline{CD}} = \dfrac{5}{7}$;

y la razón de $\overline{CD}$ a $\overline{AB}$ es: $\dfrac{\overline{CD}}{\overline{AB}} = \dfrac{7}{5}$

La razón de dos segmentos es independiente de la unidad que se adopte para medirlos, con tal que se use la misma unidad para ambos.

La razón puede ser un número entero o fraccionario y en estos dos casos se dice que los dos segmentos son conmensurables entre sí.

Si la razón es un número irracional entonces los dos segmentos son inconmensurables entre sí.

Razón inversa La razón $\dfrac{\overline{CD}}{\overline{AB}} = \dfrac{7}{5}$ se dice que es inversa de la razón $\dfrac{\overline{AB}}{\overline{CD}} = \dfrac{5}{7}$, y viceversa.

124. SEGMENTOS PROPORCIONALES. Si a los segmentos a y b, corresponden los segmentos a' y b', de tal manera que:

$$\frac{a}{b} = \frac{a'}{b'},$$

se dice que son proporcionales.

125. DIVIDIR UN SEGMENTO EN OTROS DOS QUE ESTEN EN UNA RAZON DADA

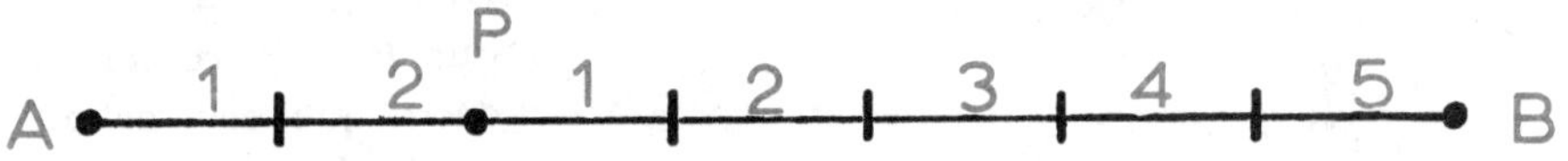

Fig. 103

Sea $\overline{AB}$ (Fig. 103) el segmento que se quiere dividir en una razón dada. por ejemplo, $\dfrac{2}{5}$. Dividimos el segmento $\overline{AB}$ en $2 + 5 = 7$ partes iguales y vemos que el punto P. lo divide en dos partes: $\overline{AP}$ y $\overline{PB}$. tales que:

$$\frac{\overline{AP}}{\overline{PB}} = \frac{2}{5} \qquad (1)$$

¿Existirá otro punto P' que divida el segmento $\overline{AB}$ en la misma razón $\dfrac{2}{5}$?

En caso afirmativo se cumpliría

$$\frac{\overline{AP'}}{\overline{P'B}}=\frac{2}{5} \qquad (2)$$

Comparando (1) y (2). tenemos:

$$\frac{\overline{AP}}{\overline{PB}}=\frac{\overline{AP'}}{\overline{P'B}}.$$

Aplicando la propiedad de la suma de antecedentes y consecuentes, en (1) y (2), tenemos:

$$\frac{\overline{AP}+\overline{PB}}{\overline{AP}}=\frac{2+5}{2}; \quad \therefore \quad \frac{\overline{AP}+\overline{PB}}{\overline{AP}}=\frac{7}{2}; \qquad (3)$$

$$\text{y} \quad \frac{\overline{AP'}+\overline{P'B}}{\overline{AP'}}=\frac{2+5}{2}; \quad \therefore \quad \frac{\overline{AP'}+\overline{P'B}}{\overline{AP'}}=\frac{7}{2} \qquad (4)$$

Comparando (3) y (4), tenemos:

$$\frac{\overline{AP}+\overline{PB}}{\overline{AP}}=\frac{\overline{AP'}+\overline{P'B}}{\overline{AP'}}. \qquad (5)$$

Pero: $$\overline{AP}+\overline{PB}=\overline{AP'}+\overline{P'B}=\overline{AB}. \qquad (6)$$

Sustituyendo (6) en (5), tenemos:

$$\frac{\overline{AB}}{\overline{AP}}=\frac{\overline{AB}}{\overline{AP'}};$$

$$\therefore \quad \overline{AP}=\frac{\overline{AB}\cdot\overline{AP'}}{\overline{AB}}=\overline{AP'}.$$

Esta igualdad nos dice que *P* y *P'* coinciden, es decir, que son el mismo punto. Por tanto solo existe un punto que divide $\overline{AB}$ en la razón $\frac{2}{5}$.

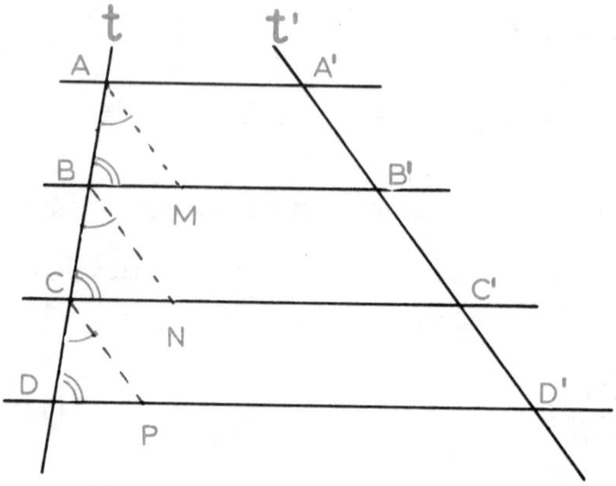

Fig. 104

126. TEOREMA 30. "Si varias paralelas determinan segmentos iguales en una de dos transversales, determinarán también segmentos iguales en la otra transversal" (Fig. 104).

HIPÓTESIS:

$\overleftrightarrow{AA'} \parallel \overleftrightarrow{BB'} \parallel \overleftrightarrow{CC'} \parallel \overleftrightarrow{DD'}$; t y t' son dos transversales y $\overline{AB} = \overline{BC} = \overline{CD}$.

TESIS: $\overline{A'B'} = \overline{B'C'} = \overline{C'D'}$.

Construcción auxiliar. Tracemos $\overleftrightarrow{AM}$, $\overleftrightarrow{BN}$ y $\overleftrightarrow{CP}$ paralelas a t'. Se forman los triángulos ABM, BCN y CDP, que son iguales por tener $\overline{AB} = \overline{BC} = \overline{CD}$ por hipótesis y los ángulos marcados del mismo modo por correspondientes.

DEMOSTRACIÓN.

En los $\triangle ABM$, $\triangle BCN$ y $\triangle CDP$:

$\overline{AM} = \overline{BN} = \overline{CP}$ (1) Lados homólogos de triángulos iguales.

También:

$\overline{AM} = \overline{A'B'}$ (2)
$\overline{BN} = \overline{B'C'}$ (3) Lados opuestos de paralelogramos.
$\overline{CP} = \overline{C'D'}$ (4)

Sustituyendo (2), (3) y (4) en (1), tenemos:

$\overline{A'B'} = \overline{B'C'} = \overline{C'D'}$ Como se quería demostrar.

127. TEOREMA 31. TEOREMA DE TALES: **"Si varias paralelas cortan a dos transversales, determinan en ellas segmentos correspondientes proporcionales"** (Fig. 105).

HIPÓTESIS:

$\overleftrightarrow{AA'} \parallel \overleftrightarrow{BB'} \parallel \overleftrightarrow{CC'}$; t y t' transversales; $\overline{AB}$ y $\overline{BC}$ segmentos correspondientes de t y $\overline{A'B'}$ y $\overline{B'C'}$ segmentos correspondientes de t'.

TESIS: $\dfrac{\overline{AB}}{\overline{BC}} = \dfrac{\overline{A'B'}}{\overline{B'C'}}$.

Construcción auxiliar.

Llevemos una unidad cualquiera "u" sobre $\overline{AB}$ y $\overline{BC}$. Supongamos que $\overline{AB}$ la contiene m veces y $\overline{BC}$ la contiene n veces; entonces $\overline{AB} = mu$ y $\overline{BC} = nu$.

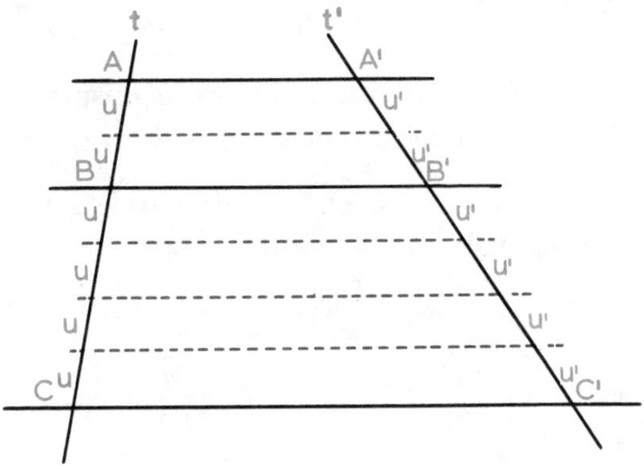

Fig. 105

Tracemos paralelas por los puntos de unión de las unidades "u" Los segmentos $\overline{A'B'}$ y $\overline{B'C'}$ quedarán divididos en los segmentos u' (iguales al teorema anterior) de manera que: $\overline{A'B'} = \text{m}\,u'$ y $\overline{B'C'} = \text{n}\,u'$.

DEMOSTRACIÓN:

$\overline{AB} = \text{m}\,u$ (1)
y $\overline{BC} = \text{n}\,u$ (2) Construcción auxiliar.

$\therefore \dfrac{\overline{AB}}{\overline{BC}} = \dfrac{\text{m}}{\text{n}}$ (3) La razón de dos segmentos es el cociente de sus medidas con la misma unidad.

Análogamente:

$\overline{A'B'} = \text{m}\,u'$ (4)

y $B'C' = \text{n}\,u'$ (5)

$\therefore \dfrac{\overline{A'B'}}{\overline{B'C'}} = \dfrac{\text{m}}{\text{n}}$ (6)

Comparando (3) y (6): $\dfrac{\overline{AB}}{\overline{BC}} = \dfrac{\overline{A'B'}}{\overline{B'C'}}$.

(carácter transitivo).

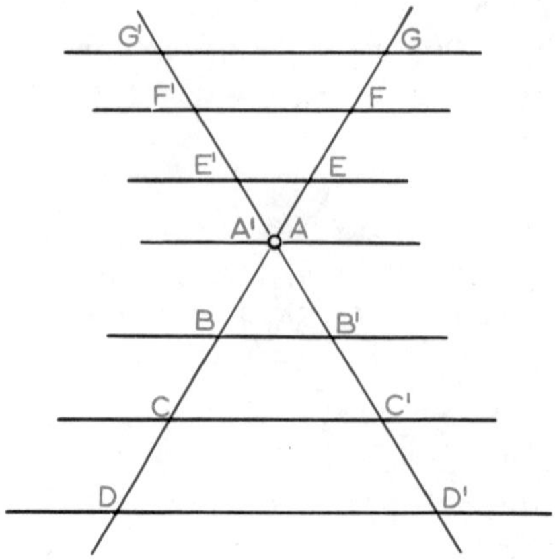

Fig. 106

128. OBSERVACION. El teorema que acabamos de demostrar, es absolutamente general, se verifica para cualquier número de paralelas y para cualquier posición de las transversales. (Fig. 106)

Si $\overleftrightarrow{GG'} \parallel \overleftrightarrow{FF'} \parallel \overleftrightarrow{EE'} \parallel \overleftrightarrow{BB'} \parallel \overleftrightarrow{CC'} \parallel \overleftrightarrow{DD'}$,

se cumple que: $\dfrac{\overline{GF}}{\overline{G'F'}} = \dfrac{\overline{FE}}{\overline{F'E'}} = \dfrac{\overline{EA}}{\overline{E'A'}} = \dfrac{\overline{AB}}{\overline{A'B'}} = \dfrac{\overline{BC}}{\overline{B'C'}} = \dfrac{\overline{CD}}{\overline{C'D'}}$.

El teorema también es cierto lo mismo que los segmentos sean conmensurables o inconmensurables entre sí.

129. TEOREMA 32. **"Toda paralela a un lado de un triángulo divide a los otros dos lados, en segmentos proporcionales".**

HIPÓTESIS: En el $\triangle ABC$ (Fig. 107): $\overleftrightarrow{MN} \parallel \overleftrightarrow{AB}$.

TESIS: $\dfrac{\overline{CM}}{\overline{MA}} = \dfrac{\overline{CN}}{\overline{NB}}$.

Construcción auxiliar. Por C tracemos $\overleftrightarrow{RS} \parallel \overleftrightarrow{MN} \parallel \overleftrightarrow{AB}$.

DEMOSTRACIÓN:

Como $\overleftrightarrow{RS} \parallel \overleftrightarrow{MN} \parallel \overleftrightarrow{AB}$ Construcción

y $\overline{CA}$ y $\overline{CB}$ son transversales, tenemos:

$$\frac{\overline{CM}}{\overline{MA}} = \frac{\overline{CN}}{\overline{NB}}$$ Teorema de Tales

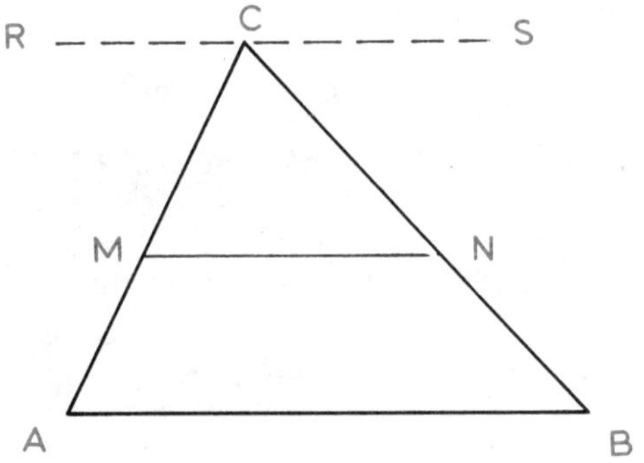

Fig. 107

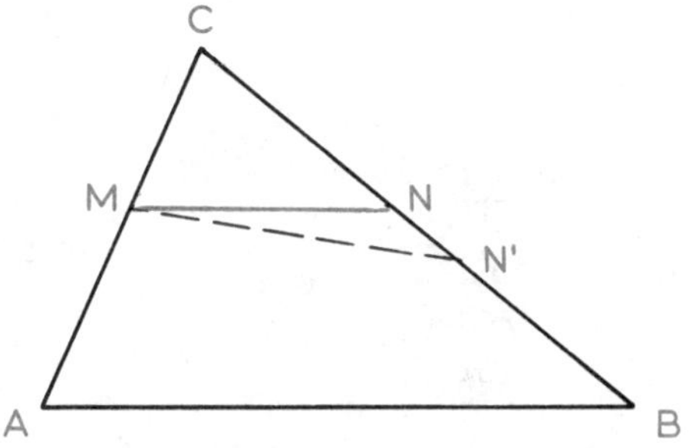

Fig. 108

130. RECIPROCO. **"Si una recta al cortar a dos lados de un triángulo, los divide en segmentos proporcionales, dicha recta es paralela al tercer lado".**

HIPÓTESIS. En el $\triangle ABC$ (Fig. 108): $\frac{\overline{CM}}{\overline{MA}} = \frac{\overline{CN}}{\overline{NB}}$.

TESIS: $\overleftrightarrow{MN} \parallel \overleftrightarrow{AB}$.

DEMOSTRACIÓN: Si no fuera $\overleftrightarrow{MN} \parallel \overleftrightarrow{AB}$, por M podríamos trazar $\overleftrightarrow{MN'} \parallel \overleftrightarrow{AB}$ y entonces tendríamos:

$$\frac{\overline{CM}}{\overline{MA}} = \frac{\overline{CN'}}{\overline{N'B}} \quad (1)$$ Propiedad de la paralela a un lado de un triángulo.

Pero $$\frac{\overline{CM}}{\overline{MA}} = \frac{\overline{CN}}{\overline{NB}} \quad (2)$$ Por hipótesis.

Comparando (1) y (2) tenemos:

$$\frac{\overline{CN}}{\overline{NB}} = \frac{\overline{CN'}}{\overline{N'B}}$$ Carácter transitivo.

Esto es absurdo, ya que los dos puntos N y N' no pueden dividir a $\overline{CB}$ en la misma razón. Entonces N y N' coinciden y, $\overleftrightarrow{MN} \parallel \overleftrightarrow{AB}$.

131. COROLARIO. "El segmento que une los puntos medios de los lados de un triángulo, es paralelo al tercer lado e igual a su mitad".

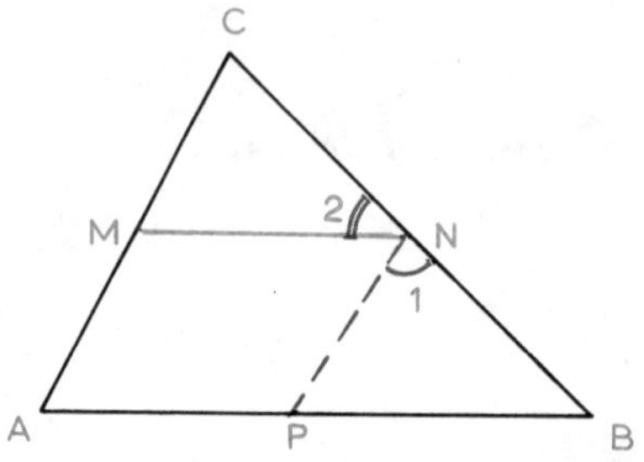

Fig. 109

HIPÓTESIS: En el $\triangle ABC$ (figura 109): M y N son los puntos medios de $\overline{AC}$ y $\overline{BC}$.

TESIS: $\overleftrightarrow{MN} \parallel \overleftrightarrow{AB}$;

$$\overline{MN} = \frac{\overline{AB}}{2}.$$

Construcción auxiliar. Por N tracemos $\overleftrightarrow{PN} \parallel \overleftrightarrow{AC}$, formándose el $\triangle BNP$.

DEMOSTRACIÓN:

$\dfrac{\overline{CM}}{\overline{MA}} = 1$ (1) $\overline{CM} = \overline{MA}$ por ser M el punto medio por hipótesis.

$\dfrac{\overline{CN}}{\overline{NB}} = 1$ (2) $\overline{CN} = \overline{NB}$ por ser N el punto medio por hipótesis.

Comparando (1) y (2), tenemos:

$\dfrac{\overline{CM}}{\overline{MA}} = \dfrac{\overline{CN}}{\overline{NB}}$ Carácter transitivo.

$\therefore \quad \overline{MN} \parallel \overline{AB}$ Cuando una recta al cortar dos lados de un triángulo los divide en segmentos proporcionales la recta es $\parallel$ al tercer lado.

En los $\triangle CMN$ y $\triangle NPB$:

$\angle C = \angle 1, \ \angle B = \angle 2$ Correspondientes.

$\overline{CN} = \overline{NB}$ Por ser N punto medio.

$\therefore \quad \triangle CMN = \triangle NPB$ Por el primer caso (TEOREMA 21).

$\therefore \quad \overline{MN} = \overline{PB}$ Lados homólogos de triángulos iguales.

Por otra parte:

$\overline{MN} = \overline{AP}$ Lados opuestos de un paralelogramo.

y $\overline{MN} = \overline{PB}$ Demostrado.

Sumando: $2\overline{MN} = \overline{AP} + \overline{PB}$ (3)

y como $\overline{AP} + \overline{PB} = \overline{AB}$ (4) Suma de segmentos

Sustituyendo (4) en (3):

$2\overline{MN} = \overline{AB} \quad \therefore \quad \overline{MN} = \dfrac{\overline{AB}}{2}$ Como queríamos demostrar.

132. TEOREMA 33 *Propiedad de la bisectriz de un ángulo interior de un triángulo:* "La bisectriz de un ángulo interior de un triángulo divide al lado opuesto en segmentos proporcionales a los otros dos lados".

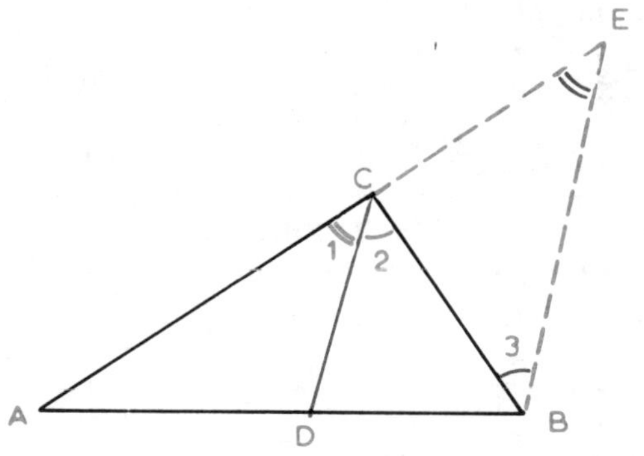

Fig 110

HIPÓTESIS:
En el $\triangle ABC$, $\overline{CD}$ es la bisectriz del $\angle C$ y $\overline{AD}$ y $\overline{DB}$ son los segmentos determinados por $\overline{CD}$, sobre $\overline{AB}$ (Fig. 110).

TESIS: $\dfrac{\overline{AD}}{\overline{DB}} = \dfrac{\overline{AC}}{\overline{CB}}$.

Construcción auxiliar. Por B tracemos $\overleftrightarrow{BE} \parallel \overleftrightarrow{CD}$ y prolonguemos el lado $\overline{AC}$ hasta que corte a $\overline{BE}$ en E formándose el $\triangle BCE$.

DEMOSTRACIÓN:

En el $\triangle ABE$:

	$\dfrac{\overline{AD}}{\overline{DB}} = \dfrac{\overline{AC}}{\overline{CE}}$	(1)	Por ser $\overleftrightarrow{CD}$ $\overleftrightarrow{BE}$ por construcción.
Pero:	$\angle E = \angle 1$	(2)	Correspondientes;
	$\angle 1 = \angle 2$	(3)	Por hipótesis ($\overline{CD}$ es bisectriz).
Comparando (2) y (3):			
	$\angle E = \angle 2$	(4)	Carácter transitivo;
y como	$\angle 2 = \angle 3$	(5)	Alternos internos entre paralelas;
De (4) y (5):	$\angle E = \angle 3$		Carácter transitivo;
$\therefore$	$\overline{CE} = \overline{CB}$	(6)	Por ser el $\triangle BCE$ isósceles.

Sustituyendo (6) en (1):

$$\frac{\overline{AD}}{\overline{DB}} = \frac{\overline{AC}}{\overline{CB}}$$

como se quería demostrar.

133. PROBLEMA.—Dados los tres lados de un triángulo, calcular los segmentos determinados en uno de sus lados por la bisectriz del ángulo opuesto (Fig. 110-A)

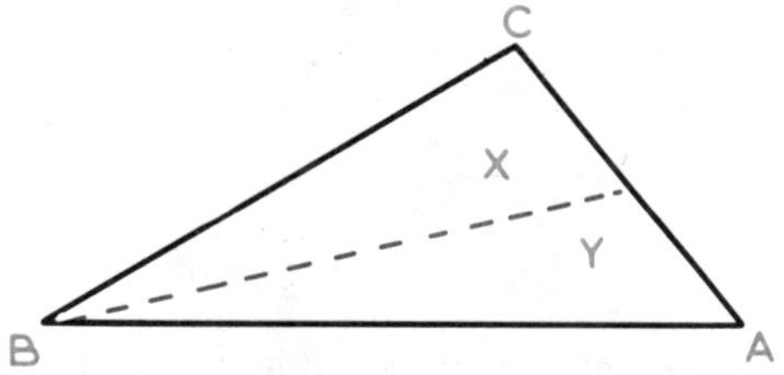

Fig 110-A

Sea el $\triangle ABC$ cuyos lados miden $a = 27$ cm, $b = 18$ cm y $c = 35$ cm. Calcular los segmentos determinados en el lado b por la bisectriz del ángulo opuesto.

$$\frac{x}{y} = \frac{27}{35};$$ Por el teorema anterior;

$$\therefore \quad \frac{x+y}{x} = \frac{27+35}{27};$$ Aplicando una propiedad de las proporciones (Art. 118)

Pero $x + y = b = 18$ cm;

$$\therefore \quad \frac{18}{x} = \frac{62}{27};$$ Sustituyendo;

$$\therefore \quad x = \frac{18 \times 27}{62};$$ Despejando x.

$$\therefore \quad x = \frac{486}{62} = 7\frac{52}{62} = 7\frac{26}{31}.$$

Análogamente:

$$\frac{x+y}{y} = \frac{27+35}{35};$$

$$\therefore \quad \frac{18}{y} = \frac{62}{35};$$

$$\therefore \quad y = \frac{18 \times 35}{62} = \frac{630}{62} = \frac{315}{31} = 10\frac{5}{31}.$$

134. COMPROBACION.

$$x + y = b.$$

$$7\frac{26}{31} + 10\frac{5}{31} = 18.$$

135. PROBLEMAS GRAFICOS SOBRE SEGMENTOS PROPORCIONALES. *Dividir un segmento en partes proporcionales a otros segmentos*

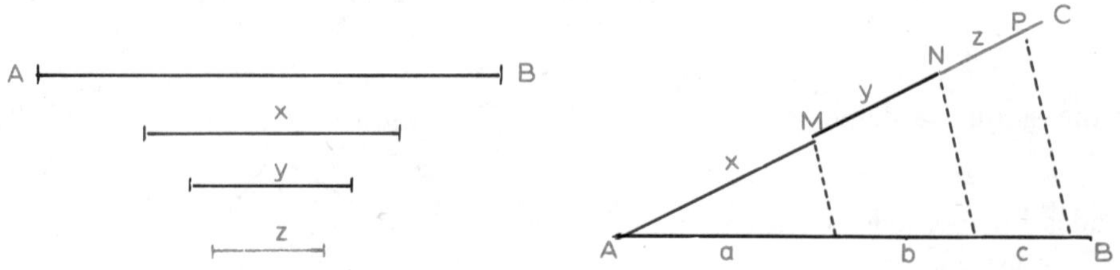

Fig. 111

Sea $\overline{AB}$ el segmento que se quiere dividir en partes proporcionales a los segmentos x, y, z.

A partir de un extremo del segmento $\overline{AB}$ (Fig. 111), por ejemplo A, se traza la semirrecta $\overrightarrow{AC}$ que forma un ángulo con $\overline{AB}$. Sobre $\overrightarrow{AC}$ y a partir de A. se llevan los segmentos consecutivos $\overline{AM}$, $\overline{MN}$, $\overline{NP}$, iguales a x, y, z.

Unimos el extremo P de z con B y tenemos $\overline{PB}$. Trazando paralelas a $\overleftrightarrow{PB}$ por los puntos M y N determinamos sobre $\overline{AB}$, los segmentos a, b, c, que son los segmentos buscados.

Si se tratara de más segmentos se procede análogamente.

136. DIVIDIR UN SEGMENTO EN PARTES PROPORCIONALES A VARIOS NUMEROS.

Dividir un segmento de 6 cms (figura 112), en partes proporcionales a 2, 3 y 4.

Sobre el extremo A del segmento $\overline{AB}$ que se va a dividir se traza la semirrecta $\overrightarrow{AC}$. Sobre ella se llevan $2 + 3 + 4 = 9$ divisiones iguales cualesquiera. Se une el extremo 9 de la última con B y por 2 y 5, se trazan paralelas a la recta $\overleftrightarrow{9B}$, quedando $\overline{AB}$ dividido en los segmentos $\overline{AD}$. $\overline{DE}$ y $\overline{EB}$ que son proporcionales a 2, 3 y 4, es decir, se cumple que:

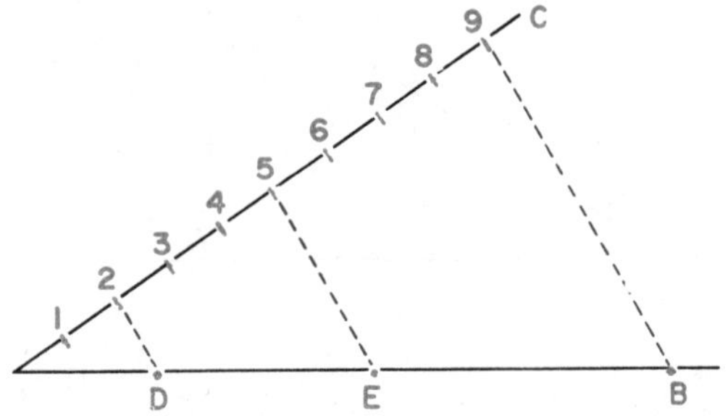

Fig. 112

$$\frac{\overline{AD}}{2} = \frac{\overline{DE}}{3} = \frac{\overline{EB}}{4};$$

y además:

$$\overline{AD} + \overline{DE} + \overline{EB} = \overline{AB}.$$

137. HALLAR LA CUARTA PROPORCIONAL A TRES SEGMENTOS DADOS a, b Y c (figura 113).

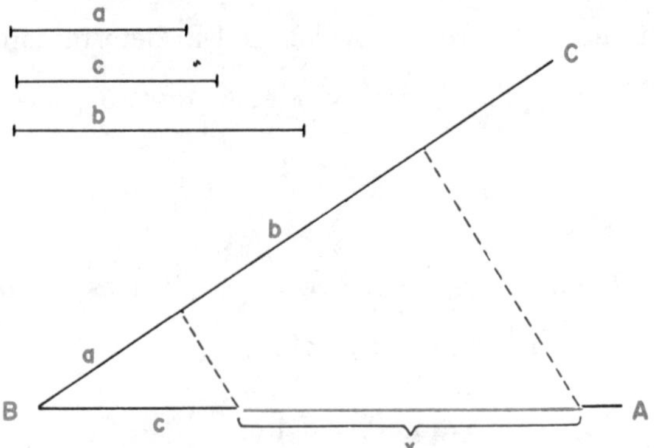

Fig. 113

Se traza un ángulo cualquiera que llamaremos ABC, y sobre uno de sus lados, que puede ser el $\overrightarrow{BC}$, llevamos consecutivamente los segmentos a y b.

Sobre el lado $\overrightarrow{BA}$ llevamos el segmento c. Unimos el extremo de a con el extremo de c y trazando por el extremo de b una paralela a dicho segmento, determinamos sobre $\overrightarrow{BA}$ el segmento x.

Se cumple que: $\frac{a}{b} = \frac{c}{x}$, y x es la cuarta proporcional a los segmentos dados.

138. HALLAR LA TERCERA PROPORCIONAL A DOS SEGMENTOS DADOS, a Y b (Fig. 114).

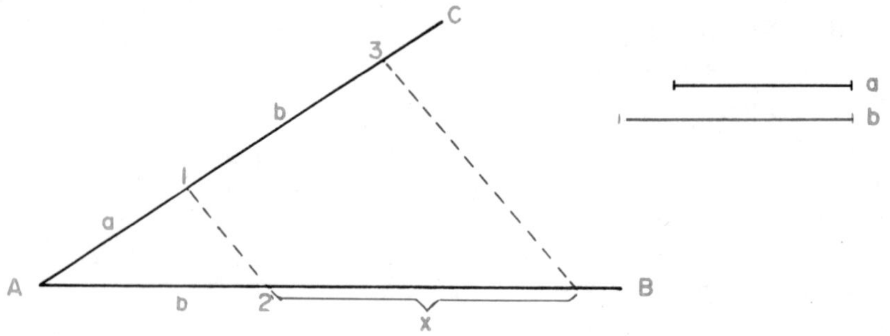

Fig. 114

Se traza el ángulo BAC y sobre el lado $\overrightarrow{AC}$ se llevan consecutivamente los segmentos a y b. Sobre el lado $\overrightarrow{AB}$, y a partir de A. se lleva el segmento b. Unimos el punto 1 con el punto 2 y tenemos el segmento $\overline{1\text{-}2}$. Trazando por el punto 3, una recta paralela a $\overline{1\text{-}2}$, determinamos en $\overrightarrow{AB}$ el segmento x.

Se cumple: $\frac{a}{b} = \frac{b}{x}$ y x es la tercera proporcional a los segmentos dados.

EJERCICIOS

Hallar las razones directas e inversas de los segmentos a y b. sabiendo:

(1) $a = 18$ m, $b = 24$ m. *R.:* $\frac{a}{b} = 0.75$; $\frac{b}{a} = \frac{4}{3}$

(2) $a = 6$ dm, $b = 8$ dm. *R.:* $\frac{a}{b} = 0.75$; $\frac{b}{a} = 1\frac{1}{3}$

(3) $a = 25$ cm, $b = 5$ cm. *R.:* $\frac{a}{b} = 5$; $\frac{b}{a} = 0.2$

(4) $a = 3$ dm, $b = 9$ dm. *R.:* $\frac{a}{b} = \frac{1}{3}$; $\frac{b}{a} = 3$

(5) $a = 2.5$ dm. $b = 50$ cm. *R.:* $\frac{a}{b} = 0.5$; $\frac{b}{a} = 2$.

(6) $a = 3$ Km, $b = 6$ Hm. *R.:* $\frac{a}{b} = 5$; $\frac{b}{a} = \frac{1}{5}$.

(7) $a = 5$ Hm, $b = 3$ Dm. *R.:* $\frac{a}{b} = 16\frac{2}{3}$; $\frac{b}{a} = \frac{3}{50}$.

(8) $a = 4$ Dm, $b = 8$ m. *R.:* $\frac{a}{b} = 5$; $\frac{b}{a} = \frac{1}{5}$.

(9) $a = 6$ mm, $b = 3$ cm. *R.:* $\frac{a}{b} = \frac{1}{5}$; $\frac{b}{a} = 5$.

(10) $a = 9$ cm, $b = 6$ dm. *R.:* $\frac{a}{b} = \frac{3}{20}$; $\frac{b}{a} = 6\frac{2}{3}$.

Hallar los dos segmentos sabiendo su suma (S) y su razón (r).

(11) $S = 6$, $r = \frac{1}{2}$. *R.:* 2 y 4.

(12) $S = 8$, $r = \frac{3}{5}$. *R.:* 3 y 5.

(13) $S = 12$, $r = \frac{1}{2}$. *R.:* 4 y 8.

(14) $S = 36$, $r = \frac{1}{3}$. *R.:* 9 y 27.

(15) $S = 40$, $r = \frac{3}{5}$. *R.:* 15 y 25.

Hallar los dos segmentos sabiendo su diferencia (D) y su razón (r):

(16) $D = 12$, $r = \frac{5}{2}$. *R.:* 20 y 8.

(17) $D = 24$, $r = 5$. *R.:* 30 y 6.

(18) $D = 10$, $r = 3$. *R.:* 15 y 5.

(19) $D = 7$, $r = 2$. *R.:* 14 y 7.

(20) $D = 12$, $r = 3$. *R.:* 18 y 6.

Hallar la cuarta proporcional a los números a, b y c.

(21) $a = 2$, $b = 4$, $c = 8$. *R.:* 16.

(22) $a = 3$, $b = 6$, $c = 9$. *R.:* 18.

(23) $a = 4$, $b = 8$, $c = 10$. *R.:* 20.

(24) $a = 5$, $b = 10$, $c = 4$. *R.:* 8.

(25) $a = 6$, $b = 12$, $c = 3$. *R.:* 6.

Hallar la tercera proporcional a los números a y b.

(26) $a = 4$, $b = 16$. *R.:* 64.

(27) $a = 2$, $b = 12$. *R.:* 72.

(28) $a = 8$, $b = 18$. *R.:* 40.5.

(29) $a = 6$, $b = 30$. *R.:* 150.

(30) $a = 5$, $b = 20$. *R.:* 80.

Hallar la media proporcional a los números *a* y *b*.

(31) $a = 2$, $b = 4$. *R.:* $2\sqrt{2}$.

(32) $a = 4$, $b = 6$. *R.:* $2\sqrt{6}$.

(33) $a = 4$, $b = 8$. *R.:* $4\sqrt{2}$.

(34) $a = 6$, $b = 3$. *R.:* $3\sqrt{2}$.

(35) $a = 5$, $b = 10$. *R.:* $5\sqrt{2}$.

Calcular los lados de un triángulo sabiendo su perímetro (P) y que los lados son proporcionales a los números dados.

(36) $P = 18$ y lados proporcionales a 4, 6, 8, *R.:* 4, 6, 8.

(37) $P = 36$ " " " " 3, 4, 5, *R.:* 9, 12, 15.

(38) $P = 84$ " " " " 5, 7, 9. *R.:* 20, 28, 36.

(39) $P = 75$ " " " " 3, 5, 7. *R.:* 15, 25, 35.

(40) $P = 90$ " " " " 1, 3, 5. *R.:* 10, 30, 50.

Calcular los segmentos determinados por la bisectriz sobre el lado mayor de los triángulos cuyos lados *a*, *b* y *c* miden:

(41) $a = 24$, $b = 32$, $c = 40$. *R.:* $17\frac{1}{7}$ y $22\frac{6}{7}$.

(42) $a = 20$. $b = 16$, $c = 12$. *R.:* $8\frac{4}{7}$ y $11\frac{3}{7}$.

(43) $a = 8$, $b = 10$, $c = 6$. *R.:* $4\frac{2}{7}$ y $5\frac{5}{7}$.

(44) $a = 15$, $b = 10$, $c = 20$. *R.:* 8 y 12.

(45) $a = 7$, $b = 3$. $c = 5$. *R.:* $2\frac{5}{8}$ y $4\frac{3}{8}$.

En cada uno de los triángulos siguientes, de lados *a*, *b* y *c*, calcular los determinados por la bisectriz sobre el lado menor:

(46) $a = 6$, $b = 10$, $c = 14$. *R.:* $2\frac{1}{2}$, $3\frac{1}{2}$.

(47) $a = 8$, $b = 12$, $c = 16$. *R.:* $3\frac{3}{7}$, $4\frac{4}{7}$.

(48) $a = 10$. $b = 16$. $c = 18$. *R.:* $5\frac{5}{17}$, $4\frac{12}{17}$.

(49) $a = 6$. $b = 12$, $c = 10$. *R.:* $2\frac{8}{11}$, $3\frac{3}{11}$.

(50) $a = 8$. $b = 16$. $c = 18$. *R.:* $4\frac{4}{17}$, $3\frac{13}{17}$.

(51) Los lados de un triángulo miden $a = 24$, $b = 10$, $c = 18$.

Calcular los segmentos determinados por cada bisectriz sobre el lado opuesto.

R.: Sobre *a*: $8\frac{4}{7}, 15\frac{3}{7}$; sobre *b*: $4\frac{2}{7}, 5\frac{5}{7}$; sobre *c*: $5\frac{5}{17}, 12\frac{12}{17}$.

Dividir gráficamente en partes proporcionales a 2, 3 y 5:

(52) Un segmento de 10 cm.
(53) Un segmento de 5 pulgadas.
(54) Un segmento de 7.5 cm.

Hallar gráficamente la cuarta proporcional a segmentos que miden:

(55) 2, 3 y 4 cm.
(56) 4, 6 y 7 cm.
(57) 1, 2 y 3 pulgadas.

Hallar gráficamente la tercera proporcional a segmentos que miden:

(58) 3 y 4 cm.
(59) 4 y 6 cm.
(60) 2 y 3 pulgadas.

ARQUÍMEDES (287-212 a. d. C.) Fue el más científico de todos los sabios griegos. Su punto de partida fue la Naturaleza. Estudió las áreas curvilíneas y los volúmenes de los cuerpos limitados por superficies curvas que aplicó al círculo, segmento parabólico, segmento esférico, cilindro, cono, fera, etc. Encontró la cuadratura de la parábc El tercer gran matemático de la Edad de C fue **APOLONIO** de Pérgamo, que floreció apro madamente medio siglo después de Arquímed

10

Semejanza de triángulos

139. DEFINICION. Dos triángulos son semejantes cuando tienen sus ángulos respectivamente iguales y sus lados proporcionales. El signo de semejanza es $\sim$.

Si $\angle A = \angle A'$, $\angle B = \angle B'$ y $\angle C = \angle C'$ y $\dfrac{\overline{AB}}{\overline{A'B'}} = \dfrac{\overline{BC}}{\overline{B'C'}} = \dfrac{\overline{CA}}{\overline{C'A'}}$ (figura 115) entonces $\triangle ABC \sim \triangle A'B'C'$.

Para asegurar la semejanza de dos triángulos no es necesaria la comprobación de todas estas condiciones pues, según veremos más adelante (Art. 145) el hecho de tener algunas, nos determina todas las demás, con las diferencias que implique cada caso.

140. LADOS HOMOLOGOS. Son los lados que se oponen a los ángulos iguales. En la figura 115 son lados homólogos:

$$\overline{AB} \text{ y } \overline{A'B'};\quad \overline{BC} \text{ y } \overline{B'C'};\quad \overline{CA} \text{ y } \overline{C'A'}$$

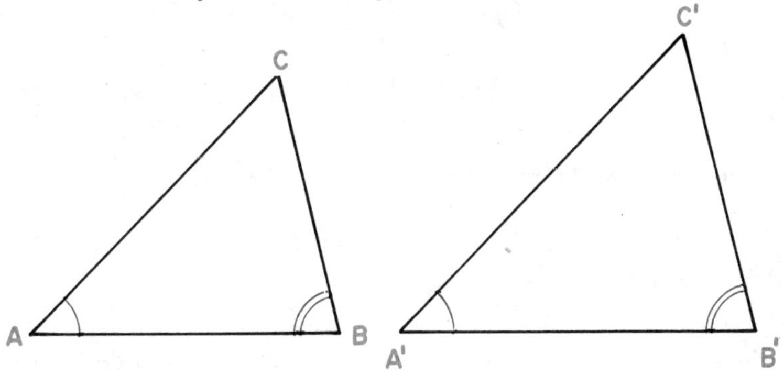

Fig. 115

141. CARACTERES DE LA SEMEJANZA DE TRIANGULOS.—

1) Idéntico. Todo triángulo es semejante a sí mismo.

$$\triangle ABC \sim \triangle ABC.$$

2) Recíproco. Si un triángulo es semejante a otro, éste es semejante al primero.

$$\text{Si } \triangle ABC \sim \triangle A'B'C' \text{ también } \triangle A'B'C' \sim \triangle ABC.$$

3) Transitivo. Dos triángulos semejantes a un tercero, son semejantes entre sí.

$$\text{Si } \triangle ABC \sim \triangle A''B''C'' \text{ y } \triangle A'B'C' \sim \triangle A''B''C'';$$

entonces:

$$\triangle ABC \sim \triangle A'B'C'.$$

142. RAZON DE SEMEJANZA.—Es la razón de dos lados homólogos.

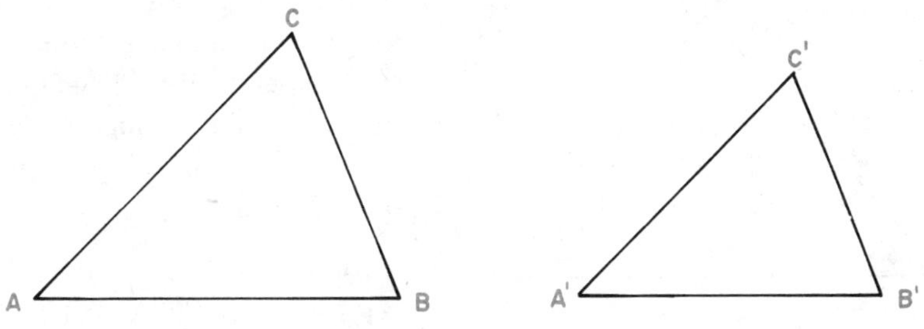

Fig 116

Si $\triangle ABC \sim \triangle A'B'C'$ (Fig. 116), la razón de semejanza es una cualquiera de las razones iguales:

$$\frac{\overline{AB}}{\overline{A'B'}}=\frac{\overline{BC}}{\overline{B'C'}}=\frac{\overline{CA}}{\overline{C'A'}}.$$

143. MANERA DE ESTABLECER LA PROPORCIONALIDAD DE LOS LADOS.

1º) Determinamos la igualdad de los ángulos:

$$\angle A = \angle A' \; ; \; \angle B = \angle B'; \; \angle C = \angle C'.$$

2º) Preparamos las igualdades:

$$\overline{\qquad} = \overline{\qquad} = \overline{\qquad}$$

3º) En la parte superior escribimos los ángulos de uno de los triángulos, en un orden cualquiera. Por ejemplo, tomando el $\triangle ABC$,

$$\frac{\angle A}{\quad}=\frac{\angle B}{\quad}=\frac{\angle C}{\quad};$$

4º) En la parte inferior escribimos los ángulos correspondientes iguales a los de la parte superior:

$$\frac{\angle A}{\angle A'}=\frac{\angle B}{\angle B'}=\frac{\angle C}{\angle C'}.$$

5º) A cada ángulo le asociamos su lado opuesto:

$$\frac{(\angle A)\overline{BC}}{(\angle A')\overline{B'C'}}=\frac{(\angle B)\overline{AC}}{(\angle B')\overline{A'C'}}=\frac{(\angle C)\overline{AB}}{(\angle C')\overline{A'B'}}$$

6º) Suprimimos los ángulos y tenemos la proporción:

$$\frac{\overline{BC}}{\overline{B'C'}}=\frac{\overline{AC}}{\overline{A'C'}}=\frac{\overline{AB}}{\overline{A'B'}}$$

144. TEOREMA 34. TEOREMA FUNDAMENTAL DE EXISTENCIA DE TRIÁNGULOS SEMEJANTES: **"Toda paralela a un lado de un triángulo forma con los otros dos lados un triángulo semejante al primero"**

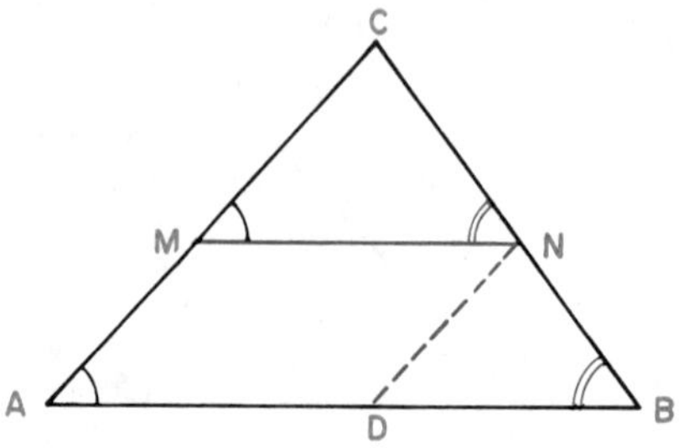

Fig 117

HIPÓTESIS:
En el $\triangle ABC$. $\overleftrightarrow{MN} \parallel \overleftrightarrow{AB}$ (Fig. 117).

TESIS: $\triangle CMN \sim \triangle ABC$.

Construcción auxiliar. Por el punto N, tracemos $\overline{ND} \parallel \overline{AC}$, formándose el $\triangle BND$.

DEMOSTRACIÓN:

En los $\triangle CMN$ y $\triangle ABC$:

$\angle C = \angle C$ Común;

$\angle M = \angle A$ Correspondientes;

$\angle N = \angle B$ Correspondientes;

Por otra parte:

$$\frac{\overline{CM}}{\overline{CA}} = \frac{\overline{CN}}{\overline{CB}} \quad (1) \quad \text{Por ser } \overleftrightarrow{MN} \parallel \overleftrightarrow{AB} \text{ (hipótesis).}$$

También:

$$\frac{\overline{CN}}{\overline{CB}} = \frac{\overline{AD}}{\overline{AB}} \quad (2) \quad \text{Por ser } \overleftrightarrow{ND} \parallel \overleftrightarrow{CA} \text{ por construcción.}$$

Comparando (1) y (2), tenemos:

$$\frac{\overline{CM}}{\overline{CA}} = \frac{\overline{CN}}{\overline{CB}} = \frac{\overline{AD}}{\overline{AB}} \quad (3) \quad \text{Carácter transitivo.}$$

Pero: $\overline{AD} = \overline{MN}$ (4) $ADMN$ es un paralelogramo.

Sustituyendo (4) en (3):

$$\frac{\overline{CM}}{\overline{CA}} = \frac{\overline{CN}}{\overline{CB}} = \frac{\overline{MN}}{\overline{AB}}$$

Hemos demostrado:

$\angle C = \angle C$

$\angle M = \angle A$ y $\dfrac{\overline{CM}}{\overline{CA}} = \dfrac{\overline{CN}}{\overline{CB}} = \dfrac{\overline{MN}}{\overline{AB}}.$

$\angle N = \angle B$

$$\therefore \quad \triangle CMN \sim \triangle ABC.$$

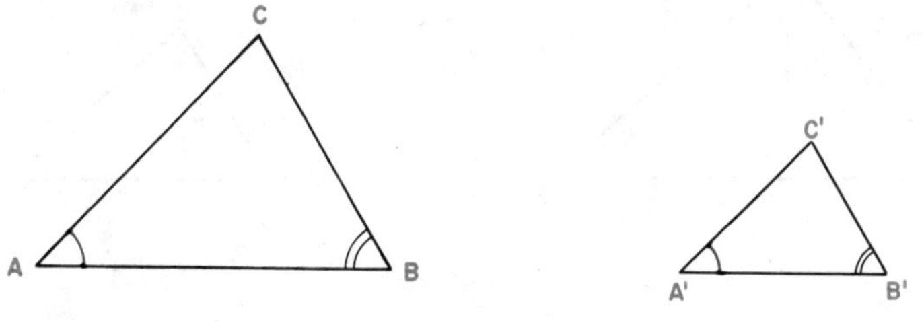

Fig. 118

TEOREMA RECIPROCO. "Todo triángulo semejante a otro es igual a uno de los triángulos que pueden obtenerse trazando una paralela a la base de éste".

145. CASOS DE SEMEJANZA DE TRIANGULOS. Dos triángulos son semejantes:

1º) *Si tienen dos ángulos respectivamente iguales* (Fig. 118).
Si $\angle A = \angle A'$ y $\angle B = \angle B'$; entonces $\triangle ABC \sim \triangle A'B'C'$.

2º) *Si tienen dos lados proporcionales e igual el ángulo comprendido* (Fig 119).

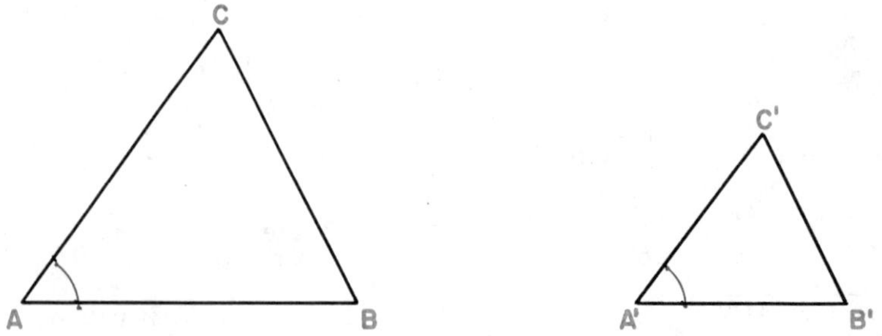

Fig. 119

Si $\frac{\overline{AB}}{\overline{A'B'}} = \frac{\overline{AC}}{\overline{A'C'}}$ y $\angle A = \angle A'$; entonces $\triangle ABC \sim \triangle A'B'C'$:

3º) *Si tienen sus tres lados proporcionales* (Fig. 120).

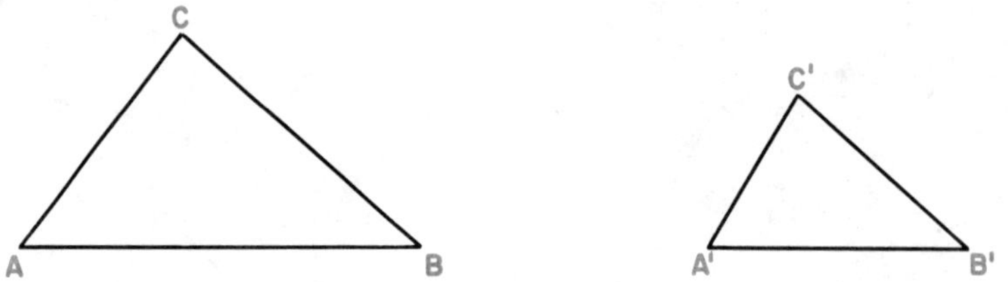

Fig. 120

Si $\frac{\overline{AB}}{\overline{A'B'}} = \frac{\overline{BC}}{\overline{B'C'}} = \frac{\overline{CA}}{\overline{C'A'}}$; entonces $\triangle ABC \sim \triangle A'B'C'$.

146. PRIMER CASO. TEOREMA 35. **"Dos triángulos son semejantes cuando tienen dos ángulos respectivamente iguales"**

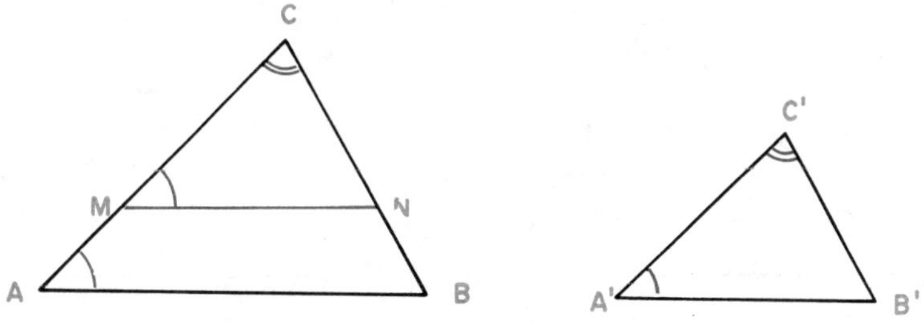

Fig. 121

HIPÓTESIS. (Fig. 121): $\angle A = \angle A'$; $\angle C = \angle C'$.

TESIS: $\triangle ABC \sim \triangle A'B'C'$.

Construcción auxiliar. Tomemos $\overline{CM} = \overline{C'A'}$ y tracemos $\overleftrightarrow{MN} \parallel \overleftrightarrow{AB}$, formándose el $\triangle CMN$.

DEMOSTRACIÓN:

En el $\triangle CMN$ y $\triangle A'B'C'$:

$\overline{CM} = \overline{C'A'}$ — Por construcción;

$\angle C = \angle C'$ — Por hipótesis;

$\angle M = \angle A$ — Correspondientes entre $\overleftrightarrow{MN} \parallel \overleftrightarrow{AB}$;

y $\angle A = \angle A'$ — Hipótesis;

$\therefore$ $\angle M = \angle A'$ — Carácter transitivo;

$\therefore$ $\triangle CMN = \triangle A'B'C'$ (1) — Por tener iguales un lado y los dos ángulos adyacentes.

Pero: $\triangle ABC \sim \triangle CMN$ (2) — Teorema fundamental de existencia.

Comparando (1) y (2), tenemos:

$\triangle ABC \sim \triangle A'B'C'$ — Carácter transitivo.

147. SEGUNDO CASO. TEOREMA 36. **"Dos triángulos son semejantes cuando tienen dos lados proporcionales e igual el ángulo comprendido".**

HIPÓTESIS (Fig. 122): $\angle C = \angle C'$; $\dfrac{\overline{AC}}{\overline{A'C'}} = \dfrac{\overline{BC}}{\overline{B'C'}}$.

TESIS: $\triangle ABC \sim \triangle A'B'C'$.

Construcción auxiliar. Tomemos $\overline{CM} = \overline{C'A'}$ y tracemos $\overleftrightarrow{MN} \parallel \overleftrightarrow{AB}$, formándose el $\triangle CMN \sim \triangle ABC$.

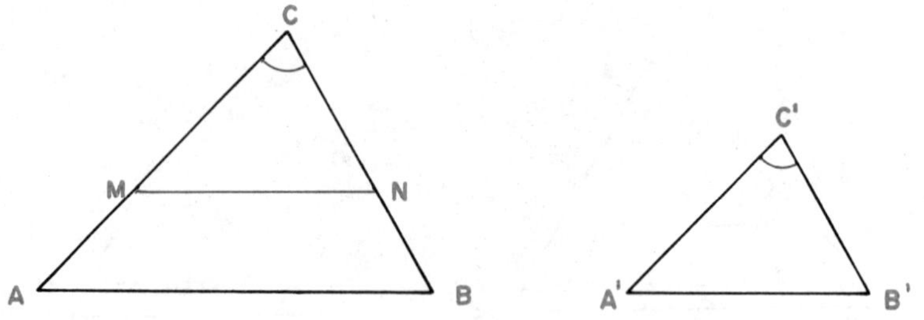

Fig. 122

DEMOSTRACIÓN:

En $\triangle CMN$ y $\triangle A'B'C'$:

$\overline{CM} = \overline{A'C'}$ (1) Construcción.

$\angle C = \angle C'$ Por hipótesis;

En los $\triangle ABC$ y $\triangle CMN$:

$$\frac{\overline{AC}}{\overline{CM}} = \frac{\overline{BC}}{\overline{CN}} \quad (2)$$ Por ser $\overleftrightarrow{MN} \parallel \overleftrightarrow{AB}$ por construcción;

sustituyendo (1) en (2):

$$\frac{\overline{AC}}{\overline{A'C'}} = \frac{\overline{BC}}{\overline{CN}} \quad (3)$$

pero: $$\frac{\overline{AC}}{\overline{A'C'}} = \frac{\overline{BC}}{\overline{B'C'}} \quad (4)$$ Hipótesis.

Comparando (3) y (4):

$$\frac{\overline{BC}}{\overline{CN}} = \frac{\overline{BC}}{\overline{B'C'}}$$ Carácter transitivo.

Despejando $\overline{CN}$: $\overline{CN} = \frac{\overline{BC} \cdot \overline{B'C'}}{\overline{BC}} = \overline{B'C'}$;

$\therefore \quad \triangle CMN = \triangle A'B'C'$ Por tener dos lados iguales e igual el ángulo comprendido;

y como $\triangle ABC \sim \triangle CMN$ Teorema fundamental de existencia;

y $\triangle CMN \sim \triangle A'B'C'$ Carácter idéntico;

resulta $\triangle ABC \sim \triangle A'B'C'$ Carácter transitivo.

148. TERCER CASO. TEOREMA 37. **"Dos triángulos son semejantes cuando tienen proporcionales sus tres lados".**

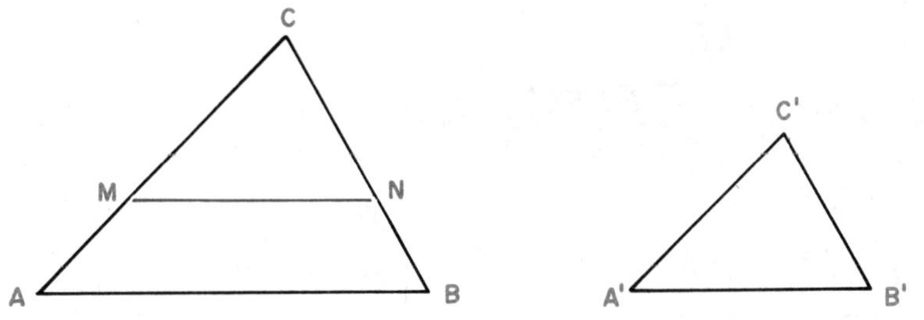

Fig. 123

HIPÓTESIS. (Fig. 123): $\dfrac{\overline{AB}}{\overline{A'B'}} = \dfrac{\overline{BC}}{\overline{B'C'}} = \dfrac{\overline{AC}}{\overline{A'C'}}$.

TESIS: $\triangle ABC \sim \triangle A'B'C'$.

Construcción auxiliar. Tomemos $\overline{CM} = \overline{A'C'}$ y tracemos $\overleftrightarrow{MN} \parallel \overleftrightarrow{AB}$, formándose $\triangle CMN \sim \triangle ABC$.

DEMOSTRACIÓN:

$$\frac{\overline{AB}}{\overline{MN}} = \frac{\overline{BC}}{\overline{CN}} = \frac{\overline{AC}}{\overline{CM}} \qquad (1) \qquad \triangle ABC \sim \triangle CMN \text{ por construcción.}$$

Pero: $\overline{CM} = \overline{A'C'}$ (2) Construcción.

Sustituyendo (2) en (1), tenemos:

$$\frac{\overline{AB}}{\overline{MN}} = \frac{\overline{BC}}{\overline{CN}} = \frac{\overline{AC}}{\overline{A'C'}} \qquad (3)$$

Pero:

$$\frac{\overline{AB}}{\overline{A'B'}} = \frac{\overline{BC}}{\overline{B'C'}} = \frac{\overline{AC}}{\overline{A'C'}} \qquad (4) \qquad \text{Por hipótesis.}$$

Comparando (3) y (4):

$$\frac{\overline{AB}}{\overline{MN}} = \frac{\overline{BC}}{\overline{CN}} = \frac{\overline{AB}}{\overline{A'B'}} = \frac{\overline{BC}}{\overline{B'C'}} \qquad \text{Carácter transitivo.}$$

Tomando la 1ª y 3ª razones:

$$\frac{\overline{AB}}{\overline{MN}} = \frac{\overline{AB}}{\overline{A'B'}}$$

Despejando $\overline{MN}$: $\overline{MN} = \dfrac{\overline{AB} \cdot \overline{A'B'}}{\overline{AB}} = \overline{A'B'}$.

Tomando la 3ª y 4ª razones:

$$\frac{\overline{BC}}{\overline{CN}} = \frac{\overline{BC}}{\overline{B'C'}}$$

Despejando $\overline{CN}$: $\overline{CN} = \dfrac{\overline{BC} \cdot \overline{B'C'}}{\overline{BC}} = \overline{B'C'}$.

Entonces:	$\overline{MN} = \overline{A'B'}$	Demostrado;
	$\overline{CN} = \overline{B'C'}$	Demostrado;
y	$\overline{CM} = \overline{A'C'}$	Construcción;
$\therefore$	$\triangle CMN = \triangle A'B'C'$	Por tener sus tres lados iguales.
y como	$\triangle ABC \sim \triangle CMN$	Teorema fundamental;
y	$\triangle CMN \sim \triangle A'B'C'$	Carácter idéntico;
resulta	$\triangle ABC \sim \triangle A'B'C'$	Carácter transitivo.

149. CASOS DE SEMEJANZA DE TRIANGULOS RECTANGULOS. Como todos los triángulos rectángulos tienen un ángulo igual, el ángulo recto, los tres casos anteriores se convierten en los siguientes:

Dos triángulos rectángulos son semejantes, cuando tienen:

1º) *Un ángulo agudo igual* (Fig. 124)

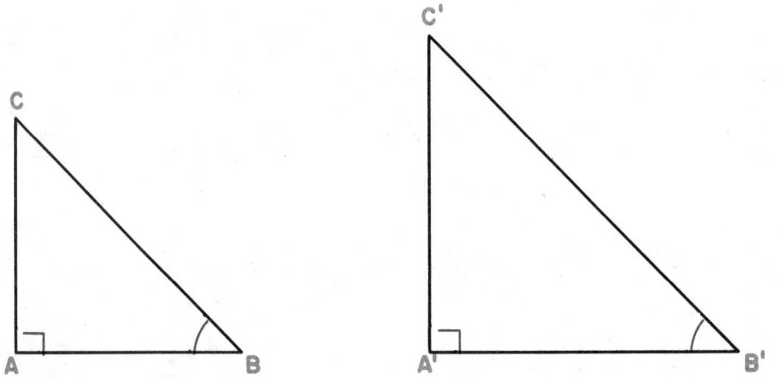

Fig. 124

Si $\angle B = \angle B'$ entonces $\triangle ABC \sim \triangle A'B'C'$.

$$\angle A = \angle A' = 1R.$$

2º) *Los catetos proporcionales* (Fig. 125)

Si $\frac{\overline{AB}}{\overline{A'B'}} = \frac{\overline{AC}}{\overline{A'C'}}$ entonces $\triangle ABC \sim \triangle A'B'C'$.

$\angle A = \angle A' = 1R$.

3º) *La hipotenusa y un cateto proporcionales* (Fig. 125-A).

$\frac{\overline{BC}}{\overline{B'C'}} = \frac{\overline{AC}}{\overline{A'C'}}$ entonces $\triangle ABC \sim \triangle A'B'C'$.

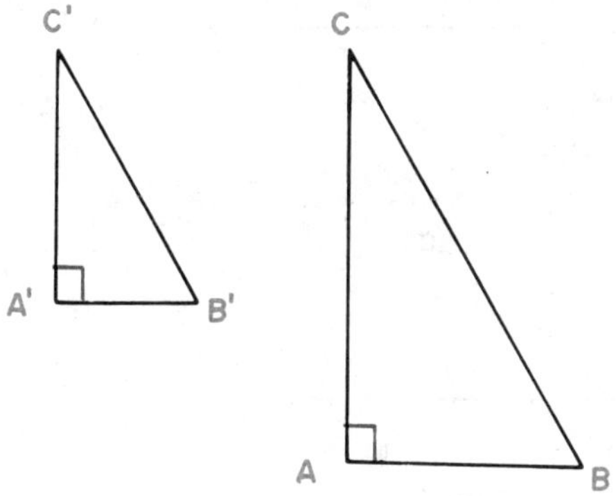

Fig 125

150. PROPORCIONALIDAD DE LAS ALTURAS DE DOS TRIANGULOS SEMEJANTES. *"Las alturas correspondientes de dos triángulos semejantes son proporcionales a sus lados"*.

En efecto: Los triángulos ABD y $A'B'D'$ son semejantes por ser rectángulos y tener un ángulo agudo igual ($\angle A = \angle A'$).

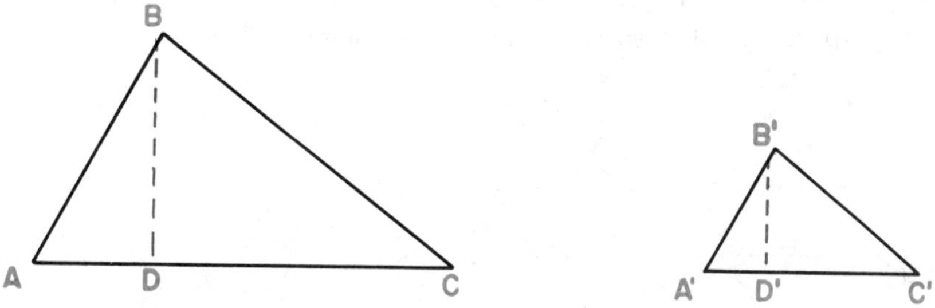

Fig .125-A

Luego: $\frac{\overline{AB}}{\overline{A'B'}} = \frac{\overline{BD}}{\overline{B'D'}}$, como se quería demostrar.

EJERCICIOS

(1) Si $\overleftrightarrow{AB} \parallel \overleftrightarrow{ED}$, demostrar que $\triangle ABC \sim \triangle ECD$ y establecer la proporcionalidad entre los lados homólogos.

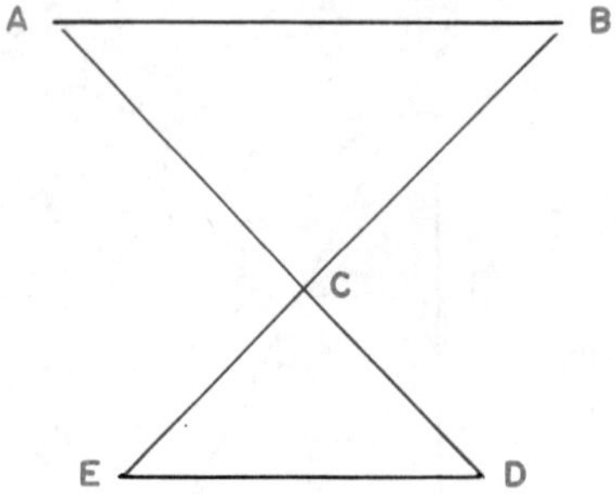

Ejer. 1

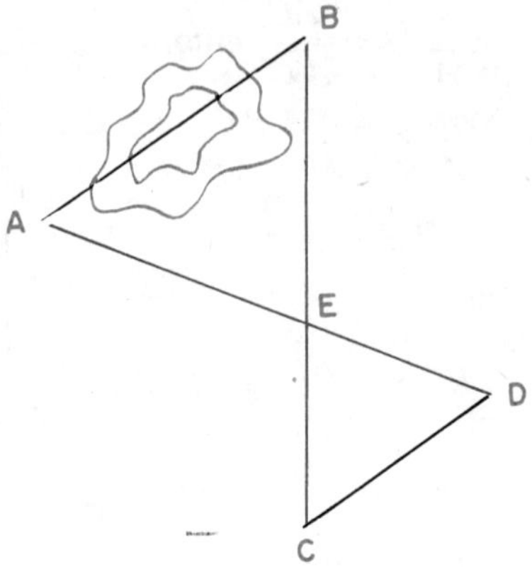

Ejer. 2

(2) Si $\overleftrightarrow{AB} \parallel \overleftrightarrow{CD}$, demostrar que $\triangle ABE \sim \triangle CED$ y establecer la proporcionalidad entre los lados homólogos.

Si $\overline{CD} = 3$ m, $\overline{EC} = 4$ m y $\overline{EB} = 12$ m; calcular $\overline{AB}$. R: $\overline{AB} = 9$ m.

(3) Si $\overleftrightarrow{AB} \parallel \overleftrightarrow{DE}$, demostrar que $\triangle ABC \sim \triangle DCE$.

Si $\overline{AC} = 3$, $\overline{AD} = 2$ y $\overline{AB} = 4$; calcular $\overline{DE}$. R: $\overline{DE} = 6.67$.

(4) Si $\overleftrightarrow{PQ} \parallel \overleftrightarrow{AB}$ y $\overleftrightarrow{QR} \parallel \overleftrightarrow{AC}$; demostrar que $\triangle PCQ \sim \triangle RQB$ y establecer la proporcionalidad entre los lados homólogos.

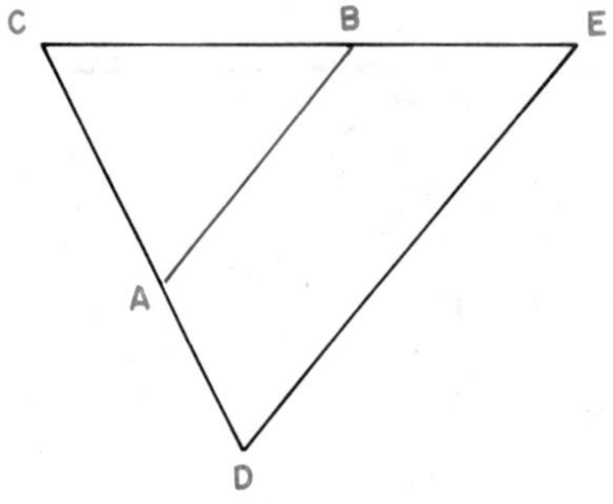

Ejer. 3

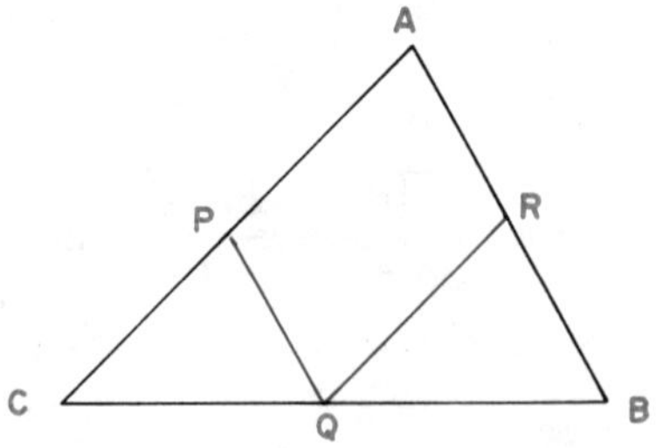

Ejer. 4

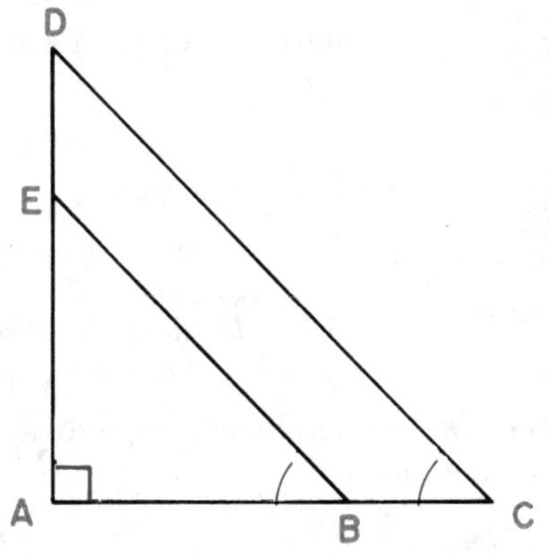

Ejer. 5

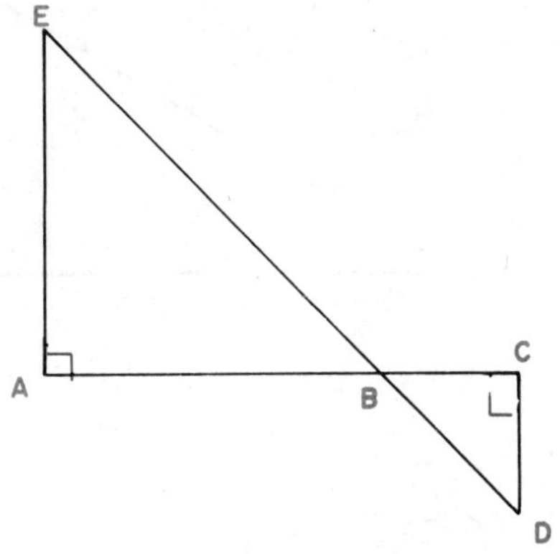

Ejer. 6

(5) $\angle A = 1R,\ \angle B = \angle C$

Demostrar que $\triangle ABE \sim \triangle ACD$ y establecer la proporcionalidad entre los lados homólogos.

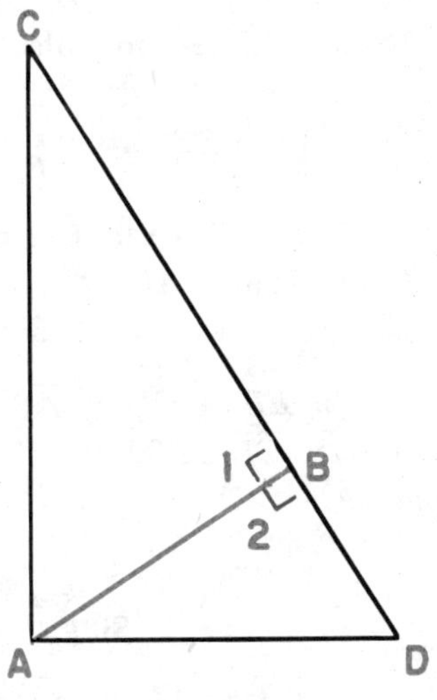

Ejercs. 7 al 9

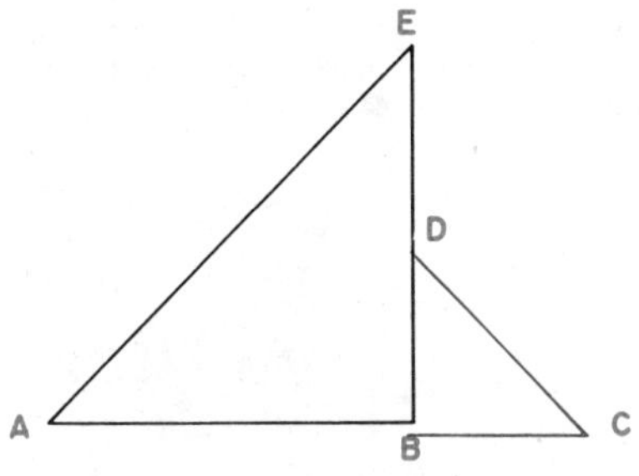

Ejer. 10

(6) Si $\overleftrightarrow{EA} \perp \overleftrightarrow{AC}$ y $\overleftrightarrow{DC} \perp \overleftrightarrow{AC}$, demostrar que $\triangle ABE \sim \triangle CDB$ y establecer la proporcionalidad entre los lados homólogos.

(7) Si $\overleftrightarrow{CA} \perp \overleftrightarrow{AD}$ y $\overleftrightarrow{AB} \perp \overleftrightarrow{CD}$, demostrar que $\triangle ABD \sim \triangle ACD$ y establecer la proporcionalidad entre los lados homólogos.

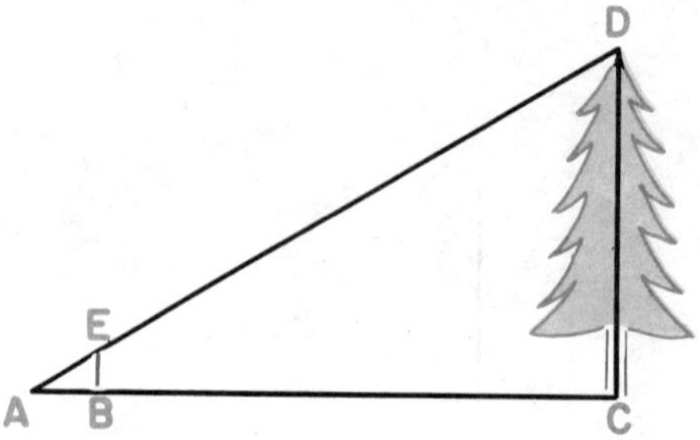

Ejer. 11

(8) Si tenemos: $\angle A = \angle 1 = \angle 2 = 1R$, demostrar que $\triangle ABC \sim \triangle ACD$ y establecer la proporcionalidad entre los lados homólogos.

(9) Si $\angle A = 1R$ y $\overleftrightarrow{AB} \perp \overleftrightarrow{CD}$ demostrar que $\triangle ABD \sim \triangle ABC$ y establecer la proporcionalidad entre los lados homólogos.

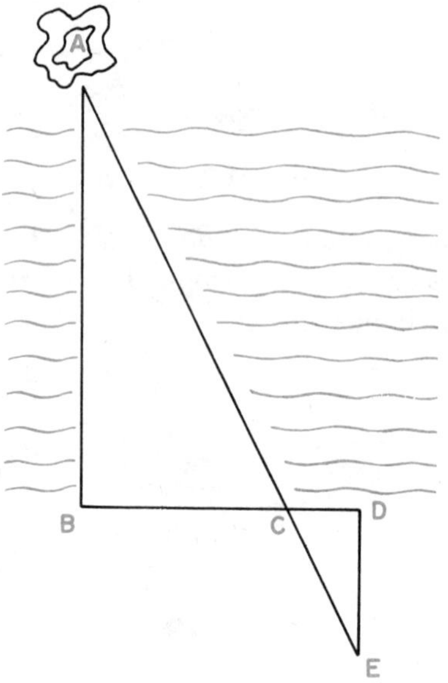

Ejer. 12

(10) Si $\overline{AB} = 8$ m, $\overline{AC} = 12$ m, $\overline{ED} = \overline{DB} = 3$ m, $\overline{AE} = 10$ m, $\overline{CD} = 5\ m$; demostrar que $\triangle ABE \sim \triangle CBD$ y establecer la proporcionalidad entre los lados homólogos.

(11) Si $\overleftrightarrow{EB} \parallel \overleftrightarrow{CD}$ y $\overline{AB} = 2$ m; $\overline{BC} = 18$ m y $\overline{BE} = 3$ m; calcular $\overline{CD}$.

R.: $\overline{CD} = 30$ m.

(12) $\overleftrightarrow{AB} \parallel \overleftrightarrow{ED}$; $\overleftrightarrow{AB} \perp \overleftrightarrow{BD}$; $\overleftrightarrow{ED} \perp \overleftrightarrow{BD}$; $\overline{DE} = 4$ m; $\overline{CD} = 2$ m; $\overline{BC} = 6$ m. Hallar $\overline{AB}$.

R.: $\overline{AB} = 12$ m.

(13) Si $\overleftrightarrow{EB} \parallel \overleftrightarrow{CD}$ y $\overline{AB} = 9$ m; $\overline{EB} = 6$ m y $\overline{CD} = 80$ m.
Calcular $\overline{BC}$.

R.: $\overline{BC} = 111$ m.

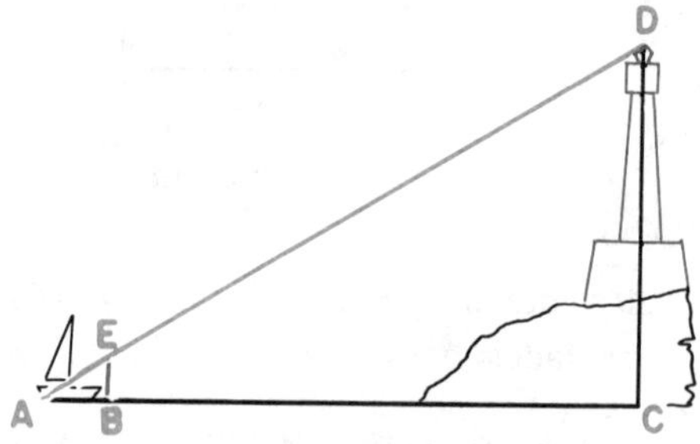

(14) Si $\overleftrightarrow{EB} \parallel \overleftrightarrow{CD}$ y $\overline{AB} = 12$ m; $\overline{EB} = 8$ m y $\overline{CD} = 120$ m.

Calcular $\overline{BC}$.

R.: $\overline{BC} = 168$ m.

Ejercs. 13 y 14

pués de los grandes geómetras griegos de la d de Oro, la Geometría es relegada a segundo nino y se da más importancia a la Astronomía. DECADENCIA. A la izquierda ERATOSTENES a. d. C.) Bibliotecario del Museo de Alejandría y constructor de varios aparatos astronómicos. Dejó el «Mesolabio». En el centro NICOMEDES (hacia el 180 a. d. C.) Nos dejó la Concoide, para cuya realización inventó un aparato especial. A la derecha DIOCLES (siglo 1.° a .d. C.) La Cisoide.

11

Relaciones métricas en los triángulos

151 PROYECCIONES Se llama proyección de un punto P sobre una recta al pie P' de la perpendicular bajada a la recta, desde el punto. La perpendicular se llama *proyectante* (Fig. 126).

Si un punto M por ejemplo, está sobre la recta, su proyección M' es el mismo punto M.

Proyección de un segmento sobre una recta es el segmento cuyos extremos son las proyecciones de los extremos de dicho segmento.

En la figura 126 están representadas las proyecciones de un segmento sobre una recta, en distintos casos.

Cuando el segmento es paralelo a la recta, su proyección es igual a él.

Si el segmento es perpendicular a la recta, la proyección es un punto.

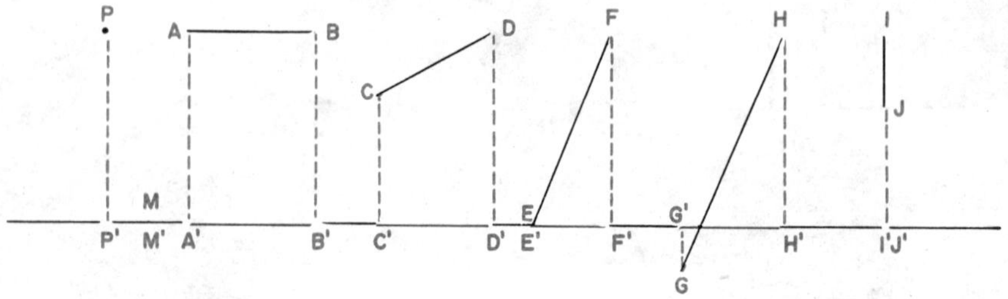

Fig. 126

152 PROYECCIONES DE LOS LADOS DE UN TRIANGULO.— Sean los triángulos ABC (Fig. 127)

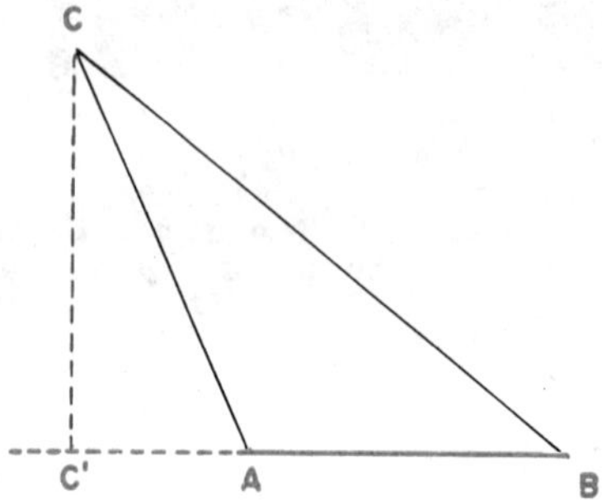

Fig. 127-1

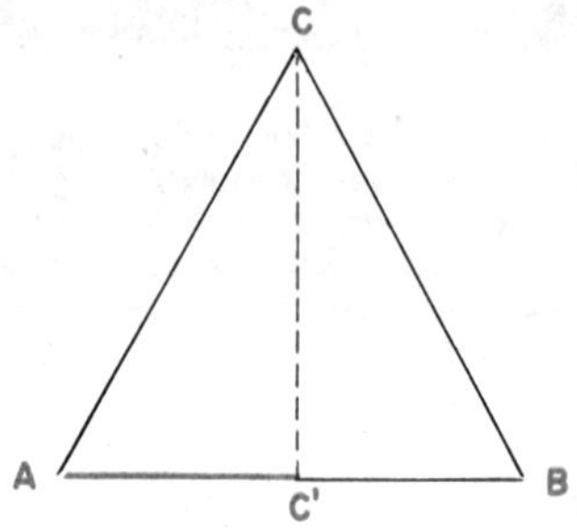

Fig. 127-2

En la figura están representadas las proyecciones de los lados $\overline{AC}$ y $\overline{BC}$ de los triángulos $\triangle ABC$, sobre el lado $\overline{AB}$. Las proyecciones se expresan de la siguiente manera:

$$\text{Proyec.}_{AB}\ \overline{AC} = \overline{AC'} \qquad \text{Proyec.}_{AB}\ \overline{BC} = \overline{BC'}$$

153. TEOREMA 38. Si en un triángulo rectángulo se traza la altura correspondiente a la hipotenusa, se verifica:

1°) Los triángulos rectángulos resultantes son semejantes entre sí y semejantes al triángulo dado.

2°) La altura correspondiente a la hipotenusa es media proporcional entre los segmentos en que divide a ésta.

3°) La altura correspondiente a la hipotenusa es cuarta proporcional entre la hipotenusa y los catetos.

4°) Cada cateto es medio proporcional entre la hipotenusa y su proyección sobre ella.

5º) La razón de los cuadrados de los catetos es igual a la razón de los segmentos que la altura determina en la hipotenusa.

TESIS:

1ª) $\triangle ADC \sim \triangle ABC$; (Fig. 128)
$\triangle ADB \sim \triangle ABC$; $\triangle ADC \sim \triangle ADB$

2ª) $\dfrac{\overline{CD}}{\overline{AD}} = \dfrac{\overline{AD}}{\overline{DB}}$.

3ª) $\dfrac{\overline{BC}}{\overline{AC}} = \dfrac{\overline{AB}}{\overline{AD}}$.

4ª) $\dfrac{\overline{BC}}{\overline{AC}} = \dfrac{\overline{AC}}{\overline{CD}}$; $\dfrac{\overline{BC}}{\overline{AB}} = \dfrac{\overline{AB}}{\overline{BD}}$.

5ª) $\dfrac{\overline{AC}^2}{\overline{AB}^2} = \dfrac{\overline{CD}}{\overline{DB}}$.

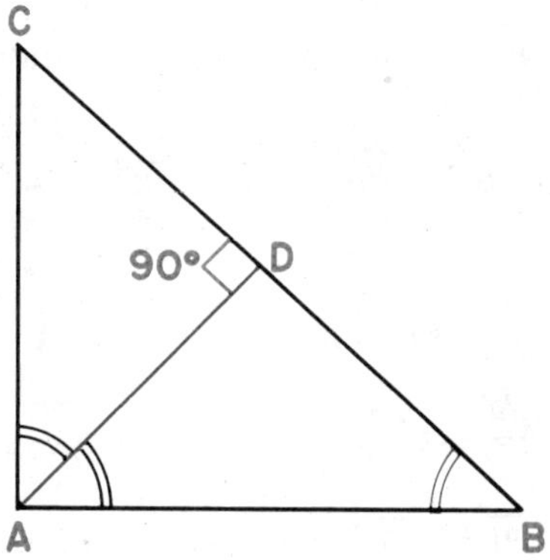

Fig. 128

HIPÓTESIS:

El $\triangle ABC$ es rectángulo en $\angle A$. $\overline{AD}$ es la altura correspondiente a la hipotenusa.

DEMOSTRACIÓN 1ª).

Comparemos los $\triangle ADC$ y $\triangle ABC$:

$\angle D = \angle A$		Rectos;
$\angle C = \angle C$		Común;
$\therefore \triangle ADC \sim \triangle ABC$	(1)	Por rectángulos con un ángulo agudo igual.

En $\triangle ABD$ y $\triangle ABC$:

$\angle D = \angle A$		Rectos;
$\angle B = \angle B$		Común;
$\therefore \triangle ADB \sim \triangle ABC$	(2)	Por rectángulos con un ángulo agudo igual.

Comparando (1) y (2), tenemos:

$\triangle ADC \sim \triangle ADB$ — Carácter transitivo.

DEMOSTRACIÓN 2ª):

Escribiendo la proporcionalidad existente entre los lados homólogos de los triángulos, que según la demostración anterior son semejantes, $\triangle ADC \sim \triangle ABD$, obtenemos que:

$$\frac{\overline{CD}}{\overline{AD}} = \frac{\overline{AD}}{\overline{DB}}$$

DEMOSTRACIÓN 3ª):

Planteando la proporcionalidad entre los lados homólogos de los triángulos semejantes $\triangle ADC$ y $\triangle ABC$, tenemos:

$$\frac{\overline{BC}}{\overline{AC}} = \frac{\overline{AB}}{\overline{AD}}.$$

DEMOSTRACIÓN 4ª):

Escribiendo la proporcionalidad entre los lados homólogos de los triángulos $\triangle ADC$ y $\triangle ABC$ y entre los lados homólogos de los triángulos $\triangle ADB$ y

y $\triangle ABC$, resulta: $\dfrac{\overline{BC}}{\overline{AC}} = \dfrac{\overline{AC}}{\overline{CD}}$ y $\dfrac{\overline{BC}}{\overline{AB}} = \dfrac{\overline{AB}}{\overline{BD}}$.

DEMOSTRACIÓN 5ª):

$\dfrac{\overline{BC}}{\overline{AC}} = \dfrac{\overline{AC}}{\overline{CD}}$ Demostración 4ª;

$\therefore \ \overline{AC}^2 = \overline{BC} \cdot \overline{CD}$ (1) Producto de medios igual a producto de extremos.

$\dfrac{\overline{BC}}{\overline{AB}} = \dfrac{\overline{AB}}{\overline{BD}}$ Demostración 4ª;

$\therefore \ \overline{AB}^2 = \overline{BC} \cdot \overline{BD}$ (2) Producto de medios igual a producto de extremos.

Dividiendo miembro a miembro (1) y (2), tenemos:

$$\frac{\overline{AC}^2}{\overline{AB}^2} = \frac{\overline{BC} \cdot \overline{CD}}{\overline{BC} \cdot \overline{BD}}$$

$\therefore \ \dfrac{\overline{AC}^2}{\overline{AB}^2} = \dfrac{\overline{CD}}{\overline{BD}}$ Simplificando.

154. TEOREMA 39. TEOREMA DE PITÁGORAS. "En todo triángulo rectángulo el cuadrado de la longitud de la hipotenusa es igual a la suma de los cuadrados de las longitudes de los catetos".

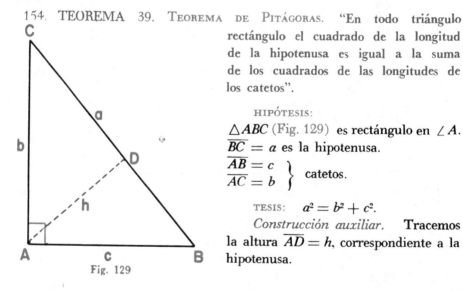

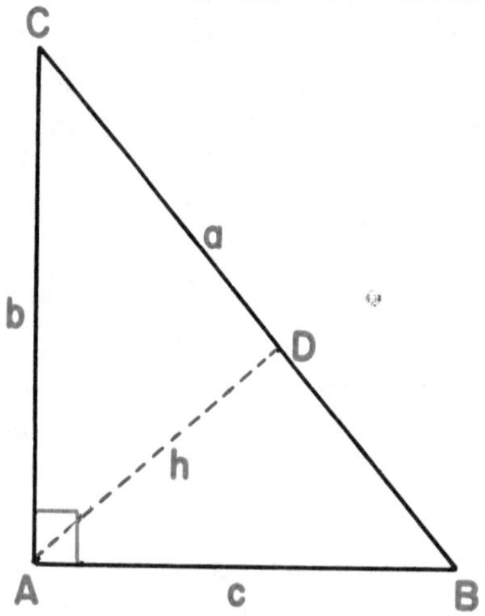

Fig. 129

HIPÓTESIS:

$\triangle ABC$ (Fig. 129) es rectángulo en $\angle A$.

$\overline{BC} = a$ es la hipotenusa.

$\left.\begin{array}{l}\overline{AB} = c \\ \overline{AC} = b\end{array}\right\}$ catetos.

TESIS: $a^2 = b^2 + c^2$.

Construcción auxiliar. Tracemos la altura $\overline{AD} = h$, correspondiente a la hipotenusa.

DEMOSTRACIÓN:

$$\frac{a}{b}=\frac{b}{\overline{CD}} \text{ y } \frac{a}{c}=\frac{c}{\overline{DB}}$$ Cada cateto es media proporcional entre la hipotenusa y su proyección sobre ella.

Despejando los catetos:

$$b^2 = a \cdot \overline{CD} \qquad (1)$$
$$c^2 = a \cdot \overline{DB} \qquad (2)$$

Sumando (1) y (2), tenemos:

$$b^2 + c^2 = a \cdot \overline{CD} + a \cdot \overline{DB}$$
$$\therefore \quad b^2 + c^2 = a\,(\overline{CD} + \overline{DB}) \qquad (3)$$ Factorizando.

Pero: $\overline{CD} + \overline{DB} = a$ (4) Suma de segmentos.

Sustituyendo (4) en (3):

$$b^2 + c^2 = a\,(a)$$
$$\therefore \quad b^2 + c^2 = a^2$$ Efectuando operaciones.

155. COROLARIO 1º. **"En todo triángulo rectángulo, la hipotenusa es igual a la raíz cuadrada de la suma de los cuadrados de los catetos".**

De la igualdad: $a^2 = b^2 + c^2$,

sacando raíz cuadrada en ambos miembros,

$$\therefore \quad a = \sqrt{b^2 + c^2}.$$

COROLARIO 2º. **"En todo triángulo rectángulo, cada cateto es igual a la raíz cuadrada del cuadrado de la hipotenusa, menos el cuadrado del otro cateto".**

De la igualdad:

$$a^2 = b^2 + c^2;$$

despejando los catetos:

$$b^2 = a^2 - c^2;$$
$$c^2 = a^2 - b^2;$$

extrayendo raíz cuadrada:

$$b = \sqrt{a^2 - c^2};$$
$$c = \sqrt{a^2 - b^2}.$$

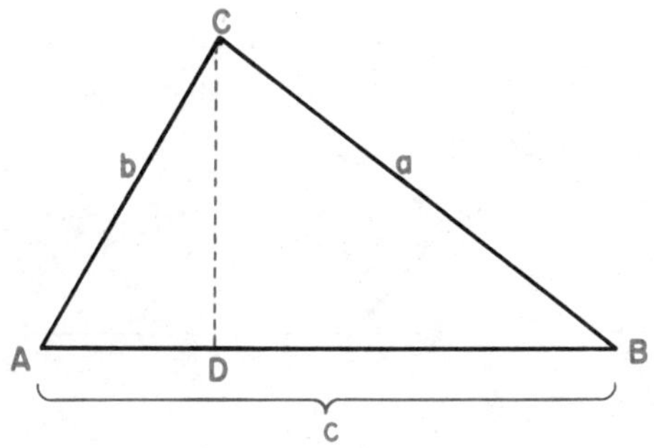

Fig. 130

156. TEOREMA 40. GENERALIZACIÓN DEL TEOREMA DE PITÁGORAS (CUADRADO DEL LADO OPUESTO A UN ÁNGULO AGUDO EN UN TRIÁNGULO). **"En todo triángulo, el cuadrado del lado opuesto a un ángulo agudo es igual a la suma de los cuadrados de los otros dos lados, menos el doble del producto de uno de estos lados por la proyección del otro sobre él".**

HIPÓTESIS: En el $\triangle ABC$ (Fig. 130) el $\angle A < 90°$.

Proyec.$_c$ $b = \overline{AD}$.

TESIS: $a^2 = b^2 + c^2 - 2\,c \cdot \overline{AD}$.

DEMOSTRACIÓN.

En el $\triangle CDB$:

$a^2 = \overline{CD}^2 + \overline{DB}^2$ (1) Teorema de Pitágoras.

En el $\triangle CDA$:

$\overline{CD}^2 = b^2 - \overline{AD}^2$ (2) Corolario del teorema de Pitágoras.

En el segmento $\overline{AB}$:

$\overline{DB} = c - \overline{AD}$ (3) Resta de segmentos.

Sustituyendo (2) y (3) en (1), tenemos:

$$a^2 = b^2 - \overline{AD}^2 + (c - \overline{AD})^2$$

De donde:

$a^2 = b^2 - \overline{AD}^2 + c^2 - 2\,c \cdot \overline{AD} + \overline{AD}^2$ Desarrollando el cuadrado;

$\therefore\ a^2 = b^2 + c^2 - 2\,c \cdot \overline{AD}$ Simplificando.

157. TEOREMA 41. CUADRADO DEL LADO OPUESTO A UN ÁNGULO OBTUSO, EN UN TRIÁNGULO. "En un triángulo obtusángulo, el cuadrado del lado opuesto al ángulo obtuso, es igual a la suma de los cuadrados de los otros dos lados, más el doble del producto de uno de estos lados por la proyección del otro sobre él".

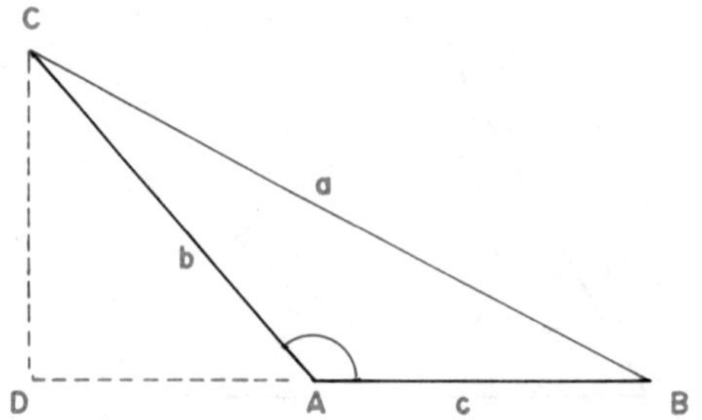

Fig. 131

HIPÓTESIS:

En el $\triangle ABC$ (Fig. 131) el $\angle A > 90°$.

$\overline{AD} =$ Proyec.$_c$ b.

TESIS:

$a^2 = b^2 + c^2 + 2\,c \cdot \overline{AD}$.

DEMOSTRACIÓN.

En el $\triangle CDB$:

$a^2 = \overline{CD}^2 + \overline{DB}^2$ (1) Teorema de Pitágoras.

En el $\triangle CDA$:

$\overline{CD}^2 = b^2 - \overline{AD}^2$ (2) Corolario del teorema de Pitágoras.

En el segmento $\overline{BD}$:

$\overline{DB} = c + \overline{AD}$ (3) Suma de segmentos.

Sustituyendo (2) y (3) en (1), tenemos:

$a^2 = b^2 - \overline{AD}^2 + (c + \overline{AD})^2$

De donde:

$a^2 = b^2 - \overline{AD}^2 + c^2 + 2\,c \cdot \overline{AD} + \overline{AD}^2$

$\therefore \quad a^2 = b^2 + c^2 + 2\,c \cdot \overline{AD}$ Simplificando.

158. CLASIFICACION DE UN TRIANGULO CONOCIENDO LOS TRES LADOS. Del teorema de Pitágoras y de su generalización, hemos visto que:

Cuando $\angle A = 1R$:

$$a^2 = b^2 + c^2.$$

Cuando $\angle A < 1R$:

$$a^2 = b^2 + c^2 - 2\,c \cdot \overline{AD};$$

$$\therefore \quad a^2 < b^2 + c^2.$$

Cuando $\angle A > 1R$:

$$a^2 = b^2 + c^2 + 2\,c \cdot \overline{AD}.$$

$$\therefore \quad a^2 > b^2 + c^2.$$

Es decir: *"Un triángulo es rectángulo, acutángulo u obtusángulo, cuando el cuadrado del lado mayor es igual, menor o mayor que la suma de los cuadrados de los otros dos lados"*

Ejemplos:

1) Clasificar el triángulo cuyos lados miden: $a = 50$ cm, $b = 40$ cm y $c = 30$ cm.

Cuadrado del lado mayor: $a^2 = 50^2 = 2500$.

Cuadrado de los otros dos lados: $b^2 = 40^2 = 1600$

$c^2 = 30^2 = 900$

Sumando: $b^2 + c^2 = 2500$

Vemos que se cumple: $a^2 = b^2 + c^2$ $\therefore$ *El triángulo es rectángulo.*

2) Clasificar el triángulo cuyos lados valen $a = 12$ cm, $b = 10$ cm y $c = 8$ cm.

Cuadrado del lado mayor: $a^2 = 12^2 = 144$.

Cuadrado de los otros dos lados: $b^2 = 10^2 = 100$

$c^2 = 8^2 = 64$

Suma $= 164$

Vemos que se cumple: $a^2 < b^2 + c^2$ $\therefore$ *El triángulo es acutángulo*

3) Clasificar el triángulo cuyos lados valen $a = 30$ cm, $b = 24$ cm y $c = 16$ cm.

Cuadrado del lado mayor: $a^2 = 30^2 = 900$.

Cuadrado de los otros dos lados: $b^2 = 24^2 = 576$

$$c^2 = 16^2 = \underline{256}$$

$$\text{Suma} = 832$$

Vemos que se cumple: $a^2 > b^2 + c^2$ $\therefore$ *El triángulo es obtusángulo*

159 CALCULO DE LA PROYECCION DE UN LADO SOBRE OTRO. De acuerdo con la generalización del teorema de Pitágoras, sabemos que:

$$a^2 = b^2 + c^2 + 2\,c\,\text{Proyec.}_c\ b,$$

cuando a se opone a un ángulo obtuso. Y

$$a^2 = b^2 + c^2 - 2\,c\,\text{Proyec.}_c\ b,$$

cuando a se opone a un ángulo agudo.

Despejando la proyección tenemos: en el primer caso,

$$\text{Proyec.}_c\ b = \frac{a^2 - b^2 - c^2}{2\,c};$$

y en el segundo caso,

$$\text{Proyec.}_c\ b = \frac{b^2 + c^2 - a^2}{2\,c}.$$

Análogamente se calcula la proyección de cualquier lado sobre otro.

160. CALCULO DE LA ALTURA DE UN TRIANGULO EN FUNCION DE LOS LADOS. Sea el $\triangle ABC$ (Fig. 130):

Tenemos:

$$\overline{CD}^2 = b^2 - \overline{AD}^2; \qquad (1)$$

$$a^2 = b^2 + c^2 - 2\,c\,\overline{AD}. \qquad (2)$$

De (2), despejando $\overline{AD}$ resulta:

$$\overline{AD} = \frac{b^2 + c^2 - a^2}{2\,c}. \qquad (3)$$

De (1) y (3):

$$\overline{CD}^2 = b^2 - \left(\frac{b^2 + c^2 - a^2}{2\,c}\right)^2; \qquad (4)$$

$$\overline{CD}^2 = \left(b + \frac{b^2 + c^2 - a^2}{2\,c}\right)\left(b - \frac{b^2 + c^2 - a^2}{2\,c}\right); \qquad (5)$$

$$\text{,,} \quad = \left(\frac{b^2 + 2\,bc + c^2 - a^2}{2\,c}\right)\left(\frac{a^2 - b^2 - c^2 + 2\,bc}{2\,c}\right); \qquad (6)$$

$$\text{,,} \quad = \frac{[(b + c)^2 - a^2]\ [a^2 - (b - c)^2]}{4\,c^2}; \qquad (7)$$

$$\text{,,} \quad = \frac{(b + c + a)\ (b + c - a)\ (a + b - c)\ (a - b + c)}{4\,c^2}; \qquad (8)$$

y como $a+b+c=2p$ (perímetro), resulta:

$$(\overline{CD})^2=\frac{4p(p-a)(p-b)(p-c)}{c^2}; \qquad (9)$$

$$\therefore \quad \overline{CD}=\frac{2}{c}\sqrt{p(p-a)(p-b)(p-c)}. \qquad (10)$$

EJERCICIOS

Si a es la hipotenusa y b y c los catetos de un triángulo rectángulo, calcular el lado que falta:

(1)	$b=10$ cm,	$c=6$ cm.	*R*.: $a=2\sqrt{34}$ cm.
(2)	$b=30$ cm,	$c=40$ cm.	*R*.: $a=50$ cm.
(3)	$a=32$ m,	$c=12$ m.	*R*.: $b=4\sqrt{55}$
(4)	$a=32$ m,	$c=20$ m.	*R*.: $b=4\sqrt{39}$ m.
(5)	$a=100$ Km.	$b=80$ Km.	*R*.: $c=60$ Km.

Hallar la hipotenusa (h) de un triángulo rectángulo isósceles sabiendo que el valor del cateto es:

(6)	$c=4$ m.	*R*.: $h=4\sqrt{2}$ m.
(7)	$c=6$ m.	*R*.: $h=6\sqrt{2}$ m.
(8)	$c=15$ cm.	*R*.: $h=15\sqrt{2}$ m.
(9)	$c=9$ cm.	*R*.: $h=9\sqrt{2}$ m.
(10)	$c=11$ cm.	*R*.: $h=11\sqrt{2}$ m.

Hallar la altura (h) de un triángulo equilátero sabiendo que el lado vale:

(11)	$l=12$ cm.	*R*.: $h=6\sqrt{3}$ cm.
(12)	$l=8$ cm.	*R*.: $h=4\sqrt{3}$ cm.
(13)	$l=4$ cm.	*R*.: $h=2\sqrt{3}$ cm.
(14)	$l=10$ m.	*R*.: $h=5\sqrt{3}$ m.
(15)	$l=30$ m.	*R*.: $h=10\sqrt{3}$ m.

Hallar la diagonal (d) de un cuadrado cuyo lado vale:

(16)	$l=3$ m.	*R*.: $d=3\sqrt{2}$ m.
(17)	$l=5$ m.	*R*.: $d=5\sqrt{2}$ m.
(18)	$l=15$ cm.	*R*.: $d=15\sqrt{2}$ m.
(19)	$l=9$ cm.	*R*.: $d=9\sqrt{2}$ cm.
(20)	$l=7$ cm.	*R*.: $d=7\sqrt{2}$ cm.

Hallar la diagonal (d) de un rectángulo sabiendo que los lados a y b miden lo que se indica:

(21) $a = 2$ m, $b = 4$ m. *R.:* $d = 2\sqrt{6}$ m.

(22) $a = 4$ m, $b = 8$ m. *R.:* $d = 10$ m.

(23) $a = 5$ m, $b = 6$ m. *R.:* $d = \sqrt{61}$ m.

(24) $a = 7$ m, $b = 9$ m. *R.:* $d = \sqrt{130}$ m.

(25) $a = 10$ m, $b = 12$ m. *R.:* $d = 2\sqrt{61}$ m.

(26) Hallar los lados de un triángulo rectángulo sabiendo que son números consecutivos. *R.:* 3, 4 y 5.

(27) Hallar los lados de un triángulo rectángulo sabiendo que son números pares consecutivos. *R.:* 6, 8 y 10.

(28) Hallar los lados de un triángulo cuadrado sabiendo que se diferencian en 4 unidades. *R.:* 12, 16, 20.

(29) La diagonal de un cuadrado vale $5\sqrt{2}$ m. Hallar el lado del cuadrado. *R.:* $l = 5$ m.

(30) En la figura: $\overline{AE} = \overline{BD} = 30$ cm; $\overline{ED} = 40$ cm. Calcular $\overline{AB}$. *R.:* $\overline{AB} = 10\sqrt{34}$ cm.

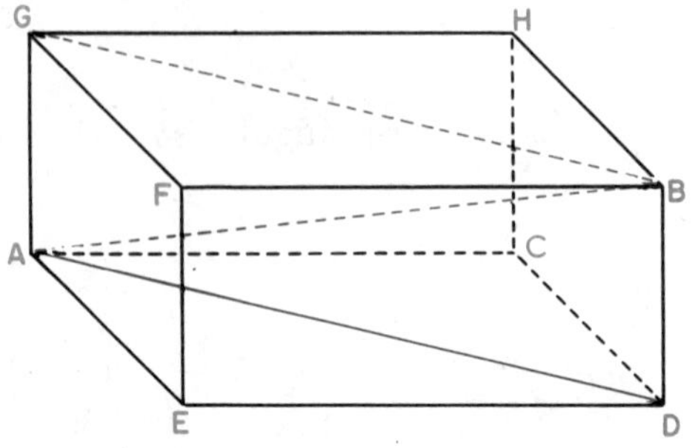

Ejer. 30

Clasificar los triángulos cuyos lados a, b y c, valen:

(31) $a = 5$ m, $b = 4$ m, $c = 2$ m. *R.:* Obtusángulo.

(32) $a = 10$ m, $b = 12$ m, $c = 8$ m. *R.:* Acutángulo.

(33) $a = 15$ cm, $b = 20$ cm, $c = 25$ cm. *R.:* Rectángulo.

(34) $a = 3$ cm, $b = 4$ cm, $c = 2$ cm. *R.:* Obtusángulo

(35) $a = 1$ m, $b = 2$ m, $c = 3$ m. *R.:* Obtusángulo.

En la figura:

(36) Si $x = 4$, $y = 9$. Calcular h. *R.:* $h = 6$.

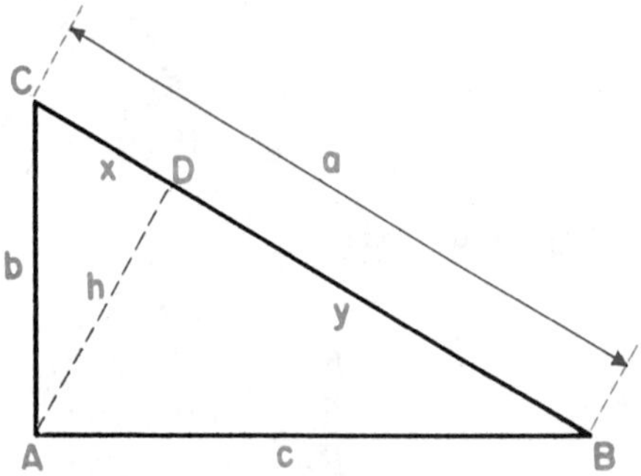

Ejercs. 36-40

(37) Si $a = 5$, $b = 3$, $c = 4$. Calcular h. *R.:* $h = 2.4$.

(38) Si $a = 10$. $b = 6$. Calcular x. *R.:* $x = 3.6$.

(39) Si $a = 10$, $c = 8$. Calcular y. *R.:* $y = 6.4$.

(40) Si $b = 3$. $c = 4$. $x = 2$. Calcular y. *R.:* $y = 3$

BLAS PASCAL (1623-1662). Niño prodigio, mostró su afición a las matemáticas desde su más tierna edad. Llegó él sólo a descubrir 32 de las proposiciones de Euclides, expuestas en los «Elementos». A los 16 años escribió un «Ensayo sobre las cónicas». La notable diferencia de concebir las c cas con respecto a Apolonio de Perga hacen Pascal el iniciador de los métodos de la G metría moderna. Hombre místico, ha pasado a Historia más bien como literato que matemát

12

Circunferencia y círculo

161. DEFINICION. Circunferencia es el conjunto de todos los puntos de un plano que equidistan de otro punto llamado centro. La figura 132 representa una circunferencia de centro O.

Los puntos A, B, C, son puntos de la circunferencia y los segmentos:

$$\overline{OA} = \overline{OB} = \overline{OC} = r,$$

se llaman radios.

Las circunferencias se denominan por su centro mediante una letra mayúscula y su radio. Así, la circunferencia de la figura 132 es la circunferencia O y radio r.

162. PUNTOS INTERIORES Y PUNTOS EXTERIORES. La circunferencia divide al plano en dos regiones, una exterior y otra interior.

$\overline{OM} > r;$ $\overline{ON} < r;$ $\overline{OP} = r.$

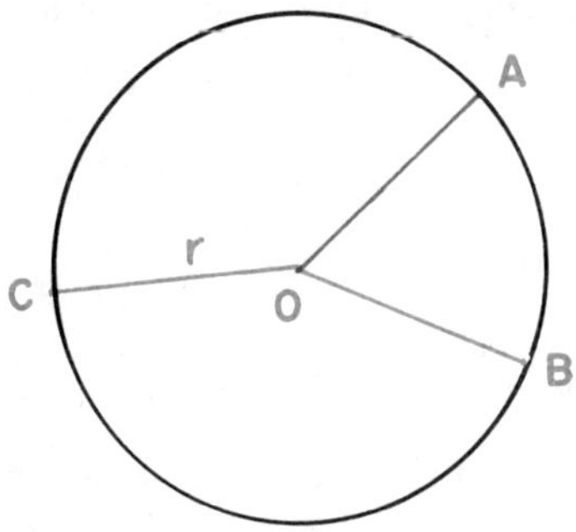

Fig. 132

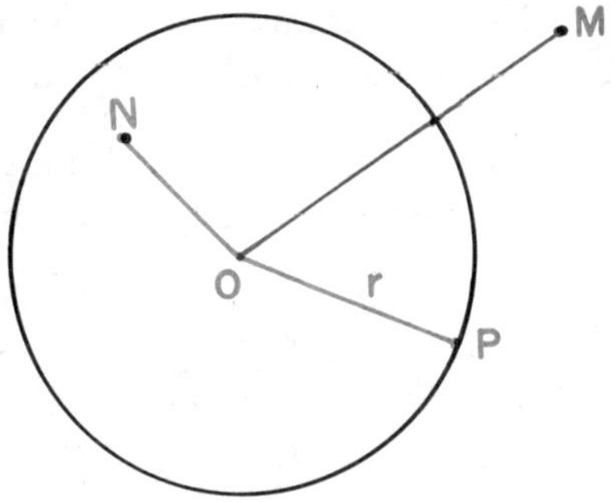

Fig. 133

Los puntos como M, cuya distancia al centro es mayor que el radio se llaman *puntos exteriores*; los que como N, distan del centro menos que el radio se llaman *puntos interiores* y si como en el caso del punto P, su distancia al centro es igual al radio, son puntos que pertenecen a la circunferencia (Fig. 133).

163. CIRCULO. Es el conjunto de todos los puntos de la circunferencia y de los interiores a la misma (Fig. 134).

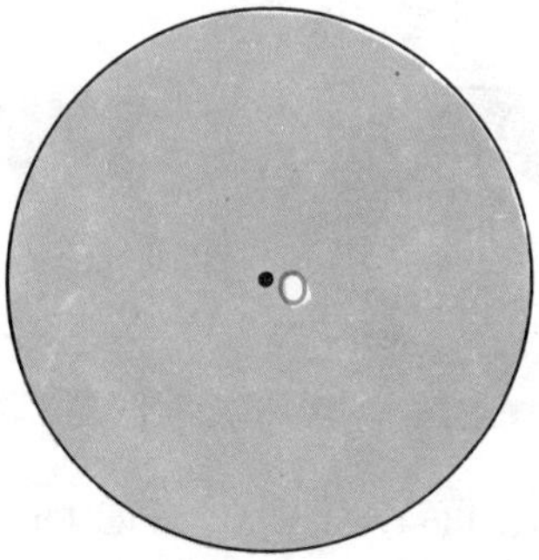

Fig 134

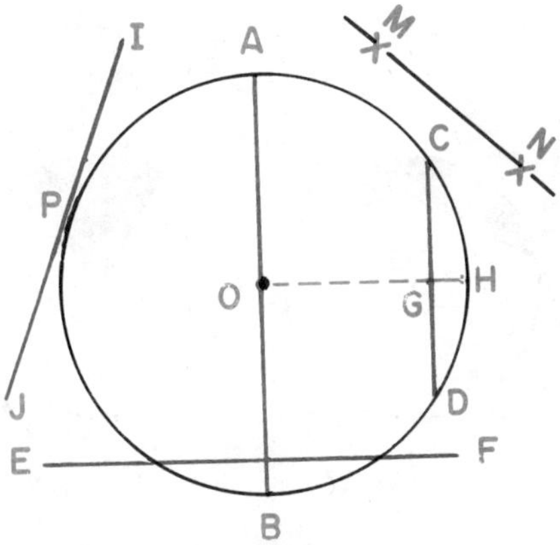

Fig 135

164. CIRCUNFERENCIAS IGUALES. Son las que tienen radios iguales.

165. ARCO DE LA CIRCUNFERENCIA. Es una porción de circunferencia.

Ejemplo: El arco AC (Fig 135), que se representa $\frown AC$.

166. CUERDA. Es el segmento determinado por dos puntos de la circunferencia: $\overline{CD}$ (Fig. 135).

De los dos arcos que una cuerda determina en una circunferencia, se llama arco correspondiente a la cuerda N, al menor de ellos.

167. DIAMETRO. Es toda cuerda que pasa por el centro: $\overline{AB}$ (Fig. 135). El diámetro es igual a la suma de dos radios:

$$\overline{AB} = \overline{AO} + \overline{OB} = r + r = 2\,r.$$

168. POSICIONES DE UNA RECTA Y UNA CIRCUNFERENCIA.— Una recta como $\overleftrightarrow{EF}$ (Fig. 135) que tiene dos puntos comunes con la circunferencia se dice que es *secante.*

Si la recta tiene un solo punto común con la circunferencia, como la $\overleftrightarrow{IJ}$ (Fig. 135), se dice que es *tangente* y al punto P se le llama punto de tangencia o punto de contacto.

Si la recta no tiene ningún punto común con la circunferencia, como la $\overleftrightarrow{MN}$ (Fig. 135) se dice que es *exterior.*

169. FIGURAS EN EL CIRCULO. La parte de círculo limitada entre una cuerda y su arco se llama *segmento circular* (Fig. 136-A).

La parte de círculo limitada por dos radios y el arco comprendido se llama *sector circular* (Fig. 136-B).

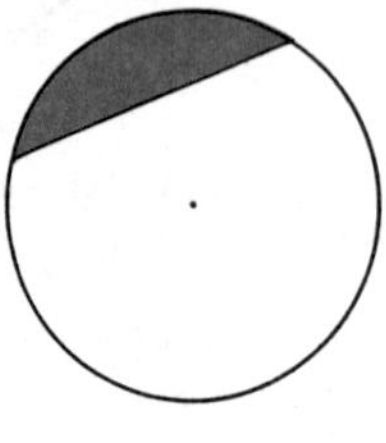

Fig. 136-A

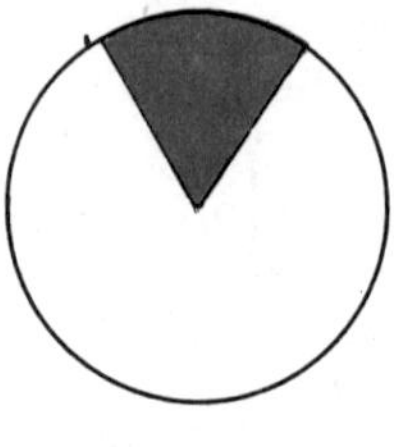

Fig. 136-B

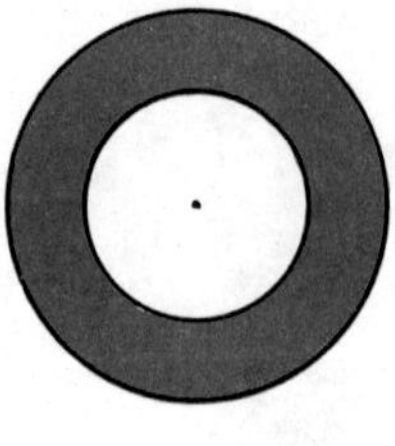

Fig. 136-C

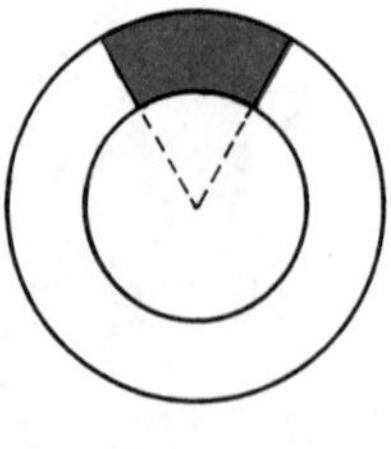

Fig. 136-D

Corona circular (Fig. 136-C) es la porción de plano limitada por dos circunferencias concéntricas.

Trapecio circular (Fig. 136-D) es la porción de plano limitada por dos circunferencias concéntricas y dos radios.

170. ANGULOS CENTRALES Y ARCOS CORRESPONDIENTES. Angulo central es el que tiene su vértice en el centro de la circunferencia:

$\angle AOB$ (Fig. 137).

El arco correspondiente es el comprendido entre los lados del ángulo central: $\frown AB$ es correspondiente del $\angle AOB$.

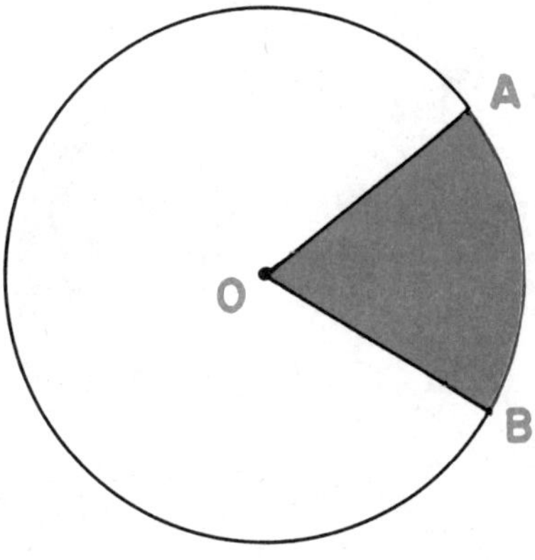

Fig. 137

171. IGUALDAD DE ANGULOS Y ARCOS. En una misma circunferencia o en circunferencias que sean iguales a ángulos centrales iguales corresponden arcos iguales.

Así, si la circunferencia O es igual a la circunferencia O' y $\angle AOB = \angle A'O'B'$ (Fig. 138), entonces también $\frown AB = \frown A'B'$.

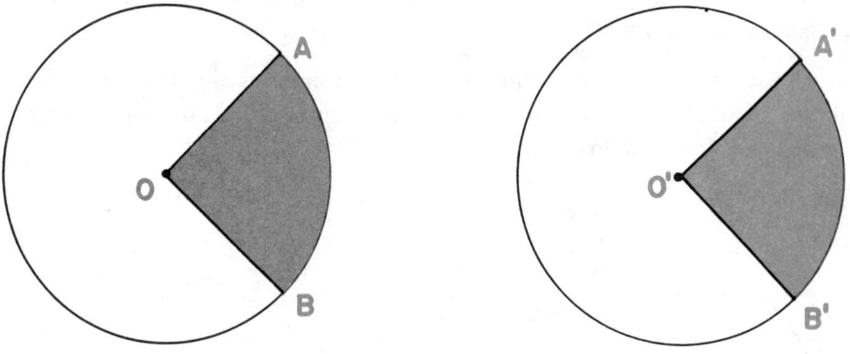

Fig. 138

Recíprocamente, si circunferencia $O =$ circunferencia O' y $\frown AB = \frown A'B'$, entonces:

$$\angle AOB = \angle A'O'B'.$$

172. DESIGUALDAD DE ANGULOS Y ARCOS. En una misma circunferencia o en circunferencias iguales, a mayor ángulo central le corresponde mayor arco (Fig. 139).

Si circunferencia $O =$ circunferencia O' y $\angle AOB < \angle A'O'B'$, entonces:

$$\frown AB < \frown A'B'$$

173. ARCOS CONSECUTIVOS, Y SUMA Y DIFERENCIA DE ARCOS. Dos arcos son consecutivos cuando lo son sus ángulos centrales.

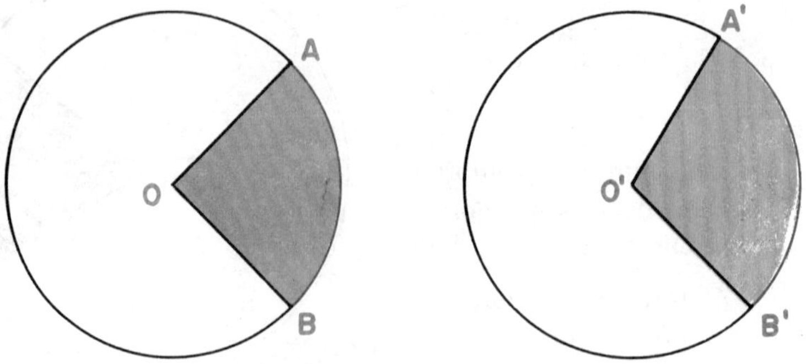

Fig. 139

Como $\angle AOB$ y $\angle BOC$ son consecutivos, $\frown AB$ y $\frown BC$ también son consecutivos. (Fig. 140).

Suma de arcos. En una circunferencia se llama suma de dos arcos consecutivos al arco cuyo ángulo central es la suma de los ángulos centrales correspondientes a los arcos dados.

Diferencia de arcos. Dados dos arcos desiguales de una circunferencia, se llama diferencia de ambos al arco que sumado al menor (sustraendo) da el mayor (minuendo).

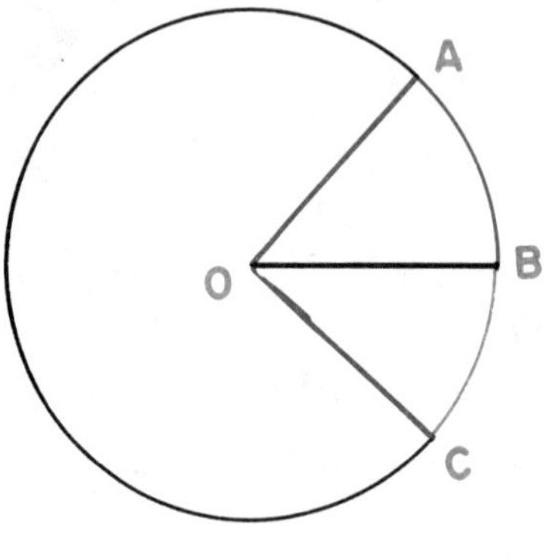

Fig 140

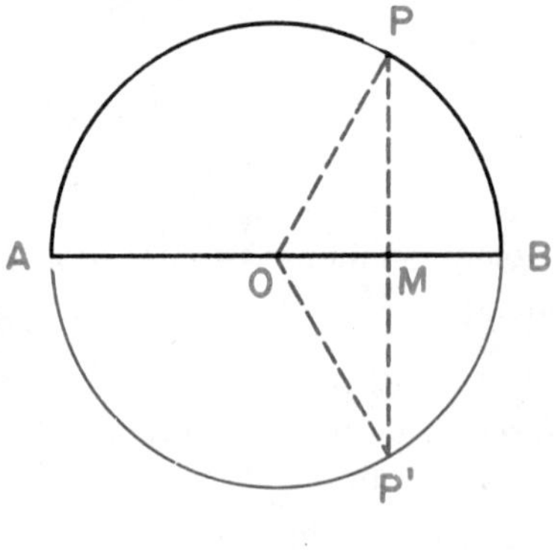

Fig 141

174. TEOREMA 42. PROPIEDADES DEL DIÁMETRO. "Un diámetro divide a la circunferencia y al círculo en dos partes iguales".

HIPÓTESIS: $\overline{AB}$ es un diámetro de la circunferencia O (Fig. 141).

TESIS: $\frown APB = \frown AP'B$.
Parte APB del círculo = Parte $AP'B$.

Construcción auxiliar. Tomemos un punto cualquiera P, en uno de los arcos en que $\overline{AB}$ divide a la circunferencia; tracemos por P la perpendicular al diámetro, que cortará a éste en M y a la circunferencia en P'. Se formarán los triángulos $\triangle OMP$ y $\triangle OMP'$.

DEMOSTRACIÓN.

En $\triangle OMP$ y $\triangle OMP'$:	$\overline{OM} = \overline{OM}$	Común;
	$\overline{OP} = \overline{OP'}$	Radios;
	$\angle OMP = \angle OMP' = 90°$	Por construcción;
	$\therefore \triangle OMP = \triangle OMP'$	Por tener iguales la hipotenusa y un cateto.
	$\therefore \overline{MP} = \overline{MP'}$	

Doblando la figura por $\overline{AB}$ hasta que el semiplano que contiene a P coincida con el semiplano que contiene a P', tendremos: $\overline{MP}$ coincidirá con $\overline{MP'}$. Entonces, el punto P coincidirá con el punto P'. Como esto se verifica para todos los puntos de $\frown APB$, resulta $\frown APB = \frown AP'B$. A la vez las porciones de plano comprendidas entre los arcos y el diámetro, coinciden.

$\overline{MP} = \overline{MP'}$.

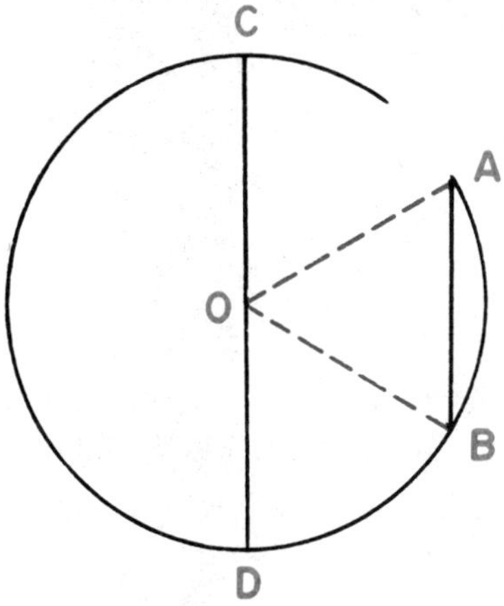

Fig 142

175. SEMICIRCUNFERENCIAS. Los arcos iguales determinados por el diámetro, se llaman semicircunferencias.

176. SEMICIRCULOS. Las porciones de plano limitadas por las semicircunferencias y el diámetro se llaman semicírculos.

177. TEOREMA 43. "El diámetro es la mayor cuerda de la circunferencia".

HIPÓTESIS. En la circunferencia O, (figura 142): $\overline{CD}$ = diámetro y $\overline{AB}$ = cuerda.

TESIS: $\overline{CD} > \overline{AB}.$

Construcción auxiliar. Unamos A y B con O, formándose el $\triangle AOB$.

DEMOSTRACIÓN:

En el $\triangle AOB$:

$\overline{AO} + \overline{OB} > \overline{AB}$ (1) Postulado de la menor distancia entre dos puntos.

Pero: $\overline{AO} = \overline{CO}$ (2)

y $\overline{OB} = \overline{OD}$ (3) } Radios;

Sustituyendo (2) y (3) en (1):

$\overline{CO} + \overline{OD} > \overline{AB}$ (4)

Pero: $\overline{CO} + \overline{OD} = \overline{CD}$ (5) Suma de segmentos.

Sustituyendo (5) en (4):

$\overline{CD} > \overline{AB}$ Como queríamos demostrar.

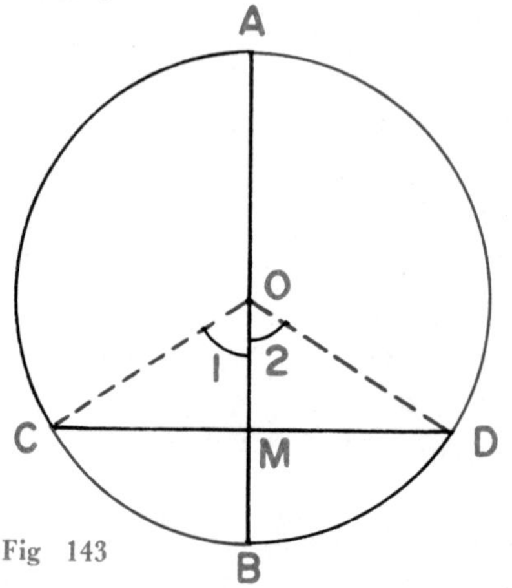

Fig 143

178. TEOREMA 44. **"Todo diámetro perpendicular a una cuerda, divide a ésta y a los arcos subtendidos en partes iguales".**

HIPÓTESIS: En la circunferencia O (figura 143): $\overline{CD}$ = cuerda; $\overline{AB}$ = diámetro y $\overline{AB} \perp \overline{CD}$.

TESIS: $\overline{CM} = \overline{MD}$; $\frown CB = \frown BD$ y $\frown AC = \frown AD$.

Construcción auxiliar. Unamos C y D con O, formándose los triángulos rectángulos $\triangle COM$ y $\triangle DOM$.

DEMOSTRACIÓN:

En $\triangle COM$ y $\triangle DOM$:

	$\overline{OM} = \overline{OM}$	Común;
	$\overline{OC} = \overline{OD}$	Radios;
además:	$\overline{AB} \perp \overline{CD}$	Hipótesis;
$\therefore$	$\triangle COM = \triangle DOM$	Triángulos rectángulos que tienen iguales la hipotenusa y un cateto;
$\therefore$	$\overline{CM} = \overline{MD}$	Lados homólogos de triángulos iguales;
$\therefore$	$\angle 1 = \angle 2$	Por oponerse a lados iguales en triángulos iguales;
$\therefore$	$\frown CB = \frown BD$ (1)	Por arcos correspondientes a ángulos centrales iguales.

Por otra parte:

$\frown ACB = \frown ADB$ (2) Por semicircunferencias.

Restando (1) de (2) tenemos:

$\frown ACB - \frown CB = \frown ADB - \frown BD$

$\therefore \quad \frown AC = \frown AD.$ Como queríamos demostrar.

179. TEOREMA 45. RELACIONES ENTRE LAS CUERDAS Y LOS ARCOS CORRESPONDIENTES. **"En una misma circunferencia, o en circunferencias iguales, a arcos iguales corresponden cuerdas iguales, y si dos arcos son desiguales** (menores que una semicircunferencia) **a mayor arco corresponde mayor cuerda".**

1ª Parte:

HIPÓTESIS: En la circunferencia O (Fig. 144): $\frown AB = \frown CD$.
$\overline{AB}$ y $\overline{CD}$ cuerdas correspondientes.

TESIS: $\overline{AB} = \overline{CD}.$

Construcción auxiliar. Se unen A, B, C y D con O, formando los triángulos $\triangle AOB$ y $\triangle COD$.

DEMOSTRACIÓN:

En $\angle AOB$ y $\angle COD$:

$\overline{OA} = \overline{OB} = \overline{OC} = \overline{OD}$ Radios;

$\angle AOB = \angle COD$ Angulos centrales cuyos arcos correspondientes son iguales por hipótesis;

$\therefore \quad \triangle AOB = \triangle COD$ Por tener iguales dos lados con su ángulo.

$\therefore \quad \overline{AB} = \overline{CD}$ Lados homólogos de triángulos iguales.

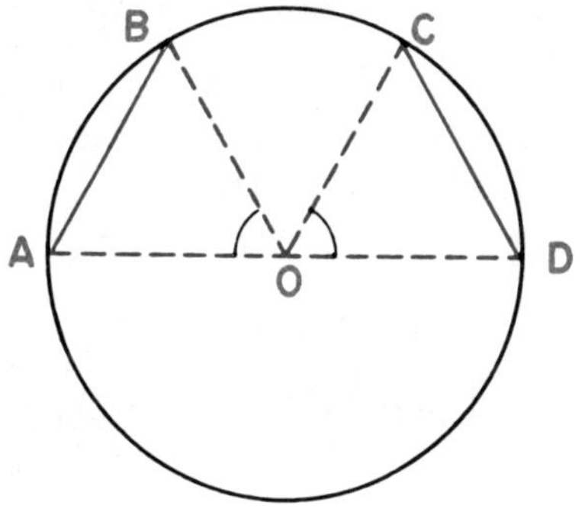

Fig. 144

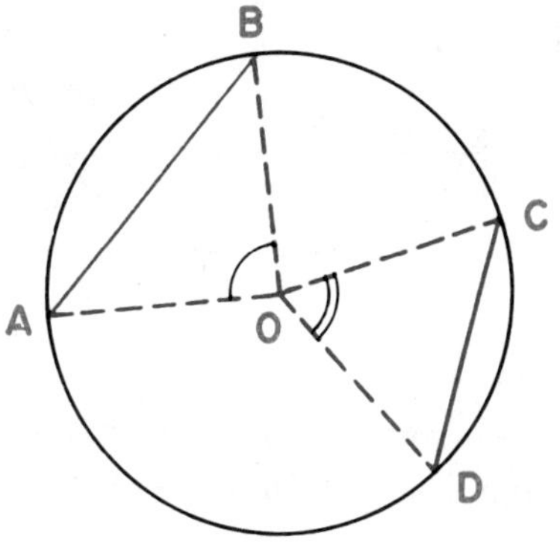

Fig. 145

2^q *Parte.*

HIPÓTESIS: En la circunferencia O. (Fig. 145): $\cap AB > \cap CD$ y ambos menores que una semicircunferencia.
$\overline{AB}$ y $\overline{CD}$ cuerdas correspondientes.

TESIS: $\overline{AB} > \overline{CD}.$

Construcción auxiliar. Se unen A, B, C y D con O, formando los triángulos $\triangle AOB$ y $\triangle COD$.

DEMOSTRACIÓN:

En $\triangle AOB$ y $\triangle COD$:

$\overline{OA} = \overline{OB} = \overline{OC} = \overline{OD}$ Radios;

$\triangle AOB > \triangle COD$ $\cap AB > \cap CD$ hipótesis;

∴ $\overline{AB} > \overline{CD}$ En dos triángulos que tienen dos lados respectivamente iguales y desigual el ángulo comprendido, a mayor ángulo se opone mayor lado.

180. TEOREMA RECIPROCO. **"En una circunferencia, o en circunferencias iguales, a cuerdas iguales corresponden arcos iguales, y si dos cuerdas son desiguales, a la mayor corresponde mayor arco** (considerando arcos menores que una semicircunferencia).

Fig 146

181. TEOREMA 46. RELACIONES ENTRE LAS CUERDAS Y SUS DISTANCIAS AL CENTRO. "En una circunferencia, o en circunferencias iguales, cuerdas iguales equidistan del centro, y de dos cuerdas desiguales, la mayor dista menos del centro".

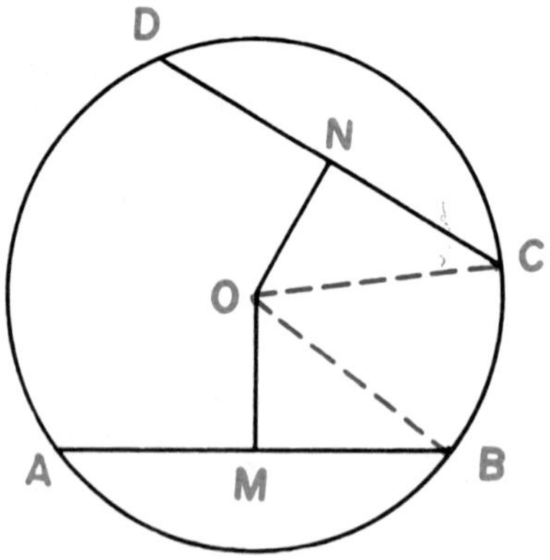

1^q *Parte:*

HIPÓTESIS. (Fig. 146):

$$\overline{AB} = \overline{CD}; \quad \overline{OM} \perp \overline{AB}; \quad \overline{ON} \perp \overline{CD}.$$

TESIS: $\overline{OM} = \overline{ON}.$

Construcción auxiliar. Unamos B y C con O, formándose los triángulos rectángulos $\triangle OMB$ y $\triangle ONC$.

DEMOSTRACIÓN. **En los $\triangle OMB$ y $\triangle ONC$:**

$\overline{OB} = \overline{OC}$ Radios;

$\overline{MB} = \overline{NC}$	Mitades de cuerdas iguales;
$\therefore \quad \triangle OMB = \triangle ONC$	Rectángulos que tienen iguales la hipotenusa y un cateto;
$\therefore \quad \overline{OM} = \overline{ON}$	Lados homólogos de triángulos iguales.

2ª Parte:

HIPÓTESIS. (Fig. 147):

$\overline{AB} > \overline{CD}$; $\quad \overline{OM} \perp \overline{AB}$; $\quad \overline{ON} \perp \overline{CD}$.

TESIS: $\overline{OM} < \overline{ON}$.

Construcción auxiliar. Con una obertura del compás igual a la cuerda $\overline{CD}$, y a partir de A, marquemos el punto E en este arco, y tendremos $\overline{AE} = \overline{CD}$; sea $\overline{ON'} \perp \overline{AE}$ su distancia al centro.

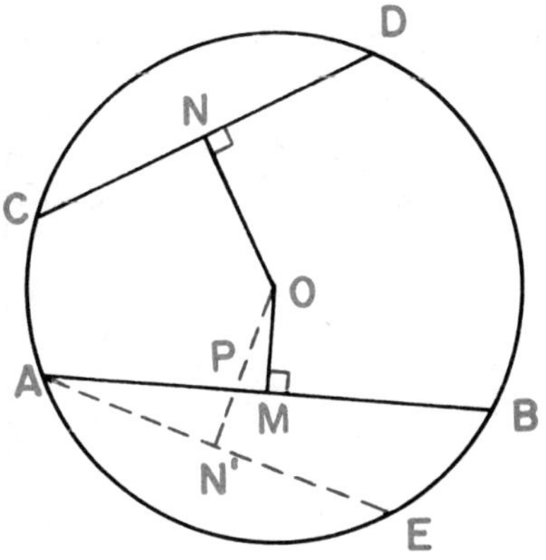

Fig. 147

DEMOSTRACIÓN:

$\overset{\frown}{AE} = \overset{\frown}{CD}$

(a cuerdas iguales corresponden arcos iguales).

Pero: $\overset{\frown}{AB} > \overset{\frown}{CD}$	$\overline{AB} > \overline{CD}$ por hipótesis;
$\therefore \quad \overset{\frown}{AB} > \overset{\frown}{AE}$	Carácter transitivo;
$\therefore$ El punto E es un punto interior del $\overset{\frown}{AB}$;	
N' es el punto medio de $\overline{AE}$;	Todo diámetro perpendicular a una cuerda divide a ésta y al arco subtendido en partes iguales;
$\therefore$ El segmento $\overline{ON'}$ corta a $\overline{AB}$ por estar O y N' en semiplanos distintos respecto $\overline{AB}$; sea P el punto de intersección de $\overline{ON'}$ y $\overline{AB}$.	Postulado de la separacion del plano;
$\overline{OM} < \overline{OP}$	$\overline{OM}$ es la perpendicular y $\overline{OP}$ oblicua;
y $\overline{OP} < \overline{ON'}$	Por ser $\overline{OP}$ parte de $\overline{ON'}$;
$\therefore \quad \overline{OM} < \overline{ON'} \quad (1)$	Carácter transitivo;
y como: $\overline{ON'} = \overline{ON} \quad (2)$	1ª parte.
De (2) y (1): $\overline{OM} < \overline{ON}$	Como queríamos demostrar

182. TEOREMA RECIPROCO. "En una circunferencia o en circunferencias iguales las cuerdas equidistantes del centro son iguales, y de dos cuerdas que no equidistan del centro, la que menos dista es la mayor".

183. TANGENTE A LA CIRCUNFERENCIA. Como ya hemos dicho, es una recta que tiene un solo punto común con la circunferencia (Fig. 148).

El punto común, P, se llama "punto de tangencia" o "punto de contacto"

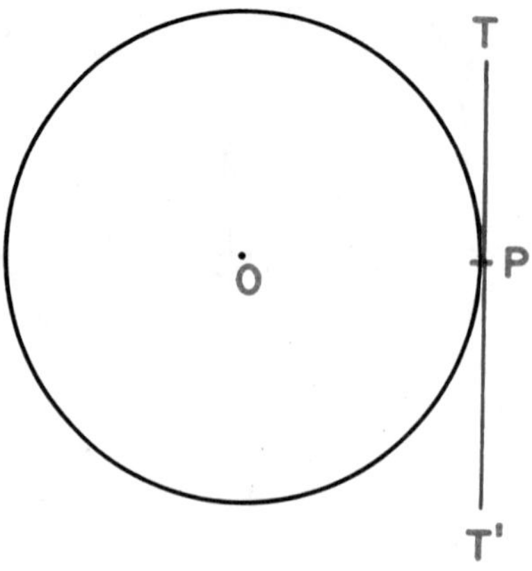

Fig. 148

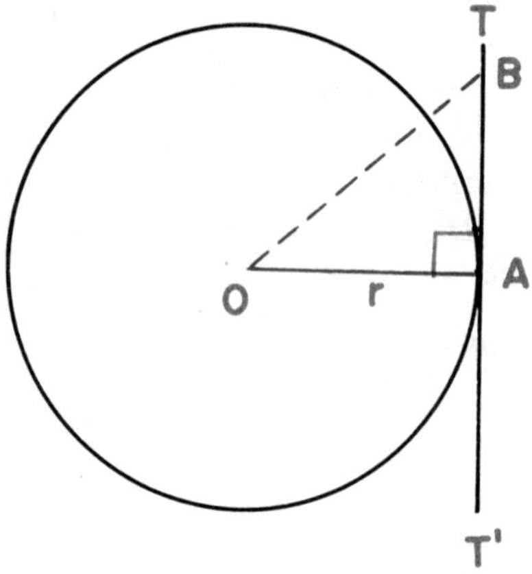

Fig. 149

184. TEOREMA 47. PROPIEDAD DE LA TANGENTE EN EL PUNTO DE CONTACTO. "La tangente a una circunferencia es perpendicular al radio en el punto de contacto".

HIPÓTESIS: $\overleftrightarrow{TT'}$ es tangente en A a la circunferencia (Fig. 149).
$\overline{OA}$ es el radio en el punto de contacto.

TESIS: $\overleftrightarrow{TT'} \perp \overline{OA}$.

DEMOSTRACIÓN: Si $\overline{OA}$ no fuere perpendicular a $\overleftrightarrow{TT'}$ sería oblicua y, en este caso, habría otra oblicua $\overline{OB}$ que sería igual a $\overline{OA}$ (la que se apartara igual que $\overline{OA}$ del pie de la perpendicular). Si $\overline{OB} = \overline{OA}$ entonces B sería un punto de la circunferencia y la recta $\overleftrightarrow{TT'}$ no sería tangente porque tendría dos puntos comunes con la circunferencia.

185. TEOREMA RECIPROCO. "Si una recta es perpendicular a un radio en su extremo, es tangente a la circunferencia".

HIPÓTESIS: $\overleftrightarrow{TT'} \perp \overline{OA}$, en A (Fig. 150).

TESIS: $\overleftrightarrow{TT'}$ es tangente a la circunferencia O.

DEMOSTRACIÓN: La recta $\overleftrightarrow{TT'}$ solo tiene común con la circunferencia el punto A, porque cualquier otro punto B es exterior por ser $\overline{OB} > \overline{OA}$ ya que $\overline{OA}$ es la perpendicular y $\overline{OB}$ es oblicua.

Por tanto:

$\overleftrightarrow{TT'}$ es tangente por tener un solo punto común con la circunferencia.

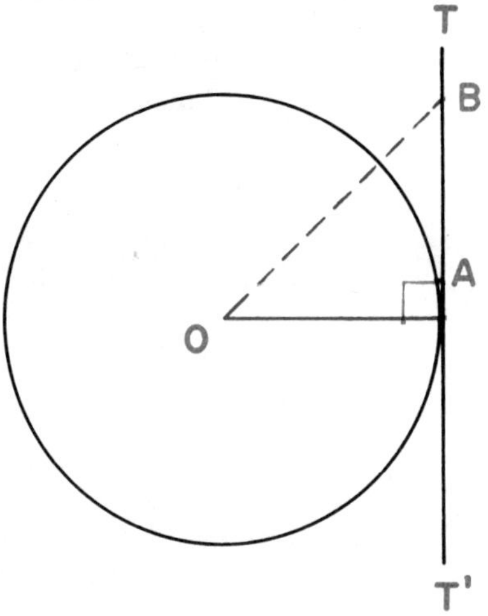

Fig 150

COROLARIO. **Por cada punto de una circunferencia pasa una tangente y solo una.**

186. NORMAL A UNA CIRCUNFERENCIA. Es la perpendicular a la tangente en el punto de contacto. En la figura 151 la normal en A es:

$$\overleftrightarrow{NN'} \perp \overleftrightarrow{TT'}.$$

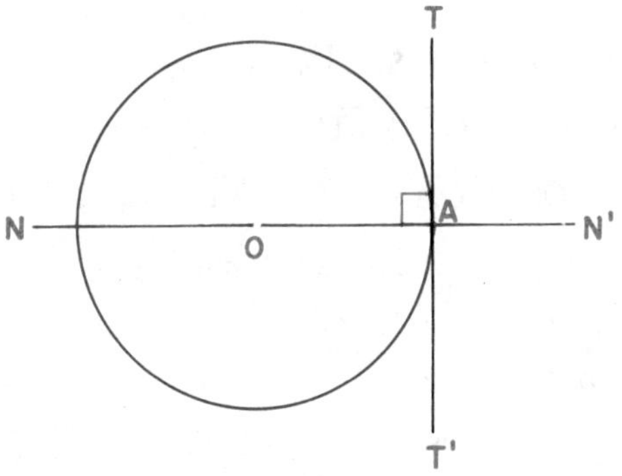

Fig. 151

Como la tangente y el radio son perpendiculares en el punto de contacto, la normal en cada punto de la circunferencia pasa por el centro.

Para trazar la normal a una circunferencia que pase por un punto dado, interior o exterior, basta con trazar la recta que pasa por dicho punto y el centro de la circunferencia.

Así, la normal a la circunferencia O que pasa por M (figura 152) es $\overleftrightarrow{OM}$ y la que pasa por N es $\overleftrightarrow{ON}$.

187. TEOREMA 48. DISTANCIA DE UN PUNTO A UNA CIRCUNFERENCIA. **"La distancia mínima de un punto a una circunferencia, es el menor de los dos segmentos de normal comprendidos entre el punto y la circunferencia".**

1er. caso. El punto es interior.

HIPÓTESIS: P es un punto interior de la circunferencia O (Fig. 153).

$\overleftrightarrow{AB}$ es la normal que pasa por P.

$\overline{PC}$ distancia de P a un punto cualquiera de la circunferencia.

TESIS: $\overline{PA} < \overline{PC}$.

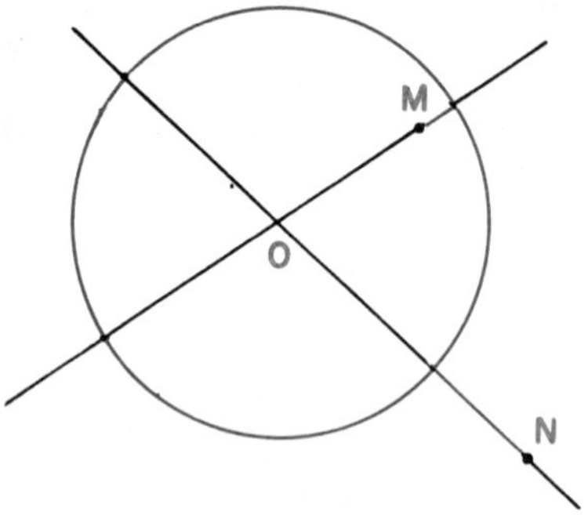

Fig 152

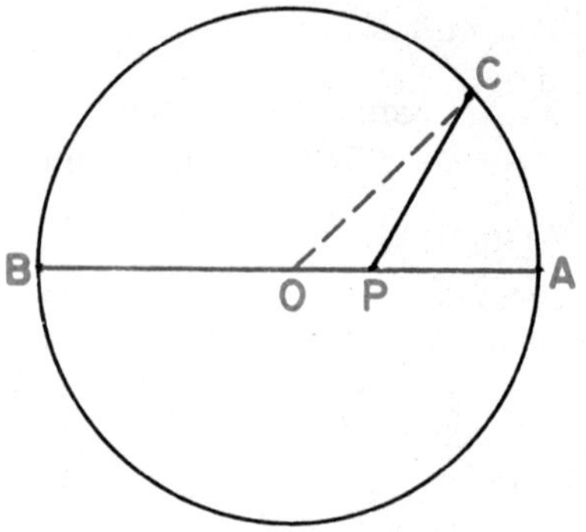

Fig 153

Construcción auxiliar. Unimos O con C, formándose el $\triangle OCP$.

DEMOSTRACIÓN: En el $\triangle OCP$:

$\overline{OC} < \overline{OP} + \overline{PC}$ (1) Postulado de la distancia mínima;

Pero: $\overline{OC} = \overline{OA} = \overline{OP} + \overline{PA}$ (2) Radios; suma de segmentos.

Sustituyendo (2) en (1), tenemos:

$\overline{OP} + \overline{PA} < \overline{OP} + \overline{PC}$

$\therefore \overline{PA} < \overline{PC}$ Simplificando.

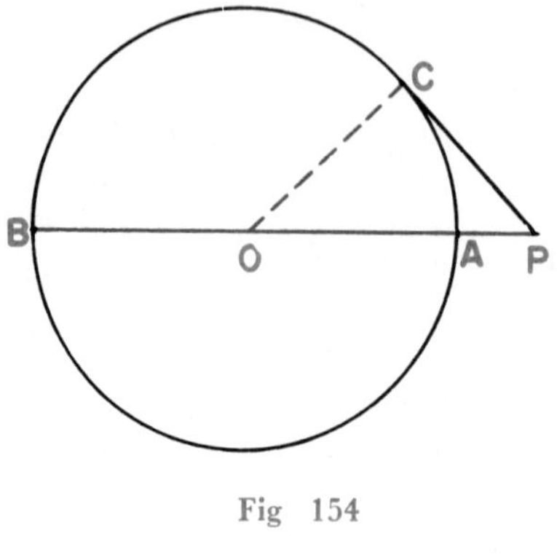

Fig 154

2º caso. El punto es exterior.

HIPÓTESIS: P es un punto exterior a la circunferencia O (Fig. 154).

$\overline{AB}$ normal que pasa por P.

$\overline{PC}$ distancia de P a un punto cualquiera de la circunferencia.

TESIS: $\overline{PA} < \overline{PC}$.

Construcción auxiliar. Unimos O con C, formándose el $\triangle OCP$.

DEMOSTRACIÓN. En el $\triangle OCP$:

$\overline{PA} + \overline{OA} < \overline{PC} + \overline{OC}$ (1) Un lado es menor que la suma de los otros dos.

Pero: $\overline{OA} = \overline{OC}$ (2) Radios.

Sustituyendo (2) en (1), tenemos:

$\overline{PA} + \overline{OA} < \overline{PC} + \overline{OA}$

$\therefore \quad \overline{PA} < \overline{PC}$ Simplificando.

188. POSICIONES RELATIVAS DE DOS CIRCUNFERENCIAS.— Dos circunferencias pueden tener, en un plano, varias posiciones relativas, y de acuerdo con ellas se cumplen una serie de propiedades.

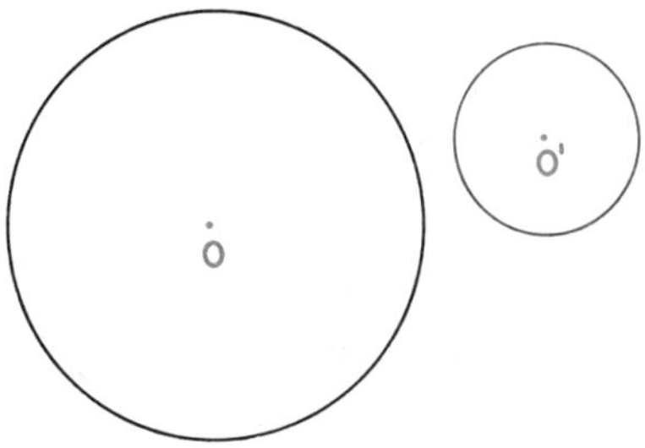

Fig. 155

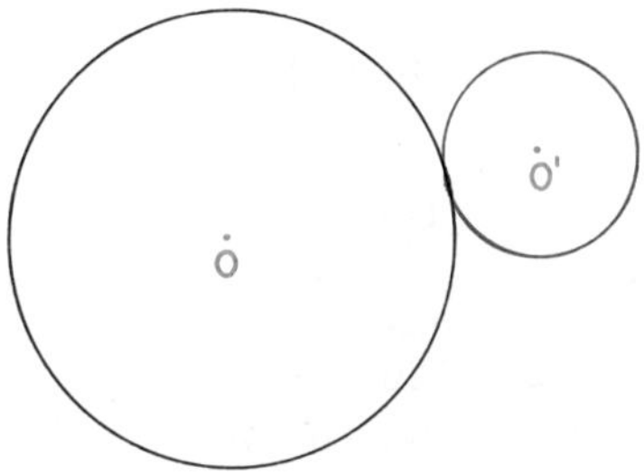

Fig. 156

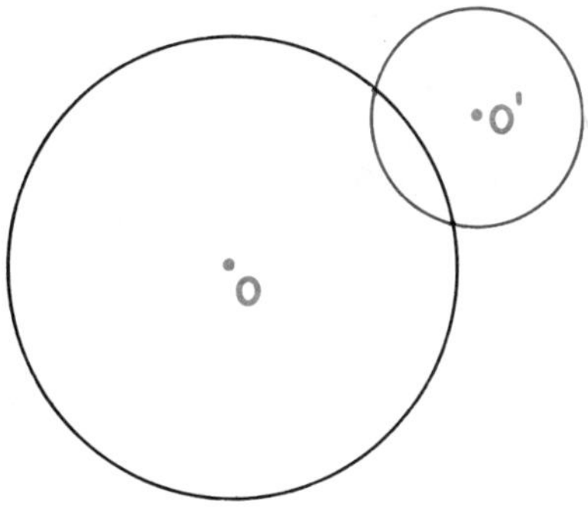

Fig. 157

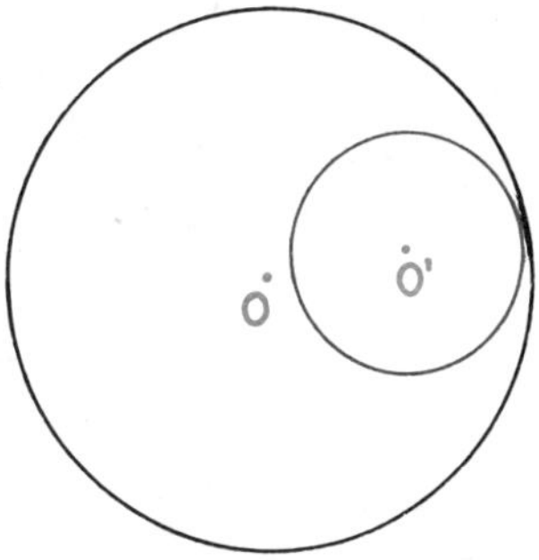

Fig. 158

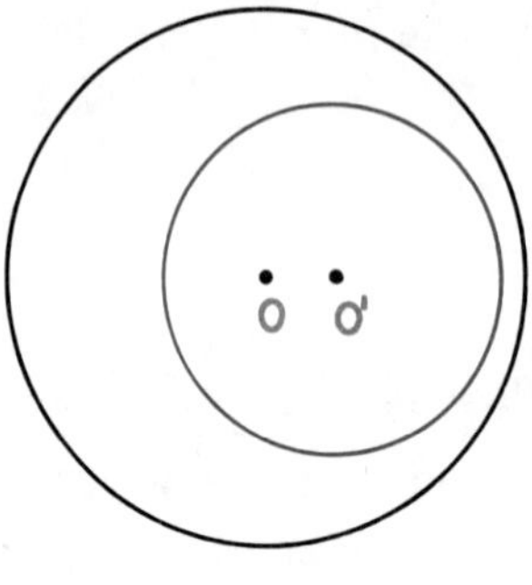

Fig. 159

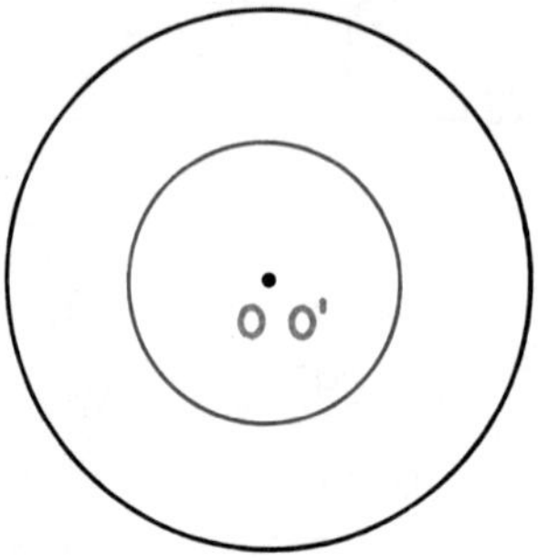

Fig. 160

189. CIRCUNFERENCIAS EXTERIORES. Los puntos de cada una son exteriores a la otra (Fig. 155).

190. CIRCUNFERENCIAS TANGENTES EXTERIORMENTE. Tienen un punto común y los demás puntos de cada una son exteriores a la otra (Fig. 156).

191. CIRCUNFERENCIAS SECANTES. Si tienen dos puntos comunes (Fig. 157).

192. CIRCUNFERENCIAS TANGENTES INTERIORMENTE. Si tienen un punto común. y todos los puntos de una de ellas son interiores a la otra (Fig. 158).

193. CIRCUNFERENCIAS INTERIORES. Cuando todos los puntos de una de ellas, son interiores de la otra (Fig. 159).

194. CIRCUNFERENCIAS CONCENTRICAS. Cuando tienen el mismo centro (Fig. 160).

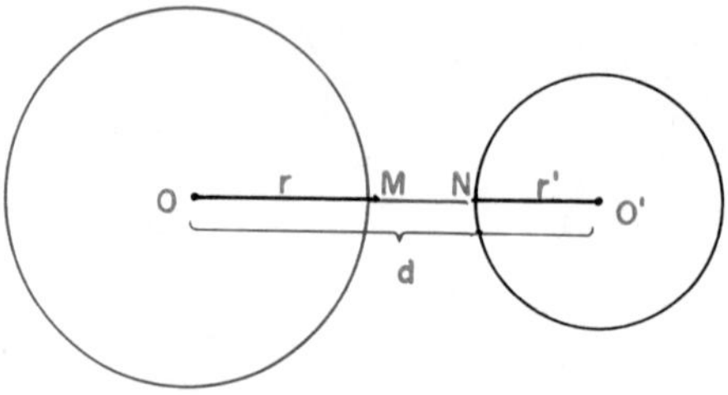

Fig. 161

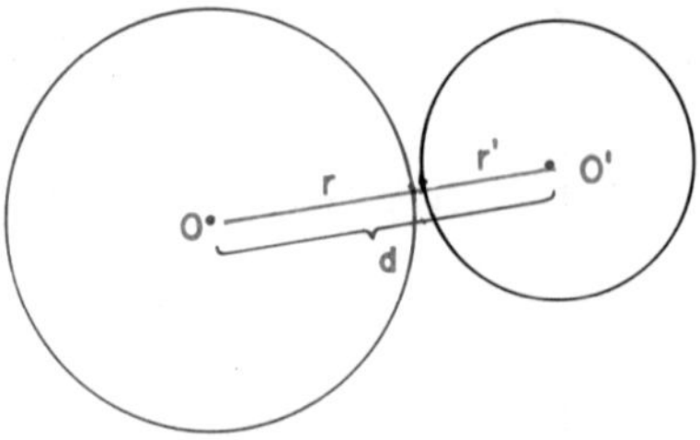

Fig. 162

Propiedad de dos circunferencias exteriores. En dos circunferencias exteriores la distancia de los centros es mayor que la suma de los radios (Fig. 161).

$$\overline{OO'} = d = r + r' + \overline{MN}; \qquad \therefore \quad d > r + r'.$$

Propiedad de dos circunferencias tangentes exteriormente. En dos circunferencias tangentes exteriormente la distancia de los centros es igual a la suma de los radios (Fig. 162).

$$d = \overline{OO'} = r + r'; \qquad \therefore \quad d = r + r'.$$

Propiedad de dos circunferencias secantes. En dos circunferencias secantes la distancia de los centros es menor que la suma de los radios y mayor que la diferencia (Fig. 163). En el $\triangle OPO'$:

$$\overline{OO'} = d < r + r'; \qquad \therefore \quad d < r + r'.$$

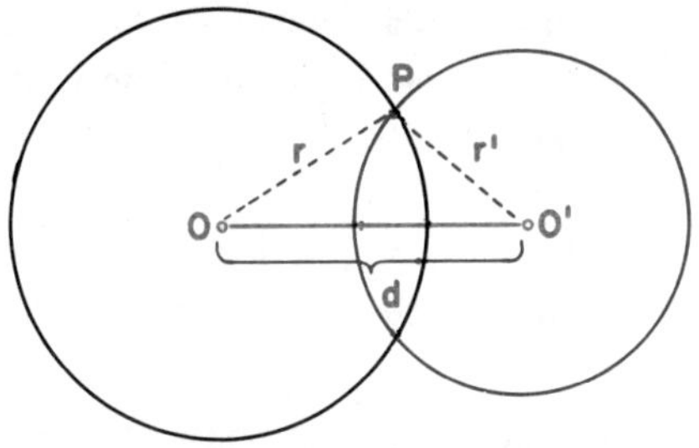

Fig. 163

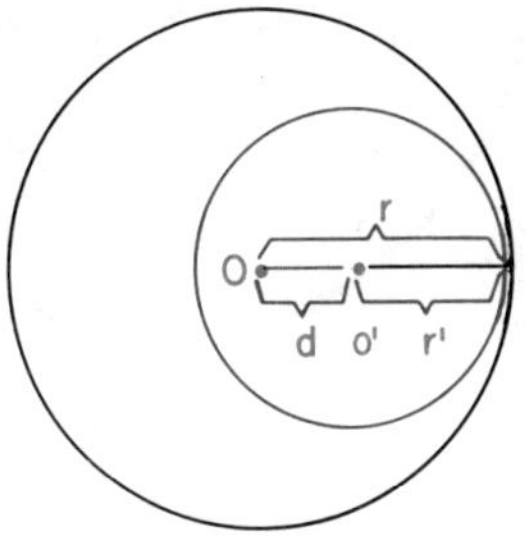

Fig. 164

Propiedad de dos circunferencias tangentes interiormente. En dos circunferencias tangentes interiormente la distancia de los centros es igual a la diferencia de los radios (Fig. 164).

$$\overline{OO'} = d = r - r'; \qquad \therefore \quad d = r - r'.$$

Propiedad de dos circunferencias interiores. En dos circunferencias interiores la distancia de los centros es menor que la diferencia de los radios (Fig. 165).

$$d = \overline{OO'} = \overline{OB} - \overline{O'B} \qquad (1)$$

Pero: $\overline{O'B} = \overline{O'A} + \overline{AB} = r' + \overline{AB}$ (2)

Sustituyendo (2) en (1), tenemos:

$$d = \overline{OO'} = \overline{OB} - (r' + \overline{AB})$$

$\therefore \quad d = \overline{OB} - r' - \overline{AB}$

$\therefore \quad d = r - r' - \overline{AB}$

$\therefore \quad d < r - r'.$

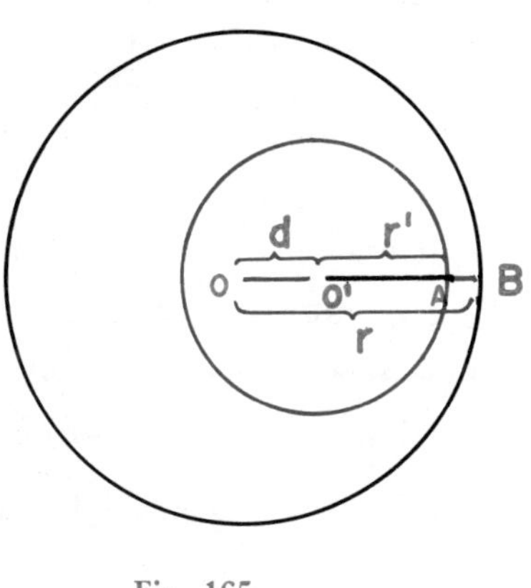

Fig 165

Propiedad de dos circunferencias concéntricas. En dos circunferencias concéntricas la distancia de los centros es igual a cero (Fig. 166). Como los centros coinciden $d = O$.

195. TEOREMA 49. De lo dicho en los párrafos anteriores resulta: Dadas dos circunferencias situadas en un mismo plano, se verifica:

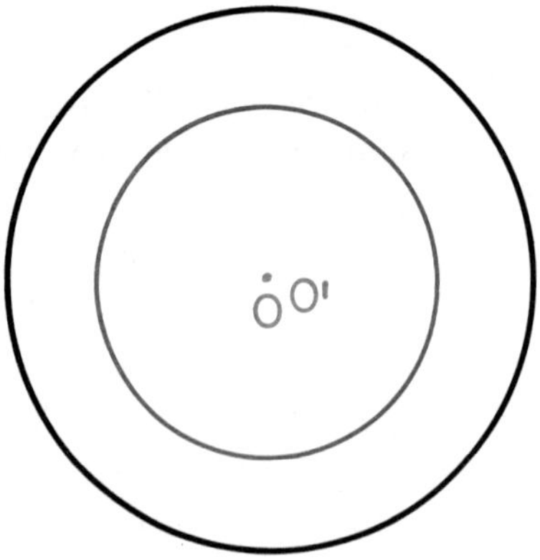

Fig 166

1º) Si son exteriores, la distancia entre sus centros, es mayor que la suma de los radios.

2º) Si son tangentes exteriormente, la distancia entre los centros es igual a la suma de los radios.

3º) Si son secantes, la distancia entre los centros es menor que la suma de los radios y mayor que su diferencia.

4º) Si son tangentes interiormente, la distancia entre los centros es igual a la diferencia de los radios.

5º) Si son interiores, la distancia entre los centros es menor que la diferencia de los radios.

6º) Si son concéntricas, la distancia entre los centros, es nula.

196. TEOREMA RECIPROCO. Si d es la distancia entre los centros de dos circunferencias de radios r y r′, se verifica:

1º)	Si $d > r + r'$	———	Las circunferencias son exteriores.
2º)	Si $d = r + r'$	———	Las circunferencias son tangentes exteriormente.
3º)	Si $d < r + r'$ y $d > r - r'$	———	Las circunferencias son secantes.
4º)	Si $d = r - r'$	———	Las circunferencias son tangentes interiormente.
5º)	Si $d < r - r'$	———	Las circunferencias son interiores.
6º)	Si $d = O$	———	Las circunferencias son concéntricas.

197. TEOREMA 50. "Los arcos de una circunferencia comprendidos entre paralelas, son iguales".

Primer caso. *Las paralelas son secantes.*

HIPÓTESIS: $\overleftrightarrow{AB}$ y $\overleftrightarrow{CD}$ son secantes y $\overleftrightarrow{AB} \parallel \overleftrightarrow{CD}$ (Fig. 167).

TESIS: $\frown AC = \frown BD.$

Construcción auxiliar. Tracemos el diámetro $\overleftrightarrow{MN} \perp \overleftrightarrow{AB}$ que también será perpendicular a $\overleftrightarrow{CD}$ ya que $\overleftrightarrow{AB} \parallel \overleftrightarrow{CD}$.

DEMOSTRACIÓN:

$\frown CM = \frown DM$	(1)	
y $\frown AM = \frown BM$	(2)	Todo diámetro perpendicular a una cuerda, divide a ésta y al arco subtendido, en partes iguales.

Restando (2) de (1):

$\frown CM - \frown AM = \frown DM - \frown BM$	(3)	
Pero: $\frown CM - \frown AM = \frown AC$	(4)	Resta de arcos;
y $\frown DM - \frown BM = \frown BD$	(5)	

Sustituyendo (4) y (5) en (3), tenemos:

$\frown AC = \frown BD.$

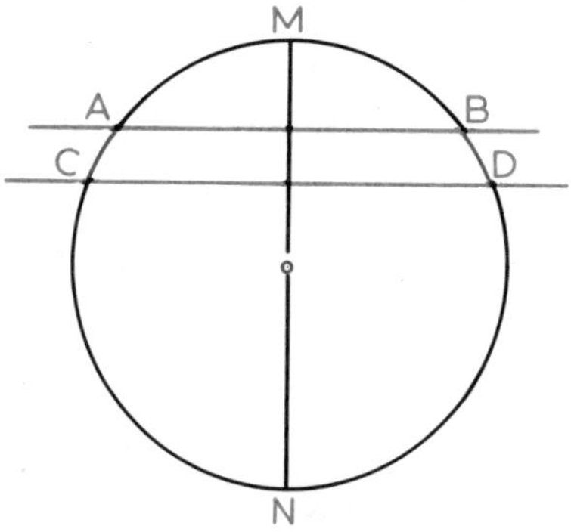

Fig 167

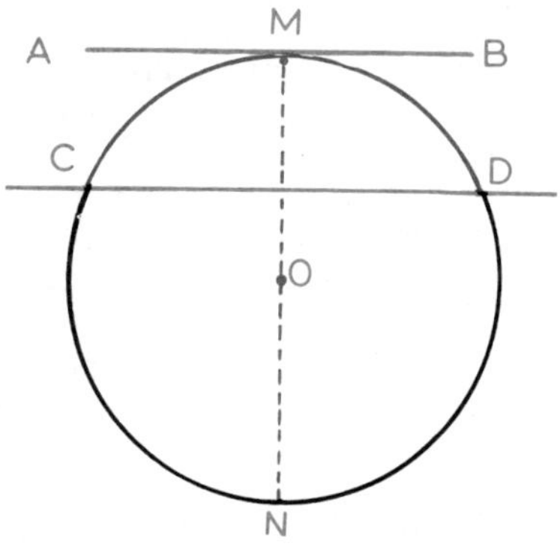

Fig 168

Segundo caso. *Una de las paralelas es secante y la otra es tangente.*

HIPÓTESIS: $\overleftrightarrow{AB}$ es tangente, $\overleftrightarrow{CD}$ secante y $\overleftrightarrow{AB} \parallel \overleftrightarrow{CD}$ (Fig. 168).

TESIS: $\frown CM = \frown DM.$

Construcción auxiliar. Tracemos el diámetro $\overline{MN}$, en el punto de contacto M.

DEMOSTRACIÓN:

$\overline{MN} \perp \overline{AB}$	El diámetro es $\perp$ a la tangente en el punto de contacto.
$\therefore \overline{MN} \perp \overline{CD}$	Porque $\overleftrightarrow{CD} \parallel \overleftrightarrow{AB}$ por hipótesis.
$\therefore \frown CM = \frown DM$	Todo diámetro $\perp$ a una cuerda, divide a ésta y a los arcos subtendidos, en partes iguales.

Tercer caso. *Las dos paralelas son tangentes.*

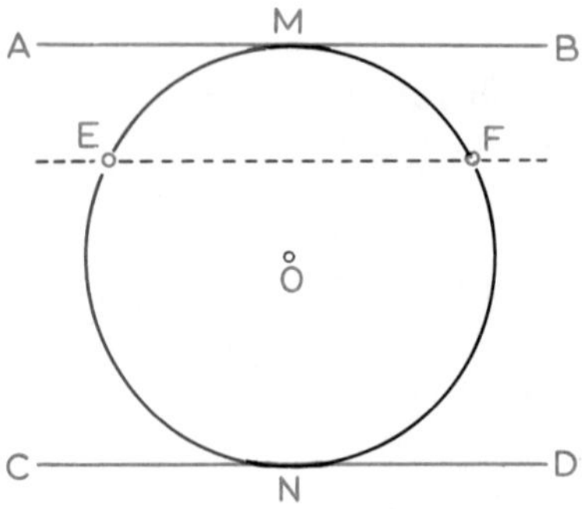

Fig 169

HIPÓTESIS: $\overleftrightarrow{AB}$ es tangente en M, $\overleftrightarrow{CD}$ es tangente en N y $\overleftrightarrow{AB} \parallel \overleftrightarrow{CD}$.

TESIS: $\overset{\frown}{MEN} = \overset{\frown}{MFN}$.

Construcción auxiliar Tracemos la secante $\overleftrightarrow{EF} \parallel \overleftrightarrow{AB}$, que será también $\overleftrightarrow{EF} \parallel \overleftrightarrow{CD}$.

DEMOSTRACIÓN:

$\overset{\frown}{EM} = \overset{\frown}{FM}$ (1)
$\overset{\frown}{EN} = \overset{\frown}{FN}$ (2) Por el segundo caso.

Sumando ordenadamente (1) y (2), tenemos:

$\overset{\frown}{EM} + \overset{\frown}{EN} = \overset{\frown}{FM} + \overset{\frown}{FN}$ (3)

Pero: $\overset{\frown}{EM} + \overset{\frown}{EN} = \overset{\frown}{MEN}$ (4) Suma de arcos.

y $\overset{\frown}{FM} + \overset{\frown}{FN} = \overset{\frown}{MFN}$ (5)

Sustituyendo (4) y (5) en (3):

$$\overset{\frown}{MEN} = \overset{\frown}{MFN}.$$

EJERCICIOS

(1) Si $\overline{AD} = \overline{DB}$: demostrar que $\overset{\frown}{AE} = \overset{\frown}{EB}$.

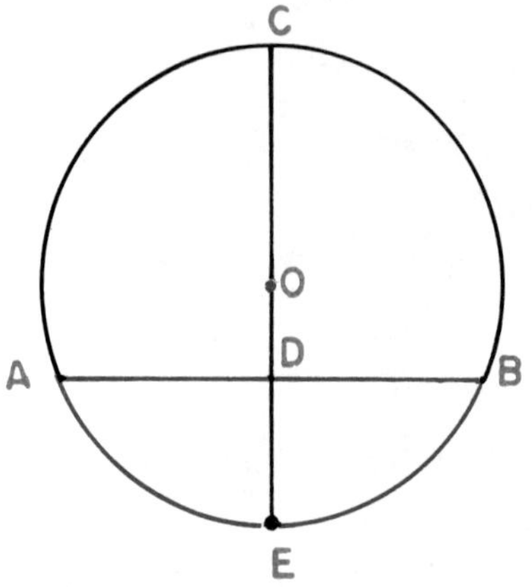

Ejer. 1

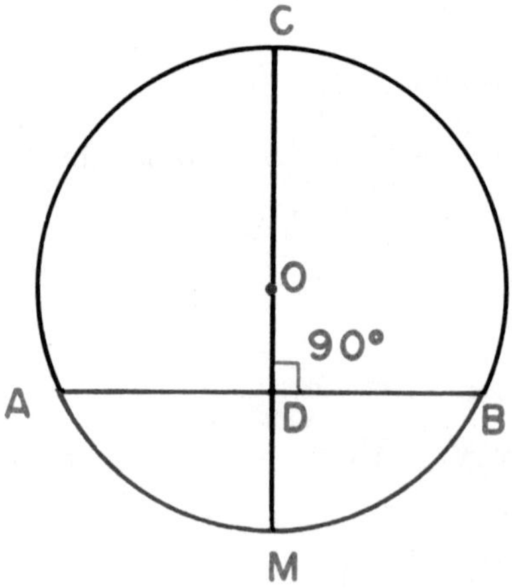

Ejer. 2

(2) Si $\frown AM = \frown MB$; demostrar que $CM \perp AB$.

(3) Si $\overline{AB} = \overline{BC}$; demostrar que $\triangle ABC = \triangle CBO$.

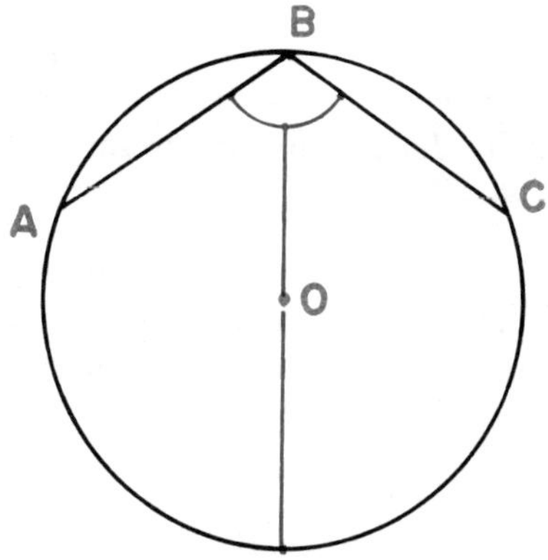

Ejer. 3

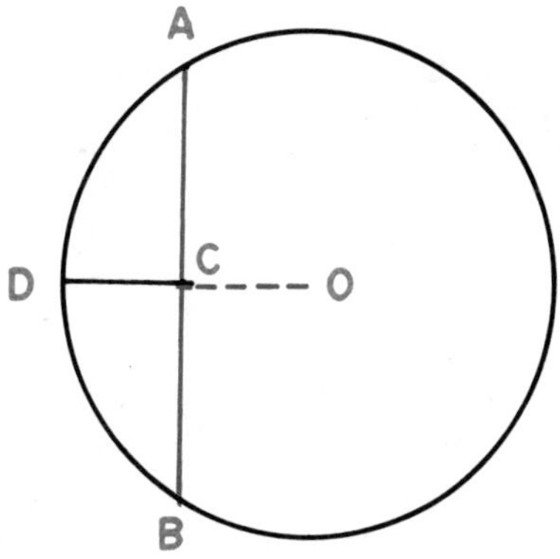

Ejer. 4

(4) Si C es el punto medio de $\overline{AB}$ y $\frown AD = \frown DB$; demostrar que: $\overline{CD} \perp \overline{AB}$.

(5) Si $\angle 1 = \angle 2$; demostrar que $\overline{AB} = \overline{CD}$.

(6) Demostrar que en dos circunferencias concéntricas, los segmentos tangentes a la circunferencia menor, son cuerdas iguales de la mayor.

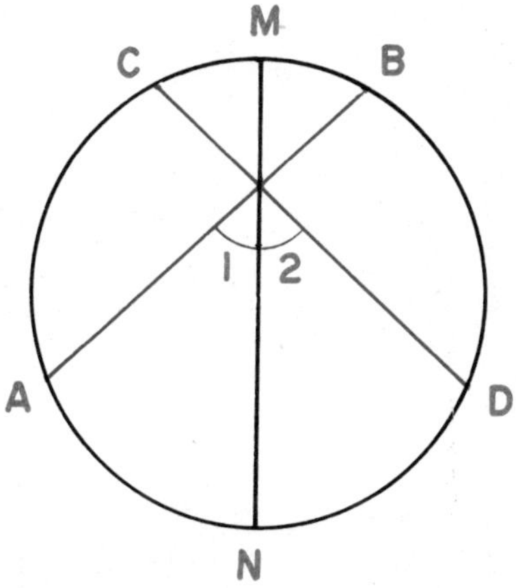

Ejer. 5

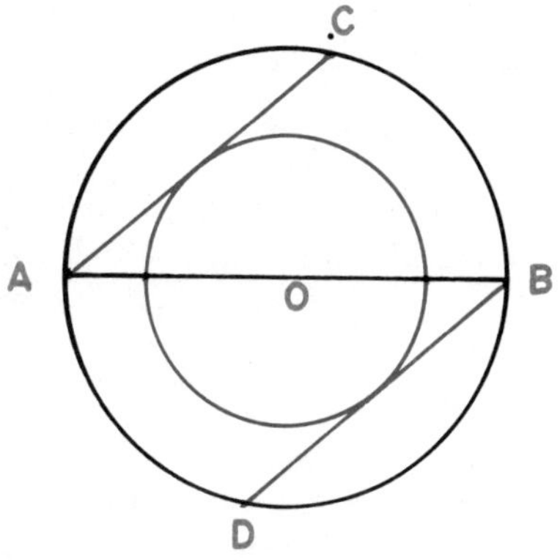

Ejer. 7

(7) Si $\overleftrightarrow{AC} \parallel \overleftrightarrow{BD}$ y O es el punto medio de $\overline{AB}$; demostrar que $\overline{AC} = \overline{BD}$.

(8) Un punto dista tres centímetros del centro de una circunferencia de 4 cm de diámetro. Calcular la menor y la mayor distancia de dicho punto a la circunferencia.

$$R. \begin{cases} \text{menor} = 1 \text{ cm} \\ \text{mayor} = 5 \text{ cm.} \end{cases}$$

(9) Un punto dista dos centímetros del centro de una circunferencia de 6 cm de diámetro. Hallar la menor distancia del punto a la circunferencia.

$d = 1$ cm

(10) Expresar la menor distancia (x) de un punto a una circunferencia, en función de la distancia del punto al centro (d) y del radio (r) de la circunferencia. Sabiendo que $d < r$.

R.: $x = r - d.$

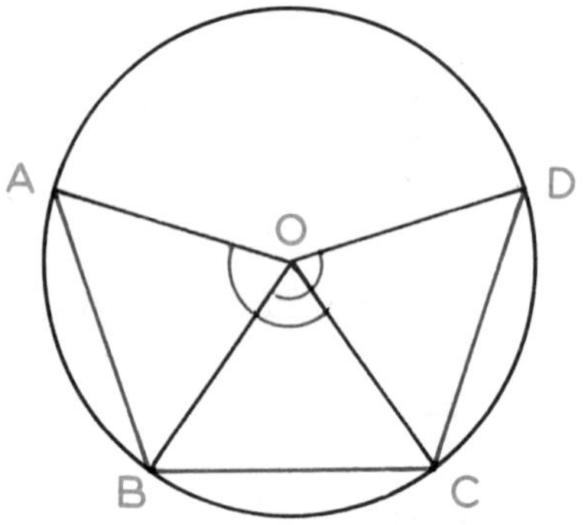

Ejer. 11

(11) Si $\overline{AB} = \overline{BC} = \overline{CD}$; demostrar que $\angle AOC = \angle BOD$.

(12) Los radios de dos circunferencias son 10 y 16 cm. Hallar la distancia de los centros si las circunferencias son:

a) tangentes interiores;

b) tangentes exteriores.

$$R. \begin{cases} a) \ 6 \text{ cm} \\ b) \ 26 \text{ cm.} \end{cases}$$

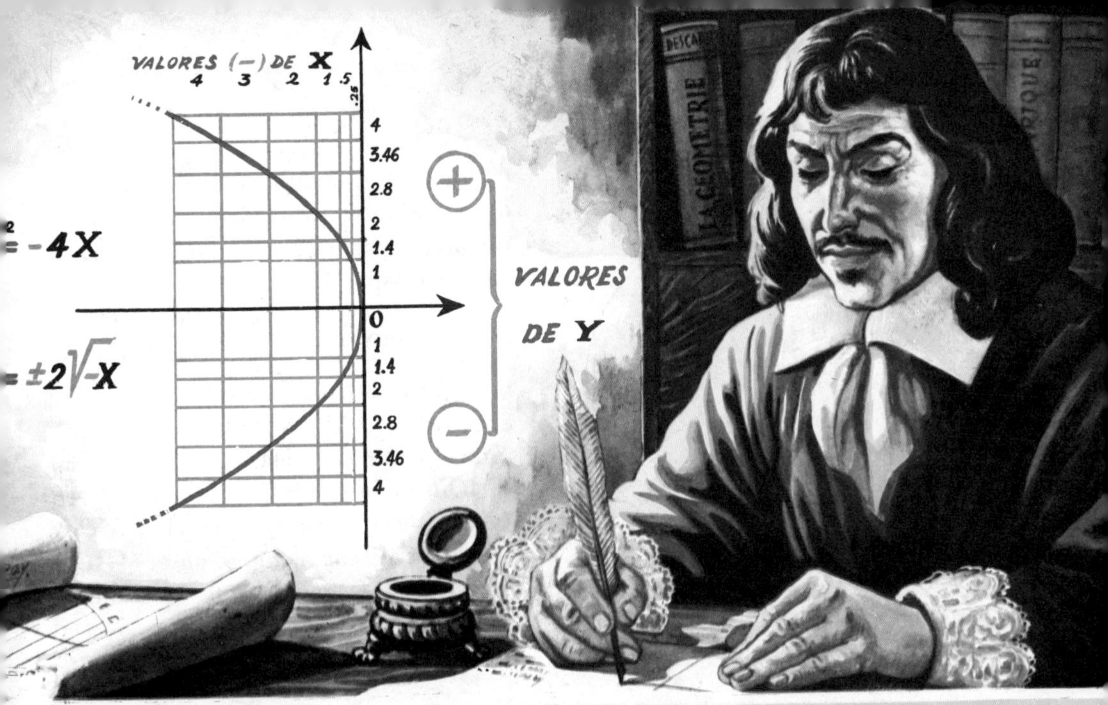

TO DESCARTES (1596-1650). Geometría Analítica. El desarrollo del Algebra durante el siglo el primer tercio del XVII inspiró a Descartes el análisis geométrico de los antiguos con gebra de los modernos, siendo de este modo el padre de la Geometría Analítica, que concibió más como Filosofía que como Matemáticas. Las coordenadas, llamadas cartesianas, son para él sólo un método para resolver los problemas de la Geometría. Su obra «Geometría» data de 1637.

13

Angulos en la circunferencia

198. ANGULO CENTRAL. Como ya se ha dicho, es el que tiene su vértice en el centro de la circunferencia, tal como el $\angle AOB$ (Fig. 170).

En una misma circunferencia o en circunferencias iguales, los ángulos centrales son proporcionales a sus arcos correspondientes. Siendo O y O' circunferencias iguales (Fig. 171) tenemos que:

$$\frac{\angle AOB}{\angle BOC} = \frac{\frown AB}{\frown BC} \qquad \text{y también:} \qquad \frac{\angle AOB}{\angle MO'N} = \frac{\frown AB}{\frown MN}.$$

199. MEDIDA DEL ANGULO CENTRAL. Si adoptamos como unidad

de ángulos el ángulo central correspondiente al arco unidad, la medida de un ángulo central es igual a la de su arco correspondiente.

Luego la proporción $\frac{\angle AOB}{\angle MO'N} = \frac{\frown AB}{\frown MN}$, nos dice que si tomamos por unidad de ángulos el $\angle MO'N$ (Fig. 171) y por unidad de arcos al $\frown MN$, la medida del $\angle AOB$ es la misma que la del $\frown AB$ (esto quiere decir que si el $\angle MO'N$ cabe 2 veces por ejemplo, en el $\angle AOB$, también el $\frown MN$ cabe 2 veces en el $\frown AB$).

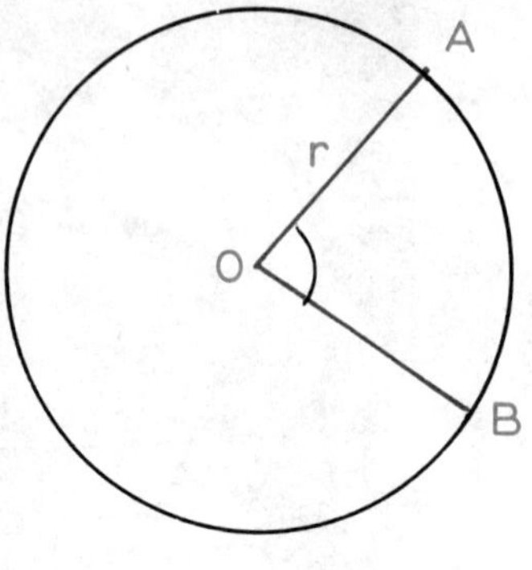

Fig. 170

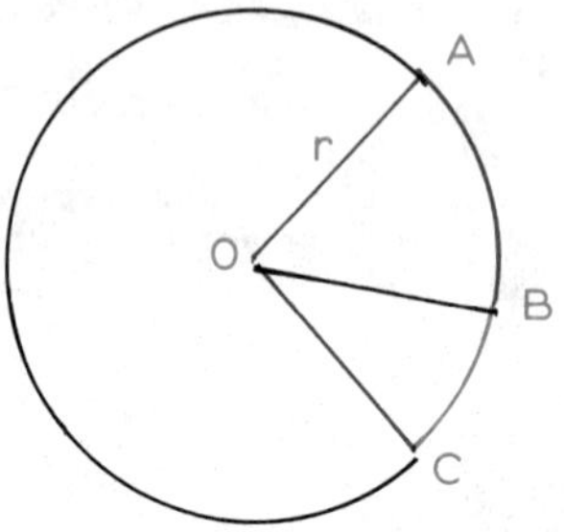

Fig. 171-1

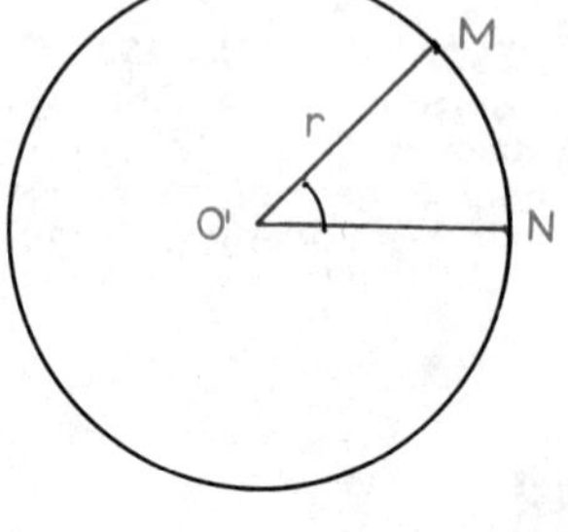

Fig. 171-2

Y como es más cómodo comparar arcos que ángulos, es por esto que la medida de ángulos es indirecta y se efectúa comparando arcos mediante los transportadores o semicírculos graduados. Obsérvese que en este sentido la medida de un arco no es una medida de longitud, es decir, dos arcos pueden tener la misma medida de arco, pero tener diferentes longitudes.

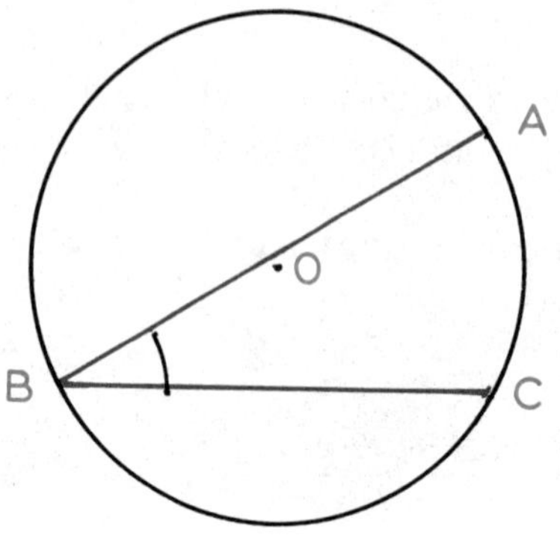

Fig. 172

200. ANGULO INSCRITO. Es el ángulo que tiene su vértice en la circunferencia y sus lados son secantes (Fig. 172).

201. ANGULO SEMI-INSCRITO. Es el ángulo (Fig. 173) que tiene su vértice en la circunferencia y uno de sus lados es una tangente y el otro una secante.

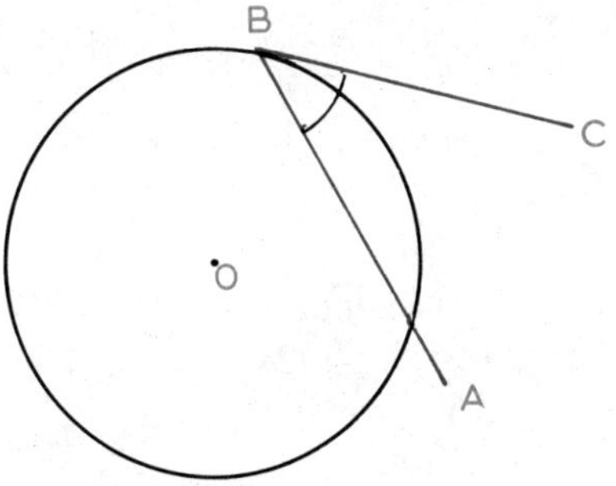

Fig. 173

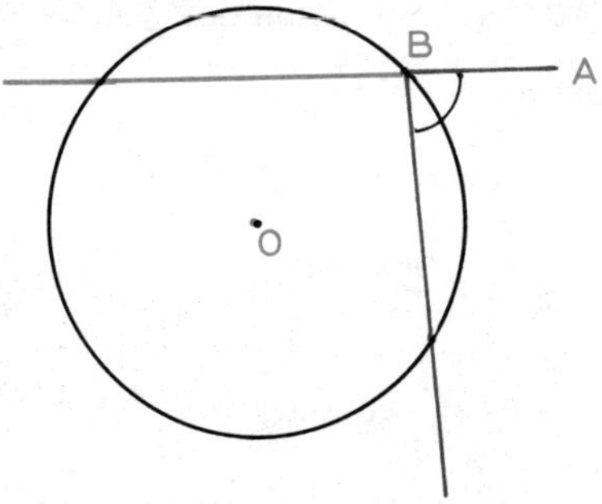

Fig. 174

202 ANGULO EX-INSCRITO. Es el ángulo adyacente a un ángulo inscrito (Fig. 174).

203. TEOREMA 51. MEDIDA DEL ÁNGULO INSCRITO. **"La medida de todo ángulo inscrito es igual a la mitad del arco comprendido entre sus lados".**

1er. Caso. *El centro está en uno de los lados del ángulo.*

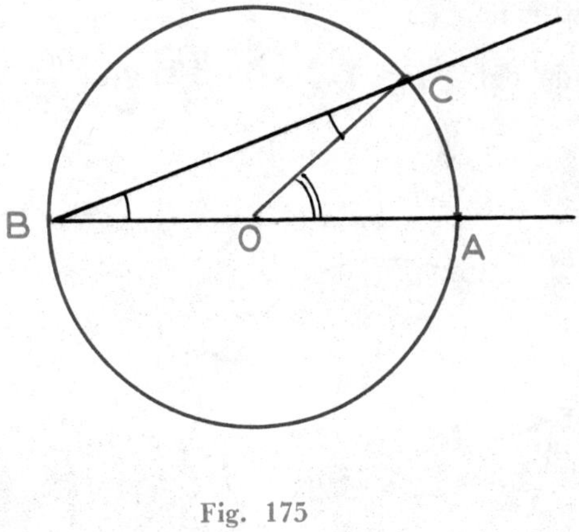

Fig. 175

HIPÓTESIS:

El $\angle ABC$ (Fig. 175) es inscrito y O es el centro de la circunferencia.

TESIS:

Medida del $\angle B = \frac{\frown AC}{2}$.

Construcción auxiliar. Tracemos el radio $\overline{OC}$, formándose el $\triangle BOC$ que es isósceles.

DEMOSTRACIÓN:

En el $\triangle BOC$:

$\angle B = \angle C$ (1) Se oponen a radios iguales.

Pero: $\angle B + \angle C = \angle AOC$ (2) Por ser el $\angle AOC$ un ángulo exterior.

Sustituyendo (1) en (2), tenemos:

$$\angle B + \angle B = \angle AOC$$

$\therefore\quad 2\angle B = \angle AOC$ Sumando;

$\therefore\quad \angle B = \dfrac{\angle AOC}{2}$ (3) Despejando.

Pero $\frown AC$ es medida del $\angle AOC$. (4) Central.

Sustituyendo (4) en (3), tenemos:

medida del $\angle B = \dfrac{\frown AC}{2}$.

2º Caso. *El centro está en el interior del ángulo.*

HIPÓTESIS: El $\angle ABC$ (Fig. 176) es inscrito y O es interior del $\angle ABC$.

TESIS: Medida del $\angle B = \dfrac{\frown AC}{2}$.

Construcción auxiliar. Tracemos el diámetro $\overline{BD}$, de manera que se formen los ángulos inscritos $\angle ABD$ y $\angle CBD$.

DEMOSTRACIÓN:

$\angle B = \angle ABD + \angle CBD$ (1) Suma de ángulos.

Pero: $\angle ABD = \dfrac{\frown AD}{2}$ (2)

y $\angle CBD = \dfrac{\frown DC}{2}$ (3)

(2) y (3): Por el primer caso.

Sustituyendo (2) y (3), en (1), tenemos:

medida del $\angle B = \dfrac{\frown AD}{2} + \dfrac{\frown DC}{2} = \dfrac{\frown AC}{2}$ Suma de arcos.

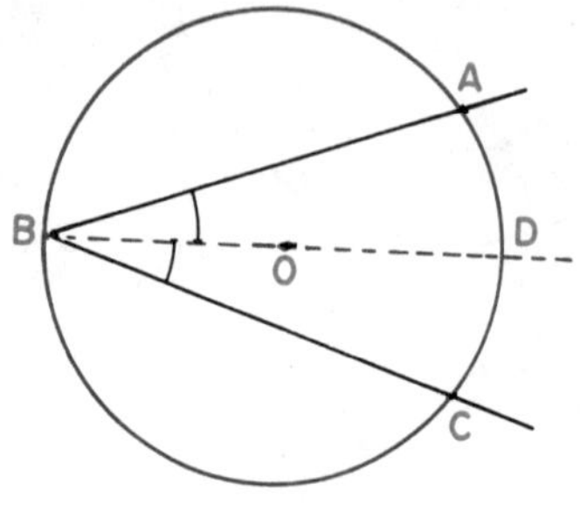

Fig. 176

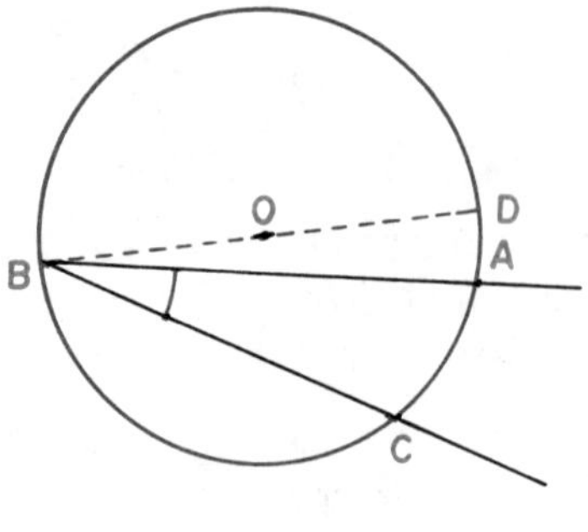

Fig. 177

3er. caso. *El centro es exterior al ángulo.*

HIPÓTESIS: El $\angle ABC$ (Fig. 177) es inscrito y O es exterior al $\angle ABC$.

TESIS: Medida del $\angle ABC = \frac{\frown AC}{2}$.

Construcción auxiliar. Tracemos el diámetro $\overline{BD}$, formándose $\angle ABD$ y $\angle CBD$, ambos inscritos.

DEMOSTRACIÓN:

$\angle ABC = \angle CBD - \angle ABD$ (1) Diferencia de ángulos.

Pero: medida del $\angle CBD = \frac{\frown CD}{2}$ (2)

y medida del $\angle ABD = \frac{\frown AD}{2}$ (3) } Primer caso.

Sustituyendo (2) y (3) en (1), tenemos:

$\angle ABC = \frac{\frown CD}{2} - \frac{\frown AD}{2} = \frac{\frown AC}{2}$ Diferencia de arcos.

204. COROLARIO 1. **Todos los ángulos inscritos en el mismo arco, son iguales.** Así, en la figura 178 tenemos:

$$\angle ABC = \angle ADC = \frac{\frown AEC}{2}.$$

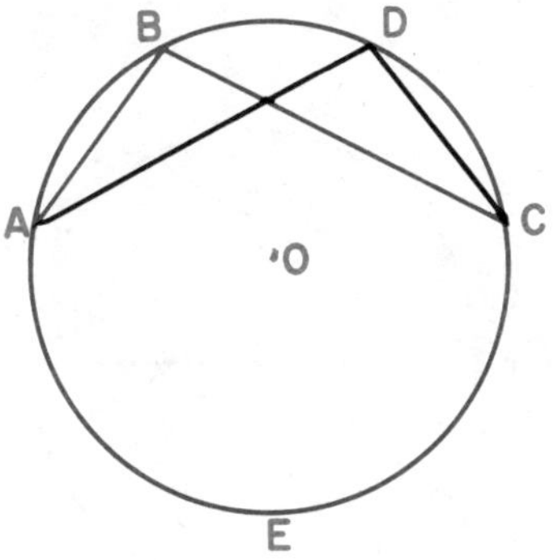

Fig. 178

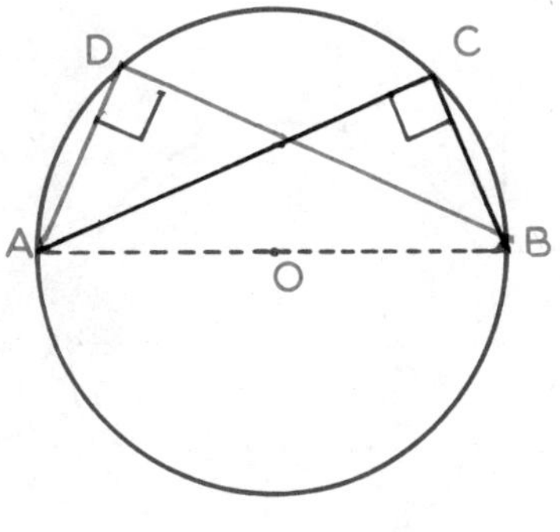

Fig. 179

205. COROLARIO 2. **Todo ángulo inscrito en una semicircunferencia** (Fig. 179) **es recto.**

$$\angle ABC = \angle ADC = \frac{\frown AC}{2} = \frac{180^\circ}{2} = 90^\circ.$$

206. ARCO CAPAZ DE UN ANGULO. Hemos visto que todos los

ángulos inscritos en el mismo arco, son iguales. Dicho arco se llama *arco capaz* de esos ángulos. En la figura 178 el arco capaz de los ángulos iguales $\angle ABC$, $\angle ADC$, etc., es el $\frown AEC$.

207. TEOREMA 52. MEDIDA DEL ÁNGULO SEMI-INSCRITO. **"La medida del ángulo semi-inscrito es igual a la mitad del arco comprendido entre sus lados".**

1er caso: El centro está en uno de los lados del ángulo.

HIPÓTESIS: El $\angle ABC$ es semi-inscrito y O es el centro de la circunferencia (Fig. 180).

TESIS: Medida del $\angle ABC = \dfrac{\frown BC}{2}$:

DEMOSTRACIÓN:

$\angle ABC = 90°$ (1) La tangente es perpendicular al radio en el punto de contacto.

$\frown BC = 180°$ (2) Por ser $\frown BC$ una semicircunferencia.

Comparando (1) y (2), tenemos:

$$\text{medida del } \angle ABC = \frac{\frown BC}{2}.$$

2º caso: El centro está en el interior del ángulo.

HIPÓTESIS: El $\angle ABC$ es semi-inscrito y O es interior del $\angle ABC$ (Fig. 181).

TESIS: Medida del $\angle ABC = \dfrac{\frown BC}{2}$.

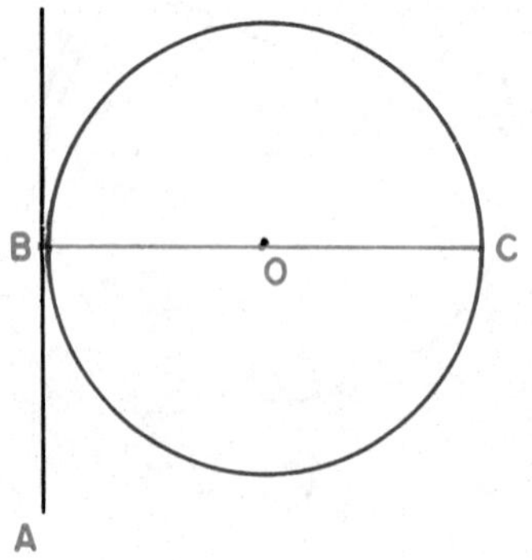

Fig. 180

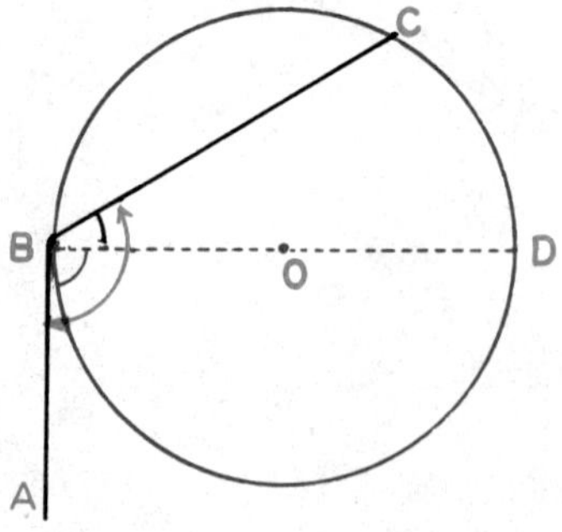

Fig. 181

Construcción auxiliar. Tracemos por B el diámetro $\overline{BD}$, quedando el $\angle ABC$, dividido en $\angle ABD$ y $\angle DBC$ de manera que:

$$\angle ABC = \angle ABD + \angle DBC.$$

DEMOSTRACIÓN:

Medida del $\angle ABD = \frac{\frown BD}{2}$ (1)
medida del $\angle DBC = \frac{\frown DC}{2}$ (2) } 1er. caso;

Sumando (1) y (2), tenemos:

medida del $(\angle ABD + \angle DBC) = \frac{\frown BD}{2} + \frac{\frown DC}{2}$.

Efectuando operaciones, tenemos:

medida del $\angle ABC = \frac{\frown BC}{2}$.

3er. caso: El centro es exterior al ángulo.

HIPÓTESIS: El $\angle ABC$ es semi-inscrito y O es exterior al ángulo (figura 182).

TESIS: Medida del $\angle ABC = \frac{\frown BC}{2}$.

Construcción auxiliar. Tracemos el diámetro $\overline{BD}$, formándose el $\angle CBD$, semi-inscrito.

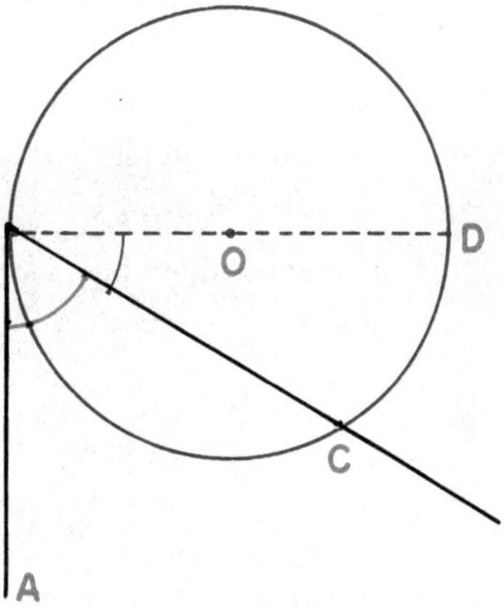

Fig. 182

DEMOSTRACIÓN:

$\angle ABC = \angle ABD - \angle CBD$ (1) Resta de ángulos.

Pero: medida del $\angle ABD = \frac{\frown BD}{2}$ (2) 1er. caso;

y medida del $\angle CBD = \frac{\frown DC}{2}$ (3) 1er. caso.

Sustituyendo (2) y (3) en (1):

medida del $\angle ABC = \frac{\frown BD - \frown DC}{2} = \frac{\frown BC}{2}$.

208. TEOREMA 53. MEDIDA DEL ÀNGULO EX-INSCRITO. "La medida del ángulo ex-inscrito es igual a la semisuma de los arcos que tienen su origen en el vértice y sus extremos en uno de los lados y en la prolongación del otro".

HIPÓTESIS: El $\angle ABC$ es ex-inscrito (Fig. 183).

TESIS: Medida del $\angle ABC = \frac{\frown BC + \frown BD}{2}$.

Construcción auxiliar Unimos C con D formándose el $\triangle BCD$.

DEMOSTRACIÓN:

$\angle ABC = \angle C + \angle D$ (1) Angulo externo.

Pero: medida del $\angle C = \frac{\frown BD}{2}$ (2) Inscrito;

y medida del $\angle D = \frac{\frown BC}{2}$ (3) Inscrito.

Sustituyendo (2) y (3) en (1), tenemos:

medida del $\angle ABC = \frac{\frown BD}{2} + \frac{\frown BC}{2} = \frac{\frown BD + \frown BC}{2}$.

209. ANGULO INTERIOR. Es el ángulo cuyo vértice es un punto interior de la circunferencia.

Los $\angle ABC$, $\angle EBD$, $\angle ABE$ y $\angle CBD$ (Fig. 184) son interiores.

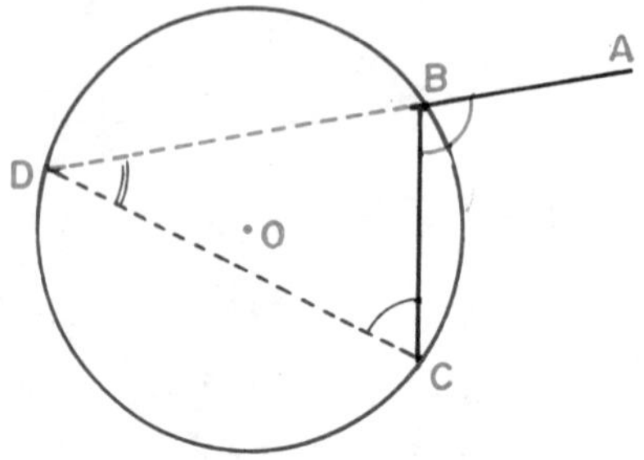

Fig. 183

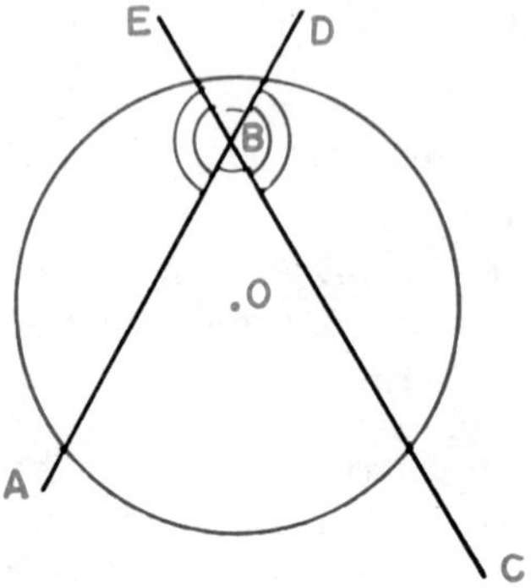

Fig. 184

210. ANGULO EXTERIOR. Es el ángulo cuyo vértice es un punto exterior de la circunferencia. El $\angle ACE$ (Fig. 185) es exterior.

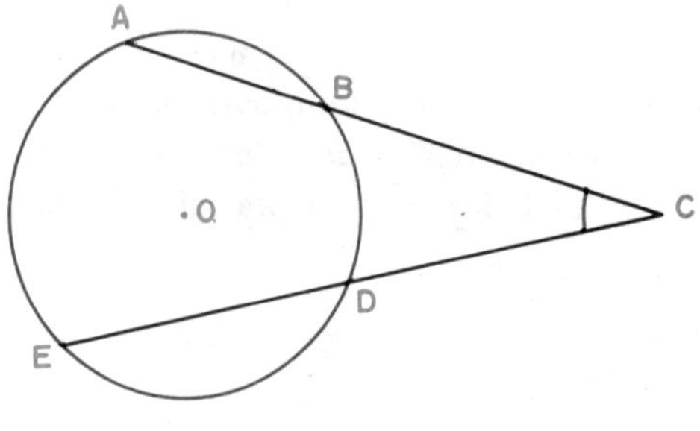

Fig. 185

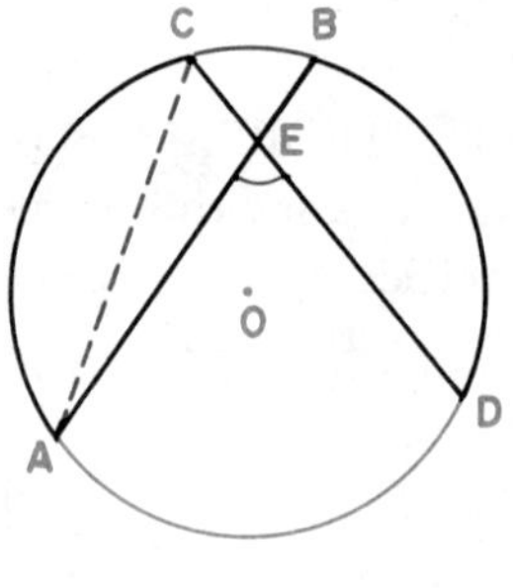

Fig. 186

211. TEOREMA 54. MEDIDA DEL ÀNGULO INTERIOR. "La medida del ángulo interior es igual a la semisuma de las medidas de los arcos comprendidos por sus lados y por sus prolongaciones".

HIPÓTESIS: El $\angle AED$ (Fig. 186) es un ángulo **interior.**
$\frown AD$ y $\frown BC$ son los arcos comprendidos por los lados y por las prolongaciones.

TESIS: Medida del $\angle E = \frac{\frown BC + \frown AD}{2}$.

Construcción auxiliar: Unamos A con C, formándose el $\triangle AEC$.

DEMOSTRACIÓN:

En el $\triangle AEC$ tenemos: $\angle E = \angle A + \angle C$ (1) Por ser $\angle E$ un ángulo exterior del $\triangle ABC$.

Pero: medida del $\angle A = \frac{\frown BC}{2}$ (2) Inscrito;

y medida del $\angle C = \frac{\frown AD}{2}$ (3) Inscrito;

Sustituyendo (2) y (3) en (1), tenemos:

$$\text{medida del } \angle E = \frac{\frown BC}{2} + \frac{\frown AD}{2} = \frac{\frown BC + \frown AD}{2}:$$

212. TEOREMA 55. MEDIDA DEL ÀNGULO EXTERIOR. "La medida del ángulo exterior es igual a la semi-diferencia de las medidas de los arcos comprendidos por sus lados".

HIPÓTESIS: El $\angle A$ es exterior (Fig. 187).

TESIS: Medida del $\angle A = \frac{\frown CD - \frown BE}{2}$.

Construcción auxiliar. Unimos C con E, formándose el $\triangle AEC$.

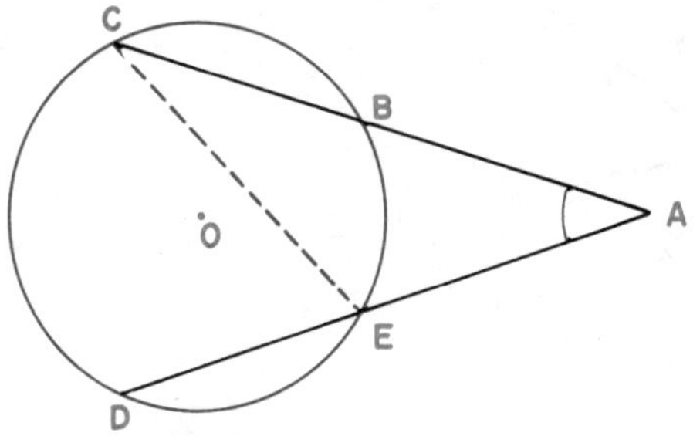

Fig. 187

DEMOSTRACIÓN:

En el $\triangle ACE$ tenemos: $\angle E = \angle A + \angle C$ Angulo exterior del $\triangle ACE$.

Despejando A:

$$\angle A = \angle E - \angle C \qquad (1)$$

Pero: medida del $\angle E = \dfrac{\frown CD}{2}$ (2) Inscrito;

y medida del $\angle C = \dfrac{\frown BE}{2}$ (3) Inscrito.

Sustituyendo (2) y (3) en (1), tenemos:

$$\text{medida del } \angle A = \frac{\frown CD}{2} - \frac{\frown BE}{2} = \frac{\frown CD - \frown BE}{2}.$$

Caso particular. Un caso particular del ángulo exterior es el ángulo circunscrito que es el formado por dos tangentes a la circunferencia. Su medida es también la semidiferencia de los arcos limitados por los puntos de contacto.

EJERCICIOS

(1) Si $\frown AC = 100°$; hallar el $\angle ABC$. *R.:* 50°.

(2) Si $\frown AB = 200°$; hallar el $\angle ABC$. *R.:* 100°.

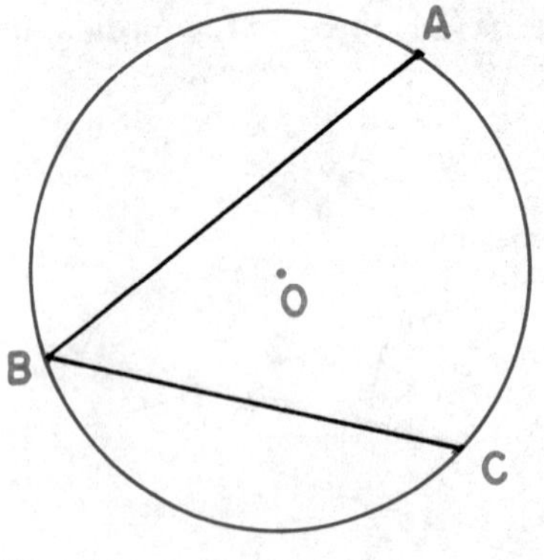

Ejer 1

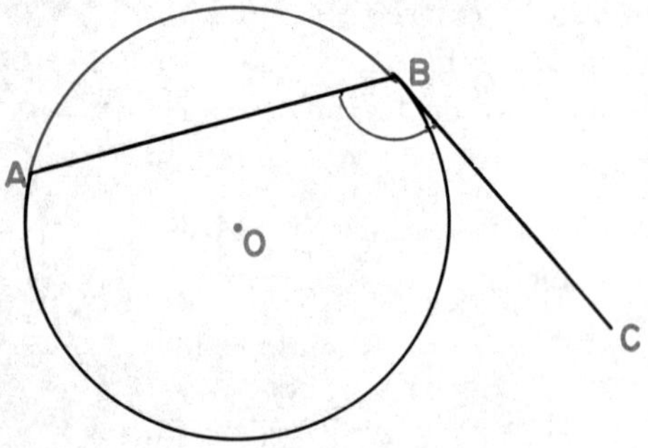

Ejer. 2

(3) Si $\angle AOB = 80°$; hallar el $\angle ACB$. *R.:* 40°.

(4) Si $\angle AOC = 70°$; hallar el $\angle ABC$. *R.:* 35°.

(5) Si $\frown DC = 40°$ y $\frown AE = 80°$; hallar el $\angle ABE$. *R.:* 60°:

(6) Si $\frown AE = 80°$ y $\frown BD = 40°$; hallar el $\angle DCB$ *R.:* 20°:

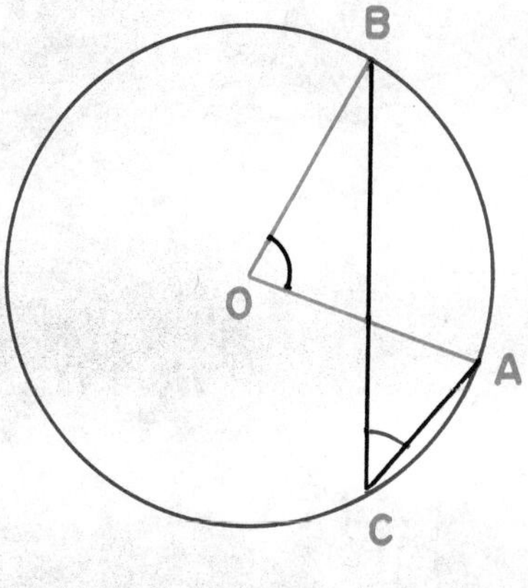

Ejer. 3

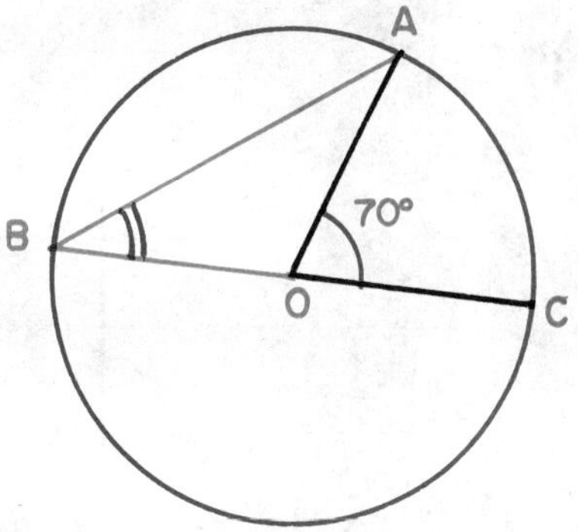

Ejer. 4

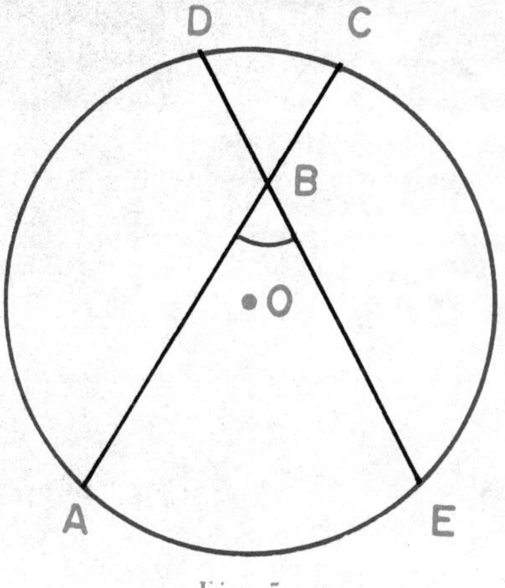

Ejer. 5

(7) Si $\frown PQ = 10°$ y $\angle QSP = 40°$; hallar el $\frown MN$. *R.:* 90°.

(8) Si $\frown BD = 10°$ y $\angle ABE = 40°$; hallar el $\angle BCD$ *R.:* 35°.

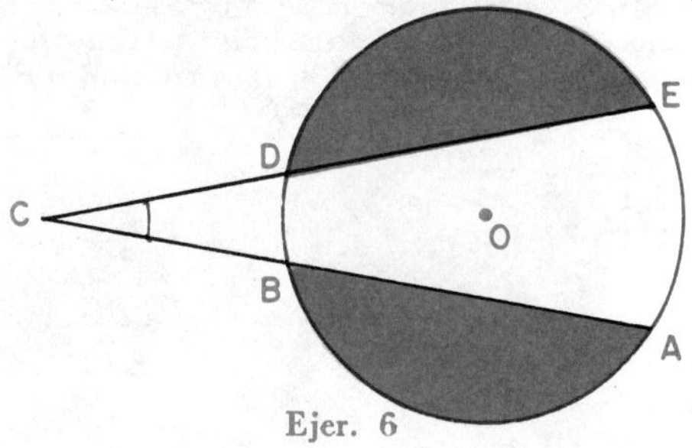

Ejer. 6

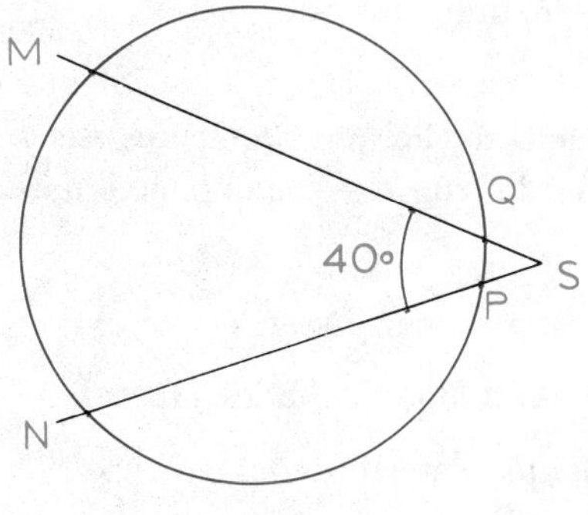

Ejer 7

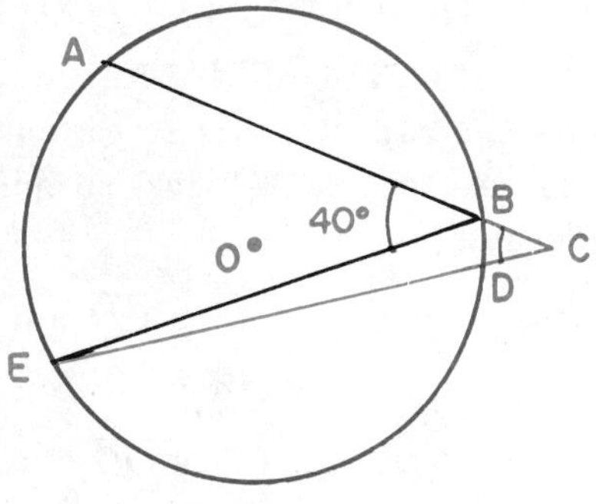

Ejer 8

NICOLAS LOBATSCHEWSKI (1793-1856). Ruptura con el pasado geométrico de Euclides. Con su obra «Pangeometría» este geómetra ruso rompió definitivamente con el pasado euclidiano. Criticado duramente, nadie lo entendió ni le hizo caso hasta que su memoria fue traducida al francés en y al alemán en 1840. Para él las paralelas «rectas coplanarias que no se encuentran mucho que se las prolonguen». Existe otra ría suya que rompe con el Postulado de Euc

14

Relaciones métricas en la circunferencia

En este capítulo vamos a estudiar las relaciones métricas que se verifican entre las cuerdas, secantes y tangentes de una circunferencia.

213. TEOREMA 56. RELACIONES ENTRE LAS CUERDAS. "Si dos cuerdas de una circunferencia se cortan, el producto de los dos segmentos determinados en una cuerda es igual al producto de los dos segmentos determinados en la otra".

HIPÓTESIS: $\overline{AB}$ y $\overline{CD}$ son cuerdas que se cortan en Q;

$\overline{QA}$ y $\overline{QB}$ son los segmentos determinados en $\overline{AB}$;

$\overline{QC}$ y $\overline{QD}$ son los segmentos determinados en $\overline{CD}$ (Fig. 188).

TESIS: $\overline{QA} \cdot \overline{QB} = \overline{QC} \cdot \overline{QD}$.

Construcción auxiliar. Unimos A con D y B con C, formándose los triángulos $\triangle BCQ$ y $\triangle ADQ$.

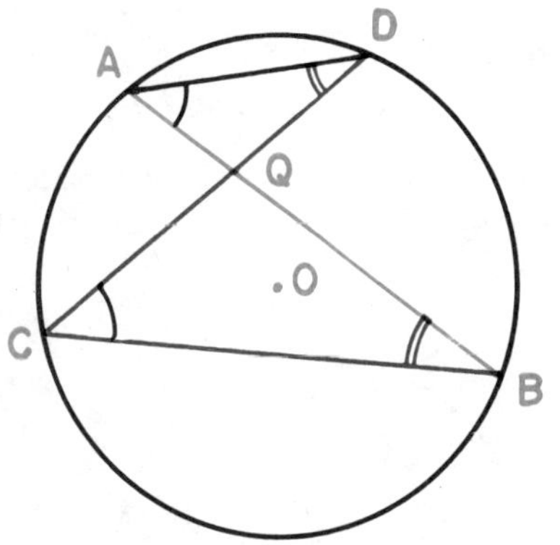

Fig. 188

DEMOSTRACIÓN:

En los $\triangle BCQ$ y $\triangle ADQ$:

$$\angle A = \angle C$$

(inscritos en el mismo arco $\frown BD$);

$$\angle B = \angle D$$

(inscritos en el mismo arco $\frown AC$);

$$\therefore \quad \triangle BCQ \sim \triangle ADQ$$

(por tener dos ángulos iguales).

Estableciendo la proporcionalidad entre los lados homólogos, tenemos:

$$\frac{\overline{QA}}{\overline{QC}} = \frac{\overline{QD}}{\overline{QB}}$$

$$\therefore \quad \overline{QA} \cdot \overline{QB} = \overline{QC} \cdot \overline{QD}$$

(por ser el producto de los medios igual al producto de los extremos).

214. TEOREMA 57. RELACIONES ENTRE SECANTES. **"Si por un punto exterior de una circunferencia se trazan dos secantes, el producto de una secante por su segmento exterior, es igual al producto de la otra secante por su segmento exterior".**

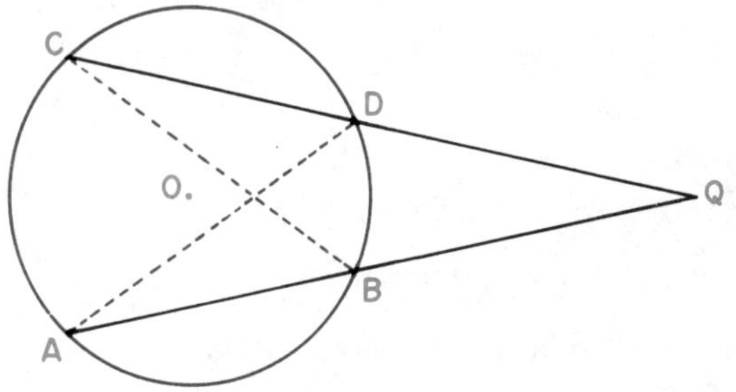

Fig. 189

HIPÓTESIS. (Fig. 189): $\overline{QA}$ y $\overline{QC}$ secantes; $\overline{QB}$ y $\overline{QD}$ segmentos exteriores.

TESIS:

$$\overline{QA} \cdot \overline{QB} = \overline{QC} \cdot \overline{QD}.$$

Construcción auxiliar. Unimos A con D y B con C, formándose los triángulos $\triangle QDA$ y $\triangle QBC$.

DEMOSTRACIÓN:

En los $\triangle QDA$ y $\triangle QBC$:

$\angle Q = \angle Q$	Común;
$\angle A = \angle C$	Inscritos en $\frown BD$;
$\therefore \quad \triangle QDA \sim \triangle QBC$	Por tener dos ángulos iguales.

Entre los lados homólogos estableciendo la proporcionalidad:

$$\frac{\overline{QA}}{\overline{QC}}=\frac{\overline{QD}}{\overline{QB}}$$

$\therefore\ \overline{QA}\cdot\overline{QB}=\overline{QC}\cdot\overline{QD}$ Por ser el producto de los medios igual al producto de los extremos.

215. TEOREMA 58. PROPIEDAD DE LA TANGENTE Y LA SECANTE TRAZADAS DESDE UN PUNTO EXTERIOR A UNA CIRCUNFERENCIA. **"Si por un punto exterior de una circunferencia se trazan una tangente y una secante, la tangente es media proporcional entre la secante y su segmento exterior".**

HIPÓTESIS: $\overline{QT}$ y $\overline{QA}$ son tangente y secante a la circunferencia O (figura 190).

TESIS: $\dfrac{\overline{QA}}{\overline{QT}}=\dfrac{\overline{QT}}{\overline{QB}}$.

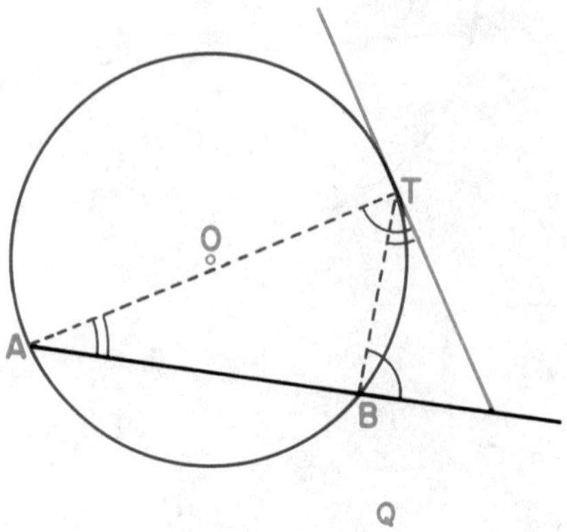

Fig. 190

Construcción auxiliar. Unimos T con A y con B, formándose los triángulos $\triangle QTA$ y $\triangle QTB$.

DEMOSTRACIÓN:

En los $\triangle QTA$ y $\triangle QTB$:

$\angle Q=\angle Q$	Común;
$\angle A=\angle T$	Inscrito y semi-inscrito en el $\frown BT$;
$\therefore\ \triangle QTA\sim\triangle QTB$	Por tener dos ángulos iguales.

Entre los lados homólogos estableciendo la proporcionalidad:

$$\frac{\overline{QA}}{\overline{QT}}=\frac{\overline{QT}}{\overline{QB}}.$$

216. DIVISION AUREA. Dividir un segmento $\overline{AB}$ en media y extrema razón, consiste en dividirlo en dos segmentos $\overline{AM}$ y $\overline{MB}$, tales que:

$$\frac{\overline{AB}}{\overline{AM}}=\frac{\overline{AM}}{\overline{MB}}.$$

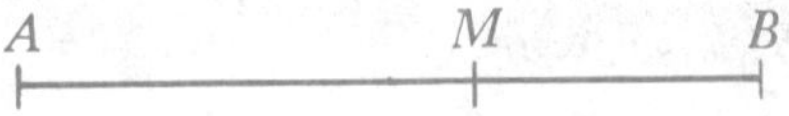

Es decir, que el segmento $\overline{AM}$ es la media proporcional entre $\overline{AB}$ y $\overline{MB}$.

Este segmento $\overline{AM}$ se llama segmento áureo y se considera que esta división es la más proporcionada que se puede hacer de un segmento.

217. CALCULO ANALITICO DEL SEGMENTO AUREO. Sea $\overline{AB} = a$ (figura 191) un segmento cualquiera y sea $\overline{AP} = x$. su segmento áureo.

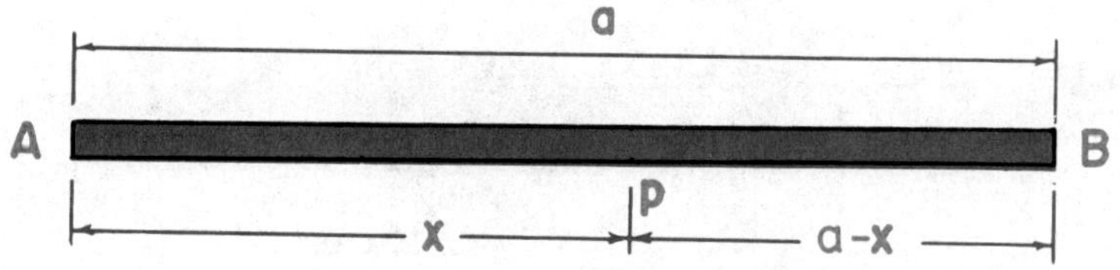

Fig 191

Tendremos:

$\frac{a}{x} = \frac{x}{a-x}$ Por definición;

$\therefore \quad x^2 = a(a-x)$ Producto de medios igual a producto de extremos;

$x^2 = a^2 - ax$ Efectuando;

$x^2 + ax - a^2 = 0$ Trasponiendo y ordenando.

Resolviendo esta ecuación de 2º grado:

$x = \frac{-a \pm \sqrt{a^2 + 4a^2}}{2}$ Aplicando la fórmula;

$x = \frac{-a \pm \sqrt{5a^2}}{2}$ Efectuando;

$x = \frac{a(-1) \pm a\sqrt{5}}{2}$ Sacando a fuera del radical;

$x = \frac{a(-1 \pm \sqrt{5})}{2}$ Sacando factor común a;

$x = \frac{a(-1 + \sqrt{5})}{2}$ Considerando solamente el valor positivo;

$x = a\left[\frac{\sqrt{5} - 1}{2}\right]$ Separando y ordenando.

218. EJEMPLOS. 1º) Hallar el segmento áureo de un segmento de 12 cm.

Fórmula: $x = a\left[\frac{\sqrt{5} - 1}{2}\right]$.

$$x = 12\left[\frac{\sqrt{5} - 1}{2}\right] = 6(\sqrt{5} - 1).$$

$$x = 6(2.24 - 1) = 6(1.24) = 7.44 \text{ cm.}$$

2º) Hallar el segmento cuyo segmento áureo vale 6.2 centímetros. De la fórmula $x = a\left(\frac{\sqrt{5}-1}{2}\right)$, sustituyendo valores resulta:

$$6.2 = a\left[\frac{\sqrt{5}-1}{2}\right]$$

$$2(6.2) = a(\sqrt{5}-1)$$

$$12.4 = a(2.24-1)$$

$$12.4 = 1.24\,a$$

$$\therefore \quad a = \frac{12.4}{1.24} = 10 \text{ cm.}$$

219. DIVISION AUREA DE UN SEGMENTO. SOLUCION GRAFICA. Sea $\overline{AB} = a$ el segmento (Fig. 192).

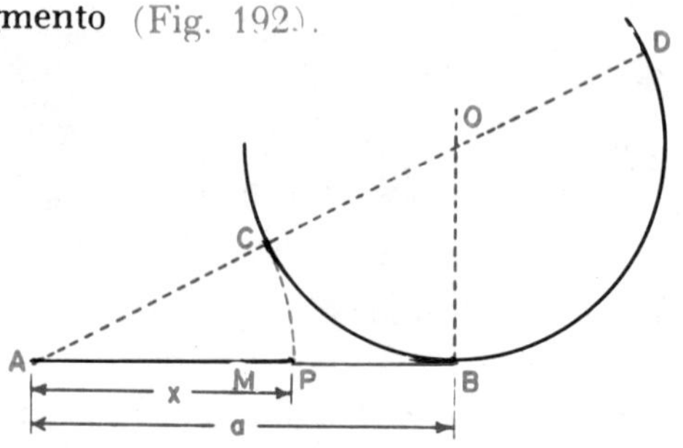

Fig. 192

Construcción.

1º. En el extremo B, levantamos $\overline{OB} \perp \overline{AB}$.

2º. Trazamos $\overline{OB} = \frac{\overline{AB}}{2} = \overline{AM}$.

3º. Con centro en O y con radio $\overline{OB} = \frac{\overline{AB}}{2}$; trazamos una circunferencia.

4º. Unimos A con O y determinamos el punto C.

5º. Con centro en A y con radio igual a $\overline{AC}$, determinamos el punto P.

6º. El segmento $\overline{AP} = x$ es el segmento áureo.

220. JUSTIFICACION DEL METODO GRAFICO. Prolonguemos $\overline{AO}$ hasta que corte a la circunferencia en D. Tendremos la tangente $\overline{AB}$ y la secante $\overline{AD}$.

Entonces: $$\frac{\overline{AD}}{\overline{AB}} = \frac{\overline{AB}}{\overline{AC}} \qquad (1)$$

Pero: $$\overline{AP} = \overline{AC} = x \qquad (2)$$

$$\overline{AD} = x + \overline{CD} = x + \frac{a}{2} + \frac{a}{2} = x + a \qquad (3)$$

$$\overline{AB} = a. \qquad (4)$$

Sustituyendo (2), (3) y (4) en (1), tenemos:

$$\frac{x+a}{a} = \frac{a}{x}$$

$$x(x+a) = a^2$$

$$x^2 + ax = a^2$$

$$x^2 = a^2 - ax$$

$$x^2 = a(a-x)$$

o sea, $$\frac{a}{x} = \frac{x}{a-x}.$$

Por tanto, el punto P divide a $\overline{AB}$ en media y extrema razón.

EJERCICIOS

(1) Si $\overline{AP} = 3$, $\overline{PB} = 5$ y $\overline{PC} = 4$; hallar $\overline{PD}$. *R.:* $\overline{PD} = 3.75$.

(2) Si $\overline{AB} = 8$, $\overline{PC} = 3$ y $\overline{PD} = 4$; hallar $\overline{AP}$ y $\overline{PB}$. *R.:* $\overline{AP} = 2$ y $\overline{PB} = 6$.

(3) Si $\overline{PB} = 2\overline{AP}$, $\overline{PC} = 4$ y $\overline{CD} = 12$; hallar $\overline{AB}$. *R.:* $\overline{AB} = 12$.

(4) Si $\overline{AB} = 11$, $\overline{AP} = 3$ y $\overline{PD} = 2\overline{PC}$; hallar $\overline{PC}$. *R.:* $\overline{PC} = 2\sqrt{3}$.

(5) Si $\overline{CD} = 15$, $\overline{PD} = 6$ y $\overline{PB} = 3\overline{PA}$; hallar $\overline{PA}$. *R.:* $\overline{PA} = 3\sqrt{2}$.

(6) Si $\overline{QB} = 12$, $\overline{QA} = 4$ y $\overline{QD} = 10$; hallar $\overline{QC}$. *R.:* $\overline{QC} = 4.8$.

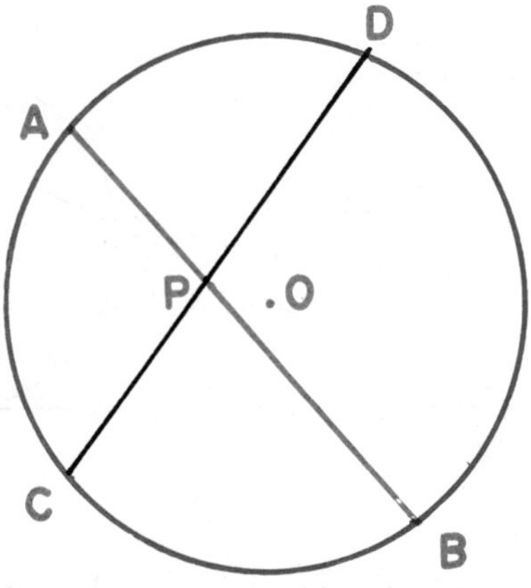

Ejercs. 1 al 5

(7) Si $\overline{QB} = 70$, $\overline{QA} = 8$ y $\overline{QC} = 6$; hallar $\overline{QD}$. *R.:* $\overline{QD} = 93\frac{1}{3}$

(8) Si $\overline{QB} = 14$, $\overline{AB} = 8$ y $\overline{CD} = 10$; hallar $\overline{QC}$. *R.:* $\overline{QC} = 5.4$.

(9) Si $\overline{QA} = 8$, $\overline{AB} = 12$ y $\overline{CD} = 10$; hallar $\overline{QC}$. *R.:* $\overline{QC} = 8.6$.

(10) Si $\overline{QA} = \overline{AB}$, $\overline{QC} = 8$ y $\overline{CD} = 14$; hallar $\overline{QB}$. *R.:* $\overline{QB} = 4\sqrt{11}$.

(11) Si $\overline{QA} = 9$ y $\overline{QB} = 4$; hallar $\overline{QT}$.

R.: $\overline{QT} = 6$.

(12) Si $\overline{QA} = 8$ y $\overline{BA} = 4$; hallar $\overline{QT}$.

R.: $\overline{QT} = 4\sqrt{2}$.

(13) Si $\overline{QT} = 8$ y $\overline{QA} = 20$; hallar $\overline{QB}$.

R.: $\overline{QB} = 3.2$

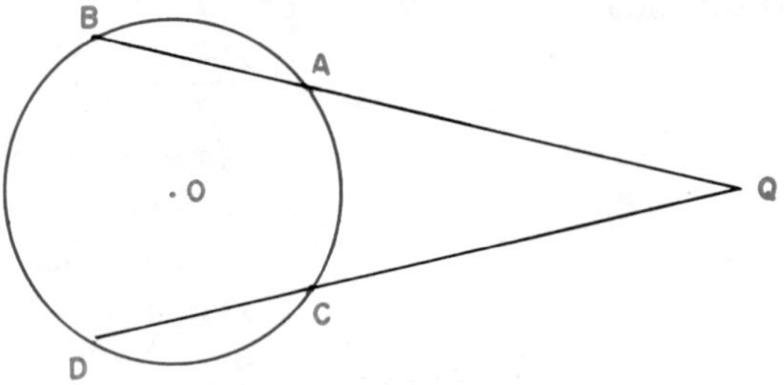

Ejercs 6 al 10

(14) Si $\overline{QT} = 14$ y $\overline{QB} = 8$; hallar la medida correspondiente a $\overline{QA}$. *R.:* $\overline{QA} = 24.5$.

(15) Si $\overline{QT} = \frac{\overline{QA}}{2}$ y $\overline{QB} = 9$; hallar $\overline{QT}$. *R.:* $\overline{QT} = 18$.

(16) Hallar gráficamente el segmento áureo de un segmento de 9 cm.

(17) Comprobarlo efectuando la medida. *R.:* 5.6 cm.

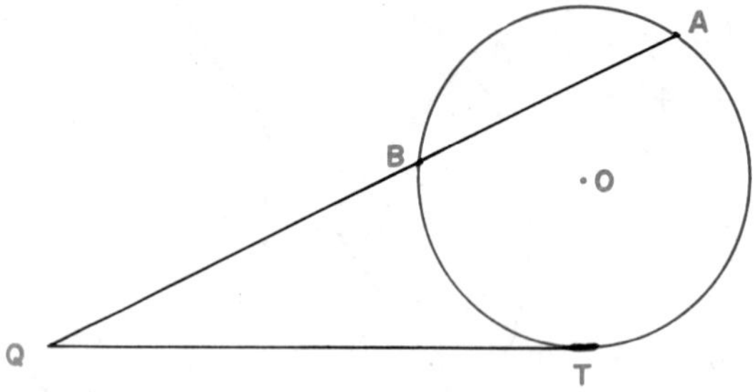

Ejercs. 11 al 15

(18) Se desea saber qué ancho debe tener un rectángulo de 20 cm de largo, para que sus dimensiones sean lo más proporcionadas posibles.

R.: 12.4 cm.

(19) Hallar algebraicamente el segmento áureo de un segmento de 30 cm. *R.:* 18.6 cm.

(20) Demostrar que el segmento áureo es aproximadamente el 62% del segmento total.

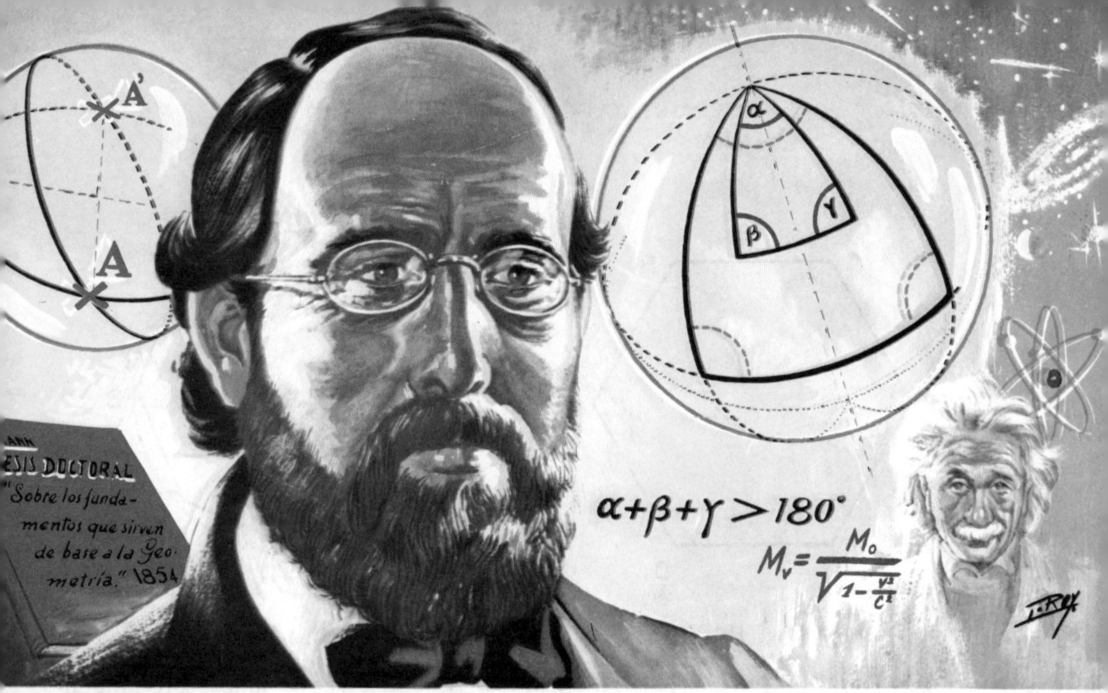

ANN (1826-1866). En su tesis doctoral «Sobre fundamentos que sirven de base a la Geome- (1854), estudia la Geometría de una super- curva cuyas geodésicas desempeñan el papel as rectas euclídeas en el plano; y la Geometría de un espacio cuya curvatura puede cambiar el carácter de tal «Geometría». Su mérito radica en haber extendido al espacio la noción de la curvatura. Riemann y Lobatschewski hicieron posible a Einstein hallar la «ley de la relatividad».

15

Relaciones métricas en los polígonos regulares

221. POLIGONOS REGULARES. Son los que tienen los lados y los ángulos iguales (Fig. 193).

$$\overline{AB} = \overline{BC} = \overline{CD} = \overline{DE} = \overline{EF} = \overline{FA},$$

$$\angle A = \angle B = \angle C = \angle D = \angle E = \angle F.$$

222. POLIGONO INSCRITO. Es el que tiene todos sus vértices sobre una circunferencia (Fig. 194).

223. CIRCUNFERENCIA CIRCUNSCRITA. Cuando el polígono está inscrito, se dice que la circunferencia está circunscrita al polígono.

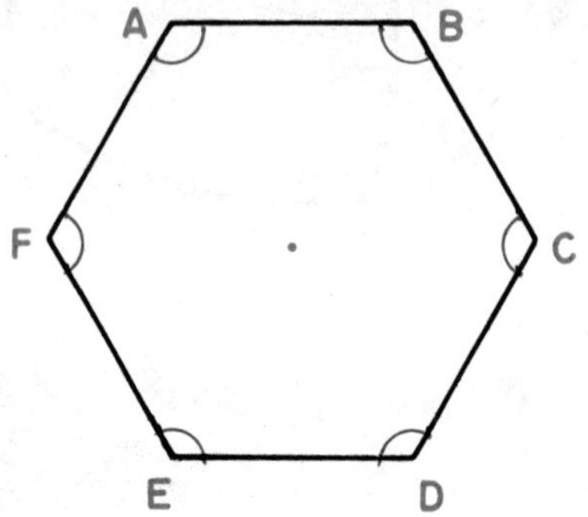

Fig. 193

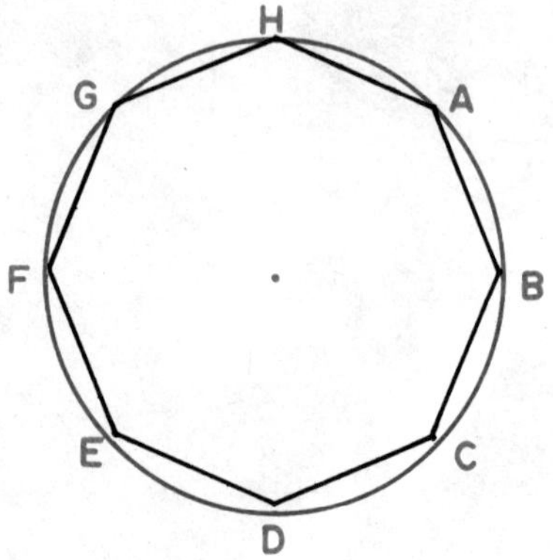

Fig. 194

224. POLIGONO CIRCUNSCRITO. Es aquel cuyos lados son tangentes a la circunferencia (Fig. 195).

225. CIRCUNFERENCIA INSCRITA. Cuando el polígono está circunscrito, se dice que la circunferencia está inscrita.

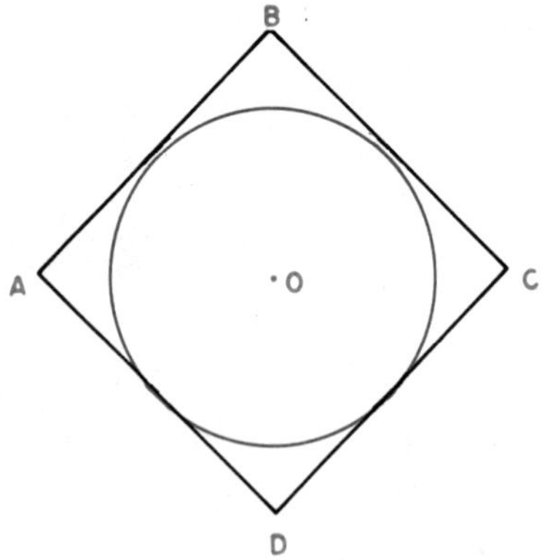

Fig. 195

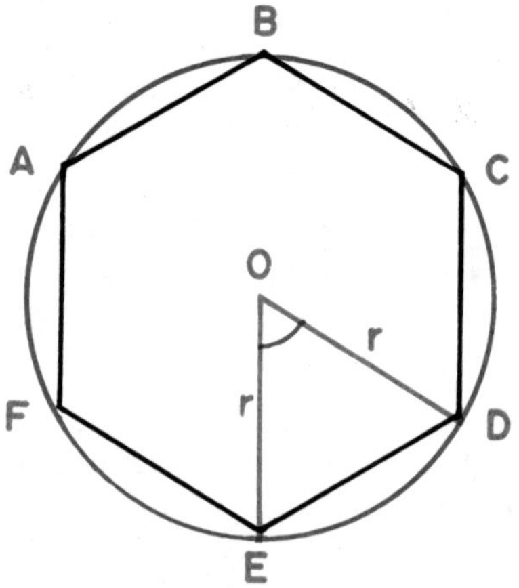

Fig. 196

226. RADIO DE UN POLIGONO REGULAR. Es el radio de la circunferencia circunscrita. En la figura 196, $\overline{OD} = \overline{OE}$ son radios del polígono.

227. ANGULO CENTRAL. Angulo central de un polígono regular, es el formado por dos radios que corresponden a los extremos de un mismo lado. En la figura 196 el $\angle EOD$ es un ángulo central del polígono.

228. TEOREMA 59. "Si se divide una circunferencia en tres o más arcos iguales, las cuerdas que unen los puntos sucesivos de división, formarán un polígono regular inscrito".

HIPÓTESIS. En la circunferencia O (Fig. 197):

$\frown AB = \frown BC = \frown CD = \ldots\ldots$ son los arcos;

y $\overline{AB}, \overline{BC}, \overline{CD}, \ldots\ldots$ son sus cuerdas correspondientes.

TESIS: $ABCD$ es regular.

DEMOSTRACIÓN:

$\overline{AB} = \overline{BC} = \overline{CD} = \ldots$:	Por ser $\frown AB = \frown BC = \frown CD$ ::: por hipótesis;
$\therefore \angle A = \angle B = \angle C = \ldots$	Inscritos en arcos iguales;
$\therefore ABCDEF$ es regular	Por tener iguales sus lados y sus ángulos.

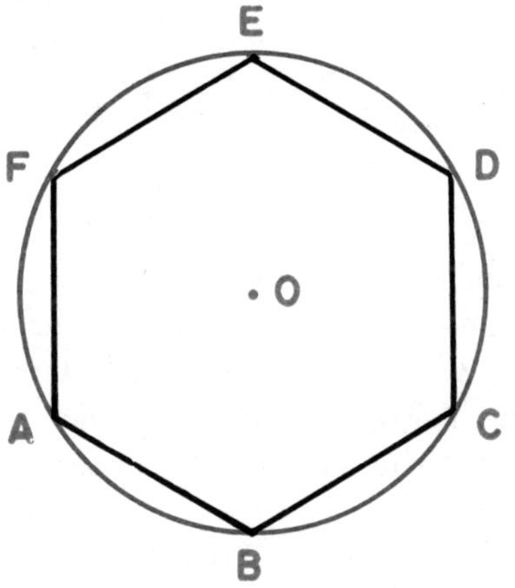

Fig. 197

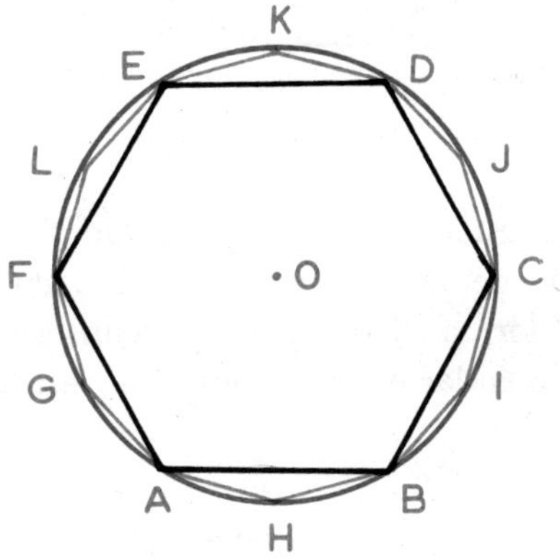

Fig. 198

229. COROLARIO. Si unimos el punto medio de cada uno de los arcos subtendidos por los lados de un polígono regular inscrito con los dos vértices más próximos, se formará un polígono regular inscrito de doble número de lados que el polígono dado.

En efecto, como los nuevos arcos $\frown AH$, $\frown HB$, $\frown BI$, etc. (Fig. 198) son iguales entre sí, por ser mitades de arcos iguales, el nuevo polígono será regular de acuerdo con el teorema 59.

230. TEOREMA 60. "Si se divide una circunferencia en tres o más arcos iguales, las tangentes trazadas a la circunferencia por los puntos de división o por los puntos medios de dichos arcos, forman un polígono regular circunscrito".

En efecto, si dividimos, por ejemplo, la circunferencia en seis arcos iguales y por los puntos de división trazamos tangentes a dicha circunferencia, dichas tangentes formarán el hexágono circunscrito *ABCDEF* (Fig. 199-A) que es regular porque tiene sus ángulos iguales, por ser exteriores que abarcan arcos iguales, y sus lados son también iguales por ser sumas de segmentos iguales.

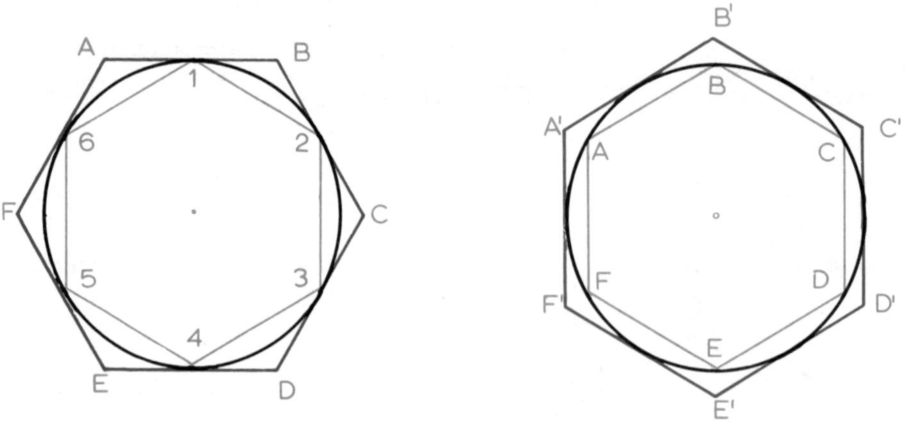

Figs. 199-A y 199-B

Análogamente, si trazamos las tangentes por los puntos medios de cada uno de los seis arcos iguales, en que ha sido dividida la circunferencia *O*, se forma el hexágono circunscrito *A'B'C'D'E'F'* (Fig. 199-B) que también es regular y sus lados son respectivamente paralelos a los lados del hexágono inscrito formado al unir los puntos de división.

En ambos casos, los polígonos inscritos y circunscritos tienen el mismo número de lados.

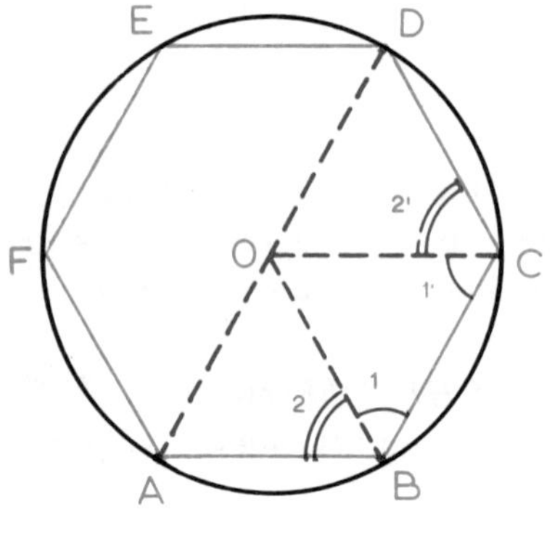

Fig. 200

231. TEOREMA 61. "Todo polígono regular puede ser inscrito en una circunferencia".

HIPÓTESIS: *ABCDEF* (Fig. 200) es un polígono regular.

TESIS: *ABCDEF* es inscribible.

Construcción auxiliar. Construyamos la circunferencia *O* que pasa por tres de los vértices *A*, *B* y *C*. Tracemos los radios $\overline{OA}$, $\overline{OB}$ y $\overline{OC}$. Unamos *O* con *D*. Se formarán los triángulos $\triangle OAB$, $\triangle OBC$ y $\triangle OCD$.

DEMOSTRACIÓN:

$\angle ABC = \angle BCD$	(1)	El polígono $ABCDEF$ es regular por hipótesis;
$\angle 1 = \angle 1'$	(2)	Por ser el $\triangle OBC$ isósceles.
En los $\triangle OAB$ y $\triangle OCD$:		
$\angle 2 = \angle 2'$		Restando (2) de (1).
Además: $\overline{AB} = \overline{CD}$		El polígono $ABCDEF$ es regular por hipótesis;
y $\overline{OB} = \overline{OC}$		Radios de la misma circunferencia;
$\therefore \triangle OAB = \triangle OCD$		Por tener iguales dos lados y el ángulo comprendido;
$\therefore \overline{OA} = \overline{OD}$		Elementos homólogos de triángulos iguales.
La circunferencia O pasa por D Análogamente probaríamos que la circunferencia O pasa por E, por F, etc.		Por ser $\overline{OD} = \overline{OA} =$ radio.
$\therefore$ $ABCDEF$ es inscribible		Por tener todos sus vértices sobre la circunferencia O.

232. APOTEMA. Se llama apotema de un polígono regular al segmento de perpendicular trazada desde el centro del polígono a uno cualquiera de sus lados. En la figura 201 $\overline{OM}$ es la apotema.

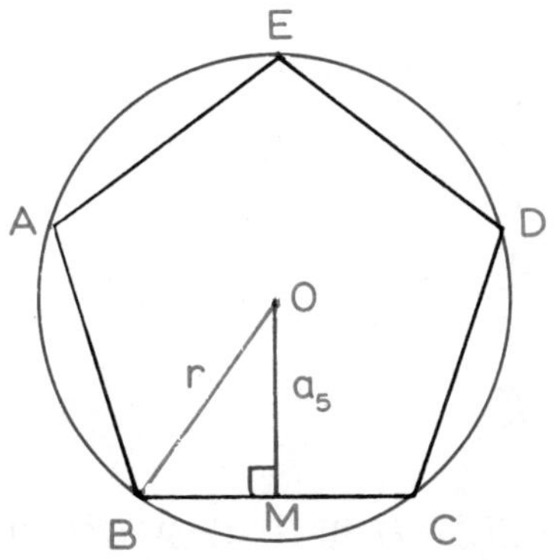

Fig. 201

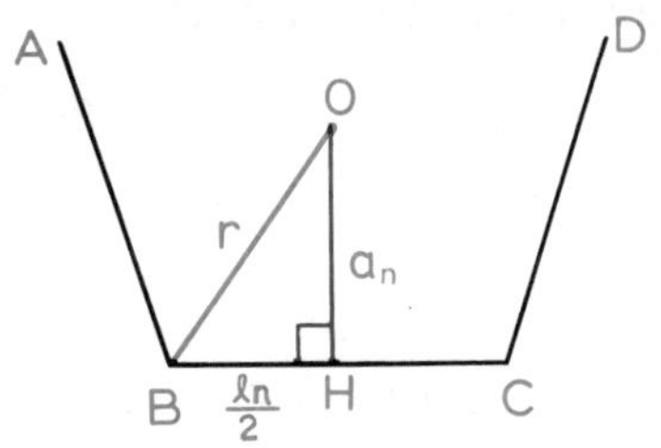

Fig. 202

La apotema se designa con la letra "a", acompañada de un subíndice que indica el número de lados del polígono a que pertenece.

Ejemplos: a_4 representa la apotema del cuadrado,
a_5 representa la apotema del pentágono,
a_6 representa la apotema del hexágono, etc.

233. CALCULO DE LA APOTEMA EN FUNCION DEL LADO Y DEL RADIO. Sea (Fig. 202):

$\overline{BC} = l_n$ (lado de un polígono regular de n lados);

$\overline{OH} = a_n$ (apotema);

$\overline{OB} = r$ (radio).

En el $\triangle OBH$:

$$\overline{OB}^2 = \overline{OH}^2 + \overline{BH}^2 \qquad (1) \qquad \text{Teorema de Pitágoras.}$$

Pero: $\overline{BH} = \dfrac{\overline{BC}}{2} = \dfrac{l_n}{2}$ (2)

$\overline{OH} = a_n$ (3) Hipótesis.

$\overline{OB} = r$ (4) Hipótesis.

Sustituyendo (2), (3) y (4) en (1), tenemos:

$$r^2 = a_n{}^2 + \left[\frac{l_n}{2}\right]^2.$$

Despejando $a_n{}^2$:

$$a_n{}^2 = r^2 - \left[\frac{l_n}{2}\right]^2.$$

Efectuando operaciones:

$$a_n{}^2 = r^2 - \frac{l_n{}^2}{4};$$

$$a_n{}^2 = \frac{4\,r^2 - l_n{}^2}{4}.$$

Extrayendo raíz cuadrada:

$$a_n = \sqrt{\frac{4r^2 - l_n^2}{4}};$$

$$\therefore \quad a_n = \frac{1}{2}\sqrt{4r^2 - l_n^2}\,.$$

234. CALCULO DEL LADO DEL POLIGONO REGULAR INSCRITO DE DOBLE NUMERO DE LADOS. Vamos a obtener una fórmula que nos permita, sabiendo el valor del lado de un polígono regular cualquiera,

calcular el valor del lado del polígono que tiene doble número de lados, inscrito en la misma circunferencia.

Sea (Fig. 203):

$\overline{BC} = l_n$ (1)

$\overline{OH} = a_n$ (2)

$\overline{EC} = l_{2n}$ (3)

$\overline{OC} = \overline{OE} = r$ (4)

En el $\triangle OCE$:

$\overline{EC}^2 = \overline{OC}^2 + \overline{OE}^2 - 2\overline{OE} \cdot \overline{OH}$ (5)

(cuadrado del lado opuesto a un ángulo agudo).

Sustituyendo (2), (3) y (4) en (5), tenemos:

$l_{2n}^2 = r^2 + r^2 - 2\, r \cdot a_n$ (6)

Pero: $a_n = \frac{1}{2}\sqrt{4\, r^2 - l_n^2}$ (7)

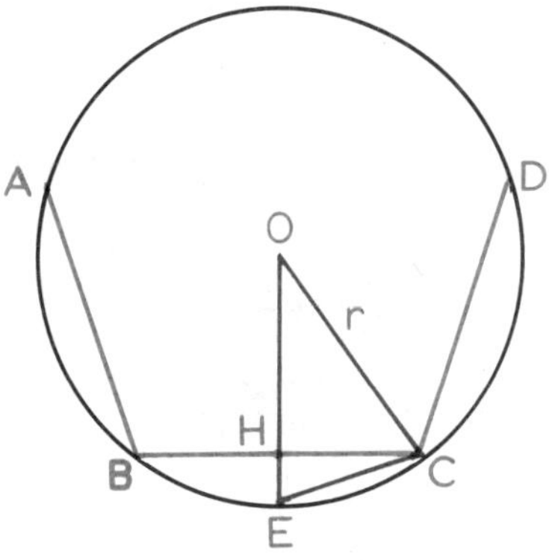

Fig. 203

$$\therefore \quad l_{2n}^2 = 2\, r^2 - r\sqrt{4\, r^2 - l_n^2},$$

$$\therefore \quad l_{2n} = \sqrt{2\, r^2 - r\sqrt{4\, r^2 - l_n^2}}.$$

235. CALCULO DEL LADO DEL POLIGONO CIRCUNSCRITO.—

Sea (Fig. 204): $\overline{AB} = l_n$, $\overline{A'B'} = L_n$.

Construcción auxiliar. Tracemos el radio $\overline{OH'} \perp \overline{A'B'}$. Sea H el punto donde $\overline{OH'}$ corta a $\overline{AB}$. Como $\overline{A'B'} \parallel \overline{AB}$ tendremos que $\overline{OH}$ será la apotema del polígono inscrito. Unamos O con A' y con B', formándose $\triangle OA'B'$ y $\triangle OAB$.

$\angle OA'B' = \angle OAB$, Por ser $\overline{AB} \parallel \overline{A'B'}$;

$\therefore \quad \dfrac{\overline{A'B'}}{\overline{AB}} = \dfrac{\overline{OH'}}{\overline{OH}}$ (1)

(alturas homólogas de triángulos semejantes).

Pero: $\overline{A'B'} = L_n$ (2)

$\overline{AB} = l_n$ (3)

$\overline{OH'} = r$ (4)

$\overline{OH} = a_n$ (5)

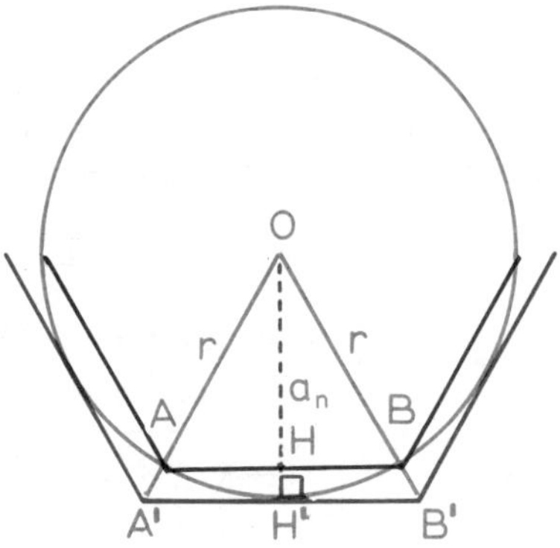

Fig. 204

Sustituyendo (2), (3), (4) y (5) en (1), tenemos:

$$\frac{L_n}{l_n} = \frac{r}{a_n}$$

$$\therefore \quad L_n = \frac{l_n \cdot r}{a_n} \qquad (6) \qquad \text{Extremo de una proporción}$$

Pero: $a_n = \frac{1}{2}\sqrt{4\,r^2 - l_n^2}$ (7)

Sustituyendo (7) en (6), tenemos:

$$L_n = \frac{l_n r}{\frac{1}{2}\sqrt{4\,r^2 - l_n^2}}$$

$$\therefore \quad L_n = \frac{2\,r\,l_n r}{\sqrt{4\,r^2 - l_n^2}}.$$

236. APLICACIONES. 1) Sabiendo que el lado del cuadrado inscrito en una circunferencia de radio r vale $r\sqrt{2}$, calcular la apotema y el lado del octágono inscrito en la misma circunferencia.

Cálculo de la apotema:

Dato: $l_4 = r\sqrt{2}$

Incógnita: $a_4 = x$

Fórmulas: $\begin{cases} a_n = \frac{1}{2}\sqrt{4r^2 - l_n^2} \\ a_4 = \frac{1}{2}\sqrt{4r^2 - l_4^2} \end{cases}$

$$a_4 = \frac{1}{2}\sqrt{4\,r^2 - (r\sqrt{2})^2} = \frac{1}{2}\sqrt{4\,r^2 - 2\,r^2}$$

$$a_4 = \frac{1}{2}\sqrt{2r^2} \quad \therefore \quad \boxed{a_4 = \frac{r}{2}\sqrt{2}.}$$

Cálculo del lado del octágono:

Fórmula: $l_{2n} = \sqrt{2\,r^2 - r\sqrt{4\,r^2 - l_n^2}}$

$$l_8 = \sqrt{2\,r^2 - r\sqrt{4\,r^2 - (r\sqrt{2})^2}}$$

$$= \sqrt{2\,r^2 - r\sqrt{4\,r^2 - 2\,r^2}}$$

$$= \sqrt{2\,r^2 - r\sqrt{2\,r^2}}$$

$$= \sqrt{2 r^2 - r^2\sqrt{2}}$$

$$= \sqrt{r^2 (2 - \sqrt{2})}$$

$$\therefore \quad \boxed{l_8 = r\sqrt{2 - \sqrt{2}}}$$

2) Calcular la apotema y el lado de un decágono inscrito en una circunferencia de radio igual a 2 m, sabiendo que el lado del pentágono inscrito en la misma circunferencia vale $\sqrt{10 - 2\sqrt{5}}$.

Cálculo del lado del decágono:

Datos: $\begin{cases} r = 2\text{ m} \\ l_5 = \sqrt{10 - 2\sqrt{5}} \end{cases}$ *Incógnitas:* $\begin{cases} l_{10} \\ a_{10} \end{cases}$

Fórmula: $l_{2n} = \sqrt{2 r^2 - r\sqrt{4 r^2 - l_n^2}}$

$$l_{10} = \sqrt{2 r^2 - r\sqrt{4 r^2 - l_5^2}}$$

$$= \sqrt{2 \cdot 2^2 - 2\sqrt{4 \cdot 2^2 - \left[\sqrt{10 - 2\sqrt{5}}\right]^2}}$$

$$= \sqrt{8 - 2\sqrt{16 - 10 - 2\sqrt{5}}}$$

$$= \sqrt{8 - 2\sqrt{16 - (10 - 2\sqrt{5})}}$$

$$\boxed{l_{10} = \sqrt{8 - 2\sqrt{6 + 2\sqrt{5}}}}$$

Calculo de la apotema:

Fórmula: $a_n = \frac{1}{2}\sqrt{4 r^2 - l_n^2}$

$$a_{10} = \frac{1}{2}\sqrt{4 \cdot 2^2 - \left[\sqrt{8 - 2\sqrt{6 + 2\sqrt{5}}}\right]^2}$$

$$" \quad = \frac{1}{2}\sqrt{16 - \left[\sqrt{8 - 2\sqrt{6 + 2\sqrt{5}}}\right]^2}$$

$$" \quad = \frac{1}{2}\sqrt{16 - 8 - 2\sqrt{6 + 2\sqrt{5}}}$$

$$\boxed{a_{10} = \frac{1}{2}\sqrt{8 - 2\sqrt{6 + 2\sqrt{5}}}}$$

237. CALCULO DEL LADO DEL HEXAGONO REGULAR. Vamos a demostrar que el lado del hexágono regular inscrito en una circunferencia es igual al radio.

Sea el hexágono regular *ABCDEF* (Fig. 205) inscrito en la circunferencia *O* de radio *r*.

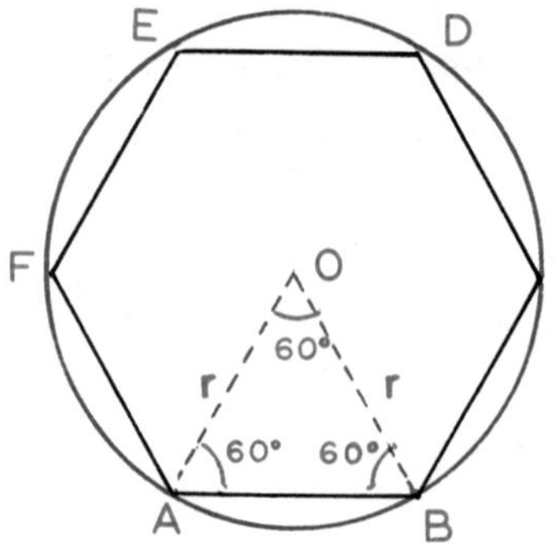

Fig. 205

Sea $\overline{AB} = l_6$ y $\overline{OA} = \overline{OB} = r$.
(vamos a demostrar que $l_6 = r$).

DEMOSTRACIÓN. En el $\triangle AOB$:

$\angle A + \angle B + \angle O = 180°$ (1) Suma de los ángulos interiores de un triángulo.

Pero: $\angle O = \frac{360°}{6} = 60°$ (2) Angulo central.

Sustituyendo (2) en (1), tenemos:

$\angle A + \angle B + 60° = 180°$

$\therefore \angle A + \angle B = 180° - 60°$ Trasponiendo;

$\angle A + \angle B = 120°$ (3) Efectuando operaciones:

Pero: $\angle A = \angle B$ (4) Por oponerse a lados iguales ya que $\overline{OA} = \overline{OB} = r$.

Sustituyendo (4) en (3), tenemos:

$\angle A + \angle A = 120°$, $\angle B + \angle B = 120°$.

$2\angle A = 120°$, $2\angle B = 120°$.

$\angle A = \frac{120°}{2}$, $\angle B = \frac{120°}{2}$.

$\angle A = 60°$ (5)

$\angle B = 60°$ (6)

Como $\angle A = \angle B = \angle O = 60°$, resulta: Comparando (2), (5) y (6), a ángulos iguales, se oponen lados iguales.

$\overline{AB} = \overline{OA} = \overline{OB} = r$

$\therefore\ l_6 = r.$

En consecuencia, para construir un hexágono regular inscrito en una circunferencia dada se toma el radio y se lleva seis veces como cuerda.

238. CALCULO DEL LADO DEL TRIANGULO EQUILATERO.— Sea el triángulo equilátero $\triangle ABC$ (Fig. 206), inscrito en la circunferencia O, construido dividiendo la circunferencia en seis partes iguales y uniendo de dos en dos.

Si D es el punto medio del $\frown AC$, el diámetro $\overline{BD}$ es perpendicular a la cuerda $\overline{AC}$.

En el $\triangle DAB$:

$\angle A = 90°$ Inscrito en una semicircunferencia;

$\overline{BD}^2 = \overline{AB}^2 + \overline{AD}^2$ (1) Teorema de Pitágoras.

Pero: $\overline{BD} = 2r$ (2) Por ser diámetro;

$\overline{AD} = l_6$ (3)

$\overline{AB} = l_3$ (4) Construcción.

Sustituyendo (2), (3) y (4), en (1):

$(2r)^2 = l_3^2 + l_6^2$

$\therefore\ 4r^2 = l_3^2 + l_6^2$ (5) Efectuando operaciones.

Pero: $l_6 = r$ (6) Por lado del hexágono.

Sustituyendo (6) en (5):

$4r^2 = l_3^2 + r^2$

$\therefore\ 4r^2 - r^2 = l_3^2$ Despejando;

$\therefore\ l_3^2 = 3r^2$

$\therefore\ l_3 = \sqrt{3r^2}$ Extrayendo la raíz cuadrada;

$\therefore\ l_3 = r\sqrt{3}$ Simplificando.

239. LADO DEL CUADRADO. Sea el cuadrado $ABCD$, inscrito en la circunferencia O (Fig. 207).

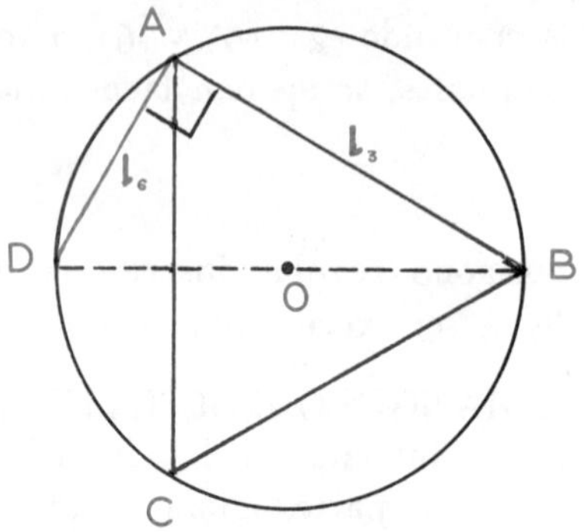

Fig. 206

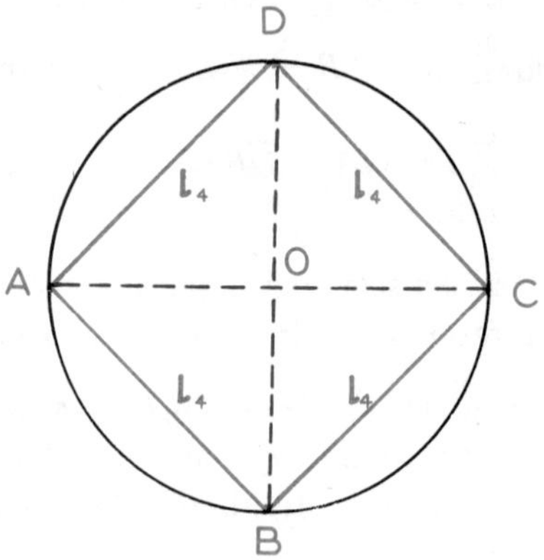

Fig. 207

En el $\triangle AOB$

$\overline{AB}^2 = \overline{OA}^2 + \overline{OB}^2$ (1) Teorema de Pitágoras.

Pero: $\overline{AB} = l_4$ (2)

y $\overline{OA} = \overline{OB} = r$ (3)

Sustituyendo (2) y (3) en (1), tenemos:

$l_4{}^2 = r^2 + r^2$

$\therefore \quad l_4{}^2 = 2\,r^2$ Efectuando operaciones;

$\therefore \quad l_4 = \sqrt{2\,r^2}$

$\therefore \quad l_4 = r\sqrt{2}$ Sacando la raíz cuadrada.

240. TEOREMA 62. PROPIEDAD DEL LADO DEL DECÀGONO REGULAR. **"El lado del decágono regular inscrito en una circunferencia es igual al segmento áureo del radio".**

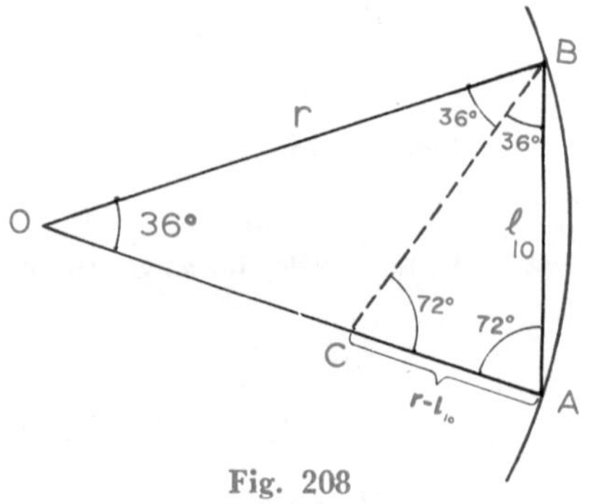

Fig. 208

HIPÓTESIS:

En la circunferencia O de radio r sea $\overline{AB} = l_{10}$ (figura 208).

TESIS: $\dfrac{r}{l_{10}} = \dfrac{l_{10}}{r - l_{10}}$.

Construcción auxiliar. Tracemos los radios $\overline{OA}$ y $\overline{OB}$, formándose el $\triangle OAB$. Tracemos la bisectriz $\overline{BC}$, del $\angle B$. Se formarán los $\triangle BCO$ y $\triangle BCA$.

DEMOSTRACIÓN. En el $\triangle OAB$:

$$\frac{\overline{OB}}{\overline{BA}}=\frac{\overline{BC}}{\overline{CA}} \quad (1)$$ Propiedad de la bisectriz.

Pero: $\overline{OB}=r$ (2)

$\overline{BA}=l_{10}$ (3)

$\overline{CA}=r-\overline{OC}$ (4)

Sustituyendo (2), (3) y (4), en (1):

$$\frac{r}{l_{10}}=\frac{\overline{OC}}{r-\overline{OC}} \quad (5)$$

Pero: $\angle O=\frac{360°}{10}=36°$ (6) Angulo central;

y $\angle A=\angle B=\frac{180°-36°}{2}=72°$ Por oponerse a lados iguales, ya que $\overline{OA}=\overline{OB}=r$.

Además:

$\angle CBO=\frac{\angle B}{2}=\frac{72°}{2}=36°$ $\overline{BC}$ es bisectriz del $\angle B$ por construcción;

$\angle BCA=36°+36°=72°$ Angulo exterior.

En el $\triangle OCB$:

$\overline{OC}=\overline{BC}$ (7) Por oponerse a ángulos iguales.

En el $\triangle ABC$:

$\therefore\ \overline{BC}=\overline{AB}$ (8) Por oponerse a ángulos iguales.

Comparando (7) y (8), tenemos:

$\overline{OC}=\overline{AB}=l_{10}$ (9) Carácter transitivo.

Sustituyendo (9) en (5), tenemos:

$$\frac{r}{l_{10}}=\frac{l_{10}}{r-l_{10}}.$$

241. CALCULO DEL LADO DEL DECAGONO REGULAR INSCRITO EN UNA CIRCUNFERENCIA. Aplicando el teorema anterior:

$$\frac{r}{l_{10}}=\frac{l_{10}}{r-l_{10}}$$ Demostrado;

$\therefore \quad l_{10}^2 = r(r - l_{10})$ Producto de medios igual a producto de extremos;

$\therefore \quad l_{10}^2 = r^2 - rl_{10}$

$\therefore \quad l_{10}^2 + rl_{10} - r^2 = 0$ Trasponiendo y ordenando.

Resolviendo esta ecuación literal de segundo grado:

$$l_{10} = \frac{-r \pm \sqrt{r^2 + 4r^2}}{2}$$

$$= \frac{-r \pm \sqrt{5r^2}}{2} = \frac{-r \pm r\sqrt{5}}{2}$$

$$= \frac{r(-1 \pm \sqrt{5})}{2}$$ Sacando factor común r;

$$\therefore \quad l_{10} = \frac{r(\pm\sqrt{5} - 1)}{2}$$ Ordenando;

$$\therefore \quad l_{10} = \frac{r(\sqrt{5} - 1)}{2}$$ Tomando el valor positivo;

$$\therefore \quad l_{10} = \frac{r}{2}(\sqrt{5} - 1)$$ Separando.

242. TEOREMA 63. PROPIEDAD DEL LADO DEL PENTÀGONO REGULAR. **"El lado del pentágono regular inscrito en una circunferencia es igual a la hipotenusa de un triángulo rectángulo cuyos catetos son el lado del hexágono y el lado del decágono inscrito en dicha circunferencia".**

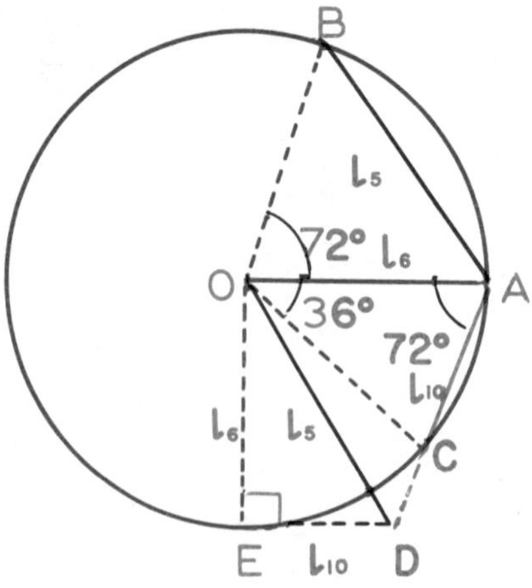

Fig. 209

HIPÓTESIS: En la circunferencia O (Fig. 209): $\overline{AB} = l_5$; $\overline{OA} = r = l_6$ y $\overline{AC} = l_{10}$.

TESIS: l_5 es la hipotenusa y l_6 y l_{10} son los catetos de un triángulo rectángulo.

Construcción auxiliar. Prolonguemos l_{10} por el extremo C, hasta un punto D, de manera que $\overline{AD} = \overline{AO} = r$. Desde el punto D, tracemos $\overline{DE}$ tangente a la circunferencia O en E. Tracemos el radio $\overline{OE}$, que será perpendicular a la tangente $\overline{DE}$. Unamos O con D, formándose el $\triangle OED$, rectángulo en E. $\overline{OD}$ es la hipotenusa y $\overline{OE}$ y $\overline{ED}$ los catetos de este triángulo. Tracemos los radios $\overline{OB}$ y $\overline{OC}$.

DEMOSTRACIÓN.

En el $\triangle OAD$ y $\triangle OAB$:

$\overline{OA} = \overline{OA} = r$		Común;
$\overline{AD} = \overline{OB} = r$		Construcción;
además: $\angle OAD = 72°$	(1)	Porque $\angle AOC = 36°$ y ser el $\triangle AOC$ isósceles;
y $\angle AOB = 72°$	(2)	Angulo central del pentágono.
Comparando (1) y (2), tenemos: $\angle OAD = \angle AOB$		Carácter transitivo;
$\therefore$ $\triangle OAD = \triangle AOB$		Por tener dos lados iguales e igual el ángulo comprendido;
$\therefore$ $\overline{OD} = \overline{AB} = l_5$		Elementos homólogos de triángulos iguales.
Además: $\overline{AC}^2 = \overline{AD} \cdot \overline{CD}$	(3)	$\overline{AC} = l_{10}$ es el segmento áureo del radio;
y $\overline{DE}^2 = \overline{AD} \cdot \overline{CD}$	(4)	Propiedad de la tangente y la secante.
Comparando (3) y (4) tenemos: $\overline{AC}^2 = \overline{DE}^2$		Carácter transitivo;
$\therefore$ $\overline{AC} = \overline{DE}$		Extrayendo la raíz cuadrada;
$\therefore$ $\overline{DE} = l_{10}$		Porque por hipótesis es $\overline{AC} = l_{10}$;
y $\overline{OE} = l_6$		Por ser $\overline{OE}$ un radio.
Por lo tanto, en el $\triangle OED$ se cumple que es rectángulo		Porque $\overleftrightarrow{OE} \perp \overleftrightarrow{ED}$.

$\overline{OD} = l_5 =$ hipotenusa

$\overline{OE} = l_6 =$ cateto

$\overline{ED} = l_{10} =$ cateto.

243. CALCULO DEL LADO DEL PENTAGONO REGULAR INSCRITO EN UNA CIRCUNFERENCIA. Aplicando el teorema anterior tenemos:

$$l_5^2 = l_6^2 + l_{10}^2 \qquad (1)$$

y como $l_6 = r$ (2)

y $l_{10} = \frac{r}{2}(\sqrt{5} - 1)$, sustituyendo resulta: $l_5^2 = r^2 + \left[\frac{r}{2}(\sqrt{5} - 1)\right]^2$

$$\therefore\ l_5^2 = r^2 + \frac{r^2}{4}(\sqrt{5} - 1)^2$$

$$\therefore\ l_5^2 = r^2 + \frac{r^2}{4}(5 - 2\sqrt{5} + 1) \qquad \text{Elevando al cuadrado;}$$

$$= r^2 + \frac{r^2}{4}(6 - 2\sqrt{5}) \qquad \text{Reduciendo;}$$

$$= \frac{4r^2 + r^2(6 - 2\sqrt{5})}{4} \qquad \text{Sumando;}$$

$$= \frac{4r^2 + 6r^2 - 2r^2\sqrt{5}}{4} \qquad \text{Multiplicando}$$

$$= \frac{10r^2 - 2r^2\sqrt{5}}{4} \qquad \text{Reduciendo;}$$

$$= \frac{r^2(10 - 2\sqrt{5})}{4} \qquad \text{Sacando factor común;}$$

$$= \frac{r^2}{4}(10 - 2\sqrt{5}) \qquad \text{Separando;}$$

$$\therefore\ l_5 = \sqrt{\frac{r^2}{4}(10 - 2\sqrt{5})} \qquad \text{Extrayendo raíz cuadrada.}$$

$$l_5 = \frac{r}{2}\sqrt{10 - 2\sqrt{5}}$$

244 CALCULO DEL LADO DEL OCTAGONO REGULAR INSCRITO EN UNA CIRCUNFERENCIA. El lado del polígono regular de doble número de lados está dado por la fórmula:

$$l_{2n} = \sqrt{2r^2 - r\sqrt{4r^2 - l_n^2}}, \qquad (1)$$

y como el lado del cuadrado es:

$$l_4 = r\sqrt{2} \qquad (2)$$

sustituyendo (2) en (1), tenemos:

$$l_8 = \sqrt{2r^2 - r\sqrt{4r^2 - (r\sqrt{2})^2}}$$

$$l_8 = \sqrt{2r^2 - r\sqrt{4r^2 - 2r^2}}$$

$$= \sqrt{2r^2 - r\sqrt{2r^2}}$$

$$= \sqrt{2r^2 - r^2\sqrt{2}}$$

$$= \sqrt{r^2(2 - \sqrt{2})}$$

y finalmente,

$$\boxed{l_8 = r\sqrt{2 - \sqrt{2}}}$$

245. CALCULO DEL LADO DEL DODECAGONO REGULAR INSCRITO EN UNA CIRCUNFERENCIA La fórmula que da el lado del polígono regular de doble número de lados es:

$$l_{2n} = \sqrt{2r^2 - r\sqrt{4r^2 - l_n^2}}, \qquad (1)$$

y como el lado del hexágono es: $l_6 = r,$ (2)

sustituyendo (2) en (1), tenemos:

$$l_{12} = \sqrt{2r^2 - r\sqrt{4r^2 - r^2}}$$

$$= \sqrt{2r^2 - r\sqrt{3r^2}}$$

$$= \sqrt{2r^2 - r^2\sqrt{3}}$$

$$= \sqrt{r^2(2 - \sqrt{3})}$$

y finalmente:

$$\boxed{l_{12} = r\sqrt{2 - \sqrt{3}}.}$$

246. RESUMEN DE LAS FORMULAS DE LOS POLIGONOS REGULARES.

Apotema	$a_n = \frac{1}{2}\sqrt{4r^2 - l_n^2}$
Lado del polígono de doble número de lados	$l_{2n} = \sqrt{2r^2 - r\sqrt{4r^2 - l_n^2}}$

Lado del polígono circunscrito	$l_n = \dfrac{2\,r\,l_n}{\sqrt{4\,r^2 - l_n^2}}$
Triángulo equilátero	$l_3 = r\sqrt{3}$
Cuadrado	$l_4 = r\sqrt{2}$
Pentágono	$l_5 = \dfrac{r}{2}\sqrt{10 - 2\sqrt{5}}$
Hexágono	$l_6 = r$
Octágono	$l_8 = r\sqrt{2 - \sqrt{2}}$
Decágono	$l_{10} = \dfrac{r}{2}(\sqrt{5} - 1)$
Dodecágono	$l_{12} = r\sqrt{2 - \sqrt{3}}$

EJERCICIOS

(1) Calcular la apotema de un cuadrado inscrito en una circunferencia de 3 m de radio, si el lado del cuadrado mide $3\sqrt{2}$ m.

R.: $a_4 = \dfrac{3}{2}\sqrt{2}$ m.

(2) Calcular la apotema de un triángulo equilátero inscrito en una circunferencia de 5 m de radio, si el lado del triángulo mide $5\sqrt{3}$ m.

R.: $a_3 = 2.5$ m.

(3) Sabiendo que el lado del octágono regular inscrito en una circunferencia de 6 m de radio vale $6\sqrt{2 - \sqrt{2}}$ m, hallar el lado del polígono regular de 16 lados inscrito en la misma circunferencia.

R.: $l_{16} = 6\sqrt{2 - \sqrt{2 + \sqrt{2}}}$ m.

(4) Sabiendo que el lado del decágono regular inscrito en una circunferencia de 2 m de radio, vale $\sqrt{5} - 1$, calcular el lado del polígono regular de veinte lados inscrito en la misma circunferencia.

R.: $l_{20} = \sqrt{8 - 2\sqrt{10 + 2\sqrt{5}}}$.

(5) Sabiendo que el lado del hexágono regular inscrito en una circunferencia de 9 m de radio vale 9 m, hallar el lado del hexágono regular circunscrito a la misma circunferencia.

R.: $l_6 = 6\sqrt{3}$ m.

(6) Sabiendo que el lado del cuadrado inscrito en una circunferencia de 7 m de radio vale $7\sqrt{2}$ m, hallar el lado del cuadrado circunscrito a la misma circunferencia. *R.:* 14 m.

(7) Calcular el lado del triángulo equilátero inscrito en una circunferencia de 8 m de radio. *R.:* $l_3 = 8\sqrt{3}$ m.

(8) El lado de un triángulo equilátero inscrito en una circunferencia mide $2\sqrt{3}$ m. Hallar el radio de dicha circunferencia. *R.:* $r = 2$ m.

(9) Calcular el lado de un cuadrado inscrito en una circunferencia de 12 cm de radio. *R.:* $l_4 = 12\sqrt{2}$ cm.

(10) El perímetro de un cuadrado inscrito en una circunferencia es $20\sqrt{2}$ cm. Hallar el diámetro de dicha circunferencia. *R.:* $d = 10$ cm.

(11) Calcular el lado de un pentágono regular inscrito en una circunferencia de 10 cm de radio.

R.: $l_5 = 5\sqrt{10 - 2\sqrt{5}}$ cm.

(12) Sabiendo que el perímetro de un hexágono regular inscrito en una circunferencia vale 48 cm calcular el diámetro de dicha circunferencia.

R.: $d = 16$ cm.

(13) Calcular el lado de un octágono regular inscrito en una circunferencia cuyo radio vale $\sqrt{2 + \sqrt{2}}$ m.

R.: $l_8 = \sqrt{2}$ m.

(14) Calcular el lado del decágono regular inscrito en una circunferencia cuyo diámetro mide $2 + 2\sqrt{5}$ m. *R.:* $l_{10} = 2$ m.

(15) Calcular el lado del dodecágono regular inscrito en una circunferencia cuyo radio mide $2 + \sqrt{3}$ cm.

R.: $l_{12} = \sqrt{2 + \sqrt{3}}$ cm.

CONSTRUCCIONES GEOMETRICAS

(1) Construir un triángulo equilátero.
(2) Construir un cuadrado.
(3) Construir un pentágono regular.
(4) Construir un hexágono regular.
(5) Construir un eptágono regular.
(6) Construir un octágono regular.
(7) Construir un eneágono regular.
(8) Construir un decágono regular.
(9) Construir un dodecágono regular.
(10) Construir un pentedecágono regular.

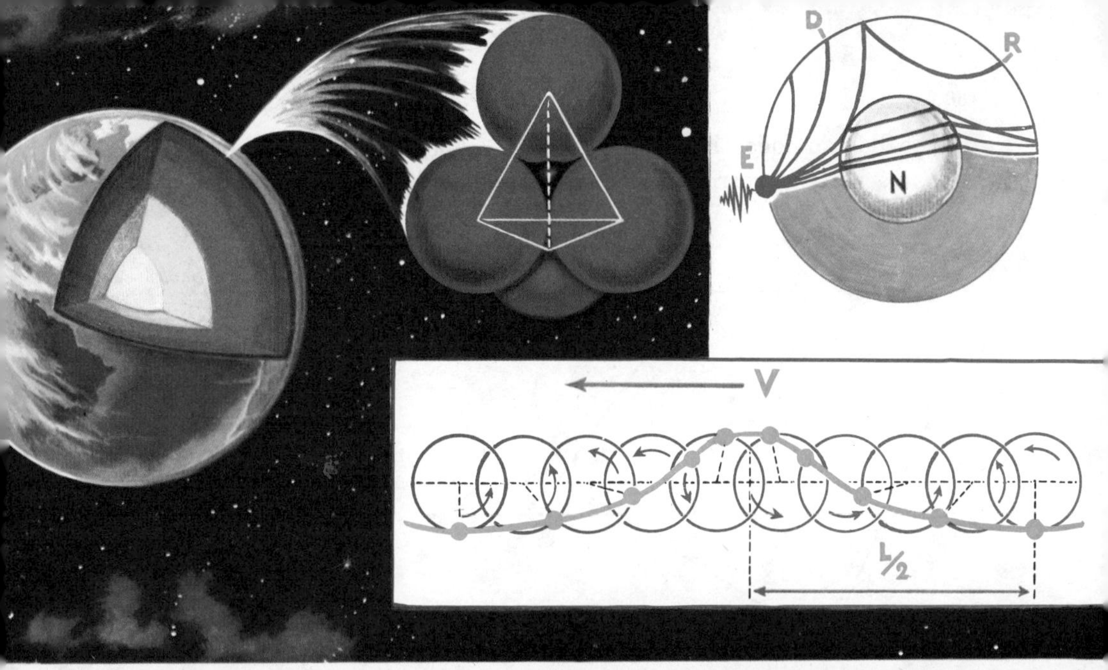

s imágenes contenidas en esta lámina muestran mblanzas geométricas en la Geoquímica, la Sismografía y la Oceanografía, ciencias auxiliares de GEOLOGÍA. De izquierda a derecha: «Unidad ndamental» de los silicatos, básica en la arquitectura de la corteza terrestre. En los otros dos gráficos, «ondas sísmicas» directas (D) y reflejadas (R), de forma «parabólica» y esquema del perfil de una ola. La V indica la dirección del viento y L/2, la mitad de la longitud de la onda.

16

Polígonos semejantes. Medida de la circunferencia

247. POLIGONOS SEMEJANTES. Dos polígonos tales como $ABCDE$ y $A'B'C'D'E'$ (Fig. 210) se dice que son semejantes si en ellos se cumple que:

$$\angle A = \angle A'; \quad \angle B = \angle B'; \quad \angle C = \angle C'; \quad \angle D = \angle D'; \quad \angle E = \angle E';$$

y además:

$$\frac{\overline{AB}}{\overline{A'B'}} = \frac{\overline{BC}}{\overline{B'C'}} = \frac{\overline{CD}}{\overline{C'D'}} = \frac{\overline{DE}}{\overline{D'E'}}.$$

Es decir: *"Dos polígonos son semejantes cuando tienen sus ángulos ordenadamente iguales y sus lados homólogos proporcionales".*

Se llaman lados homólogos en dos polígonos semejantes a los lados que unen los vértices correspondientes a ángulos iguales.

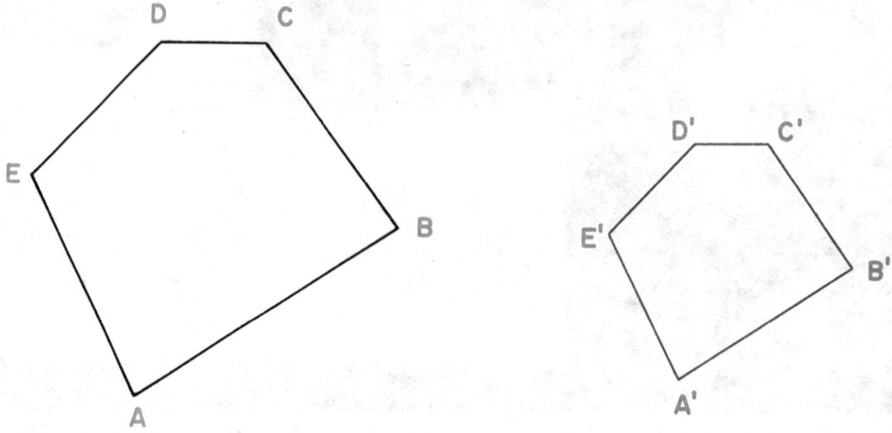

Figs. 210-1 y 210-2

248. OBSERVACION IMPORTANTE. Debemos señalar la siguiente diferencia entre la semejanza de triángulos y la de polígonos en general: en los polígonos no basta que los ángulos del uno sean ordenadamente iguales a los ángulos del otro; tampoco es suficiente que tengan sus lados proporcionales. *Es necesario que se cumplan las dos condiciones.*

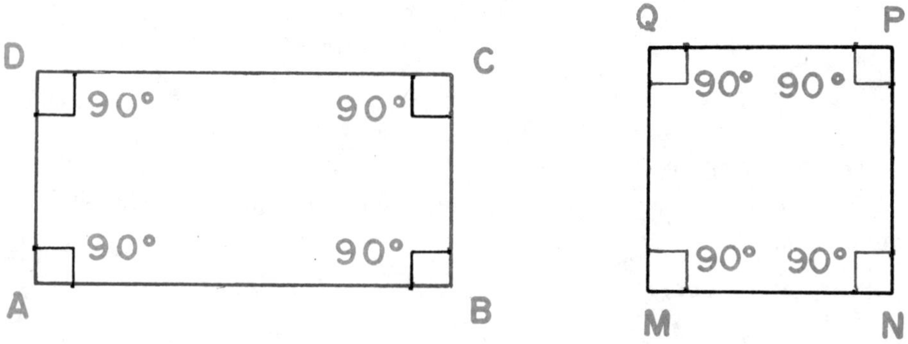

Figs. 211-1 y 211-2

Ejemplos:

1) El rectángulo *ABCD* y el cuadrado *MNPQ* (Fig. 211), tienen sus ángulos respectivamente iguales (todos son rectos) pero no tienen sus lados proporcionales. Por tanto *no son semejantes.*

2) El rectángulo *ABCD* y el paralelogramo *EFGH* (Fig. 212) tienen sus lados proporcionales, ya que:

$$\frac{\overline{DA}}{\overline{EH}}=\frac{3}{2}=1.5 \quad \text{y} \quad \frac{\overline{AB}}{\overline{EF}}=\frac{6}{4}=\frac{3}{2}=1.5,$$

pero no tienen sus ángulos respectivamente iguales. Por tanto *no son semejantes.*

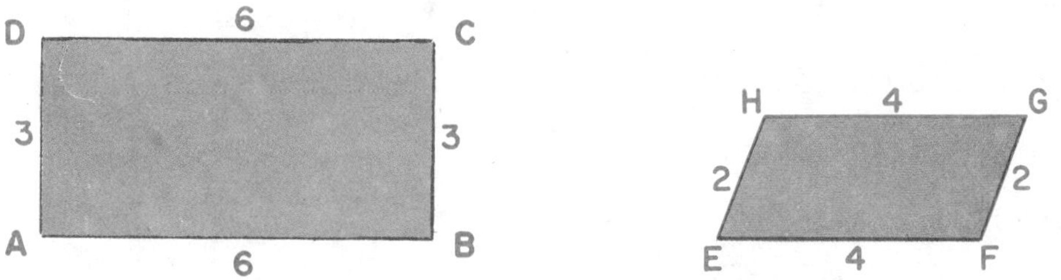

Figs. 212-1 y 212-2

En consecuencia, para que dos polígonos *sean semejantes* es necesario que se cumplan estas dos condiciones:

1ª) *Que tengan sus ángulos respectivamente iguales.*

2ª) *Que sus lados sean proporcionales.*

249. TEOREMA 64. **"Dos polígonos regulares del mismo número de lados son semejantes".**

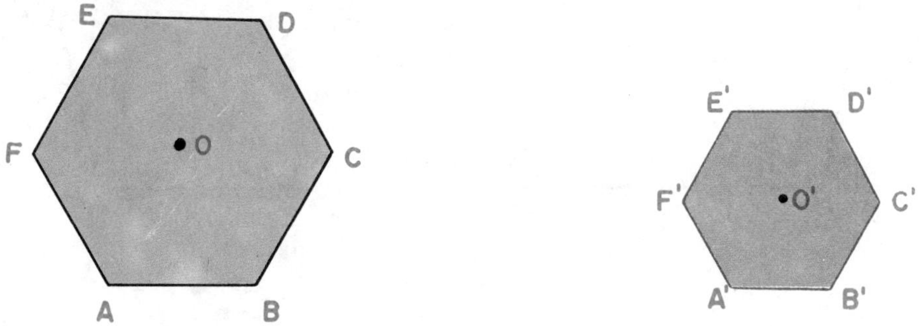

Figs. 213-1 y 213-2

HIPÓTESIS: Los polígonos *ABC* ··· y *A'B'C'* ··· (Fig. 213), son polígonos regulares de **n** lados.

TESIS: $ABC \cdots \sim A'B'C' \cdots$

DEMOSTRACIÓN:

$\angle A = \angle B = \angle C = \cdots$	(1)	El polígono $ABC \cdots$ es regular por hipótesis;
$\angle A' = \angle B' = \angle C' = \cdots$	(2)	El polígono $A'B'C' \cdots$ es regular por hipótesis.
Pero: $\angle A = \angle A' = \dfrac{2R(n-2)}{n}$	(3)	Valor del ángulo interior de un polígono regular de n lados.
Comparando (1), (2) y (3), tenemos:		
$\angle A = \angle A' = \angle B = \angle B' = \angle C = \angle C' \cdots$		Carácter transitivo.
Además: $\overline{AB} = \overline{BC} = \overline{CD} = \cdots$	(4)	El polígono $ABC \cdots$ es regular por hipótesis;
y $\overline{A'B'} = \overline{B'C'} = \overline{C'D'} = \cdots$	(5)	El polígono $A'B'C' \cdots$ es regular por hipótesis.

Dividiendo ordenadamente (4) y (5):

$$\frac{\overline{AB}}{\overline{A'B'}} = \frac{\overline{BC}}{\overline{B'C'}} = \frac{\overline{CD}}{\overline{C'D'}} = \cdots$$

Por tanto: $ABC \cdots \sim A'B'C' \cdots$ Como queríamos demostrar.

250. TEOREMA 65. RELACIÓN ENTRE LAS APOTEMAS, LOS RADIOS Y LOS LADOS DE LOS POLÍGONOS REGULARES DEL MISMO NÚMERO DE LADOS. **La "razón de los lados de dos polígonos regulares del mismo número de lados es igual a la razón de sus radios y a la razón de sus apotemas".**

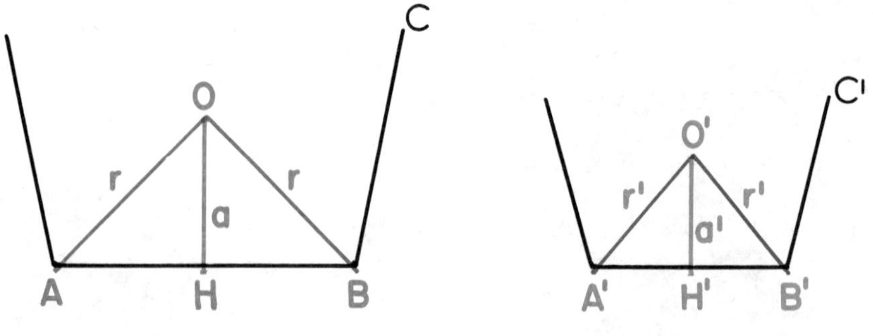

Figs. 214-1 y 214-2

HIPÓTESIS: Los polígonos $ABC \cdots$ y $A'B'C' \cdots$ (Fig. 214), son polígonos regulares de n lados.

$\left.\begin{matrix}\overline{AB} = l \\ \overline{A'B'} = l'\end{matrix}\right\}$ lados; $\left.\begin{matrix}\overline{OH} = a \\ \overline{O'H'} = a'\end{matrix}\right\}$ apotemas; $\left.\begin{matrix}\overline{OA} = r \\ \overline{O'A'} = r'\end{matrix}\right\}$ radios.

TESIS: $$\frac{l}{l'}=\frac{r}{r'}=\frac{a}{a'}.$$

Construcción auxiliar. Tracemos los radios $\overline{OB}$ y $\overline{O'B'}$, formándose los $\triangle OAB$ y $\triangle O'A'B'$.

DEMOSTRACIÓN.

En los $\triangle OAB$ y $\triangle O'A'B'$:

$\overline{OA}=\overline{OB}$ (1)
$\overline{O'A'}=\overline{O'B'}$ (2) } Radios de una misma circunferencia;

Dividiendo (1) entre (2), tenemos:

$$\frac{\overline{OA}}{\overline{O'A'}}=\frac{\overline{OB}}{\overline{O'B'}}$$

Además: $\angle O=\angle O'$ — Angulos centrales de polígonos regulares del mismo número de lados;

$\therefore\ \triangle OAB \sim \triangle O'A'B'$ — Por tener un ángulo igual y proporcionales los lados que lo forman;

$\therefore\ \dfrac{l}{l'}=\dfrac{r}{r'}$ (3) — Lados homólogos de triángulos semejantes;

$\therefore\ \dfrac{l}{l'}=\dfrac{a}{a'}$ (4) — Alturas homólogas de triángulos semejantes.

Comparando (3) y (4), tenemos:

$\dfrac{l}{l'}=\dfrac{r}{r'}=\dfrac{a}{a'}.$ — Como queríamos demostrar.

251. COROLARIO. **La razón entre el perímetro de un polígono regular y el radio, o el diámetro, de la circunferencia circunscrita, es constante para todos los polígonos regulares del mismo número de lados.**

HIPÓTESIS: $ABC\cdots$ y $A'B'C'\cdots$ son polígonos regulares de n lados.

TESIS: $$\frac{P}{r}=\frac{P'}{r'};\quad \frac{P}{d}=\frac{P'}{d'}.$$

DEMOSTRACIÓN.

$\dfrac{l}{l'}=\dfrac{r}{r'}$ — Teorema anterior;

$\therefore\ \dfrac{nl}{nl'}=\dfrac{r}{r'}$ (1) — Multiplicando por n los términos de la primera razón.

Pero: $nl = P$ (2)

y $nl' = P'$ (3)

Sustituyendo (2) y (3) en (1):

$$\frac{P}{P'} = \frac{r}{r'}$$

$$\therefore \quad \frac{P}{P'} = \frac{2r}{2r'} \qquad (4)$$ Multiplicando por 2 los términos de la segunda razón;

$$\therefore \quad \frac{P}{2r} = \frac{P'}{2r'} \qquad (5)$$ Intercambiando los medios.

Pero: $2r = d$ (6)

$2r' = d'$ (7)

Sustituyendo (6) y (7) en (5):

$$\frac{P}{d} = \frac{P'}{d'}$$ Como queríamos demostrar.

252. TEOREMA 66. **"En una circunferencia el perímetro de un polígono regular inscrito de 2 n lados es mayor que el perímetro del polígono regular inscrito de n lados.**

HIPÓTESIS: *ABCDEF* (Fig. 215) es un polígono regular de n lados inscrito en la circunferencia O.

AMBNCPDQ ······ es el polígono regular de $2n$ lados inscrito en la circunferencia O.

TESIS: $\overline{AM} + \overline{MB} + \overline{BN} + \cdots > \overline{AB} + \overline{BC} + \overline{CD} + \cdots$.

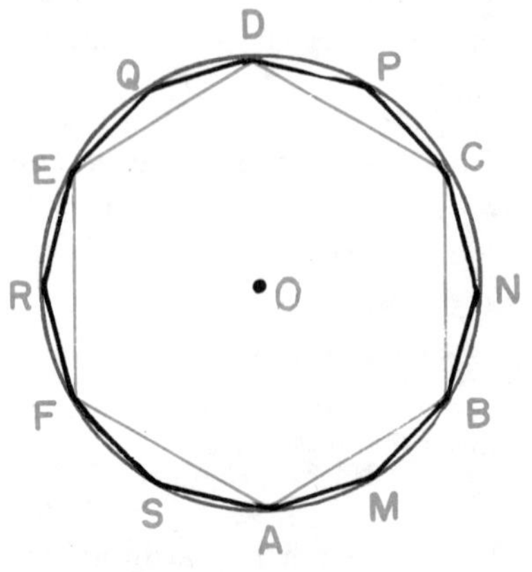

Fig. 215

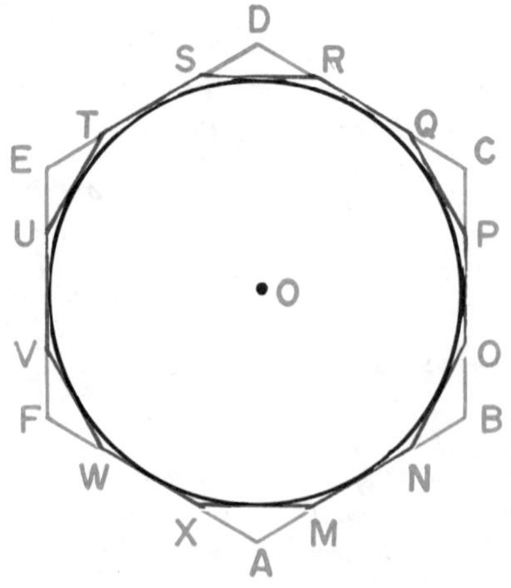

Fig. 216

253. TEOREMA 67. **"El perímetro de un polígono regular circunscrito de 2 n lados, es menor que el perímetro del polígono regular de n lados, circunscrito a la misma circunferencia.**

HIPÓTESIS: $ABCD \cdots$ (Fig. 216) es un polígono regular de n lados circunscrito a la circunferencia O.

TESIS: $\overline{MN} + \overline{NO} + \overline{OP} + \overline{PQ} + \cdots \overline{AB} + \overline{BC} + \overline{CD} + \cdots$.

NOTA. **Las demostraciones de los teoremas 66 y 67, las dejamos al alumno. Recuerde que: "La menor distancia entre dos puntos, es el segmento que los une".**

254. LONGITUD DE LA CIRCUNFERENCIA. Observemos que al duplicar el número de lados, el perímetro de un polígono regular inscrito en una circunferencia aumenta y el perímetro disminuye cuando el polígono es circunscrito.

Ejemplo. Sea el triángulo inscrito $\triangle ABC$ (Fig. 217) y el circunscrito $\triangle A'B'C'$ a la misma circunferencia.

El perímetro del triángulo inscrito P_3 es menor que el perímetro del triángulo circunscrito P'_3, es decir: $P_3 < P'_3$.

Si duplicamos el número de lados de ambos polígonos tenrlrRmos un hexágono inscrito y otro circunscrito y en ellos resultará:

$$P_6 < P'_6.$$

Nótese que P ha aumentado ($P_6 > P_3$) y que P' ha disminuído ($P'_6 < P'_3$). Esto, expresado matemáticamente y restando ordenadamente, sería:

$$\begin{array}{c} P'_3 > P'_6 \\ P_3 < P_6 \\ \hline \end{array}$$

$\therefore\ P'_3 = P_3 > P'_6 - P_6$

Análogamente resultaría:

$P'_6 - P_6 > P'_{12} - P_{12}$

$P'_{12} - P_{12} > P'_{24} - P_{24}$

$P'_{24} - P_{24} > P'_{48} - P_{48}$, etc.

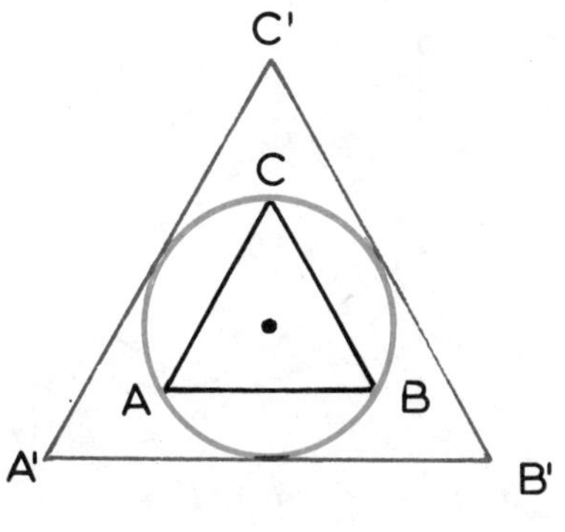

Fig 217

Es decir, a medida que se va duplicando el número de lados de los polígonos inscritos y circunscritos, la diferencia entre sus perímetros se va haciendo cada vez más pequeña, llegando a ser tan pequeña como se quiera.

Si el número de lados de estos polígonos continúa duplicándose indefinidamente, la diferencia entre ambos perímetros tiende a cero. En matemáticas se dice que ambas sucesiones P_3, P_6, P_{12} $\cdots$ y P'_3, P'_6, P'_{12} $\cdots$ de perímetros tienen un límite común el cual se llama *longitud de la circunferencia.*

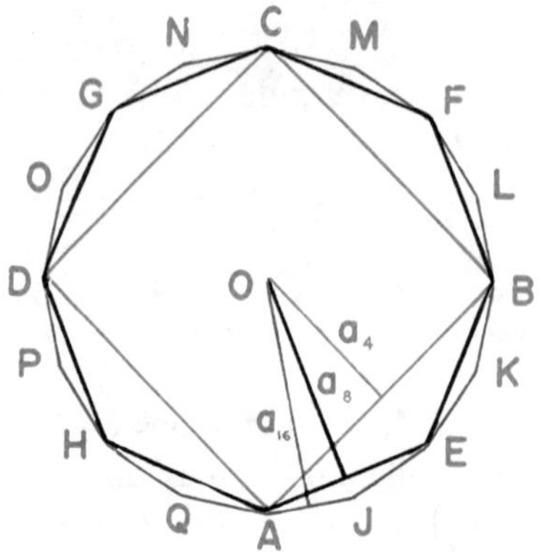

Fig. 218

255. RELACION ENTRE LA APOTEMA Y EL RADIO Observemos (Fig. 218) que a medida que se duplica el número de lados de un polígono inscrito, la apotema se va haciendo cada vez mayor y acercándose indefinidamente al valor del radio. El radio del polígono no varía y siempre es igual al radio de la circunferencia circunscrita.

256. TEOREMA 68. PROPORCIONALIDAD ENTRE LAS LONGITUDES DE CIRCUNFERENCIAS Y SUS RADIOS O DIÀMETROS. "La razón de las longitudes de dos circunferencias cualesquiera es igual a la razón de sus radios y de sus diámetros"

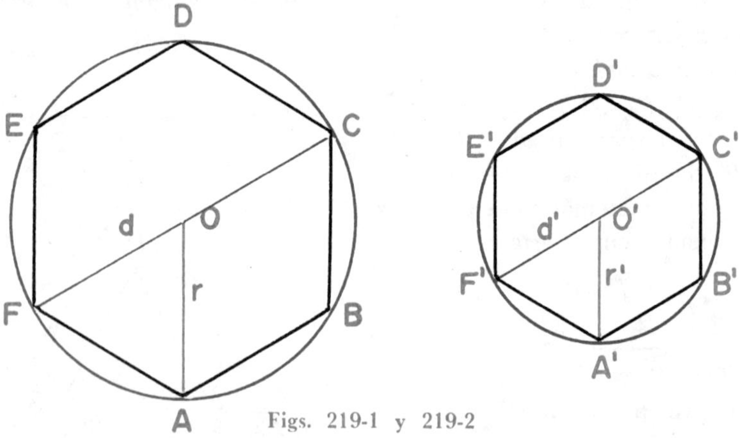

Figs. 219-1 y 219-2

HIPÓTESIS: Sean C y C' las longitudes de las circunferencias O y O' (Fig. 219) de radios r y r' y diámetros d y d'.

TESIS:

$$\frac{C}{C'} = \frac{r}{r'} = \frac{d}{d'} .$$

Construcción auxiliar. Inscribamos en cada una de esas dos circunferencias un polígono regular, ambos del mismo número de lados. Sean $ABCDEF$ y $A'B'C'D'E'F'$ esos polígonos y sean P y P' sus perímetros.

DEMOSTRACIÓN:

$\frac{P}{P'} = \frac{r}{r'}$ — Porque la razón de los perímetros de dos polígonos regulares del mismo número de lados es igual a la razón de sus radios (por ser los polígonos semejantes).

$\frac{\text{lím}\, P}{\text{lím}\, P'} = \frac{r}{r'}$ (1) — Porque la proporcionalidad anterior se cumple cualquiera que sea el número de lados del polígono.

Pero: $\text{lím}\, P = C$ (2)

y $\text{lím}\, P' = C'$ (3) — Por definición de longitud de circunferencia.

Sustituyendo (2) y (3), en (1), tenemos:

$$\frac{C}{C'} = \frac{r}{r'} \qquad (4)$$

Multiplicando por 2, los dos términos de la 2ª razón:

$$\frac{C}{C'} = \frac{2r}{2r'} \qquad (5)$$

Pero: $2r = d$ (6)

y $2r' = d'$ (7)

Sustituyendo (6) y (7) en (5), tenemos:

$$\frac{C}{C'} = \frac{d}{d'} \qquad (8)$$

Comparando (4) y (8), tenemos:

$$\frac{C}{C'} = \frac{r}{r'} = \frac{d}{d'}.$$

257. COROLARIO. **"La razón entre la longitud de una circunferencia y su diámetro, es una cantidad constante"**

HIPÓTESIS: Sean C y C' las longitudes de las circunferencias O y O' de diámetros d y d'.

TESIS:

$$\frac{C}{d} = \frac{C'}{d'}.$$

DEMOSTRACIÓN:

$\frac{C}{C'} = \frac{d}{d'}$ — Teorema anterior;

$\therefore \quad \frac{C}{d} = \frac{C'}{d'}$ — Intercambiando los medios

258. EL NUMERO π. El valor constante de la razón de la longitud de una circunferencia a su diámetro, se representa por la letra griega π (pí). Es decir:

$$\frac{C}{d}=\pi.$$

Este número π, es un número irracional, es decir, no se puede expresar por ningún número entero o fraccionario. Se ha calculado con muchas cifras decimales y unos cuantos valores aproximados son los siguientes:

$$\pi=\frac{22}{7}$$

$$\pi=3.14$$

$$\pi=3.1416$$

$$\pi=\frac{355}{113}$$

$$\pi=3{,}1415926535\cdots\cdots$$

Generalmente se usa el valor 3.14 o 3.1416.

259. COROLARIO. **"La longitud de una circunferencia es igual al duplo de π, multiplicado por el radio".**

DEMOSTRACIÓN:

$\frac{C}{d}=\pi$		Por definición;
$\therefore\quad C=\pi d$	(1)	Despejando C;
y como: $d=2r$	(2)	Definición;

sustituyendo (2) en (1), tenemos:

$$C=\pi(2r)\qquad\therefore\quad C=2\pi r.$$

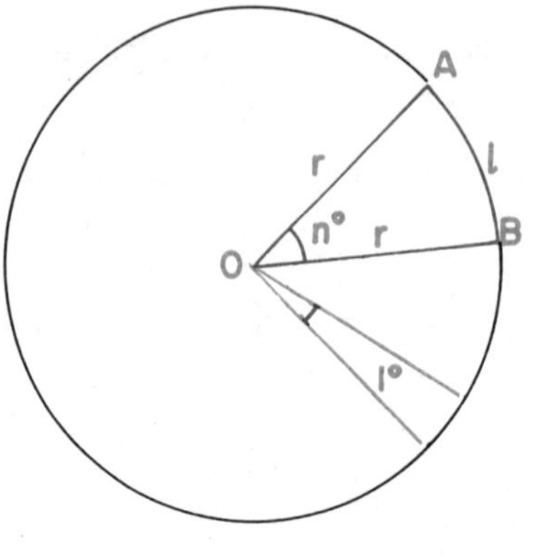

Fig. 220

260. CALCULO DE LA LONGITUD DE UNA CIRCUNFERENCIA. Hallar la longitud de la circunferencia cuyo radio vale 6 cm.

Fórmula: $C=2\pi r$

$$C=2\times 3.14\times 6$$

$$C=12\times 3.14$$

$$C=37.68\text{ cm.}$$

261. LONGITUD DE UN ARCO DE CIRCUNFERENCIA DE $n°$. Si $C=2\pi r$ es la longitud de la cir-

cunferencia (360°) la longitud del arco de 1° será $\frac{2\pi r}{360}$ porque 1° es $\frac{1}{360}$ de una circunferencia. (Fig. 220)

Y la longitud, l, de un arco de $n°$ será:

$$l = \frac{2\pi r n°}{360°}$$

$$\therefore \quad l = \frac{\pi r n°}{180°} \qquad \text{Simplificando.}$$

262. CALCULO DE VALORES APROXIMADOS DE π. Tomando $r = 1$, calculemos los perímetros de los hexágonos regulares inscrito y circunscrito.

INSCRITO. $r = 1,\ l_6 = r$ $\qquad P_6 = 6\, l_6,$

$l_6 = 1$ $\qquad \therefore\ P_6 = 6 \times 1 = 6.$

CIRCUNSCRITOS. $L_n = \frac{2\, r\, l_n}{\sqrt{4\, r^2 - l_n^2}}$

$$\therefore \quad L_6 = \frac{2 \times 1 \times 1}{\sqrt{4 \times 1^2 - 1^2}} = \frac{2}{\sqrt{3}} = \frac{2\sqrt{3}}{3} = 1.1547$$

$$\therefore \quad P' = 6\, L_6 = 6 \times 1.1547 = 6.9282$$

Valores aproximados de π:

$$\frac{P}{d} = \frac{6}{2} = 3 \quad \text{y} \quad \frac{P'}{d} = \frac{6.9282}{2} = 3.4641$$

Duplicando el número de lados de dichos polígonos, obtendríamos para el dodecágono:

Fórmula: $l_{2n} = \sqrt{2\, r^2 - r\sqrt{4\, r^2 - l_n^2}}$

$$l_{12} = \sqrt{2 \times 1^2 - 1\sqrt{4 \times 1^2 - 1^2}} = \sqrt{2 - \sqrt{4 - 1}}$$

$$= \sqrt{2 - \sqrt{3}} = \sqrt{2 - 1.7321} = \sqrt{0.2679}$$

$$= 0.5176.$$

$$\therefore \quad P_{12} = 12 \times 0.5176 = 6.2116.$$

Análogamente para el circunscrito, tendríamos:

$$P'_{12} = 12 \times L_{12} = 12 \times 0.5358 = 6.4307.$$

Valores aproximados de π:

$$\frac{P}{d}=\frac{6.2116}{2}=3.1058 \quad \text{y} \quad \frac{P'}{d}=\frac{6.4307}{2}=3.2153.$$

Continuando este proceso podríamos formar el siguiente cuadro:

Número de lados	POLIGONO INSCRITO			POLIGONO CIRCUNSCRITO		
	l_n	P	$\frac{P}{d}$	L_n	P'	$\frac{P'}{d}$
6	1	6	3	1.1547	6.9282	3.464
12	0.5176	6.2116	3.1058	0.5358	6.4307	3.2153
24	0.2610	6.2652	3.1326	0.2633	6.3193	3.1596
48	0.1308	6.2787	3.1393	0.1310	6.2921	3.1460
96	0.0654	6.2820	3.1410	0.0654	6.2854	3.1427
192	0.0327	6.2829	3.1414	0.0327	6.2837	3.1418
384	0.0163	6.2831	3.1415	0.0163	6.2833	3.1416
768	0.0081	6.2831	3.1415	0.0081	6.2832	3.1416

Las razones $\frac{P}{d}$ y $\frac{P'}{d}$ tienden al valor de π.

Comparando las tres primeras y tomando las cifras comunes, tenemos el valor $\pi = 3$.

Comparando las tres siguientes tenemos $\pi = 3.1$.

Comparando las razones correspondientes a los polígonos de 96 lados, obtenemos $\pi = 3.14$.

Continuando este proceso, podemos obtener el valor de π con la aproximación que se desee. Este método se conoce con el nombre de "*método de los perímetros*".

Como puede observarse, el método es muy laborioso.

263. METODO GRAFICO PARA RECTIFICAR APROXIMADAMENTE UNA CIRCUNFERENCIA. Rectificar una circunferencia es obtener un segmento rectilíneo cuya longitud sea igual a la de la curva.

1) Tracemos un diámetro $\overline{AB}$ (Fig. 221).

2) Por A, tracemos la tangente.

3) Sobre dicha tangente y a partir de A tomemos tres diámetros. Se obtiene el punto E.

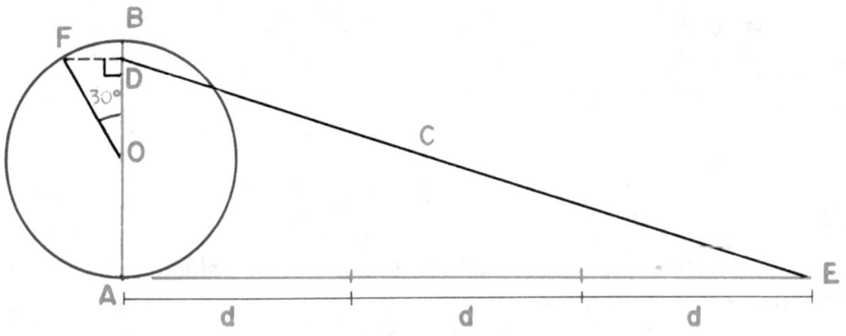

Fig 221

4) Tracemos $\angle BOF = 30°$.

5) **Bajemos $\overline{FD} \perp \overline{OB}$.**

6) Unamos D con E. $\overline{DE}$ es la solución del problema.

264 JUSTIFICACION DE LA CONSTRUCCION ANTERIOR.

En el $\triangle AED$:

$$(\overline{DE})^2 = (\overline{EA})^2 + (\overline{AD})^2 \quad (1) \quad \text{Teorema de Pitágoras.}$$

Pero: $\overline{AD} = \overline{AO} + \overline{OD}$ (2) Suma de segmentos.

Sustituyendo (2) en (1), tenemos:

$$(\overline{DE})^2 = (\overline{EA})^2 + (\overline{AO} + \overline{OD})^2 \quad (3)$$

Pero: $\overline{EA} = 3\,d = 6\,r$ (4) Construcción;

$\overline{AO} = r$ (5) Construcción.

$\overline{OD} = a_6 = \dfrac{r\sqrt{3}}{2}$ (6) Apotema de un hexágono inscrito; $\angle DOF = 30°$.

Sustituyendo (4), (5) y (6), en (3), tenemos:

$$(\overline{DE})^2 = (6\,r)^2 + \left[r + \frac{r\sqrt{3}}{2}\right]^2$$

$$= 36\,r^2 + r^2 + r^2\sqrt{3} + \frac{3\,r^2}{4}$$

$$= r^2\,(36 + 1)\,\sqrt{3} + \frac{3}{4}$$ Sacando r^2 en factor común;

$$= r^2\,(36 + 1 + 1.73 + 0.75)$$

$$= r^2\,(39.48)$$

$$= 39.48\,r^2$$

$$\therefore \quad \overline{DE^2} = \sqrt{39.48\, r^2}$$
$$= \sqrt{39.48} \cdot r$$
$$= 6.28\, r$$
$$= 2 \times 3.14 \times r = 2\pi r.$$

EJERCICIOS

(1) Los lados de dos polígonos están en la relación 2:7. ¿Se puede afirmar que son semejantes? ¿Por qué?

R.: No. Falta la igualdad de los ángulos.

(2) Dos eptágonos son equiángulos. ¿Se puede afirmar que son semejantes? ¿Por qué? *R.:* No. Falta la proporcionalidad de los lados.

(3) Dos rectángulos son semejantes. Los anchos respectivos son 16 y 24 metros y el primero tiene 30 m de largo. ¿Cuál es el largo del segundo?

R.: 45 m.

(4) Los lados de dos decágonos regulares miden 3 y 5 m. Hallar las razones de: *a*) sus lados; *b*) sus perímetros; *c*) sus radios; *d*) sus diámetros; *e*) sus apotemas. *R.:* $\frac{l}{l'} = \frac{P}{P'} = \frac{r}{r'} = \frac{d}{d'} = \frac{a}{a'} = \frac{3}{5}$.

(5) En una circunferencia de 10 m de diámetro, el lado del polígono regular de 48 lados, inscrito en la misma, mide 1.3 m. Calcular el lado de otro polígono regular del mismo número de lados, inscrito en una circunferencia de 12.5 m de radio. *R.:* 3 25 m.

(6) El perímetro de un polígono regular de 96 lados mide 31.2 m y su radio 10 m. Calcular el radio de otro polígono regular del mismo número de lados, si uno de estos lados mide 4.5 m. *R.:* 138 2 m.

(7) Hallar la longitud de una circunferencia cuyo radio mide 9 cm.

R.: 56 54 cm.

(8) Hallar la longitud de una circunferencia cuyo diámetro mide 15 cm.

R.: 47 12 cm.

(9) Hallar el radio de una circunferencia cuya longitud es 628 cm.

R.: 1 m.

(10) Hallar el diámetro de una circunferencia cuya longitud es 424 m.

R.: 134 96 m.

(11) Hallar el radio de una circunferencia cuya longitud es igual a la

suma de las longitudes de dos circunferencias cuyos radios miden 6 m y 12 m. *R.:* 18 m.

(12) Hallar la longitud de una circunferencia circunscrita a un triángulo equilátero de 36 m de perímetro. *R.:* $8\sqrt{3}\,\pi$ m.

(13) Hallar la longitud de una circunferencia inscrita en un cuadrado de 20 cm de lado. *R.:* 62.8 cm.

(14) Hallar la longitud de una circunferencia circunscrita a un cuadrado de 20 cm de lado. *R.:* $20\sqrt{2}\,\pi$ cm.

(15) Hallar la longitud de un arco cuya amplitud es de 30°, que pertenece a una circunferencia de 10 cm de diámetro. *R.:* $\frac{5}{6}\pi$ cm.

(16) ¿Cuál es la amplitud del arco cuya longitud es 5.23 cm si pertenece a una circunferencia de 20 cm de radio? *R.:* 15°.

(17) Calcular el radio de un arco cuya amplitud es de 20°, si su longitud es de 2.79 cm. *R.:* 8 cm.

(18) Hallar la longitud de un arco de 3° 20′ que pertenece a una circunferencia de 10 m de radio. *R.:* 0.58 m.

(19) Hallar la longitud de un arco de 5° 2′ 8″ que pertenece a una circunferencia de 2 m de radio. *R.:* 17.5 cm.

(20) Hallar el perímetro del segmento circular limitado por el lado del triángulo equilátero inscrito en una circunferencia de 4 cm de radio. *R.:* 15.3 cm.

(21) Hallar el perímetro del segmento circular limitado por el lado del cuadrado inscrito en una circunferencia de 3 cm de radio. *R.:* 8.94 cm.

(22) Hallar el perímetro del segmento circular limitado por el lado del hexágono regular inscrito en una circunferencia de 5 cm de radio. *R.:* 10.23 cm.

(23) La longitud de un arco que pertenece a una circunferencia de 4 m de radio, es igual a la longitud de un arco que pertenece a una circunferencia de 10 m de radio. Si el primer arco es de 36°, ¿cuántos grados tiene el segundo arco? *R.:* 14° 30′.

(24) El arco $\frown BC$ se ha trazado haciendo centro en A. El arco $\frown CD$ se ha trazado haciendo centro en B.

Si $\overline{AB} = 5$ cm, calcular la longitud de la curva BCD. *R.:* $15\,\pi$ cm.

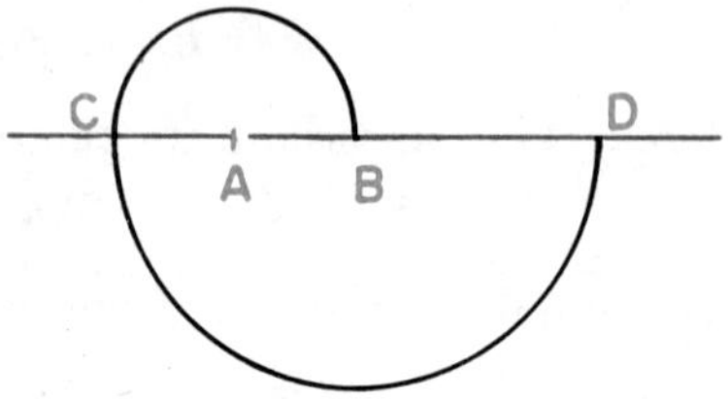

Ejer. 24

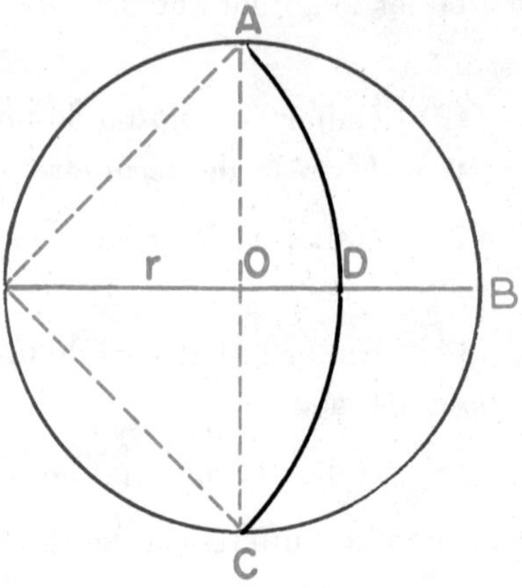

Ejer. 25

(25) Si el radio de la circunferencia O es r, ¿cuál es el perímetro de la "lúnula" $ABCD$? *R.:* $P = \dfrac{2+\sqrt{2}}{2}\pi r$.

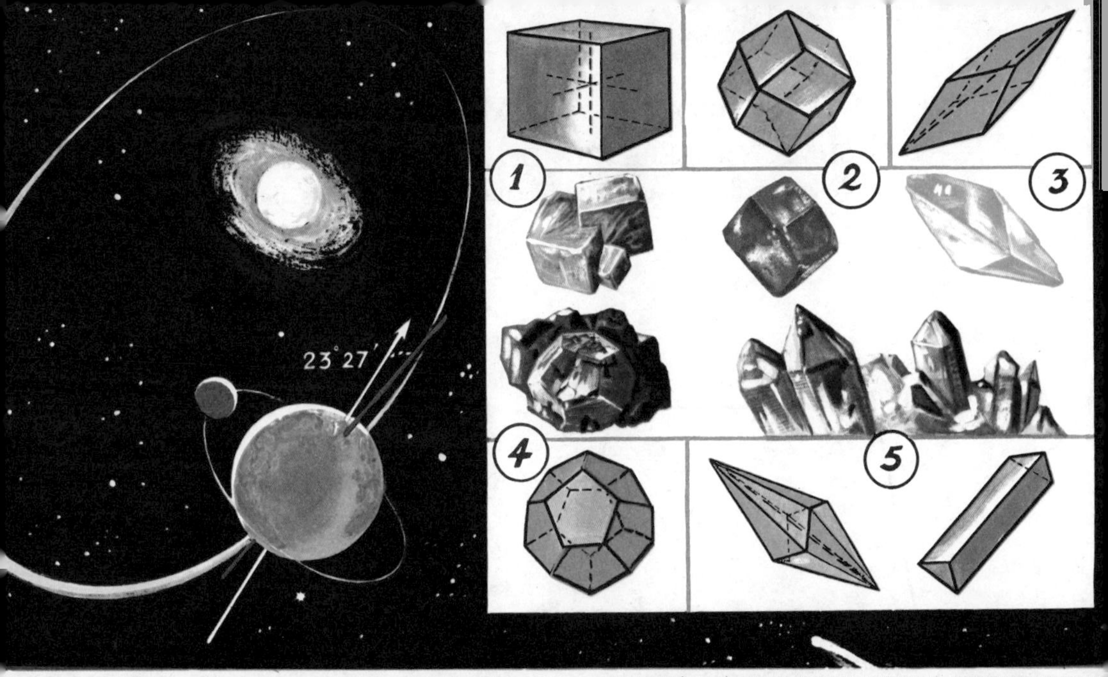

rmas reales e imaginarias geométricas en la eación. (Seres inorgánicos). En los minerales y cas los cristales que los constituyen nos presen-ı formas geométricas perfectamente definidas ıples o combinadas. En la ilustración N.° 1 = = cristales cúbicos de galena. 2 = Rombo-dodecaedro en un cristal de granate. 3 = Escalenoedro en un cristal de calcita. 4 = Pentágonododecaedro en un cristal de pirita. 5 = El romboedro combinado con un prisma trigonal en cristales de cuarzo.

17

Areas

265. SUPERFICIE. La superficie se refiere a la *forma*. Hay superficies rectangulares, cuadradas, circulares, etc.

266. AREA. Es la medida de una superficie. El área se refiere al *tamaño*

267. MEDIDA DE UNA SUPERFICIE. Para efectuar la medida de una superficie se toma como unidad un cuadrado que tenga por lado la unidad de longitud.

En la práctica el cálculo del área de una figura se efectúa indirectamente, es decir, midiendo la longitud de algunos de los elementos de la figura y realizando ciertas operaciones con dichas medidas.

268. SUMA Y DIFERENCIA DE AREAS. El área de una figura que sea suma de otras dos es igual a la suma de las áreas de estas otras.

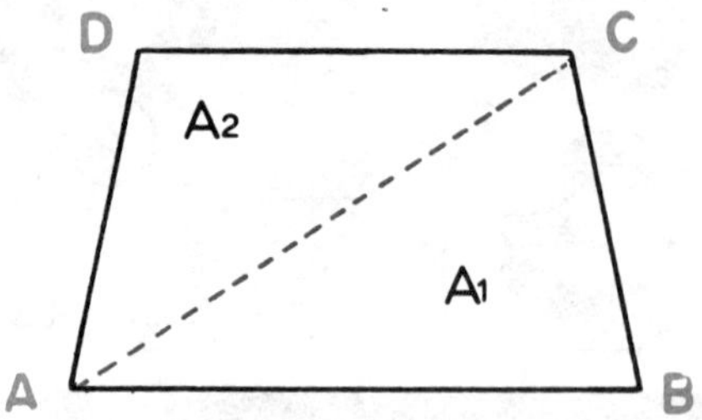

Fig. 222

Ejemplo. El área, A, del trapecio $ABCD$ (Fig. 222) que es suma de los triángulos $\triangle ABC$ y $\triangle ACD$ es igual a la suma de las áreas A_1 y A_2 de los dos triángulos. Es decir:

$$A = A_1 + A_2 .$$

Análogamente, si una figura es igual a la diferencia de otras dos, su área es igual a la diferencia de las áreas de estas otras.

Ejemplo. En la figura anterior:

$$A_1 = A - A_2 .$$

269. FIGURAS EQUIVALENTES. Son las que son iguales o pueden obtenerse como suma o diferencia de figuras iguales. Todas las figuras equivalentes tienen igual área. Recíprocamente, si dos figuras tienen igual área se dice que son equivalentes.

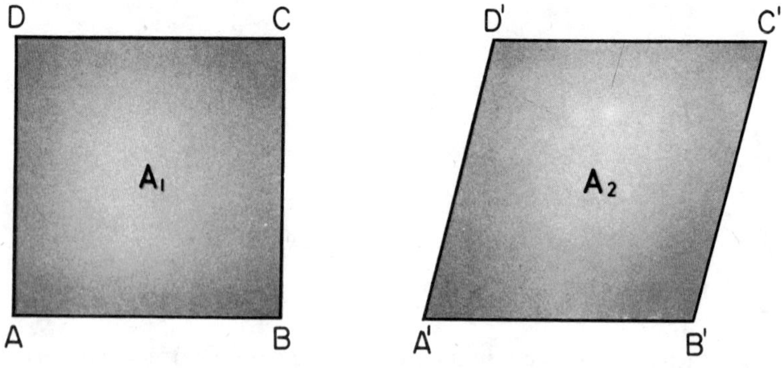

Figs. 223-1 y 223-2

Ejemplo. Sea A_1 el área de la superficie $ABCD$.
Sea A_2 el área de la superficie $A'B'C'D'$.
Si $A_1 = A_2$, las dos figuras son equivalentes.

270. CARACTERES DE LA EQUIVALENCIA DE FIGURAS. La equivalencia de figuras goza de los tres caracteres generales de las igualdades.

1) *Carácter idéntico:* A es equivalente a A.

2) *Carácter recíproco:* Si A_1 es equivalente a A_2, entonces A_2 es equivalente a A_1.

3) *Carácter transitivo:* Si A_1 es equivalente a A y A es equivalente a A_2 entonces A_1 es equivalente a A_2.

271. TEOREMA 69. AREA DEL RECTÁNGULO. **"Si dos rectángulos tienen igual base e igual altura, son iguales".**

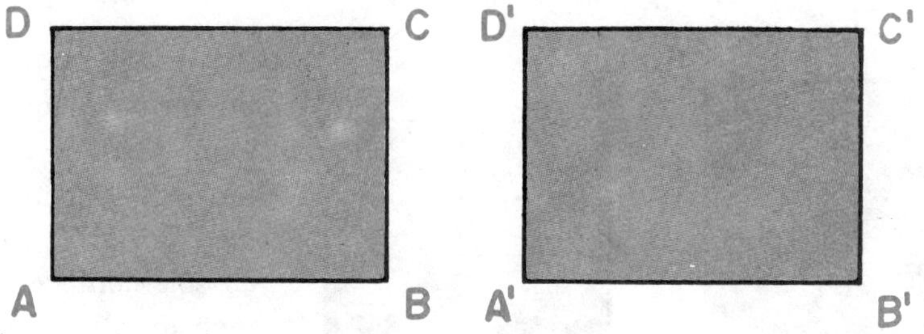

Figs. 224-1 y 224-2

HIPÓTESIS: $ABCD$ y $A'B'C'D'$ (Fig. 224), son rectángulos.

$\overline{AB} = \overline{A'B'}$ bases; $\overline{AD} = \overline{A'D'}$ alturas.

TESIS: $ABCD = A'B'C'D'$.

DEMOSTRACIÓN:

Llevemos el rectángulo $A'B'C'D'$ sobre el rectángulo $ABCD$, de manera tal que $\overline{A'B'}$ coincida con su igual $\overline{AB}$, coincidiendo A' con A y B' con B. — Postulado del movimiento.

$\overline{A'D'}$ seguirá la dirección de $\overline{AD}$. — Por ser $\angle A = \angle A' = 90°$ por hipótesis.

D' coincidirá con D. — $\overline{A'D'} = \overline{AD}$ por hipótesis;

$\overline{D'C'}$ seguirá la dirección de $\overline{DC}$ y $\overline{B'C'}$ seguirá la dirección de $\overline{BC}$. — Por los puntos B y D solamente puede pasar una perpendicular a los lados $\overline{AB}$ y $\overline{AD}$, respectivamente.

Por tanto: C' coincidirá con C. Dos rectas solamente se cortan en un punto.

$\therefore \quad ABCD = A'B'C'D'$ Porque superpuestos coinciden.

272. TEOREMA 70. **"Si dos rectángulos tienen iguales las bases, sus áreas son proporcionales a las alturas".**

HIPÓTESIS: $ABCD$ y $A'B'C'D'$ (Fig. 225) son rectángulos de áreas A y A'; bases $\overline{AB} = \overline{A'B'}$ y alturas $\overline{AD}$ y $\overline{A'D'}$

TESIS: $\dfrac{A}{A'} = \dfrac{\overline{AD}}{\overline{A'D'}}$.

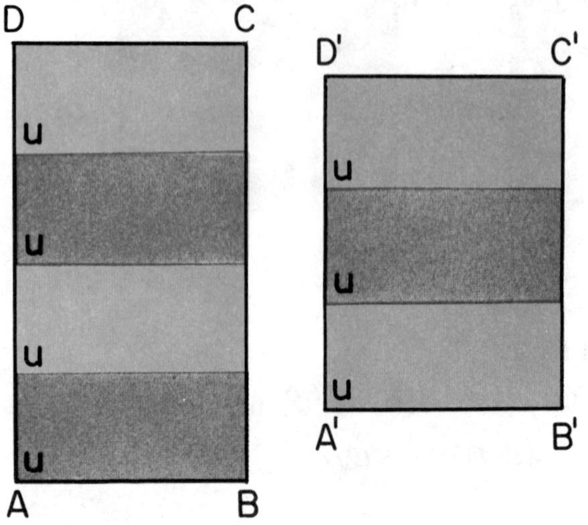

Figs. 225-1 y 225-2

DEMOSTRACIÓN: Supongamos que los segmentos $\overline{AD}$ y $\overline{A'D'}$ admiten una unidad común de medida "u" (considerando solamente el caso conmensurable). Supongamos que esta unidad está contenida m veces en $\overline{AD}$ y n veces en $\overline{A'D'}$. Entonces tendremos:

$$\overline{AD} = m\,u \qquad (1)$$

$$\overline{A'D'} = n\,u \qquad (2)$$

$$\therefore \quad \frac{\overline{AD}}{\overline{A'D'}} = \frac{m}{n} \qquad (3)$$

Por los puntos de división tracemos paralelas en ambos rectángulos a $\overline{AB}$ y $\overline{A'B'}$.

Los rectángulos $ABCD$ y $A'B'C'D'$ quedarán divididos en m y n rectángulos iguales respectivamente. Sea r el área de estos rectángulos. Tendremos:

$$A = m\,r \quad (4) \qquad \text{y} \qquad A' = n\,r \quad (5)$$

$$\therefore \quad \frac{A}{A'} = \frac{m}{n} \qquad (6)$$

Comparando (3) y (4), tenemos:

$$\frac{A}{A'} = \frac{\overline{AD}}{\overline{A'D'}}$$

273. TEOREMA 71. "Si dos rectángulos tienen las alturas iguales, sus áreas son proporcionales a las bases".

La demostración es análoga a la anterior.

274. TEOREMA 72. "Las áreas de dos rectángulos son proporcionales a los productos de sus bases por sus alturas".

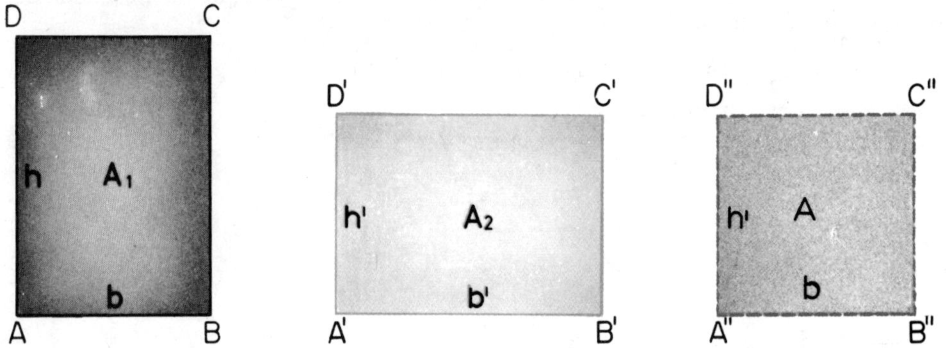

Figs 226-1, 226-2 y 226-3

HIPÓTESIS: *ABCD* y *A'B'C'D'* (Fig. 226), son rectángulos de áreas A_1 y A_2, y bases $\overline{AB} = b$ y $\overline{A'B'} = b'$ y $\overline{AD} = h$ y $\overline{A'D'} = h'$

TESIS: $$\frac{A_1}{A_2} = \frac{b\,h}{b'\,h'}.$$

Construcción auxiliar. Construyamos el rectángulo $A''B''C''D''$ de manera que $\overline{A''B''} = \overline{AB} = b$ y $\overline{A''D''} = \overline{A'D'} = h'$. Llamamos A a su área.

DEMOSTRACIÓN.

Comparando *ABCD* y $A''B''C''D''$:

$$\frac{A_1}{A} = \frac{h}{h'} \qquad (1)$$ Por tener bases iguales por construcción

Comparando $A'B'C'D'$ y $A''B''C''D''$:

$$\frac{A_2}{A} = \frac{b'}{b} \qquad (2)$$ Por tener alturas iguales por construcción

Dividiendo ordenadamente (1) y (2), tenemos:

$$\frac{\frac{A_1}{A}}{\frac{A_2}{A}} = \frac{\frac{h}{h'}}{\frac{b'}{b}}$$

$$\therefore \quad \frac{A_1A}{A_2A} = \frac{b\,h}{b'\,h'}$$

$$\therefore \quad \frac{A_1}{A_2} = \frac{b\,h}{b'\,h'}$$

275. TEOREMA 73. **"El área de un rectángulo es igual al producto de su base por su altura".**

HIPÓTESIS: Sea A el área del rectángulo $ABCD$ (Fig. 227) de base b y altura h.

TESIS: $A = b\,h$.

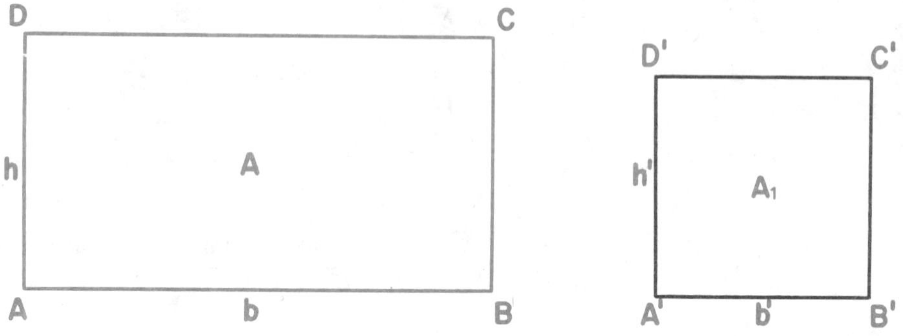

Figs. 227-1 y 227-2

Construcción auxiliar. Construyamos el cuadrado $A'B'C'D'$ cuyo lado mide la unidad de longitud; es decir $b' = h' = 1$. Este cuadrado será la unidad de área, es decir $A_1 = 1$.

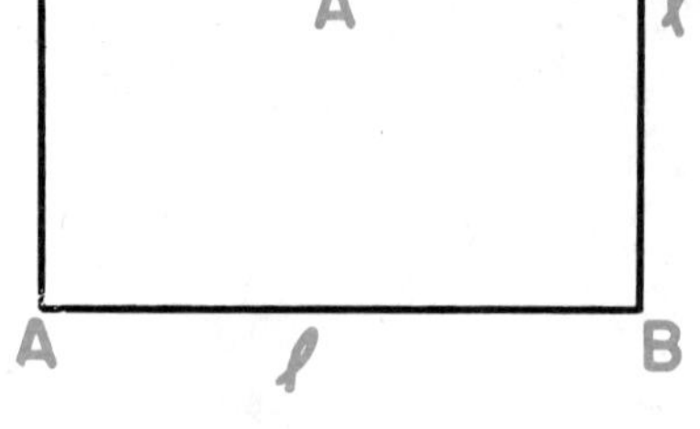

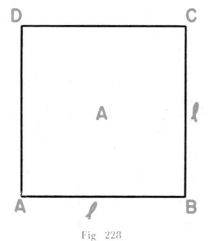

Fig. 228

DEMOSTRACIÓN:

$$\frac{A}{A_1} = \frac{b\,h}{b'\,h'} \qquad (1)$$

(porque las áreas de dos rectángulos son proporcionales a los productos de las bases por las alturas).

Pero: $A_1 = 1$; $b' = 1$; $h' = 1$.
(por construcción).

Sustituyendo estos valores en (1):

$$\frac{A}{1} = \frac{b\,h}{1 \times 1};$$

$$\therefore \quad A = b\,h.$$

276. COROLARIO. **"El área del cuadrado es igual al cuadrado del lado".**

HIPÓTESIS $ABCD$ es un cuadrado (Fig. 228) de lado l.

TESIS: $A = l^2$.

DEMOSTRACIÓN:

$A = l \times l$ (1) Por ser el cuadrado un rectángulo.

$\therefore\ A = l^2$

277. TEOREMA 74. AREA DEL PARALELOGRAMO **"El área de un paralelogramo es igual al producto de su base por su altura".**

HIPÓTESIS:

$ABCD$ (Fig. 229) es un paralelogramo;

$\overline{AB} = \overline{DC} = b =$ base;

$\overline{DE} = h =$ altura.

TESIS: $A = b\,h$.

Construcción auxiliar.

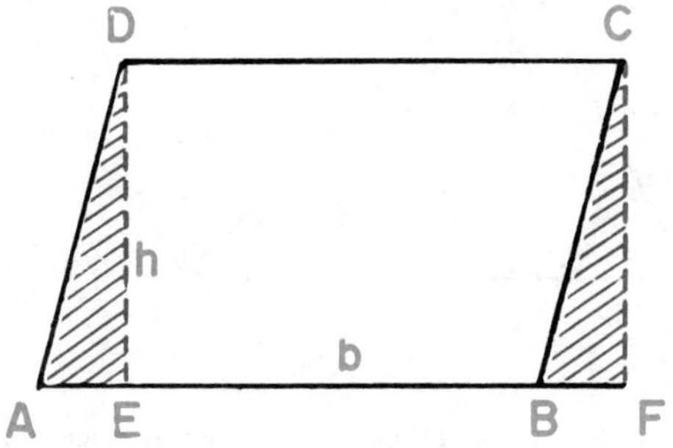

Fig. 229

Prolonguemos $\overrightarrow{AB}$ y tracemos las perpendiculares $\overline{CF}$ y $\overline{DE}$. Se formarán los triángulos rectángulos $\triangle AED$, $\triangle BFC$ y el cuadrilátero $EFCD$.

DEMOSTRACIÓN:

$A_{ABCD} = A_{DEFC} + A_{AED} - A_{BFC}$ (1) Por suma y resta de áreas.

En $DEFC$:

$\overline{DE} \parallel \overline{CF}$ Por ser ambas perpendiculares a $\overline{AB}$.

$\therefore$ $DEFC$ es un rectángulo Por definición;

Pero: $\overline{EF} = \overline{DC} = b$

y $\overline{DE} = h$

$\therefore$ $A_{DEFC} = b\,h$ (2) Area del rectángulo.

En $\triangle AED$ y $\triangle BFC$:

$\angle E = \angle F = 1R$ Por construcción;

$\overline{DA} = \overline{CB}$ Lados opuestos de un paralelogramo;

$\overline{DE} = \overline{CF}$ Paralelas entre paralelas;

$\therefore \quad \triangle AED = \triangle BFC$ — Por tener iguales la hipotenusa y un cateto

$\therefore \quad A_{AED} = A_{BFC}$ (3) Las figuras iguales son equivalentes

$\therefore \quad A_{ABCD} = b\,h + A_{BFC} - A_{BFC}$

$\therefore \quad A = b \cdot h$

278. TEOREMA 75. AREA DEL TRIANGULO. "**El área de un triángulo es igual a la mitad del producto de su base por su altura**".

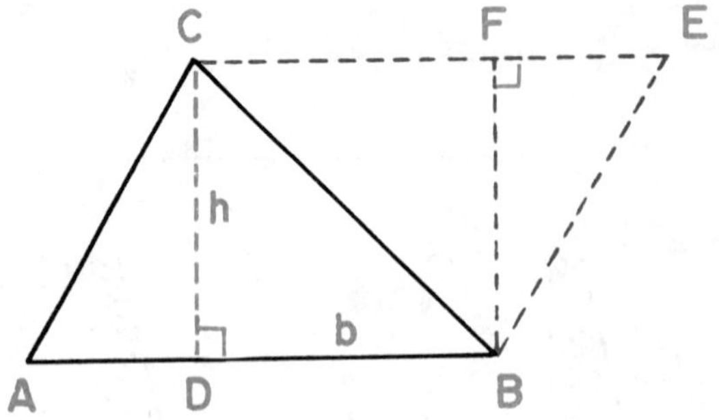

Fig 230

HIPÓTESIS: $\triangle ABC$ (Fig. 230) es un triángulo de base $\overline{AB} = b$ y altura $\overline{CD} = h$.

TESIS: $A = \dfrac{b \cdot h}{2}$.

Construcción auxiliar. Por el vértice C, tracemos una paralela a $\overline{AB}$ y por el vértice B, tracemos una paralela a $\overline{AC}$. Sea E el punto en que se cortan dichas paralelas. Se forma el cuadrilátero $ABEC$ y el $\triangle ECB$. Tracemos la altura $\overline{BF}$ del $\triangle ECB$.

DEMOSTRACIÓN:

$A_{ABC} = A_{ABEC} - A_{ECB}$ (1) Diferencia de áreas;

$ABEC$ es un paralelogramo — $\overline{CE} \parallel \overline{AB}$ y $\overline{BE} \parallel \overline{AC}$ por construcción;

y $\overline{AB} = b$ — Por hipótesis;

$\overline{CD} = h$

$\therefore \quad A_{ABEC} = b \cdot h$ (2)

Además:

En los triángulos $\triangle ECB$ y $\triangle ABC$:

$\overline{BC} = \overline{BC}$ — Lado común;

$\left.\begin{array}{l}\overline{AC} = \overline{EB}\\ \overline{AB} = \overline{EC}\end{array}\right\}$ Lados opuestos de un paralelogramo;

$\therefore \quad \triangle ECB = \triangle ABC$ — Por tener los tres lados iguales;

$\therefore \quad A_{ECB} = A_{ABC}$ (3) Figuras iguales tienen áreas iguales;

Sustituyendo (2) y (3), en (1):

$$A_{ABC} = b\,h - A_{ABC}$$

$\therefore \quad A_{ABC} + A_{ABC} = b\,h$ Trasponiendo;

$\therefore \quad 2\,A_{ABC} = b \cdot h$ Sumando;

$\therefore \quad A_{ABC} = \frac{b\,h}{2}$ Despejando;

$\therefore \quad A = \frac{b\,h}{2}$ Llamando A el área del $\triangle ABC$

279. COLORARIO 1. **"Las áreas de dos triángulos son proporcionales a los productos de las bases por las alturas".**

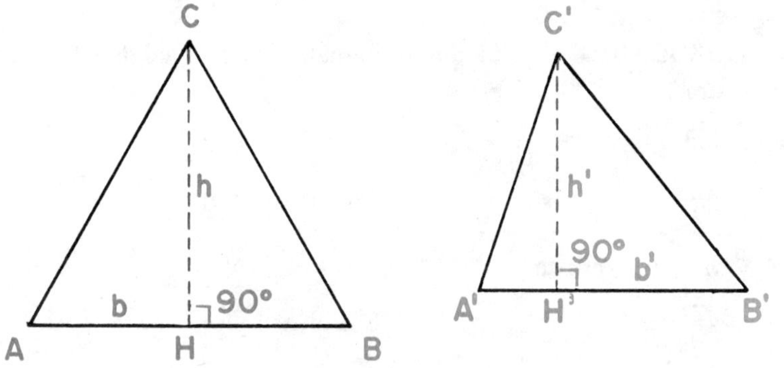

Figs. 231-1 y 231-2

HIPÓTESIS: *ABC* y *A'B'C'* (Fig. 231) son dos triángulos de bases *b* y *b'* y alturas *h* y *h'*.

TESIS:

$$\frac{A_1}{A_2} = \frac{b\,h}{b'\,h'}.$$

DEMOSTRACIÓN. Las áreas de los triángulos $\triangle ABC$ y $\triangle A'B'C'$ son:

$$A_1 = \frac{b\,h}{2} \quad (1) \qquad A_2 = \frac{b'h'}{2} \quad (2)$$

Dividiendo (1) y (2), tenemos:

$$\frac{A_1}{A_2} = \frac{\frac{b\,h}{2}}{\frac{b'h'}{2}} = \frac{b\,h}{b'\,h'}.$$

280. COROLARIO 2. **"Las áreas de dos triángulos cuyas bases son iguales, son proporcionales a sus alturas y si las alturas son iguales, son proporcionales a las bases"**

a) Si $b = b'$, de la igualdad:

$$\frac{A_1}{A_2} = \frac{b\,h}{b'\,h'} \qquad \text{1er. corolario;}$$

se deduce:

$$\frac{A_1}{A_2} = \frac{h}{h'} \qquad \text{Simplificando.}$$

b) Si $h = h'$, de la igualdad:

$$\frac{A_1}{A_2} = \frac{b\,h}{b'\,h'} \qquad \text{1er. corolario;}$$

se deduce:

$$\frac{A_1}{A_2} = \frac{b}{b'}. \qquad \text{Simplificando.}$$

281. COROLARIO 3. **"Si dos triángulos tienen igual base e igual altura son equivalentes".**

De la igualdad:

$$\frac{A_1}{A_2} = \frac{b\,h}{b'\,h'} \qquad \text{1er. corolario;}$$

si $b = b'$ y $h = h'$, resulta

$$\frac{A_1}{A_2} = 1 \qquad \text{Simplificando;}$$

$$\therefore \quad A_1 = A_2 \qquad \text{Trasponiendo.}$$

282. TEOREMA 76. **"Si dos triángulos tienen un ángulo igual, sus áreas son proporcionales a los productos de los lados que forman dicho ángulo".**

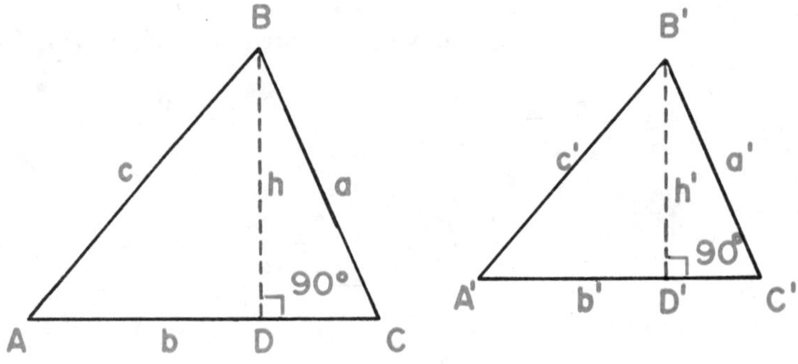

Figs. 232-1 y 232-2

HIPÓTESIS: En los triángulos ABC y $A'B'C'$ (Fig. 232) se verifica que $\angle A = \angle A'$.

TESIS:
$$\frac{A_{ABC}}{A_{A'B'C'}} = \frac{b\,c}{b'\,c'}.$$

Construcción auxiliar. Tracemos las alturas $\overline{BD} = h$ y $\overline{B'D'} = h'$. Se forman los triángulos rectángulos $\triangle ADB$ y $\triangle A'D'B'$.

DEMOSTRACIÓN:

$$\frac{A_{ABC}}{A_{A'B'C'}} = \frac{b\,h}{b'\,h'}$$ Porque las áreas de dos triángulos son proporcionales a los productos de las bases por las alturas;

$$\frac{A_{ABC}}{A_{A'B'C'}} = \frac{b}{b'} \times \frac{h}{h'} \quad (1)$$ Descomponiendo la segunda razón.

En los $\triangle ADB$ y $\triangle A'D'B'$:

$\angle D = \angle D' = 1R$ Por construcción;

y $\angle A = \angle A'$ Por hipótesis;

$\therefore \triangle ADB \sim \triangle A'D'B'$ Por ser rectángulos y tener un ángulo agudo igual;

$$\therefore \frac{h}{h'} = \frac{c}{c'} \quad (2)$$ Comparando los catetos h y h' y las hipotenusas.

Sustituyendo (2) en (1):

$$\frac{A_{ABC}}{A_{A'B'C'}} = \frac{b}{b'} \times \frac{c}{c'}$$

$$\therefore \frac{A_{ABC}}{A_{A'B'C'}} = \frac{b\,c}{b'\,c'}$$ Efectuando operaciones.

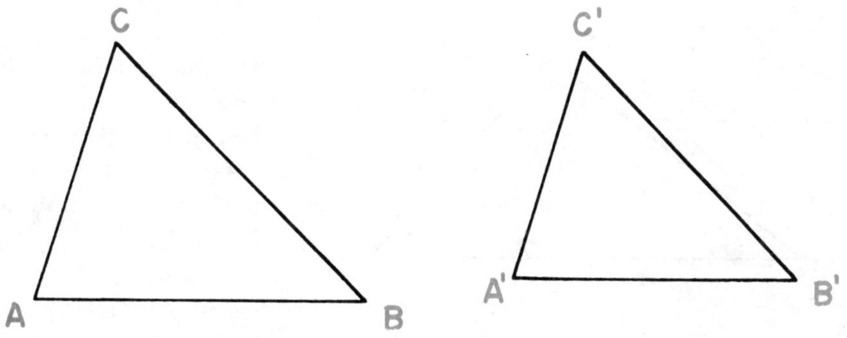

Figs. 233-1 y 233-2

283. TEOREMA 77. **"Si dos triángulos son semejantes, sus áreas son proporcionales a los cuadrados de sus lados homólogos".**

HIPÓTESIS: **Los triángulos *ABC* y *A'B'C'* son semejantes.** (Fig. 233).

TESIS:
$$\frac{A_{ABC}}{A_{A'B'C'}}=\frac{(\overline{CA})^2}{(\overline{C'A'})^2}$$

DEMOSTRACIÓN.

En los $\triangle ABC$ y $\triangle A'B'C'$ se verifica:

$$\frac{A_{ABC}}{A_{A'B'C'}}=\frac{\overline{CA}\cdot\overline{CB}}{\overline{C'A'}\cdot\overline{C'B'}}$$ Teorema anterior;

$$\therefore\quad \frac{A_{ABC}}{A_{A'B'C'}}=\frac{\overline{CA}}{\overline{C'A'}}\cdot\frac{\overline{CB}}{\overline{C'B'}} \qquad (1)$$ Descomponiendo la segunda razón.

Pero: $$\frac{\overline{CA}}{\overline{C'A'}}=\frac{\overline{CB}}{\overline{C'B'}} \qquad (2)$$ Ya que $\triangle ABC \sim \triangle A'B'C'$ por hipótesis.

Sustituyendo (2) en (1):

$$\frac{A_{ABC}}{A_{A'B'C'}}=\frac{\overline{CA}}{\overline{C'A'}}\times\frac{\overline{CA}}{\overline{C'A'}}$$

$$\therefore\quad \frac{A_{ABC}}{A_{A'B'C'}}=\frac{(\overline{CA})^2}{(\overline{C'A'})^2}$$ Efectuando operaciones.

284. TEOREMA 78. AREA DEL TRIÁNGULO EN FUNCIÓN DE SUS LADOS. FÓRMULA DE HERÓN. **"El área de un triángulo en términos de sus lados a b y c, está dada por la fórmula: $A=\sqrt{p(p-a)(p-b)(p-c)}$, donde p es el semiperímetro del triángulo".**

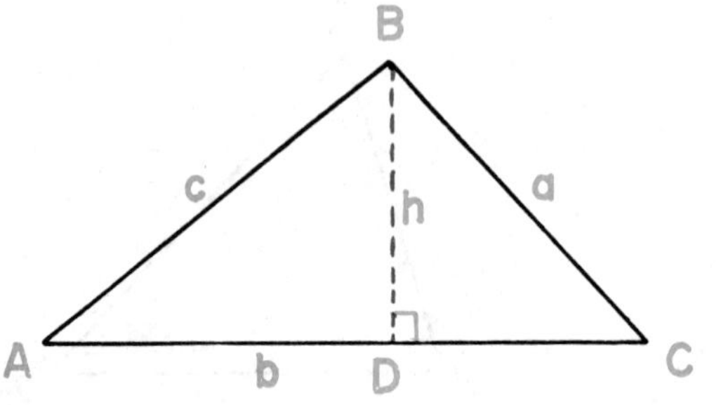

Fig. 234

HIPÓTESIS: Sea el $\triangle ABC$ (Fig. 234) de área A.

TESIS: $$A=\sqrt{p(p-a)(p-b)(p-c)}.$$

DEMOSTRACIÓN:

$$A = \frac{1}{2} b h \qquad (1)$$ Area de un triángulo.

Pero:

$$h = \frac{2}{b} \sqrt{p(p-a)(p-b)(p-c)} \qquad (2)$$ Altura de un triángulo en función de sus lados (Art. 160).

Sustituyendo (2) en (1), tenemos:

$$A = \frac{1}{2} b \times \frac{2}{b} \sqrt{p(p-a)(p-b)(p-c)}$$

$$\therefore \quad A = \sqrt{p(p-a)(p-b)(p-c)}$$ Efectuando operaciones y simplificando.

285. TEOREMA 79. AREA DE UN TRIÁNGULO EQUILÁTERO EN FUNCIÓN DEL LADO. **"El área A, de un triángulo equilátero de lado l está dada por la fórmula:**

$$A = \frac{l^2\sqrt{3}}{4}.$$

DEMOSTRACIÓN:

$$A = \sqrt{p(p-a)(p-b)(p-c)} \qquad (1)$$ Fórmula de Herón.

Pero: $$p = \frac{a+b+c}{2} \qquad (2)$$ Semiperímetro;

y $$a = b = c = l \qquad (3)$$ Por ser el triángulo equilátero.

Sustituyendo (3) en (2), tenemos:

$$p = \frac{l+l+l}{2} = \frac{3l}{2} \qquad (4)$$

Sustituyendo (3) y (4) en (1), tenemos:

$$A = \sqrt{\frac{3l}{2}\left(\frac{3l}{2}-l\right)\left(\frac{3l}{2}-l\right)\left(\frac{3l}{2}-l\right)} \qquad (5)$$

Pero: $$\frac{3l}{2} - l = \frac{3l-2l}{2} = \frac{l}{2} \qquad (6)$$ Efectuando operaciones.

Sustituyendo (6) en (5), tenemos:

$$A = \sqrt{\frac{3l}{2}\cdot\frac{l}{2}\cdot\frac{l}{2}\cdot\frac{l}{2}}$$

$$\therefore \quad A = \sqrt{\frac{3l^4}{16}}$$

$\therefore \quad A = \frac{l^2\sqrt{3}}{4}$ Efectuando operaciones y simplificando.

286. TEOREMA 80. AREA DEL TRIÁNGULO EN FUNCIÓN DE SUS LADOS Y DEL RADIO DE LA CIRCUNFERENCIA INSCRITA. **"El área de un triángulo es igual al producto de su semiperímetro por el radio de la circunferencia inscrita".**

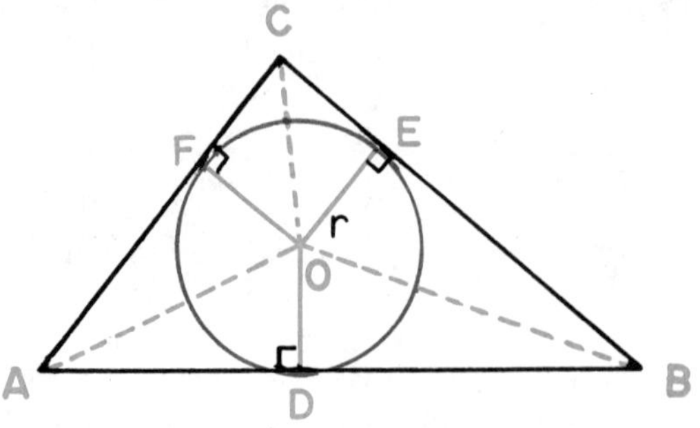

Fig. 235

HIPÓTESIS:

Sea el $\triangle ABC$ (Fig. 235). r el radio de la circunferencia inscrita y p el semiperímetro.

TESIS: $A = p\,r.$

Construcción auxiliar. Unamos el centro O de la circunferencia inscrita con los vértices A, B y C. El $\triangle ABC$ quedará descompuesto en $\triangle AOB$, $\triangle BOC$ y $\triangle COA$. Tracemos las alturas $\overline{OD}$, $\overline{OE}$ y $\overline{OF}$ de estos tres triángulos.

DEMOSTRACIÓN:

$$A_{ABC} = A_{AOB} + A_{BOC} + A_{COA} \quad (1)$$ Suma de áreas;

y $OD = OE = OF = r$ Por ser perpendiculares a los lados tangentes.

Pero:

$$\left.\begin{aligned} A_{AOB} &= \frac{1}{2}\overline{AB}\cdot\overline{OD} = \frac{1}{2}\overline{AB}\cdot r \\ A_{BOC} &= \frac{1}{2}\overline{BC}\cdot\overline{OE} = \frac{1}{2}\overline{BC}\cdot r \\ A_{COA} &= \frac{1}{2}\overline{CA}\cdot\overline{OF} = \frac{1}{2}\overline{CA}\cdot r \end{aligned}\right\} \quad (2)$$ Por área del triángulo.

Sustituyendo (2) en (1), tenemos:

$$A_{ABC} = \frac{1}{2}\overline{AB}\cdot r + \frac{1}{2}\overline{BC}\cdot r + \frac{1}{2}\overline{CA}\cdot r$$

$$\therefore \quad A_{ABC} = \frac{1}{2}(\overline{AB} + \overline{BC} + \overline{CA})\,r \quad (3)$$ Sacando factor común.

Pero: $\frac{1}{2}(\overline{AB} + \overline{BC} + \overline{CA}) = p \quad (4)$

Sustituyendo (4) en (3), tenemos: $A = p\cdot r.$

287. TEOREMA 81. AREA DEL TRIÁNGULO EN FUNCIÓN DE SUS LADOS Y DEL RADIO DE LA CIRCUNFERENCIA CIRCUNSCRITA. **"El área de un triángulo es igual al producto de sus lados divididos por el cuádruplo del radio de la circunferencia circunscrita".**

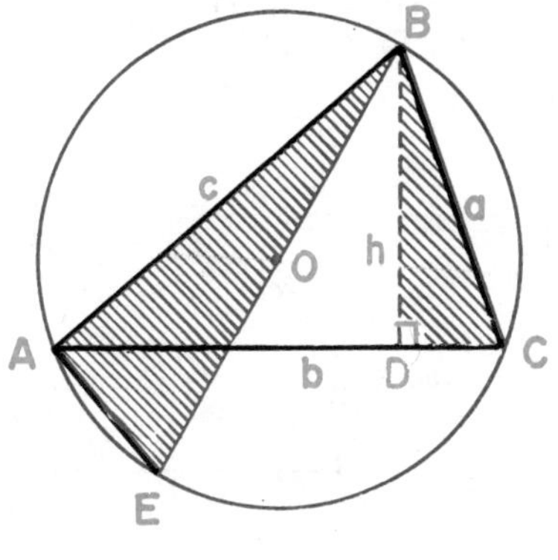

Fig. 236

HIPÓTESIS: Sea el $\triangle ABC$ (figura 236), R el radio de la circunferencia circunscrita y A el área del triángulo.

TESIS: $A = \frac{abc}{4R}$.

Construcción auxiliar. Tracemos la altura $\overline{\quad} = h$ y el diámetro $\overline{BE}$, que pasa por B. Sea E el otro punto donde el diámetro corta a la circunferencia O. Unamos A con E. Se forman los triángulos $\triangle BAE$ y $\triangle BCD$.

DEMOSTRACIÓN:

	$A = \frac{1}{2} b\, h$	(1)	Area del triángulo
Pero:	En los $\triangle BDC$ y $\triangle BAE$:		
	$\angle D = \angle A = 1R$		Por construcción y por inscrito en una semicircunferencia;
y	$\angle C = \angle E$		Por abarcar el mismo arco $\frown AB$;
$\therefore$	$\triangle BDC \sim \triangle BAE$		Por rectángulos y tener un ángulo agudo igual;
$\therefore$	$\frac{h}{c} = \frac{a}{\overline{BE}}$		Comparando dos catetos homólogos y las hipotenusas.
$\therefore$	$h = \frac{ac}{\overline{BE}}$	(2)	Despejando h.
Pero:	$\overline{BE} = 2R$	(3)	Por ser $\overline{BE}$ un diámetro.

Sustituyendo (3) en (2):

$$h = \frac{ac}{2R} \qquad (4)$$

Sustituyendo (4) en (1):

$$A = \frac{abc}{4R}$$

Efectuando operaciones.

288. TEOREMA 82. AREA DEL ROMBO. **"El área del rombo es igual a la mitad del producto de sus diagonales".**

HIPÓTESIS: $ABCD$ (Fig. 237) **es un rombo;** $\left.\begin{array}{l}\overline{AC}=d' \\ \overline{BD}=d\end{array}\right\}$ **diagonales.**

TESIS: $A=\dfrac{dd'}{2}$.

DEMOSTRACIÓN:

$A_{ABCD}=A_{ABC}+A_{ACD}$ (1) Suma de áreas.

Pero: $A_{ABC}=\frac{1}{2}\overline{AC}\cdot\overline{BO}$ (2) Area del triángulo;

$A_{ACD}=\frac{1}{2}\overline{AC}\cdot\overline{OD}$ (3) Area del triángulo.

Sustituyendo (2) **y** (3) **en** (1):

$$A_{ABCD}=\frac{1}{2}\overline{AC}\cdot\overline{BO}+\frac{1}{2}\overline{AC}\cdot\overline{OD}$$

$\therefore\ A_{ABCD}=\frac{1}{2}\overline{AC}\,(\overline{BO}+\overline{OD})$ (4) Sacando factor común.

Y como: $\overline{AC}=d'$ (5) Por hipótesis;

y $\overline{BO}+\overline{OD}=d$ (6) Suma de segmentos;

Sustituyendo (5) **y** (6) **en** (4):

$$A_{ABCD}=\frac{1}{2}dd'=\frac{dd'}{2}.$$

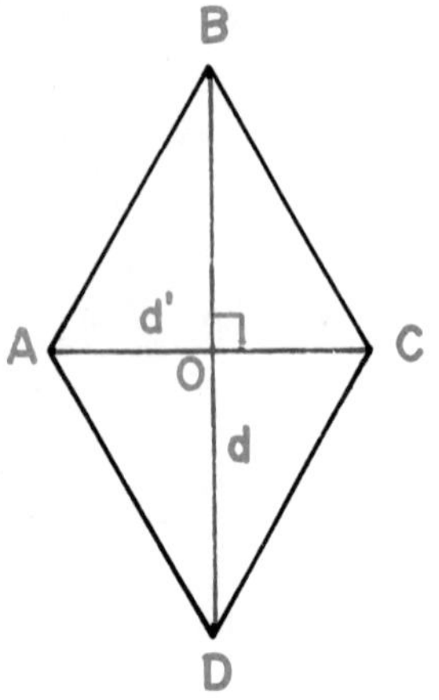

Fig. 237

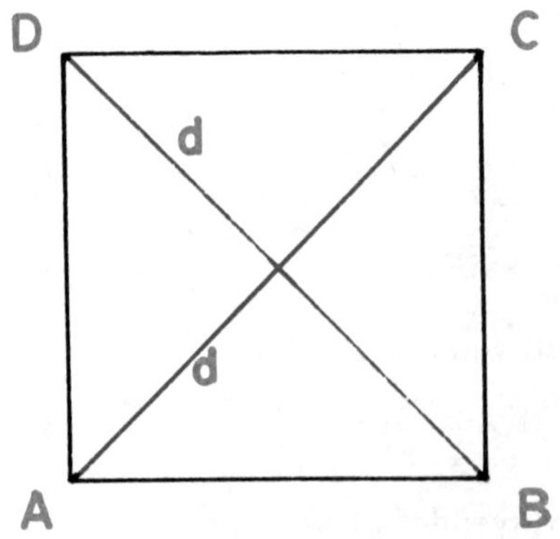

Fig. 238

289. COROLARIO. **"El área de un cuadrado es igual a la mitad del cuadrado de la diagonal".**

HIPÓTESIS: **$ABCD$** (figura 238) **es un cuadrado de diagonal $\overline{AC} = \overline{BD} = d$.**

TESIS:
$$A = \frac{d^2}{2}.$$

DEMOSTRACIÓN:

$$A = \frac{\overline{AC} \cdot \overline{BD}}{2} \qquad (1) \qquad \text{Area del rombo.}$$

Pero: $\overline{AC} = \overline{BD} = d$ (2)

Sustituyendo (2) en (1), tenemos:
$$A = \frac{d \cdot d}{2} = \frac{d^2}{2} \qquad \text{Efectuando operaciones.}$$

290. TEOREMA 83. AREA DEL TRAPECIO. **"El área de un trapecio es igual a la semisuma de sus bases multiplicada por su altura".**

HIPÓTESIS:
$ABCD$ (Fig. 239) **es un trapecio de base mayor $\overline{AB} = b$, base menor $\overline{DC} = b'$ y altura $\overline{DE} = h$.**

TESIS:
$$A = \frac{(b + b')h}{2}.$$

Construcción auxiliar. **Tracemos la diagonal $\overline{BD}$. Se forma el $\triangle ABD$ de base b y altura h y el $\triangle DBC$ de base b' y altura h.**

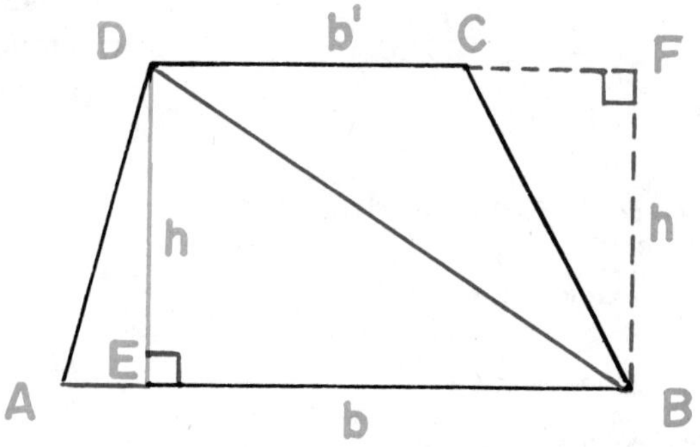

Fig. 239

DEMOSTRACIÓN:

$$A_{ABCD} = A_{ABD} + A_{DBC} \qquad (1) \qquad \text{Suma de áreas.}$$

Pero: $A_{ABD} = \frac{1}{2} b \,.\, h$ (2)

y $A_{DBC} = \frac{1}{2} b' . h$ (3)

(2) y (3): Area del triángulo.

Sustituyendo (2) y (3) en (1):

$$A_{ABCD} = \frac{1}{2} b\,h + \frac{1}{2} b'\,h$$

$$A_{ABCD} = \frac{1}{2} h(b + b') \qquad \text{Sacando factor común.}$$

$$\therefore \quad A = \frac{h(b + b')}{2}.$$

291. TEOREMA 84. Area de un polígono regular. **"El área de un polígono regular es igual al producto de su semiperímetro por su apotema".**

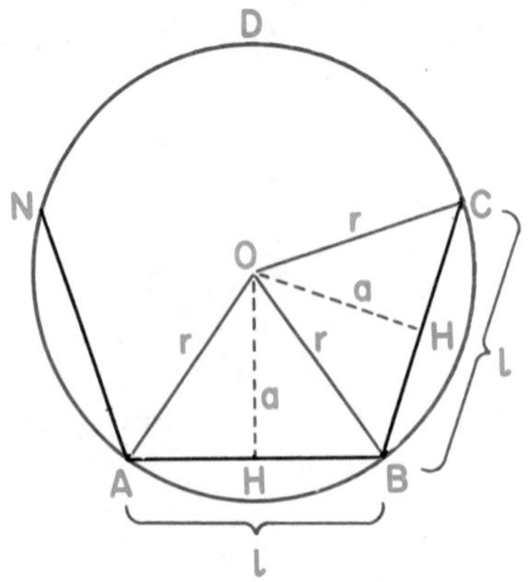

Fig. 240

HIPÓTESIS: $ABC \cdots$ (Fig. 240) es un polígono regular de n lados;
$l =$ lado; $a =$ apotema;
$p =$ semiperímetro.

TESIS: $A_{ABC} \cdots = p \cdot a$.

Construcción auxiliar. Tracemos la circunferencia circunscrita al polígono y unamos el centro O con cada uno de los vértices. Se formarán n triángulos de base l (lado) y altura a (apotema).

DEMOSTRACIÓN:

$$A_{ABC} \cdots = A_{AOB} + A_{BOC} + \cdots \qquad (1) \quad \text{Suma de áreas.}$$

Pero: $$A_{AOB} = \frac{1}{2} l\,a \qquad (2)$$

$$A_{BOC} = \frac{1}{2} l\,a \qquad (3)$$

y así sucesivamente.

Sustituyendo (2), (3), etc. en (1):

$$A_{ABC} \cdots = \frac{1}{2} l\,a + \frac{1}{2} l\,a + \cdots \quad (\text{n veces})$$

$$\therefore \quad A_{ABC} \cdots = \frac{1}{2} l\,a \cdot \mathbf{n}$$

$$A_{ABC} \cdots = \frac{\mathbf{n}\,l\,a}{2} \qquad (4)$$

y como: $$\frac{\mathbf{n}\,l}{2} = p \qquad (5) \quad \text{Por definición.}$$

Sustituyendo (5) en (4), tenemos:

$$A = p \cdot a.$$

292. TEOREMA 85. **"El área de un círculo es igual al producto de π por el cuadrado del radio".**

HIPÓTESIS: Sea (Fig. 241) la circunferencia de centro O y radio r.

TESIS: $A = \pi r^2$.

Construcción auxiliar. Inscribamos en la circunferencia O, de longitud C, un polígono regular $ABC \cdots$ Sea $P = 2p$ su perímetro y a su apotema.

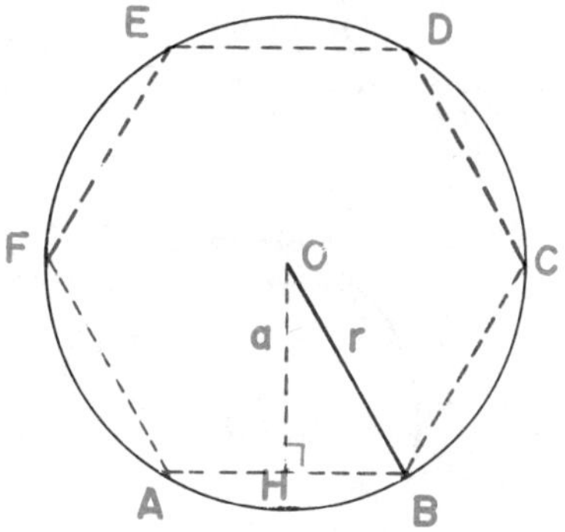

Fig. 241

DEMOSTRACIÓN:

$$A_{ABC} \cdots = p\,a = \frac{P\,a}{2} \quad (1)$$ Area del polígono regular.

Si duplicamos indefinidamente el número de lados del polígono, resulta:

$$\text{lím } A_{ABC} \cdots = \frac{\text{lím } P \times \text{lím } a}{2} \quad (2)$$ Porque la relación (1) es cierta para cualquier número de lados del polígono.

Pero: $\text{lím } A_{ABC} \cdots = A$ (3) El límite de la sucesión de áreas de los polígonos es el área del círculo;

$\text{lím } P = C$ (4) Porque el límite de la sucesión de perímetros de los polígonos inscritos es la longitud de la circunferencia.

$\text{lím } a = r$ (5) El límite de la sucesión de apotemas de los polígonos es el radio.

Sustituyendo (3), (4) y (5) en (2):

$$A = \frac{C \cdot r}{2} \quad (6)$$

Pero: $C = 2\pi r$ (7) Longitud de la circunferencia.

Sustituyendo (7) en (6):

$$A = \frac{(2\pi r)\,r}{2}$$

$\therefore \quad A = \dfrac{2\pi r^2}{2}$

$\therefore \quad A = \pi r^2$ Efectuando operaciones y simplificando

293 COROLARIO **"Las áreas de dos círculos son proporcionales a los cuadrados de sus radios o a los cuadrados de sus diámetros"**

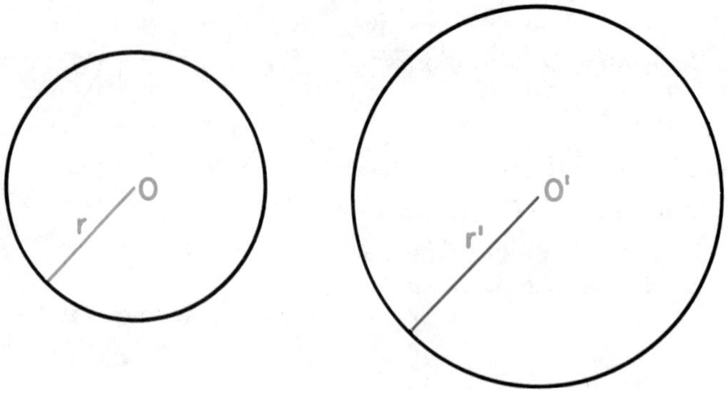

Figs 242-1 y 242-2

HIPÓTESIS: **O y O' (Fig. 242) son dos circunferencias de radios r y r', diámetros d y d' y áreas A y A'.**

TESIS:

$$\frac{A}{A'} = \frac{r^2}{r'^2} = \frac{d^2}{d'^2}.$$

DEMOSTRACIÓN:

$A = \pi r^2$ (1)

$A' = \pi r'^2$ (2) Area del círculo;

Dividiendo (1) entre (2), tenemos:

$$\frac{A}{A'} = \frac{\pi r^2}{\pi r'^2}$$

$\therefore \quad \dfrac{A}{A'} = \dfrac{r^2}{r'^2}$ (3) Simplificando;

y como: $r = \dfrac{d}{2}$ (4)

y $r' = \dfrac{d'}{2}$ (5),

sustituyendo (4) y (5), en (3):

$$\frac{A}{A'} = \frac{\frac{d^2}{4}}{\frac{d'^2}{4}}$$ Efectuando operaciones;

$\therefore \quad \frac{A}{A'} = \frac{d^2}{d'^2}$ (6) Simplificando.

Comparando (3) y (6), tenemos:

$\frac{A}{A'} = \frac{r^2}{r'^2} = \frac{d^2}{d'^2}$ Carácter transitivo.

294. TEOREMA 86. "El área de una corona circular de radios R y r es igual al producto de π por la diferencia de los cuadrados de dichos radios".

HIPÓTESIS: Sea la corona circular de la figura 243, de radios r y R. Designamos por A_1, A_2 y A las áreas de los círculos de radios R y r, y de la corona circular.

TESIS: $A = \pi\,(R^2 - r^2)$.

DEMOSTRACIÓN:

$A = A_1 - A_2$ (1) Diferencia de áreas.

Pero: $A_1 = \pi R^2$ (2) Area del círculo;

y $A_2 = \pi r^2$ (3)

Sustituyendo (2) y (3) en (1):

$A = \pi R^2 - \pi r^2$

$\therefore \quad A = \pi (R^2 - r^2)$ Sacando factor común.

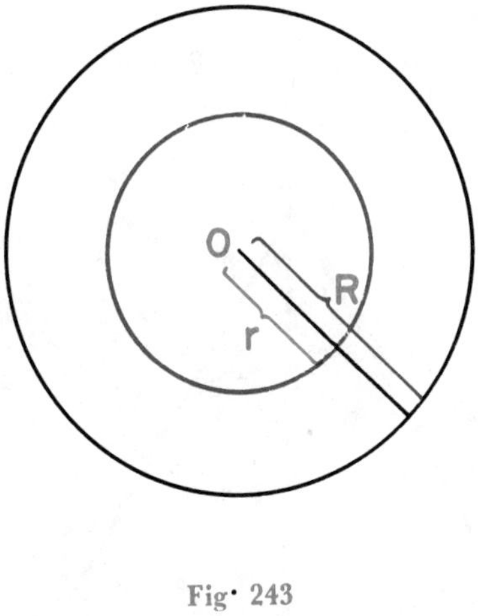

Fig. 243

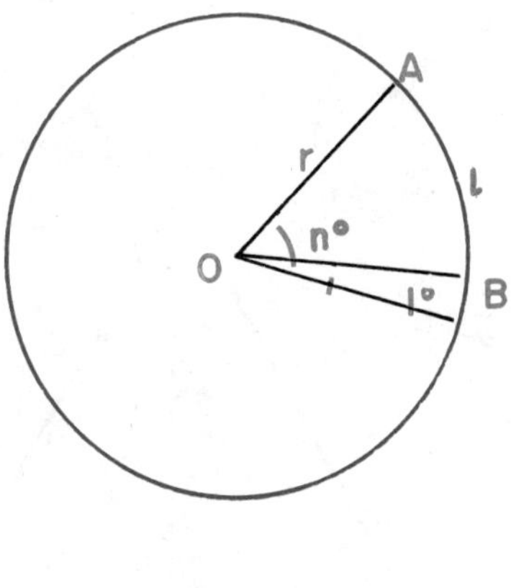

Fig. 244

295. TEOREMA 87. AREA DE UN SECTOR CIRCULAR. "El área de un sector circular es igual a la mitad del producto de la longitud de su arco por el radio".

HIPÓTESIS: Sea la circunferencia de radio r (Fig. 244) y AOB un sector circular de $n°$. Designemos por l la longitud del $\frown AB$.

TESIS: $$A_{AOB} = \frac{lr}{2}.$$

DEMOSTRACIÓN:

El área del círculo, limitada por la circunferencia completa (360°), es igual a πr^2	Area del círculo;
Un sector cuya amplitud sea de 1°, tendrá un área de $\frac{\pi r^2}{360}$	Por ser dicho sector $\frac{1}{360}$ del círculo;
Por tanto, el área de un sector de amplitud $n°$ será: $A_{AOB} = \frac{\pi r^2 n°}{360°}$	Por ser n veces mayor;
$\therefore \quad A_{AOB} = \frac{1}{2} \frac{\pi r n°}{180°} \cdot r \qquad (1)$	Ley disociativa;
y como: $\frac{\pi r n°}{180°} = l \qquad (2)$	Longitud de un arco de $n°$.
Sustituyendo (2) en (1), resulta: $A_{AOB} = \frac{lr}{2}.$	Efectuando operaciones.

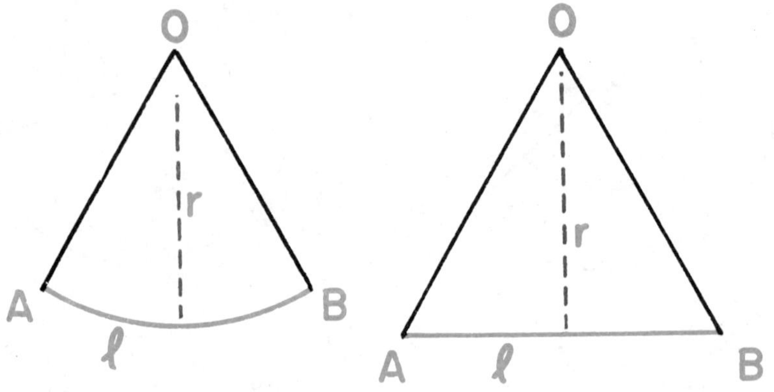

Figs. 245-1 y 245-2

296. COROLARIO. "El área de un sector circular es equivalente a la de un triángulo que tenga por base la longitud del arco que limita al sector y por altura el radio de la circunferencia".

En efecto:

Area del sector de arco l y radio r (Fig. 245) $=\frac{lr}{2}$.

Area del triángulo de base l y altura $r=\frac{lr}{2}$.

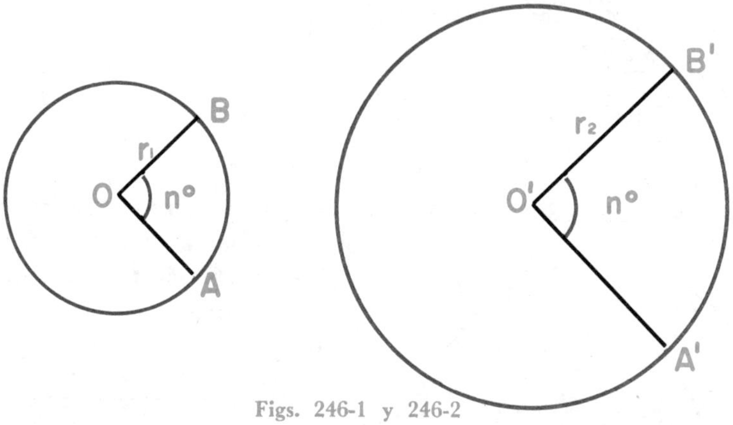

Figs. 246-1 y 246-2

297. SECTORES CIRCULARES SEMEJANTES. Son dos sectores tales como los AOB y $A'O'B'$ (Fig. 246) de igual amplitud $n°$ pero que pertenecen a círculos distintos (de radio r_1 y r_2).

298. TEOREMA 88. "Las áreas de dos sectores semejantes son proporcionales a los cuadrados de sus radios".

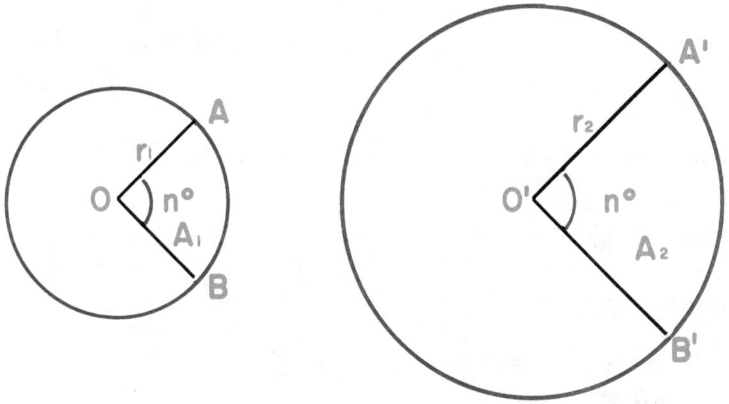

Figs. 247-1 y 247-2

HIPÓTESIS: Los sectores AOB y $A'O'B'$ (Fig. 247) son semejantes, siendo r_1 y r_2 los radios y A_1, A_2 las áreas.

TESIS: $$\frac{A_1}{A_2} = \frac{r_1^2}{r_2^2}$$

DEMOSTRACIÓN:

$$A_1 = \frac{\pi r_1^2 n^\circ}{360^\circ} \quad (1)$$

$$A_2 = \frac{\pi r_2^2 n^\circ}{360^\circ} \quad (2)$$

(1) y (2): Area del sector circular;

Dividiendo (1) entre (2):

$$\frac{A_1}{A_2} = \frac{\dfrac{\pi r_2^2 n^\circ}{360^\circ}}{\dfrac{\pi r_1^2 n^\circ}{360^\circ}}$$

$$\therefore \quad \frac{A_1}{A_2} = \frac{r_1^2}{r_2^2}.$$ Simplificando.

299. TEOREMA 89. AREA DE UN TRAPECIO CIRCULAR. **"El área de un trapecio circular limitado por dos arcos de radios R y r, y por dos radios que forman un ángulo central de n°, está dada por la fórmula:**

$$\frac{\pi n^\circ (R^2 - r^2)}{360^\circ}.$$

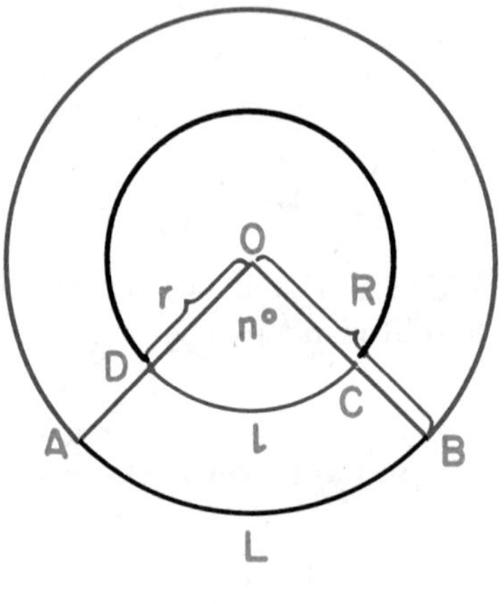

Fig 248

HIPÓTESIS: $ABCD$ (Fig. 248) es un trapecio circular de radios R y r y amplitud n°. Designemos por:

A el área del trapecio;

L la longitud del $\frown AB$ y

l la longitud del $\frown CD$.

TESIS: $$A = \frac{\pi n^\circ}{360^\circ}(R^2 - r^2).$$

DEMOSTRACIÓN:

$$A = A_{AOB} - A_{COD} \quad (1)$$ Diferencia de áreas.

Pero: $$A_{AOB} = \frac{\pi R^2 n^\circ}{360^\circ} \quad (2)$$

y $$A_{COD} = \frac{\pi r^2 n^\circ}{360^\circ} \quad (3)$$

(2) y (3): Area del sector circular;

Sustituyendo (2) y (3), en (1):

$$A = \frac{\pi R^2 n^\circ}{360^\circ} - \frac{\pi r^2 n^\circ}{360^\circ}$$

$$\therefore \quad A = \frac{\pi R^2 n^\circ - \pi r^2 n^\circ}{360^\circ}$$ Efectuando operaciones;

$$\therefore \quad A = \frac{\pi n^\circ (R^2 - r^2)}{360^\circ}$$ Sacando factor común

300. COROLARIO. **"El área de un trapecio circular es equivalente a la de un trapecio rectilíneo que tenga por bases los arcos rectificados que limitan al trapecio circular y por altura la diferencia de los radios".**

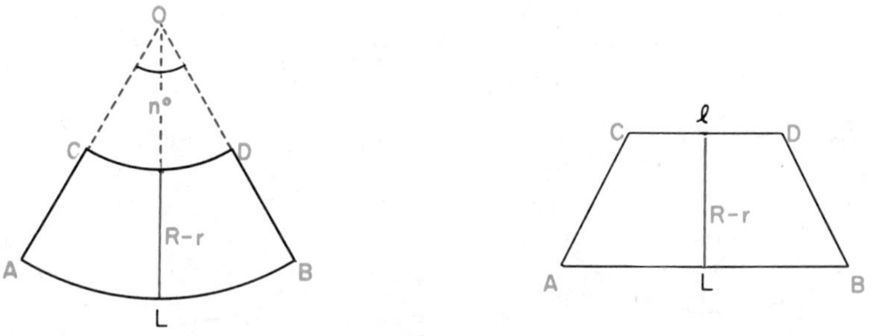

Figs. 249-1 y 249-2

En efecto: En la figura 249 tenemos:

$$A = \begin{pmatrix}\text{Area trapecio} \\ \text{circular}\end{pmatrix} = \frac{\pi n^\circ}{360^\circ}(R^2 - r^2)$$

$$\therefore \quad A = \frac{\pi n^\circ}{360^\circ}(R + r)(R - r)$$ Descomponiendo la diferencia de cuadrados;

$$\therefore \quad A = \frac{\pi n^\circ (R + r)}{360^\circ}(R - r)$$

$$\therefore \quad A = \frac{1}{2}\left[\frac{\pi R n^\circ}{180^\circ} + \frac{\pi r n^\circ}{180^\circ}\right](R - r) \qquad (1)$$ Efectuando operaciones y descomponiendo.

Pero: $$\frac{\pi R n^\circ}{180^\circ} = L \qquad (2)$$

y $$\frac{\pi r n^\circ}{180^\circ} = l \qquad (3)$$

(2) y (3): Longitud de un arco;

Sustituyendo (2) y (3) en (1), tenemos:

$$A = \frac{1}{2}(L + l)(R - r) = \left(\frac{L + l}{2}\right)(R - r) \qquad (4)$$

En la misma figura 249:

Area trapecio rectilíneo $= \left(\frac{L+l}{2}\right)(R-r)$ (5)

Comparando (4) y (5), resulta:
Area sector circular = Area trapecio rectilíneo.

301. AREA DEL SEGMENTO CIRCULAR. *"Para hallar el área de un segmento circular* (Fig. 250) *se halla el área del sector circular OACB y se le resta el área del triángulo AOB".*

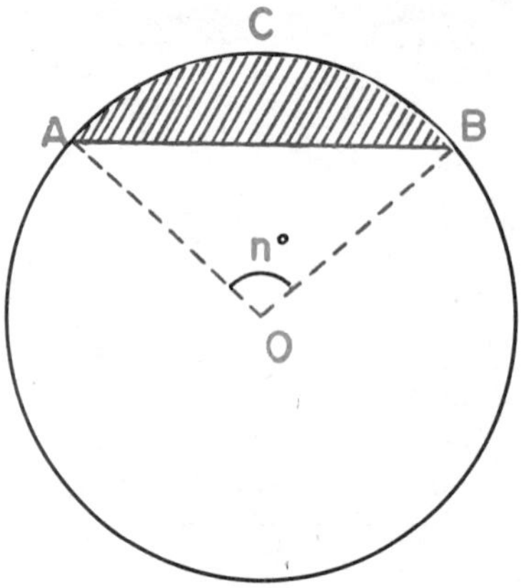

Fig. 250

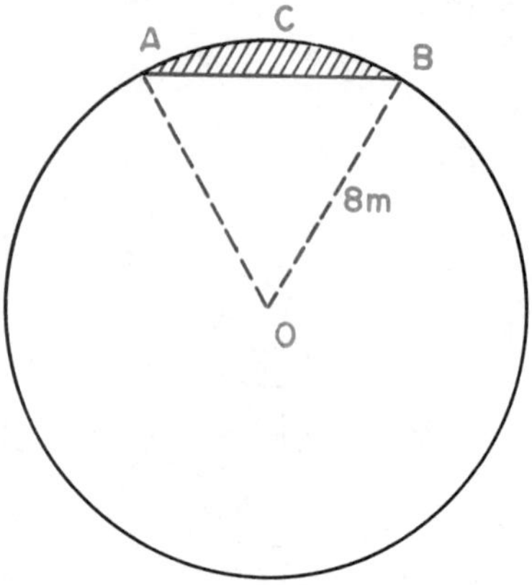

Fig. 251

Ejemplo. Hallar el área de un segmento circular *ACB* (Fig. 251) limitado por el lado del hexágono regular inscrito en una circunferencia de 8 m de radio.

$\overline{AO} = \overline{OB} = 8$ m; $\overline{AB} = l_6 = r = 8$ m; $\angle AOB = n° = 60°$.

Sector: $A = \frac{\pi r^2 n°}{360°} = \frac{\pi 8^2 \cdot 60}{360} = \frac{64\pi}{6} = \frac{32}{3}\pi$.

Triángulo: $A = \frac{l^2\sqrt{3}}{4} = \frac{8^2\sqrt{3}}{4} = \frac{64\sqrt{3}}{4} = 16\sqrt{3}$.

Segmento: $A = \frac{32\pi}{3} - 16\sqrt{3} = 33.49 - 27.71 = 5.78$ m².

EJERCICIOS

(1) Hallar el área de un rectángulo sabiendo que su base mide 15.38 m y su altura 3.5 m. *R.:* 53.83 m²

(2) Un rectángulo tiene 96 m^2 de área y 44 m de perímetro. Hallar sus dimensiones.

R.: $b = 16$ m.
$h = 6$ m.

(3) La base de un rectángulo es el doble de su altura y su área es 288 m^2. Hallar sus dimensiones.

R.: $b = 24$ m.
$h = 12$ m.

(4) El área de un rectángulo es de 216 m^2 y su base es 6 metros mayor que su altura. Hallar sus dimensiones.

R.: $b = 18$ m.
$h = 12$ m.

(5) La diagonal de un rectángulo mide 10 m y su altura 6 m. Hallar su área.

R.: $A = 48$ m^2.

(6) Hallar el área de un rectángulo cuya base y altura son respectivamente el lado y la apotema de un pentágono inscrito en una circunferencia de radio r.

R.: $\frac{r^2}{4}\sqrt{10 + 2\sqrt{5}}$.

(7) Hallar el área de un cuadrado cuyo lado vale 8.62 cm.

R.: 74.30 cm^2.

(8) Hallar el lado de un cuadrado cuya área vale 28.09 m^2.

R.: 5.3 m.

(9) Hallar el área de un cuadrado cuya diagonal vale $4\sqrt{2}$ m.

R.: 16 m^2.

(10) Si se aumentan 2 m al lado de un cuadrado, su área aumenta en 36 m^2. Hallar el lado. R.: 8 m.

(11) Hallar el área de un cuadrado cuyo lado es el lado del octágono regular inscrito en una circunferencia de radio r.

R.: $r^2(2 - \sqrt{2})$.

(12) Hallar el área de un triángulo sabiendo que la base mide 6.8 m y la altura 9.3 m. R.: 31.62 m^2.

(13) Hallar el área de un triángulo cuya base y altura son respectivamente el lado del triángulo equilátero y el lado del cuadrado inscrito en una circunferencia cuyo radio vale $\sqrt{2}$ cm.

R.: $\sqrt{6}$ cm^2.

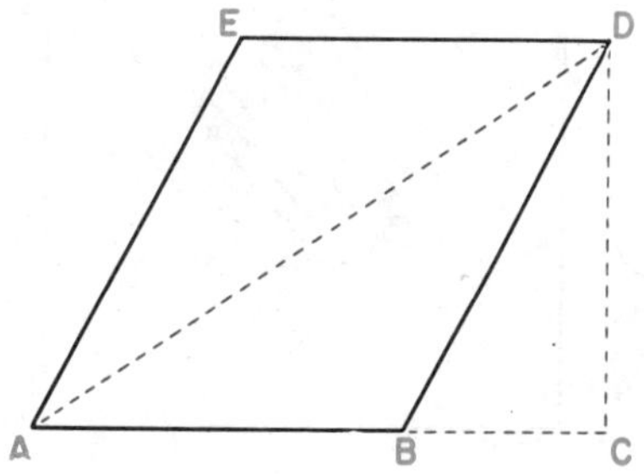

Ejer 17

(14) Hallar el área de un triángulo cuya base y altura son respectivamente el lado y la apotema del octágono regular inscrito en una circunferencia cuyo radio vale 4 m. *R.:* $4\sqrt{2}$ m².

(15) Hallar el área de un paralelogramo cuya base mide 30 cm y su altura 20 cm. *R.:* 600 cm².

(16) En un rectángulo *ABCD*, la diagonal $\overline{AC} = 50$ cm y la base $\overline{AB} = 40$ cm. Hallar su área *R.:* 1200 cm².

(17) En la figura (Ejer. 17): $\overline{AD} = 50$ cm; $\overline{DC} = 30$ cm y $\overline{BD} = 35$ cm. Hallar el área del paralelogramo *ABDE*. *R.:* 660 cm².

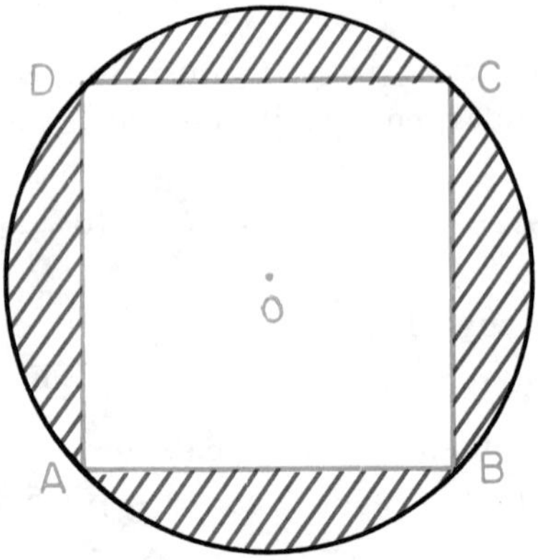

Ejer. 22

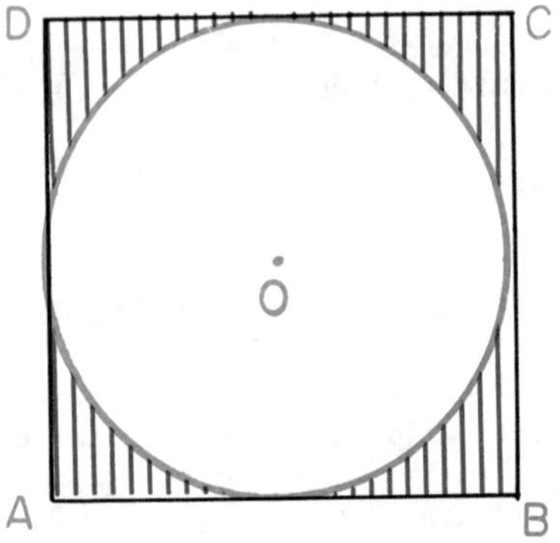

Ejer. 23

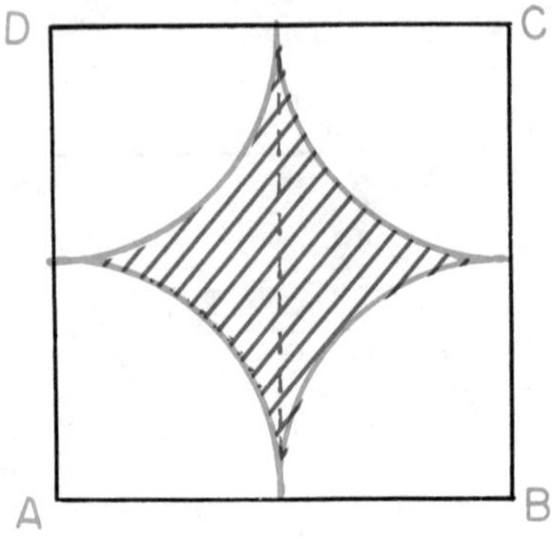

Ejer. 24

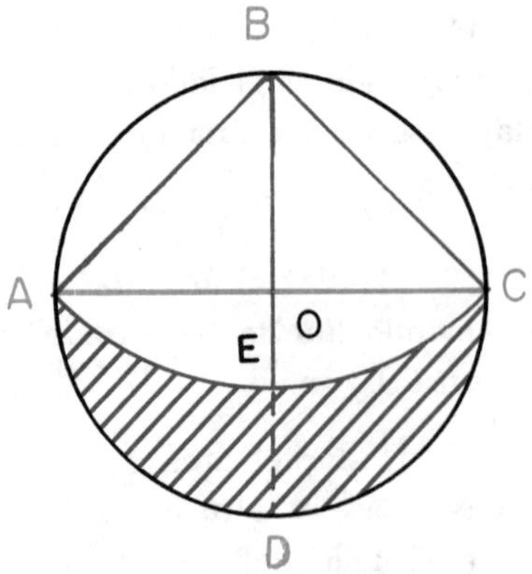

Ejer. 25

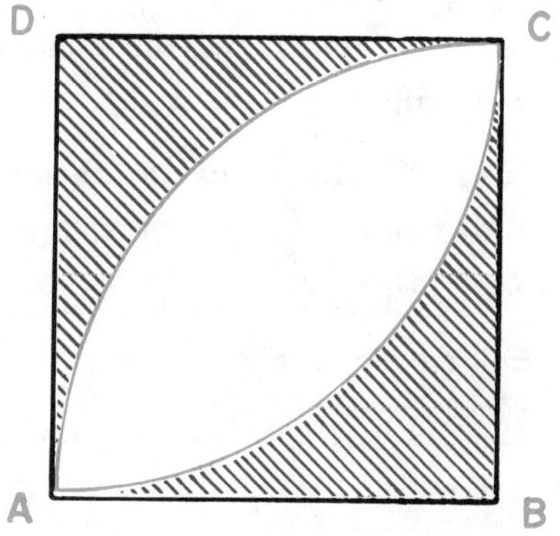

Ejer. 26

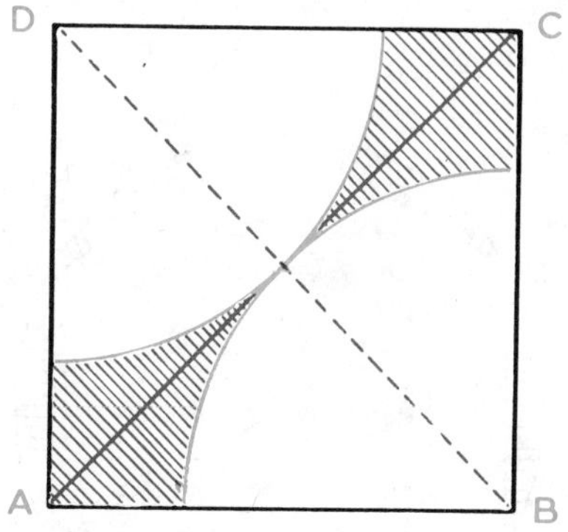

Ejer. 27

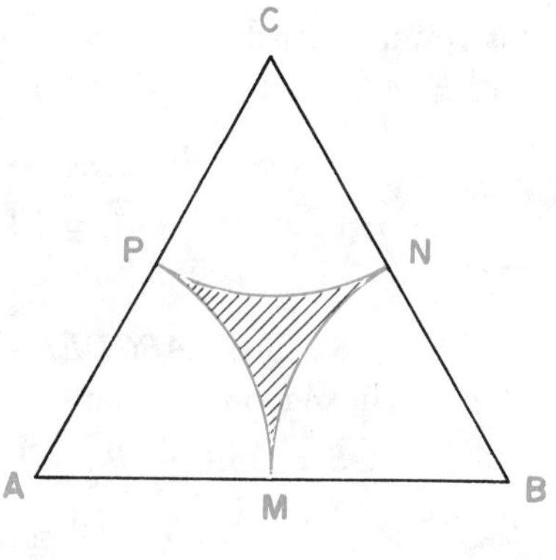

Ejer. 28

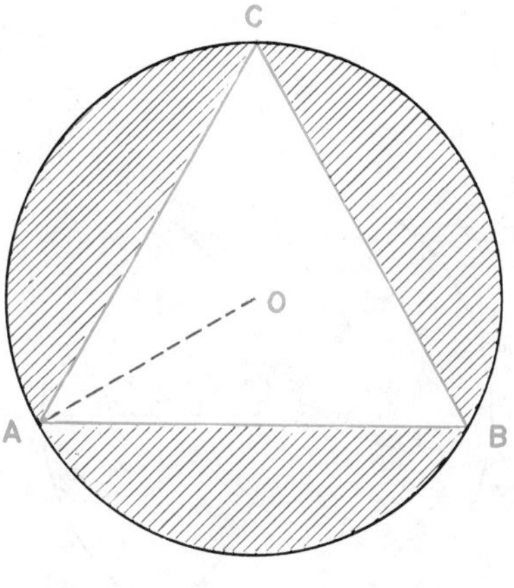

Ejer. 29

(18) Hallar el área de un triángulo cuyos lados miden 6, 8 y 12 cm. *R.:* 21.33 cm^2.

(19) Hallar el área de un triángulo equilátero de 8 cm de lado. *R.:* $16\sqrt{3}$ cm^2.

(20) Los lados de un triángulo miden 6, 8 y 10 m. Hallar su área. *R.:* 24 m^2.

(21) Los lados de un triángulo inscrito en una circunferencia de radio igual a 3.5 cm, valen 5, 6 y 7 cm. Hallar su área. *R.:* 15 cm^2.

En cada uno de los ejercicios siguientes calcular el área de la parte rayada:

(22) El *ABCD* es un cuadrado. $\overline{OA} = 4$ m. *R.:* 18.26 m².

(23) El *ABCD* es un cuadrado. $\overline{AB} = 10$ cm. *R.:* 21.46 cm².

(24) El *ABCD* es un cuadrado. $\overline{AB} = 12$ cm. *R.:* 30.90 cm².

(25) El *ABCD* es un cuadrado. $\overline{OA} = 5$ cm. *R.:* 24 cm².

(26) El *ABCD* es un cuadrado. $\overline{AB} = 8$ m. *R.:* 27.47 m².

(27) El *ABCD* es un cuadrado. $\overline{AB} = 6$ cm. *R.:* 7.72 cm².

(28) El *ABC* es un equilátero. $\overline{AB} = \overline{BC} = \overline{CA} = 10$ cm. *P*, *M* y *N* son los puntos medios de los lados. *R.:* 4.03 cm²

(29) El *ABC* es un equilátero. $\overline{OA} = 12$ cm. *R.:* 265.32 cm².

(30) *ABCDEF* es un hexágono regular. $\overline{OB} = 2$ m. *R.:* 2.18 m².

(31) *O* y *O'* son dos circunferencias iguales. $\overline{OO'} = 20$ cm. *R.:* 491.34 cm².

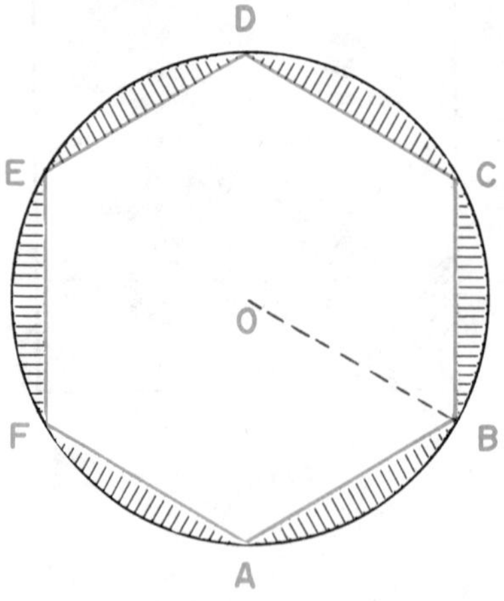

Ejer. 30

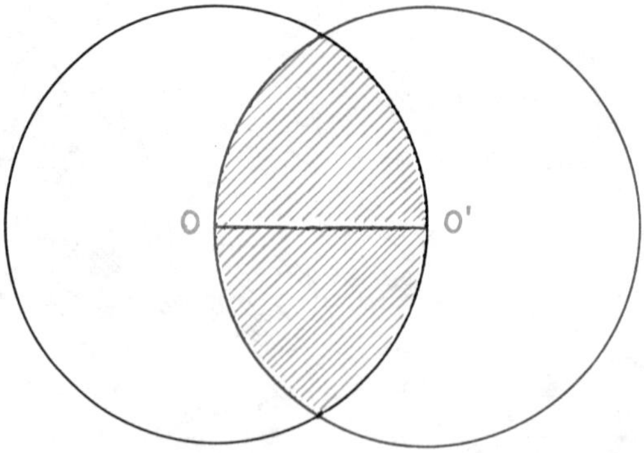

Ejer. 31

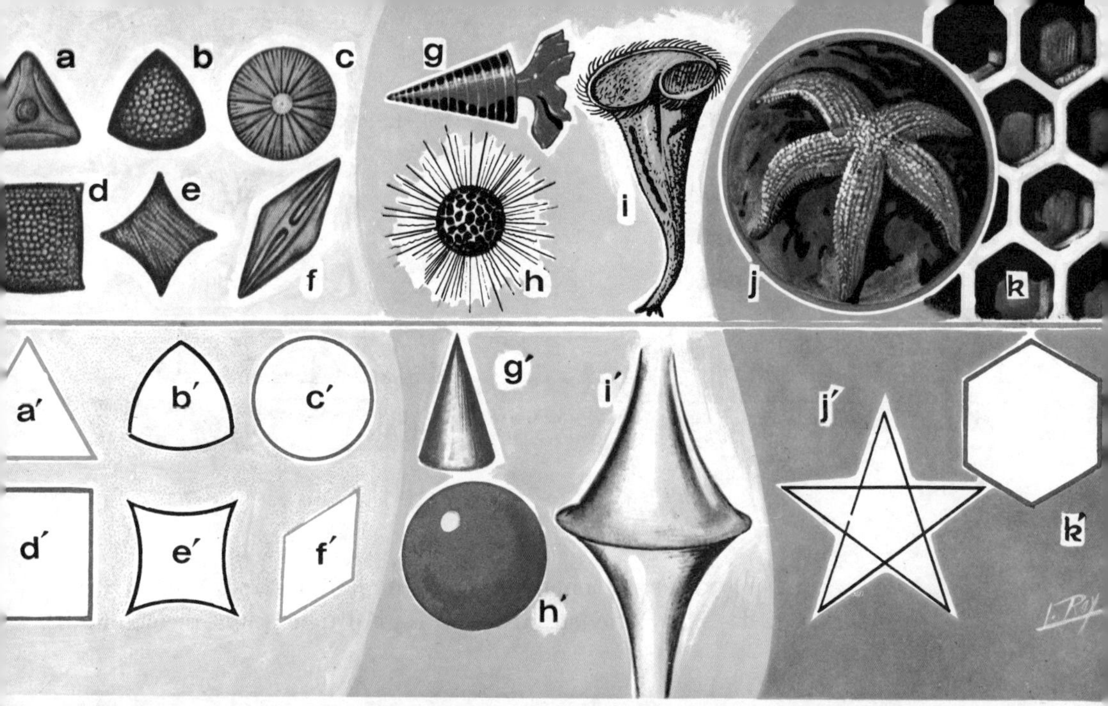

…nejanzas geométricas en algunos seres vivien… En los seres vivientes, de modo especial mi…scópicos, se encuentran bellísimas formas geo…tricas. Las letras a, b, c, d, e y f corresponden … diatomeas (algas microscópicas). La be y la e parecen dibujadas por Riemann y Lobatschewski respectivamente, pues se acoplan perfectamente a sus conceptos geométricos. La g, h, i son protozoarios. El pentágono estrellado está representado en los equinodermos por la estrella de mar.

18

Rectas y planos

302. *DETERMINACION DEL PLANO.* Un plano viene determinado:

1. Por dos rectas que se cortan.
2. Por tres puntos no situados en línea recta.
3. Por una recta y un punto exterior a ella.
4. Por dos rectas paralelas.

303. POSICIONES DE DOS PLANOS. Dos planos pueden ocupar las siguientes posiciones:

1. *Cortarse.* En este caso tienen una recta común que se llama intersección de los dos planos.

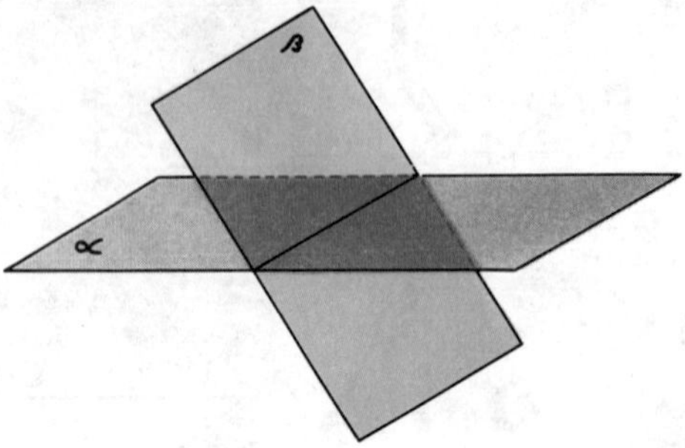

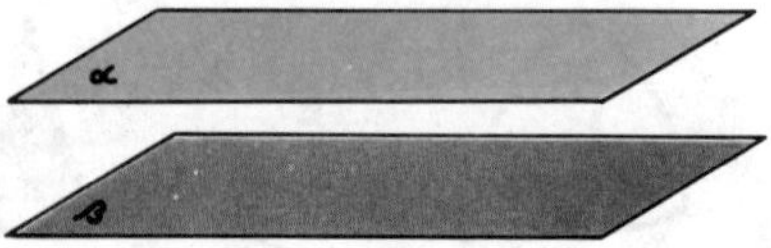

2. *Ser paralelos.* Cuando no tienen ningún punto común.
Según esto, si dos planos tienen un punto común tienen una recta común.

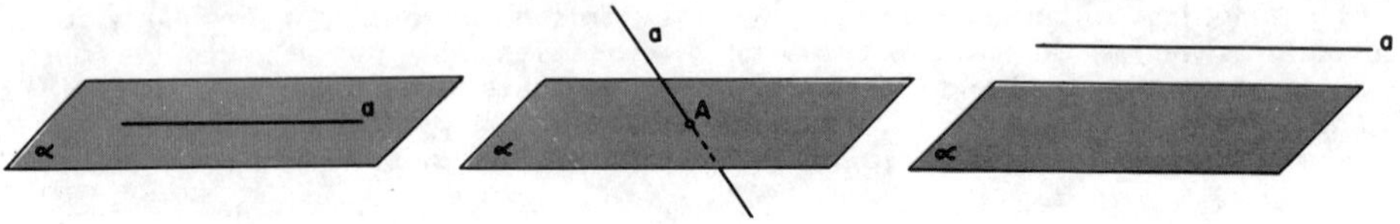

304. POSICIONES DE UNA RECTA Y UN PLANO. Una recta y un plano pueden ocupar las siguientes posiciones:

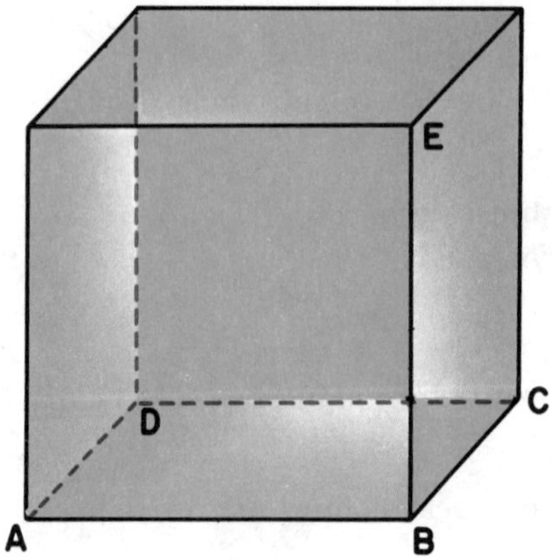

1. *Estar la recta* a *en el plano.*
2. *Cortarse.* En este caso tienen un punto *A* común.
3. *Ser paralelos.* Cuando no tienen ningún punto común.

305. POSICIONES DE DOS RECTAS EN EL ESPACIO. Dos rectas en el espacio pueden ocupar las siguientes posiciones:

1. *Cortarse.* En este caso *AB* y *BE* tienen un punto común *B*.
2. *Ser paralelas.* Cuando están en un mismo plano y no tienen ningún punto común. Ejemplo *AB* y *CD*.

3. *Cruzarse.* Si no están en un mismo plano. En este caso no tienen ningún punto común ni son paralelas. Se dice que son alabeadas. Ejemplo: *AD* y *BE*.

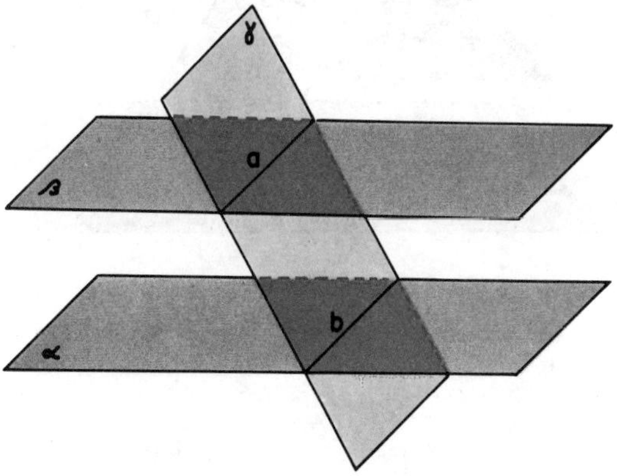

306. TEOREMA 90. Las intersecciones a y b de dos planos paralelos α y β con un tercer plano γ son rectas paralelas.

En efecto, si las rectas *a* y *b* se cortaran, el punto de intersección pertenecería a los planos **α** y **β** y en este caso no serían paralelos, contra la hipótesis.

307. TEOREMA 91. Si dos rectas a y b son paralelas, todo plano α que pase por una de ellas b es paralelo a la otra.

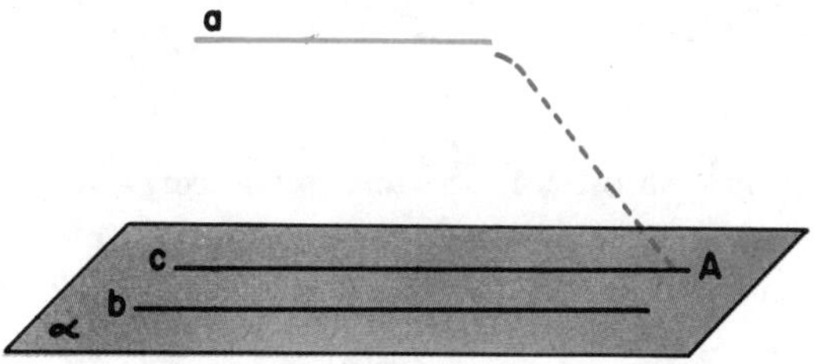

En efecto, si la recta *a* cortara el plano **α** en el punto *A*, trazando por este punto una paralela *c* a la recta *b* tendríamos por *A* dos paralelas a una misma recta, contrario al postulado de Euclides.

308. COROLARIO. Si una recta AB es paralela a un plano α la interseccción MN del plano α con otro cualquiera que pase por la recta es paralela a la recta.

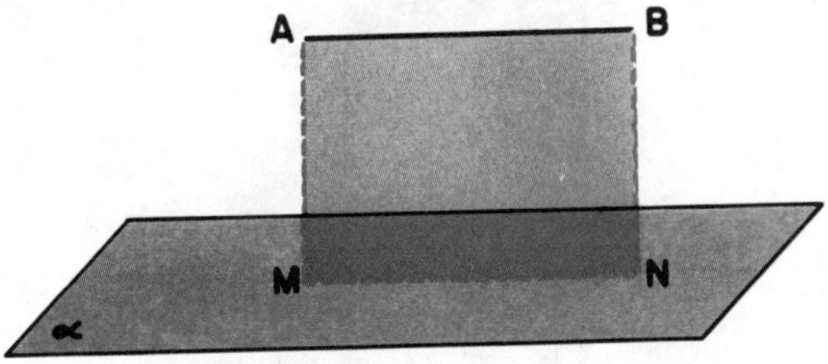

309. TEOREMA 92. Si dos rectas a y b que se cortan son paralelas a un plano α, el plano que ellas determinan es también paralelo al plano.

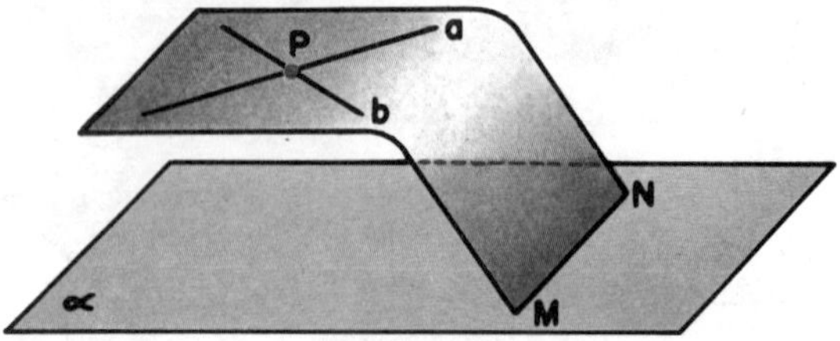

En efecto, si el plano de las rectas *a* y *b* cortara al plano en la recta *MN*, las rectas *a* y *b* serían paralelas a *MN* y habría dos rectas paralelas a una recta por un mismo punto *P*, cosa contraria al postulado de Euclides.

310. TEOREMA 93. **Si un plano α corta a una de dos rectas *a* y *b* paralelas corta también a la otra.**

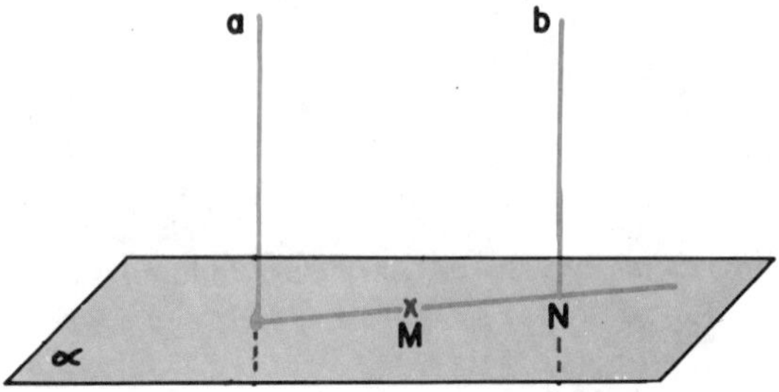

En efecto, el plano determinado por las dos rectas *a* y *b* corta al plano α en la recta *MN*. Si esta recta corta a *b* deberá cortar también a *a* y, por tanto, el plano α corta a la recta *a*.

COROLARIOS: 1. **Si una recta corta a uno de dos planos paralelos, corta también al otro.**

2. **Si un plano corta a uno de dos planos paralelos corta también al otro.**

3. **Si dos planos son paralelos a un mismo plano son paralelos entre sí**

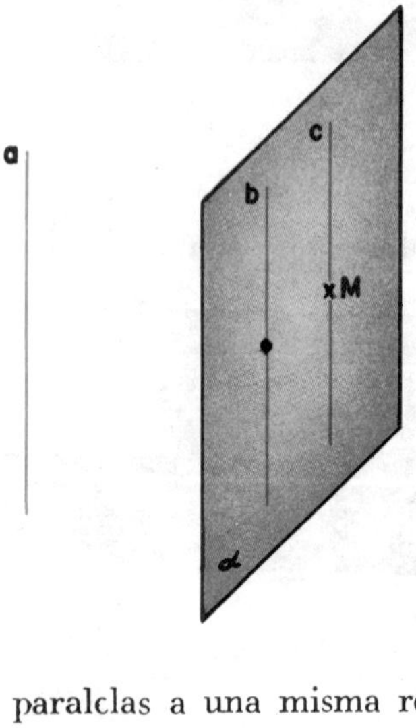

311. TEOREMA 94. **Dos rectas *b* y *c* paralelas a una tercera *a* son paralelas entre sí**

En efecto, tracemos el plano α determinado por *b* y un punto *M* de la recta *c*. Este plano debe contener a *c*, porque si la cortara debería cortar también a *b* y la contiene. Si contiene a *c*, las rectas *c* y *b* no pueden cortarse porque entonces por el punto de intersección habría dos paralelas a una misma recta *a*, contrario al postulado de Euclides.

312. TEOREMA 95. **Si dos ángulos ∠BAC y ∠FGH, no situados en un mismo plano, tienen sus lados paralelos y dirigidos en el mismo sentido son iguales.**

Construcción auxiliar

Se toman $AB = FG$ y $AC = GH$, y se unen A con G; B con F y C con H.

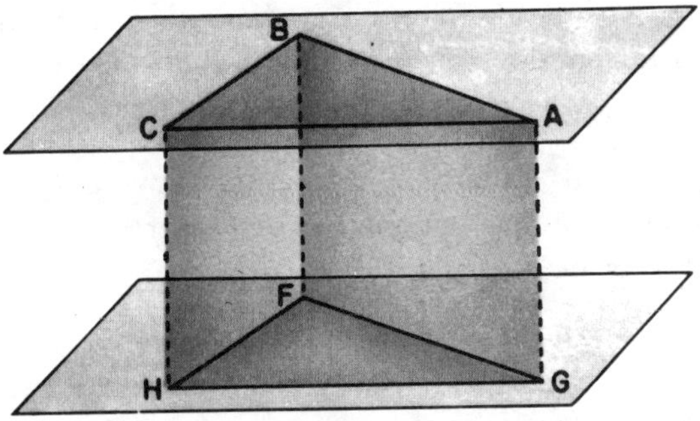

Aplicando los teoremas anteriores se demuestra que los triángulos ABC y GFH son iguales y, por tanto, los ángulos A y G son también iguales.

Análogamente se demuestra que si los ángulos tienen los lados paralelos y dirigidos en sentido contrario son también iguales y si tienen un par de lados dirigidos en un sentido y un par en sentido contrario son suplementarios.

313. TEOREMA 96. **Si se cortan dos rectas por un sistema de planos paralelos, los segmentos correspondientes son proporcionales.**

Sean las rectas AB y CD cortadas por los planos α, β, γ. Vamos a demostrar que $\frac{AM}{CM'} = \frac{MB}{M'D}$.

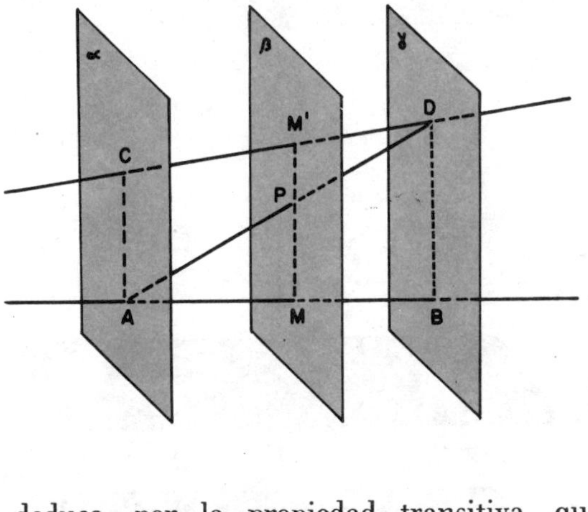

En efecto: en el plano ADC, por ser paralelas las rectas $M'P$ y AC, se verifica $\frac{CM'}{M'D} = \frac{AP}{PD}$; y en el plano BAD se verifica:

$$\frac{AP}{PD} = \frac{AM}{MB}.$$

De estas igualdades se deduce, por la propiedad transitiva, que:

$$\frac{AM}{MB} = \frac{CM'}{M'D}. \qquad \therefore \quad \frac{AM}{CM'} = \frac{MB}{M'D},$$

como se quería demostrar.

Corolario. **Si dos planos paralelos se cortan por un haz de rectas concurrentes los segmentos correspondientes son proporcionales.**

314. RECTA PERPENDICULAR A UN PLANO. Se dice que una recta es perpendicular a un plano si es perpendicular a todas las rectas del plano que pasan por la intersección.

Al punto de intersección se le llama *pie* de la perpendicular.

Como es imposible comprobar que una recta sea perpendicular a *todas* las que pasan por su pie, se demuestra que si una recta es perpendicular a *dos* rectas de un plano que pasan por su pie es perpendicular a todas.

De aquí que para construir un plano perpendicular a una recta en uno de sus puntos es suficiente trazar dos rectas perpendiculares a la dada que pasen por el punto.

Por un punto P pasa un plano perpendicular a una recta a y solamente uno. El punto puede estar en la recta o fuera de ella.

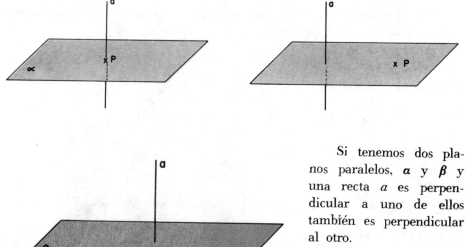

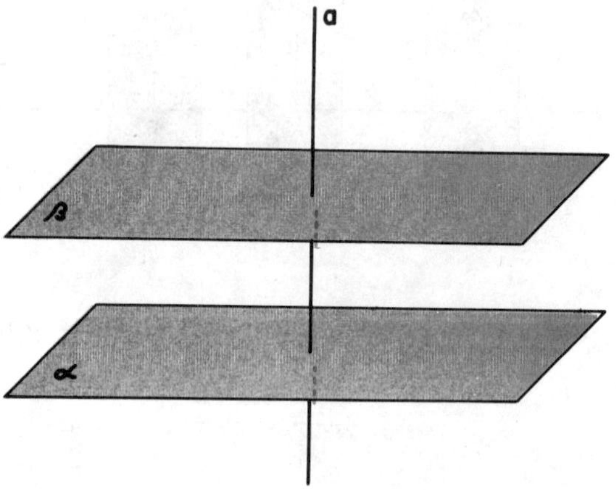

Si tenemos dos planos paralelos, α y β y una recta a es perpendicular a uno de ellos también es perpendicular al otro.

Por un punto P de un plano pasa una recta perpendicular al plano y solamente una.

Por un punto P exterior a un plano α pasa una recta PM perpendicular al plano α y solamente una.

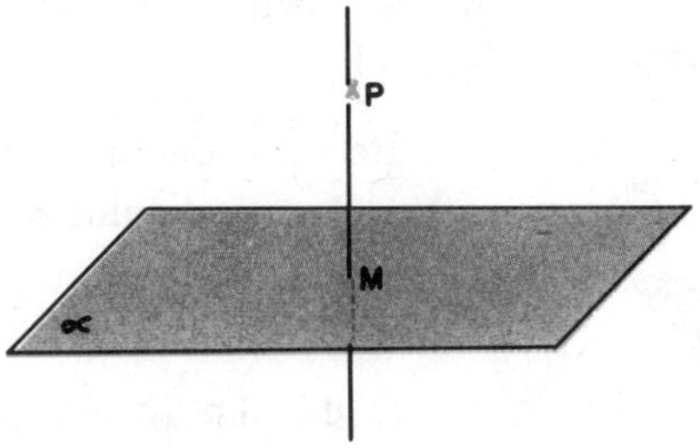

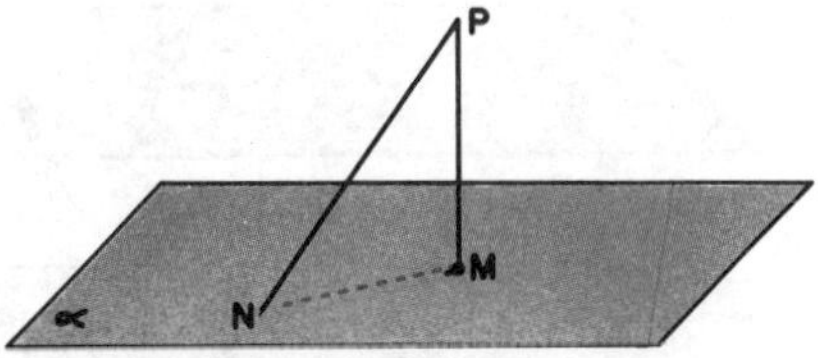

315. DISTANCIA DE UN PUNTO P A UN PLANO α. Es el segmento $\overline{PM}$ de perpendicular trazada del punto al plano.

Se llama así por ser menor que cualquier otro segmento $\overline{PN}$ que une el punto con cualquier otro punto del plano, pues basta observar que el segmento oblicuo $\overline{PN}$ es hipotenusa de un triángulo rectángulo en el que la distancia $\overline{PM}$ es un cateto.

Análogamente a lo visto en la *Geometría plana*, dos oblicuas que se apartan igualmente del pie de la perpendicular son iguales; y de dos oblicuas que se apartan desigualmente del pie de la perpendicular es mayor la que se aparta más.

316. *PARALELISMO Y PERPENDICULARIDAD.* Si de dos rectas paralelas a y b, una de ellas (a) es perpendicular a un plano, la otra (b) también es perpendicular al plano.

En efecto: unamos M con N; por ser a perpendicular al plano será perpendicular a MN; y como b es paralela a a también será perpendicular a MN. Para demostrar que es perpendicular al plano tendremos que demostrar que es perpendicular a otra recta del plano. Si trazamos por M y N dos rectas c y d paralelas tendremos que los

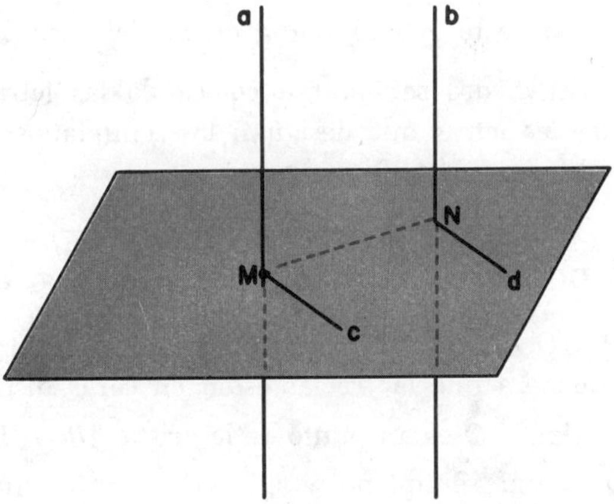

ángulos M y N son iguales por lados paralelos dirigidos en el mismo sentido y como el ángulo M es recto también lo será el N.

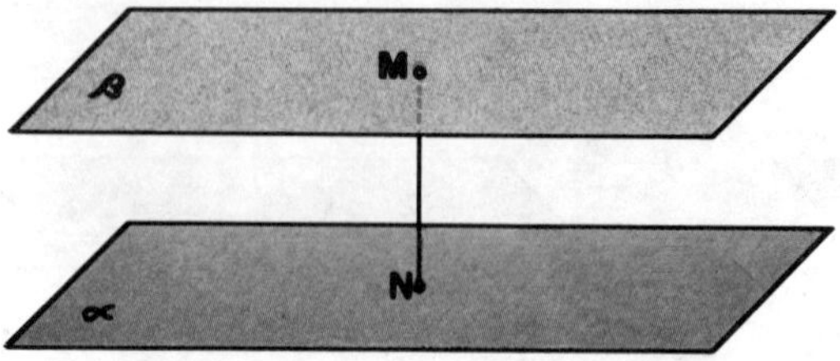

Recíprocamente, dos rectas perpendiculares a un mismo plano son paralelas.

Dados dos planos paralelos si una recta es perpendicular a uno de ellos también es perpendicular al otro.

317. *DISTANCIA ENTRE DOS PLANOS* α *Y* β *PARALELOS.* Es el segmento $\overline{MN}$ de perpendicular comprendido entre los dos planos. O también, es la distancia de un punto cualquiera M de uno de ellos al otro.

318. POSTULADOS.

1. *Dado un plano existen puntos fuera de él.*
2. *Un plano divide al espacio en dos regiones llamadas semiespacios.*

319. ANGULO DIEDRO. Se llama *ángulo diedro*, o simplemente diedro, a la porción de espacio comprendida entre dos semiplanos que tienen un borde común, y están situados en planos distintos.

Los semiplanos MAB y NAB (Fig. 252) que tienen el borde común AB, se llaman *caras* del diedro.

La recta $\overleftrightarrow{AB}$ se llama *arista* del diedro.

El diedro se nombra colocando las letras de los extremos de la arista entre las letras que designan los semiplanos; así, el diedro de la figura 252, se designa $MABN$.

320. *ANGULO RECTILINEO CORRESPONDIENTE A UN DIEDRO. MEDIDA DE UN ANGULO DIEDRO.* Es el ángulo formado por dos rectas, $\overleftrightarrow{OP}$ y $\overleftrightarrow{OQ}$ (Fig. 253) perpendiculares a la arista $\overleftrightarrow{AB}$, en un mismo punto O, de manera que las rectas estén en caras distintas del diedro.

Así, si O es un punto de la arista $\overline{AB}$ y $\overline{PO} \perp \overline{AB}$ y $\overline{QO}' \perp \overline{AB}$, estando $\overline{PO}$ en un semiplano y $\overline{QO}$ en el otro semiplano, decimos que el $\angle POQ$ es un ángulo rectilíneo correspondiente del diedro $MABN$.

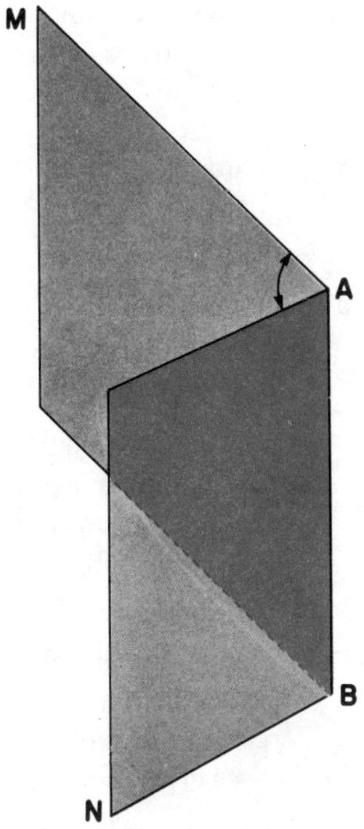

Fig. 252

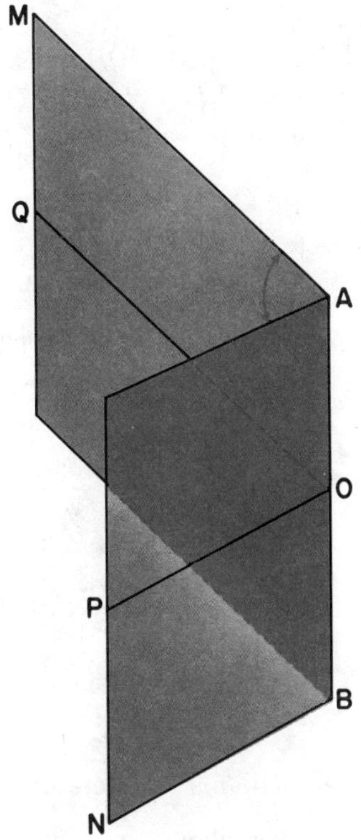

Fig. 253

Obsérvese que todos los ángulos rectilíneos correspondientes de un diedro son iguales, ya que son ángulos de lados paralelos y dirigidos en el mismo sentido.

Medida de un ángulo diedro. Es la medida de un ángulo rectilíneo correspondiente. Si el ángulo rectilíneo es agudo el diedro es agudo, si es recto el diedro es recto, etc.

321. *IGUALDAD Y DESIGUALDAD DE ANGULOS DIEDROS.* Dos ángulos diedros son iguales, cuando lo son sus ángulos rectilíneos correspon-

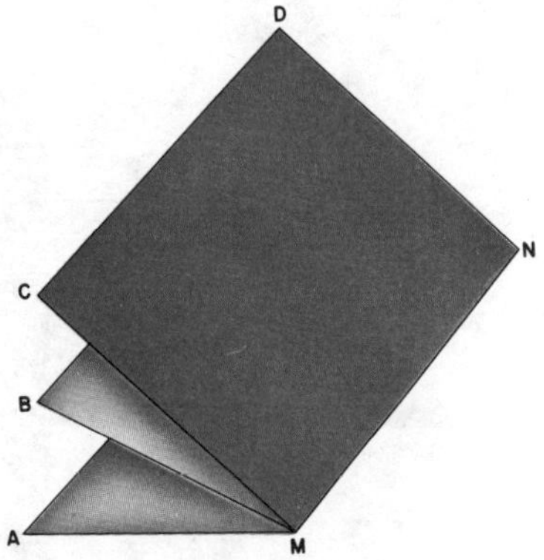

Fig. 254

dientes. Dos ángulos diedros son desiguales cuando lo son sus ángulos rectilíneos correspondientes.

322. ANGULOS DIEDROS CONSECUTIVOS. Son los ángulos diedros como *AMNB* y *BMNC* (Fig. 254) que tienen la arista y una cara común que separa a las otras dos.

323. PLANOS PERPENDICULARES. Son los que forman un ángulo diedro recto.

Propiedades:

1. Si una recta a es perpendicular a un plano α, cualquier plano β que pase por la recta a es perpendicular al plano α.

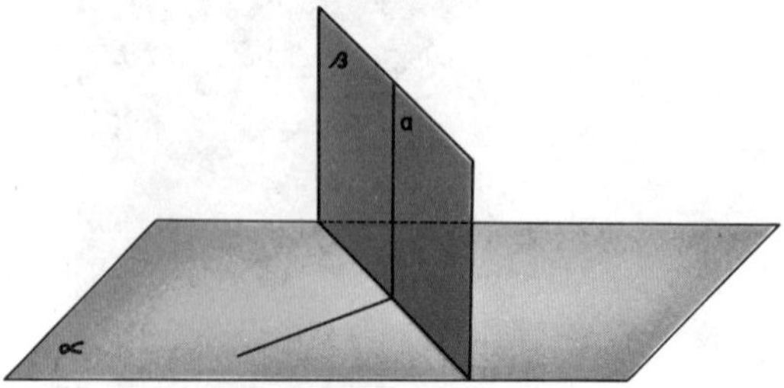

2. Si una recta es perpendicular a un plano, cualquier plano paralelo a la recta también es perpendicular al plano.

3. Si dos planos son perpendiculares, cualquier recta de uno de ellos, que sea perpendicular a la intersección de los dos planos, es perpendicular al otro.

4. Si dos planos α y β son perpendiculares y desde un punto M de uno de ellos trazamos una recta $\overleftrightarrow{MN}$ perpendicular al otro, esta recta está contenida en el plano α.

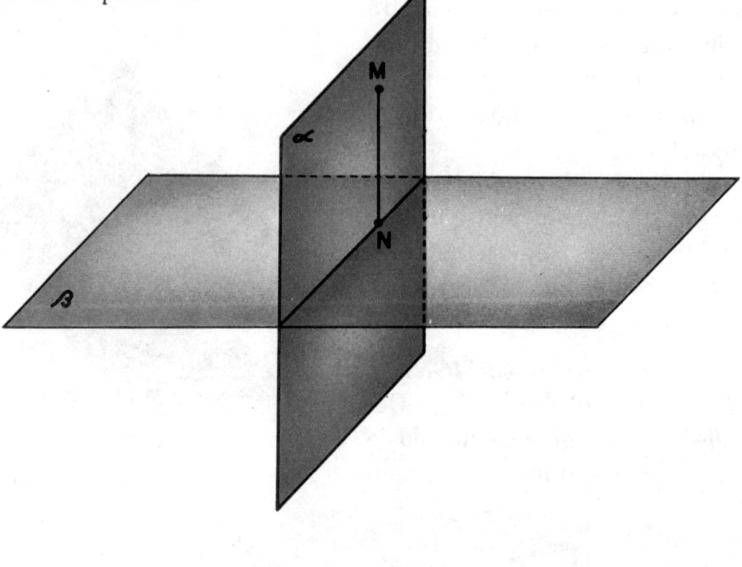

5. Si dos planos α y β que se cortan son perpendiculares a un tercero γ, la recta de intersección $\overleftrightarrow{MN}$ también es perpendicular al plano γ.

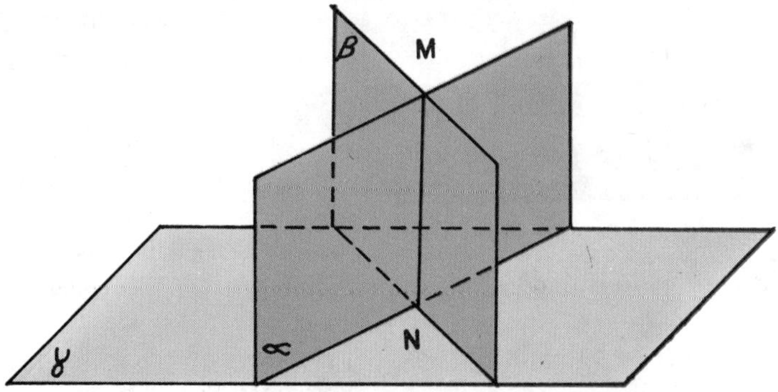

6. Por una recta a oblicua a un plano α pasa un plano β perpendicular a α y solamente uno.

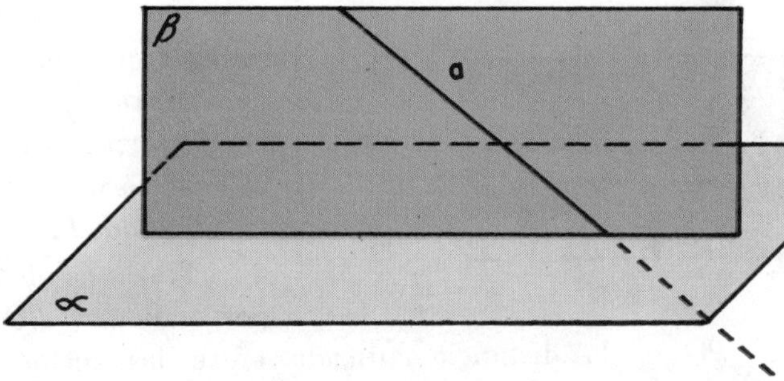

324. PLANO BISECTOR DE UN ANGULO DIEDRO. Es el plano que divide al diedro en dos diedros iguales.

Los puntos del plano bisector equidistan de las caras del diedro.

Los planos bisectores de dos diedros adyacentes son perpendiculares.

325. PROYECCION DE UN PUNTO A SOBRE UN PLANO α. La proyección de un punto A sobre un plano es el pie A' de la perpendicular trazada desde el punto al plano.

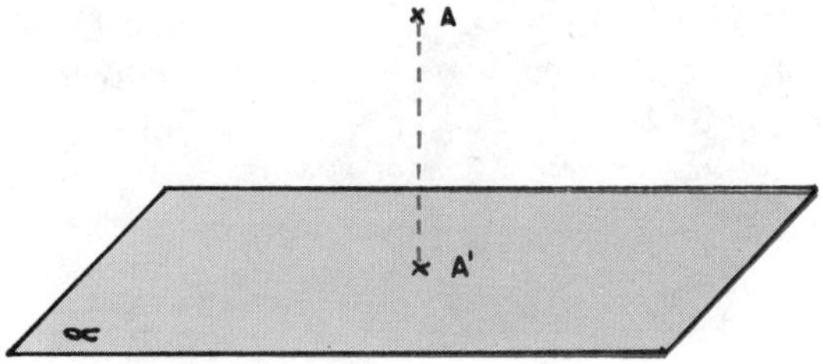

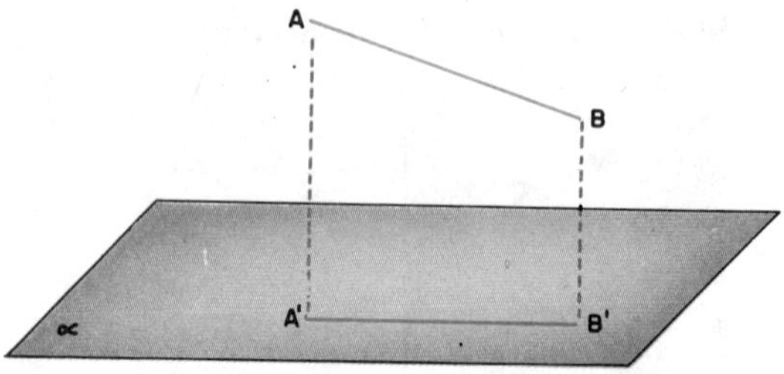

Proyección de una línea AB sobre un plano α es el conjunto $A'B'$ formado por las proyecciones de todos los puntos de la línea.

Para obtener la proyección de una recta sobre un plano se traza por la recta un plano perpendicular al plano dado. La intersección es la proyección.

326. DISTANCIA ENTRE DOS RECTAS QUE SE CRUZAN. Es el segmento de perpendicular común comprendido entre ambas rectas.

Para trazar esta distancia sean a y b las dos rectas. Por un punto M de una de ellas (b) se traza la recta c paralela a la otra (a) la cual determina con b el plano α.

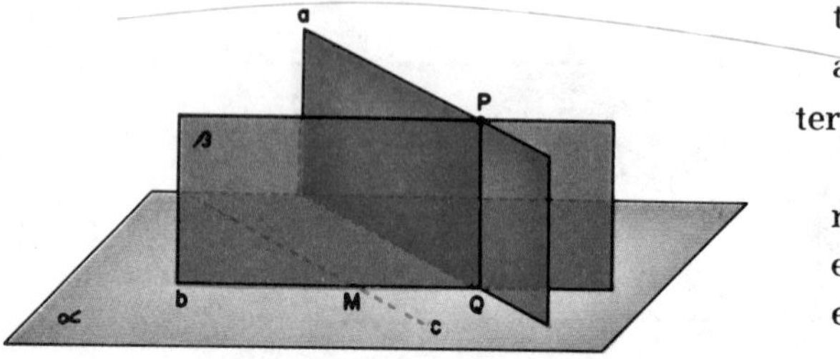

Se traza ahora el plano β perpendicular al α el cual corta a la recta a en el punto P.

Trazando desde P la perpendicular PQ al plano α tenemos que PQ es la distancia buscada entre las rectas a y b.

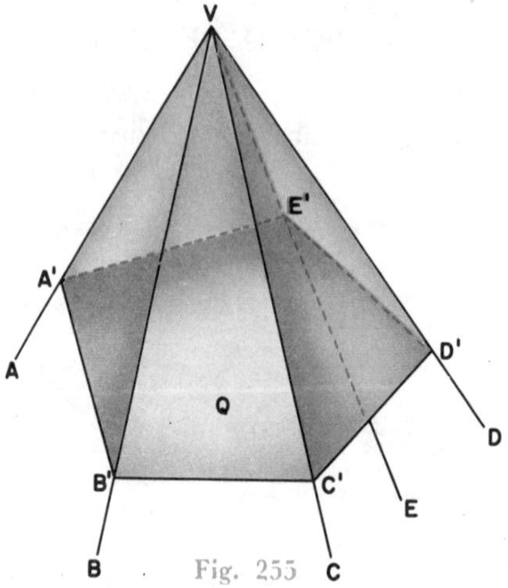

Fig. 255

327. ANGULO POLIEDRO CONVEXO. Es la figura formada por tres o más semirrectas $\overrightarrow{VA}$, $\overrightarrow{VB}$, $\overrightarrow{VC}$, etc. (Fig. 255), del mismo origen, y tales que el plano determinado por cada dos consecutivas deja a las demás de un mismo lado (semiespacio) del plano.

El origen V de las semirrectas se llama *vértice* y las semirrectas $\overrightarrow{VA}$, $\overrightarrow{VB}$, $\overrightarrow{VC}$, etc., se llaman *aristas*. Los planos (y también los ángulos AVB, BVC, CVD, DVE y EVA, son las *caras* del ángulo poliedro. Un ángulo poliedro se nombra por el vértice, un guión y las letras de las aristas. Así, el de la figura 255 es el ángulo poliedro. *V-ABCDE.*

328. SECCION PLANA DE UN ANGULO POLIEDRO. Es el polígono determinado por un plano que corta a todas las aristas del ángulo poliedro.

Así, el ángulo poliedro *V-ABCDE* (Fig. 255) al ser cortado por el plano *Q*, determina el polígono *A'B'C'D'E'*, que es una sección plana de dicho ángulo poliedro.

329. ANGULOS DIEDROS EN UN ANGULO POLIEDRO. Son los ángulos diedros formados por cada dos caras consecutivas. Se les nombra por su arista. Así (Fig. 255) diremos: *diedro VA, diedro VB*, etc.

330. ANGULO TRIEDRO. Es el ángulo poliedro formado por tres semirrectas (figura 256).

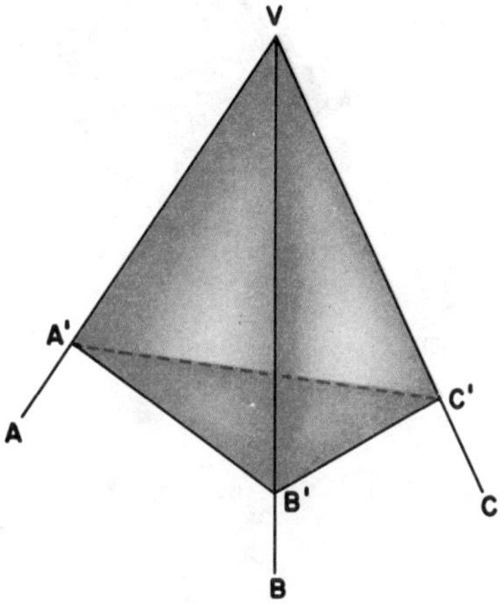

Fig. 256

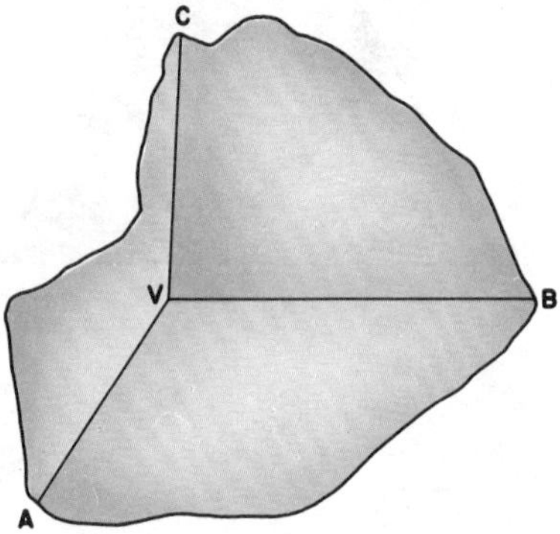

Fig. 257

331. CLASIFICACION DE LOS TRIEDROS. Un ángulo triedro puede puede tener uno, dos o tres ángulos diedros rectos, en cuyos casos se llama: *rectángulo, birrectángulo* o *trirrectángulo* (Fig. 257) respectivamente.

Se llaman *triedros isósceles* aquellos que tienen dos caras iguales.

332. POLIEDRO CONVEXO. Es el cuerpo limitado por polígonos, llamados caras, de manera que el plano de cada cara deja a un mismo lado a la figura.

333. POLIEDROS REGULARES. Un poliedro es regular si sus caras son polígonos regulares iguales y los ángulos poliedros tienen el mismo número de caras.

Existen cinco poliedros regulares que reciben nombres de acuerdo con el número de caras. Son los siguientes:

4 caras	**tetraedro**	(Fig. 258)
6 caras	**hexaedro**	(Fig. 259)
8 caras	**octaedro**	(Fig. 260)
12 caras	**dodecaedro**	(Fig. 261)
20 caras	**icosaedro**	(Fig. 262)

Tetraedro regular.

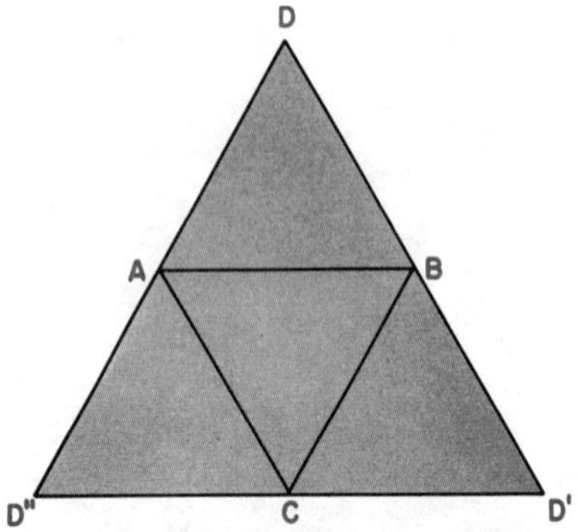

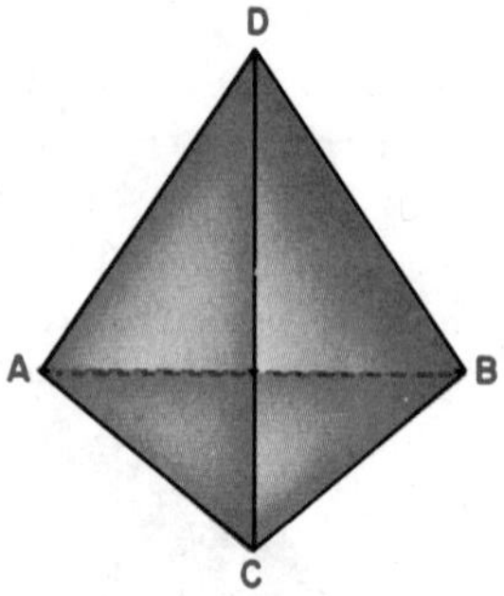

Fig. 258

Hexaedro regular o cubo.

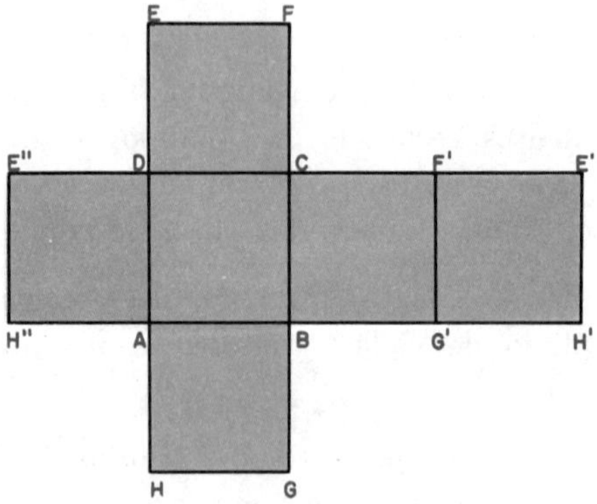

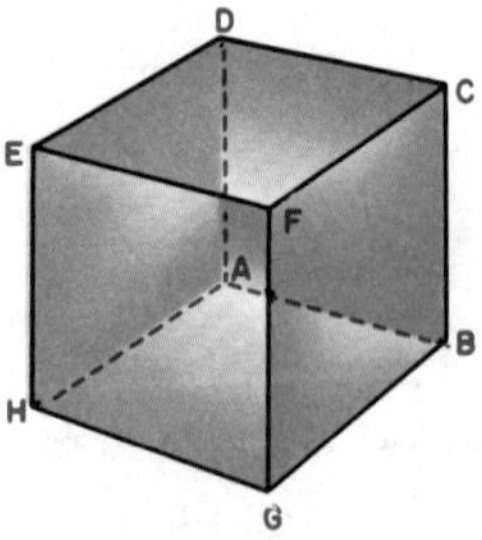

Fig. 259

Octaedro regular.

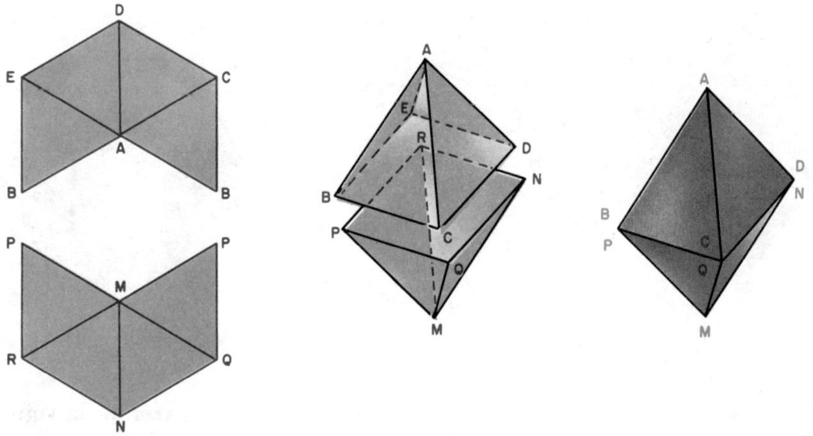

Fig. 260

Dodecaedro regular.

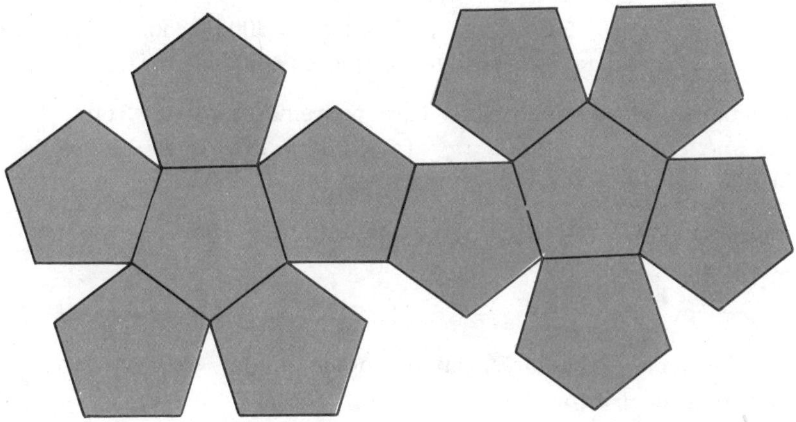

Fig. 261

Icosaedro regular.

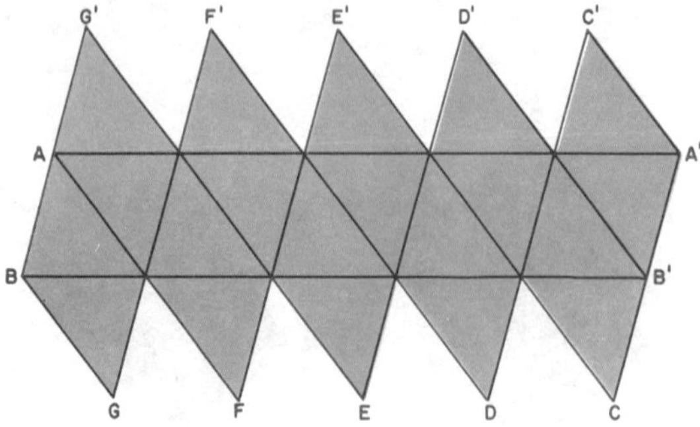

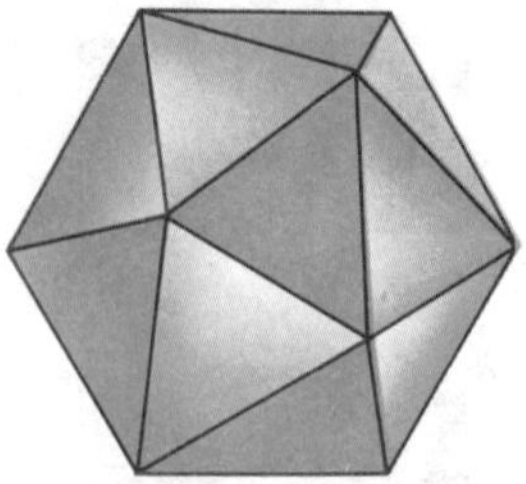

Fig. 262

Solamente hay cinco poliedros regulares convexos. La razón es la siguiente:

La suma de las caras de un ángulo poliedro tiene que ser menor de 360° (para comprobarlo basta tratar de construir uno cuyas caras sumen más de 4 ángulos rectos).

Si tomamos como cara el triángulo equilátero podremos construir poliedros con:

3 caras concurrentes en un vértice ($3 \times 60° = 180° < 360°$) (*tetraedro*)

4 caras concurrentes en un vértice ($4 \times 60° = 240° < 360°$) (*octaedro*)

5 caras concurrentes en un vértice ($5 \times 60° = 300° < 360°$) (*icosaedro*)
pero ya con 6 caras no será posible porque $6 \times 60° = 360°$.

Si tomamos el cuadrado como cara podremos construir con:
3 caras concurrentes en un vértice ($3 \times 90° = 270°$) (*hexaedro*)
y nada más porque 4 caras ya suman $4 \times 90° = 360°$.

Con pentágonos regulares, cuyo ángulo mide 108° solo se podrá construir uno con:

3 caras concurrentes en un vértice ($3 \times 108° = 324°$) (*dodecaedro*).

Con hexágonos regulares, cuyo ángulo mide 120° ya no se puede construir ninguno porque:

3 caras concurrentes en un vértice ($120 \times 3 = 360°$).
Y lo mismo ocurre con polígonos regulares de más de seis lados.

EJERCICIOS

(1) Hallar el área de una cara de un tetraedro regular cuya arista vale 2 cm. *R.:* $\sqrt{3}$ cm^2.

(2) Hallar el área de una cara de un octaedro regular cuya arista vale 4 cm. *R.:* $4\sqrt{3}$ cm^2.

(3) Hallar el área de una cara de un icosaedro regular cuya arista vale 6 cm. *R.:* $9\sqrt{3}$ cm^2.

(4) Hallar el área total de un tetraedro regular cuya arista vale 2 cm. *R.:* $4\sqrt{3}$ cm^2

(5) Hallar el área total de un octaedro regular cuya arista vale 6 cm. *R.:* $72\sqrt{3}$ cm.

(6) Hallar el área total de un icosaedro regular cuya arista vale 4 cm. *R.:* $80\sqrt{3}$ cm.

(7) Sabiendo que el área total de un tetraedro regular es $16\sqrt{3}$ cm^2 calcular la arista. *R.:* 4 cm.

(8) Sabiendo que el área total de un octaedro regular es $18\sqrt{3}$ cm^2 calcular la arista. *R.:* 3 cm.

(9) Sabiendo que el área total de un icosaedro regular es $20\sqrt{3}$ cm^2 calcular la arista. *R.:* 2 cm.

(10) Hallar el área total de un dodecaedro cuya arista vale 2 cm.

R : $A_T = 68.82$.

(11) Hallar el área total de un cubo cuya arista vale 7 cm. *R.:* $A_T = 294$ cm^2.

(12) Hallar la arista de un cubo sabiendo que su área total es 384 cm^2. *R.:* $a = 8$ cm.

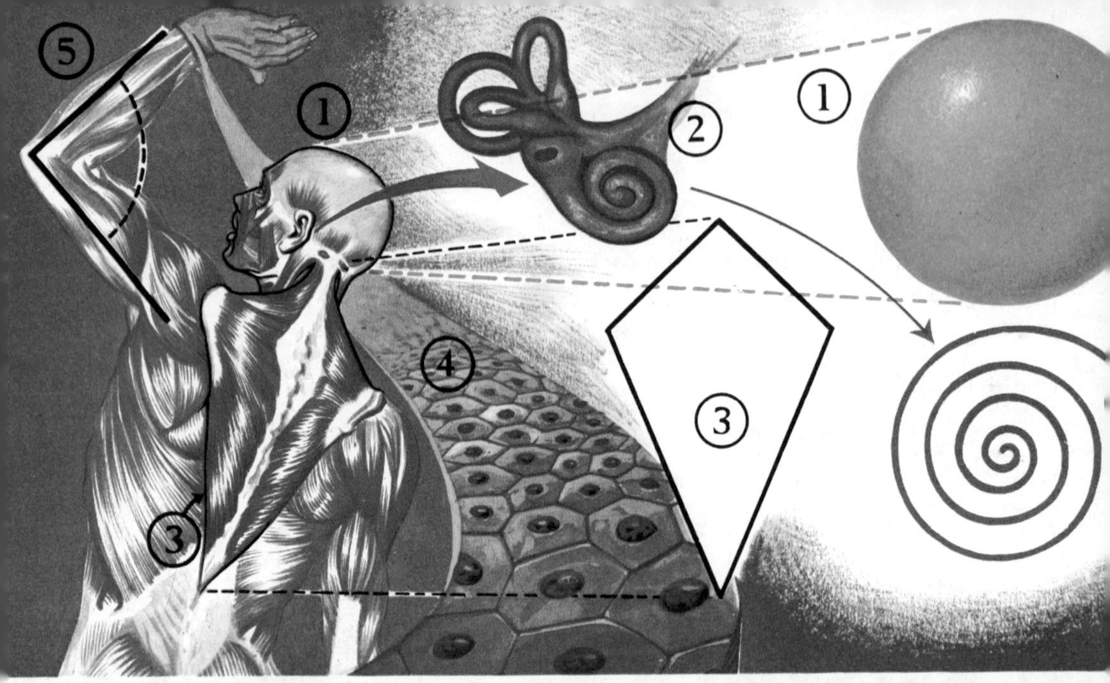

SEMBLANZAS GEOMÉTRICAS EN LA ANATOMÍA HUMANA. 1. La cabeza tiene forma esferoide. 2. El oído interno, que parece diseñado por un topólogo, muestra en la cóclea una espiral. 3. Algunos músculos, como el «trapecio», pueden encajar perfectamente en una figura geométrica; en caso, un trapezoide. 4. El tejido pavimentos la piel está cubierto por células poligonale Los brazos o las piernas en determinadas ciones traen a la imaginación distintos áng

19

Prismas y pirámides

334. PRISMA. DEFINICION Y ELEMENTOS. Se llama prisma a al poliedro limitado por varios paralelogramos y dos polígonos iguales cuyos planos son paralelos.

Los polígonos iguales y paralelos *ABC* y *DEF*; y *ABCDJ* y *EFGHI* (Fig. 263) se llaman bases del prisma; las demás caras del prisma, que son paralelogramos, forman la superficie lateral del mismo.

Aristas laterales. Son las que no pertenecen a las bases: $\overline{AE}$, $\overline{BF}$, $\overline{CD}$; $\overline{AG}$, $\overline{BH}$, $\overline{CI}$, $\overline{DE}$, $\overline{JF}$.

Prisma recto. Es aquel cuyas aristas laterales son perpendiculares a los planos de las bases. Los prismas de la figura 263, son rectos.

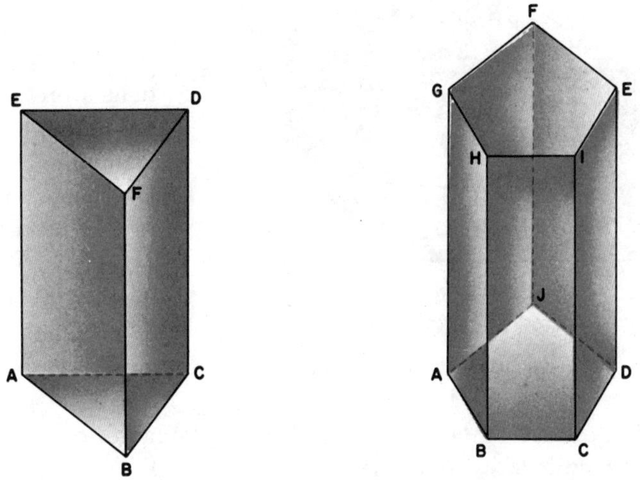

Fig. 263

Altura de un prisma. Es la distancia entre los planos de sus bases. En el prisma recto, la altura es igual a las aristas laterales.

Prisma oblicuo. Es aquel en que las aristas laterales no son perpendiculares a los planos de las bases (figura 264).

En el prisma oblicuo la altura se obtiene trazando desde un punto de una base la perpendicular *DH* (figura 264) a la otra base.

Según el número de lados de los polígonos que forman las bases, los prismas se llaman: *triangulares*, *cuadrangulares*, *pentagonales*, etc.

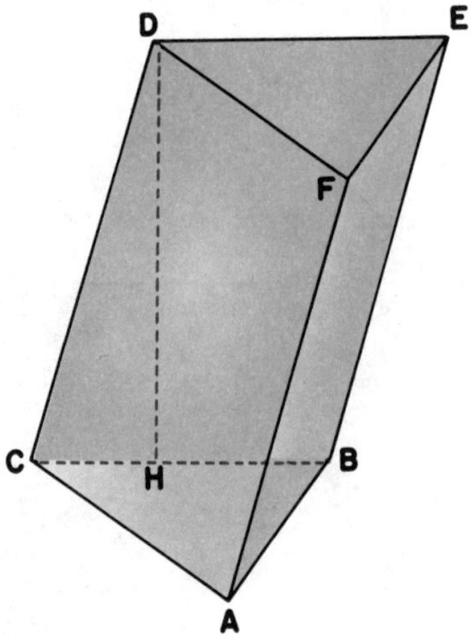

Fig. 264

335. PARALELEPIPEDO. Es el prisma cuyas bases son paralelogramos.

El prisma *ABCDEFGH* (Fig. 265) es un paralelepípedo.

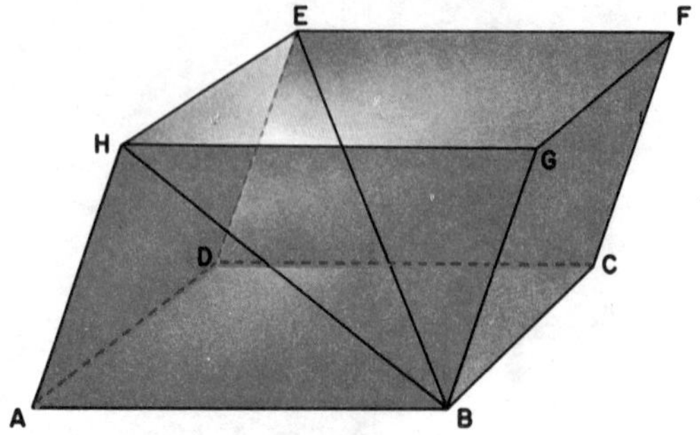

Fig. 265

Dos aristas son opuestas cuando son paralelas y no pertenecen a la misma cara, por ejemplo, $\overline{AH}$ y $\overline{CF}$, $\overline{AB}$ y $\overline{EF}$, etc.

Los vértices no situados en la misma cara, se llaman opuestos, por ejemplo, *A* y *F*, *B* y *E*.

Diagonal de un paralelepípedo es el segmento, como $\overline{BE}$, que une dos vértices opuestos.

Plano diagonal es el determinado por dos aristas opuestas: *BCEH*.

336. ORTOEDRO. Un paralelepípedo se llama recto si sus aristas laterales son perpendiculares a las bases.

Si las bases de un paralelepípedo recto son rectángulos, se llama paralelepípedo recto rectangular o también ortoedro.

Las seis caras de un ortoedro son rectángulos.

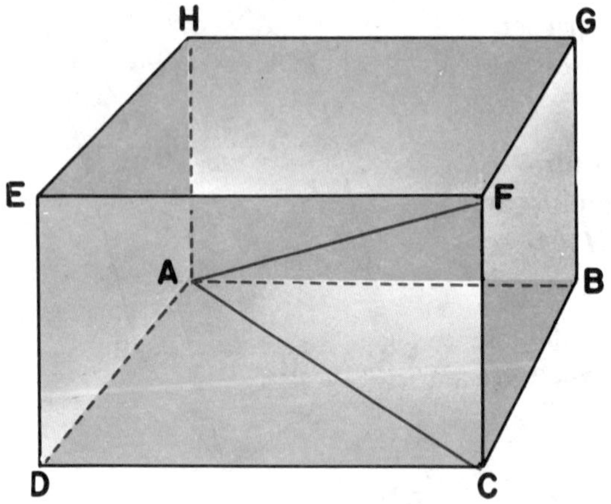

Fig. 266

337. TEOREMA 97. "En todo ortoedro, el cuadrado de la diagonal es igual a la suma de los cuadrados de las tres aristas que concurren en un mismo vértice".

HIPÓTESIS:

ABCDEFGH (Fig. 266) es un ortoedro;

$\overline{AB}$, $\overline{BC}$ y $\overline{CF}$ son aristas concurrentes en un vértice;

$\overline{AF}$ es una diagonal.

TESIS:

$(\overline{AF})^2 = (\overline{AB})^2 + (\overline{BC})^2 + (\overline{CF})^2.$

DEMOSTRACIÓN:

En el triángulo rectángulo *ACF*, tenemos:

$$(\overline{AF})^2=(\overline{AC})^2+(\overline{CF})^2 \quad (1)$$

En el $\triangle ABC$, también rectángulo:

$$(\overline{AC})^2=(\overline{AB})^2+(\overline{BC})^2 \quad (2)$$

(1) y (2): Teorema de Pitágoras.

Sustituyendo (2) en (1), tenemos:

$$(\overline{AF})^2=(\overline{AB})^2+(\overline{BC})^2+(\overline{CF})^2$$

Como queríamos demostrar.

338. CUBO. Es el ortoedro que tiene iguales todas sus aristas (Fig. 267). Las seis caras del cubo son cuadrados. El cubo se llama también hexaedro regular.

339. ROMBOEDRO. Es el paralelepípedo cuyas bases son rombos. El romboedro se llama recto cuando sus aristas laterales son perpendiculares a las bases.

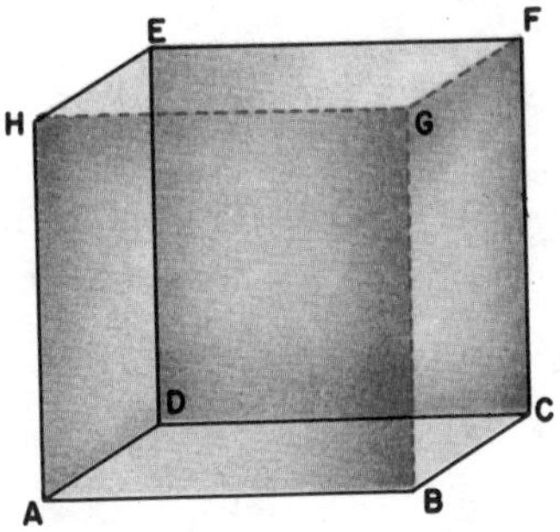

Fig. 267

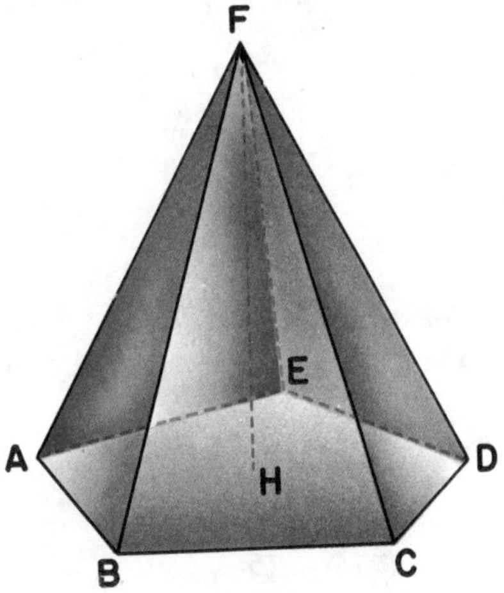

Fig. 268

340. PIRAMIDE. Es el poliedro que tiene una cara llamada base, que es un polígono cualquiera y las otras, llamadas caras laterales, son triángulos que tienen un vértice común, llamado vértice o cúspide de la pirámide.

La pirámide *FABCDE* (Fig. 268) tiene por base el polígono *ABCDE* y el vértice es *F*. Altura es la perpendicular $\overline{FH}$ trazada del vértice a la base.

De acuerdo con la clase de polígono de la base, las pirámides se clasifican en: *triangulares*, *hexagonales*, etc. Las caras laterales de la pirámide son los $\triangle ABF$, $\triangle BCF$, $\triangle CDF$, $\triangle DEF$, $\triangle EFA$.

341. PIRAMIDE REGULAR. Es la pirámide que tiene por base un polígono regular y el pie de su altura coincide con el centro de este polígono.

En la pirámide regular, las caras laterales son triángulos isósceles iguales. La altura de cada uno de estos triángulos se llama *apotema* de la pirámide.

Si una pirámide es cortada por un plano paralelo a su base, la sección es un polígono semejante a la base.

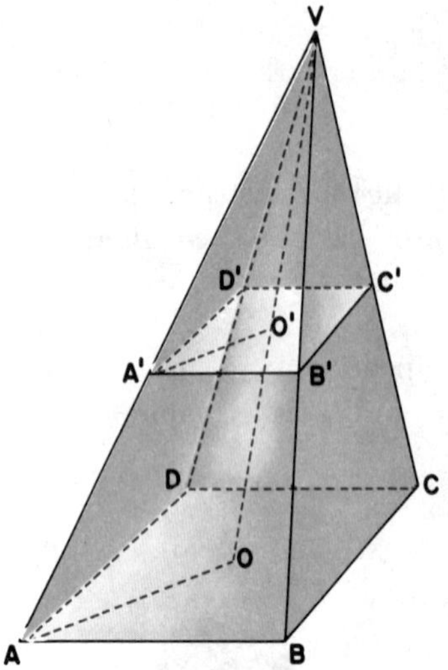

Fig. 269

342. TEOREMA 98. **"La razón entre el área de la base de una pirámide y el área de una sección paralela a ésta, es igual a la razón entre los cuadrados de sus distancias al vértice".**

HIPÓTESIS: $VABCD$ (Fig. 269) es una pirámide y $A'B'C'D'$ es una sección paralela a la base.
VO es la distancia del vértice a la base.
VO' es la distancia del vértice a la sección paralela.
$S =$ área $ABCD$.
$S' =$ área $A'B'C'D'$.

TESIS: $\frac{S}{S'} = \frac{\overline{VO}^2}{\overline{VO'}^2}$

Construcción auxiliar. Unamos O con A y O' con A', formándose $\triangle VOA \sim \triangle VO'A$ por ser $OA \parallel O'A'$.

DEMOSTRACIÓN.

En los $\triangle VOA \sim \triangle VO'A'$:

$$\frac{\overline{VA}}{\overline{VA'}} = \frac{\overline{VO}}{\overline{VO'}} \quad (1)$$ Lados homólogos de triángulos semejantes.

Pero: $\triangle VAB \sim \triangle VA'B'$ Por ser $\overline{A'B'} \parallel \overline{AB}$.

Luego: $$\frac{\overline{VA}}{\overline{VA'}} = \frac{\overline{AB}}{\overline{A'B'}} \quad (2)$$ Lados homólogos de triángulos semejantes.

Comparando (1) y (2):

$$\frac{\overline{AB}}{\overline{A'B'}} = \frac{\overline{VO}}{\overline{VO'}} \quad (3)$$

Por otra parte:

$$\frac{S}{S'} = \frac{\overline{AB}^2}{\overline{A'B'}^2} \quad (4)$$

La razón en las áreas de dos polígonos semejantes es igual a la razón entre los cuadrados de sus lados homólogos.

Comparando (3) y (4):

$$\frac{S}{S'} = \frac{\overline{VO}^2}{\overline{VO'}^2}$$

343. AREAS DE LOS POLIEDROS. Area lateral de un prisma o pirámide. Es la suma de las áreas de las caras laterales.

Area total de un prisma o pirámide. Es la suma del área lateral más las áreas de las bases.

344. PRISMA RECTO. Area lateral. Si suponemos las caras laterales colocadas en un plano, como indica la figura 270, resultará el rectángulo $AA'J'J$, que es la suma de todas las caras laterales o superficie lateral del prisma. La base $\overline{AA'}$ de este rectángulo, es el perímetro de la base del prisma y la altura del rectángulo $\overline{JA}$ es la altura del prisma. Este rectángulo constituye el desarrollo de la superficie lateral del prisma. Como el área de un rectángulo es igual al producto de su base por su altura, resulta que: *"El área lateral de un prisma recto es igual al producto del perímetro de su base por la longitud de la altura o arista lateral"*.

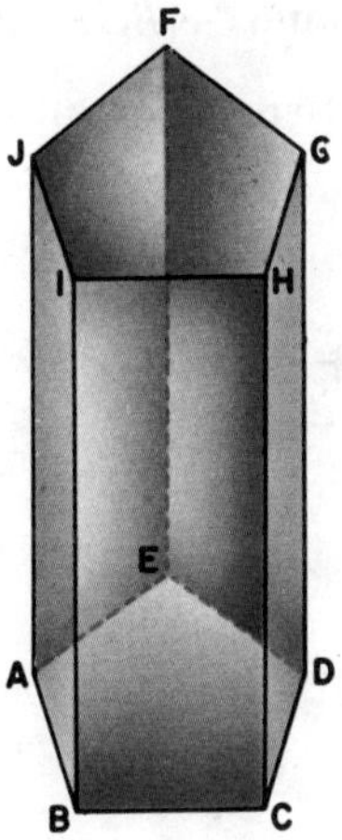

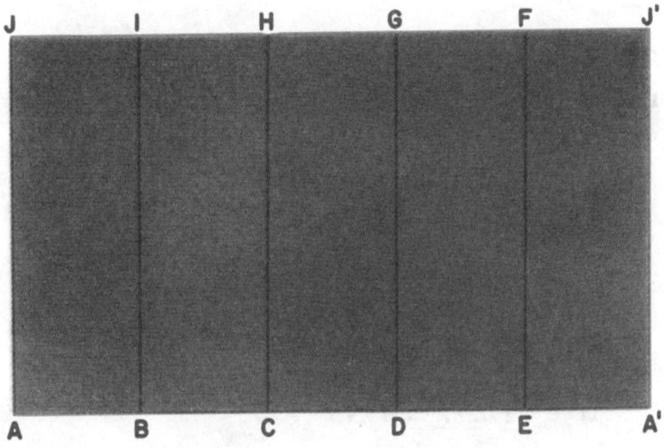

Fig. 270

Llamando A_L al área lateral, P al perímetro y h a la altura, tenemos:

$$A_L = P \cdot h \, .$$

Area total del prisma recto. El área total se obtiene sumando al área lateral el doble del área de la base. Si llamamos B al área de la base, entonces tenemos:

$$A_T = A_L + 2\,B \; ;$$

$$\therefore \quad A_T = P \cdot h + 2\,B \, .$$

345. SECCION RECTA DE UN PRISMA. Se llama sección recta de un prisma cualquiera, al polígono determinado por un plano perpendicular a las aristas laterales.

En la figura 271, si el plano $MNPQ$ es perpendicular a las aristas DE, AF, etc., el polígono $MNPQ$ es una sección recta del prisma oblicuo $ABCDEFGH$.

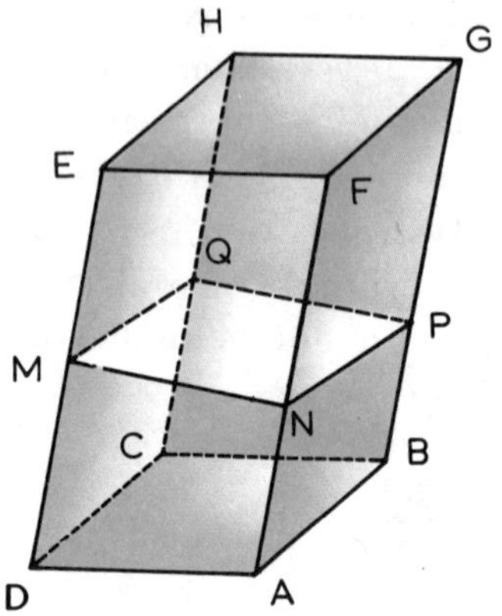

Fig. 271

346. AREA LATERAL DE UN PRISMA CUALQUIERA. Como la sección recta es perpendicular a las aristas laterales, éstas son perpendiculares a $\overline{MN}$, $\overline{NP}$, $\overline{PQ}$ y $\overline{QM}$. Por tanto, los paralelogramos $ABGF$, $BGHC$, $CDEH$ y $DAFE$, tienen por alturas los segmentos $\overline{NP}$, $\overline{PQ}$, $\overline{QM}$ y $\overline{MN}$, respectivamente.

Por tanto:

$$A_L = \text{Area } ABGF + \text{Area } BGHC + \text{Area } CDEH + \text{Area } DAFE \qquad (1)$$

Pero:

$$\text{Area } ABGF = \overline{NP} \cdot \overline{BG}$$

$$\text{Area } BGHC = \overline{PQ} \cdot \overline{HC}$$

$$\text{Area } CDEH = \overline{QM} \cdot \overline{ED}$$

$$\text{Area } DAFE = \overline{MN} \cdot \overline{AF}$$

Sustituyendo estos valores en (1), tenemos:

$$A_L = \overline{NP} \cdot \overline{BG} + \overline{PQ} \cdot \overline{HC} + \overline{QM} \cdot \overline{ED} + \overline{MN} \cdot \overline{AF}$$

y como $\overline{BG} = \overline{HC} = \overline{ED} = \overline{AF}$, resulta:

$$A_L = \overline{NP} \cdot \overline{BG} + \overline{PQ} \cdot \overline{BG} + \overline{QM} \cdot \overline{BG} + \overline{MN} \cdot \overline{BG}$$

Sacando factor común $\overline{BG}$, tenemos:

$$A_L = \overline{BG}\,(\overline{NP} + \overline{PQ} + \overline{QM} + \overline{MN})$$

donde $\overline{BG}$ representa la longitud de una arista lateral y el paréntesis, el perímetro de la sección recta, resultando entonces:

El área lateral de un prisma oblicuo es igual al producto del perímetro de la sección recta por la longitud de la arista lateral".

347. PIRAMIDE REGULAR. Area lateral. Las caras de una pirámide regular son triángulos isósceles iguales (Fig. 272) cuya altura es la apotema de la pirámide *VH* y cuyas bases son los lados *AB*, *BC*, etc., del polígono de la base de la pirámide. Obtendremos el área lateral, multiplicando el área de un triángulo por el número, **n**, de ellos (tantos como lados tenga el polígono de la base).

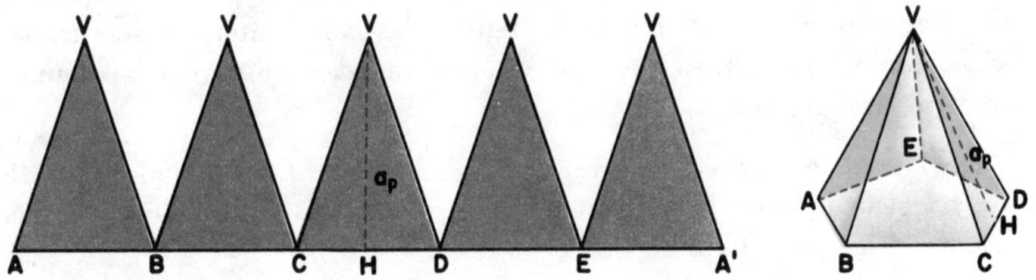

Fig. 272

$A_L =$ **n** por el área de un triángulo.

Si llamamos l al lado de la base y a_p a la apotema de la pirámide, el área de un triángulo es:

$$\frac{1}{2}\, l\, a_p$$

y el área lateral:

$$A_L = \mathbf{n} \cdot \frac{1}{2}\, l \cdot a_p$$

o sea,

$$A_L = \frac{\mathbf{n}l}{2} \cdot a_p$$

y como $\mathbf{n}l$ = perímetro P, resulta:

$$A_L = \frac{P}{2} \cdot a_p$$

Si a $\frac{P}{2}$ (semiperímetro) le designamos por p, resulta, finalmente:

$$A_L = p \cdot a_p .$$

"El área lateral de una pirámide regular es igual al producto del semiperímetro de la base por la longitud de la apotema de la pirámide"

Area total de una pirámide regular Para hallar el área total sumaremos el área de la base al área lateral. Como la base es un polígono regular, tendremos:

$$A_T = A_L + B$$

y como $B = p \cdot a_b$ (llamando a_b a la apotema de la base):

$$A_T = p\,a_p + p\,a_b$$

y sacando factor común:

$$A_T = p(a_p + a_b).$$

348. TRONCO DE PIRAMIDE AREA LATERAL Y TOTAL. Se llama tronco de pirámide a la porción $ABCDEE'A'B'C'D'$ (Fig. 273) de pirámide comprendida entre la base y un plano paralelo a ella que corte a todas las aristas laterales. La pirámide $VA'B'C'D'E'$ se llama pirámide deficiente.

Si el tronco es de una pirámide regular las caras laterales son trapecios isósceles iguales. La altura de uno de los trapecios se llama apotema del tronco y se designa por a_t:

Area lateral del tronco de pirámide regular. Sea L cada lado de la base mayor y l cada lado de la base menor (Fig. 273). La altura de los trapecios o apotema del tronco es a_t:

$$\text{area de un trapecio} = \frac{L + l}{2} \cdot a_t .$$

Como el área lateral está formada por $\mathbf{n}$ trapecios, tendremos:

$$A_L = \mathbf{n} \cdot \frac{L + l}{2} a_t .$$

$$A_L = \frac{\mathbf{n}(L + l)}{2} \cdot a_t = \frac{\mathbf{n}L + \mathbf{n}l}{2} \cdot a_t .$$

Pero $\mathbf{n}L = P$ ······· perímetro de la base mayor.

y $\mathbf{n}l = P'$ ······· perímetro de la base menor.

$$\therefore \quad A_L = \frac{P + P'}{2} \cdot a_t .$$

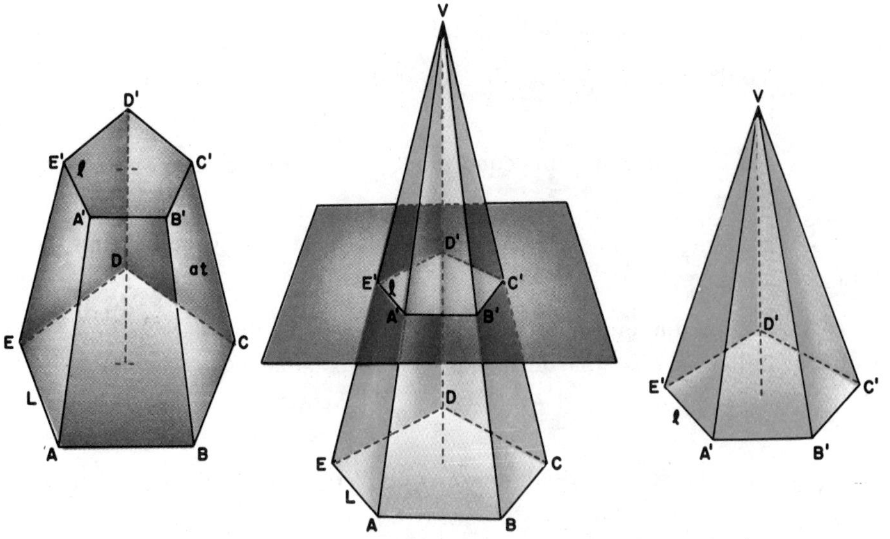

Fig. 273-1

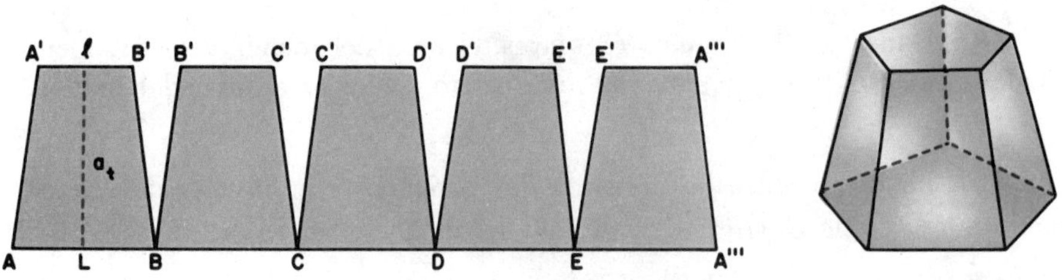

Fig. 273-2

"El área lateral de un tronco de pirámide regular, es igual a la semisuma de los perímetros de sus bases, por la apotema del tronco".

Area total del tronco. El área total es igual al área lateral más las áreas de las dos bases.

EJERCICIOS

(1) Las tres aristas que concurren en los vértices de un ortoedro miden 5, 6 y 4 cm. Hallar la diagonal. *R.:* $\sqrt{77}$ cm.

(2) Hallar la diagonal de un cubo cuya arista mide 3 cm. *R.:* $3\sqrt{3}$ cm.

(3) La diagonal de un cubo mide $2\sqrt{3}$ cm. Hallar la arista. *R.:* 2 cm.

(4) La diagonal de la cara de un cubo mide $8\sqrt{2}$ cm. Hallar la diagonal del cubo. *R.:* $8\sqrt{3}$ cm.

(5) Dada una pirámide de base cuadrada de 8 cm de lado y 12 cm de altura, hallar la apotema de la base y la apotema de la pirámide.

R.: Apotema base $= 4$ cm.
Apotema pirámide $= 4\sqrt{10}$ cm.

(6) Calcular la diagonal de un cubo en función de su arista l. *R.:* $d = l\sqrt{3}$.

(7) Dada una pirámide hexagonal de 8 cm de lado y 14 cm de altura, calcular: *a*) apotema de la base, *b*) arista, *c*) apotema de la pirámide.

R.: *a*) $4\sqrt{3}$ cm.
b) $2\sqrt{65}$ cm.
c) $2\sqrt{61}$ cm.

(8) Dados dos hexágonos regulares, el área del menor vale $6\sqrt{3}$ cm^2 y su lado 2 cm. Si el lado del mayor mide 4 cm, ¿cuál es el área del mayor? *R.:* $24\sqrt{3}$ cm^2.

(9) La razón entre las áreas de dos polígonos regulares es de 2:5. Si el lado del mayor vale 10 cm, hallar el lado del menor. *R.:* $2\sqrt{10}$ cm.

(10) En una pirámide de base cuadrada, en la que el lado de la base mide 8 cm y la altura mide 20 cm, se traza una sección paralela a la base a 14 cm de ésta. Hallar el área de dicha sección. *R.:* $A = 5.76$ cm^2.

(11) Hallar el área lateral de un prisma recto pentagonal regular si el lado de la base mide 5 cm y la arista lateral 20 cm. *R.:* $A_L = 500$ cm^2.

(12) Hallar el área lateral de un prisma recto octagonal regular cuyo lado de la base mide 6 cm y la arista lateral 15 cm. *R.:* $A_L = 720$ cm^2.

(13) Hallar el área total de un prisma recto triangular regular si el lado de la base mide 5 cm y la arista lateral 9 cm. *R.:* $A_T = 156.62$ cm^2.

(14) Hallar el área lateral y total de un prisma recto cuyas bases son hexágonos regulares de 6 cm de lado y 5.2 cm de apotema, si la altura mide 8 cm.

R.: $A_L = 288$ cm^2.
$A_T = 475.2$ cm^2.

(15) Hallar el área lateral de una pirámide de base cuadrada si el lado de la base mide 6 cm y la altura 4 cm. *R.:* $A_L = 60$ cm^2

(16) Hallar el área total de una pirámide regular de base hexagonal sabiendo que el lado de la base mide 5 cm y la apotema de la pirámide 4.4 cm.
R.: $A_T = 130.9$ cm^2.

(17) Hallar el área lateral y total de una pirámide regular de base triángular sabiendo que el lado de la base mide 6 cm y la altura de la pirámide mide 12 cm.

R.: $A_L = 9\sqrt{147}$ cm^2.
$A_T = 9(\sqrt{3} + \sqrt{147})$ cm^2.

(18) Hallar el área lateral y el área total de un tronco de pirámide cuadrada si los lados de las bases miden 8 y 20 cm respectivamente y la altura del tronco mide 8 cm.

R.: $A_L = 560$ cm^2.
$A_T = 1\,024$ cm^2.

(19) Hallar el área total de un tronco de pirámide regular triangular, si los lados de las bases miden 6 y 8 pulgadas y la altura 10 pulgadas.
R.: $A_T = 25\ (8.48 + \sqrt{3})$ pulgadas cuadradas.

(20) Hallar el área total de un tronco de pirámide cuadrada sabiendo que los lados de las bases miden 16 y 4 pulgadas y que la arista lateral mide 10 pulgadas. *R.:* $A_T = 592$ pulgadas cuadradas.

El hombre desde los albores de su inteligencia, sin saber qué era Geometría empleó formas que tienen un barrunto de geométricas. En la Edad de Piedra las toscas puntas de lanzas y flechas nos traen a la imaginación formas triangulares. Al correr del tiempo las formas se definen más. En Era Neolítica el hombre hace vasijas de barr nace la cerámica y las formas geométricas ganc perfección. Aparecen luego los dólmenes, las líne paralelas y el círculo con el invento de la rued

20

Volúmenes de los poliedros

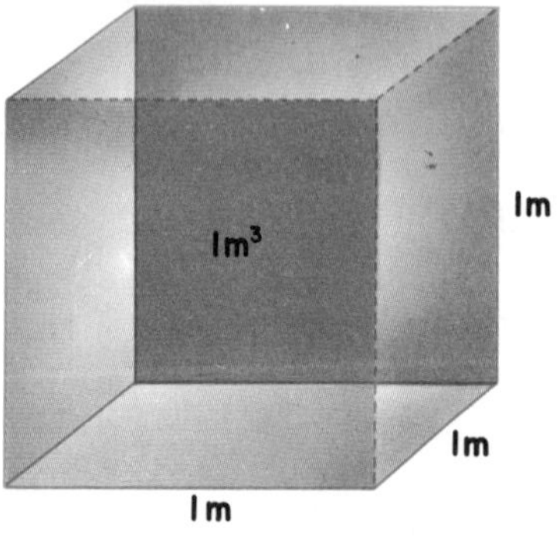

Fig 274

349. DEFINICIONES. Se llama *volumen* de un poliedro a la medida del espacio limitado por el cuerpo. Para medir el volumen de un poliedro se toma como unidad un cubo de arista igual a la unidad de longitud.

En el sistema métrico decimal la unidad es el metro cúbico (Fig. 274). También se usan como unidades los múltiplos y divisores del metro cúbico.

Dos poliedros (Fig. 275) que tienen igual volumen se llaman *equivalentes*.

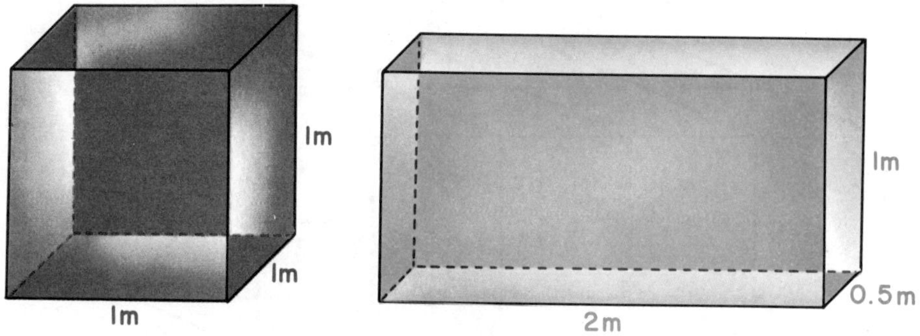

Fig. 275

"Dos prismas rectos de bases y alturas iguales, son iguales" Así, por ejemplo, los prismas rectos *ABCDEFGH* y *A'B'C'D'E'F'G'H'* (Fig. 276) que tienen iguales sus bases *ABCD* y *A'B'C'D'* y sus alturas *AH* y *A'H'* son iguales.

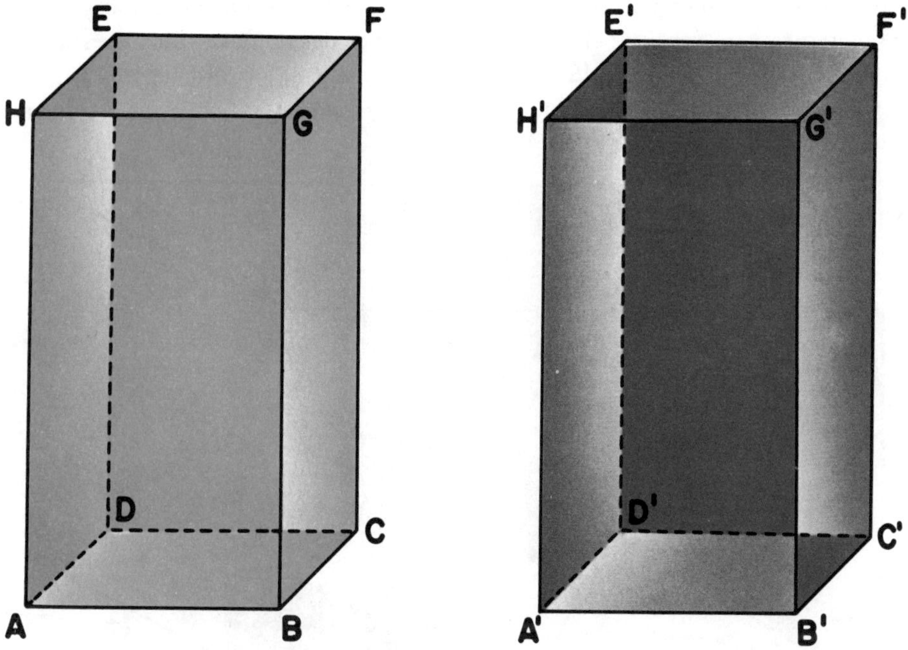

Fig. 276

350. TEOREMA 99. **El volumen de un ortoedro es igual al producto de sus tres dimensiones.** Supongamos un ortoedro cuyas dimensiones sean 4, 3 y 2 cm respectivamente (Fig. 277).

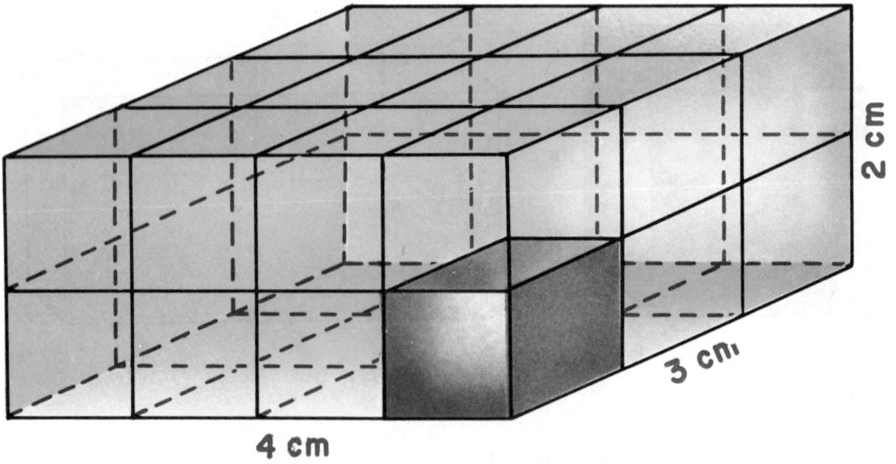

Fig. 277

Trazando planos que pasen por los puntos de división, tal como se indica en la figura, se ve que el ortoedro contiene dos capas, cada una de las cuales contiene $4 \times 3 = 12$ cubos unidad (12 cm^3 en este caso). En total el ortoedro contendrá: $4 \times 3 \times 2 = 24\ cm^3$ y este será el volumen del cuerpo.

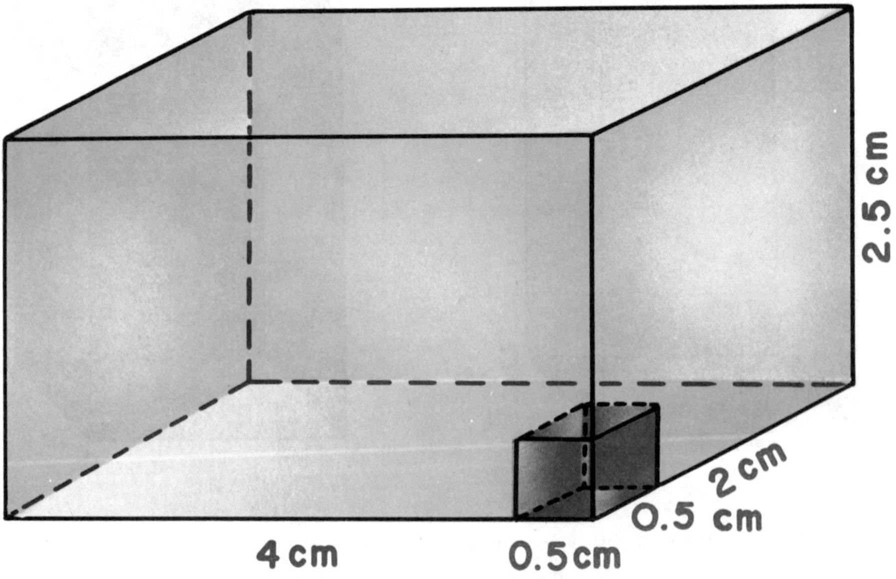

Fig. 278

Si las medidas de las dimensiones no fuesen números enteros el resultado sería el mismo. En efecto, imaginemos que las dimensiones del ortoedro son 4. 2 y 2.5 cm respectivamente (Fig. 278). Podemos tomar como unidad de volumen un cubo de 0.5 cm de lado. En este caso el ortoedro estaría formado por 5 capas de $8 \times 4 = 32$ cubos de lado 0.5 cm, es decir, que en total contendría:

$$8 \times 4 \times 5 = 160 \text{ cubos unidad}$$

y éste sería el volumen en la unidad elegida.

Si quisiéramos el volumen en centímetros cúbicos tendríamos que dividir 160 entre el número de cubos unidad que contiene el centímetro cúbico (8 en este caso) y resulta:

$$\text{Volumen en cm}^3 = 160 \div 8 = 20 \text{ cm}^3.$$

Si multiplicamos las tres dimensiones expresadas en centímetros tenemos:

$$\text{Volumen del ortoedro} = 4 \times 2 \times 2.5 = 20 \text{ cm}^3.$$

Si las dimensiones fuesen números irracionales entonces se van obteniendo números racionales cada vez más aproximados y el volumen se va calculando con la aproximación que se desee.

De una manera general, si las dimensiones del ortoedro son a, b y c el volumen V viene expresado por la fórmula:

$$V = a \times b \times c.$$

Corolario 1. **El volumen de un cubo es igual al cubo de la longitud de su arista** (l). En efecto: el cubo es un ortoedro cuyas tres dimensiones son iguales. Luego:

$$V = l \times l \times l = l^3.$$

Corolario 2. **El volumen de un ortoedro es igual al producto del área de la base por la altura.** En efecto: el producto de dos de las dimensiones (largo por ancho) es precisamente el área de la base por ser ésta un rectángulo, luego:

$$V = \text{área de la base por la altura}$$

siendo la altura la tercera dimensión.

351. TEOREMA 100. **La razón de los volúmenes de dos ortoedros es igual a la razón de los productos de sus tres dimensiones**

En efecto: Sean los ortoedros de dimensiones a, b, c y a', b', c' respectivamente (Fig. 279). Sus volúmenes, según el teorema anterior, son:

$$V = a\,b\,c\,; \qquad V' = a'\,b'\,c'$$

y dividiendo miembro a miembro:

$$\frac{V}{V'} = \frac{a\,b\,c}{a'\,b'\,c'}$$

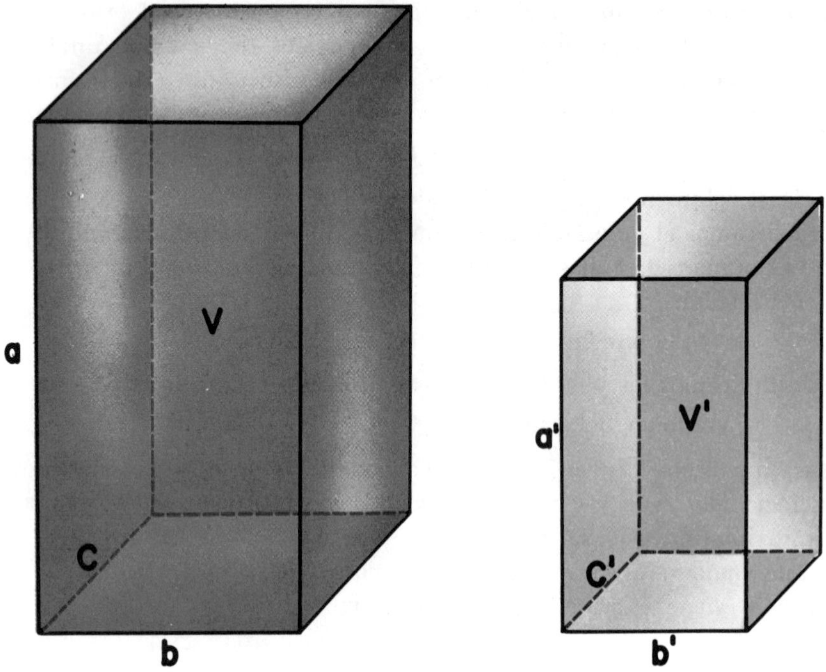

Fig. 279

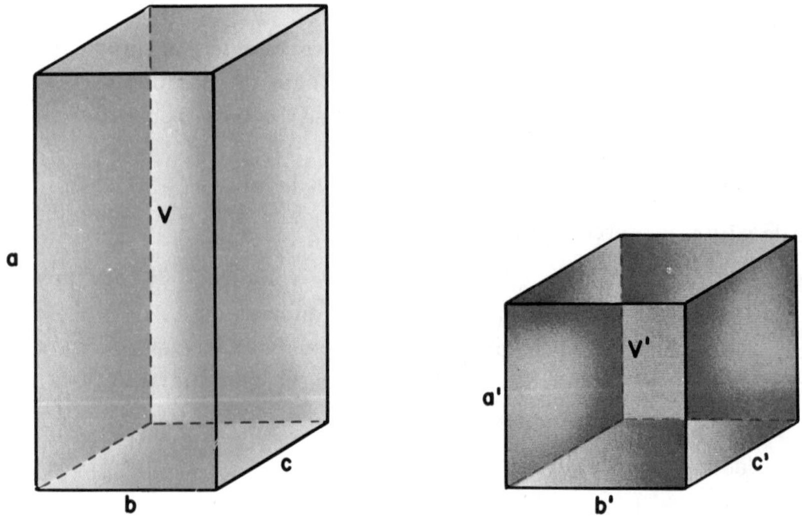

Fig. 280

352. TEOREMA 101. **La razón de los volúmenes de dos ortoedros de igual base es igual a la razón de sus alturas.**

En efecto: si los dos ortoedros tienen igual base quiere decir que dos de sus dimensiones, el largo y el ancho, son iguales. Entonces las dimensiones de los ortoedros son a, b, c y a', b, c (Fig. 280).

Según el teorema anterior tendremos:

$$\frac{V}{V'} = \frac{a\,b\,c}{a'\,b\,c}$$

y simplificando:

$$\frac{V}{V'} = \frac{a}{a'}$$

como se quería demostrar.

353. TEOREMA 102. **La razón de los volúmenes de dos ortoedros de igual altura es igual a la razón de las áreas de las bases.**

En efecto: Si los ortoedros tienen igual altura y distintas bases, sus dimensiones son a, b, c y a, b', c' (Fig. 281). Y las áreas de sus bases son bc y $b'c'$ respectivamente.

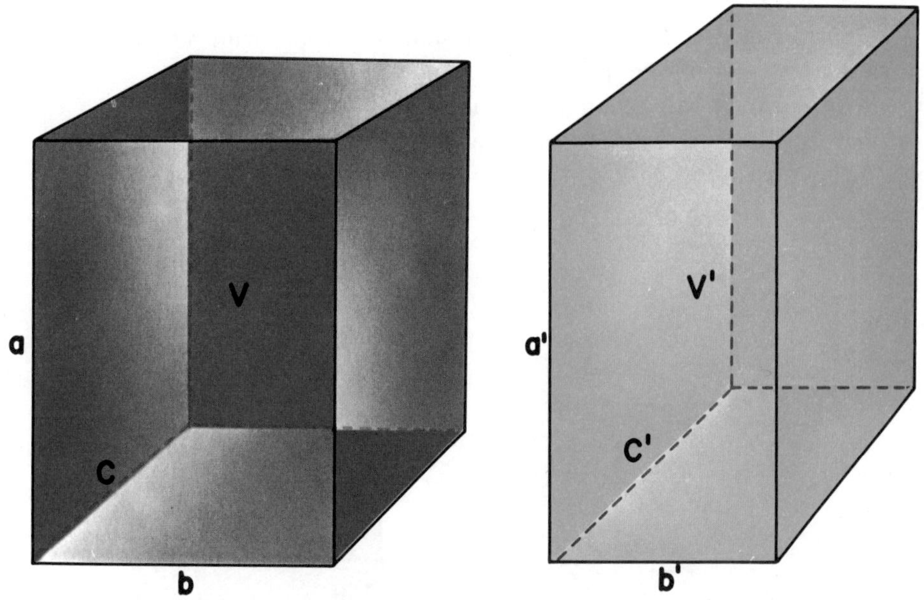

Fig. 281

Según el teorema 100 resulta:

$$\frac{V}{V'} = \frac{a\,b\,c}{a'\,b'\,c}$$

y simplificando:

$$\frac{V}{V'} = \frac{b\,c}{b'\,c'} = \frac{\text{área de la base}}{\text{área de la base}}$$

como se quería demostrar.

Corolarios. Si tenemos en cuenta que la base está formada por dos cualesquiera de las dimensiones y que la altura es entonces la otra dimensión, los teoremas anteriores pueden enunciarse así:

1. **Si dos ortoedros tienen respectivamente iguales dos dimensiones los volúmenes son entre sí como la razón de la otra dimensión.**

2. **Si dos ortoedros tienen iguales una dimensión la razón de los volúmenes es igual a la razón del producto de las otras dos.**

354. PRISMAS IGUALES. Son los que tienen iguales sus caras. Teniendo iguales sus caras tienen iguales sus aristas y sus ángulos diedros.

Dos prismas rectos que tienen iguales sus bases y sus alturas, son iguales. Pues en este caso las caras laterales son también iguales ya que son rectángulos de bases y alturas iguales (las bases son lados homólogos de polígonos iguales y las alturas son iguales por ser las alturas de los prismas).

355. PRISMA TRUNCADO. Se llama prisma truncado o tronco de prisma a la porción de prisma comprendida entre la base y un plano no paralelo a ella que corte a todas las aristas laterales (Fig. 282).

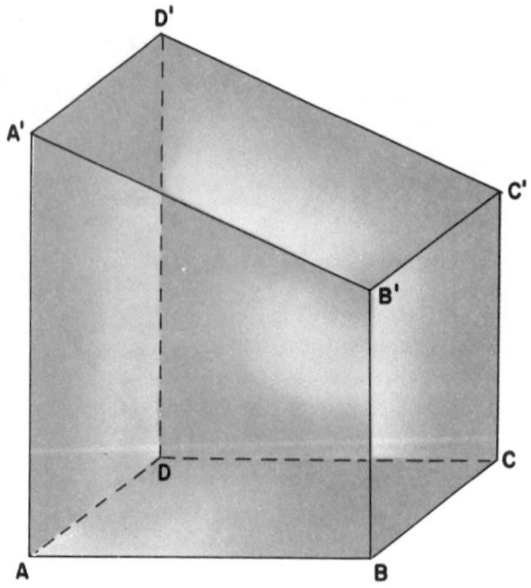

Fig. 282

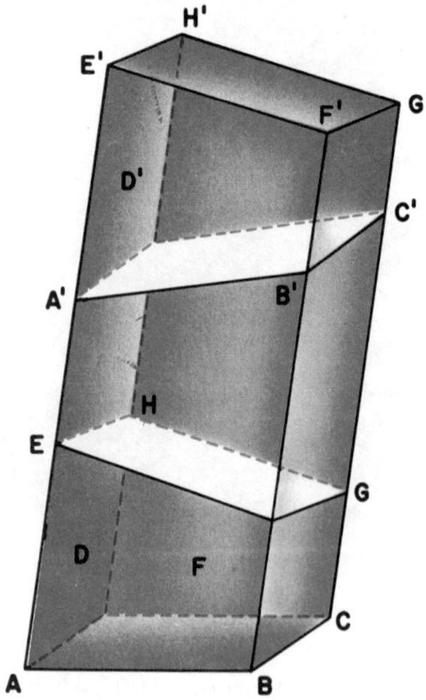

Fig. 283

356. PRISMAS EQUIVALENTES. Se llaman prismas equivalentes los que son suma o diferencia de poliedros iguales. Dos prismas equivalentes tienen el mismo volumen. La equivalencia de prismas tiene los caracteres idéntico, recíproco y transitivo y por esto se considera como una especie de igualdad (igualdad de volumen)

357. TEOREMA 103. "Un prisma oblicuo es equivalente al prisma recto que tenga por base la sección recta del primero y por altura su arista lateral"

HIPÓTESIS: *ABCD* y *A'B'C'D'* (Fig. 283) es un prisma cualquiera y *EFGH* es una sección recta del prisma.

TESIS: *ABCDA'B'C'D'* es equivalente a un prisma recto de base *EFGH* y altura *AA'*.

DEMOSTRACIÓN:

Prolonguemos todas las aristas laterales y tomemos $\overline{E'E} = \overline{AA'}$.

Tracemos por *E'* un plano perpendicular a todas las aristas laterales quedando así determinada la sección recta *E'F'G'H'* igual y paralela a *EFGH*.

El prisma *EFGHE'F'G'H'* es recto por ser sus aristas laterales perpendiculares a las bases.

Los troncos de prismas *ABCDEFGH* y *A'B'C'D'E'F'G'H'* son iguales por ser iguales sus bases *EFGH* y *E'F'G'H'*, así como sus aristas laterales, ya que:

$$\overline{EA} = \overline{E'A'} \qquad \overline{GC} = \overline{G'C'}$$

$$\overline{FB} = \overline{F'B'} \qquad \overline{HD} = \overline{H'D'}$$

Por ser diferencias de segmentos iguales.

De lo anterior resulta que los prismas *ABCDA'B'C'D'* y *EFGHE'F'G'H'* se componen de una parte común, *EFGHA'B'C'D'*, y dos troncos iguales. Por tanto, ambos prismas son equivalentes ya que son suma de figuras iguales.

358. TEOREMA 104. VOLUMEN DE UN PARALELEPÍPEDO RECTO. "El volumen de un paralelepípedo recto es igual al producto del área de la base por la medida de la altura".

HIPÓTESIS: *ABCDG* es un paralelepípedo recto de altura *AE* y cuya base es el paralelogramo *ABCD* de área **B** (Fig. 284).

TESIS: $\mathbf{V} = \text{área } ABCD \times \overline{AE} = \mathbf{B} \times \mathbf{h}$.

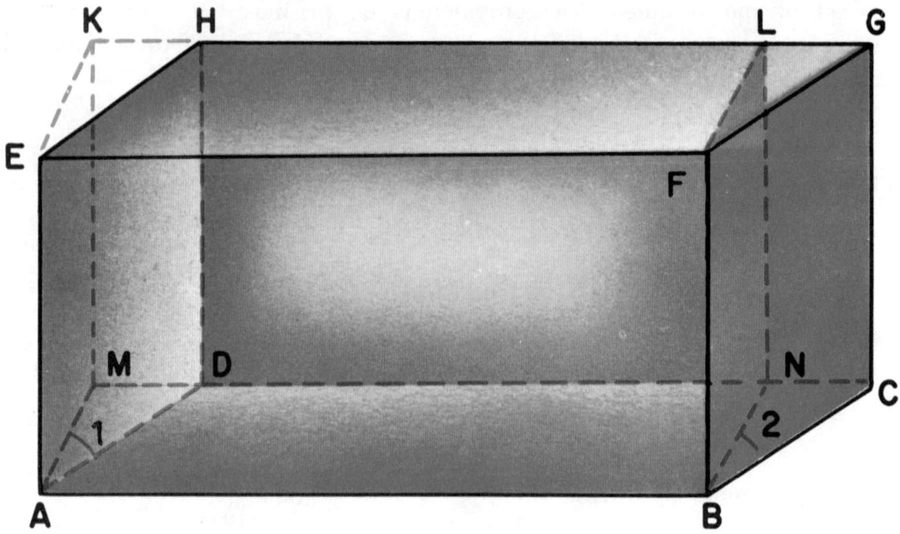

Fig. 284

DEMOSTRACIÓN:

Tracemos los planos *BNLF* y *AMKE* perpendiculares a la cara *ABFE* quedando determinado el ortoedro *ABNMKEFL* cuya base es el rectángulo *ABNM* y su altura la misma del paralelepípedo, o sea, *AE*.

Entonces:

$\angle 1 = \angle 2$ Lados paralelos y del mismo sentido;

además:

$\overline{AM} = \overline{BN}$
$\overline{AD} = \overline{BC}$ } Lados opuestos de un paralelógramo.

$\therefore \triangle AMD = \triangle BNC$ Por tener iguales dos lados y el ángulo comprendido.

Por tanto, los prismas triangulares *AMDHKE* y *BNCGLF*, son iguales (por tener las bases y las alturas iguales).

De aquí se deduce que el prisma *ABCDG* y el ortoedro *ABNML* son equivalentes, pues ambos se componen de una parte común, el prisma *ABNDL*, y de prismas triangulares iguales.

Por tanto: Volumen de *ABCDG* = Volumen de *ABNML*

y como: Volumen $ABMNL =$ área $ABNM \times \overline{AE}$

resulta: Volumen $ABCDG =$ área $ABNM \times \overline{AE}$.

Pero el rectángulo $ABNM$ es equivalente al paralelogramo $ABCD$ y, por lo tanto,

$$V = ABCD \times \overline{AE} \quad \therefore \quad V = \mathbf{B} \times \mathbf{h}.$$

359. TEOREMA 105. VOLUMEN DE UN PARALELEPÍPEDO CUALQUIERA. **"El volumen de un paralelepípedo cualquiera es igual al producto del área de la base por la longitud de la altura".**

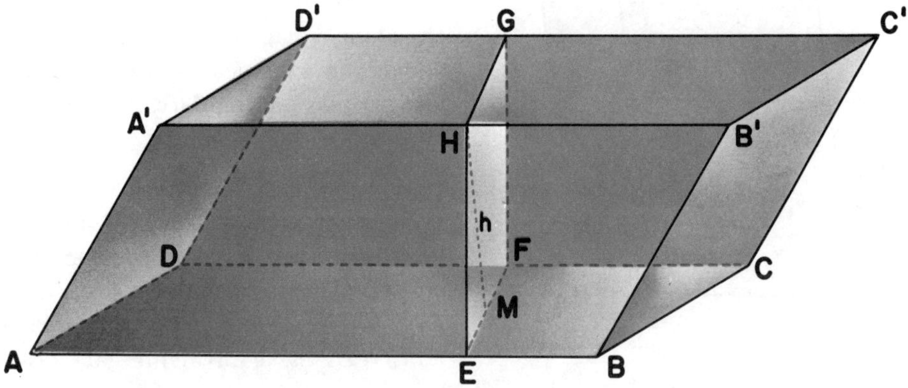

Fig. 285

DEMOSTRACIÓN:

Si $ABCDA'B'C'D'$ (Fig. (285) es un paralelepípedo cualquiera, $EFGH$ su sección recta y $HM = \mathbf{h}$, la altura de esta sección, que es la misma del paralelepípedo, resulta que:

$$V = \text{área sección } EFGH \times \overline{AB} \qquad (1)$$

ya que el paralelepípedo oblicuo equivale al paralelepípedo recto cuya base es la sección recta $EFGH$ y su altura la arista AB (teorema 103)

Como el área de la sección recta es:

$$\text{área sección } EFGH = \overline{EF} \cdot \mathbf{h} \qquad (2)$$

Sustituyendo (2) en (1), tenemos:

$$V = \overline{EF} \cdot \overline{AB} \cdot \mathbf{h}.$$

Pero: $\overline{EF} \cdot \overline{AB} =$ área del paralelogramo $ABCD$.

Si llamamos **B** al área de la base $ABCD$, resulta:

$$\mathbf{V} = \mathbf{B} \cdot \mathbf{h}\,.$$

360. TEOREMA 106. **"Todo paralelepípedo puede descomponerse en dos prismas triangulares equivalentes".**

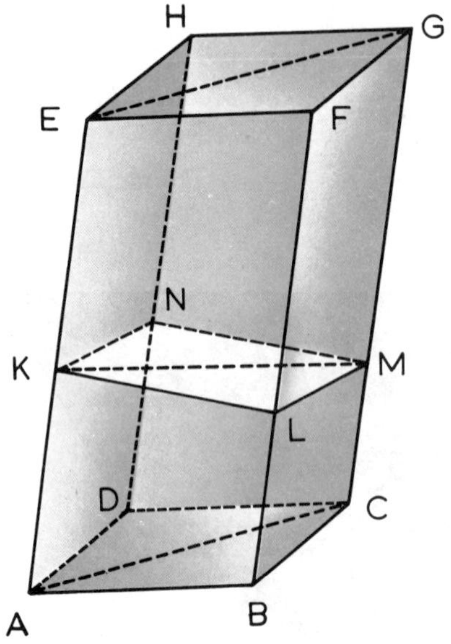

Fig. 286

HIPÓTESIS: $ABCDHGFE$ es un paralelepípedo (Fig. 286).

TESIS: Los prismas triangulares $ABCGEF$ y $ACDHEG$ son equivalentes.

Construcción auxiliar. Tracemos el plano diagonal $ACGE$, quedando el paralelepípedo descompuesto en los prismas triangulares $ABCGEF$ y $ACDHEG$.

DEMOSTRACIÓN:

La sección recta $KLMN$, es un paralelogramo que quedará descompuesto por el plano diagonal en los $\triangle KLM$ y $\triangle KMN$. Pero el prisma oblicuo $ABCGFE$ es equivalente al prisma recto que tenga por base el $\triangle KLM$. su sección recta, y por altura su arista lateral AE. Así mismo, el prisma $ACDHEG$ es equivalente al prisma recto que tenga por base $\triangle KMN$ y por altura su arista $\overline{AE}$. Y como $\triangle KLM = \triangle KMN$, resulta que los dos prismas triangulares en que ha quedado descompuesto el paralelepípedo $ABCDEFGH$, son equivalentes a prismas rectos iguales, por tanto $ABCGEF$ y $ACDHEG$, son equivalentes.

COROLARIO. **"El volumen de un prisma triangular es igual al producto del área de la base por la longitud de la altura".**

En efecto, llamando **V** al volumen del prisma triangular $ABCGEF$ (Fig. 286), **h** a su altura y **B** al área del $\triangle ABC$ que es la base, resulta:

$$\mathbf{V} = \frac{1}{2} \text{ volumen } ABCDEFGH \qquad (1)$$

$$\text{Vol. } ABCDEFGH = \text{área } ABCD \cdot \mathbf{h}$$

y como $\triangle ABC = \triangle ACD$ por ser $ABCD$ un paralelogramo,

$$\text{Vol. } ABCDEFGH = 2\,\mathbf{B} \cdot \mathbf{h} \qquad (2)$$

$$\therefore \quad \mathbf{V} = \frac{1}{2} \cdot 2\,\mathbf{B} \cdot \mathbf{h}$$

sustituyendo (2) en (1), y simplificando, tenemos:

$$V = B \cdot h.$$

361. TEOREMA 107. **"Si dos pirámides tienen la misma altura y bases equivalentes, las secciones paralelas a las bases, equidistantes de los vértices, son equivalentes".**

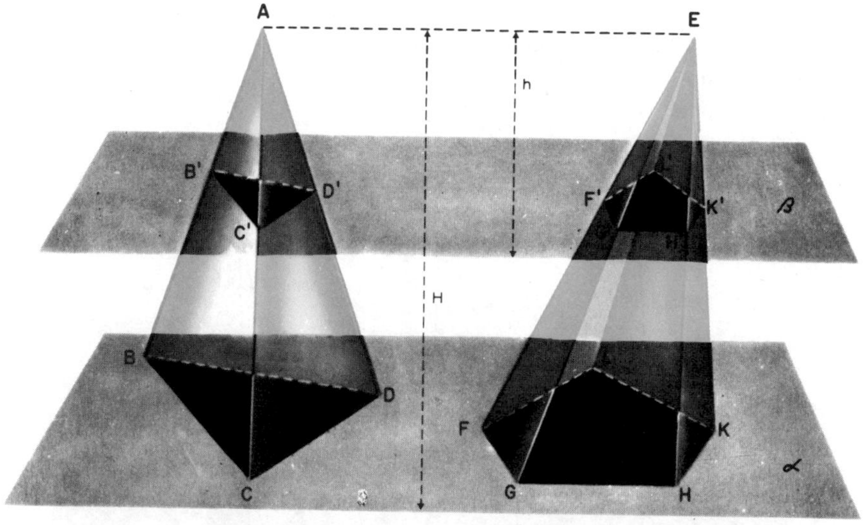

Fig. 287

HIPÓTESIS: *ABCD* y *EFGHKL* (Fig. 287) son pirámides de igual altura **H**, y de bases equivalentes, colocadas sobre el mismo plano α. Los planos α y β son paralelos, **h** es la distancia de *A* y *E* al plano β.

TESIS: área $B'C'D'$ = área $F'G'H'K'L'$.

DEMOSTRACIÓN:

Si **H** es la altura de ambas pirámides y **h** la distancia de los vértices al plano, tenemos (teorema 98):

$$\frac{\text{área } B'C'D'}{\text{área } BCD} = \frac{h^2}{H^2} \qquad (1)$$

$$\frac{\text{área } F'G'H'K'L'}{\text{área } FGHKL} = \frac{h^2}{H^2} \qquad (2)$$

Comparando (1) y (2), tenemos:

$$\frac{\text{área } B'C'D'}{\text{área } BCD} = \frac{\text{área } F'G'H'K'L'}{\text{área } FGHKL}$$

y como por hipótesis las bases son equivalentes (área $BCD =$ área $FGHKL$), resulta:

$$\text{área } B'C'D' = \text{área } F'G'H'K'L' .$$

362. TEOREMA 108. "**Dos tetraedros de igual altura y bases equivalentes, son equivalentes**". Aunque este teorema se suele admitir actualmente como postulado, para evitar el llamado "paso al límite", damos la demostración clásica del mismo.

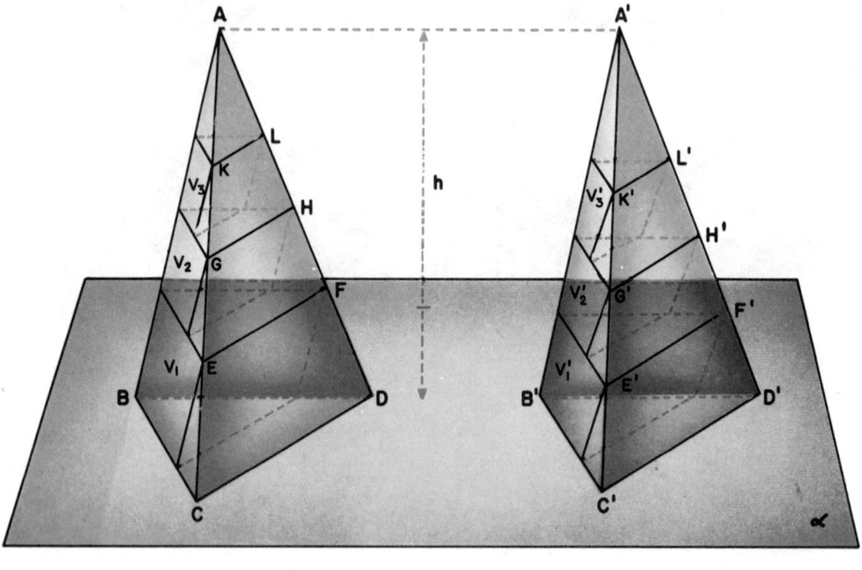

Fig. 288

HIPÓTESIS: $ABCD$ y $A'B'C'D'$ (Fig. 288) son dos tetraedros de igual altura **h** y bases equivalentes, es decir,

$$\text{Area } \triangle BCD = \text{Area } \triangle B'C'D' .$$

TESIS: Tetraedro $ABCD$ es equivalente al tetraedro $A'B'C'D'$.

DEMOSTRACIÓN:

Supongamos las bases de los dos tetraedros en el mismo plano $\boldsymbol{\alpha}$.

Dividamos la altura **h**, en un número cualquiera de partes iguales, por ejemplo, 4 y tracemos por los puntos de división planos paralelos al plano α, los cuales determinarán en ambos tetraedros secciones tales, que las que estén en un mismo plano serán equivalentes por equidistar de los vértices A y A'. Si por EF, GH, KL trazamos planos paralelos a AB y por $E'F'$, $G'H'$, $K'L'$ planos paralelos a $A'B'$ se formarán un número igual de prismas triangulares inscritos en cada tetraedro.

Los prismas correspondientes son equivalentes por tener igual altura y bases equivalentes.

Llamamos $\mathbf{V}_1, \mathbf{V}_2$ y $\mathbf{V}_3$ a los volúmenes de los prismas inscritos en el tetraedro $ABCD$ y $\mathbf{V}'_1$, $\mathbf{V}'_2$ y $\mathbf{V}'_3$ a los volúmenes de los prismas inscritos en el tetraedro $A'B'C'D'$.

Entonces tenemos:

$$\mathbf{V}_1 = \mathbf{V}'_1$$
$$\mathbf{V}_2 = \mathbf{V}'_2$$
$$\mathbf{V}_3 = \mathbf{V}'_3$$

Sumando miembro a miembro:

$$\mathbf{V}_1 + \mathbf{V}_2 + \mathbf{V}_3 = \mathbf{V}'_1 + \mathbf{V}'_2 + \mathbf{V}'_3 \qquad (1)$$

Si el número de partes en que se divide la altura, es muy grande, es decir, la altura de los estratos tiende a cero, la suma de los volúmenes de los prismas inscritos, *tiene por límite* el volumen del tetraedro.

Con este paso al límite, tenemos:

límite $(\mathbf{V}_1 + \mathbf{V}_2 + \mathbf{V}_3 + \mathbf{V}_4 + \cdots) = \mathbf{V}$ (volumen del tetraedro $ABCD$).

límite $(\mathbf{V}'_1 + \mathbf{V}'_2 + \mathbf{V}'_3 + \mathbf{V}'_4 + \cdots) = \mathbf{V}'$ (volumen del tetraedro $A'B'C'D'$).

y como los límites son iguales, resulta:

$$\mathbf{V} = \mathbf{V}'$$

es decir, que los tetraedros $ABCD$ y $A'B'C'D'$, son equivalentes.

363. TEOREMA 109. "Todo tetraedro es la tercera parte de un prisma triangular de la misma base e igual altura".

HIPÓTESIS: E-ABC (Fig. 289) es un tetraedro.

TESIS: E-ABC es la tercera parte de un prisma triangular de base ABC y de altura igual a la del tetraedro.

DEMOSTRACIÓN:

Por A y C tracemos $\overline{AD}$ y $\overline{CF}$ iguales y paralelas a $\overline{BE}$; unamos D y F con E y tracemos $\overline{DF}$ quedando así formado el prisma triangular $ABCDEF$.

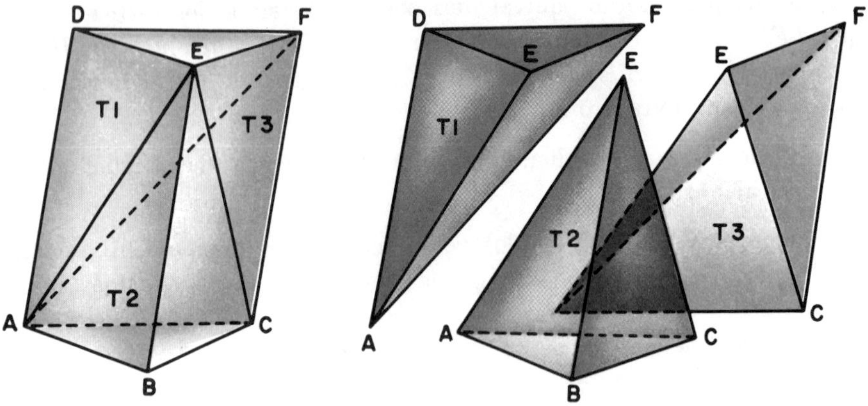

Fig. 289

Si unimos A con F, el prisma queda descompuesto en los tetraedros $E\text{-}ABC = \mathbf{T}_2$, $A\text{-}DEF = \mathbf{T}_1$ y $E\text{-}ACF = \mathbf{T}_3$, que en la figura aparecen separados.

Los tetraedros $\mathbf{T}_2$ y $\mathbf{T}_1$ tienen por bases los triángulos $\triangle ABC$ y $\triangle DEF$ que son iguales por ser las bases del prisma.

Además sus alturas trazadas desde E y A a los planos de sus bases, también son iguales por ser iguales a la altura del prisma.

Por tanto, los tetraedros $\mathbf{T}_2$ y $\mathbf{T}_1$ son equivalentes por tener bases y alturas iguales.

Considerando los tetraedros $\mathbf{T}_1$ y $\mathbf{T}_3$, si tomamos E como vértice de ambos, sus bases son los triángulos $\triangle DAF$ y $\triangle FAC$ que son iguales por ser mitades del paralelogramo $ACFD$.

Además, su altura común es la perpendicular desde E al plano $ACFD$, por tanto $\mathbf{T}_1$ y $\mathbf{T}_3$ son equivalentes.

Como los tres tetraedros son equivalentes, $E\text{–}ABC = \mathbf{T}_2$ es la tercera parte del prisma triangular $ABCDEF$.

364. TEOREMA 110. VOLUMEN DE LA PIRÁMIDE. **"El volumen de una pirámide cualquiera es igual a un tercio del producto del área de la base por la medida de la altura".**

HIPÓTESIS: $ABCDEF$ (Fig. 290) es una pirámide cualquiera.
B es el área de la base:
h es la altura y
V es el volumen.

TESIS: $$V = \frac{1}{3} B \cdot h.$$

DEMOSTRACIÓN:

Trazando por la arista $\overline{AB}$ los planos diagonales ABD y ABE, la pirámide queda descompuesta en tetraedros cuyas bases son los triángulos $\triangle BCD$.

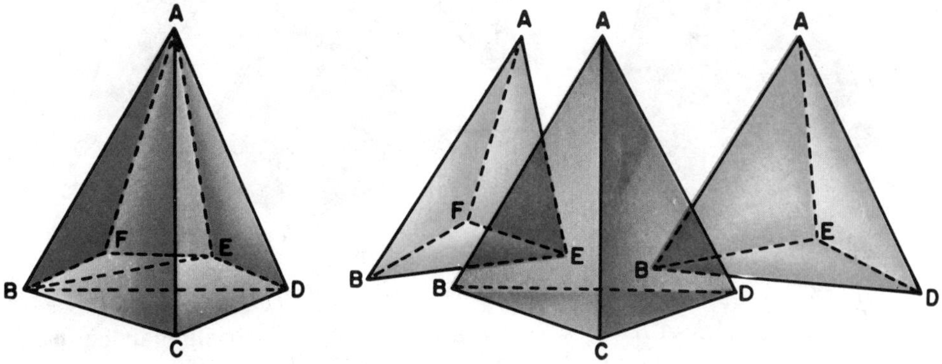

Fig. 290

$\triangle BED$ y $\triangle BFE$, teniendo todos la misma altura **h** de la pirámide.

Llamando b_1, b_2 y b_3 a las áreas de estos triángulos, tenemos:

$$V = \frac{1}{3} b_1 h + \frac{1}{3} b_2 h + \frac{1}{3} b_3 h$$

$$\therefore \quad V = \frac{1}{3} h (b_1 + b_2 + b_3) \qquad (1)$$

Pero: $$b_1 + b_2 + b_3 = B \qquad (2)$$

Sustituyendo (2) en (1), tenemos:

$$V = \frac{1}{3} B h.$$

COROLARIO 1. Toda pirámide es la tercera parte de un prisma que tenga igual base e igual altura.

COROLARIO 2. La razón de los volúmenes de dos pirámides cualesquiera es igual a la de los productos de sus bases por sus alturas.

COROLARIO 3. Dos pirámides de igual altura y bases equivalentes, son equivalentes.

365. TEOREMA 111. **"Todo tronco de pirámide triangular de bases paralelas es equivalente a la suma de tres pirámides de la misma altura del tronco y cuyas bases son las dos del tronco y una media proporcional entre ambas".**

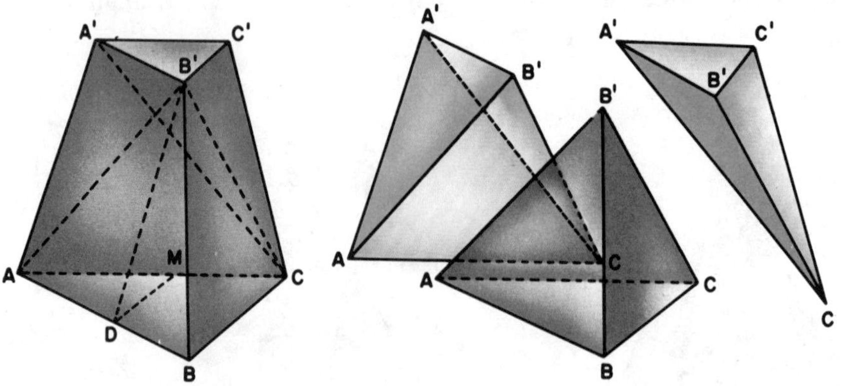

Fig. 291

HIPÓTESIS: $ABCA'B'C'$ es un tronco de pirámide triangular de bases paralelas de áreas **B** y **b**. (Fig. 291)

TESIS: $ABCA'B'C'$ es equivalente a la suma de tres pirámides de altura igual a la del tronco y cuyas bases sean **B**, **b** y $\sqrt{\mathbf{B} \cdot \mathbf{b}}$.

DEMOSTRACIÓN:

Uniendo B' con A y C y trazando $A'C$, el tronco queda descompuesto en las pirámides B'-ABC, C-$A'B'C'$ y B'-$AA'C$.

La pirámide B'-ABC tiene por base la base mayor ABC del tronco y por altura la misma de éste.

La pirámide C-$A'B'C'$ tiene por base la base menor $A'B'C'$ del tronco y por altura la misma de éste.

Respecto a la pirámide B'-$AA'C$, vamos a demostrar que es equivalente a otra de igual altura que el tronco y cuya base es media proporcional entre las bases **B** y **b** del tronco.

Si por B' trazamos $B'D$ AA', unimos D con C y trazamos DA', resulta la pirámide D-$AA'C$ equivalente a la B'-$AA'C$ por tener la misma base $\triangle AA'C$ y la misma altura, la distancia de B' y D, al plano $AA'C$ que resultan iguales ya que BD es paralela a dicho plano.

Si en la pirámide D-$AA'C$ se toma como vértice el punto A' y por base el $\triangle ADC$, su altura será igual a la del tronco.

Vamos ahora a probar que el área del $\triangle ADC$ es media proporcional entre **B** y **b**.

Comparando los triángulos $\triangle ABC$ y $\triangle ADC$ tenemos que la razón de sus áreas es la misma que la de sus bases $\overline{AB}$ y $\overline{AD}$ por tener la misma altura.

$$\frac{\text{área } \triangle ABC}{\text{área } \triangle ADC} = \frac{\overline{AB}}{\overline{AD}} \qquad (1)$$

Trazando $DM \parallel BC$, en los triángulos $\triangle ADC$ y $\triangle ADM$ se tiene:

$$\frac{\text{área } \triangle ADC}{\text{área } \triangle ADM} = \frac{\overline{AC}}{\overline{AM}} \qquad (2)$$

Pero: $\triangle ADM = \triangle A'B'C'$ por ser $\overline{AD} = \overline{A'B'}$; $\overline{AM} = \overline{A'C'}$ lados opuestos de los paralelogramos $ADB'A'$ y $AMC'A'$ y además $\angle A = \angle A'$ por tener sus lados paralelos y del mismo sentido.
Por tanto, la igualdad (2) puede escribirse:

$$\frac{\text{área } \triangle ADC}{\text{área } \triangle A'B'C'} = \frac{\overline{AC}}{\overline{AM}} \qquad (3)$$

Además: $\triangle ABC \sim \triangle ADM$ por ser $DM \parallel BC$. Luego:

$$\frac{\overline{AC}}{\overline{AM}} = \frac{\overline{AB}}{\overline{AD}}$$

Sustituyendo en (3):

$$\frac{\text{área } \triangle ADC}{\text{área } \triangle A'B'C'} = \frac{\overline{AB}}{\overline{AD}} \qquad (4)$$

Comparando (1) y (4), tenemos:

$$\frac{\text{área } \triangle ABC}{\text{área } \triangle ADC} = \frac{\text{área } \triangle ADC}{\text{área } \triangle A'B'C'}$$

es decir:

$$\frac{\mathbf{B}}{\text{área } \triangle ADC} = \frac{\text{área } \triangle ADC}{\mathbf{b}}$$

$$\therefore \quad \text{área } \triangle ADC = \sqrt{\mathbf{B} \cdot \mathbf{b}}.$$

366. TEOREMA 112. **"Un tronco de pirámide de bases paralelas es equivalente a un tronco de pirámide triangular de la misma altura y bases equivalentes a las del tronco dado"**

HIPÓTESIS: $ABCDEA'B'C'D'E'$ (Fig. 292) es un tronco de pirámide cualquiera de bases paralelas.

TESIS: Volumen de $ABCDEA'B'C'D'E'$ = volumen $MNPQRT$.
$MNPQRT$ es un tronco de pirámide triangular de la misma altura que

el tronco dado y de bases equivalentes a las del tronco dado y situadas en los planos α y β paralelos.

TESIS: Volumen de $ABCDEA'B'C'D'E'$ = volumen $MNPQRT$.

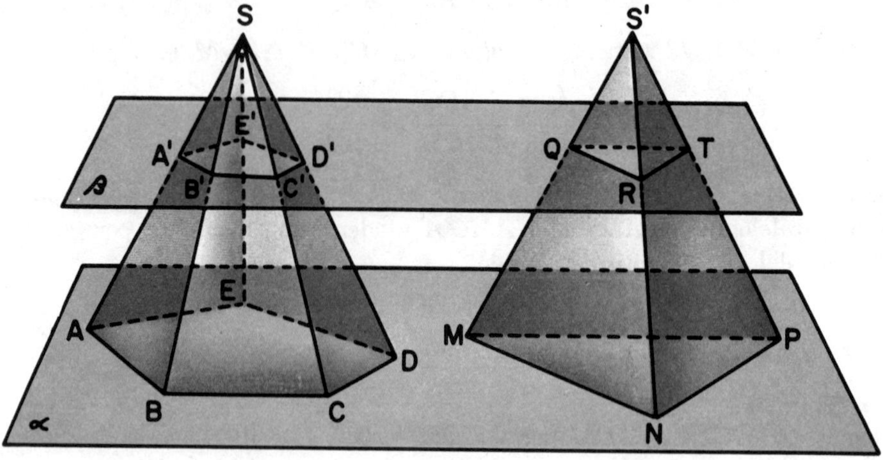

Fig. 292

DEMOSTRACIÓN:

Consideremos las pirámides $S\text{-}ABCDE$ y $S'\text{-}MNP$ a las que pertenecen los troncos dados.

Las pirámides $S\text{-}ABCDE$ y $S'\text{-}MNP$ son equivalentes por tener igual altura y bases equivalentes (corolario 3, Art. 360).

Por tanto:

$$\text{volumen } S\text{-}ABCDE = \text{volumen } S\text{-}MNP \qquad (1)$$

Las pirámides deficientes $S\text{-}A'B'C'D'E'$ y $S'\text{-}QRT$ son también equivalentes porque las secciones $A'B'C'D'E'$ y QRT son equivalentes.

Luego:

$$\text{volumen } S\text{-}A'B'C'D'E' = \text{volumen } S'\text{-}QRT \qquad (2)$$

Restando miembro a miembro (1) y (2), resulta:

$$\text{Vol. } S\text{-}ABCDE - \text{Vol. } S\text{-}A'B'C'D'E' = \text{Vol. } S'\text{-}MNP - \text{Vol. } S'\text{-}QRT \qquad (3)$$

Pero:

$$\text{Vol. } S\text{-}ABCDE - \text{Vol. } S\text{-}A'B'C'D'E' = \text{Vol. } ABCDEA'B'C'D'E' \qquad (4)$$

$$\text{y} \quad \text{Vol. } S'\text{-}MPQ - \text{Vol. } S'\text{-}QRT = \text{Vol. } MNPQRT \qquad (5)$$

Sustituyendo (4) y (5) en (3), resulta:

$$\text{Vol. } ABCDEA'B'C'D'E' = \text{Vol. } MNPQRT.$$

367. VOLUMEN DEL TRONCO DE PIRAMIDE DE BASES PARALELAS. *"El volumen de un tronco de pirámide de bases paralelas es igual*

al producto de un tercio de su altura por la suma de sus bases y una media proporcional entre ellas".

Fórmula: Si **B** y **b** son las áreas de las bases paralelas, **h** la altura y **V** el volumen, la fórmula para el cálculo del volumen es:

$$\mathbf{V} = \frac{\mathbf{h}}{3}(\mathbf{B} + \mathbf{b} + \sqrt{\mathbf{B} \cdot \mathbf{b}}).$$

En efecto, según el teorema anterior un tronco de pirámide de bases paralelas es equivalente a uno triangular de la misma altura y bases equivalentes a las del tronco dado (es decir, tiene el mismo volumen) y uno triangular (teorema 111 es equivalente (tiene el mismo volumen) a la suma de tres pirámides de igual altura y cuyas bases son las dos del tronco y una media proporcional entre ambas.

EJERCICIOS

(1) Hallar el volumen de un ortoedro cuyas dimensiones son: 16. 12 y 8 cm. *R.:* 1536 cm^3.

(2) El volumen de un ortoedro es 192 cm^3 y dos de sus dimensiones son 8 y 6 cm. Hallar la otra dimensión. *R.:* 4 cm.

(3) Hallar el volumen de un cubo de 7 cm de arista. *R.:* 343 cm^3.

(4) Hallar la arista de un cubo de 512 cm^3 de volumen. *R.:* 8 cm.

(5) Hallar la arista de un cubo equivalente a un ortoedro cuyas dimensiones son: 64, 32 y 16 pies. *R.:* 32 pies.

(6) La diagonal de un cubo mide 12 cm. Hallar su volumen.
R.: $192\sqrt{3}$ cm^3.

(7) El área total de un cubo es 150 m^2. Hallar su volumen.
R.: 125 m^3.

(8) El volumen de un cubo es 27 cm^3. Hallar su diagonal.
R.: $\mathbf{d} = 3\sqrt{3}$ cm.

(9) Expresar el volumen **V**. de un cubo en función de la diagonal *D*.

R.: $\mathbf{V} = \left(\sqrt{\frac{D^2}{3}}\right)^3$

(10) Hallar el área total de un cubo equivalente a un ortoedro de 9 cm de largo. 8 cm de ancho y 3 m de altura. *R.:* $A_T = 216$ cm^2.

(11) Expresar el área total de un cubo en función del volumen.
R.: $A_T = 6[\sqrt[3]{V}]^2$

(12) Expresar el volumen de un cubo en función del área total.

$$R.: V = \left[\sqrt{\frac{A_T}{6}} \right]^3$$

(13) Si el volumen de un ortoedro es 60 m^3 y el área de la base es 15 m^2, ¿cuánto mide la altura? *R.:* 4 m.

(14) El área de un ortoedro es 264 cm^2. La relación del largo al alto y al ancho, es de 5:3:1. Hallar sus dimensiones.

R.: largo = 10 cm;
alto = 6 cm;
ancho = 2 cm.

(15) El largo de un ortoedro es el doble que el ancho; el ancho es el doble que la altura. Su diagonal vale $\sqrt{21}$ cm. Hallar su área total.

R.: $A_T = 20$ cm^2.

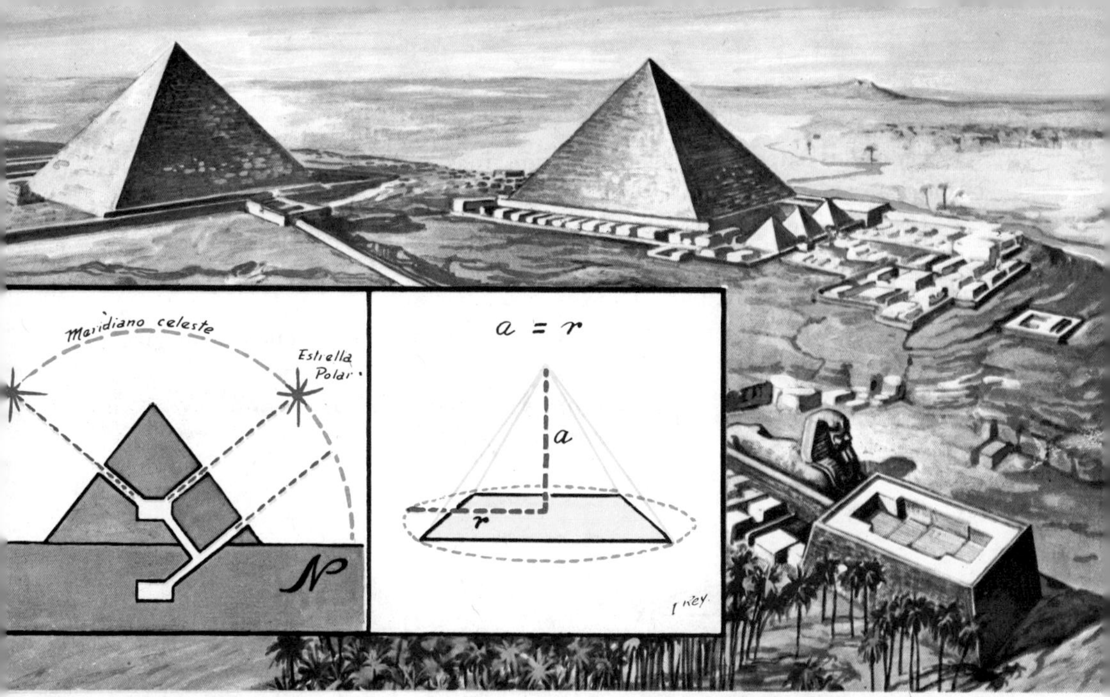

se ha dicho que los egipcios no consideraron Geometría como ciencia, pero en cuanto a su icación nadie como ellos logró tal perfección. nejor exponente es la ingente obra de las pi- ides de Gizé. La que se halla a la derecha es la gran pirámide construída por Khufú hace más de 5.000 años. En ella se empleó el trabajo de más de 100.000 hombres y su construcción duró treinta años. Los «errores» angulares o longitudinales no llegan a la anchura del dedo meñique.

21

Cuerpos redondos

368. SUPERFICIE DE REVOLUCION. Es la superficie engendrada por una línea que gira alrededor de una recta llamada eje. En la rotación los puntos se mantienen a la misma distancia del eje.

La línea que gira se llama *generatriz*. Todos los puntos de la generatriz describen circunferencias cuyos centros están en el eje y cuyos planos son perpendiculares a él.

Ejemplo. La línea $X\ X'\ X''\ X'''$ (Fig. 293) al girar alrededor del eje YY', engendra una superficie de revolución. Sus puntos: X, X', X'', X''' engendran circunferencias de centros O, O', O'', O'''.

La superficie $OX\,X'\,X''\,X'''\,O'''$, al girar alrededor de YY', engendra un *sólido* o *cuerpo de revolución.*

Entre las superficies de revolución más importantes están la superficie cilíndrica, la cónica y la esférica.

La cilíndrica es la engendrada por una recta paralela al eje.

La cónica es la engendrada por una semirrecta cuyo origen está en el eje y no es perpendicular al eje.

La esférica es la engendrada por una semicircunferencia que gira alrededor de su diámetro.

Estas tres superficies limitan los siguientes cuerpos:

1) cilindro; 2) cono; 3) esfera.

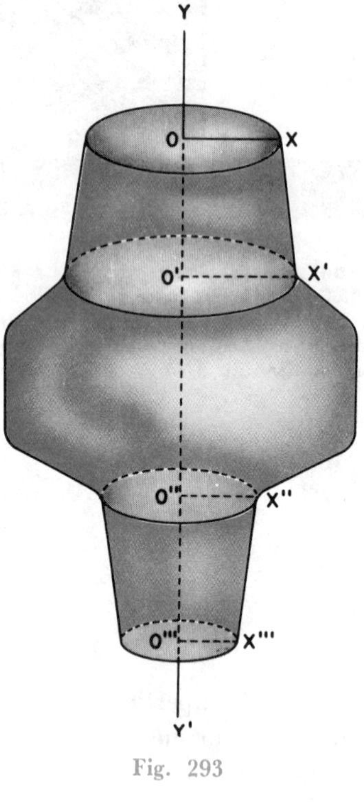

Fig. 293

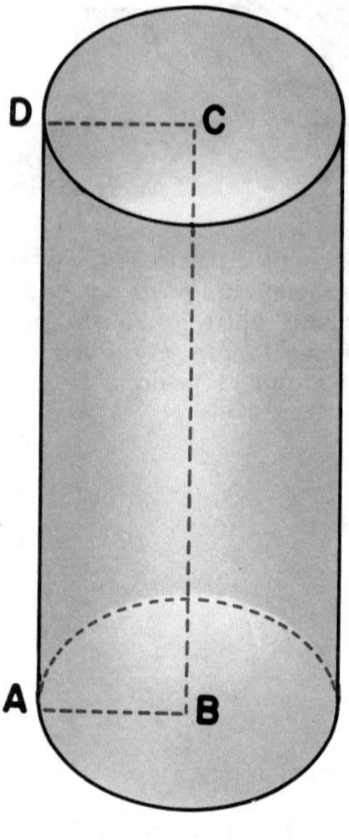

Fig. 294

369. CILINDRO. AREAS LATERAL Y TOTAL. VOLUMEN. Se llama cilindro de revolución o cilindro circular recto a la porción de espacio limitado por una superficie cilíndrica de revolución y dos planos perpendiculares al eje. Las secciones producidas por dichos planos, son dos círculos llamados *bases* del cilindro. La distancia entre las bases se llama *altura*.

También puede considerarse el cilindro como engendrado por la revolución completa de un rectángulo alrededor de uno de sus lados.

Así, por ejemplo, el rectángulo $ABCD$ al girar alrededor del lado $\overline{BC}$. engendra un cilindro circular recto. El lado $\overline{AD}$, que engendra la superficie cilíndrica, se llama *generatriz*. Los lados $\overline{AB}$ y $\overline{DC}$ describen dos círculos que son las bases del cilindro (Fig 294).

Obsérvese que la generatriz $\overline{AD} = \overline{BC}$, es la altura del cilindro.

Area lateral del cilindro. Es el área de la superficie cilíndrica que lo limita. Para calcularla podemos imaginar dos cosas: o bien que lo abrimos a lo largo de una generatriz y lo extendemos en un plano, o bien que se inscribe un prisma regular y calculamos el límite del área lateral del prisma al aumentar infinitamente el número de caras laterales (Fig 295).

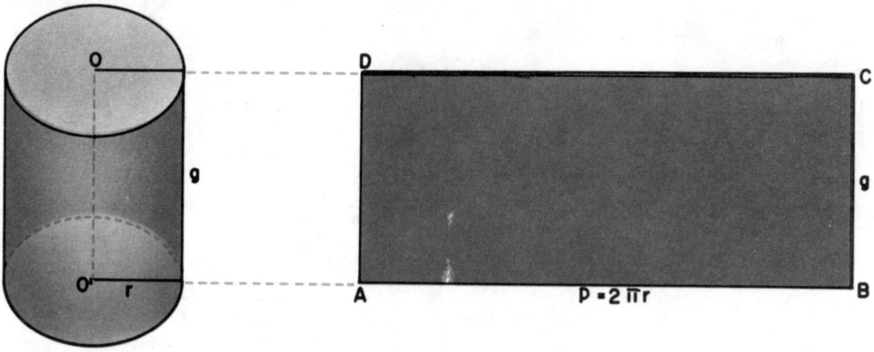

Fig. 295

En el primer supuesto, se obtiene como desarrollo un rectángulo de base $AB = 2\pi r$ y de altura $BC = g$. El área de este rectángulo $ABCD$, es el área lateral del cilindro y vale $A_L = 2\pi r g$, que dice: *"El área lateral de un cilindro circular recto es igual a la circunferencia de la base por la generatriz del cilindro"* (Fig 296).

En el segundo supuesto se llega a la misma fórmula, pues el área lateral del prisma recto es igual al perímetro de la base por la arista lateral y el límite del perímetro de la base es la longitud de la circunferencia de la base del cilindro ($2\pi r$) y la arista lateral es igual a la generatriz g del cilindro.

Area total. El área total es igual al área lateral más las áreas de las dos bases. El área de cada base es:

$$B = \pi r^2.$$

Luego:

$$A_T = A_L + 2\,b$$

$$A_T = 2\pi r g + 2\pi r^2$$

$$A_T = 2\pi r\,(g + r).$$

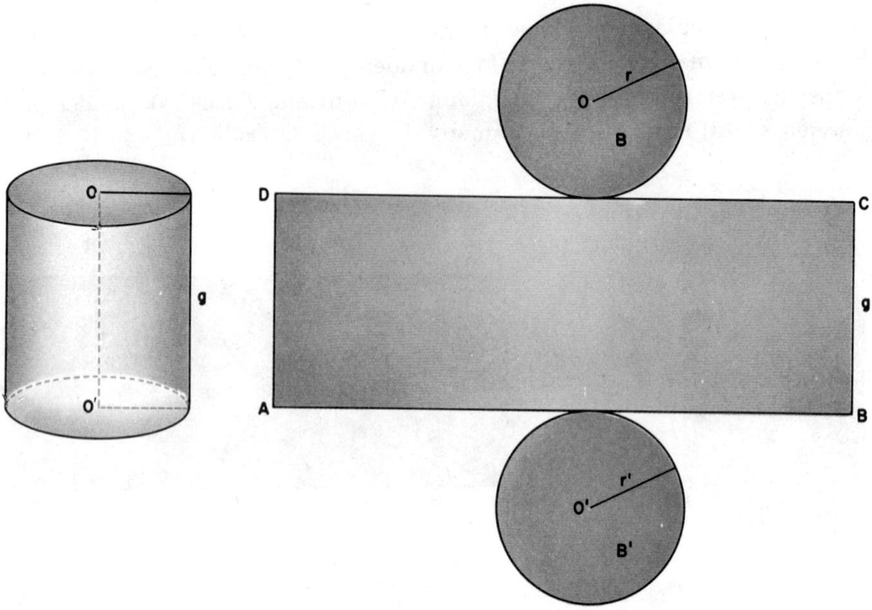

Fig. 296

Volumen del cilindro. Es el límite del volumen de un prisma inscrito de base regular cuyo número de lados crece infinitamente. Como el volumen del prisma es el producto del área de la base por la altura tendremos:

$$\text{Volumen cilindro} = \pi r^2 g$$

ya que la altura es la generatriz.

370. SUPERFICIE CONICA DE REVOLUCION. Si una semirrecta $\overline{AV}$ (Fig. 297) que tiene su origen en un punto de una recta $\overleftrightarrow{VO}$ que es perpendicular al plano de un círculo en su centro, gira alrededor de $\overline{VD}$ pasando sucesivamente por los puntos de la circunferencia. engendra una superficie cónica de revolución.

La recta $\overleftrightarrow{VO}$ es el eje de la superficie cónica; la semirrecta $\overrightarrow{VA}$ la *generatriz* y la circunferencia se llama *directriz.*

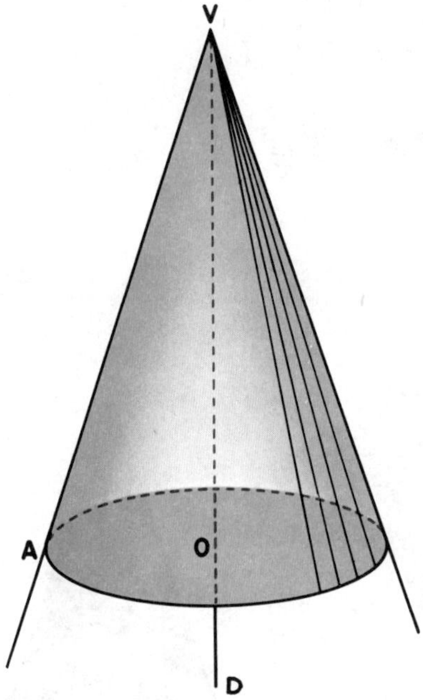

Fig. 297

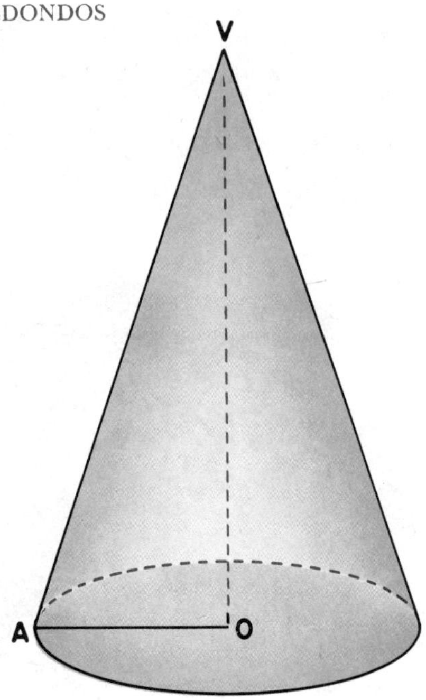

Fig. 298

371. CONO CIRCULAR RECTO. AREAS LATERAL Y TOTAL. VOLUMEN. La porción de espacio limitada por una superficie cónica de revolución y un plano perpendicular al eje, se llama cono circular recto o cono de revolución.

La sección se llama *base* del cono, la distancia $\overline{VO}$ es la altura y el radio de la base es el *radio* del cono.

El cono circular recto puede considerarse engendrado por la revolución de un triángulo rectángulo alrededor de uno de sus catetos.

Así, el $\triangle VAO$ (Fig. 298) al girar alrededor del cateto $\overline{VO}$, engendra un cono circular recto; la hipotenusa $\overline{VA}$ es la generatriz y engendra la superficie lateral del cono; el cateto $\overline{VO}$ es la altura del cono y el otro cateto $\overline{AO}$ que engendra la base, es el radio del cono.

Area lateral del cono. Si con radio g, construímos el sector circular del arco igual a la circunferencia de la base del cono, se obtiene el desarrollo de la superfice lateral del cono.

Como el área de un sector circular es igual al semiproducto de la longitud de su arco por la medida del radio, tenemos:

$$A_L = \frac{1}{2} \cdot 2 \pi r g \quad \therefore \quad A_L = \pi r g.$$

Es decir, *"El área lateral del cono circular es igual a la semicircunferencia de la base, multiplicado por la medida de la generatriz"* (Fig 299).

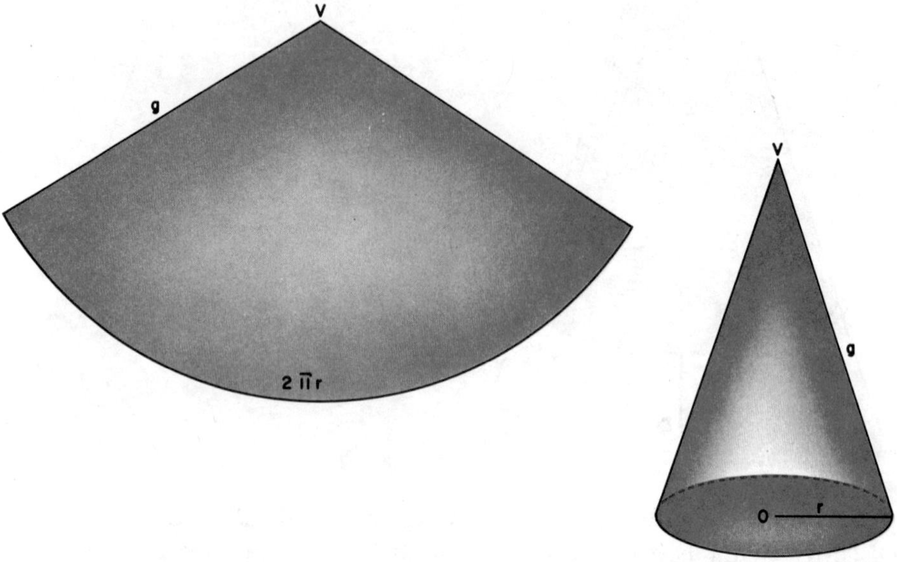

Fig. 299

Area total del cono. Si al área lateral le sumamos el área de la base (B) tendremos el área total (Fig 300):

$$A_L = \pi r g$$

$$B = \pi r^2$$

$$\therefore \quad A_T = \pi r g + \pi r^2$$

$$\therefore \quad A_T = \pi r (g + r)$$

Volumen del cono. Es el límite del volumen de una pirámide inscrita de base regular cuyo número de lados aumenta infinitamente. Como el volumente de la pirámide es un tercio del área de la base por altura, tendremos:

$$\text{Volumen del cono} = \frac{1}{3} \pi r^2 h.$$

372. TRONCO DE CONO. AREAS LATERAL Y TOTAL. La porción de cono circular recto comprendida entre la base y un plano paralelo a ella,

se llama *tronco de cono.* Los dos círculos que lo limitan son las *bases*, la distancia entre las bases es la *altura* y la porción de generatriz del cono es la *generatriz* del tronco.

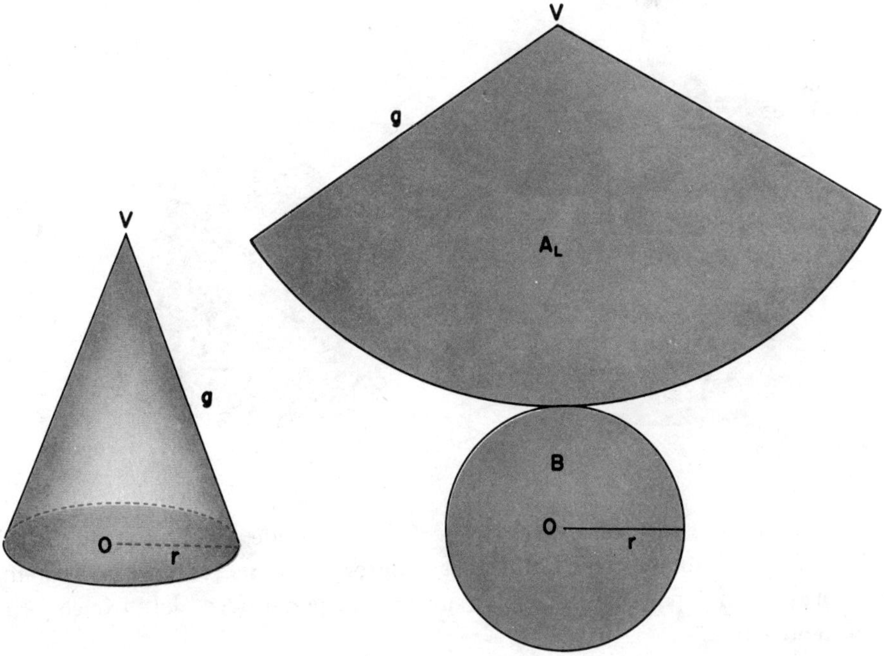

Fig. 300

La porción de cono comprendida entre el vértice y el plano paralelo a la base, se llama *cono deficiente.* Un tronco de cono circular puede considerarse engendrado por la revolución de un trapecio rectángulo que gira alrededor del lado perpendicular a las bases.

Ejemplo. En la figura 301 está representado el tronco de cono $O'OBA$, cuyas bases son los círculos de centros O y O' y radio r y r'. La altura es el segmento $\overline{O'O}$ y la generatriz el segmento $\overline{AB}$. El cono de vértice V y base el círculo O' es el *cono deficiente.*

Area lateral del tronco de cono. Se puede obtener de la siguiente manera: Supongamos inscrito en el tronco de cono (Fig. 301) un tronco de pirámide regular, de apotema a.

Si llamamos P y P' a los perímetros de las bases, tenemos:

$$A_L = \frac{P + P'}{2} \cdot a\,.$$

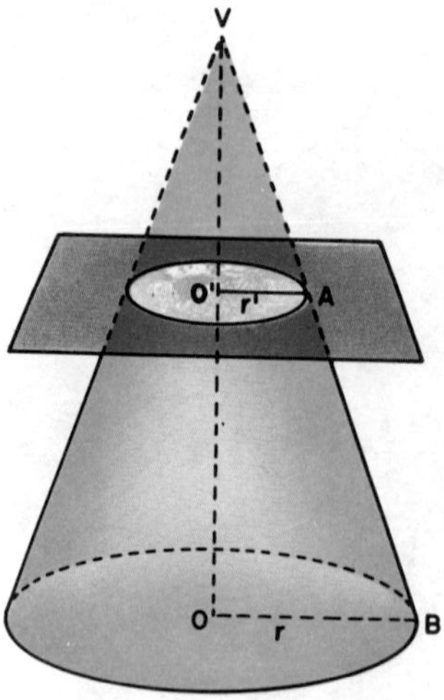

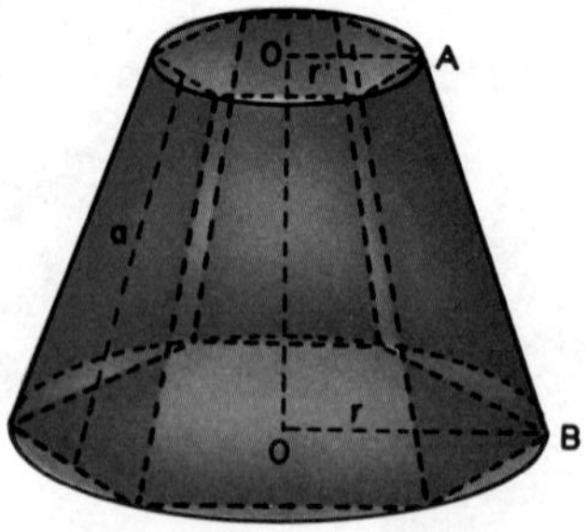

Fig. 301

Si el número de caras del tronco de pirámide, se aumenta infinitamente, P y P' tienen por límites los valores $2\pi r$ y $2\pi r'$ y la apotema del tronco, tiene por límite el valor de la generatriz del tronco. Entonces tendremos:

$$A_L = \frac{2\pi r + 2\pi r'}{2} \cdot g$$

$$A_L = \frac{2(\pi r + \pi r')}{2} \cdot g$$

$$A_L = (\pi r + \pi r')\, g$$

$$A_L = \pi\, (r + r')\, g$$

$$\therefore \quad A_L = \pi g\, (r + r').$$

Area total del tronco de cono. Para hallar el área total, basta sumar al área lateral las áreas de las dos bases.

$$A_L = \pi g\, (r + r') \qquad A_B = \pi r^2 \qquad A_{B'} = \pi r'^2$$

$$A_T = A_L + A_B + A_{B'}$$

$$A_T = \pi g\, (r + r') + \pi r^2 + \pi r'^2$$

$$\therefore \quad A_T = \pi g\, (r + r') + \pi\, (r^2 + r'^2).$$

Volumen del tronco de cono. Análogamente al volumen del tronco de pirámide regular, tendremos:

$$\text{Volumen tronco de cono} = \frac{h}{3}(\pi R^2 + \pi r^2 + \pi Rr)$$

siendo h la altura y R y r los radios de las bases del tronco.

Secciones. Toda sección producida en una superficie esférica por un plano, es una circunferencia.

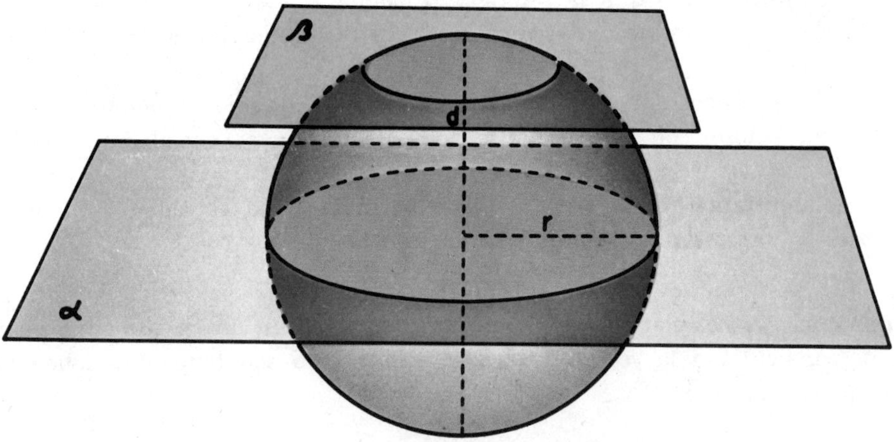

Fig. 302

373. SUPERFICIE ESFERICA Y ESFERA La *superficie esférica* es el lugar geométrico de todos los puntos del espacio que equidistan de uno interior llamado centro.

La distancia del centro a un punto de la superficie se llama *radio.* Si la distancia de un punto al centro es menor que el radio el punto es interior a la superficie y si es mayor el punto es exterior.

Se llama *esfera* al conjunto formado por todos los puntos de una superficie esférica y los interiores a la misma. Las palabras esfera y superficie esférica se suelen usar como sinónimas.

Una superficie esférica es también la superficie de revolución engendrada por la rotación de una circunferencia alrededor de uno de sus diámetros. El cuerpo engendrado por la rotación de un círculo es la esfera.

Toda recta y todo plano que pasan por el centro se llaman *diámetros* y *planos diametrales* respectivamente. Un plano diametral divide a la esfera en dos partes iguales llamadas *hemisferios*.

374. POSICIONES RELATIVAS DE UNA RECTA Y UNA ESFERA. Una recta puede tener con una esfera dos puntos comunes (secante): un solo punto común (tangente) o ningún punto común (exterior).

Posiciones relativas de un plano y una esfera. Si la distancia del centro O a un plano P es menor que el radio, el plano es *secante* (Fig. 302). La intersección con la superficie esférica es una circunferencia y con la esfera es un círculo. Si el plano pasa por el centro, como el plano α, la intersección tiene el mismo radio que la esfera y se llama *círculo máximo*. Si no pasa por el centro la intersección es un *círculo menor*. Todos los círculos máximos son iguales.

Si la distancia del centro al plano es igual al radio el plano tiene un solo punto común con la esfera y se llama *plano tangente* y al punto común *punto de contacto*.

Si la distancia del centro al plano es mayor que el radio el plano es *exterior* y no tiene ningún punto común con la esfera.

Posiciones de dos esferas. Ocupan posiciones análogas a las de dos circunferencias en el plano. Si son secantes tienen común un círculo cuyo plano es perpendicular a la recta que une los centros. Si son tangentes tienen un solo punto común.

375. CONO Y CILINDRO CIRCUNSCRITO A UNA ESFERA. Si desde un punto exterior a una esfera trazamos todas las tangentes posibles, se obtiene una superficie cónica que se dice está circunscrita a la esfera. La línea de contacto del cono y de la esfera es un círculo menor.

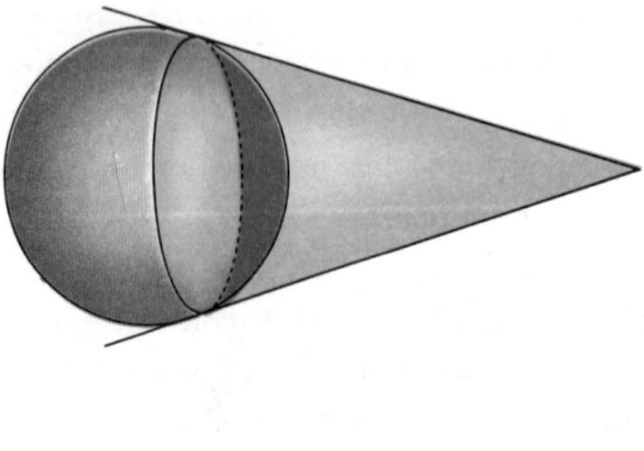

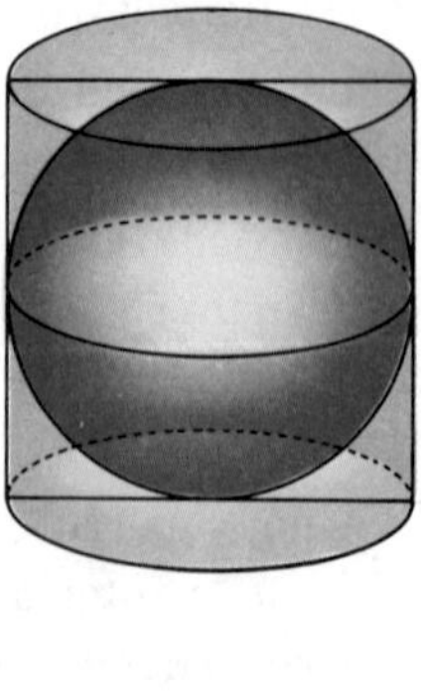

Si se trazan todas las tangentes paralelas a una recta dada se obtiene un cilindro circunscrito. La línea de contacto es un círculo máximo.

376. FIGURAS EN LA SUPERFICIE ESFERICA Y EN LA ESFERA.

1. Si cortamos una esfera por un plano secante tendremos:

Cada porción de superficie esférica es un *casquete esférico* (en general se considera el menor de los dos). Si el plano secante pasa por el centro el casquete se llama hemisferio.

Cada porción de esfera se llama *segmento esférico de una base.*

2. Si cortamos una esfera por dos planos paralelos tendremos:

La porción de superficie esférica limitada por los dos planos se llama *zona esférica.*

La porción de esfera limitada por los dos planos se llama *segmento esférico de dos bases.*

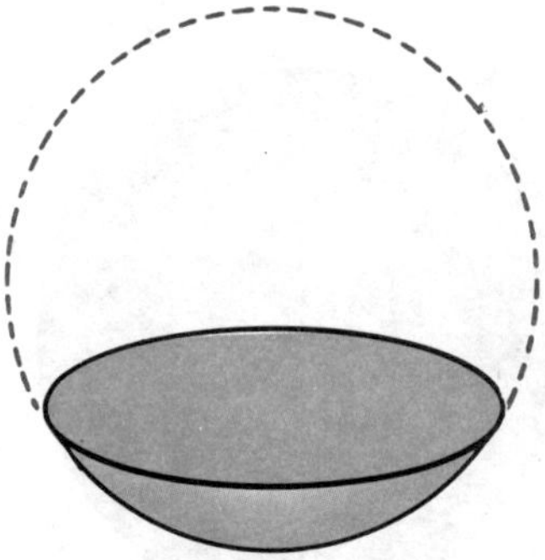

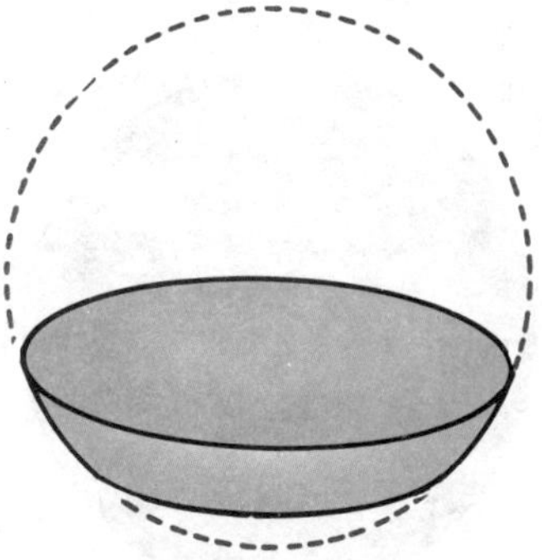

3. Si consideramos dos semicírculos máximos del mismo diámetro tendremos:

La porción de superficie esférica limitada por los dos semicírculos se llama *huso esférico.*

La porción de esfera limitada por los dos semicírculos se llama *cuña esférica.*

4. Se llama *distancia esférica* entre dos puntos de una superficie esférica al menor de los arcos de círculo máximo que pasa por ellos. Es la distancia más corta entre dos puntos medida sobre la superficie esférica.

5. Se llama *triángulo esférico* la porción de superficie esférica limitada por tres arcos de círculo máximo. Estos arcos o lados del triángulo son menores que una semicircunferencia.

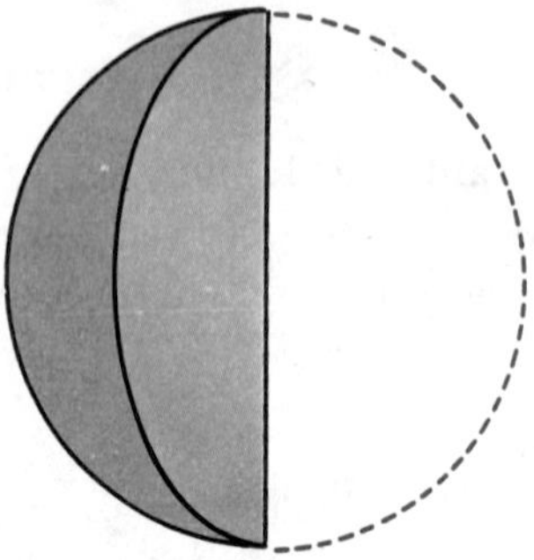

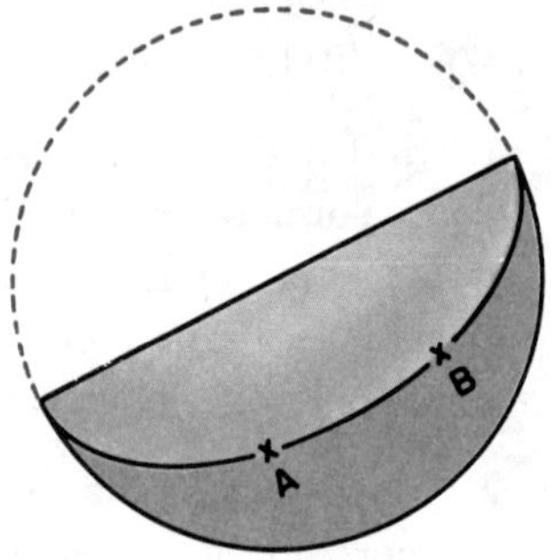

6. Se llama *ángulo esférico* en un punto el formado por dos arcos de círculo máximo. Se mide por el ángulo formado por las tangentes a los arcos en el punto.

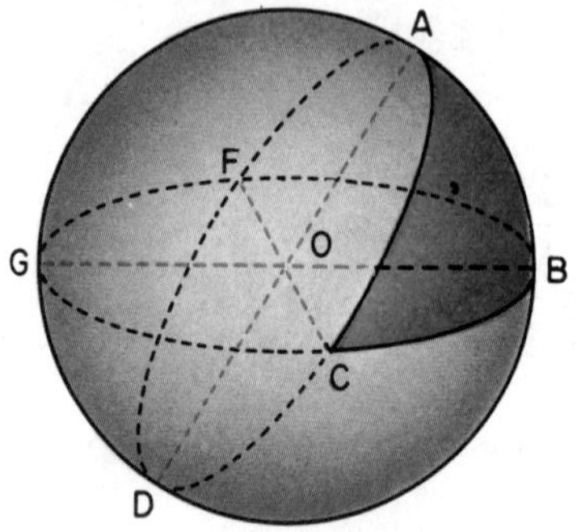

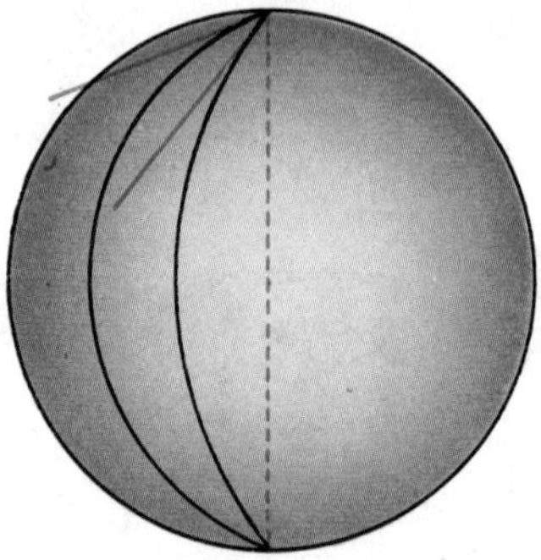

377. AREA DE UNA ESFERA Y DE FIGURAS ESFERICAS. La obtención por métodos elementales de la fórmula del área de una esfera es algo laboriosa. Requiere los siguientes pasos:

1. El área engendrada por la base $\overline{AB}$ de un triángulo isósceles $\triangle OAB$ al girar alrededor de un eje e que no corta al triángulo, es igual a la proyección del segmento $\overline{AB}$ sobre el eje por la longitud de la circunferencia cuyo radio es la altura $\overline{OH}$ del triángulo.

En efecto: el área engendrada por $\overline{AB}$ en su giro es el área lateral de un tronco de cono de lado $\overline{AB}$ y circunferencia media la de radio $\overline{HM}$. Luego:

$$\text{Area engendrada por } AB = 2\pi\,\overline{HM} \times \overline{AB}$$

Pero los triángulos $\triangle OHM$ y $\triangle ABD$ son semejantes:

$$\frac{\overline{AB}}{\overline{OH}} = \frac{\overline{AD}}{\overline{HM}} \qquad \therefore \qquad \frac{\overline{AB}}{\overline{OH}} = \frac{\overline{A'B'}}{\overline{H'M'}}$$

Luego: Area engendrada por $\overline{AB} = 2\,\pi\,\overline{OH} \times \overline{A'B'}$. como se quería demostrar.

2. Considerar una línea poligonal regular, o sea una quebrada formada por cuerdas iguales de una circunferencia, y los triángulos isósceles que se forman uniendo los vértices de la poligonal con el centro.

Según el teorema anterior, el área de la superficie engendrada al girar la poligonal alrededor de un eje, que no la corte, es igual al producto de la proyección de la diagonal sobre el eje por la longitud de la circunferencia cuyo radio es la apotema de la poligonal.

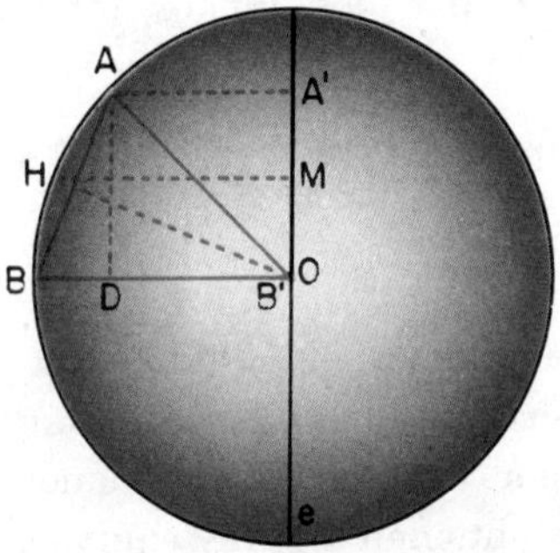

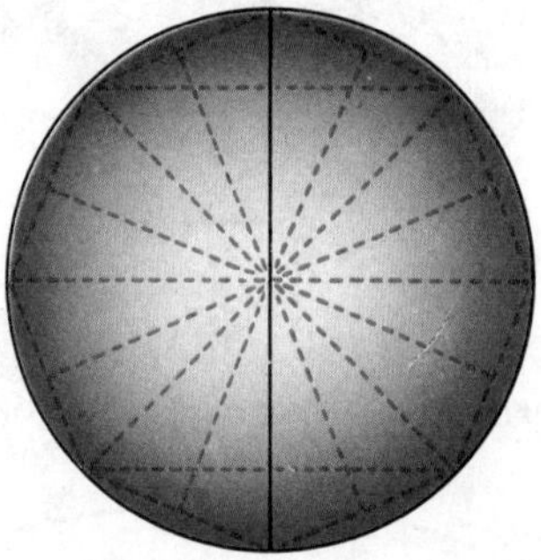

3. Si ahora consideramos una semicircunferencia girando alrededor de su diámetro, inscribimos una poligonal regular y hacemos crecer infinitamente el número de lados, en el límite se obtiene que la proyección de la poligonal es el diámetro ($2\,r$); la apotema se transforma en el radio r y el área resulta la de la superficie esférica. Luego:

$$\text{Area superficie esférica} = 2\,\pi\,r \times 2\,r = 4\,\pi\,r^2.$$

AREA DE UN CASQUETE O DE UNA ZONA ESFERICA. Es el límite del área engendrada por una poligonal regular inscrita en el arco al crecer infinitamente el número de lados. Luego:

$$\text{Area de un casquete o zona} = 2\,\pi\,r\,h$$

siendo r el radio de la esfera y h la proyección de la poligonal sobre el diámetro perpendicular a la base del casquete o bases de la zona, es decir, la altura del casquete o zona.

AREA DE UN HUSO ESFERICO. Si el huso tiene n° el área se calcula por la proporción:

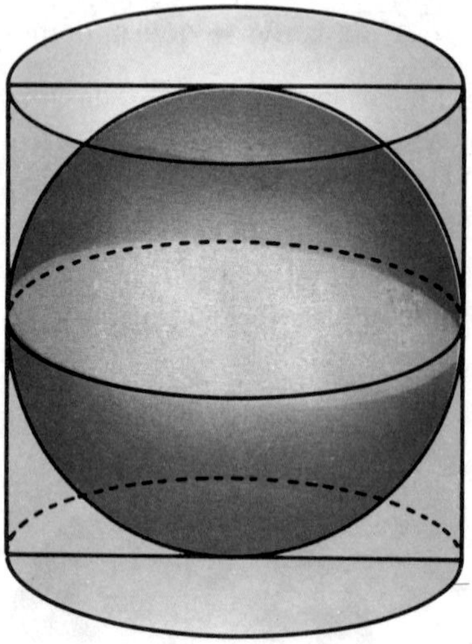

$$\frac{360}{4\pi r^2} = \frac{n^\circ}{X}$$

$$\therefore \quad X = \frac{\pi r^2 n^\circ}{90^\circ}.$$

378. RELACION ENTRE EL AREA DE UNA ESFERA Y LA DEL CILINDRO CIRCUNSCRITO.— Si consideramos el cilindro circunscrito limitado por dos planos tangentes paralelos, su área lateral es:

$$\text{Area lateral} = 2\pi r \times 2r = 4\pi r^2$$

que es la misma área de la esfera.

379. VOLUMEN DE LA ESFERA. Para obtener el volumen de una esfera nos basaremos en el principio de Cavalieri que dice: Si al cortar dos cuerpos por un sistema de planos paralelos se obtienen figuras equivalentes (de igual área) los dos cuerpos tienen el mismo volumen.

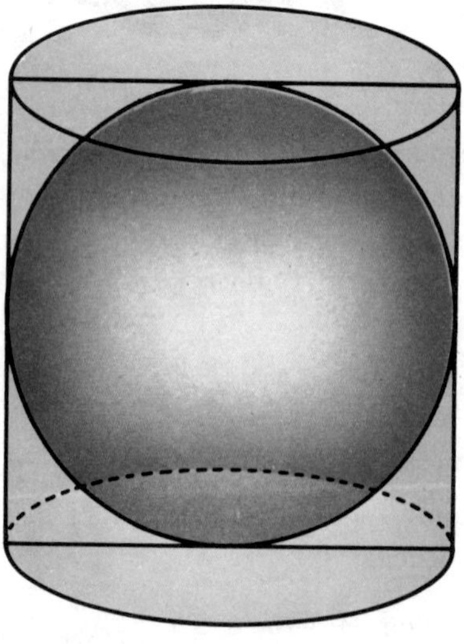

Supongamos ahora una esfera de radio r y el cilindro circunscrito. Sea:

V el volumen de la esfera;

V_1 el volumen del cilindro que es igual a $\pi r^2 \times 2r = 2\pi r^3$;

V_2 el volumen del espacio comprendido entre la esfera y el cilindro.

Evidentemente: $V = V_1 - V_2$.

Para calcular V_2 observemos que si cortamos la figura por planos paralelos a las bases del cilindro, se obtienen coronas circulares cuyas áreas son de la forma:

$$\pi r^2 - \pi s^2 = \pi(r^2 - s^2) = \pi k^2$$

siendo k la distancia del centro al plano.

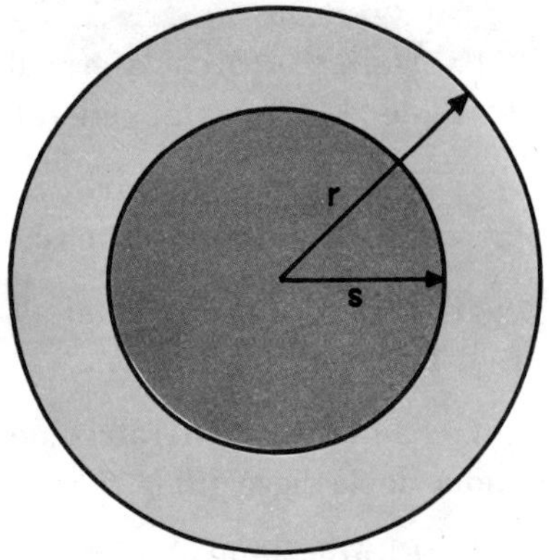

Si ahora consideramos el cono de vértice. el centro de la esfera y de base la del cilindro tendremos que el área de la sección a la distancia k es:

$$x^2$$

siendo x el radio de la sección. Pero como los triángulos $\triangle AOB$ y $\triangle OCD$ son semejantes. resulta:

$$\frac{k}{r} = \frac{x}{r} \qquad \therefore \qquad x = k$$

es decir. que el área de la corona circular (πk^2) y el área de la sección del cono ($\pi x^2 = \pi k^2$) son iguales.

Aplicando el principio de Cavalieri resulta que el volumen V_2 del espacio entre la esfera y el cilindro es igual a la suma de los volúmenes de los dos conos que tienen de vértice el centro de la esfera y de bases las del prisma. El volumen de cada uno de estos dos conos es:

$$\frac{1}{3}\pi r^2 (r) = \frac{1}{3}\pi r^3$$

y el de los dos conos es:

$$\frac{2}{3}\pi r^3.$$

Luego. el volumen de la esfera será:

$$V = V_1 - V_2 = 2\pi r^3 - \frac{2}{3}\pi r^3 = \frac{4}{3}\pi r^3 .$$

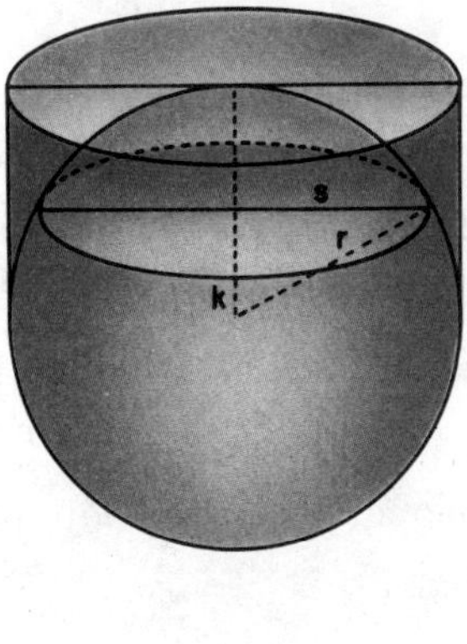

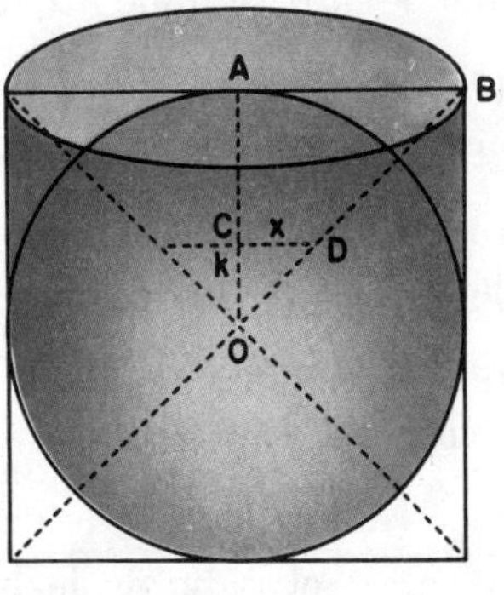

EJERCICIOS

(1) Hallar el área lateral de un cilindro circular recto, si el radio de la base mide 4 cm y la generatriz 10 cm. *R.:* 251.2 cm^2.

(2) Hallar la generatriz de un cilindro sabiendo que su área lateral es 756.6 cm^2 y el radio de la base mide 10 cm. *R.:* 12 cm.

(3) Hallar el área total de un cilindro si el radio de la base vale 20 cm y la generatriz 30 cm. *R.:* 6280 cm.

(4) Hallar la generatriz de un cilindro cuya área total es 408.2 cm^2 si el radio de la base mide 5 cm. *R.:* 8 cm.

(5) El área total de un cilindro es 471 cm^2 y su generatriz es el doble de su radio. Hallar la generatriz y el radio. *R.:* $g = 10$ cm. $r = 5$ cm.

(6) Hallar el área lateral de un cilindro, si el radio de la base mide 6 m y la altura 9 m. *R.:* 339,12 m^2.

(7) Hallar el radio de la base de un cilindro sabiendo que su área lateral es 1507.2 cm^2 y la generatriz vale 40 cm. *R.:* 6 cm.

(8) El área total de un cilindro es 75.36 m^2 y su generatriz es el doble del radio de la base. Hallar el radio y la generatriz. *R.:* $r = 2$ m. $g = 4$ m.

(9) Hallar el área lateral de un cilindro cuya generatriz es igual al lado del triángulo equilátero inscrito en la base del cilindro. *R.:* $2\sqrt{3}\pi r^2$

(10) Hallar el área total de un cilindro, sabiendo que su generatriz es igual al lado del hexágono regular inscrito en su base *R.:* $4\pi r^2$.

(11) Hallar el área lateral de un cono cuya generatriz vale 6 cm. si el radio de la base mide 4 cm. *R.:* 75.36 cm^2.

(12) Hallar el área lateral de un cono sabiendo que el radio de la base mide 6 cm y la altura 8 cm. *R.:* 188.4 cm^2.

(13) Hallar el área total de un cono si la generatriz vale 9 cm y el radio de la base 5 cm. *R.:* 219.8 cm^2.

(14) Hallar el área total de un cono sabiendo que el radio de la base mide 3 cm y la altura 4 cm. *R.:* 75.36 cm^2.

(15) Hallar la altura de un cono sabiendo que el área lateral mide $16\sqrt{5}\pi$ cm^2 y el radio de la base mide 4 cm. *R.:* 8 cm.

(16) El área total de un cono es 13π cm². El radio de la base y la altura están en la relación 1:2. Hallar el radio y la altura.

R.: $r = 2$ cm.
$h = 4$ cm.

(17) Hallar el área lateral de un tronco de cono cuya altura mide 8 cm, y los radios de las bases valen 4 cm y 10 cm, respectivamente.

R.: 439,6 cm².

(18) Hallar el área total de un tronco de cono cuya altura mide 4 cm, si los radios de las bases miden 9 cm y 6 cm, respectivamente.

R.: 192π cm².

(19) El área lateral de un tronco de cono vale 560π cm². El radio de la base mayor y la generatriz son iguales. El radio de la base menor vale 8 cm y la altura del tronco mide 16 cm. Hallar la generatriz. *R.:* 20 cm.

(20) Hallar el área lateral y el área total de un tronco de cono, sabiendo que los radios de sus bases miden 11 cm y 5 cm y la altura 8 cm, respectivamente.

R.: $A_L = 502{,}4$ cm².
$A_T = 960{,}84$ cm².

(21) Dos esferas de metal de radios $2a$ y $3a$, se funden juntas para hacer una esfera mayor. Calcular el radio de la nueva esfera. *R.:* $r = a\sqrt[3]{35}$.

(22) En una esfera de radio r se tiene inscrito un cilindro de manera tal que el diámetro del cilindro es igual al radio de la esfera. Calcular: *a*) el área lateral del cilindro; *b*) el área total del cilindro; *c*) volumen del cilindro

R.: *a*) $A_L = \pi\sqrt{3}\,r^2$.

b) $A_T = \left(\dfrac{1}{2} + \sqrt{3}\right)\pi r^2$.

c) $V = \dfrac{n\sqrt{3}}{4} r^3$.

(23) Se tiene una esfera situada dentro de un cilindro de manera que el cilindro tiene de altura y diámetro el diámetro de la esfera. Determinar la relación entre el área de la esfera y el área lateral del cilindro.

R.: son iguales.

(24) Dos esferas cuyos diámetros son 8 y 12 pulgadas respectivamente están tangentes sobre una mesa. Determinar la distancia entre los dos puntos donde las esferas tocan a la mesa. *R.:* $4\sqrt{6}$ pulgadas

(25) Dentro de una caja cúbica cuyo volumen es 64 cm³, se coloca una pelota que toca a cada una de las caras en su punto medio. Calcular el volumen de la pelota.

R.: $V = \dfrac{32}{3}\pi$.

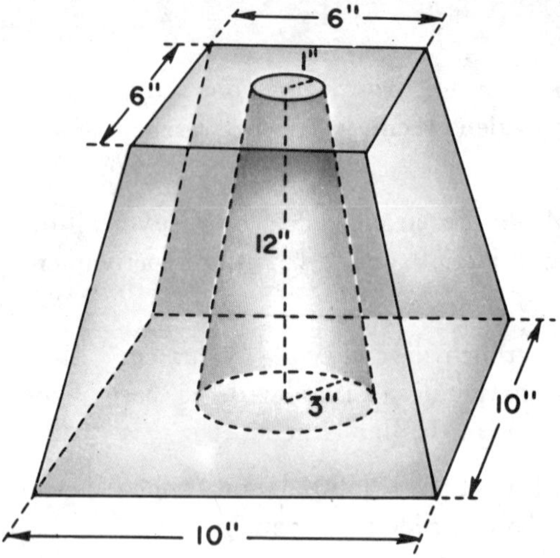

Ejer. 29

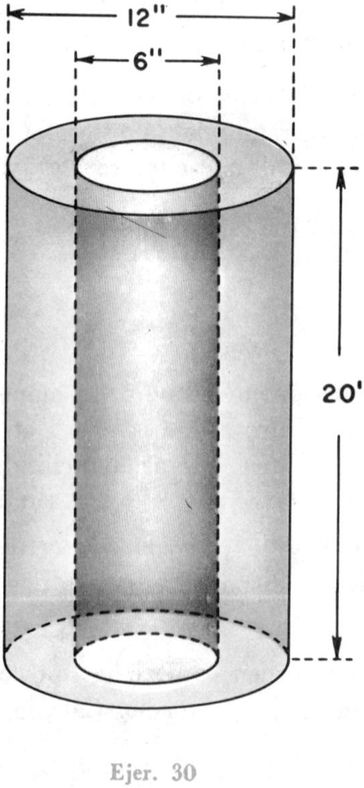

Ejer. 30

(26) Se funde un cilindro de metal de radio r y altura h, y con el metal se hacen conos cuyo radio es la mitad del radio del cilindro, pero de doble altura. ¿Cuántos conos se obtienen?

R.: 6 conos.

(27) Una esfera de cobre se funde y con el metal se hacen conos del mismo radio que la esfera y de altura igual al doble de dicho radio. ¿Cuántos conos se obtienen?

R.: 2 conos.

(28) En una caja de forma cúbica, caben exactamente 8 esferas de 2 pulgadas de diámetro cada una y en el centro de éstas una esfera menor que las anteriores. Calcular el volumen de ésta.

$$R.: V = \frac{4}{3}(5\sqrt{2} - 7)\pi.$$

(29) Hallar el volumen del espacio limitado por los troncos de pirámide y de cono, de acuerdo con las medidas indicadas en el dibujo.

R.: $V = 620.72$ pulgadas cúbicas.

(30) Calcular el volumen del espacio que queda entre los dos cilindros, de acuerdo con las medidas indicadas en la figura.

R.: $V = 1695.8$ pulgadas cúbicas.

(31) Hallar el volumen del espacio limitado entre el cono y el or-

toedro de acuerdo con las medidas indicadas en el dibujo.

R.: 654.96 pulgadas cúbicas.

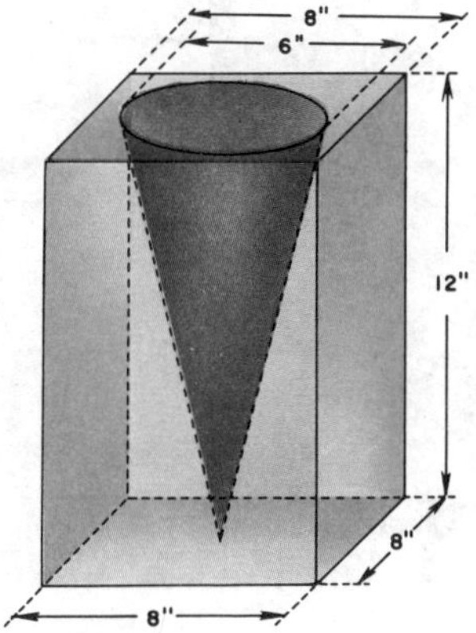

Ejer. 31

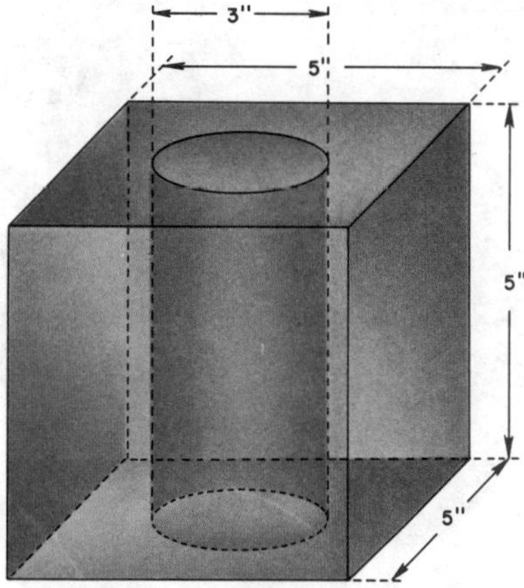

Ejer. 32

(32) De un cubo de $5''$ de arista se quita un cilindro de $3''$ de diámetro. Calcular el volumen de la parte que queda del cubo.

R.: $V = 89.675$ pulgadas cúbicas.

En sus monumentos grandiosos y en su arte los mayas y los aztecas nos dejaron evidencia de la aplicación maravillosa que estos dos pueblos hicieron de la Geometría. El triángulo, el círculo, el cuadrado, el cilindro, etc., les fueron figuras familiares. La greca —que como su nombre in ha sido atribuída a los griegos—, era estamp en telas, maderas o piedras mediante la a de rodillos labrados, como el que aparece e ilustración a la izquierda (unos 2.000 años a. d

22

Trigonometría

380. ANGULO DESDE EL PUNTO DE VISTA TRIGONOMETRICO. Sea $\overrightarrow{OA}$ una semirrecta fija y $\overrightarrow{OC}$ una semirrecta móvil del mismo origen y en coincidencia con $\overrightarrow{OA}$.

Supongamos ahora que la semirrecta $\overrightarrow{OC}$ gira alrededor del punto O, en sentido contrario a las agujas del reloj. Entonces $\overrightarrow{OC}$, en cada posición engendra un ángulo, el ángulo $\angle AOC$ (Fig. 303), por ejemplo. Cuando $\overrightarrow{OC}$ coincide con $\overrightarrow{OA}$, el ángulo es nulo; cuando $\overrightarrow{OC}$ comienza a girar, el ángulo aumenta a medida que $\overrightarrow{OC}$ gira. Al coincidir $\overrightarrow{OC}$ de nuevo con

$\overrightarrow{OA}$, ha engendrado un ángulo completo (360°), pero $\overrightarrow{OC}$ puede seguir girando y engendrar un ángulo de un valor cualquiera.

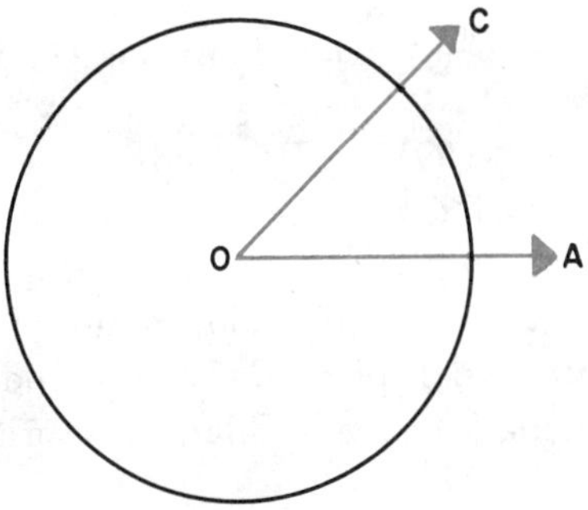

Fig. 303

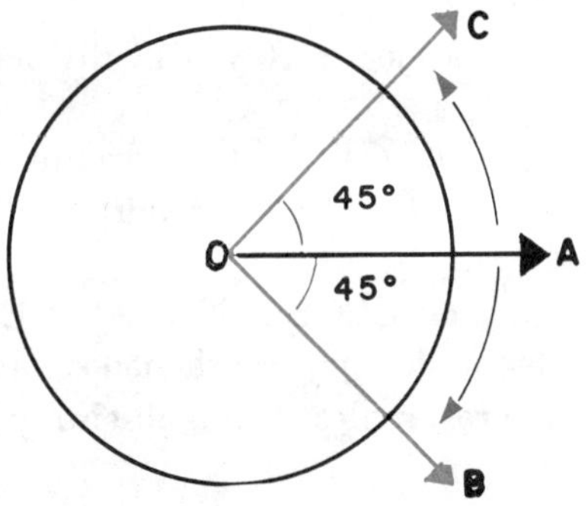

Fig. 304

381. ANGULOS POSITIVOS Y ANGULOS NEGATIVOS. Arbitrariamente se ha convenido que los ángulos engendrados en sentido contrario a las manecillas del reloj, se toman como positivos y los ángulos engendrados en el mismo sentido de las agujas del reloj se consideran negativos.

Ejemplo. En la figura 304: $\angle AOC = 45°$; $\angle AOB = 45°$.

382. SISTEMA DE EJES COORDENADOS RECTANGULARES. Sobre una recta $\overleftrightarrow{XX'}$, tomemos un punto O que se llama origen. Por el punto O, tracemos la recta $\overleftrightarrow{YY'}$ de manera que $\overleftrightarrow{YY'} \perp \overleftrightarrow{XX'}$.

Tomemos una unidad y graduemos los dos ejes a partir del punto O. El eje XX' se gradúa postivamente hacia la derecha y negativamente hacia la izquierda. El eje YY' se gradúa positivamente hacia arriba y negativamente hacia abajo.

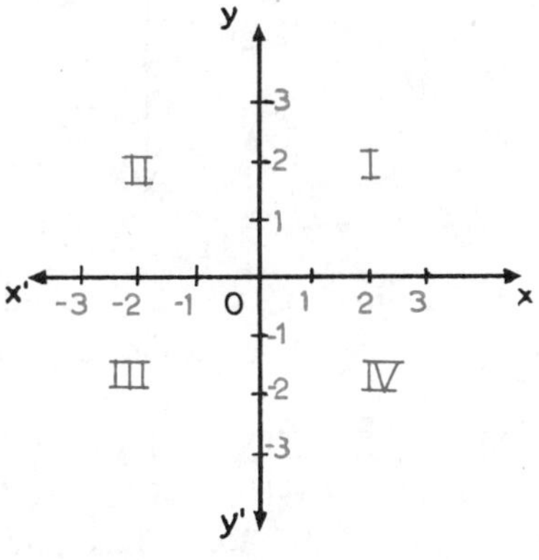

Fig. 305

Los números sobre el eje XX' miden las distancias en magnitud y signo del origen a los puntos del eje y reciben el nombre de *abscisas*.

Los números tomados sobre el eje YY' miden las distancias del origen a los puntos del eje y reciben el nombre de *ordenadas*.

Análogamente, el eje XX' se llama *eje de las abscisas* y el eje YY' se llama *eje de las ordenadas*.

El punto O es la intersección de los dos ejes y se llama origen de coordenadas.

Los ejes XX' y YY' dividen el plano en 4 partes, llamadas cuadrantes.

XOY = I cuadrante	$X'OY'$ = III cuadrante
YOX' = II cuadrante	$Y'OX$ = IV cuadrante.

383. COORDENADAS DE UN PUNTO. Establecido en un plano un sistema de ejes coordenados, a cada punto del plano le corresponden dos números reales (una abscisa y una ordenada) que se llaman coordenadas del punto.

Para determinar dichas coordenadas, se trazan por el punto paralelas a los ejes XX' y YY' y se determinan los valores donde dichas paralelas cortan a los ejes. Estos valores se colocan a continuación de la letra que representa al punto, dentro de un paréntesis, separados por una coma. *primero la abscisa y segundo la ordenada.*

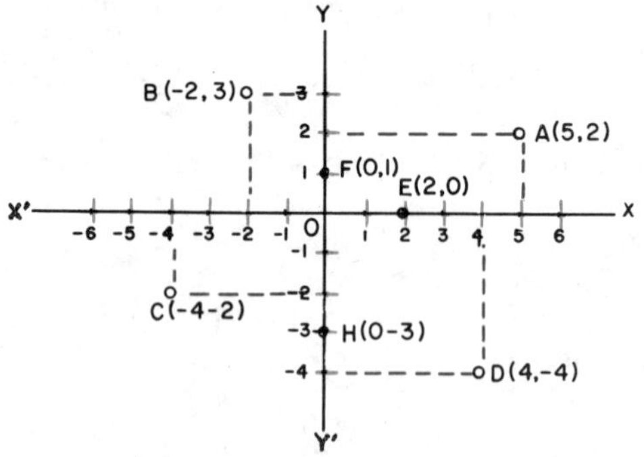

Fig. 306

Ejemplo. En la figura 306, las coordenadas de **A** son 5 y 2. Se escribe:

A(5, 2).

Recíprocamente, dadas las coordenadas de un punto **C**(—4,–2), para localizar el punto se señala —4 en el eje XX' y –2 en el eje YY'. Por estos puntos se trazan paralelas a los ejes y donde se cortan está el punto **C** (Fig. 306).

384. FUNCIONES TRIGONOMETRICAS DE UN ANGULO AGUDO EN UN TRIANGULO RECTANGULO. Consideremos el triángulo rectángulo $\triangle ABC$ (Fig. 307). Las llamadas funciones o razones trigonométricas de los ángulos agudos $\angle B$ y $\angle C$ son las siguientes:

SENO. Es la razón entre el cateto opuesto a la hipotenusa.

Notación. Seno del ángulo B se escribe *sen* B.

$$sen\,B = \frac{b}{a},$$

$$sen\,C = \frac{c}{a}.$$

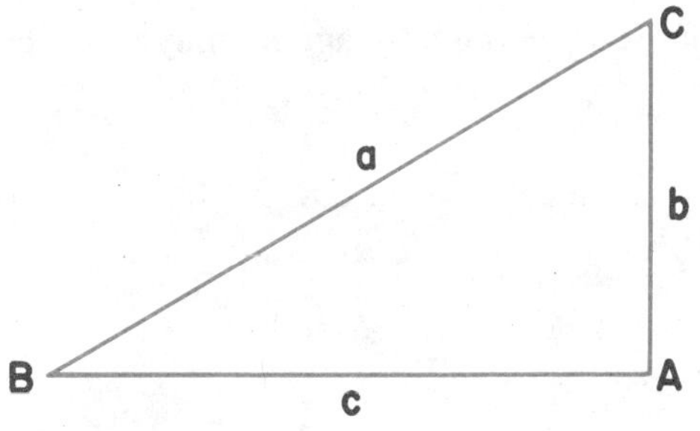

Fig. 307

COSENO. Es la razón entre el cateto adyacente y la hipotenusa. Se abrevia, *cos*.

$$\cos B = \frac{c}{a},$$

$$\cos C = \frac{b}{a}.$$

TANGENTE. Es la razón entre el cateto opuesto y el cateto adyacente. Se abrevia *tan*.

$$\tan B = \frac{b}{c}, \qquad \tan C = \frac{c}{b}.$$

COTANGENTE. Es la razón entre el cateto adyacente y el cateto opuesto. Se abrevia *cot*.

$$\cot B = \frac{c}{b}, \qquad \cot C = \frac{b}{c}.$$

SECANTE. Es la razón entre la hipotenusa y el cateto adyacente. Se abrevia *sec*.

$$\sec B = \frac{a}{c}; \qquad \sec C = \frac{a}{b}:$$

COSECANTE. Es la razón entre la hipotenusa y el cateto opuesto. Se abrevia *csc*.

$$\csc B = \frac{a}{b}, \qquad \csc C = \frac{a}{c}.$$

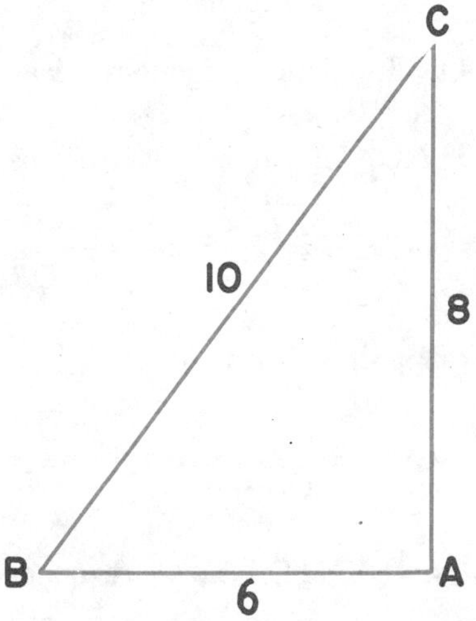

Fig. 308

Ejemplo. Dado un triángulo rectángulo cuyos catetos miden 6 y 8 cm, calcular las funciones trigonométricas del ángulo agudo mayor.

Por medio del teorema de Pitágoras, calculamos la hipotenusa:

$$\overline{BC}^2 = \overline{AB}^2 + \overline{AC}^2$$

$$BC^2 = 6^2 + 8^2 = 36 + 64 = 100$$

$$BC^2 = 100 \qquad \therefore \qquad BC = \sqrt{100} = 10.$$

Sabemos que el ángulo agudo mayor es el ángulo B (Fig. 308) porque a mayor lado se opone mayor ángulo.

$$sen\, B = \frac{8}{10} = 0.8 \qquad tan\, B = \frac{8}{6} = \frac{4}{3} = 1.33$$

$$cos\, B = \frac{6}{10} = 0.6 \qquad cot\, B = \frac{6}{8} = \frac{3}{4} = 0.75$$

$$sec\, B = \frac{10}{6} = \frac{5}{3} = 1.67$$

$$csc\, B = \frac{10}{8} = \frac{5}{4} = 1.25$$

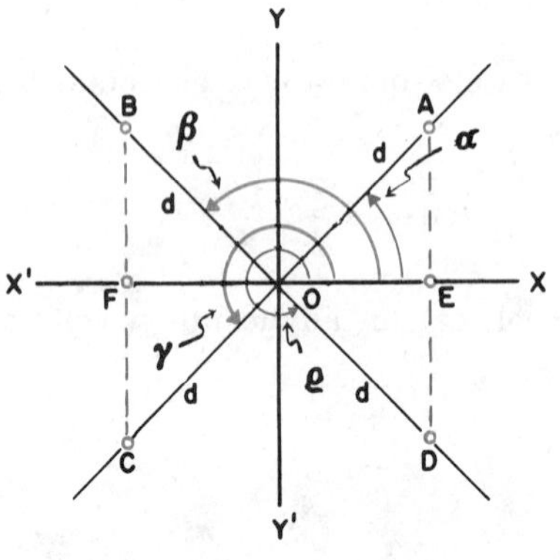

Fig. 309

385. FUNCIONES Y COFUNCIONES TRIGONOMETRICAS DE UN ANGULO CUALQUIERA. Consideremos los ángulos α, β, γ y ϱ que en un sistema de coordenadas tienen su lado terminal en el 1º, 2º, 3º y 4º cuadrantes respectivamente.

Tomemos un punto en el lado terminal y consideremos sus coordenadas y su distancia al origen.

Las funciones trigonométricas se definen así:

SENO. Es la razón entre la ordenada y la distancia al origen.

$$sen\, \alpha = \frac{\overline{AE}}{\overline{OA}}, \quad sen\, \beta = \frac{\overline{BF}}{\overline{OB}} \quad sen\, \gamma = \frac{\overline{CF}}{\overline{OC}}, \quad sen\, \varrho = \frac{\overline{ED}}{\overline{OD}}.$$

COSENO. Es la razón entre la abscisa y la distancia al origen.

$$cos\, \alpha = \frac{\overline{OE}}{\overline{OA}}, \quad cos\, \beta = \frac{\overline{OF}}{\overline{OB}}, \quad cos\, \gamma = \frac{\overline{OF}}{\overline{OC}}, \quad cos\, \varrho = \frac{\overline{OE}}{\overline{OD}}.$$

TANGENTE. Es la razón entre la ordenada y la abscisa.

$$tan\, \alpha = \frac{\overline{AE}}{\overline{OE}}, \quad tan\, \beta = \frac{\overline{BF}}{\overline{OF}}, \quad tan\, \gamma = \frac{\overline{CF}}{\overline{OF}}, \quad tan\, \varrho = \frac{\overline{DE}}{\overline{OE}}.$$

COTANGENTE. Es la razón entre la abscisa y la ordenada.

$$\cot\alpha = \frac{\overline{OE}}{\overline{AE}}, \quad \cot\beta = \frac{\overline{OF}}{\overline{BF}}, \quad \cot\gamma = \frac{\overline{OF}}{\overline{CF}}, \quad \cot\varrho = \frac{\overline{OE}}{\overline{DE}}.$$

SECANTE. Es la razón entre la distancia y la abscisa.

$$\sec\alpha = \frac{\overline{OA}}{\overline{OE}}, \quad \sec\beta = \frac{\overline{OB}}{\overline{OF}}, \quad \sec\gamma = \frac{\overline{OC}}{\overline{OF}}, \quad \sec\varrho = \frac{\overline{OD}}{\overline{OE}}.$$

COSECANTE. Es la razón entre la distancia y la ordenada.

$$\csc\alpha = \frac{\overline{OA}}{\overline{AE}}, \quad \csc\beta = \frac{\overline{OB}}{\overline{BF}}, \quad \csc\gamma = \frac{\overline{OC}}{\overline{CF}}, \quad \csc\varrho = \frac{\overline{OD}}{\overline{ED}}.$$

Ejemplos. *a*) Calcular las funciones trigonométricas del ángulo $\angle XOA = \alpha$ (Fig. 310), sabiendo que $A(3, 4)$.

$$d = \sqrt{3^2 + 4^2}; \qquad d = \sqrt{9 + 16} = \sqrt{25}; \qquad d = 5.$$

$$\text{sen}\,\alpha = \frac{4}{5} = 0.80. \qquad \cos\alpha = \frac{3}{5} = 0.60.$$

$$\tan\alpha = \frac{4}{3} = 1.33. \qquad \cot\alpha = \frac{3}{4} = 0.75.$$

$$\sec\alpha = \frac{5}{3} = 1.67. \qquad \csc\alpha = \frac{5}{4} = 1.25.$$

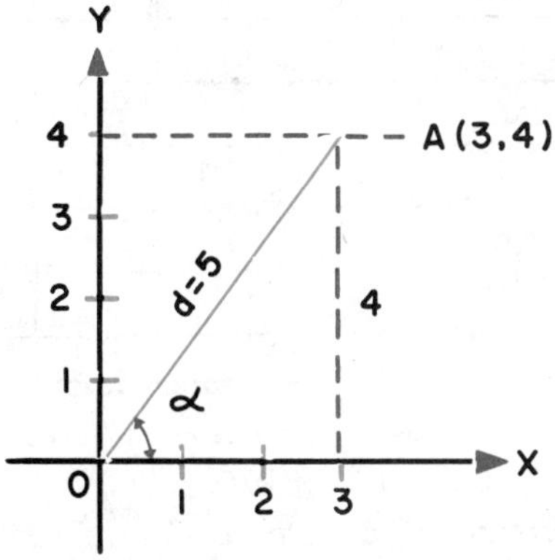

Fig. 310

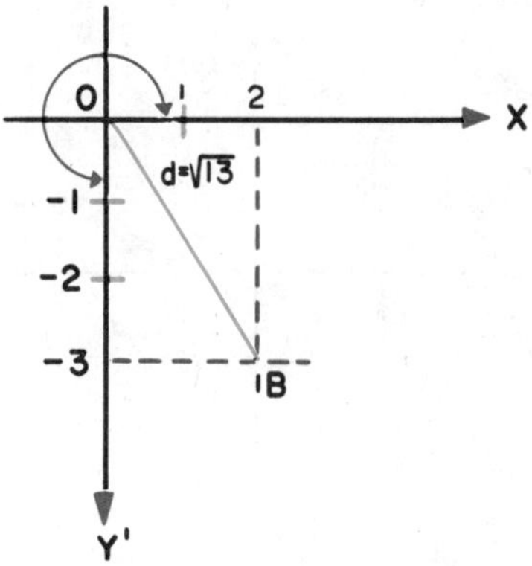

Fig. 311

b) Calcular las funciones trigonométricas del ángulo $\angle XOB = \beta$ (Fig. 311) sabiendo que $B(2, -3)$.

$$d = \sqrt{2^2 + (-3)^2} = \sqrt{4 + 9}; \qquad d = \sqrt{13}.$$

$$sen\ \beta = \frac{-3}{\sqrt{13}} = \frac{-3\sqrt{13}}{13}.\qquad cos\ \beta = \frac{2}{\sqrt{13}} = \frac{2\sqrt{13}}{13}.$$

$$tan\ \beta = \frac{-3}{2} = -1.5.\qquad cot\ \beta = \frac{2}{-3} = -0.67.$$

$$sec\ \beta = \frac{\sqrt{13}}{2}.$$

$$csc\ \beta = \frac{\sqrt{13}}{-3} = \frac{-\sqrt{13}}{3}.$$

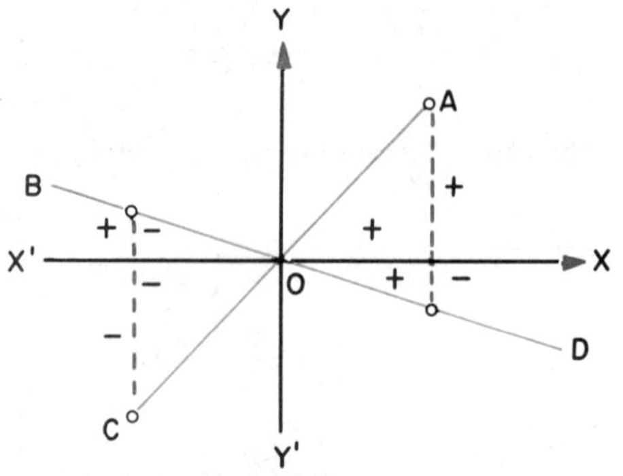

Fig. 312

386. SIGNOS DE LAS FUNCIONES TRIGONOMETRICAS. Considerando que la distancia de un punto cualquiera al origen de coordenadas siempre es positiva, vemos que los signos de las funciones en los distintos cuadrantes, son (Fig 312):

	I	II	III	IV
seno	+	+	—	—
coseno	+	—	—	+
tan	+	—	+	—
cot	+	—	+	—
sec	+	—	—	+
csc	+	+	—	—

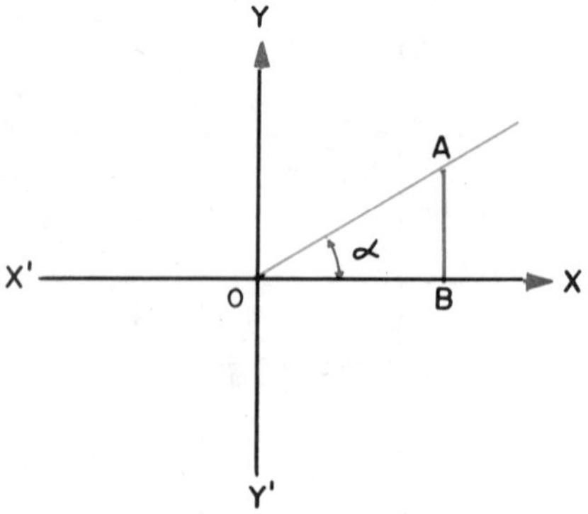

Fig. 313

Funciones trigonométricas de los ángulos que limitan los cuadrantes (0°, 90°, 180°, 270°, 360°). Consideremos el ángulo α (Fig. 313). Las funciones trigonométricas son:

$$sen\ \alpha = \frac{\overline{AB}}{\overline{OA}},\qquad cos\ \alpha = \frac{\overline{OB}}{\overline{OA}},\qquad tan\ \alpha = \frac{\overline{AB}}{\overline{OB}}.$$

$$cot\ \alpha = \frac{\overline{OB}}{\overline{AB}},\qquad sec\ \alpha = \frac{\overline{OA}}{\overline{OB}},\qquad csc\ \alpha = \frac{\overline{OA}}{\overline{AB}}.$$

Valores para $\alpha = 0°$. Si hacemos girar la semirrecta $\overrightarrow{OA}$ de manera que coincida con el semieje $\overline{OX}$, tendremos:

$$\alpha = 0°, \qquad \overline{AB} = 0, \qquad \overline{OA} = \overline{OB}.$$

Entonces:

$$sen\ 0° = \frac{\overline{AB}}{\overline{OA}} = \frac{0}{\overline{OA}} = 0. \qquad cot\ 0° = \frac{\overline{OB}}{\overline{AB}} = \frac{\overline{OB}}{0} = \infty \text{ (no existe).}$$

$$cos\ 0° = \frac{\overline{OB}}{\overline{OA}} = \frac{\overline{OB}}{\overline{OB}} = 1. \qquad sec\ 0° = \frac{\overline{OA}}{\overline{OB}} = \frac{\overline{OB}}{\overline{OB}} = 1.$$

$$tan\ 0° = \frac{\overline{AB}}{\overline{OB}} = \frac{0}{\overline{OB}} = 0. \qquad csc\ 0° = \frac{\overline{OA}}{\overline{AB}} = \frac{\overline{OA}}{0} = \infty \text{ (no existe).}$$

Nota importante. La cotangente y la cosecante de 0° *no existen* porque no se puede dividir entre cero. Se representan a veces por el *símbolo* ∞ (se lee infinito) que indica que estas funciones trigonométricas van tomando valores cada vez mayores, llegando a ser tan grandes como uno quiera, a medida que el ángulo se acerca a cero tomando siempre valores positivos. No hay que olvidar que ∞ *no es un número*, sino un símbolo.

Valores para $\alpha = 90°$. Si hacemos girar la semirrecta $\overrightarrow{OA}$ de manera que coincida con el semieje $\overline{OY}$, tendremos:

$$\alpha = 90°, \qquad \overline{AB} = \overline{OA}, \qquad \overline{OB} = 0.$$

Entonces:

$$sen\ 90° = \frac{\overline{AB}}{\overline{OA}} = \frac{\overline{AB}}{\overline{AB}} = 1. \qquad cot\ 90° = \frac{\overline{OB}}{\overline{AB}} = \frac{0}{\overline{AB}} = 0.$$

$$cos\ 90° = \frac{\overline{OB}}{\overline{OA}} = \frac{0}{\overline{OA}} = 0. \qquad sec\ 90° = \frac{\overline{OA}}{\overline{OB}} = \frac{\overline{OA}}{0} = \infty.$$

$$tan\ 90° = \frac{\overline{AB}}{\overline{OB}} = \frac{\overline{AB}}{0} = \infty. \qquad csc\ 90° = \frac{\overline{OA}}{\overline{AB}} = \frac{\overline{AB}}{\overline{AB}} = 1.$$

Valores para $\alpha = 180°$. Si el giro de $\overrightarrow{OA}$ continúa hasta que coincida $\overline{OX'}$, tendremos que $\overline{OB}$ es negativo y

$$\alpha = 180°, \qquad \overline{AB} = 0, \qquad \overline{OA} = -\overline{OB}.$$

$sen\ 180° = \dfrac{\overline{AB}}{\overline{OA}} = \dfrac{0}{\overline{OA}} = 0.$ $\qquad cot\ 180° = \dfrac{\overline{OB}}{\overline{AB}} = \dfrac{\overline{OB}}{0} = \infty$ (no existe).

$cos\ 180° = \dfrac{\overline{OB}}{\overline{OA}} = \dfrac{\overline{OB}}{-\overline{OB}} = -1.$ $\qquad sec\ 180° = \dfrac{\overline{OA}}{\overline{OB}} = \dfrac{-\overline{OB}}{\overline{OB}} = -1.$

$tan\ 180° = \dfrac{\overline{AB}}{\overline{OB}} = \dfrac{0}{\overline{OB}} = 0.$ $\qquad csc\ 180° = \dfrac{\overline{OA}}{\overline{AB}} = \dfrac{\overline{OA}}{0} = \infty$ (no existe).

Valores para $\alpha = 270°$. Continuando el giro de $\overrightarrow{OA}$ hasta que coincida con el semieje $\overline{OY'}$, tendremos que $\overline{AB}$ es negativo y

$$\alpha = 270°, \qquad \overline{AB} = -\overline{OA}. \qquad \overline{OB} = 0.$$

$sen\ 270° = \dfrac{\overline{AB}}{\overline{OA}} = \dfrac{-\overline{OA}}{\overline{OA}} = -1.$ $\qquad cot\ 270° = \dfrac{\overline{OB}}{\overline{AB}} = \dfrac{0}{\overline{AB}} = 0.$

$cos\ 270° = \dfrac{\overline{OB}}{\overline{OA}} = \dfrac{0}{\overline{OA}} = 0.$ $\qquad sec\ 270° = \dfrac{\overline{OA}}{\overline{OB}} = \dfrac{\overline{OA}}{0} = \infty$ (no existe).

$tan\ 270° = \dfrac{\overline{AB}}{\overline{OB}} = \dfrac{\overline{AB}}{0} = \infty$ (no existe). $\qquad csc\ 270° = \dfrac{\overline{OA}}{\overline{AB}} = \dfrac{\overline{OA}}{-\overline{OA}} = -1.$

Valores para $\alpha = 360°$. Si seguimos el giro hasta que vuelvan a coincidir $\overrightarrow{OA}$ y $\overline{OX}$ las funciones trigonométricas de este ángulo, tendrán los mismos valores que calculamos para 0°, es decir:

$sen\ 360° = 0.$ $\qquad cot\ 360° =$ no existe.
$cos\ 360° = 1.$ $\qquad sec\ 360° = 1.$
$tan\ 360° = 0.$ $\qquad csc\ 360° =$ no existe.

387 RESUMEN DE LOS VALORES DE LAS FUNCIONES TRIGONOMETRICAS DE LOS ANGULOS QUE LIMITAN LOS CUADRANTES

	0°	90°	180°	270°	360°
sen	0	1	0	—1	0
cos	1	0	—1	0	1
tan	0	no existe	0	no existe	0
cot	no existe	0	no existe	0	no existe
sec	1	no existe	—1	no existe	1
csc	no existe	1	no existe	—1	no existe

Estudiando la tabla anterior vemos que el seno toma los valores: 0, 1, 0, — 1, 0. Es decir, que su valor máximo es + 1 y su valor mínimo es — 1.

El seno varía entre $+1$ y -1, no pudiendo tomar valores mayores que $+1$ ni valores menores que -1.

Observando el coseno, vemos que también varía entre $+1$ y -1. Si analizamos la tangente veremos que su variación es más compleja. De 0° a 90° es positiva y varía de 0 hasta tomar valores tan grandes como se quiera. Para 90° no está definida y de 90° a 180° pasa a ser negativa, variando de valores negativos muy grandes en valor absoluto hasta cero. De 180° a 270° vuelve a ser positiva variando de cero hasta valores tan grandes como se quiera. Para 270° no está definida y de 270° a 360° pasa a negativa variando de valores negativos muy grandes en valor absoluto hasta cero. Las demás funciones varían análogamente. Estas variaciones se pueden resumir en el siguiente diagrama:

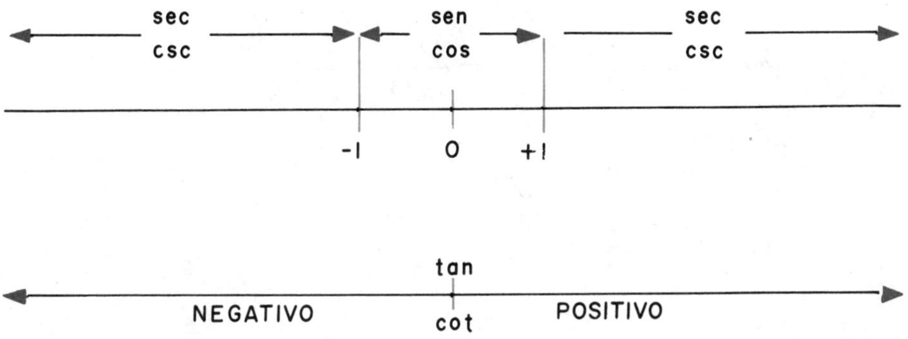

Diagrama

Funciones trigonométricas de ángulos notables. Es posible calcular fácilmente los valores de las funciones trigonométricas de 30°, 45° y 60°.

Cálculo de los valores de las funciones trigonométricas de 30° (Fig 314).

$$\angle AOB = \angle EOD = \frac{360°}{6} = 60°;$$

$$\overline{OA} = \mathbf{r};$$

$$\overline{AB} = l_6 = \mathbf{r};$$

$$\overline{AM} = \frac{l_6}{2} = \frac{\mathbf{r}}{2};$$

$$\overline{OM}^2 = \overline{OA}^2 - \overline{AM}^2;$$

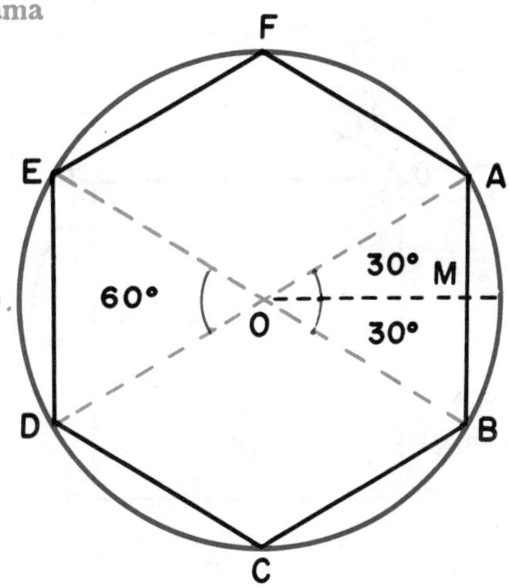

Fig. 314

$$\overline{OM}^2 = r^2 - \left(\frac{r}{2}\right)^2 = r^2 - \frac{r^2}{4} = \frac{4r^2 - r^2}{4} = \frac{3r^2}{4};$$

$$\therefore \quad \overline{OM} = \sqrt{\frac{3r^2}{4}} = \frac{r\sqrt{3}}{2}.$$

$$sen\,30° = \frac{\overline{AM}}{\overline{OA}} = \frac{\frac{r}{2}}{r} = \frac{r}{2r} = \frac{1}{2}.$$

$$cos\,30° = \frac{\overline{OM}}{\overline{OA}} = \frac{\frac{r\sqrt{3}}{2}}{r} = \frac{r\sqrt{3}}{2r} = \frac{\sqrt{3}}{2}$$

$$tan\,30° = \frac{\overline{AM}}{\overline{OM}} = \frac{\frac{r}{2}}{\frac{r\sqrt{3}}{2}} = \frac{r}{r\sqrt{3}} = \frac{1}{\sqrt{3}} \cdot \frac{\sqrt{3}}{\sqrt{3}} = \frac{\sqrt{3}}{3}.$$

$$cot\,30° = \frac{\overline{OM}}{\overline{AM}} = \frac{\frac{r\sqrt{3}}{2}}{\frac{r}{2}} = \frac{r\sqrt{3}}{r} = \sqrt{3}.$$

$$sec\,30° = \frac{\overline{OA}}{\overline{OM}} = \frac{r}{\frac{r\sqrt{3}}{2}} = \frac{2r}{r\sqrt{3}} = \frac{2}{\sqrt{3}} \cdot \frac{\sqrt{3}}{\sqrt{3}} = \frac{2\sqrt{3}}{3}.$$

$$csc\,30° = \frac{\overline{OA}}{\overline{AM}} = \frac{r}{\frac{r}{2}} = \frac{2r}{r} = 2.$$

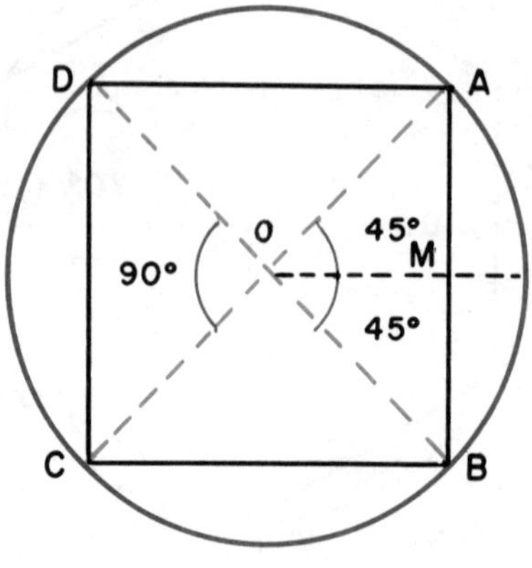

Fig. 315

Cálculo de los valores de las funciones trigonométricas de 45°(Fig. 315).

$$\angle AOB = \angle COD = \frac{360°}{4} = 90°.$$

$$\overline{AB} = l_4 = r\sqrt{2}.$$

$$\overline{AM} = \frac{\overline{AB}}{2} = \frac{r\sqrt{2}}{2}.$$

$$\overline{OA} = r.$$

$$\overline{OM}^2 = \overline{OA}^2 - \overline{AM}^2.$$

$$\overline{OM}^2 = r^2 - \left[\frac{r\sqrt{2}}{2}\right]^2 = r^2 - \frac{2r^2}{4} = \frac{4r^2 - 2r^2}{4} = \frac{2r^2}{4} = \frac{r^2}{2}.$$

$$\therefore \quad \overline{OM} = \sqrt{\frac{r^2}{2}} = \frac{r}{\sqrt{2}} \cdot \frac{\sqrt{2}}{\sqrt{2}} = \frac{r\sqrt{2}}{2}.$$

$$sen\ 45° = \frac{\overline{AM}}{\overline{OA}} = \frac{\frac{r\sqrt{2}}{2}}{r} = \frac{r\sqrt{2}}{2r} = \frac{\sqrt{2}}{2}.$$

$$cos.\ 45° = \frac{\overline{OM}}{\overline{OA}} = \frac{\frac{r\sqrt{2}}{2}}{r} = \frac{r\sqrt{2}}{2r} = \frac{\sqrt{2}}{2}.$$

$$tan\ 45° = \frac{\overline{AM}}{\overline{OM}} = \frac{\frac{r\sqrt{2}}{2}}{\frac{r\sqrt{2}}{2}} = \frac{2r\sqrt{2}}{2r\sqrt{2}} = 1.$$

$$cot\ 45° = \frac{\overline{OM}}{\overline{AM}} = \frac{\frac{r\sqrt{2}}{2}}{\frac{r\sqrt{2}}{2}} = \frac{2r\sqrt{2}}{2r\sqrt{2}} = 1.$$

$$sec\ 45° = \frac{\overline{OA}}{\overline{OM}} = \frac{r}{\frac{r\sqrt{2}}{2}} = \frac{2r}{r\sqrt{2}} = \frac{2}{\sqrt{2}} \cdot \frac{\sqrt{2}}{\sqrt{2}} = \frac{2\sqrt{2}}{2} = \sqrt{2}.$$

$$csc\ 45° = \frac{\overline{OA}}{\overline{AM}} = \frac{r}{\frac{r\sqrt{2}}{2}} = \frac{2r}{r\sqrt{2}} = \frac{2}{\sqrt{2}} \cdot \frac{\sqrt{2}}{\sqrt{2}} = \frac{2\sqrt{2}}{2} = \sqrt{2}.$$

Cálculo de los valores de las funciones trigonométricas de 60° (Fig. 316).

$$\angle AOB = \angle AOC = \frac{360°}{3} = 120°.$$

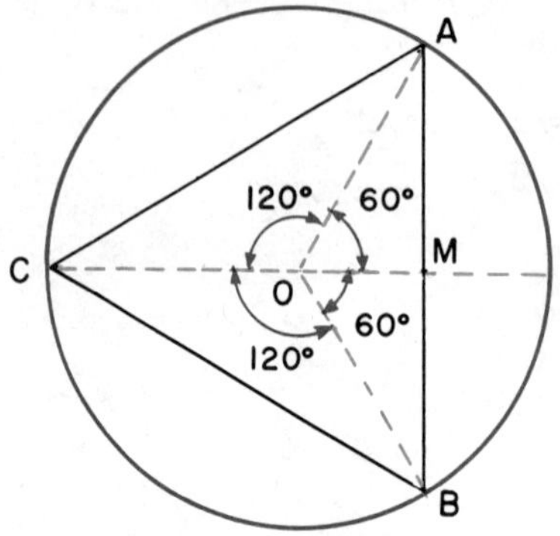

Fig. 316

$$\overline{OA} = \mathbf{r}.$$

$$\overline{AB} = l_3 = \mathbf{r}\sqrt{3}.$$

$$\overline{AM} = \frac{\overline{AB}}{2} = \frac{\mathbf{r}\sqrt{3}}{2}.$$

$$\overline{OM}^2 = \overline{OA}^2 - \overline{AM}^2 =$$

$$= \mathbf{r}^2 - \left[\frac{\mathbf{r}\sqrt{3}}{2}\right]^2 =$$

$$= \mathbf{r}^2 - \frac{3\,\mathbf{r}^2}{4} =$$

$$= \frac{4\,\mathbf{r}^2 - 3\,\mathbf{r}^2}{4} = \frac{\mathbf{r}^2}{4}.$$

$$\overline{OM} = \sqrt{\frac{\mathbf{r}^2}{4}}; \qquad \therefore \quad \overline{OM} = \frac{\mathbf{r}}{2}:$$

$$\mathit{sen}\ 60^\circ = \frac{\overline{AM}}{\overline{OA}} = \frac{\frac{\mathbf{r}\sqrt{3}}{2}}{\mathbf{r}} = \frac{\mathbf{r}\sqrt{3}}{2\,\mathbf{r}} = \frac{\sqrt{3}}{2}.$$

$$\mathit{cos}\ 60^\circ = \frac{\overline{OM}}{\overline{OA}} = \frac{\frac{\mathbf{r}}{2}}{\mathbf{r}} = \frac{\mathbf{r}}{2\,\mathbf{r}} = \frac{1}{2}.$$

$$\mathit{tan}\ 60^\circ = \frac{\overline{AM}}{\overline{OM}} = \frac{\frac{\mathbf{r}\sqrt{3}}{2}}{\frac{\mathbf{r}}{2}} = \frac{2\,\mathbf{r}\sqrt{3}}{2\,\mathbf{r}} = \sqrt{3}.$$

$$\mathit{cot}\ 60^\circ = \frac{\overline{OM}}{\overline{AM}} = \frac{\frac{\mathbf{r}}{2}}{\frac{\mathbf{r}\sqrt{3}}{2}} = \frac{2\,\mathbf{r}}{2\,\mathbf{r}\sqrt{3}} = \frac{1}{\sqrt{3}} \cdot \frac{\sqrt{3}}{\sqrt{3}} = \frac{\sqrt{3}}{3}.$$

$$\mathit{sec}\ 60^\circ = \frac{\overline{OA}}{\overline{OM}} = \frac{\mathbf{r}}{\frac{\mathbf{r}}{2}} = \frac{2\,\mathbf{r}}{\mathbf{r}} = 2.$$

$$\mathit{csc}\ 60^\circ = \frac{\overline{OA}}{\overline{AM}} = \frac{\mathbf{r}}{\frac{\mathbf{r}\sqrt{3}}{2}} = \frac{2\,\mathbf{r}}{\mathbf{r}\sqrt{3}} = \frac{2}{\sqrt{3}} \cdot \frac{\sqrt{3}}{\sqrt{3}} = \frac{2\sqrt{3}}{3}$$

Resumen de los valores de las funciones trigonométricas de 30°, 45° y 60°

FUNCION	30°	45°	60°
sen	$\frac{1}{2}$	$\frac{\sqrt{2}}{2}$	$\frac{\sqrt{3}}{2}$
cos	$\frac{\sqrt{3}}{2}$	$\frac{\sqrt{2}}{2}$	$\frac{1}{2}$
tan	$\frac{\sqrt{3}}{3}$	1	$\sqrt{3}$
cot	$\sqrt{3}$	1	$\frac{\sqrt{3}}{3}$
sec	$\frac{2\sqrt{3}}{3}$	$\sqrt{2}$	2
csc	2	$\sqrt{2}$	$\frac{2\sqrt{3}}{3}$

EJERCICIOS

(1) **Representar en un sistema de ejes coordenados, los puntos siguientes:**

$A(0,0)$	$F(7,6)$	$K(-6,0)$	$P(-7,-5)$
$B(4,0)$	$G(0,5)$	$L(-4,-3)$	$Q(2,-2)$
$C(3,2)$	$H(-3,3)$	$M(-3,-3)$	$R(2,-4)$
$D(7,2)$	$I(-3,1)$	$N(-1,-3)$	$S(5,-4)$
$E(6,8)$	$J(-5,3)$	$O(0,-3)$	$T(8,-2)$

(2) **En el triángulo rectángulo $\triangle ABC$ ($\angle A = 90°$), calcular las funciones trigonométricas de los ángulos B y C, si $b = 2$ cm y $c = 4$ cm.**

R.: $sen\ B = cos\ C = \frac{\sqrt{5}}{5}$. $\qquad$ $cot\ B = tan\ C = 2$.

$cos\ B = sen\ C = \frac{2\sqrt{5}}{5}$. $\qquad$ $sec\ B = csc\ C = \frac{\sqrt{5}}{2}$.

$tan\ B = cot\ C = \frac{1}{2}$: $\qquad$ $csc\ B = sec\ C = \sqrt{5}$.

(3) Dados los puntos $A(2.3)$ y $B(-1,4)$ calcular las funciones trigonométricas de $\angle XOA$ y $\angle XOB$.

R.: $sen \angle XOA = \frac{3\sqrt{13}}{13}$. $sen \angle XOB = \frac{4\sqrt{17}}{17}$.

$cos \angle XOA = \frac{2\sqrt{13}}{13}$. $cos \angle XOB = -\frac{\sqrt{17}}{17}$.

$tan \angle XOA = \frac{3}{2}$. $tan \angle XOB = -4$.

$cot \angle XOA = \frac{2}{3}$. $cot \angle XOB = -\frac{1}{4}$.

$sec \angle XOA = \frac{\sqrt{13}}{2}$. $sec \angle XOB = -\sqrt{17}$.

$csc \angle XOA = \frac{\sqrt{13}}{3}$. $csc \angle XOB = \frac{\sqrt{17}}{4}$:

(4) Decir si son correctos o no, *los signos* de las siguientes funciones:

1) $sen\ 30° = \frac{1}{2}$.
2) $cos\ 45° = -\frac{\sqrt{2}}{2}$.
3) $tan\ 60° = \sqrt{3}$.
4) $sec\ 240° = -2$.
5) $cos\ 225° = \frac{\sqrt{2}}{2}$
6) $cot\ 210° = \sqrt{3}$.
7) $csc\ 135° = -\sqrt{2}$.
8) $cos\ 150° = -\frac{\sqrt{3}}{3}$.
9) $tan\ 120° = \frac{\sqrt{3}}{3}$.
10) $sec\ 300° = -2$.

R.: Correcto: 1 — 3 — 4 — 6 — 8.

(5) Decir si son posibles o no, los siguientes valores:

1) $sec\ E = -2.18$.
2) $tan\ T = 0.02$.
3) $sen\ X = -1.18$.
4) $cot\ T = -3.21$.
5) $csc\ P = 0.03$.
6) $tan\ H = 4.09$.
7) $csc\ F = -5.14$.
8) $cos\ B = -0.05$.
9) $cos\ Y = -3.14$.
10) $cot\ D = -4.16$.

R.: Son posibles 1 — 2 — 4 — 6 — 7 — 8 — 10.

(6) **Calcular los valores de las expresiones siguientes:**

1) $5\,sen^2\,45° + 8\,cos^2\,30°$ ———— *R.:* $8\frac{1}{2}$.

2) $3\,sen\;30° + 6\,cos^2\,45°$ ———— *R.:* $4\frac{1}{2}$.

3) $5\,tan^2\,45° + 2\,sec^2\,45°$ ———— *R.:* 9

4) $4\,cos\;60° + 5\,csc\;30°$ ———— *R.:* 12.

5) $4\,cos\;30° + 6\,sen\;45°$ ———— *R.:* $2\sqrt{3} + 3\sqrt{2}$.

6) $6\,tan\;30° + 2\,csc\;45°$ ———— *R.:* $2\sqrt{3} + 2\sqrt{2}$.

7) $sen^2\,30° + sec^2\,45°$ ———— *R.:* $2\frac{1}{4}$.

8) $cos^2\,60° + sen^2\,45°$ ———— *R.:* $\frac{3}{4}$.

9) $csc^2\,45° + cos^2\,30°$ ———— *R.:* $2\frac{3}{4}$.

10) $csc^2\,30° + tan^2\,45°$ ———— *R.:* 5

11) $\dfrac{sen\;30° + csc\;30°}{sen^2\,30° + cos^2\,60°}$ ———— *R.:* 5.

12) $\dfrac{sen^2\,45° + sen^2\,30°}{cos^2\,45° + sec^2\,45°}$ ———— *R.:* $\frac{3}{10}$.

13) $\dfrac{cos^2\,30° + tan^2\,30°}{sen^2\,45° + cos^2\,60°}$ ———— *R.:* $\frac{13}{9}$.

14) $\dfrac{tan^2\,30° + sen^2\,30°}{csc^2\,45° + csc^2\,30°}$ ———— *R.:* $\frac{7}{72}$.

15) $\dfrac{cos\;60° + cos\;30°}{csc^2\,30° + sen^2\,45°}$ ———— *R.:* $\dfrac{1+\sqrt{3}}{9}$.

A la izquierda de la ilustración un arete de oro en forma circular rodeado de esferitas con incrustaciones de concha y turquesa, que usaban los nobles mochicas (primeros 6 siglos de nuestra Era). En el centro las ruinas de un maravilloso reloj de Sol en forma de círculo, construído por los inc A la derecha perfectas formas geométricas hec de pluma por los indios tiahuanacos. Después novecientos años los colores conservan toda todo su esplendor. Cultura del altiplano bolivia

23

Funciones trigonométricas de ángulos complementarios, suplementarios, etc.

388. CIRCULO TRIGONOMETRICO Y LINEAS TRIGONOMETRICAS. Se llama *círculo trigonométrico* aquél cuyo radio vale la unidad.

Sean XX' e YY' (Fig. 317) un sistema de ejes coordenados. Tracemos el círculo trigonométrico de manera que su centro coincida con el origen de coordenadas O. Consideremos un ángulo cualquiera $\angle a$, en el primer cuadrante y tracemos $\overline{BD} \perp \overline{OX}$, $\overline{TC} \perp \overline{OX}$, $\overline{AM} \parallel \overline{OX}$ y $\overline{RS} \perp \overline{OX}$.

Aplicando las definiciones ya dadas de las funciones trigonométricas, tenemos:

$$sen\, a = \frac{\overline{BD}}{\overline{OB}} = \frac{\overline{BD}}{r} = \frac{\overline{BD}}{1} = \overline{BD}.$$

$$\cos a = \frac{\overline{OD}}{\overline{OB}} = \frac{\overline{OD}}{r} = \frac{\overline{OD}}{1} = \overline{OD}.$$

$$\tan a = \frac{\overline{BD}}{\overline{OD}} = \frac{\overline{TC}}{\overline{OC}} = \frac{\overline{TC}}{r} = \frac{\overline{TC}}{1} = \overline{TC}.$$

$$\cot a = \frac{\overline{OD}}{\overline{BD}} = \frac{\overline{OS}}{\overline{RS}} = \frac{\overline{AR}}{\overline{OA}} = \frac{\overline{AR}}{r} = \frac{\overline{AR}}{1} = \overline{AR}.$$

$$\sec a = \frac{\overline{OB}}{\overline{OD}} = \frac{\overline{OT}}{\overline{OC}} = \frac{\overline{OT}}{r} = \frac{\overline{OT}}{1} = \overline{OT}.$$

$$\csc a = \frac{\overline{OB}}{\overline{BD}} = \frac{\overline{OR}}{\overline{RS}} = \frac{\overline{OR}}{\overline{OA}} = \frac{\overline{OR}}{r} = \frac{\overline{OR}}{1} = \overline{OR}:$$

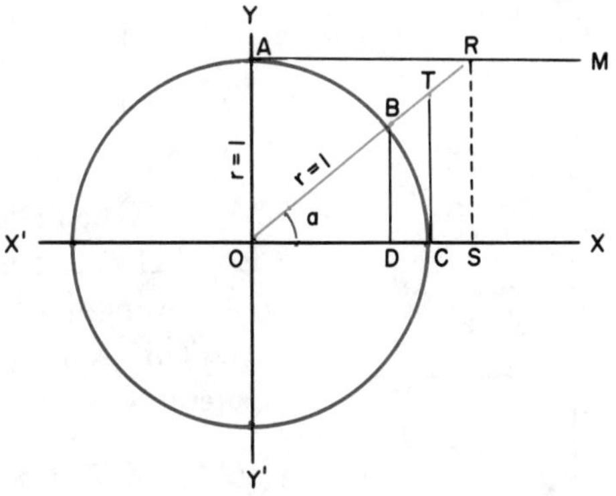

Fig. 317

En cada uno de los otros cuadrantes, la representación se obtiene de una manera análoga (Fig. 318).

389. REDUCCION AL PRIMER CUADRANTE. La conversión de una función trigonométrica de un ángulo cualquiera en otra función equivalente de un ángulo del primer cuadrante, se llama: *"reducción al primer cuadrante"*.

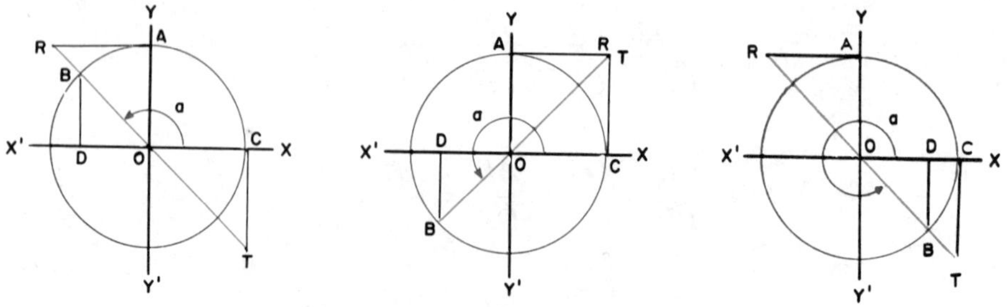

Fig. 318

Los ángulos que se relacionan en estas reducciones son los complementarios y suplementarios por defecto y por exceso y los explementarios por defecto.

a) Dos ángulos son complementarios por defecto cuando su suma vale 90° y complementarios por exceso cuando su diferencia vale 90°.

b) Dos ángulos son suplementarios por defecto cuando su suma vale 180° y suplementarios por exceso cuando su diferencia vale 180°.

c) Dos ángulos son explementarios por defecto cuando su suma vale 360°.

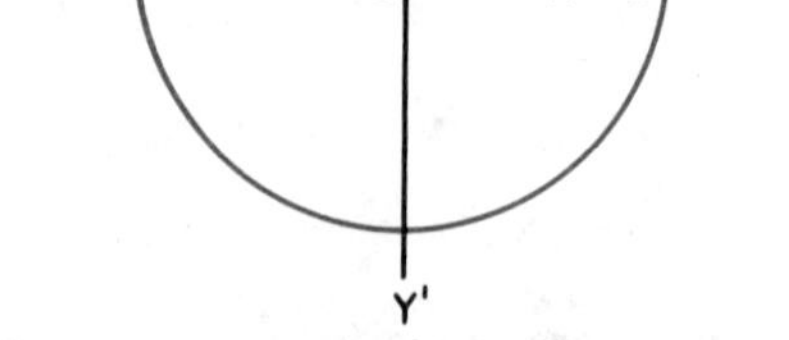

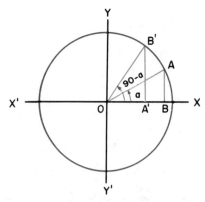

Fig. 319

390. FUNCIONES TRIGONOMETRICAS DEL ANGULO (90° — a). En el círculo trigonométrico (Fig. 319) los triángulos rectángulos $\triangle BOA$ y $\triangle A'OB'$ son iguales por tener la hipotenusa y un ángulo agudo iguales

$(\overline{OA} = \overline{OB'} = 1$ y $\angle BOA = \angle OB'A')$.

Luego $\overline{OA'} = \overline{AB}$ y $\overline{A'B'} = \overline{OB}$.

Las funciones trigonométricas de los ángulos complementarios a y $(90° - a)$ son:

$sen\ \mathbf{a} = \overline{AB}$. $\qquad sen\ (90° - \mathbf{a}) = \overline{A'B'} = \overline{OB}$.

$cos\ \mathbf{a} = \overline{OB}$. $\qquad cos\ (90° - \mathbf{a}) = \overline{OA'} = \overline{AB}$.

$$tan\ \mathbf{a} = \frac{\overline{AB}}{\overline{OB}}. \qquad tan\ (90° - \mathbf{a}) = \frac{\overline{A'B'}}{\overline{OA'}} = \frac{\overline{OB}}{\overline{AB}}.$$

$$cot\ \mathbf{a} = \frac{\overline{OB}}{\overline{AB}}. \qquad cot\ (90° - \mathbf{a}) = \frac{\overline{OA'}}{\overline{A'B'}} = \frac{\overline{AB}}{\overline{OB}}.$$

$$sec\ \mathbf{a} = \frac{\overline{OA}}{\overline{OB}}. \qquad sec\ (90° - \mathbf{a}) = \frac{\overline{OB'}}{\overline{OA'}} = \frac{\overline{OA}}{\overline{AB}}.$$

$$csc\ \mathbf{a} = \frac{\overline{OA}}{\overline{AB}}. \qquad csc\ (90° - \mathbf{a}) = \frac{\overline{OB'}}{\overline{A'B'}} = \frac{\overline{OA}}{\overline{OB}}.$$

De aquí se deduce: $sen\ (90° - \mathbf{a}) = cos\ \mathbf{a}$. $\quad cot\ (90° - \mathbf{a}) = tan\ \mathbf{a}$.

$cos\ (90° - \mathbf{a}) = sen\ \mathbf{a}$. $\quad sec\ (90° - \mathbf{a}) = csc\ \mathbf{a}$.

$tan\ (90° - \mathbf{a}) = cot\ \mathbf{a}$. $\quad csc\ (90° - \mathbf{a}) = sec\ \mathbf{a}$.

Las funciones trigonométricas de un ángulo son iguales, en valor absoluto y en signo, a las cofunciones del ángulo complementario por defecto".

Ejemplos. $sen\ 60° = sen\ (90° - 30°) = cos\ 30° = \frac{\sqrt{3}}{2}$.

$tan\ 70° = tan\ (90° - 70°) = cot\ 20°$.

391. FUNCIONES TRIGONOMETRICAS DEL ANGULO (180° — a)

En la figura 320, tenemos:

$$\overline{OA} = \overline{OA'} = r = 1; \quad \overline{AB} = \overline{A'B'}; \quad \overline{OB'} = -\overline{OB}.$$

$$sen\ \mathbf{a} = \overline{AB}. \qquad sen\ (180° - \mathbf{a}) = \overline{A'B'} = \overline{AB}.$$

$$cos\ \mathbf{a} = \overline{OB}. \qquad cos\ (180° - \mathbf{a}) = \overline{OB'} = -\overline{OB}.$$

$$tan\ \mathbf{a} = \frac{\overline{AB}}{\overline{OB}}. \qquad tan\ (180° - \mathbf{a}) = \frac{\overline{A'B'}}{\overline{OB'}} = \frac{\overline{AB}}{-\overline{OB}}:$$

$$cot\ \mathbf{a} = \frac{\overline{OB}}{\overline{AB}}. \qquad cot\ (180° - \mathbf{a}) = \frac{\overline{OB'}}{\overline{A'B'}} = \frac{-\overline{OB}}{\overline{AB}}.$$

$$sec\ \mathbf{a} = \frac{\overline{OA}}{\overline{OB}}. \qquad sec\ (180° - \mathbf{a}) = \frac{\overline{OA'}}{\overline{OB'}} = \frac{\overline{OA}}{-\overline{OB}}.$$

$$csc\ \mathbf{a} = \frac{\overline{OA}}{\overline{AB}}. \qquad csc\ (180° - \mathbf{a}) = \frac{\overline{OA'}}{\overline{A'B'}} = \frac{\overline{OA}}{\overline{AB}}.$$

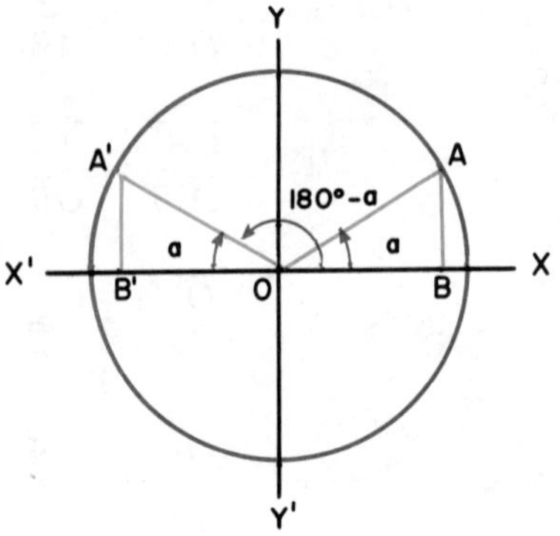

Fig. 320

De aquí se deduce:

$$sen\ (180° - a) = sen\ a$$

$$cos\ (180° - a) = -cos\ a$$

$$tan\ (180° - a) = -tan\ a$$

$$cot\ (180° - a) = -cot\ a$$

$$sec\ (180° - a) = -sec\ a$$

$$csc\ (180° - a) = csc\ a.$$

"Las funciones trigonométricas de un ángulo son iguales en valor absoluto a las funciones trigonométricas del ángulo suplementario por defecto, pero de signo contrario, con excepción del seno y de la cosecante que son del mismo signo".

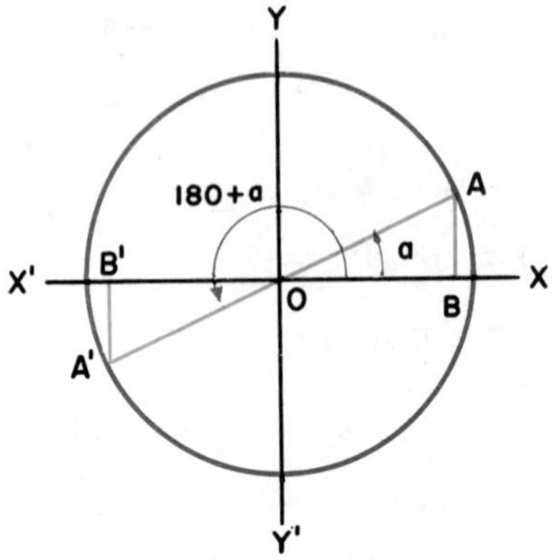

Fig. 321

Ejemplos.

$$sen\ 120° = sen\ (180° - 60°) = sen\ 60° = \frac{\sqrt{3}}{2}.$$

$$cot\ 120° = cot\ (180° - 60°) = -cot\ 60° = -\frac{\sqrt{3}}{3}.$$

392. FUNCIONES TRIGONOMETRICAS DEL ANGULO (180° + a).

En la figura 321, **considerando los triángulos $\triangle AOB$ y $\triangle A'OB'$, tenemos:**

$$\overline{OA} = \overline{OA'} = r = 1;\quad \overline{OB'} = -\overline{OB};\quad \overline{A'B'} = -\overline{AB}.$$

$sen\ a = \overline{AB}.$	$sen\ (180° + a) = \overline{A'B'} = -\overline{AB}.$
$cos\ a = \overline{OB}.$	$cos\ (180° + a) = \overline{OB'} = -\overline{OB}.$
$tan\ a = \frac{\overline{AB}}{\overline{OB}}.$	$tan\ (180° + a) = \frac{\overline{A'B'}}{\overline{OB'}} = \frac{-\overline{AB}}{-\overline{OB}}.$
$cot\ a = \frac{\overline{OB}}{\overline{AB}}.$	$cot\ (180° + a) = \frac{\overline{OB'}}{\overline{A'B'}} = \frac{-\overline{OB}}{-\overline{AB}}.$

$$sec\ \mathbf{a} = \frac{\overline{OA}}{\overline{OB}}. \qquad sec\ (180° + \mathbf{a}) = \frac{\overline{OA'}}{\overline{OB'}} = \frac{\overline{OA}}{-\overline{OB}}.$$

$$csc\ \mathbf{a} = \frac{\overline{OA}}{\overline{AB}}. \qquad csc\ (180° + \mathbf{a}) = \frac{\overline{A'B'}}{\overline{OA'}} = \frac{-\overline{AB}}{\overline{OA}}.$$

De aquí se deduce:

$sen\ (180° + \mathbf{a}) = -\ sen\ \mathbf{a}$

$cos\ (180° + \mathbf{a}) = -\ cos\ \mathbf{a}$

$tan\ (180° + \mathbf{a}) = tan\ \mathbf{a}$

$cot\ (180° + \mathbf{a}) = cot\ \mathbf{a}$

$sec\ (180° + \mathbf{a}) = -\ sec\ \mathbf{a}$

$csc\ (180° + \mathbf{a}) = -\ csc\ \mathbf{a}.$

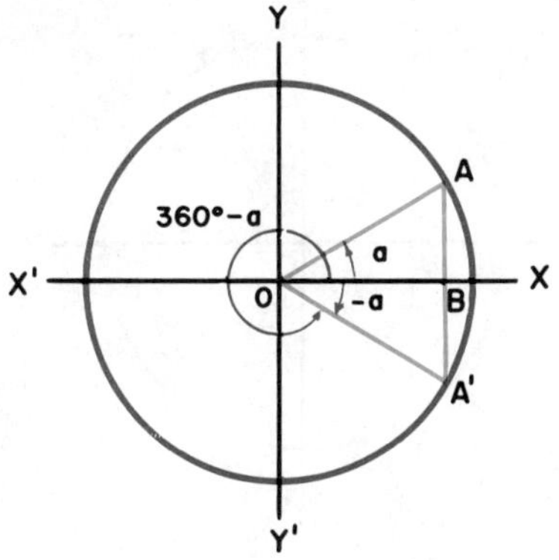

Fig. 322

"Las funciones trigonométricas de un ángulo son iguales en valor absoluto a las funciones del ángulo suplementario por exceso, pero de signo contrario excepto la tangente y la cotangente que son del mismo signo.

Ejemplos. $cos\ 210° = cos\ (180° + 30°) = -\ cos\ 30° = \frac{-\sqrt{3}}{2}.$

$tan\ 225° = tan\ (180° + 45°) = tan\ 45° = 1.$

393. FUNCIONES TRIGONOMETRICAS DEL ANGULO $(360° - \mathbf{a})$.

En la figura 322, considerando los triángulos $\triangle AOB$ y $\triangle A'OB$, tenemos:

$$\overline{OA} = \overline{OA'} = \mathbf{r} = 1; \quad \overline{A'B} = -\overline{AB}.$$

$$sen\ \mathbf{a} = \overline{AB}. \qquad sen\ (360° - \mathbf{a}) = \overline{A'B} = -\overline{AB}.$$

$$cos\ \mathbf{a} = \overline{OB}. \qquad cos\ (360° - \mathbf{a}) = \overline{OB}.$$

$$tan\ \mathbf{a} = \frac{\overline{AB}}{\overline{OB}}. \qquad tan\ (360° - \mathbf{a}) = \frac{\overline{A'B}}{\overline{OB}} = \frac{-\overline{AB}}{\overline{OB}}.$$

$$cot\ \mathbf{a} = \frac{\overline{OB}}{\overline{AB}}. \qquad cot\ (360° - \mathbf{a}) = \frac{\overline{OB}}{\overline{A'B}} = \frac{\overline{OB}}{-\overline{AB}}.$$

$$sec\ \text{a} = \frac{\overline{OA}}{\overline{OB}}. \qquad sec\ (360° - \text{a}) = \frac{\overline{OA'}}{\overline{OB}} = \frac{\overline{OA}}{\overline{OB}}.$$

$$csc\ \text{a} = \frac{\overline{OA}}{\overline{AB}}. \qquad csc\ (360° - \text{a}) = \frac{\overline{OA'}}{\overline{A'B}} = \frac{\overline{OA}}{-\overline{AB}}.$$

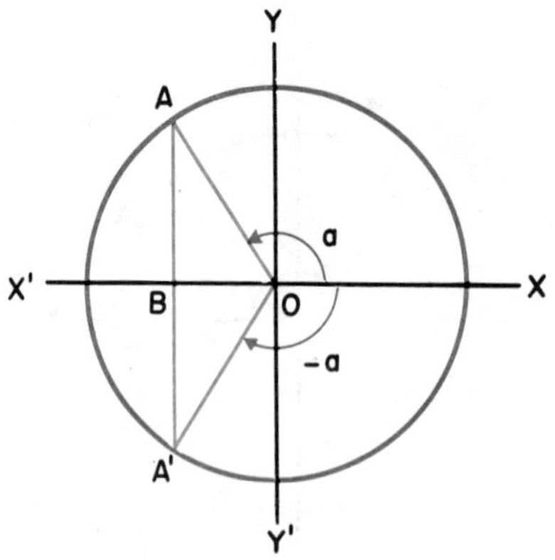

Fig. 323

De aquí se deduce:

$sen\ (360° - \text{a}) = -\ sen\ \text{a}$

$cos\ (360° - \text{a}) = cos\ \text{a}$

$tan\ (360° - \text{a}) = -\ tan\ \text{a}$

$cot\ (360° - \text{a}) = -\ cot\ \text{a}$

$sec\ (360° - \text{a}) = sec\ \text{a}$

$csc\ (360° - \text{a}) = -\ csc\ \text{a}.$

"Las funciones trigonométricas de un ángulo son iguales en valor absoluto a las funciones del ángulo explementario, pero de signo contrario excepto el coseno y la secante que son del mismo signo".

Ejemplos. $sen\ 315° = sen\ (360° - 45°) = -\ sen\ 45°.$

$$cos\ 300° = cos\ (360° - 60°) = cos\ 60° = \frac{1}{2}.$$

394. FUNCIONES TRIGONOMETRICAS DEL ANGULO — a. **En la figura 323, considerando los triángulos $\triangle AOB$ y $\triangle A'OB$, tenemos:**

$$\overline{OA} = \overline{OA'} = \text{r} = 1; \quad \overline{A'B} = -\overline{AB}.$$

$$sen\ \text{a} = \overline{AB}. \qquad sen\ (-\text{a}) = \overline{A'B} = -\overline{AB}.$$

$$cos\ \text{a} = \overline{OB}. \qquad cos\ (-\text{a}) = \overline{OB}.$$

$$tan\ \text{a} = \frac{\overline{AB}}{\overline{OB}}. \qquad tan\ (-\text{a}) = \frac{\overline{A'B}}{\overline{OB}} = \frac{-\overline{AB}}{\overline{OB}}.$$

$$cot\ \text{a} = \frac{\overline{OB}}{\overline{AB}}. \qquad cot\ (-\text{a}) = \frac{\overline{OB}}{\overline{A'B}} = \frac{\overline{OB}}{-\overline{AB}}.$$

$$sec\ \mathbf{a} = \frac{\overline{OA}}{\overline{OB}}. \qquad sec\ (-\mathbf{a}) = \frac{\overline{OA'}}{\overline{OB}} = \frac{\overline{OA}}{\overline{OB}}.$$

$$csc\ \mathbf{a} = \frac{\overline{OA}}{\overline{AB}}. \qquad csc\ (-\mathbf{a}) = \frac{\overline{OA'}}{\overline{A'B}} = \frac{\overline{OA}}{-\overline{AB}}.$$

De aquí se deduce:

$$sen\ (-\mathbf{a}) = -sen\ \mathbf{a} \qquad cot\ (-\mathbf{a}) = -cot\ \mathbf{a}$$
$$cos\ (-\mathbf{a}) = cos\ \mathbf{a} \qquad sec\ (-\mathbf{a}) = sec\ \mathbf{a}$$
$$tan\ (-\mathbf{a}) = -tan\ \mathbf{a} \qquad csc\ (-\mathbf{a}) = -csc\ \mathbf{a}.$$

"Las funciones trigonométricas de un ángulo negativo son iguales en valor absoluto a las funciones del mismo ángulo positivo, pero de signo contrario, excepto el coseno y la secante que tienen el mismo signo".

Ejemplos. $sen\ (-30°) = -sen\ 30° = -\frac{1}{2}.$

$sec\ (-45°) = sec\ 45° = \sqrt{2}.$

EJERCICIOS

(1) En un círculo trigonométrico señalar las líneas trigonométricas de cada uno de los siguientes ángulos:

1) 30°	5) 45°	9) 60°
2) 120°	6) 135°	10) 150°
3) 210°	7) 275°	11) 240°
4) 300°	8) 315°	12) 330°.

(2) Reducir las funciones trigonométricas siguientes, a otras equivalentes, de ángulos menores de 45°:

1) $sen\ 64°$.	*R.:* $cos\ 26°$.
2) $tan\ 65°$.	*R.:* $cot\ 25°$.
3) $sec\ 70°$.	*R.:* $csc\ 20°$.
4) $cos\ 80°\ 30'\ 10''$.	*R.:* $sen\ 9°\ 29'\ 50''$.
5) $-csc\ 50°\ 20''$.	*R.:* $-sec\ 39°\ 40'$.
6) $-tan\ 75°\ 15'\ 20''$.	*R.:* $-cot\ 14°\ 44'\ 40''$.
7) $-sen\ 50°$.	*R.:* $-cos\ 40°$.
8) $csc\ 45°\ 20'$.	*R.:* $sec\ 44°\ 40'$.
9) $cot\ 50°$.	*R.:* $tan\ 40°$.
10) $cos\ 85°$.	*R.:* $sen\ 5°$.

11) *tan* $120°$. *R.:* — *cot* $30°$.
12) *sen* $105°$. *R.:* *cos* $15°$.
13) *csc* $100° 20'$. *R.:* *sec* $10° 20'$.
14) — *sec* $170°$. *R.:* *sec* $10°$.
15) *cos* $135°$. *R.:* — *cos* $45°$.
16) — *sec* $135°$. *R.:* *sec* $45°$.
17) — *cot* $155°$. *R.:* *cot* $25°$.
18) *tan* $170°$. *R.:* — *tan* $10°$.
19) *cos* $96° 15'$. *R.:* — *sen* $6° 15'$.
20) *sen* $110°$. *R.:* *cos* $20°$.
21) *cot* $225°$. *R.:* *cot* $45°$.
22) — *cot* $240° 30'$. *R.:* — *tan* $29° 30'$.
23) *csc* $250°$. *R.:* — *sec* $20°$.
24) *cos* $210°$. *R.:* — *cos* $30°$.
25) *sen* $260° 32'$. *R.:* — *cos* $9° 28'$.
26) — *sec* $250° 30' 15''$. *R.:* *csc* $19° 29' 45''$.
27) *sen* $210° 20'$. *R.:* — *sen* $30° 20'$.
28) — *tan* $260°$. *R.:* — *cot* $10°$.
29) *sec* $250°$. *R.:* — *csc* $20°$.
30) *sen* $200°$. *R.:* — *sen* $20°$.
31) *cos* $305°$. *R.:* *sen* $35°$.
32) *sec* $330°$. *R.:* *sec* $30°$.
33) — *sen* $320°$. *R.:* *sen* $40°$.
34) *csc* $300°$. *R.:* — *sec* $30°$.
35) *cos* $350° 30'$. *R.:* *cos* $9° 30'$.

(3) Reducir las funciones trigonométricas siguientes a las de un ángulo *positivo* menor de $45°$.

1) *sen* $(-350° 45')$. *R.:* *sen* $9° 15'$:
2) *cos* $(-315°)$. *R.:* *cos* $45°$.
3) *tan* $(-220°)$. *R.:* — *tan* $40°$.
4) *sen* $(-190°)$. *R.:* *sen* $10°$.
5) *sec* $(-85° 15')$. *R.:* *csc* $4° 45'$.

:GOS Y ROMANOS. Después de los egipcios ecolombianos, los griegos y —por influencia — los romanos, lograron imprimir en sus obras belleza serena nunca alcanzada hasta en- es. A la izquierda el «tesoro de Cnido» y a la derecha una torre romana de base octogonal. El primero es una demostración de los elementos geométricos combinados: las líneas paralelas y el triángulo. Al fondo un acueducto romano: aplicación en la Arquitectura del arco semicircular.

24

Relaciones entre las funciones trigonométricas identidades y ecuaciones trigonométricas

395. RELACIONES FUNDAMENTALES ENTRE LAS FUNCIONES TRIGONOMETRICAS DE UN MISMO ANGULO. En un sistema de coordenadas consideremos un ángulo α de lado inicial OX (Fig. 324).

Tracemos por un punto cualquiera C del lado terminal la perpendicular $\overline{MC}$ al eje OX.

Aplicando las definiciones de las funciones trigonométricas, tenemos:

$$sen\ \alpha = \frac{\overline{MC}}{\overline{OC}} \quad (1) \qquad\qquad cos\ \alpha = \frac{\overline{OM}}{\overline{OC}} \quad (2)$$

$$\tan\alpha = \frac{\overline{MC}}{\overline{OM}} \quad (3) \qquad \sec\alpha = \frac{\overline{OC}}{\overline{OM}} \quad (5)$$

$$\cot\alpha = \frac{\overline{OM}}{\overline{MC}} \quad (4) \qquad \csc\alpha = \frac{\overline{OC}}{\overline{MC}} \quad (6)$$

Multiplicando (1) por (6), tenemos:

$$sen\,\alpha\ \csc\alpha = \frac{\overline{MC}}{\overline{OC}} \cdot \frac{\overline{OC}}{\overline{MC}} = 1$$

$$\therefore \quad sen\,\alpha\ \csc\alpha = 1.$$

Despejando *sen* α: $\quad sen\,\alpha = \dfrac{1}{\csc\alpha}$.

Despejando *csc* α: $\quad \csc\alpha = \dfrac{1}{sen\,\alpha}$.

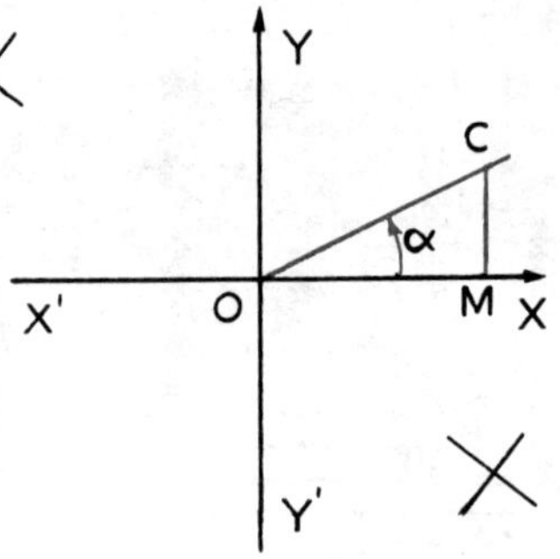

Fig. 324

Multiplicando (2) por (5), tenemos:

$$\cos\alpha\ \sec\alpha = \frac{\overline{OM}}{\overline{OC}} \cdot \frac{\overline{OC}}{\overline{OM}} = 1$$

$$\therefore \quad \cos\alpha\ \sec\alpha = 1.$$

Despejando *cos* α: $\quad \cos\alpha = \dfrac{1}{\sec\alpha}$.

Despejando *sec* α: $\quad \sec\alpha = \dfrac{1}{\cos\alpha}$.

Multiplicando (3) por (4), tenemos:

$$\tan\alpha\ \cot\alpha = \frac{\overline{MC}}{\overline{OM}} \cdot \frac{\overline{OM}}{\overline{MC}} = 1$$

$$\therefore \quad \tan\alpha\ \cot\alpha = 1.$$

Despejando *tan* α: $\quad \tan\alpha = \dfrac{1}{\cot\alpha}$.

Despejando *cot* α: $\quad \cot\alpha = \dfrac{1}{\tan\alpha}$.

396. RECIPROCIDAD DE LAS FUNCIONES TRIGONOMETRICAS. De las fórmulas anteriores se deduce que son recíprocas las siguientes funciones del mismo arco:

1) El seno y la cosecante.
2) El coseno y la secante.
3) La tangente y la cotangente.

397. OTRAS RELACIONES IMPORTANTES. Dividiendo (1) y (2), tenemos:

$$\frac{sen\ \alpha}{cos\ \alpha} = \frac{\frac{\overline{MC}}{\overline{OC}}}{\frac{\overline{OM}}{\overline{OC}}} = \frac{\overline{MC}}{\overline{OM}}.$$

Comparando este resultado con (3), tenemos:

$$tan\ \alpha = \frac{sen\ \alpha}{cos\ \alpha}. \qquad (7)$$

Y como:

$$tan\ \alpha = \frac{1}{cot\ \alpha} \qquad (8)$$

Comparando (7) y (8), tenemos:

$$\frac{1}{cot\ \alpha} = \frac{sen\ \alpha}{cos\ \alpha}$$

$$\therefore \quad cot\ \alpha = \frac{cos\ \alpha}{sen\ \alpha}. \qquad (9)$$

Relación entre el seno y el coseno. De las fórmulas (1) y (2):

$$sen\ \alpha = \frac{\overline{MC}}{\overline{OC}} \qquad (1)$$

y $$cos\ \alpha = \frac{\overline{OM}}{\overline{OC}}. \qquad (2)$$

Elevando al cuadrado:

$$sen^2\ \alpha = \frac{\overline{MC}^2}{\overline{OC}^2}, \qquad cos^2\ \alpha = \frac{\overline{OM}^2}{\overline{OC}^2}.$$

Sumando miembro a miembro:

$$sen^2\ \alpha + cos^2\ \alpha = \frac{\overline{MC}^2}{\overline{OC}^2} + \frac{\overline{OM}^2}{\overline{OC}^2} = \frac{\overline{MC}^2 + \overline{OM}^2}{\overline{OC}^2}.$$

Pero por el teorema de Pitágoras $\overline{MC}^2 + \overline{OM}^2 = \overline{OC}^2$

$$\therefore \quad sen^2\ \alpha + cos^2\ \alpha = \frac{\overline{OC}^2}{\overline{OC}^2} = 1.$$

Es decir: $sen^2\ \alpha + cos^2\ \alpha = 1.$

De donde se deduce:

$$sen^2\ \alpha = 1 - cos^2\ \alpha \qquad cos^2\ \alpha = 1 - sen^2\ \alpha$$

$$\therefore \quad sen\ \alpha = \sqrt{1 - cos^2\ \alpha} \qquad \therefore \quad cos\ \alpha = \sqrt{1 - sen^2\ \alpha}.$$

Relación entre la cotangente y la cosecante y la tangente y la secante. De la igualdad $sen^2\,\alpha + cos^2\,\alpha = 1$, dividiendo por $sen^2\,\alpha$, tenemos:

$$\frac{sen^2\,\alpha + cos^2\,\alpha}{sen^2\,\alpha} = \frac{1}{sen^2\,\alpha}.$$

Separando:
$$\frac{sen^2\,\alpha}{sen^2\,\alpha} + \frac{cos^2\,\alpha}{sen^2\,\alpha} = \frac{1}{sen^2\,\alpha}.$$

$$\therefore \quad 1 + cot^2\,\alpha = csc^2\,\alpha .$$

Si dividimos la igualdad $sen^2\,\alpha + cos^2\,\alpha = 1$ por $cos^2\,\alpha$:

$$\frac{sen^2\,\alpha + cos^2\,\alpha}{cos^2\,\alpha} = \frac{1}{cos^2\,\alpha}.$$

Separando:
$$\frac{sen^2\,\alpha}{cos^2\,\alpha} + \frac{cos^2\,\alpha}{cos^2\,\alpha} = \frac{1}{cos^2\,\alpha}.$$

$$\therefore \quad tan^2\,\alpha + 1 = sec^2\,\alpha .$$

398. DADA UNA FUNCION TRIGONOMETRICA DE UN ANGULO, CALCULAR LAS RESTANTES.

I. **Dado el seno obtener todas las demás.**

a) *coseno.*

$$sen^2\,\alpha + cos^2\,\alpha = 1$$
$$cos^2\,\alpha = 1 - sen^2\,\alpha$$
$$\sqrt{cos^2\,\alpha} = \sqrt{1 - sen^2\,\alpha}$$

$$\therefore \quad cos\,\alpha = \sqrt{1 - sen^2\,\alpha}.$$

b) *tangente.*

$$tan\,\alpha = \frac{sen\,\alpha}{cos\,\alpha}$$

pero: $cos\,\alpha = \sqrt{1 - sen^2\,\alpha}.$

$$\therefore \quad tan\,\alpha = \frac{sen\,\alpha}{\sqrt{1 - sen^2\,\alpha}}.$$

c) *cotangente.*

$$cot\,\alpha = \frac{1}{tan\,\alpha} = \frac{1}{\dfrac{sen\,\alpha}{\sqrt{1 - sen^2\,\alpha}}}.$$

$$\therefore \quad cot\,\alpha = \frac{\sqrt{1 - sen^2\,\alpha}}{sen\,\alpha}.$$

d) *secante*

$$\sec \alpha = \frac{1}{\cos \alpha}$$

pero: $\cos \alpha = \sqrt{1 - \operatorname{sen}^2 \alpha}$.

$$\therefore \quad \sec \alpha = \frac{1}{\sqrt{1 - \operatorname{sen}^2 \alpha}}.$$

e) *cosecante*.

$$\csc \alpha = \frac{1}{\operatorname{sen} \alpha}.$$

II. Obtener todas las funciones trigonométricas en función del coseno.

a) *seno*.

$$\operatorname{sen}^2 \alpha + \cos^2 \alpha = 1$$
$$\operatorname{sen}^2 \alpha = 1 - \cos^2 \alpha$$
$$\sqrt{\operatorname{sen}^2 \alpha} = \sqrt{1 - \cos^2 \alpha}$$

$$\therefore \quad \operatorname{sen} \alpha = \sqrt{1 - \cos^2 \alpha}.$$

b) *tangente*.

$$\tan \alpha = \frac{\operatorname{sen} \alpha}{\cos \alpha}$$

pero: $\operatorname{sen} \alpha = \sqrt{1 - \cos^2 \alpha}$.

$$\therefore \quad \tan \alpha = \frac{\sqrt{1 - \cos^2 \alpha}}{\cos \alpha}.$$

c) *cotangente*.

$$\cot \alpha = \frac{1}{\tan \alpha} = \frac{1}{\dfrac{\sqrt{1 - \cos^2 \alpha}}{\cos \alpha}}.$$

$$\therefore \quad \cot \alpha = \frac{\cos \alpha}{\sqrt{1 - \cos^2 \alpha}}.$$

d) *secante*.

$$\sec \alpha = \frac{1}{\cos \alpha}.$$

e) *cosecante*.

$$\csc \alpha = \frac{1}{\operatorname{sen} \alpha}$$

pero: $sen\ \alpha = \sqrt{1 - cos^2\ \alpha}.$

$$\therefore \quad csc\ \alpha = \frac{1}{\sqrt{1 - cos^2\ \alpha}}:$$

III. En función de la tangente.

a) *seno.*

$$tan\ \alpha = \frac{sen\ \alpha}{cos\ \alpha}, \quad \text{pero} \quad cos\ \alpha = \sqrt{1 - sen^2\ \alpha}.$$

$$\therefore \quad tan\ \alpha = \frac{sen\ \alpha}{\sqrt{1 - sen^2\ \alpha}}, \qquad \therefore \quad tan^2\ \alpha = \frac{sen^2\ \alpha}{1 - sen^2\ \alpha}.$$

$$tan^2\ \alpha\ (1 - sen^2\ \alpha) = sen^2\ \alpha$$
$$tan^2\ \alpha - tan^2\ \alpha \cdot sen^2\ \alpha = sen^2\ \alpha$$
$$tan^2\ \alpha = sen^2\ \alpha + tan^2\ \alpha \cdot sen^2\ \alpha$$
$$tan^2\ \alpha = sen^2\ \alpha\ (1 + tan^2\ \alpha).$$

$$\therefore \quad sen^2\ \alpha = \frac{tan^2\ \alpha}{1 + tan^2\ \alpha}.$$

$$\therefore \quad sen\ \alpha = \frac{tan\ \alpha}{\sqrt{1 + tan^2\ \alpha}}.$$

b) *coseno.*

$$tan\ \alpha = \frac{sen\ \alpha}{cos\ \alpha}, \quad \text{pero} \quad sen\ \alpha = \sqrt{1 - cos^2\ \alpha}.$$

$$\therefore \quad tan\ \alpha = \frac{\sqrt{1 - cos^2\ \alpha}}{cos\ \alpha}, \qquad \therefore \quad tan^2\ \alpha = \frac{1 - cos^2\ \alpha}{cos^2\ \alpha}.$$

$$tan^2\ \alpha \cdot cos^2\ \alpha = 1 - cos^2\ \alpha$$
$$tan^2\ \alpha \cdot cos^2\ \alpha + cos^2\ \alpha = 1$$
$$cos^2\ \alpha (tan^2\ \alpha + 1) = 1$$

$$\therefore \quad cos^2\ \alpha = \frac{1}{1 + tan^2\ \alpha}.$$

$$\therefore \quad cos\ \alpha = \frac{1}{\sqrt{1 + tan^2\ \alpha}}.$$

c) *cotangente.*

$$cot\ \alpha = \frac{1}{tan\ \alpha}.$$

d) *secante.*

$$sec\ \alpha = \frac{1}{cos\ \alpha}$$

pero: $$cos\ \alpha = \frac{1}{\sqrt{1 + tan^2\ \alpha}}.$$

$$\therefore \quad sec\ \alpha = \frac{1}{\frac{1}{\sqrt{1 + tan^2\ \alpha}}}.$$

$$\therefore \quad sec\ \alpha = \sqrt{1 + tan^2\ \alpha}:$$

e) *cosecante.*

$$csc\ \alpha = \frac{1}{sen\ \alpha}$$

pero: $$sen\ \alpha = \frac{tan\ \alpha}{\sqrt{1 + tan^2\ \alpha}}.$$

$$\therefore \quad csc\ \alpha = \frac{1}{\frac{tan\ \alpha}{\sqrt{1 + tan^2\ \alpha}}}.$$

$$\therefore \quad csc\ \alpha = \frac{\sqrt{1 + tan^2\ \alpha}}{tan\ \alpha}.$$

IV. En función de la cotangente.

a) *seno.*

$$cot\ \alpha = \frac{cos\ \alpha}{sen\ \alpha}$$

pero: $$cos\ \alpha = \sqrt{1 - sen^2\ \alpha}.$$

$$\therefore \quad cot\ \alpha = \frac{\sqrt{1 - sen^2\ \alpha}}{sen\ \alpha}, \qquad \therefore \quad cot^2\ \alpha = \frac{1 - sen^2\ \alpha}{sen^2\ \alpha}.$$

$$\therefore \quad cot^2\ \alpha \cdot sen^2\ \alpha = 1 - sen^2\ \alpha$$

$$cot^2\ \alpha \cdot sen^2\ \alpha + sen^2\ \alpha = 1$$

$$sen^2\ \alpha(cot^2\ \alpha + 1) = 1\ ; \qquad \therefore \quad sen^2\ \alpha = \frac{1}{cot^2\ \alpha + 1}.$$

$$\therefore \quad sen\ \alpha = \frac{1}{\sqrt{1 + cot^2\ \alpha}}$$

b) *coseno.*

$$cot\ \alpha = \frac{cos\ \alpha}{sen\ \alpha}$$

pero: $$sen\ \alpha = \sqrt{1 - cos^2\ \alpha}.$$

$$\therefore \quad cot\ \alpha = \frac{cos\ \alpha}{\sqrt{1 - cos^2\ \alpha}}, \qquad \therefore \quad cot^2\ \alpha = \frac{cos^2\ \alpha}{1 - cos^2\ \alpha}.$$

$$\therefore \quad cot^2\ \alpha(1 - cos^2\ \alpha) = cos^2\ \alpha$$

$$cot^2\ \alpha - cot^2\ \alpha \cdot cos^2\ \alpha = cos^2\ \alpha$$

$$cot^2\ \alpha = cos^2\ \alpha + cot^2\ \alpha \cdot cos^2\ \alpha$$

$$cot^2\ \alpha = cos^2\ \alpha(1 + cot^2\ \alpha).$$

$$\therefore \quad cos^2\ \alpha = \frac{cot^2\ \alpha}{1 + cot^2\ \alpha}.$$

$$\therefore \quad cos\ \alpha = \frac{cot\ \alpha}{\sqrt{1 + cot^2\ \alpha}}.$$

c) *tangente.*

$$tan\ \alpha = \frac{1}{cot\ \alpha}.$$

d) *secante.*

$$sec\ \alpha = \frac{1}{cos\ \alpha}$$

pero: $$cos\ \alpha = \frac{cot\ \alpha}{\sqrt{1 + cot^2\ \alpha}}.$$

$$\therefore \quad sec\ \alpha = \frac{1}{\dfrac{cot\ \alpha}{\sqrt{1 + cot^2\ \alpha}}}.$$

$$\therefore \quad sec\ \alpha = \frac{\sqrt{1 + cot^2\ \alpha}}{cot\ \alpha}.$$

e) *cosecante.*

$$csc\ \alpha = \frac{1}{sen\ \alpha}$$

pero: $$sen\ \alpha = \frac{1}{\sqrt{1 + cot^2\ \alpha}}.$$

$$\therefore \quad csc\ \alpha = \frac{1}{\dfrac{1}{\sqrt{1 + cot^2\ \alpha}}}.$$

$$\therefore \quad csc\ \alpha = \sqrt{1 + cot^2\ \alpha}.$$

V. En función de la secante.

a) *seno.*

$$sec\ \alpha = \frac{1}{cos\ \alpha}$$

pero: $cos\ \alpha = \sqrt{1 - sen^2\ \alpha}.$

$$\therefore \quad sec\ \alpha = \frac{1}{\sqrt{1 - sen^2\ \alpha}}.$$

$$\therefore \quad sec^2\ \alpha = \frac{1}{1 - sen^2\ \alpha}; \qquad \therefore \quad sec^2\ \alpha\ (1 - sen^2\ \alpha) = 1.$$

$$sec^2\ \alpha - sec^2\ \alpha \cdot sen^2\ \alpha = 1$$

$$-sec^2\ \alpha \cdot sen^2\ \alpha = 1 - sec^2\ \alpha$$

$$sec^2\ \alpha \cdot sen^2\ \alpha = sec^2\ \alpha - 1.$$

$$\therefore \quad sen^2\ \alpha = \frac{sec^2\ \alpha - 1}{sec^2\ \alpha}; \qquad \therefore \quad sen\ \alpha = \frac{\sqrt{sec^2\ \alpha - 1}}{sec\ \alpha}.$$

b) *coseno.*

$$sec\ \alpha = \frac{1}{cos\ \alpha}$$

$$\therefore \quad sec\ \alpha \cdot cos\ \alpha = 1; \qquad \therefore \quad cos\ \alpha = \frac{1}{sec\ \alpha}.$$

c) *tangente.*

$$tan\ \alpha = \frac{sen\ \alpha}{cos\ \alpha}$$

pero: $sen\ \alpha = \dfrac{\sqrt{sec^2\ \alpha - 1}}{sec\ \alpha}$ y $cos\ \alpha = \dfrac{1}{sec\ \alpha}.$

$$\therefore \quad tan\ \alpha = \frac{\dfrac{\sqrt{sec^2\ \alpha - 1}}{sec\ \alpha}}{\dfrac{1}{sec\ \alpha}}; \qquad \therefore \quad tan\ \alpha = \sqrt{sec^2\ \alpha - 1.}$$

d) *cotangente.*

$$cot\ \alpha = \frac{1}{tan\ \alpha}$$

pero: $\tan\alpha = \sqrt{\sec^2\alpha - 1}.$

$$\therefore \quad \cot\alpha = \frac{1}{\sqrt{\sec^2\alpha - 1}}.$$

e) *cosecante.*

$$\csc\alpha = \frac{1}{\operatorname{sen}\alpha} = \frac{\sec\alpha}{\sqrt{\sec^2\alpha - 1}}.$$

VI. En función de la cosecante.

a) *seno.*

$$\csc\alpha = \frac{1}{\operatorname{sen}\alpha}; \qquad \csc\alpha \cdot \operatorname{sen}\alpha = 1;$$

$$\therefore \quad \operatorname{sen}\alpha = \frac{1}{\csc\alpha}.$$

b) *coseno.*

$$\csc\alpha = \frac{1}{\operatorname{sen}\alpha}$$

pero: $\operatorname{sen}\alpha = \sqrt{1 - \cos^2\alpha}.$

$$\therefore \quad \csc\alpha = \frac{1}{\sqrt{1-\cos^2\alpha}}; \qquad \therefore \quad \csc^2\alpha = \frac{1}{1-\cos^2\alpha}.$$

$$\therefore \quad \frac{1}{\csc^2\alpha} = 1 - \cos^2\alpha; \qquad \therefore \quad \frac{1}{\csc^2\alpha} - 1 = -\cos^2\alpha.$$

$$\therefore \quad \cos^2\alpha = 1 - \frac{1}{\csc^2\alpha}; \qquad \therefore \quad \cos^2\alpha = \frac{\csc^2\alpha - 1}{\csc^2\alpha}.$$

$$\therefore \quad \cos\alpha = \frac{\sqrt{\csc^2\alpha - 1}}{\csc\alpha}.$$

c) *tangente.*

$$\tan\alpha = \frac{\operatorname{sen}\alpha}{\cos\alpha}$$

pero: $\operatorname{sen}\alpha = \dfrac{1}{\csc\alpha}$

$$\text{y} \qquad \cos\alpha = \frac{\sqrt{\csc^2\alpha - 1}}{\csc\alpha}.$$

$$\therefore \quad \tan\alpha = \frac{\dfrac{1}{\csc\alpha}}{\dfrac{\sqrt{\csc^2\alpha - 1}}{\csc\alpha}}; \qquad \therefore \quad \tan\alpha = \frac{1}{\sqrt{\csc^2\alpha - 1}}.$$

d) *cotangente.*

$$\cot \alpha = \frac{1}{\tan \alpha}$$

pero: $\tan \alpha = \dfrac{1}{\sqrt{\csc^2 \alpha - 1}}$.

$$\therefore \quad \cot \alpha = \frac{1}{\dfrac{1}{\sqrt{\csc^2 \alpha - 1}}}; \qquad \therefore \quad \cot \alpha = \sqrt{\csc^2 \alpha - 1}.$$

e) *secante.*

$$\sec \alpha = \frac{1}{\cos \alpha} = \frac{\csc \alpha}{\sqrt{\csc^2 \alpha - 1}}.$$

399. RESUMEN.

	$\operatorname{sen} \alpha$	$\cos \alpha$	$\tan \alpha$	$\cot \alpha$	$\sec \alpha$	$\csc \alpha$
$\operatorname{sen} \alpha$		$\sqrt{1 - \cos^2 \alpha}$	$\dfrac{\tan \alpha}{\sqrt{1 + \tan^2 \alpha}}$	$\dfrac{1}{\sqrt{1 + \cot^2 \alpha}}$	$\dfrac{\sqrt{\sec^2 \alpha - 1}}{\sec \alpha}$	$\dfrac{1}{\csc \alpha}$
$\cos \alpha$	$\sqrt{1 - \operatorname{sen}^2 \alpha}$		$\dfrac{1}{\sqrt{1 + \tan^2 \alpha}}$	$\dfrac{\cot \alpha}{\sqrt{1 + \cot^2 \alpha}}$	$\dfrac{1}{\sec \alpha}$	$\dfrac{\sqrt{\csc^2 \alpha - 1}}{\csc \alpha}$
$\tan \alpha$	$\dfrac{\operatorname{sen} \alpha}{\sqrt{1 - \operatorname{sen}^2 \alpha}}$	$\dfrac{\sqrt{1 - \cos^2 \alpha}}{\cos \alpha}$		$\dfrac{1}{\cot \alpha}$	$\sqrt{\sec^2 \alpha - 1}$	$\dfrac{1}{\sqrt{\csc^2 \alpha - 1}}$
$\cot \alpha$	$\dfrac{\sqrt{1 - \operatorname{sen}^2 \alpha}}{\operatorname{sen} \alpha}$	$\dfrac{\cos \alpha}{\sqrt{1 - \cos^2 \alpha}}$	$\dfrac{1}{\tan \alpha}$		$\dfrac{1}{\sqrt{\sec^2 \alpha - 1}}$	$\sqrt{\csc^2 \alpha - 1}$
$\sec \alpha$	$\dfrac{1}{\sqrt{1 - \operatorname{sen}^2 \alpha}}$	$\dfrac{1}{\cos \alpha}$	$\sqrt{1 + \tan^2 \alpha}$	$\dfrac{\sqrt{1 + \cot^2 \alpha}}{\cot \alpha}$		$\dfrac{\csc \alpha}{\sqrt{\csc^2 \alpha - 1}}$
$\csc \alpha$	$\dfrac{1}{\operatorname{sen} \alpha}$	$\dfrac{1}{\sqrt{1 - \cos^2 \alpha}}$	$\dfrac{\sqrt{1 + \tan^2 \alpha}}{\tan \alpha}$	$\sqrt{1 + \cot^2 \alpha}$	$\dfrac{\sec \alpha}{\sqrt{\sec^2 \alpha - 1}}$	

400. IDENTIDADES TRIGONOMETRICAS. Son igualdades que se cumplen para cualesquiera valores del ángulo que aparece en la igualdad.

Existen varios métodos para probar identidades trigonométricas, algunas muy interesantes, pero vamos a explicar el que nos parece más sencillo para el alumno:

"Se expresan todos los términos de la igualdad en función del seno y coseno y se efectúan las operaciones indicadas,, consiguiéndose así la identidad de ambos miembros".

Ejemplo. Demostrar que:

$$csc\ \mathbf{a} \cdot sec\ \mathbf{a} = cot\ \mathbf{a} + tan\ \mathbf{a};$$

$$\frac{1}{sen\ \mathbf{a}} \cdot \frac{1}{cos\ \mathbf{a}} = \frac{cos\ \mathbf{a}}{sen\ \mathbf{a}} + \frac{sen\ \mathbf{a}}{cos\ \mathbf{a}};$$

$$\frac{1}{sen\ \mathbf{a} \cdot cos\ \mathbf{a}} = \frac{cos^2\ \mathbf{a} + sen^2\ \mathbf{a}}{sen\ \mathbf{a} \cdot cos\ \mathbf{a}};$$

$$\frac{1}{sen\ \mathbf{a} \cdot cos\ \mathbf{a}} = \frac{1}{sen\ \mathbf{a} \cdot cos\ \mathbf{a}}.$$

401. ECUACIONES TRIGONOMETRICAS. Son aquellas en las cuales la incógnita aparece como ángulo de funciones trigonométricas.

No existe un método general para resolver una ecuación trigonométrica. Generalmente se transforma toda la ecuación de manera que quede expresada en una sola función trigonométrica y entonces se resuelve como una ecuación algebraica cualquiera.

La única diferencia es que la incógnita es *una función trigonométrica*, en vez de ser x, y o z.

Como a veces hay que elevar al cuadrado o multiplicar por un factor, se introducen soluciones extrañas. Por ésto, hay que comprobar las obtenidas en la ecuación dada. Por ejemplo, si estamos resolviendo una ecuación cuya incógnita es $sen\ \alpha$ y obtenemos para ella los valores -1 y 2, tenemos que despreciar el valor 2, porque el seno de un ángulo no puede valer más de 1.

Resuelta la ecuación algebraicamente, queda por resolver la parte trigonométrica; es decir, conociendo el valor de la función trigonométrica de un ángulo determinar cuál es ese ángulo.

Recordemos que las funciones trigonométricas repiten sus valores en los cuatro cuadrantes, siendo positivas en dos de ellos y negativas en los otros dos, es decir, que hay dos ángulos para los cuales una función trigonométrica tiene el mismo valor y signo.

Además, como las funciones trigonométricas de ángulos que se diferencían en un número exacto de vueltas, son iguales, será necesario añadir a las soluciones obtenidas, un múltiplo cualquiera de 360°, es decir, $\mathbf{n} \cdot 360°$.

Ejemplo 1. Resolver la ecuación:

$$3 + 3\ cos\ \mathbf{x} = 2\ sen^2\ \mathbf{x}.$$

Expresando el seno en función del coseno:

$$3 + 3\cos \mathbf{x} = 2(1 - \cos^2 \mathbf{x})$$

$$3 + 3\cos \mathbf{x} = 2 - 2\cos^2 \mathbf{x}$$

$$2\cos^2 \mathbf{x} + 3\cos \mathbf{x} + 3 - 2 = 0$$

$$2\cos^2 \mathbf{x} + 3\cos \mathbf{x} + 1 = 0.$$

Considerando *cos* **x** como incógnita y aplicando la fórmula de la ecuación de segundo grado resulta:

$$\cos \mathbf{x} = \frac{-3 \pm \sqrt{3^2 - 4\times 2\times 1}}{2\times 2} = \frac{-3 \pm \sqrt{9-8}}{4} = \frac{-3 \pm \sqrt{1}}{4} = \frac{-3 \pm 1}{4}.$$

Separando las dos raíces:

$$\cos \mathbf{x} = \frac{-3+1}{4} = \frac{-2}{4} = -\frac{1}{2};$$

$$\cos \mathbf{x} = \frac{-3-1}{4} = \frac{-4}{4} = -1.$$

Las soluciones son:

Para $\cos \mathbf{x} = -\frac{1}{2} \ldots\ldots \quad \mathbf{x} = 120^\circ \pm \mathbf{n} \cdot 360^\circ.$

Para $\cos \mathbf{x} = -1 \ldots\ldots \quad \mathbf{x} = 180^\circ \pm \mathbf{n} \cdot 360^\circ.$

Ejemplo 2. Resolver la ecuación $\operatorname{sen} \mathbf{x} + 1 = \cos \mathbf{x}$.
Expresando el coseno en función del seno, resulta:

$$\operatorname{sen} \mathbf{x} + 1 = \sqrt{1 - \operatorname{sen}^2 \mathbf{x}}$$

$$(\operatorname{sen} \mathbf{x} + 1)^2 = [\sqrt{1 - \operatorname{sen}^2 \mathbf{x}}]^2$$

$$\operatorname{sen}^2 \mathbf{x} + 2\operatorname{sen} \mathbf{x} + 1 = 1 - \operatorname{sen}^2 \mathbf{x}$$

$$\operatorname{sen}^2 \mathbf{x} + \operatorname{sen}^2 \mathbf{x} + 2\operatorname{sen} \mathbf{x} + 1 - 1 = 0$$

$$2\operatorname{sen}^2 \mathbf{x} + 2\operatorname{sen} \mathbf{x} = 0$$

$$\operatorname{sen}^2 \mathbf{x} + \operatorname{sen} \mathbf{x} = 0$$

$$\operatorname{sen} \mathbf{x}\,(\operatorname{sen} \mathbf{x} + 1) = 0.$$

Las dos soluciones son: $\operatorname{sen} \mathbf{x} = 0$; $\operatorname{sen} \mathbf{x} = -1$.

Para $\operatorname{sen} \mathbf{x} = 0 \ldots\ldots \quad \mathbf{x} = 90^\circ \pm \mathbf{n} \cdot 360^\circ.$

Para $\operatorname{sen} \mathbf{x} = -1 \ldots\ldots \quad \mathbf{x} = 270^\circ \pm \mathbf{n} \cdot 360^\circ.$

EJERCICIOS

Calcular las otras funciones, sabiendo:

1) $sen\,\mathbf{x} = \frac{1}{2}$. ——— *R.:* $cos\ \mathbf{x} = \frac{\sqrt{3}}{2}$, $tan\,\mathbf{x} = \frac{\sqrt{3}}{3}$.

$cot\ \mathbf{x} = \sqrt{3}$, $sec\ \mathbf{x} = \frac{2\sqrt{3}}{3}$.

$csc\ \mathbf{x} = 2$.

2) $cos\ \mathbf{x} = \frac{1}{5}$. ——— *R.:* $sen\,\mathbf{x} = \frac{2\sqrt{6}}{5}$, $tan\,\mathbf{x} = 2\sqrt{6}$.

$cot\ \mathbf{x} = \frac{\sqrt{6}}{12}$, $sec\ \mathbf{x} = 5$.

$csc\ \mathbf{x} = \frac{5\sqrt{6}}{12}$.

3) $tan\,\mathbf{x} = \frac{3}{4}$. ——— *R.:* $sen\,\mathbf{x} = \frac{3}{5}$, $cos\ \mathbf{x} = \frac{4}{5}$.

$cot\ \mathbf{x} = \frac{4}{3}$; $sec\ \mathbf{x} = \frac{5}{4}$.

$csc\ \mathbf{x} = \frac{5}{3}$.

4) $cot\ \mathbf{x} = \frac{3}{2}$. ——— *R.:* $sen\,\mathbf{x} = \frac{2\sqrt{13}}{13}$, $cos\ \mathbf{x} = \frac{3\sqrt{13}}{13}$.

$tan\,\mathbf{x} = \frac{2}{3}$, $sec\ \mathbf{x} = \frac{\sqrt{13}}{3}$.

$csc\ \mathbf{x} = \frac{\sqrt{13}}{2}$.

5) $sec\ \mathbf{x} = \frac{\sqrt{34}}{5}$. ——— *R.:* $sen\,\mathbf{x} = \frac{3\sqrt{34}}{34}$, $cos\ \mathbf{x} = \frac{5\sqrt{34}}{34}$.

$tan\,\mathbf{x} = \frac{3}{5}$, $cot\ \mathbf{x} = \frac{5}{3}$.

$csc\ \mathbf{x} = \frac{\sqrt{34}}{3}$.

6) $csc\ x = \frac{\sqrt{13}}{2}$. ——— R: $sen\ x = \frac{2\sqrt{13}}{13}$, $cos\ x = \frac{3\sqrt{13}}{13}$.

$tan\ x = \frac{2}{3}$, $cot\ x = \frac{3}{2}$.

$sec\ x = \frac{\sqrt{13}}{3}$.

Probar las siguientes identidades:

7) $\frac{sen\ x + cos\ x}{sen\ x} = 1 - \frac{1}{tan\ x}$.

8) $\frac{cos\ x}{cot\ x} = sen\ x$.

9) $\frac{sen\ x}{csc\ x} + \frac{cos\ x}{sec\ x} = 1$.

10) $\frac{tan\ x}{sen\ x} = sec\ x$.

11) $\frac{sec\ y}{tan\ y + cot\ y} = sen\ y$.

12) $\frac{csc\ x}{cot\ x} = sec\ x$.

13) $\frac{1 - sen\ x}{cos\ x} = \frac{cos\ x}{1 + sen\ x}$.

14) $sen^4\ z = \frac{1 - cos^2\ z}{csc^2\ z}$.

15) $sec\ x\ (1 - sen^2\ x) = cos\ x$.

16) $tan\ z \cdot cos\ z \cdot csc\ z = 1$.

17) $sen\ x \cdot sec\ x = tan\ x$.

18) $\frac{tan\ x - sen\ x}{sen^3\ x} = \frac{sec\ x}{1 + cos\ x}$.

19) $\frac{1}{sec\ y + tan\ y} = sec\ y - tan\ y$.

20) $tan\ x + cot\ x = \frac{1}{sen\ x\ \ cos\ x}$.

21) $\frac{csc\ x}{tan\ x + cot\ x} = cos\ x$.

22) $1 - 2\,sen^2\,x = \dfrac{1 - tan^2\,x}{1 + tan^2\,x}$.

23) $\dfrac{sen\,x}{cot\,x} = sec\,x - cos\,x$.

24) $\dfrac{1 - sen\,x}{(sec\,x - tan\,x)^2} = 1 + sen\,x$.

25) $cos^2\,x = (1 + sen\,x)\,(1 - sen\,x)$.

26) $(1 - sen^2\,x)\,(1 + tan^2\,x) = 1$.

27) $\dfrac{sen\,x + cos\,x}{sen\,x - cos\,x} = \dfrac{sec\,x + csc\,x}{sec\,x - csc\,x}$,

28) $sen^2\,x \cdot cos^2\,x + cos^4\,x = 1 - \dfrac{1}{csc^2\,x}$.

29) $tan\,x + tan\,y = tan\,x\,tan\,y\,(cot\,x + cot\,y)$.

30) $2\,sen^2\,x + cos^2\,x = 1 + sen^2\,x$.

31) $tan\,y + cot\,y = sec\,y \cdot csc\,y$.

32) $1 + tan^2\,x = sec^3\,x \cdot cos\,x$.

33) $tan^2\,x \cdot cot^2\,x = sen^2\,x + cos^2\,x$.

34) $1 + 2\,sen\,x\,cos\,x = sen\,x\,cos\,x\,(1 + cot\,x)\,(1 + tan\,x)$.

35) $\dfrac{1}{1 + sen\,y} + \dfrac{1}{1 - sen\,y} = 2\,sec^2\,y$.

36) $2\,tan\,x + 1 = \dfrac{cos\,x + 2\,sen\,x}{cos\,x}$.

37) $3\,sen\,x\,cos\,x = 3\,sen^2\,x\,cot\,x$.

38) $sen\,x + cos\,x = cos\,x\,(1 + tan\,x)$.

39) $2\,tan\,x + cos\,x = \dfrac{cos^2 x + 2\,sen\,x}{cos\,x}$.

40) $\dfrac{1}{tan^2\,x} - cos^2\,x = cos^2\,x \cdot cot^2\,x$.

41) $sen\,x\,sec\,x\,cot\,x = 1$.

42) $tan^2\,x\;csc^2\,x\;cot^2\,x\;sen^2\,x = 1$.

43) $\dfrac{sen\,x + tan\,x}{cot\,x + csc\,x} = sen\,x \cdot tan\,x$.

44) $cot^2\,x\,(1 + tan^2\,x) = csc^2\,x$.

45) $\dfrac{\tan x + \cot x}{\tan x - \cot x} = \dfrac{\sec^2 x}{\tan^2 x - 1}$.

46) $1 - 2\,\mathrm{sen}^2 x = \dfrac{\cot x - \tan x}{\tan x + \cot x}$.

47) $\dfrac{\tan x}{1 - \cot x} + \dfrac{\cot x}{1 - \tan x} = 1 + \tan x + \cot x$.

48) $2\,\mathrm{sen}^2 z - 1 = \mathrm{sen}^4 z - \cos^4 z$.

49) $\dfrac{1}{\sec x - 1} + \dfrac{1}{\sec x + 1} = 2 \csc x \cdot \cot x$.

50) $\dfrac{1}{1 + \tan^2 y} - \dfrac{1}{1 + \tan^2 x} = \mathrm{sen}^2 x - \mathrm{sen}^2 y$.

51) $\sec d + \tan d = \dfrac{\cos d}{1 - \mathrm{sen}\, d}$.

52) $\dfrac{\tan x\,(\cos^2 x - \mathrm{sen}^2 x)}{1 - \tan^2 x} = \dfrac{\mathrm{sen}^3 x + \cos^3 x}{\mathrm{sen}\, x + \cos x}$.

53) $\tan^4 x - \sec^4 x = 1 - 2 \sec^2 x$.

54) $(1 - \mathrm{sen}^2 \beta)(1 + \tan^2 \beta) = \mathrm{sen}\, \beta \ \sec \beta \ \cot \beta$.

55) $(\mathrm{sen}\, \theta + \cos \theta)^2 + (\mathrm{sen}\, \theta - \cos \theta)^2 = 2(\tan^2\theta \ \cos^2\theta + \cot^2\theta \ \mathrm{sen}^2\theta)$.

Resolver las siguientes ecuaciones. Las soluciones se dan para ángulos menores de 360°.

56) $\mathrm{sen}\, x = \mathrm{sen}\, 80°$. *R.:* 80°.
57) $\cos(40° - x) = \cos x$. *R.:* 20°.
58) $\cos y = \cos(60° - y)$. *R.:* 30°.
59) $\tan x = \tan\left(\dfrac{\pi}{2} - 2x\right)$. *R.:* 30°.
60) $\cos x + 2\,\mathrm{sen}\, x = 2$. *R.:* 90°, 36° 52′.
61) $2\,\mathrm{sen}\, x = 1$. *R.:* 30°, 150°.
62) $2 \cos x = \cot x$. *R.:* 30°, 150°.
63) $\csc x = \sec x$. *R.:* 45°, 225°.
64) $2 \cos x \cdot \tan x - 1 = 0$. *R.:* 30°, 150°.
65) $4 \cos^2 x = 3 - 4 \cos x$. *R.:* 60°, 300°.
66) $\cos^2 x = \dfrac{3(1 - \mathrm{sen}\, x)}{2}$. *R.:* 30°, 150°, 90°.
67) $3 \cos^2 x + \mathrm{sen}^2 x = 3$. *R.:* 0°, 180°, 360°.
68) $2\,\mathrm{sen}^2 x + \mathrm{sen}\, x = 0$. *R.:* 0°, 180°, 210°.

69) $\cos x + 2 \operatorname{sen}^2 x = 1$. *R.:* 0°, 360°, 120°, 240°.

70) $\cos x = \sqrt{3} \operatorname{sen} x$. *R.:* 30°, 150°, 210°, 330°.

71) $\sqrt{3} \operatorname{sen} x = 3 \cos x$. *R.:* 60°, 120°, 240°, 300°.

72) $\tan^2 x + 3 = 2 \sec^2 x$. *R.:* 45°, 135°, 225°, 315°.

73) $\csc^2 x = 2 \cot^2 x$. *R.:* 45°, 135°, 225°, 315°.

74) $\operatorname{sen} x = \cos x$. *R.:* 45°, 225°.

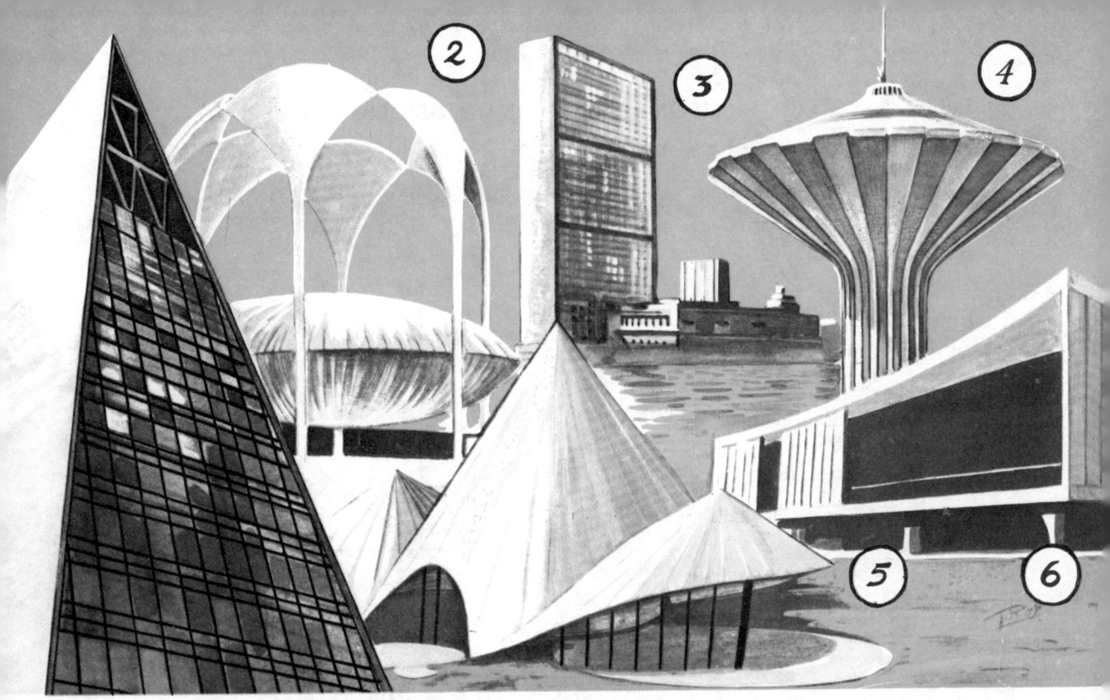

IOMBRE MODERNO EN LA APLICACIÓN DE GEOMETRÍA. Las nuevas construcciones utilizan nea, el rectángulo, la pirámide, la circunferen- etc., para levantar los edificios más especta- res. En esta ilustración tenemos evidentes pruebas de ello: 1. Unidad Nonoalco (México, D. F.) 2. Pabellón de las ceras Jonhson (Feria Mundial de N. York). 3. Edificio de la O.N.U. 4. Torre de las aguas (Suecia). 5. Pabellón del Congo (Feria M. de N. Y.) y 6. Pabellón de México (Feria M. de N. Y.)

25

Funciones trigonométricas de la suma y de la diferencia de dos ángulos

402 FUNCIONES TRIGONOMETRICAS DE LA SUMA DE DOS ANGULOS. Sean $\angle XOC = \angle a$ y $\angle COD = \angle b$, dos ángulos cuya suma es $\angle XOC + \angle COD = \angle XOD = \angle a + \angle b$.

Por un punto cualquiera de $\overline{OC}$, tracemos $\overline{CM} \perp \overline{OX}$ y $\overline{CD} \perp \overline{OC}$.

Por el punto D tracemos $\overline{DN} \perp \overline{OX}$ y por el punto C, tracemos $\overline{CH} \perp \overline{DN}$.

Consideremos los triángulos $\triangle OCM$, $\triangle CDH$ y $\triangle OCD$.

En $\triangle OCM$ y $\triangle CDH$: $\angle CDH = \angle MOC = a \cdots\cdots$ por ser ambos agudos y tener lados perpendiculares

Cálculo de *sen* (**a** + **b**). En la figura 325, tenemos:

$$sen\ (\mathbf{a}+\mathbf{b}) = \frac{\overline{ND}}{\overline{OD}} \qquad (1)$$

Pero: $\overline{ND} = \overline{NH} + \overline{HD}$ (2) .... (el todo es igual a la suma de las partes).

y $\overline{NH} = \overline{MC}$ (3) .... (lados opuestos de un rectángulo).

Sustituyendo (3) en (2):

$$\overline{ND} = \overline{MC} + \overline{HD} \qquad (4)$$

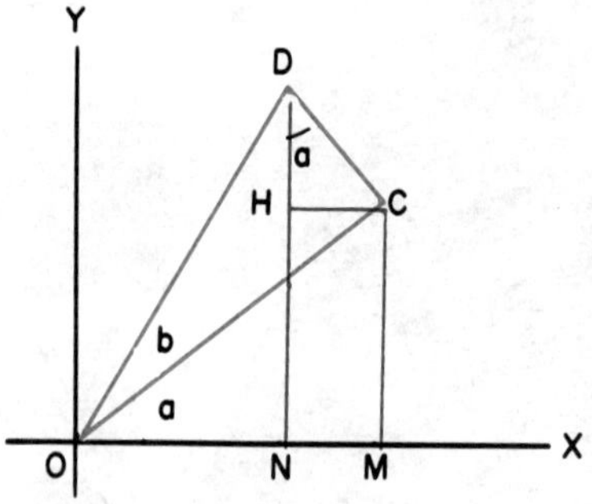

Fig. 325

Sustituyendo (4) en (1), tenemos:

$$sen\ (\mathbf{a}+\mathbf{b}) = \frac{\overline{MC}+\overline{HD}}{\overline{OD}} = \frac{\overline{MC}}{\overline{OD}} + \frac{\overline{HD}}{\overline{OD}}.$$

Multiplicando el numerador y denominador de la primera fracción por $\overline{OC}$ y el numerador y denominador de la segunda por $\overline{CD}$. tenemos:

$$sen\ (\mathbf{a}+\mathbf{b}) = \frac{\overline{MC}}{\overline{OC}} \cdot \frac{\overline{OC}}{\overline{OD}} + \frac{\overline{HD}}{\overline{CD}} \cdot \frac{\overline{CD}}{\overline{OD}}. \qquad (5)$$

$$\text{Pero: } \frac{\overline{MC}}{\overline{OC}} = sen\ \mathbf{a}, \qquad \frac{\overline{HD}}{\overline{CD}} = cos\ \mathbf{a}.$$

$$\frac{\overline{OC}}{\overline{OD}} = cos\ \mathbf{b}, \qquad \frac{\overline{CD}}{\overline{OD}} = sen\ \mathbf{b}.$$

Sustituyendo estos valores en (5), tenemos:

$$sen\ (\mathbf{a}+\mathbf{b}) = sen\ \mathbf{a}\ cos\ \mathbf{b} + cos\ \mathbf{a}\ sen\ \mathbf{b}.$$

Cálculo de *cos* (**a** + **b**).

$$cos\ (\mathbf{a}+\mathbf{b}) = \frac{\overline{ON}}{\overline{OD}}. \qquad (1)$$

Pero: $\overline{OM} = \overline{ON} + \overline{MN}$ El todo es igual a la suma de las partes.

$\therefore$ $\overline{ON} = \overline{OM} - \overline{MN}$ (2) Despejando $\overline{ON}$.

Y como: $\overline{MN} = \overline{HC}$. (3) Lados opuestos de un rectángulo;

sustituyendo (3) en (2), tenemos:

$$\overline{ON} = \overline{OM} - \overline{HC}. \qquad (4)$$

Sustituyendo (4) en (1), tenemos:

$$\cos\,(\mathbf{a}+\mathbf{b}) = \frac{\overline{OM} - \overline{HC}}{\overline{OD}} = \frac{\overline{OM}}{\overline{OD}} - \frac{\overline{HC}}{\overline{OD}}.$$

Multiplicando el numerador y denominador de la primera fracción por $\overline{OC}$ y el numerador y denominador de la segunda por $\overline{CD}$, tenemos:

$$\cos\,(\mathbf{a}+\mathbf{b}) = \frac{\overline{OM}}{\overline{OC}} \cdot \frac{\overline{OC}}{\overline{OD}} - \frac{\overline{HC}}{\overline{CD}} \cdot \frac{\overline{CD}}{\overline{OD}}. \qquad (5)$$

Pero: $\dfrac{\overline{HC}}{\overline{CD}} = \operatorname{sen}\mathbf{a}, \qquad \dfrac{\overline{OM}}{\overline{OC}} = \cos\mathbf{a}.$

$\dfrac{\overline{CD}}{\overline{OD}} = \operatorname{sen}\mathbf{b}, \qquad \dfrac{\overline{OC}}{\overline{OD}} = \cos\mathbf{b}.$

Sustituyendo estos valores en (5), tenemos:

$$\cos\,(\mathbf{a}+\mathbf{b}) = \cos\mathbf{a}\ \cos\mathbf{b} - \operatorname{sen}\mathbf{a}\cdot\operatorname{sen}\mathbf{b}.$$

Cálculo de *tan* (a + b)

$$\tan\,(\mathbf{a}+\mathbf{b}) = \frac{\operatorname{sen}\,(\mathbf{a}+\mathbf{b})}{\cos\,(\mathbf{a}+\mathbf{b})} = \frac{\operatorname{sen}\mathbf{a}\ \cos\mathbf{b} + \operatorname{sen}\mathbf{b}\ \cos\mathbf{a}}{\cos\mathbf{a}\ \cos\mathbf{b} - \operatorname{sen}\mathbf{a}\ \operatorname{sen}\mathbf{b}}.$$

Dividiendo numerador y denominador por $\cos\mathbf{a}\ \cos\mathbf{b}$, tenemos:

$$\tan\,(\mathbf{a}+\mathbf{b}) = \frac{\dfrac{\operatorname{sen}\mathbf{a}\ \cos\mathbf{b} + \operatorname{sen}\mathbf{b}\ \cos\mathbf{a}}{\cos\mathbf{a}\ \cos\mathbf{b}}}{\dfrac{\cos\mathbf{a}\ \cos\mathbf{b} - \operatorname{sen}\mathbf{a}\ \operatorname{sen}\mathbf{b}}{\cos\mathbf{a}\ \cos\mathbf{b}}}.$$

$$\therefore\quad \tan\,(\mathbf{a}+\mathbf{b}) = \frac{\dfrac{\operatorname{sen}\mathbf{a}\ \cos\mathbf{b}}{\cos\mathbf{a}\ \cos\mathbf{b}} + \dfrac{\operatorname{sen}\mathbf{b}\ \cos\mathbf{a}}{\cos\mathbf{a}\ \cos\mathbf{b}}}{\dfrac{\cos\mathbf{a}\ \cos\mathbf{b}}{\cos\mathbf{a}\ \cos\mathbf{b}} - \dfrac{\operatorname{sen}\mathbf{a}\ \operatorname{sen}\mathbf{b}}{\cos\mathbf{a}\ \cos\mathbf{b}}}.$$

simplificando:
$$\tan\,(\mathbf{a}+\mathbf{b}) = \frac{\dfrac{\operatorname{sen}\mathbf{a}}{\cos\mathbf{a}} + \dfrac{\operatorname{sen}\mathbf{b}}{\cos\mathbf{b}}}{1 - \dfrac{\operatorname{sen}\mathbf{a}\ \operatorname{sen}\mathbf{b}}{\cos\mathbf{a}\ \cos\mathbf{b}}} \qquad (1)$$

Pero: $\dfrac{sen\ \mathbf{a}}{cos\ \mathbf{a}} = tan\ \mathbf{a}$, (2) y $\dfrac{sen\ \mathbf{b}}{cos\ \mathbf{b}} = tan\ \mathbf{b}$. (3)

Sustituyendo (2) y (3), en (1), tenemos:

$$tan\ (\mathrm{a} + \mathrm{b}) = \frac{tan\ \mathrm{a} + tan\ \mathrm{b}}{1 - tan\ \mathrm{a} \cdot tan\ \mathrm{b}}.$$

Cálculo de *cot* (a + b).

$$cot\ (\mathbf{a} + \mathbf{b}) = \frac{cos\ (\mathbf{a} + \mathbf{b})}{sen\ (\mathbf{a} + \mathbf{b})} = \frac{cos\ \mathbf{a}\ cos\ \mathbf{b} - sen\ \mathbf{a}\ sen\ \mathbf{b}}{sen\ \mathbf{a}\ cos\ \mathbf{b} + sen\ \mathbf{b}\ cos\ \mathbf{a}}.$$

Dividiendo numerdor y denominador por *sen* **a** *sen* **b**, tenemos:

$$cot\ (\mathbf{a} + \mathbf{b}) = \frac{\dfrac{cos\ \mathbf{a}\ cos\ \mathbf{b} - sen\ \mathbf{a}\ sen\ \mathbf{b}}{sen\ \mathbf{a}\ sen\ \mathbf{b}}}{\dfrac{sen\ \mathbf{a}\ cos\ \mathbf{b} + sen\ \mathbf{b}\ cos\ \mathbf{a}}{sen\ \mathbf{a}\ sen\ \mathbf{b}}}.$$

$$\therefore\ cot\ (\mathbf{a} + \mathbf{b}) = \frac{\dfrac{cos\ \mathbf{a}\ cos\ \mathbf{b}}{sen\ \mathbf{a}\ sen\ \mathbf{b}} - 1}{\dfrac{cos\ \mathbf{b}}{sen\ \mathbf{b}} + \dfrac{cos\ \mathbf{a}}{sen\ \mathbf{a}}}; \qquad (1)$$

pero: $\dfrac{cos\ \mathbf{a}}{sen\ \mathbf{a}} = cot\ \mathbf{a}$, (2) y $\dfrac{cos\ \mathbf{b}}{sen\ \mathbf{b}} = cot\ \mathbf{b}$. (3)

Sustituyendo (2) y (3) en (1), tenemos:

$$cot\ (\mathrm{a} + \mathrm{b}) = \frac{cot\ \mathrm{a} \cdot cot\ \mathrm{b} - 1}{cot\ \mathrm{a} + cot\ \mathrm{b}}.$$

403. FUNCIONES TRIGONOMETRICAS DE LA DIFERENCIA DE DOS ANGULOS. Si en las fórmulas anteriores suponemos el ángulo *b* negativo, tendremos:

Cálculo de *sen* (a — b).

$$sen\ [\mathbf{a} + (-\mathbf{b})] = sen\ \mathbf{a}\ cos\ (-\mathbf{b}) + sen\ (-\mathbf{b})\ cos\ \mathbf{a}. \qquad (1)$$

Pero: $cos\ (-\mathbf{b}) = cos\ \mathbf{b}$, (2) y $sen\ (-\mathbf{b}) = -sen\ \mathbf{b}$. (3)

Sustituyendo (2) y (3) en (1), tenemos:

$$sen\ (\mathrm{a} - \mathrm{b}) = sen\ \mathrm{a}\ cos\ \mathrm{b} - sen\ \mathrm{b}\ cos\ \mathrm{a}.$$

Cálculo de *cos* (a — b).

$$cos\ [\mathbf{a} + (-\mathbf{b})] = cos\ \mathbf{a} \cdot cos\ (-\mathbf{b}) - sen\ \mathbf{a}\ sen\ (-\mathbf{b}). \qquad (1)$$

Pero: $\cos(-\mathbf{b}) = \cos \mathbf{b}$, (2) y $\operatorname{sen}(-\mathbf{b}) = -\operatorname{sen} \mathbf{b}$. (3)

Sustituyendo (2) y (3), en (1), tenemos:

$$\cos(\mathbf{a} - \mathbf{b}) = \cos \mathbf{a} \cos \mathbf{b} + \operatorname{sen} \mathbf{a} \operatorname{sen} \mathbf{b}.$$

Cálculo de $\tan(\mathbf{a} - \mathbf{b})$.

$$\tan[\mathbf{a} + (-\mathbf{b})] = \frac{\tan \mathbf{a} + \tan(-\mathbf{b})}{1 - \tan \mathbf{a} \cdot \tan(-\mathbf{b})}. \qquad (1)$$

Pero: $\tan(-\mathbf{b}) = -\tan \mathbf{b}$. (2)

Sustituyendo (2) en (1), tenemos:

$$\tan(\mathbf{a} - \mathbf{b}) = \frac{\tan \mathbf{a} - \tan \mathbf{b}}{1 + \tan \mathbf{a} \tan \mathbf{b}}.$$

Cálculo de $\cot(\mathbf{a} - \mathbf{b})$.

$$\cot[\mathbf{a} + (-\mathbf{b})] = \frac{\cot \mathbf{a} \cdot \cot(-\mathbf{b}) - 1}{\cot \mathbf{a} + \cot(-\mathbf{b})}. \qquad (1)$$

Pero: $\cot(-\mathbf{b}) = -\cot \mathbf{b}$. (2)

Sustituyendo (2) en (1), tenemos:

$$\cot(\mathbf{a} - \mathbf{b}) = \frac{-\cot \mathbf{a} \cdot \cot \mathbf{b} - 1}{\cot \mathbf{a} - \cot \mathbf{b}};$$

y cambiando de signos numerador y denominador:

$$\cot(\mathbf{a} - \mathbf{b}) = \frac{\cot \mathbf{a} \cdot \cot \mathbf{b} + 1}{\cot \mathbf{b} - \cot \mathbf{a}}.$$

404. SECANTE Y COSECANTE DE LA SUMA Y DE LA DIFERENCIA DE DOS ARCOS. Aunque es posible deducir fórmulas para estos valores, debido a su complejidad es preferible usar las siguientes relaciones:

$$\sec(\mathbf{a} \pm \mathbf{b}) = \frac{1}{\cos(\mathbf{a} \pm \mathbf{b})}, \qquad \csc(\mathbf{a} \pm \mathbf{b}) = \frac{1}{\operatorname{sen}(\mathbf{a} \pm \mathbf{b})}.$$

405 RESUMEN DE FORMULAS.

$$\operatorname{sen}(\mathbf{a} \pm \mathbf{b}) = \operatorname{sen} \mathbf{a} \cos \mathbf{b} \pm \operatorname{sen} \mathbf{b} \cos \mathbf{a}.$$

$$\cos(\mathbf{a} \pm \mathbf{b}) = \cos \mathbf{a} \cos \mathbf{b} \mp \operatorname{sen} \mathbf{a} \operatorname{sen} \mathbf{b}.$$

$$\tan(\mathbf{a} \pm \mathbf{b}) = \frac{\tan \mathbf{a} \pm \tan \mathbf{b}}{1 \mp \tan \mathbf{a} \cdot \tan \mathbf{b}}.$$

$$cot\ (\mathbf{a} \pm \mathbf{b}) = \frac{cot\ \mathbf{a} \cdot cot\ \mathbf{b} \mp 1}{cot\ \mathbf{b} \pm cot\ \mathbf{a}}.$$

$$sec\ (\mathbf{a} \pm \mathbf{b}) = \frac{1}{cos\ (\mathbf{a} \pm \mathbf{b})}.$$

$$csc\ (\mathbf{a} \pm \mathbf{b}) = \frac{1}{sen\ (\mathbf{a} \pm \mathbf{b})}.$$

Ejemplos. Sabiendo que $sen\ \mathrm{a} = \frac{\sqrt{2}}{2}$ y $cos\ \mathrm{b} = \frac{\sqrt{3}}{2}$, calcular las funciones trigonométricas de $(\mathbf{a} \pm \mathbf{b})$.

$$cos\ \mathrm{a} = \sqrt{1 - sen^2\ \mathbf{a}} = \sqrt{1 - \left(\frac{\sqrt{2}}{2}\right)^2} = \sqrt{1 - \frac{2}{4}} = \sqrt{\frac{2}{4}} = \frac{\sqrt{2}}{2}.$$

$$tan\ \mathrm{a} = \frac{sen\ \mathbf{a}}{cos\ \mathbf{a}} = \frac{\frac{\sqrt{2}}{2}}{\frac{\sqrt{2}}{2}} = \frac{2\sqrt{2}}{2\sqrt{2}} = 1.$$

$$cot\ \mathrm{a} = \frac{cos\ \mathbf{a}}{sen\ \mathbf{a}} = \frac{\frac{\sqrt{2}}{2}}{\frac{\sqrt{2}}{2}} = \frac{2\sqrt{2}}{2\sqrt{2}} = 1.$$

$$sen\ \mathrm{b} = \sqrt{1 - cos^2\ \mathbf{b}} = \sqrt{1 - \left(\frac{\sqrt{3}}{2}\right)^2} = \sqrt{1 - \frac{3}{4}} = \sqrt{\frac{1}{4}} = \frac{1}{2}.$$

$$tan\ \mathrm{b} = \frac{sen\ \mathbf{b}}{cos\ \mathbf{b}} = \frac{\frac{1}{2}}{\frac{\sqrt{3}}{2}} = \frac{1}{\sqrt{3}} \cdot \frac{\sqrt{3}}{\sqrt{3}} = \frac{\sqrt{3}}{3}.$$

$$cot\ \mathrm{b} = \frac{cos\ \mathbf{b}}{sen\ \mathbf{b}} = \frac{\frac{\sqrt{3}}{2}}{\frac{1}{2}} = \frac{\sqrt{3}}{1} = \sqrt{3}.$$

Sustituyendo estos valores en las fórmulas, resulta:

$$sen\ (\mathrm{a} \pm \mathrm{b}) = \frac{\sqrt{2}}{2} \cdot \frac{\sqrt{3}}{2} \pm \frac{1}{2} \cdot \frac{\sqrt{2}}{2} = \frac{\sqrt{6}}{4} \pm \frac{\sqrt{2}}{4}.$$

$$\therefore \quad sen\ (a + b) = \frac{\sqrt{6} + \sqrt{2}}{4}, \qquad sen\ (a - b) = \frac{\sqrt{6} - \sqrt{2}}{4}.$$

$$cos\ (a \pm b) = \frac{\sqrt{2}}{2} \cdot \frac{\sqrt{3}}{2} \mp \frac{\sqrt{2}}{2} \cdot \frac{1}{2} = \frac{\sqrt{6}}{4} \mp \frac{\sqrt{2}}{4}.$$

$$\therefore \quad cos\ (a + b) = \frac{\sqrt{6} - \sqrt{2}}{4}, \qquad cos\ (a - b) = \frac{\sqrt{6} + \sqrt{2}}{4}.$$

$$tan\ (a \pm b) = \frac{1 \pm \frac{\sqrt{3}}{3}}{1 \mp 1 \cdot \frac{\sqrt{3}}{3}} = \frac{\frac{3 \pm \sqrt{3}}{3}}{\frac{3 \mp \sqrt{3}}{3}} = \frac{3 \pm \sqrt{3}}{3 \mp \sqrt{3}}.$$

$$tan\ (a + b) = \frac{3 + \sqrt{3}}{3 - \sqrt{3}} \cdot \frac{3 + \sqrt{3}}{3 + \sqrt{3}} = \frac{9 + 6\sqrt{3} + 3}{9 - 3}.$$

$$\therefore \quad tan\ (a + b) = \frac{12 + 6\sqrt{3}}{6} = \frac{6(2 + \sqrt{3})}{6} = 2 + \sqrt{3}.$$

$$tan\ (a - b) = \frac{3 - \sqrt{3}}{3 + \sqrt{3}} \cdot \frac{3 - \sqrt{3}}{3 - \sqrt{3}} = \frac{9 - 6\sqrt{3} + 3}{9 - 3} = 2 - \sqrt{3}.$$

$$cot\ (a \pm b) = \frac{1}{tan\ (a \pm b)}.$$

$$\therefore \quad cot\ (a + b) = \frac{1}{2 + \sqrt{3}} = \frac{1}{2 + \sqrt{3}} \cdot \frac{2 - \sqrt{3}}{2 - \sqrt{3}} = 2 - \sqrt{3}.$$

$$cot\ (a - b) = \frac{1}{2 - \sqrt{3}} = \frac{1}{2 - \sqrt{3}} \cdot \frac{2 + \sqrt{3}}{2 + \sqrt{3}} = \frac{2 + \sqrt{3}}{1} = 2 + \sqrt{3}.$$

$$sec\ (a \pm b) = \frac{1}{cos\ (a \pm b)} = \frac{1}{\frac{\sqrt{6}}{4} \mp \frac{\sqrt{2}}{4}} = \frac{4}{\sqrt{6} \mp \sqrt{2}}.$$

$$sec\ (a + b) = \frac{4}{\sqrt{6} - \sqrt{2}} \cdot \frac{\sqrt{6} + \sqrt{2}}{\sqrt{6} + \sqrt{2}} = \frac{4(\sqrt{6} + \sqrt{2})}{6 - 2} =$$

$$= \frac{4(\sqrt{6} + \sqrt{2})}{4} = \sqrt{6} + \sqrt{2}.$$

$$sec\ (\mathbf{a}-\mathbf{b})=\frac{4}{\sqrt{6}+\sqrt{2}}\cdot\frac{\sqrt{6}-\sqrt{2}}{\sqrt{6}-\sqrt{2}}=\frac{4(\sqrt{6}-\sqrt{2})}{6-2}=$$

$$=\frac{4(\sqrt{6}-\sqrt{2})}{4}=\sqrt{6}-\sqrt{2}$$

$$csc\ (\mathbf{a}\pm\mathbf{b})=\frac{1}{sen\ (\mathbf{a}\pm\mathbf{b})}=\frac{4}{\sqrt{6}\pm\sqrt{2}}.$$

$$\therefore\quad csc\ (\mathbf{a}+\mathbf{b})=\frac{4}{\sqrt{6}+\sqrt{2}}\cdot\frac{\sqrt{6}-\sqrt{2}}{\sqrt{6}-\sqrt{2}}=\frac{4(\sqrt{6}-\sqrt{2})}{6-2}=\sqrt{6}-\sqrt{2}$$

$$csc\ (\mathbf{a}-\mathbf{b})=\frac{4}{\sqrt{6}-\sqrt{2}}=\frac{4(\sqrt{6}+\sqrt{2})}{6-2}=\sqrt{6}+\sqrt{2}$$

EJERCICIOS

Calcular aplicando las fórmulas **de** las funciones trigonométricas de la suma y diferencia de ángulos y los valores de las funciones trigonométricas de los ángulos notables ($30°$, $45°$, $60°$), las funciones trigonométricas de los ángulos siguientes:

(1) 105°.

R.: $sen\ 105° = \frac{1}{4}(\sqrt{2}+\sqrt{6})$.

$cos\ 105° = \frac{1}{4}(\sqrt{2}-\sqrt{6})$.

$tan\ 105° = -(2+\sqrt{3})$.

$cot\ 105° = \sqrt{3}-2$.

$sec\ 105° = -(\sqrt{2}+\sqrt{6})$.

$csc\ 105° = \sqrt{6}-\sqrt{2}$.

(2) 75°:

R.: $sen\ 75° = \frac{1}{4}(\sqrt{6}+\sqrt{2})$:

$cos\ 75° = \frac{1}{4}(\sqrt{6}-\sqrt{2})$.

$tan\ 75° = 2+\sqrt{3}$.

$cot\ 75° = 2-\sqrt{3}$.

$sec\ 75° = \sqrt{6}+\sqrt{2}$.

$csc\ 75° = \sqrt{6}-\sqrt{2}$.

(3) 15°. *R.:* $sen\ 15° = \frac{1}{4}(\sqrt{6} - \sqrt{2})$.

$cos\ 15° = \frac{1}{4}(\sqrt{6} + \sqrt{2})$.

$tan\ 15° = 2 - \sqrt{3}$.

$cot\ 15° = 2 + \sqrt{3}$.

$sec\ 15° = \sqrt{6} - \sqrt{2}$.

$csc\ 15° = \sqrt{6} + \sqrt{2}$.

Calcular las funciones trigonométricas de los ángulos $(\mathbf{a} + \mathbf{b})$, sabiendo:

(4) $sen\ \mathbf{a} = \frac{3}{5}$ y $sen\ \mathbf{b} = \frac{2\sqrt{13}}{13}$.

R.: $sen\ (\mathbf{a} + \mathbf{b}) = \frac{17\sqrt{13}}{65}$. $sen\ (\mathbf{a} - \mathbf{b}) = \frac{\sqrt{13}}{65}$.

$cos\ (\mathbf{a} + \mathbf{b}) = \frac{6\sqrt{13}}{65}$. $cos\ (\mathbf{a} - \mathbf{b}) = \frac{18\sqrt{13}}{65}$.

$tan\ (\mathbf{a} + \mathbf{b}) = \frac{17}{6}$. $tan\ (\mathbf{a} - \mathbf{b}) = \frac{1}{18}$.

$cot\ (\mathbf{a} + \mathbf{b}) = \frac{6}{17}$. $cot\ (\mathbf{a} - \mathbf{b}) = 18$.

$sec\ (\mathbf{a} + \mathbf{b}) = \frac{5\sqrt{13}}{6}$. $sec\ (\mathbf{a} - \mathbf{b}) = \frac{5\sqrt{13}}{18}$.

$csc\ (\mathbf{a} + \mathbf{b}) = \frac{5\sqrt{13}}{17}$. $csc\ (\mathbf{a} - \mathbf{b}) = 5\sqrt{13}$.

(5) $cos\ \mathbf{a} = \frac{5\sqrt{41}}{41}$ y $cos\ \mathbf{b} = \frac{5\sqrt{61}}{61}$.

R.: $sen\ (\mathbf{a} + \mathbf{b}) = \frac{50\sqrt{2501}}{2501}$. $sen\ (\mathbf{a} - \mathbf{b}) = \frac{-10\sqrt{2501}}{2501}$.

$cos\ (\mathbf{a} + \mathbf{b}) = \frac{\sqrt{2501}}{2501}$. $cos\ (\mathbf{a} - \mathbf{b}) = \frac{49\sqrt{2501}}{2501}$.

$tan\ (\mathbf{a} + \mathbf{b}) = 50$. $tan\ (\mathbf{a} - \mathbf{b}) = -\frac{10}{49}$.

$sec\ (\mathbf{a} + \mathbf{b}) = \sqrt{2501}$. $sec\ (\mathbf{a} - \mathbf{b}) = \frac{\sqrt{2501}}{49}$.

(6) $sen\,\mathbf{a} = \dfrac{2\sqrt{5}}{5}$ y $cos\,\mathbf{b} = \dfrac{\sqrt{2}}{2}$.

R.: $sen\,(\mathbf{a} + \mathbf{b}) = \dfrac{3\sqrt{10}}{10}$. $sen\,(\mathbf{a} - \mathbf{b}) = \dfrac{\sqrt{10}}{10}$.

$cos\,(\mathbf{a} + \mathbf{b}) = -\dfrac{\sqrt{10}}{10}$ $cos\,(\mathbf{a} - \mathbf{b}) = \dfrac{3\sqrt{10}}{10}$.

$tan\,(\mathbf{a} + \mathbf{b}) = -3$. $tan\,(\mathbf{a} - \mathbf{b}) = \dfrac{1}{3}$.

$sec\,(\mathbf{a} + \mathbf{b}) = -\sqrt{10}$. $sec\,(\mathbf{a} - \mathbf{b}) = \dfrac{\sqrt{10}}{3}$.

$csc\,(\mathbf{a} + \mathbf{b}) = \dfrac{\sqrt{10}}{3}$. $csc\,(\mathbf{a} - \mathbf{b}) = \sqrt{10}$.

(7) $tan\,\mathbf{a} = \dfrac{1}{2}$ y $cot\,\mathbf{b} = \dfrac{1}{4}$.

R.: $sen\,(\mathbf{a} + \mathbf{b}) = \dfrac{9\sqrt{85}}{85}$. $sen\,(\mathbf{a} - \mathbf{b}) = \dfrac{-7\sqrt{85}}{85}$.

$cos\,(\mathbf{a} + \mathbf{b}) = \dfrac{-2\sqrt{85}}{85}$ $cos\,(\mathbf{a} - \mathbf{b}) = \dfrac{6\sqrt{85}}{85}$.

$tan\,(\mathbf{a} + \mathbf{b}) = \dfrac{-9}{2}$. $tan\,(\mathbf{a} - \mathbf{b}) = \dfrac{-7}{6}$.

$cot\,(\mathbf{a} + \mathbf{b}) = \dfrac{-2}{9}$. $cot\,(\mathbf{a} - \mathbf{b}) = \dfrac{-6}{7}$.

$sec\,(\mathbf{a} + \mathbf{b}) = \dfrac{-\sqrt{85}}{2}$. $sec\,(\mathbf{a} - \mathbf{b}) = \dfrac{\sqrt{85}}{6}$.

$csc\,(\mathbf{a} + \mathbf{b}) = \dfrac{\sqrt{85}}{9}$. $csc\,(\mathbf{a} - \mathbf{b}) = \dfrac{-\sqrt{85}}{7}$.

Simplificar:

(8) $sen\,(\mathbf{a} + \mathbf{b})\ cos\,\mathbf{a} - cos\,(\mathbf{a} + \mathbf{b})\ sen\,\mathbf{a}$. R.: $sen\,\mathbf{b}$.

(9) $cos\,(\mathbf{a} - \mathbf{b})\ sen\,\mathbf{a} - sen\,(\mathbf{a} - \mathbf{b})\ cos\,\mathbf{a}$. R.: $sen\,\mathbf{b}$.

(10) $(sen\,\alpha + sen\,\beta)^2 + (cos\,\alpha - cos\,\beta)^2 + 2\,cos\,(\alpha + \beta)$. R.: 2.

(11) $(sen\,\alpha - sen\,\beta)^2 + 2\,sen\,\alpha\ sen\,\beta$. R.: $sen^2\,\alpha + sen^2\,\beta$.

(12) $(sen\,\alpha - sen\,\beta)^2 + (cos\,\alpha + cos\,\beta)^2 - 2\,cos\,(\alpha - \beta)$.
R.: $2 - 4\,sen\,\alpha\ sen\,\beta$.

Demostrar las siguientes identidades:

(13) $\cos(\alpha + 45^\circ) \cdot \operatorname{sen}(\alpha + 45^\circ) = \frac{1}{2}(2\cos^2 \alpha - 1).$

(14) $\cos(x + y)\cos y + \operatorname{sen}(x + y)\operatorname{sen} y = \cos x.$

(15) $\cos(x - 30^\circ) \cdot \operatorname{sen}(x + 30^\circ) = \frac{\sqrt{3}}{4} + \operatorname{sen} x \cos x.$

(16) $\operatorname{sen}(x + y)\operatorname{sen}(x - y) = \cos^2 y - \cos^2 x.$

(17) $\cos(a + b) \cdot \cos(a - b) = \cos^2 a + \cos^2 b - 1$

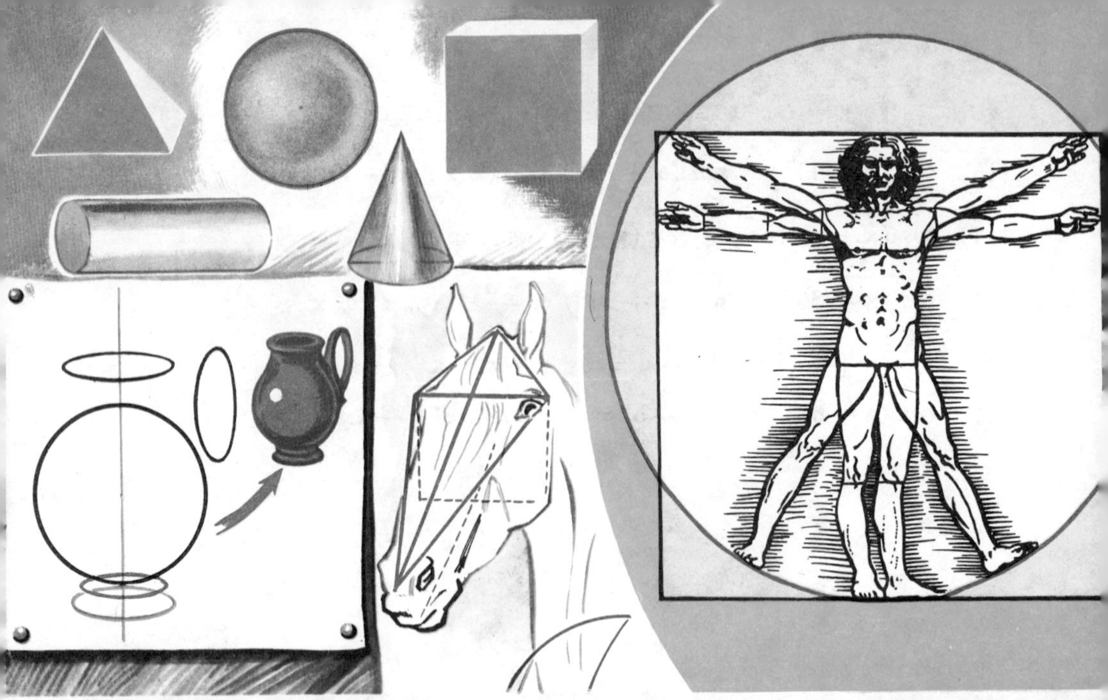

LA GEOMETRÍA APLICADA EN EL DIBUJO. Una vez mas demuestra esta lámina que la Geometría es eminentemente práct ca. En el dibujo es básica, trátese de estudio de la figura humana, de animales, etc. Hallamos el cilindro; el triángulo —que engendra el cono y es el fundamento de la mide—; el círculo, generador de la esfera y e drado, base del cubo. Se reproduce a la de de la ilustración la interpretación de un dibuj se encuentra en un cuaderno de Leonardo da

26

Funciones trigonométricas del ángulo duplo

406. FUNCIONES TRIGONOMETRICAS DEL ANGULO DUPLO

Cálculo de *sen* 2 a. Si en la igualdad:

$$sen\ (\mathbf{a}+\mathbf{b}) = sen\,\mathbf{a}\ cos\,\mathbf{b} + sen\,\mathbf{b}\ cos\,\mathbf{a},$$

hacemos $\mathbf{b} = \mathbf{a}$, resulta:

$$sen\ (\mathbf{a}+\mathbf{a}) = sen\,\mathbf{a}\ cos\,\mathbf{a} + sen\,\mathbf{a}\ cos\,\mathbf{a}.$$

$$\therefore\quad sen\,2\,\mathrm{a} = 2\,sen\,\mathrm{a}\ cos\,\mathrm{a}$$

Cálculo de *cos* 2 a. Si en la igualdad:

$$cos\ (\mathbf{a}+\mathbf{b}) = cos\,\mathbf{a}\ cos\,\mathbf{b} - sen\,\mathbf{a}\ sen\,\mathbf{b},$$

hacemos $\mathbf{b} = \mathbf{a}$, resulta:

$$\cos(\mathbf{a} + \mathbf{a}) = \cos \mathbf{a} \cos \mathbf{a} - \operatorname{sen} \mathbf{a} \operatorname{sen} \mathbf{a}.$$

$$\therefore \quad \cos 2\,\mathbf{a} = \cos^2 \mathbf{a} - \operatorname{sen}^2 \mathbf{a}.$$

Si se quiere $\cos^2 \mathbf{a}$ en función solamente del coseno, se sustituye:

$$\operatorname{sen}^2 \mathbf{a} = 1 - \cos^2 \mathbf{a}$$

y resulta:

$$\begin{aligned} \cos 2\,\mathbf{a} &= \cos^2 \mathbf{a} - (1 - \cos^2 \mathbf{a}) \\ &= \cos^2 \mathbf{a} - 1 + \cos^2 \mathbf{a} \end{aligned}$$

$$\therefore \quad \cos 2\,\mathbf{a} = 2 \cos^2 \mathbf{a} - 1.$$

Cálculo de $\tan 2\,\mathbf{a}$. Si en la igualdad:

$$\tan(\mathbf{a} + \mathbf{b}) = \frac{\tan \mathbf{a} + \tan \mathbf{b}}{1 - \tan \mathbf{a} \cdot \tan \mathbf{b}},$$

hacemos $\mathbf{b} = \mathbf{a}$, resulta:

$$\tan(\mathbf{a} + \mathbf{a}) = \frac{\tan \mathbf{a} + \tan \mathbf{a}}{1 - \tan \mathbf{a} \cdot \tan \mathbf{a}}.$$

$$\therefore \quad \tan 2\,\mathbf{a} = \frac{2 \tan \mathbf{a}}{1 - \tan^2 \mathbf{a}}.$$

407. FUNCIONES TRIGONOMETRICAS DEL ANGULO TRIPLO

Cálculo de $\operatorname{sen} 3\,\mathbf{a}$. Si en la fórmula:

$$\operatorname{sen}(\mathbf{a} + \mathbf{b}) = \operatorname{sen} \mathbf{a} \cos \mathbf{b} + \operatorname{sen} \mathbf{b} \cos \mathbf{a},$$

hacemos $\mathbf{b} = 2\,\mathbf{a}$, resulta:

$$\operatorname{sen}(\mathbf{a} + 2\,\mathbf{a}) = \operatorname{sen} \mathbf{a} \cos 2\,\mathbf{a} + \operatorname{sen} 2\,\mathbf{a} \cos \mathbf{a}.$$

$$\begin{aligned} \therefore \quad \operatorname{sen} 3\,\mathbf{a} &= \operatorname{sen} \mathbf{a}\,(\cos^2 \mathbf{a} - \operatorname{sen}^2 \mathbf{a}) + (2 \operatorname{sen} \mathbf{a} \cos \mathbf{a}) \cos \mathbf{a} \\ &= \operatorname{sen} \mathbf{a} \cos^2 \mathbf{a} - \operatorname{sen}^3 \mathbf{a} + 2 \operatorname{sen} \mathbf{a} \cos^2 \mathbf{a}. \end{aligned}$$

Y como: $\cos^2 \mathbf{a} = 1 - \operatorname{sen}^2 \mathbf{a}$, sustituyendo resulta:

$$\operatorname{sen} 3\,\mathbf{a} = \operatorname{sen} \mathbf{a}\,(1 - \operatorname{sen}^2 \mathbf{a}) - \operatorname{sen}^3 \mathbf{a} + 2 \operatorname{sen} \mathbf{a}\,(1 - \operatorname{sen}^2 \mathbf{a})$$

$$\therefore \quad \operatorname{sen} 3\,\mathbf{a} = 3 \operatorname{sen} \mathbf{a} - 4 \operatorname{sen}^3 \mathbf{a}.$$

Cálculo de $\cos 3\,\mathbf{a}$. Si en la fórmula:

$$\cos(\mathbf{a} + \mathbf{b}) = \cos \mathbf{a} \cos \mathbf{b} - \operatorname{sen} \mathbf{a} \operatorname{sen} \mathbf{b},$$

hacemos $\mathbf{b} = 2\,\mathbf{a}$, resulta:

$$\cos(\mathbf{a} + 2\,\mathbf{a}) = \cos \mathbf{a} \cos 2\,\mathbf{a} - \operatorname{sen} \mathbf{a} \operatorname{sen} 2\,\mathbf{a}.$$

$$\begin{aligned} \therefore \quad \cos 3\,\mathbf{a} &= \cos \mathbf{a}\,(\cos^2 \mathbf{a} - \operatorname{sen}^2 \mathbf{a}) - \operatorname{sen} \mathbf{a}\,(2 \operatorname{sen} \mathbf{a} \cos \mathbf{a}) \\ &= \cos^3 \mathbf{a} - \cos \mathbf{a} \operatorname{sen}^2 \mathbf{a} - 2 \cos \mathbf{a} \operatorname{sen}^2 \mathbf{a}. \end{aligned}$$

Y sustituyendo $sen^2\,a = 1 - cos^2\,a$, tendremos:

$$\begin{aligned} cos\,3\,a &= cos^3\,a - cos\,a\,(1 - cos^2\,a) - 2\,cos\,a\,(1 - cos^2\,a) \\ &= cos^3\,a - cos\,a + cos^3\,a - 2\,cos\,a + 2\,cos^3\,a \end{aligned}$$

$$\therefore \quad cos\,3\,a = 4\,cos^3\,a - 3\,cos\,a.$$

Cálculo de *tan* 3 a. Si en la fórmula:

$$tan\,(a + b) = \frac{tan\,a + tan\,b}{1 - tan\,a \cdot tan\,b},$$

hacemos $b = 2\,a$, resulta:

$$tan\,(a + 2\,a) = \frac{tan\,a + tan\,2\,a}{1 - tan\,a \cdot tan\,2\,a}.$$

Sustituyendo $tan\,2\,a = \dfrac{2\,tan\,a}{1 - tan^2\,a}$, resulta:

$$tan\,3\,a = \frac{tan\,a + \dfrac{2\,tan\,a}{1 - tan^2\,a}}{1 - tan\,a \cdot \dfrac{2\,tan\,a}{1 - tan^2\,a}} = \frac{\dfrac{tan\,a - tan^3\,a + 2\,tan\,a}{1 - tan^2\,a}}{\dfrac{1 - tan^2\,a - 2\,tan^2\,a}{1 - tan^2\,a}}$$

$$\therefore \quad tan\,3\,a = \frac{3\,tan\,a - tan^3\,a}{1 - 3\,tan^2\,a}.$$

408. FUNCIONES TRIGONOMETRICAS DEL ANGULO MITAD

Cálculo de $sen\,\frac{x}{2}$. Si en la fórmula:

$$cos\,2\,a = 1 - 2\,sen^2\,a,$$

hacemos $a = \dfrac{x}{2}$, resulta:

$$cos\,\frac{2\,x}{2} = 1 - 2\,sen^2\,\frac{x}{2}.$$

$$\therefore \quad cos\,x = 1 - 2\,sen^2\,\frac{x}{2}$$

y despejando $sen^2\,\dfrac{x}{2}$:

$$2\,sen^2\,\frac{x}{2} = 1 - cos\,x\,;$$

$$sen^2\,\frac{x}{2} = \frac{1 - cos\,x}{2}.$$

$$\therefore \quad sen\,\frac{x}{2} = \sqrt{\frac{1 - cos\,x}{2}}.$$

Cálculo de $\cos \frac{x}{2}$ Si en la fórmula:

$$\cos 2\,\mathbf{a} = 2\cos^2 \mathbf{a} - 1,$$

hacemos $\mathbf{a} = \frac{\mathbf{x}}{2}$, resulta:

$$\cos^2 2\,\frac{\mathbf{x}}{2} = 2\cos^2 \frac{\mathbf{x}}{2} - 1.$$

$$\therefore \quad \cos \mathbf{x} = 2\cos^2 \frac{\mathbf{x}}{2} - 1$$

y despejando $\cos^2 \frac{\mathbf{x}}{2}$:

$$\cos^2 \frac{\mathbf{x}}{2} = \frac{1 + \cos \mathbf{x}}{2}.$$

$$\therefore \quad \cos \frac{\mathbf{x}}{2} = \sqrt{\frac{1 + \cos \mathbf{x}}{2}}.$$

Cálculo de $\tan \frac{x}{2}$. De la fórmula:

$$\tan \frac{\mathbf{x}}{2} = \frac{\operatorname{sen} \frac{\mathbf{x}}{2}}{\cos \frac{\mathbf{x}}{2}}.$$

$$\tan \frac{\mathbf{x}}{2} = \frac{\sqrt{\frac{1 - \cos \mathbf{x}}{2}}}{\sqrt{\frac{1 + \cos \mathbf{x}}{2}}} = \sqrt{\frac{\frac{1 - \cos \mathbf{x}}{2}}{\frac{1 + \cos \mathbf{x}}{2}}}.$$

$$\therefore \quad \tan \frac{\mathbf{x}}{2} = \sqrt{\frac{1 - \cos \mathbf{x}}{1 + \cos \mathbf{x}}}.$$

EJERCICIOS

(1) Sabiendo que $\operatorname{sen} \mathbf{q} = \frac{3}{5}$, calcular el seno. el coseno y la tangente del ángulo $2\,\mathbf{q}$.

R.: $\operatorname{sen} 2\,\mathbf{q} = \frac{24}{25}$,

$\cos 2\,\mathbf{q} = \frac{7}{25}$,

$\tan 2\,\mathbf{q} = \frac{24}{7}$.

(2) Sabiendo que $sen\ \mathbf{r} = \frac{1}{2}$, calcular el seno, el coseno y la tangente del ángulo $3\ \mathbf{r}$.

R.: $sen\ 3\ \mathbf{r} = 1$,
$cos\ 3\ \mathbf{r} = 0$,
$tan\ 3\ \mathbf{r} =$ no existe.

(3) Si $sen\ s = \frac{7}{15}$, calcular seno, el coseno y la tangente del ángulo $\frac{s}{2}$.

R.: $sen\ \frac{s}{2} = \sqrt{\frac{15 - 4\sqrt{11}}{30}}$,

$cos\ \frac{s}{2} = \sqrt{\frac{15 + 4\sqrt{11}}{30}}$,

$tan\ \frac{s}{2} = \frac{15 - 4\sqrt{11}}{7}$

(4) Si $cos\ \mathbf{u} = \frac{2}{5}$, calcular el seno, el coseno y la tangente de los ángulos $2\ \mathbf{u}$ y $3\ \mathbf{u}$.

R.: $sen\ 2\ \mathbf{u} = \frac{4\sqrt{21}}{25}$, $sen\ 3\ \mathbf{u} = \frac{-9\sqrt{21}}{125}$.

$cos\ 2\ \mathbf{u} = \frac{-17}{25}$, $cos\ 3\ \mathbf{u} = \frac{-118}{125}$.

$tan\ 2\ \mathbf{u} = \frac{-4\sqrt{21}}{17}$, $tan\ 3\ \mathbf{u} = \frac{9\sqrt{21}}{118}$.

(5) Calcular las funciones trigonométricas de los ángulos de 15° y de 22° 30′.

R.: $sen\ 15° = \frac{1}{2}\sqrt{2 - \sqrt{3}}.$ $cot\ 15° = 2 + \sqrt{3}.$

$cos\ 15° = \frac{1}{2}\sqrt{2 + \sqrt{3}}.$ $sec\ 15° = 2\sqrt{2 - \sqrt{3}}.$

$tan\ 15° = 2 - \sqrt{3}.$ $csc\ 15° = 2\sqrt{2 + \sqrt{3}}.$

$sen\ 22°\ 30' = \frac{1}{2}\sqrt{2 - \sqrt{2}}.$ $cot\ 22°\ 30' = \sqrt{2} + 1.$

$cos\ 22°\ 30' = \frac{1}{2}\sqrt{2 + \sqrt{2}}.$ $sec\ 22°\ 30' = \sqrt{4 - 2\sqrt{2}}.$

$tan\ 22°\ 30' = \sqrt{2} - 1.$ $csc\ 22°\ 30' = \sqrt{4 + 2\sqrt{2}}.$

(6) Demostrar:

a) $\tan x \ \operatorname{sen} 2x = 2 \operatorname{sen}^2 x.$

b) $\cos 2a = \cos^4 a - \operatorname{sen}^4 a.$

c) $\dfrac{\operatorname{sen} 2y}{1 + \cos 2y} = \tan y.$

d) $\dfrac{2}{\cot a + \tan a} = \operatorname{sen} 2a.$

e) $\csc 2x = \dfrac{\operatorname{sen} 2x}{1 + \cos 2x} + \cot 2x.$

f) $\dfrac{1 + \cos 2x}{\cot x} = \operatorname{sen} 2x.$

g) $\dfrac{\cos 2x}{1 - \operatorname{sen} 2x} = \dfrac{1 + \tan x}{1 - \tan x}.$

(7) Resolver las siguientes ecuaciones:

a) $\operatorname{sen} x = -\dfrac{1}{2} \operatorname{sen} 2x.$ *R.:* 180°.

b) $\cos 2x = \cos^2 x.$ *R.:* 0°, 180°, 360°.

c) $\tan x = \operatorname{sen} 2x.$ *R.:* 45°, 135°, 225°, 315°.

d) $3 \tan x = -\tan 2x.$ *R.:* 52° 14′, 127° 46′, 232° 14′, 307° 46′.

409. TRANSFORMACION DE SUMAS Y DIFERENCIAS DE SENOS, COSENOS Y TANGENTES EN PRODUCTOS. Si **a** y **b** son dos ángulos y hacemos:

$$a + b = A \quad y \quad a - b = B,$$

al resolver el sistema:

$$a + b = A$$

$$a - b = B$$

Tenemos: $a = \dfrac{1}{2}(A + B)$, $\quad b = \dfrac{1}{2}(A - B)$.

Suma de senos. De las fórmulas:

$$\operatorname{sen}(a + b) = \operatorname{sen} a \cos b + \operatorname{sen} b \cos a; \quad (1)$$

$$\operatorname{sen}(a - b) = \operatorname{sen} a \cos b - \operatorname{sen} b \cos a. \quad (2)$$

Sumando (1) y (2), tenemos:

$$\operatorname{sen}(a + b) + \operatorname{sen}(a - b) = 2 \operatorname{sen} a \cos b.$$

y sustituyendo los valores de **a** + **b**, **a** — **b**, **a** y **b**, resulta:

$$sen\,\mathbf{A} + sen\,\mathbf{B} = 2\,sen\,\frac{1}{2}\,(\mathbf{A} + \mathbf{B})\,cos\,\frac{1}{2}\,(\mathbf{A} - \mathbf{B}).$$

Diferencia de senos. De las mismas fórmulas restamos (1) y (2):

$$sen\,(\mathbf{a} + \mathbf{b}) = sen\,\mathbf{a}\;cos\,\mathbf{b} + sen\,\mathbf{b}\;cos\,\mathbf{a}\,; \quad (1)$$

$$-\,sen\,(\mathbf{a} - \mathbf{b}) = -\,sen\,\mathbf{a}\;cos\,\mathbf{b} + sen\,\mathbf{b}\;cos\,\mathbf{a}\,, \quad (2)$$

y resulta: $sen\,(\mathbf{a} + \mathbf{b}) - sen\,(\mathbf{a} - \mathbf{b}) = 2\,sen\,\mathbf{b}\;cos\,\mathbf{a}\,.$

Sustituyendo:

$$sen\,\mathbf{A} - sen\,\mathbf{B} = 2\,sen\,\frac{1}{2}\,(\mathbf{A} - \mathbf{B})\,cos\,\frac{1}{2}\,(\mathbf{A} + \mathbf{B}).$$

Suma de cosenos. De las fórmulas:

$$cos\,(\mathbf{a} + \mathbf{b}) = cos\,\mathbf{a}\;cos\,\mathbf{b} - sen\,\mathbf{a}\;sen\,\mathbf{b}\,; \quad (1)$$

$$cos\,(\mathbf{a} - \mathbf{b}) = cos\,\mathbf{a}\;cos\,\mathbf{b} + sen\,\mathbf{a}\;sen\,\mathbf{b}\,, \quad (2)$$

sumando (1) y (2):

$$cos\,(\mathbf{a} + \mathbf{b}) + cos\,(\mathbf{a} - \mathbf{b}) = 2\,cos\,\mathbf{a}\;cos\,\mathbf{b}\,,$$

y sustituyendo:

$$cos\,\mathbf{A} + cos\,\mathbf{B} = 2\,cos\,\frac{1}{2}\,(\mathbf{A} + \mathbf{B})\,cos\,\frac{1}{2}\,(\mathbf{A} - \mathbf{B}).$$

Diferencia de senos. En las mismas fórmulas:

$$cos\,(\mathbf{a} + \mathbf{b}) = cos\,\mathbf{a}\;cos\,\mathbf{b} - sen\,\mathbf{a}\;sen\,\mathbf{b}\,; \quad (1)$$

$$-\,cos\,(\mathbf{a} - \mathbf{b}) = -\,cos\,\mathbf{a}\;cos\,\mathbf{b} - sen\,\mathbf{a}\;sen\,\mathbf{b}\,. \quad (2)$$

Al restar (1) y (2), tenemos:

$$cos\,(\mathbf{a} + \mathbf{b}) - cos\,(\mathbf{a} - \mathbf{b}) = -\,2\,sen\,\mathbf{a}\;sen\,\mathbf{b}\,.$$

Sustituyendo:

$$cos\,\mathbf{A} - cos\,\mathbf{B} = -\,2\,sen\,\frac{1}{2}\,(\mathbf{A} + \mathbf{B})\,sen\,\frac{1}{2}\,(\mathbf{A} - \mathbf{B}).$$

Suma de tangentes. De la fórmula:

$$tan\,\mathbf{A} + tan\,\mathbf{B} = \frac{sen\,\mathbf{A}}{cos\,\mathbf{A}} + \frac{sen\,\mathbf{B}}{cos\,\mathbf{B}}\,,$$

se deduce:

$$tan\,\mathbf{A} + tan\,\mathbf{B} = \frac{sen\,\mathbf{A}\;cos\,\mathbf{B} + sen\,\mathbf{B}\;cos\,\mathbf{A}}{cos\,\mathbf{A}\;cos\,\mathbf{B}}\,.$$

$$\therefore \quad tan\,\mathbf{A} + tan\,\mathbf{B} = \frac{sen\,(\mathbf{A} + \mathbf{B})}{cos\,\mathbf{A}\;cos\,\mathbf{B}}\,.$$

Diferencia de tangentes De la fórmula:

$$tan\ \mathbf{A} - tan\ \mathbf{B} = \frac{sen\ \mathbf{A}}{cos\ \mathbf{A}} - \frac{sen\ \mathbf{B}}{cos\ \mathbf{B}},$$

se deduce:

$$tan\ \mathbf{A} - tan\ \mathbf{B} = \frac{sen\ \mathbf{A}\ cos\ \mathbf{B} - sen\ \mathbf{B}\ cos\ \mathbf{A}}{cos\ \mathbf{A}\ cos\ \mathbf{B}}.$$

$$\therefore \quad tan\ \mathbf{A} - tan\ \mathbf{B} = \frac{sen\ (\mathbf{A} - \mathbf{B})}{cos\ \mathbf{A}\ cos\ \mathbf{B}}.$$

410. RESUMEN.

$$sen\ \mathbf{A} + sen\ \mathbf{B} = 2\ sen \frac{1}{2}(\mathbf{A} + \mathbf{B})\ cos\ \frac{1}{2}(\mathbf{A} - \mathbf{B}).$$

$$sen\ \mathbf{A} - sen\ \mathbf{B} = 2\ sen \frac{1}{2}(\mathbf{A} - \mathbf{B})\ cos\ \frac{1}{2}(\mathbf{A} + \mathbf{B}).$$

$$cos\ \mathbf{A} + cos\ \mathbf{B} = 2\ cos \frac{1}{2}(\mathbf{A} + \mathbf{B})\ cos\ \frac{1}{2}(\mathbf{A} - \mathbf{B}).$$

$$cos\ \mathbf{A} - cos\ \mathbf{B} = -2\ sen \frac{1}{2}(\mathbf{A} + \mathbf{B})\ sen\ \frac{1}{2}(\mathbf{A} - \mathbf{B}).$$

$$tan\ \mathbf{A} + tan\ \mathbf{B} = \frac{sen\ (\mathbf{A} + \mathbf{B})}{cos\ \mathbf{A} \cdot cos\ \mathbf{B}}.$$

$$tan\ \mathbf{A} - tan\ \mathbf{B} = \frac{sen\ (\mathbf{A} - \mathbf{B})}{cos\ \mathbf{A} \cdot cos\ \mathbf{B}}.$$

EJERCICIOS

Transformar en producto:

1) $sen\ 35° + sen\ 25°$. ——— *R.:* $cos\ 5°$.

2) $sen\ 35° - sen\ 25°$. ——— *R.:* $\sqrt{3}\ sen\ 5°$:

3) $cos\ 5\,\mathbf{x} + cos\ 3\,\mathbf{x}$. ——— *R.:* $2\ cos\ 4\,\mathbf{x}\ cos\ \mathbf{x}$.

4) $cos\ 8\,\mathbf{a} + cos\ 2\,\mathbf{a}$. ——— *R.:* $2\ cos\ 5\,\mathbf{a}\ cos\ 3\,\mathbf{a}$.

5) $sen\ 4\,\mathbf{x} - sen\ \mathbf{x}$. ——— *R.:* $2\ sen \frac{3}{2}\mathbf{x}\ cos\ \frac{5}{2}\mathbf{x}$.

6) $sen\ (45° + \mathbf{x}) - sen\ (45° - \mathbf{x})$. ——— *R.:* $\sqrt{2}\ sen\ \mathbf{x}$.

7) $cos\ 25° - cos\ 35°$. ——— *R.:* $sen\ 5°$.

8) $cos\ \mathbf{x} - cos\ 4\,\mathbf{x}$. ——— *R.:* $2\ sen \frac{5}{2}\mathbf{x}\ sen \frac{3}{2}\mathbf{x}$.

9) $sen\ 7\,\mathbf{x} + sen\ 3\,\mathbf{x}$. ——— *R.:* $2\ sen\ 5\,\mathbf{x}\ cos\ 2\,\mathbf{x}$.

10) $cos\ 40° + cos\ 20°$. ——— *R.:* $\sqrt{3}\ cos\ 10°$.

11) $sen\ 105° - sen\ 15°$. ——— R.: $\frac{\sqrt{2}}{2}$.

12) $cos\ 10° - cos\ 70°$. ——— R.: $sen\ 40°$.

13) $cos\ (90° + \mathbf{a}) - cos\ (90° - \mathbf{a})$. ——— R.: $-2\ sen\ \mathbf{a}$.

14) $sen\ 90° - sen\ 30°$. ——— R.: $\frac{1}{2}$.

15) $cos\ 50° - cos\ 40°$. ——— R.: $-\sqrt{2}\ sen\ 5°$.

16) $cos\ 60° - cos\ 30°$. ——— R.: $-\sqrt{2}\ sen\ 15°$.

17) $sen\ 75° - sen\ 15°$. ——— R.: $\frac{\sqrt{2}}{2}$.

18) $cos\ 75° + cos\ 15°$. ——— R.: $\frac{\sqrt{6}}{2}$.

19) $sen\ 40° + sen\ 20°$. ——— R.: $cos\ 10°$.

20) $sen\ 75° + sen\ 15°$. ——— R.: $\frac{\sqrt{6}}{2}$.

21) $cos\ 5\,\mathbf{x} + cos\ \mathbf{x}$. ——— R.: $2\ cos\ 3\,\mathbf{x}\ \ cos\ 2\,\mathbf{x}$.

22) $cos\ 2\,\mathbf{x} - cos\ \mathbf{x}$. ——— R.: $-2\ sen\ \frac{3}{2}\mathbf{x}\ \ sen\ \frac{1}{2}\mathbf{x}$.

23) $sen\ 2\,\mathbf{x} + sen\ 3\,\mathbf{x}$. ——— R.: $2\ sen\ \frac{5}{2}\mathbf{x}\ \ cos\ \frac{1}{2}\mathbf{x}$.

24) $sen\ 7\,\mathbf{x} - sen\ 9\,\mathbf{x}$. ——— R.: $-2\ sen\ \mathbf{x}\ \ cos\ 8\,\mathbf{x}$.

25) $sen\ 3\,\mathbf{x} + sen\ 5\,\mathbf{x}$. ——— R.: $2\ sen\ 4\,\mathbf{x}\ \ cos\ \mathbf{x}$.

26) $tan\ 20° + tan\ 50°$. ——— R.: $sec\ 50°$.

27) $tan\ 30° + tan\ 60°$. ——— R.: $\frac{4\sqrt{3}}{3}$.

28) $tan\ 50° - tan\ 25°$. ——— R.: $tan\ 25°\ \ sec\ 50°$.

29) $tan\ 45° - tan\ 15°$. ——— R.: $\frac{\sqrt{2}}{2}\ sec\ 15°$.

30) $tan\ (45° - \mathbf{a}) + tan\ (45° + \mathbf{a})$. ——— R.: $2\ sec\ 2\,\mathbf{a}$.

31) $sen\ 60° + cos\ 60°$. ——— R.: $\sqrt{2}\ cos\ 15°$.

32) $cos\ 30° - sen\ 30°$. ——— R.: $\sqrt{2}\ sen\ 15°$.

33) $sen\ 30° + cos\ 30°$. ——— R.: $\sqrt{2}\ cos\ 15°$.

34) $cos\ 60° - sen\ 60°$. ——— R.: $-\sqrt{2}\ sen\ 15°$.

35) $tan\ 60° + cot\ 60°$. ——— R.: $\frac{4}{3}\sqrt{3}$.

Demostrar, transformando en producto, las siguientes igualdades:

36) $\frac{cos\ 50° - cos\ 40°}{cos\ 25° - cos\ 35°} = -\sqrt{2}$.

37) $\dfrac{sen\ 35° - sen\ 25°}{cos\ 50° - cos\ 40°} = -\sqrt{\dfrac{3}{2}}.$

38) $cos\ 75° - sen\ 15° = sen\ 75° - cos\ 15°.$

39) $sen\ 60° + cos\ 60° = sen\ 30° + cos\ 30°.$

40) $\dfrac{sen\ 35° - sen\ 25°}{cos\ 25° - cos\ 35°} = \dfrac{cos\ 40° + cos\ 20°}{sen\ 40° + sen\ 20°}.$

Simplificar transformando en producto

1) $sen\ (30° + \mathbf{x}) + sen\ (30° - \mathbf{x}).$ ——— R.: $cos\ \mathbf{x}.$

2) $sen\ (45° + \mathbf{x}) - sen\ (45° - \mathbf{x}).$ ——— R.: $\sqrt{2}\ sen\ \mathbf{x}.$

3) $cos\ (45° + \mathbf{x}) + cos\ (45° - \mathbf{x}).$ ——— R.: $\sqrt{2}\ cos\ \mathbf{x}.$

4) $cos\ (30° + \mathbf{x}) - cos\ (30° - \mathbf{x}).$ ——— R.: $-\ sen\ \mathbf{x}.$

5) $\dfrac{sen\ (\alpha + \beta) + sen\ (\alpha - \beta)}{cos\ (\alpha + \beta) + cos\ (\alpha - \beta)}.$ ——— R.: $tan\ \alpha.$

6) $\dfrac{sen\ (\alpha + \beta) - sen\ (\alpha - \beta)}{sen\ (\alpha + \beta) + sen\ (\alpha - \beta)}.$ ——— R.: $cot\ \alpha\ tan\ \beta.$

7) $\dfrac{cos\ (\alpha + \beta) - cos\ (\alpha - \beta)}{cos\ (\alpha + \beta) + cos\ (\alpha - \beta)}.$ ——— R.: $-\ tan\ \alpha\ tan\ \beta.$

8) $\dfrac{cos\ (\alpha + \beta) - cos\ (\alpha - \beta)}{sen\ (\alpha + \beta) - sen\ (\alpha - \beta)}.$ ——— R.: $-\ tan\ \alpha.$

9) $\dfrac{sen\ (\alpha + \beta) + sen\ (\alpha - \beta)}{cos\ (\alpha + \beta) - cos\ (\alpha - \beta)}:$ ——— R.: $-\ cot\ \beta.$

10) $\dfrac{cos\ (\alpha + \beta) + cos\ (\alpha - \beta)}{sen\ (\alpha + \beta) - sen\ (\alpha - \beta)}:$ ——— R.: $cot\ \beta.$

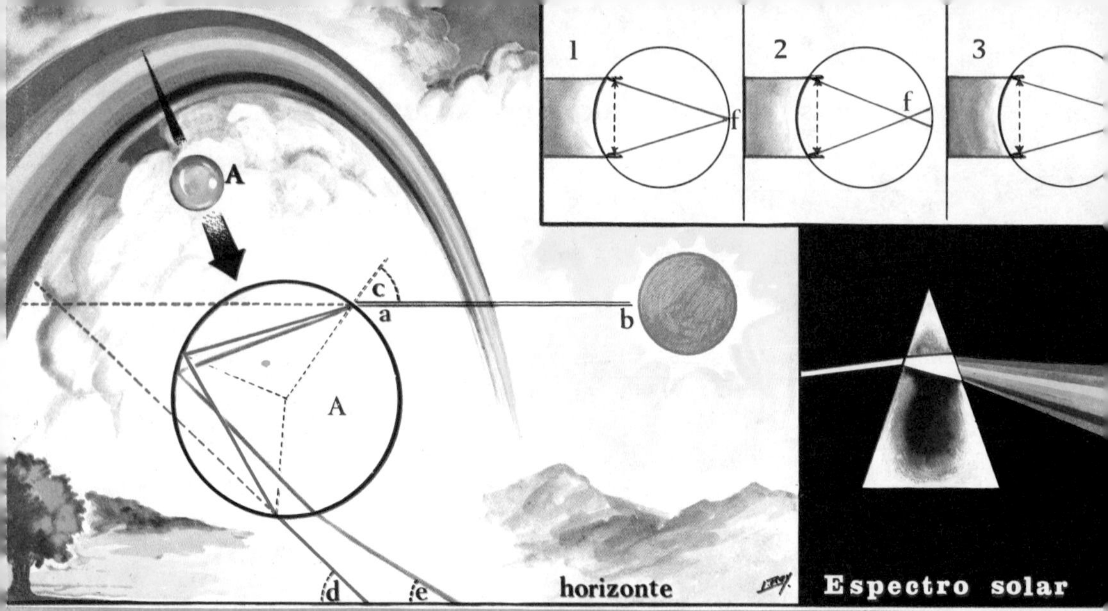

LA GEOMETRÍA EN LA FÍSICA (ÓPTICA). En esta lámina presentamos el arco iris, en este caso «interno o principal», y el gráfico «geométrico» con que se demuestra en Física el por qué del arco iris... «a-b» es un rayo de luz solar que toca una gota de agua. «c» La gota hace las veces «prisma» (derecha), que descompone la luz bl en los siete colores que forman el espectro s Los círculos de los gráficos 1, 2 y 3, pertenece ojo «emétrope», al «miope» y al «hipermétro

27

Resolución de triángulos

411. RESOLUCION DE TRIANGULOS. Si bien un triángulo consta de seis elementos: 3 ángulos y 3 lados, está perfectamente determinado si se conocen *tres* de ellos siempre que uno de los datos sea un lado. Resolver un triángulo consiste en calcular 3 de los elementos cuando se conocen los otros tres.

412. TRIANGULOS RECTANGULOS. En el caso de los triángulos rectángulos, como tienen un ángulo recto, están determinados, es decir, se pueden resolver cuando se conocen dos de sus elementos siempre que uno sea un lado. Esto nos conduce a los siguientes casos de resolución de triángulos rectángulos:

1º Dados los dos catetos

2º Dados un cateto y la hipotenusa.

3º Dados un cateto y un ángulo agudo.

4º Dados la hipotenusa y un ángulo agudo.

Antes de resolver los triángulos véase más adelante (Cap. XXVIII) el manejo de las tablas de funciones trigonométricas naturales. (Fig 326).

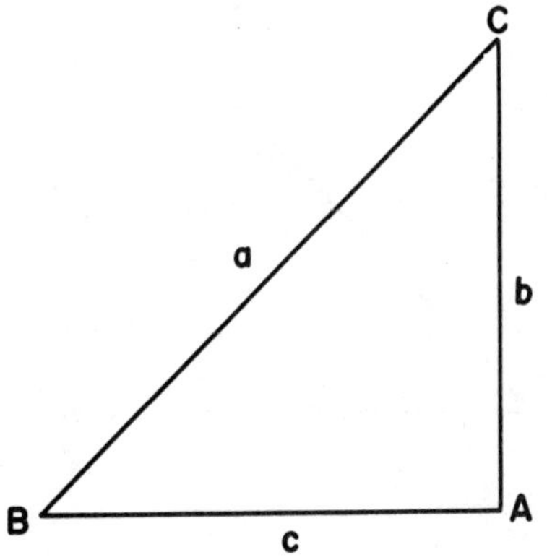

Fig. 326

Primer caso: Dados los dos catetos.

Datos	*Fórmulas*
$b = 50$ m	$a = \sqrt{b^2 + c^2}$
$c = 64$ m	$\tan B = \frac{b}{c}$
$A = 90°$	$C = 90° - B.$

Cálculo de **a**.

$$a = \sqrt{b^2 + c^2} = \sqrt{50^2 + 64^2} = \sqrt{2500 + 4096} = \sqrt{6596} = 81.21 \text{ m.}$$

Cálculo de **B**.

$$\tan \mathbf{B} = \frac{\mathbf{b}}{\mathbf{c}} = \frac{50}{64} = \frac{25}{32} = 0.78125;$$

$$\therefore \quad B = 38°.$$

Cálculo de **C**.

$$\mathbf{C} = 90° - \mathbf{B} = 90° - 38° = 52°.$$

Segundo caso: Dados un cateto y la hipotenusa. (Fig 327).

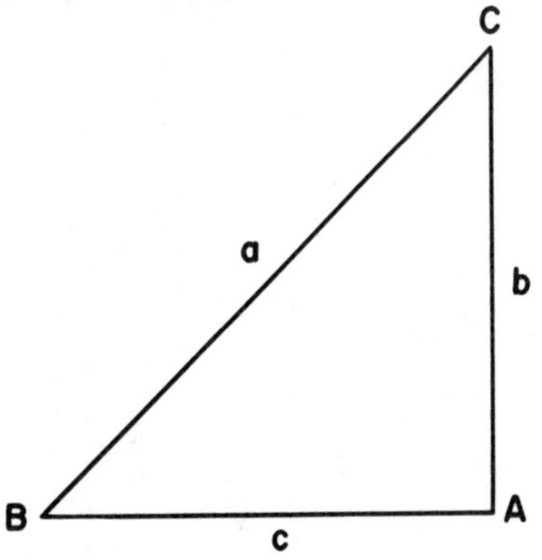

Fig. 327

Datos	*Fórmulas*
$a = 60$ cm	$b = \sqrt{a^2 - c^2}$
$c = 28$ cm	$\operatorname{sen} C = \frac{c}{a}$
$A = 90°.$	$B = 90° - C.$

Cálculo de **b**.

$$\mathbf{b} = \sqrt{a^2 - c^2} = \sqrt{60^2 - 28^2} = \sqrt{3600 - 784} = \sqrt{2816} = 53.06 \text{ cm.}$$

Cálculo de **C**.

$$\operatorname{sen} \mathbf{C} = \frac{\mathbf{c}}{\mathbf{a}} = \frac{28}{60} = \frac{14}{30} = \frac{7}{15} = 0.46666; \qquad \therefore \quad C = 27° 49'.$$

Cálculo de **B**.

$$B = 90° - C = 90° - 27°49' = 62°11'.$$

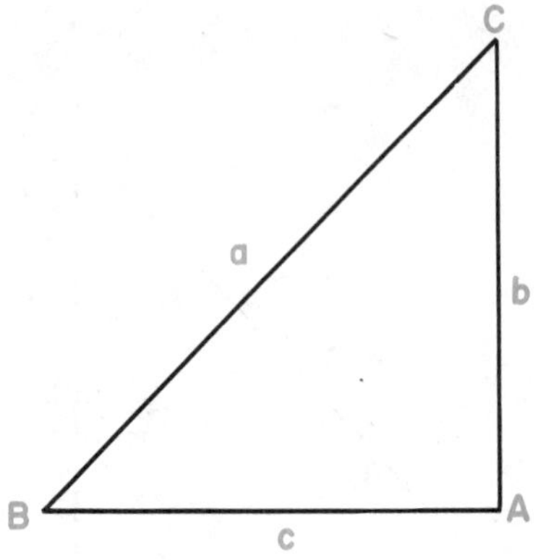

Fig. 328

Tercer caso: Dados un cateto y un ángulo agudo (Fig 328).

Datos	*Fórmulas*
$b = 1.4$ m	$B = 90° - C$
$C = 37°$	$c = b \tan C$
$A = 90°$.	$a = \frac{b}{\operatorname{sen} B}$.

Cálculo de **B**.

$$B = 90° - C = 90° - 37° = 53°.$$

Cálculo de **c**.

$$c = b \tan C = 1.4 \tan 37° = 1.4 \times 0.75355 = 1.06 \text{ m}.$$

Cálculo de **a**.

$$a = \frac{b}{\operatorname{sen} b} = \frac{1.4}{\operatorname{sen} 53°} = \frac{1.4}{0.79864} = 1.76 \text{ m}.$$

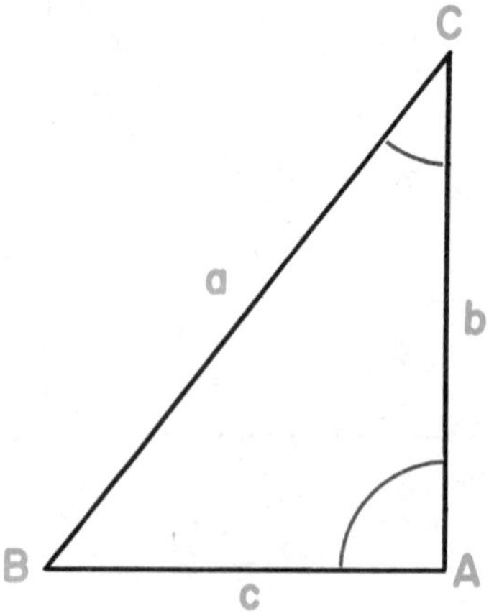

Fig. 329

Cuarto caso: Dados la hipotenusa y un ángulo agudo (Fig. 329).

Datos	*Fórmulas*
$a = 20.1$ km.	$B = 90° - C$.
$C = 38°\ 16'$.	$b = a \operatorname{sen} B$.
$A = 90°$.	$c = a \operatorname{sen} C$.

Cálculo de **B**.

$$B = 90° - C = 90° - 38°16' = 51°44'.$$

Cálculo de **b**.

$$b = a \operatorname{sen} B = 20.1 \operatorname{sen} 51°\ 44' =$$
$$= 20.1 \times 0.78514 = 15.78 \text{ km}.$$

Cálculo de **c**.

$$c = a \operatorname{sen} C = 20.1 \operatorname{sen} 38°\ 16' = 20.1 \times 0.61932 = 12.45 \text{ km}$$

413. AREA DE LOS TRIANGULOS RECTANGULOS. Sabemos que el área de un triángulo viene dada por la fórmula:

$$\text{Area} = \frac{1}{2}\,\text{base} \times \text{altura}.$$

En el triángulo rectángulo se puede tomar por base y altura los dos catetos (Fig. 330).

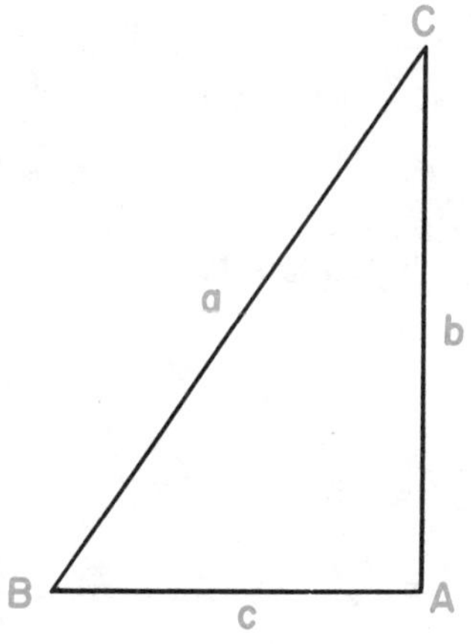

Fig. 330

Esta fórmula puede tomar las formas siguientes:

En el primer caso:

$$A = \frac{1}{2}\,bc\,.$$

En el segundo caso:

$$b = \sqrt{a^2 - c^2}. \qquad A = \frac{1}{2}\,bc\,.$$

$$c = \sqrt{a^2 - b^2}. \qquad A = \frac{1}{2}\sqrt{a^2 - c^2}(c).$$

$$A = \frac{1}{2}\,c\sqrt{a^2 - c^2}.$$

$$A = \frac{1}{2}\,c\sqrt{(a + c)(a - c)}.$$

o también:

$$A = \frac{1}{2}\,b\sqrt{a^2 - b^2}\,;$$

$$A = \frac{1}{2}\,b\sqrt{(a + b)(a - b)}.$$

En el tercer caso:

$$A = \frac{1}{2}\,bc\,.$$

$$c = b\ \tan C\,. \qquad A = \frac{1}{2}\,b(b \tan C)\,.$$

$$A = \frac{1}{2}\,b^2 \tan C$$

o también:

$$A = \frac{1}{2} c^2 \tan B .$$

En el cuarto caso:

$$A = \frac{1}{2} bc .$$

$b = a \operatorname{sen} B .$ $\qquad A = \frac{1}{2} a \operatorname{sen} B \; a \operatorname{sen} C .$

$c = a \operatorname{sen} C .$ $\qquad A = \frac{1}{2} a^2 \operatorname{sen} B \operatorname{sen} C ;$

pero: $\operatorname{sen} B = \cos C$ y $\operatorname{sen} C = \cos B .$

$$\therefore \quad A = \frac{1}{2} a^2 \operatorname{sen} C \cos C ; \qquad (1)$$

$$\text{o} \quad A = \frac{1}{2} a^2 \operatorname{sen} B \cos B ; \qquad (2)$$

pero: $\operatorname{sen} 2B = 2 \operatorname{sen} B \cos B$ y $\operatorname{sen} 2C = 2 \operatorname{sen} C \cos C .$

$\therefore \quad \frac{1}{2} \operatorname{sen} 2B = \operatorname{sen} B \cos B \quad (3)$ y $\frac{1}{2} \operatorname{sen} 2C = \operatorname{sen} C \cos C . \quad (4)$

Sustituyendo (3) en (2) y (4) en (1), tenemos:

$$A = \frac{1}{2} a^2 \cdot \frac{1}{2} \operatorname{sen} 2B ; \qquad \therefore \quad A = \frac{1}{4} a^2 \operatorname{sen} 2B ;$$

$$\text{y} \quad A = \frac{1}{2} a^2 \cdot \frac{1}{2} \operatorname{sen} 2C . \qquad \therefore \quad A = \frac{1}{4} a^2 \operatorname{sen} 2C .$$

EJERCICIOS

Resolver los siguientes triángulos *rectángulos* y hallar su área (A). Los números de los catetos e hipotenusas representan unidades de longitud cualesquiera (metros, pulgadas, etc.) de la misma clase en cada ejercicio.

1) $b = 50$, $c = 40$. *R.:* $a = 64.01$, $B = 51° 20'$, $C = 38° 40'$, $A = 1000$.

2) $a = 30$, $b = 25$. *R.:* $c = 16.58$, $B = 56° 26'$, $C = 33° 34'$. $A = 207.25$.

3) $c = 60$, $C = 28° 30'$. *R.:* $b = 110.51$, $B = 61° 30'$, $a = 125.74$, $A = 3315.30$.

4)	$\mathbf{a} = 4$,	$\mathbf{B} = 62° \; 30$.	*R.:* $\mathbf{b} = 3.55$, $\mathbf{C} = 27° \; 30'$,	$\mathbf{c} = 1.84$, $\mathbf{A} = 3.27$.
5)	$\mathbf{b} = 14$,	$\mathbf{c} = 18$.	*R.:* $\mathbf{a} = 22.81$, $\mathbf{B} = 37° \; 53'$,	$\mathbf{C} = 52° \; 7'$, $\mathbf{A} = 126$.
6)	$\mathbf{a} = 7.50$,	$\mathbf{c} = 5.25$.	*R.:* $\mathbf{b} = 5.35$, $\mathbf{B} = 45° \; 30'$,	$\mathbf{C} = 44° \; 30'$, $\mathbf{A} = 14.04$.
7)	$\mathbf{b} = 30$,	$\mathbf{C} = 40° \; 30'$.	*R.:* $\mathbf{c} = 25.62$. $\mathbf{B} = 49° \; 30'$,	$\mathbf{a} = 39.45$, $\mathbf{A} = 384.30$.
8)	$\mathbf{a} = 90$,	$\mathbf{C} = 20°$.	*R.:* $\mathbf{b} = 84.57$, $\mathbf{B} = 70°$,	$\mathbf{c} = 30.79$, $\mathbf{A} = 1301.95$.
9)	$\mathbf{b} = 22$,	$\mathbf{c} = 45$.	*R.:* $\mathbf{a} = 50.08$, $\mathbf{B} = 26° \; 4'$,	$\mathbf{C} = 63° \; 56'$, $\mathbf{A} = 495$.
10)	$\mathbf{a} = 5.3$,	$\mathbf{b} = 4.7$.	*R.:* $\mathbf{c} = 2.44$, $\mathbf{B} = 62° \; 28'$,	$\mathbf{C} = 27° \; 32'$, $\mathbf{A} = 5.73$.
11)	$\mathbf{c} = 45$,	$\mathbf{B} = 65° \; 50'$.	*R.:* $\mathbf{b} = 100.29$, $\mathbf{C} = 24° \; 10'$,	$\mathbf{a} = 109.75$, $\mathbf{A} = 2256.52$.
12)	$\mathbf{a} = 43.5$,	$\mathbf{B} = 38°$.	*R.:* $\mathbf{c} = 34.27$, $\mathbf{C} = 52°$,	$\mathbf{b} = 26.78$, $\mathbf{A} = 458.87$.
13)	$\mathbf{b} = 30$,	$\mathbf{c} = 40$.	*R.:* $\mathbf{a} = 50$, $\mathbf{B} = 36° \; 52'$,	$\mathbf{C} = 53° \; 8'$, $\mathbf{A} = 600$.
14)	$\mathbf{a} = 11.8$,	$\mathbf{b} = 3.8$.	*R.:* $\mathbf{c} = 11.17$, $\mathbf{B} = 18° \; 47'$,	$\mathbf{C} = 71° \; 13'$. $\mathbf{A} = 21.22$.
15)	$\mathbf{b} = 2$,	$\mathbf{B} = 27° \; 20'$.	*R.:* $\mathbf{c} = 3.87$, $\mathbf{C} = 62° \; 40'$,	$\mathbf{a} = 4.35$, $\mathbf{A} = 3.87$.
16)	$\mathbf{a} = 57.7$	$\mathbf{C} = 29°$	*R.:* $\mathbf{B} = 61°$, $\mathbf{b} = 50.47$,	$\mathbf{c} = 27.97$, $\mathbf{A} = 705.82$.
17)	$\mathbf{b} = 60$,	$\mathbf{c} = 80$.	*R.:* $\mathbf{a} = 100$, $\mathbf{B} = 36° \; 52'$,	$\mathbf{C} = 53° \; 8'$, $\mathbf{A} = 2400$.
18)	$\mathbf{a} = 9.3$,	$\mathbf{c} = 6.2$.	*R.:* $\mathbf{b} = 6.93$, $\mathbf{B} = 48° \; 10'$,	$\mathbf{C} = 41° \; 50'$ $\mathbf{A} = 21.48$.
19)	$\mathbf{b} = 240$,	$\mathbf{B} = 62°$.	*R.:* $\mathbf{C} = 28°$, $\mathbf{c} = 127.60$,	$\mathbf{a} = 271.92$, $\mathbf{A} = 15312$.
20)	$\mathbf{a} = 175.5$,	$\mathbf{C} = 27° \; 15'$.	*R.:* $\mathbf{B} = 62° \; 45'$, $\mathbf{b} = 156.02$,	$\mathbf{c} = 80 \; 36$, $\mathbf{A} = 6268.88$.

414. RESOLUCION GENERAL DE TRIANGULOS OBLICUANGULOS. Para la resolución de triángulos oblicuángulos se puede aplicar la *ley de los senos*, la *ley de los cosenos* y la *ley de las tangentes*, como veremos a continuación.

415. LEY DE LOS SENOS. "*Los lados de un triángulo son proporcionales a los senos de los ángulos opuestos*".

Para la demostración consideremos dos casos:

Primer caso: El triángulo es acutángulo. Sea *ABC* (Fig. 331) un triángulo acutángulo.

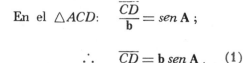

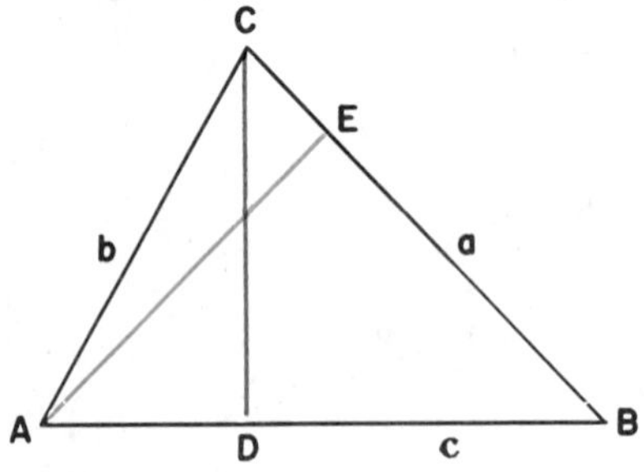

Fig. 331

Tracemos las alturas $\overline{CD}$ y $\overline{AE}$.

En el $\triangle ACD$: $\frac{\overline{CD}}{\mathbf{b}} = sen\,\mathbf{A}$;

$\therefore \quad \overline{CD} = \mathbf{b}\, sen\,\mathbf{A}$. (1)

En el $\triangle BCD$: $\frac{\overline{CD}}{\mathbf{a}} = sen\,\mathbf{B}$;

$\therefore \quad \overline{CD} = \mathbf{a}\, sen\,\mathbf{B}$. (2)

Comparando (1) y (2), tenemos:

$\mathbf{b}\, sen\,\mathbf{A} = \mathbf{a}\, sen\,\mathbf{B}$; $\quad \therefore \quad \frac{\mathbf{a}}{sen\,\mathbf{A}} = \frac{\mathbf{b}}{sen\,\mathbf{B}}$. (3)

En el $\triangle ACE$: $\frac{\overline{AE}}{\mathbf{b}} = sen\,\mathbf{C}$; $\quad \therefore \quad \overline{AE} = \mathbf{b}\, sen\,\mathbf{C}$. (4)

En el $\triangle ABE$: $\frac{\overline{AE}}{\mathbf{c}} = sen\,\mathbf{B}$; $\quad \therefore \quad \overline{AE} = \mathbf{c}\, sen\,\mathbf{B}$. (5)

Comparando (4) y (5), tenemos:

$\mathbf{b}\, sen\,\mathbf{C} = \mathbf{c}\, sen\,\mathbf{B}$; $\quad \therefore \quad \frac{\mathbf{b}}{sen\,\mathbf{B}} = \frac{\mathbf{c}}{sen\,\mathbf{C}}$. (6)

Comparando (3) y (6), tenemos:

$$\frac{\mathbf{a}}{sen\,\mathbf{A}} = \frac{\mathbf{b}}{sen\,\mathbf{B}} = \frac{\mathbf{c}}{sen\,\mathbf{C}} .$$

Segundo caso: El triángulo es obtusángulo. Sea $\triangle ABC$ (Fig. 332) un triángulo obtusángulo.

Tracemos las alturas $\overline{CD}$ y $\overline{AE}$.

En el $\triangle CDB$: $\frac{\overline{CD}}{a} = sen\ B$; $\therefore\ \overline{CD} = a\ sen\ B$. (1)

En el $\triangle CDA$: $\frac{\overline{CD}}{b} = sen\ (180 - A) = sen\ A$; $\therefore\ \overline{CD} = b\ sen\ A$. (2)

Comparando (1) y (2):

$a\ sen\ B = b\ sen\ A$;

$\therefore\ \frac{a}{sen\ A} = \frac{b}{sen\ B}$. (3)

En el $\triangle AEC$:

$\frac{\overline{AE}}{b} = sen\ C$;

$\therefore\ \overline{AE} = b\ sen\ C$. (4)

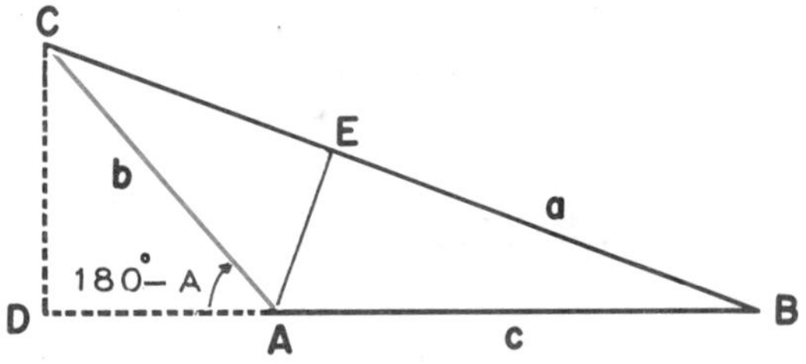

Fig. 332

En el $\triangle AEB$:

$\frac{\overline{AE}}{c} = sen\ B$;

$\therefore\ \overline{AE} = c\ sen\ B$. (5)

Comparando (4) y (5), tenemos:

$b\ sen\ C = c\ sen\ B$;

$\therefore\ \frac{b}{sen\ B} = \frac{c}{sen\ C}$. (6)

Comparando (3) y (6), tenemos:

$$\frac{a}{sen\ A} = \frac{b}{sen\ B} = \frac{c}{sen\ C}.$$

416. LEY DEL COSENO. "El cuadrado de un lado de un triángulo es igual a la suma de los cuadrados de los otros dos lados, menos el duplo del producto de dichos lados, por el coseno del ángulo que forman".

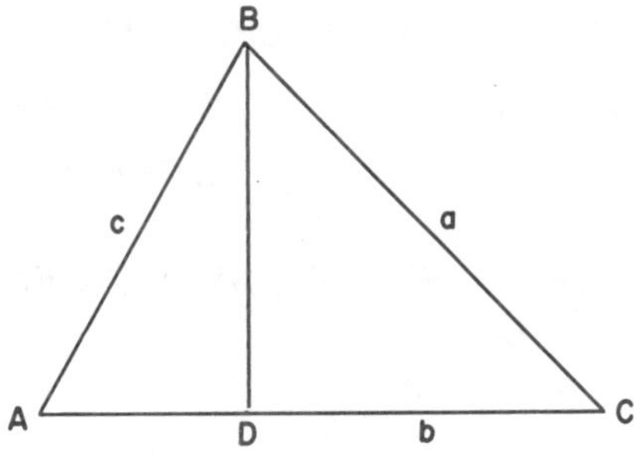

Fig. 333

Para la demostración consideremos dos casos:

Primer caso: El triángulo es acutángulo. Sea *ABC* (Fig. 333) un triángulo acutángulo.

Tracemos la altura $\overline{BD}$.

Por el teorema generalizado de Pitágoras, tenemos:

$$\mathbf{a}^2 = \mathbf{b}^2 + \mathbf{c}^2 - 2\mathbf{b}\,\overline{AD}\,. \qquad (1)$$

Pero:
$$\frac{\overline{AD}}{\mathbf{c}} = \cos \mathbf{A}\,; \qquad \therefore \quad AD = \mathbf{c}\cos \mathbf{A}\,. \qquad (2)$$

Sustituyendo (2) en (1), tenemos:

$$\mathbf{a}^2 = \mathbf{b}^2 + \mathbf{c}^2 - 2\mathbf{bc}\cos \mathbf{A}$$

Análogamente, se demuestra:

$$\mathbf{b}^2 = \mathbf{a}^2 + \mathbf{c}^2 - 2\mathbf{ac}\cos \mathbf{B};$$

$$\mathbf{c}^2 = \mathbf{a}^2 + \mathbf{b}^2 - 2\mathbf{ab}\cos \mathbf{C}.$$

Segundo caso: El triángulo es obtusángulo. Sea *ABC* (Fig. 334) un triángulo obtusángulo.

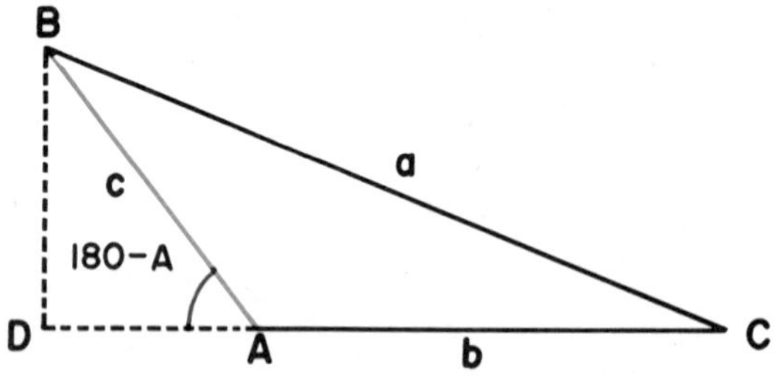

Fig. 334

Tracemos la altura $\overline{BD}$, prolongando $\overline{AC}$. Sea $\angle A > 90°$.

Por el teorema generalizado de Pitágoras, tenemos:

$$\mathbf{a}^2 = \mathbf{b}^2 + \mathbf{c}^2 + 2\mathbf{b}\,\overline{AD}\,. \qquad (1)$$

Pero:
$$\frac{\overline{AD}}{\mathbf{c}} = \cos(180 - \mathbf{A}) = -\cos \mathbf{A}\,; \qquad \therefore \quad \overline{AD} = -\mathbf{c}\cos \mathbf{A}\,. \qquad (2)$$

Sustituyendo (2) en (1), tenemos:

$$\mathbf{a}^2 = \mathbf{b}^2 + \mathbf{c}^2 + 2\mathbf{b}(-\mathbf{c}\cos \mathbf{A})\,;$$

$$\therefore \quad \mathbf{a}^2 = \mathbf{b}^2 + \mathbf{c}^2 - 2\mathbf{bc}\cos \mathbf{A}\,.$$

417. LEY DE LAS TANGENTES. **"En todo triángulo oblicuángulo, la diferencia de dos de sus lados es a su suma como la tangente de la mitad de la diferencia de los ángulos opuestos a esos lados es a la tangente de la mitad de la suma de dichos ángulos".**

DEMOSTRACIÓN:

$$\frac{\mathbf{a}}{sen\,\mathbf{A}} = \frac{\mathbf{b}}{sen\,\mathbf{B}}\,; \qquad \text{Ley de los senos;}$$

$$\frac{\mathbf{a}}{\mathbf{b}} = \frac{sen\,\mathbf{A}}{sen\,\mathbf{B}}\,; \qquad \text{Trasponiendo;}$$

$$\therefore \quad \left.\begin{aligned} \frac{\mathbf{a}-\mathbf{b}}{\mathbf{a}} &= \frac{sen\,\mathbf{A} - sen\,\mathbf{B}}{sen\,\mathbf{A}}; \qquad (1)\\ \frac{\mathbf{a}+\mathbf{b}}{\mathbf{a}} &= \frac{sen\,\mathbf{A} + sen\,\mathbf{B}}{sen\,\mathbf{A}}. \qquad (2)\end{aligned}\right\}$$

Propiedad de las proporciones

Dividiendo (1) por (2), tenemos:

$$\frac{\dfrac{\mathbf{a}-\mathbf{b}}{\mathbf{a}}}{\dfrac{\mathbf{a}+\mathbf{b}}{\mathbf{a}}} = \frac{\dfrac{sen\,\mathbf{A} - sen\,\mathbf{B}}{sen\,\mathbf{A}}}{\dfrac{sen\,\mathbf{A} + sen\,\mathbf{B}}{sen\,\mathbf{A}}};$$

$$\therefore \quad \frac{\mathbf{a}-\mathbf{b}}{\mathbf{a}+\mathbf{b}} = \frac{sen\,\mathbf{A} - sen\,\mathbf{B}}{sen\,\mathbf{A} + sen\,\mathbf{B}}$$

Transformando en producto:

$$\frac{\mathbf{a}-\mathbf{b}}{\mathbf{a}+\mathbf{b}} = \frac{2\,sen\,\frac{1}{2}\,(\mathbf{A}-\mathbf{B})\,cos\,\frac{1}{2}\,(\mathbf{A}+\mathbf{B})}{2\,sen\,\frac{1}{2}\,(\mathbf{A}+\mathbf{B})\,cos\,\frac{1}{2}\,(\mathbf{A}-\mathbf{B})};$$

ordenando y simplificando:

$$\frac{\mathbf{a}-\mathbf{b}}{\mathbf{a}+\mathbf{b}} = \frac{sen\,\frac{1}{2}\,(\mathbf{A}-\mathbf{B})\,cos\,\frac{1}{2}\,(\mathbf{A}+\mathbf{B})}{cos\,\frac{1}{2}\,(\mathbf{A}-\mathbf{B})\,sen\,\frac{1}{2}\,(\mathbf{A}+\mathbf{B})};$$

separando:

$$\frac{\mathbf{a}-\mathbf{b}}{\mathbf{a}+\mathbf{b}} = \frac{sen\,\frac{1}{2}\,(\mathbf{A}-\mathbf{B})}{cos\,\frac{1}{2}\,(\mathbf{A}-\mathbf{B})} \quad \frac{cos\,\frac{1}{2}\,(\mathbf{A}+\mathbf{B})}{sen\,\frac{1}{2}\,(\mathbf{A}+\mathbf{B})}. \qquad (3)$$

Pero:

$$\frac{sen\,\frac{1}{2}\,(\mathbf{A}-\mathbf{B})}{cos\,\frac{1}{2}\,(\mathbf{A}-\mathbf{B})} = tan\,\frac{1}{2}\,(\mathbf{A}-\mathbf{B})\,; \qquad (4)$$

y

$$\frac{cos\,\frac{1}{2}\,(\mathbf{A}+\mathbf{B})}{sen\,\frac{1}{2}\,(\mathbf{A}+\mathbf{B})} = cot\,\frac{1}{2}\,(\mathbf{A}+\mathbf{B})\,. \qquad (5)$$

Sustituyendo (4) y (5) en (3), tenemos:

$$\frac{a-b}{a+b}=\tan\frac{1}{2}(A-B)\cot\frac{1}{2}(A+B)\,. \qquad (6)$$

Y como:

$$\cot\frac{1}{2}(A+B)=\frac{1}{\tan\frac{1}{2}(A+B)}\,. \qquad (7)$$

Sustituyendo (7) en (6), tenemos:

$$\frac{a-b}{a+b}=\tan\frac{1}{2}(A-B)\cdot\frac{1}{\tan\frac{1}{2}(A+B)}\,.$$

$$\therefore\quad \frac{a-b}{a+b}=\frac{\tan\frac{1}{2}(A-B)}{\tan\frac{1}{2}(A+B)}\,.$$

418. EJEMPLOS DE RESOLUCION DE TRIANGULOS OBLICUANGULOS. Primer caso: Conocidos los tres lados.

Ejemplo. Resolver el triángulo cuyos datos son:

$a=34,\qquad b=40,\qquad c=28.$

Se aplica la ley del coseno.

Cálculo de **A**.

$$a^2=b^2+c^2-2bc\cos A\,.$$

Despejando *cos* **A**:

$$\cos A=\frac{b^2+c^2-a^2}{2bc}\,;$$

$$\cos A=\frac{40^2+28^2-34^2}{2\times40\times28}=\frac{1600+784-1156}{2240}=\frac{307}{560}=0.54821.$$

$$\therefore\quad A=56^\circ\,45'.$$

Cálculo de **B**.

Análogamente:

$$\cos B=\frac{a^2+c^2-b^2}{2ac}\,;$$

$$\therefore\quad \cos B=\frac{34^2+28^2-40^2}{2\times34\times28}=\frac{1156+784-1600}{1904}=\frac{340}{1904}=0.17857.$$

$$\therefore\quad B=79^\circ\,43'.$$

Cálculo de **C**.

Análogamente:

$$\cos C = \frac{a^2 + b^2 - c^2}{2ab};$$

$$\cos C = \frac{34^2 + 40^2 - 28^2}{2 \times 34 \times 40} = \frac{1156 + 1600 - 784}{2720} = \frac{1972}{2720} = 0.72500.$$

$$\therefore \quad C = 43° \ 32'.$$

Es decir:

$$A = 56° \ 45'$$
$$B = 79° \ 43'$$
$$C = 43° \ 32'$$

$$A + B + C = 178° \ 120' = 180°.$$

EJERCICIOS

Resolver los siguientes triángulos oblicuángulos.

1)	$a = 41$, $b = 19.5$, $c = 32.48$.	*R.:* $A = 101° \ 10'$, $B = 27° \ 50'$, $C = 51°$.
2)	$a = 5.312$, $b = 10.913$, $c = 13$.	*R.:* $A = 23° \ 40'$, $B = 55° \ 33'$, $C = 100° \ 47'$.
3)	$a = 25$, $b = 31.51$, $c = 29.25$.	*R.:* $A = 48° \ 25'$, $B = 70° \ 32'$, $C = 61° \ 3'$.
4)	$a = 85.04$, $b = 70$, $c = 79.20$.	*R.:* $A = 69° \ 11'$, $B = 50° \ 18'$, $C = 60° \ 31'$.
5)	$a = 1048$, $b = 1136.82$, $c = 767.58$.	*R.:* $A = 63° \ 20'$, $B = 75° \ 47'$, $C = 40° \ 53'$.
6)	$a = 33$, $b = 51.47$, $c = 46.25$.	*R.:* $A = 39°$, $B = 79°$, $C = 62°$.
7)	$a = 32.56$,	*R.:* $A = 52° \ 18'$,

$\mathbf{b} = 40,$ | $\mathbf{B} = 103° \ 37',$
$\mathbf{c} = 16.79.$ | $\mathbf{C} = 24° \ 5'.$

8) $\mathbf{a} = 28,$ | *R.:* $\mathbf{A} = 53° \ 30',$
$\mathbf{b} = 34,$ | $\mathbf{B} = 77° \ 30',$
$\mathbf{c} = 26.3,$ | $\mathbf{C} = 49°.$

9) $\mathbf{a} = 13,$ | *R.:* $\mathbf{A} = 53° \ 8',$
$\mathbf{b} = 4,$ | $\mathbf{B} = 14° \ 15',$
$\mathbf{c} = 15.$ | $\mathbf{C} = 112° \ 37'.$

10) $\mathbf{a} = 10.59,$ | *R.:* $\mathbf{A} = 30° \ 40',$
$\mathbf{b} = 14.77,$ | $\mathbf{B} = 45° \ 20',$
$\mathbf{c} = 20.15.$ | $\mathbf{C} = 104°.$

419. SEGUNDO CASO. Resolver un triángulo conocidos dos lados y el ángulo comprendido.

Ejemplo. Resolver el triángulo cuyos datos son:

$$\mathbf{A} = 68° \ 18'; \qquad \mathbf{b} = 6; \qquad \mathbf{c} = 10.$$

Datos	*Fórmulas*
$\mathbf{A} = 68° \ 18',$	$\mathbf{a} = \sqrt{\mathbf{b}^2 + \mathbf{c}^2 - 2\mathbf{bc} \cos \mathbf{A}},$
$\mathbf{b} = 6,$	$\cos \mathbf{B} = \dfrac{\mathbf{a}^2 + \mathbf{c}^2 - \mathbf{b}^2}{2\mathbf{ac}},$
$\mathbf{c} = 10.$	$\cos \mathbf{C} = \dfrac{\mathbf{a}^2 + \mathbf{b}^2 - \mathbf{c}^2}{2\mathbf{ab}}.$

Cálculo de **a**.

$$\mathbf{a} = \sqrt{\mathbf{b}^2 + \mathbf{c}^2 - 2\mathbf{bc} \cos \mathbf{A}} = \sqrt{6^2 + 10^2 - 2 \times 6 \times 10 \cos 68° \ 18'} \ ;$$

$$\mathbf{a} = \sqrt{36 + 100 - 120 \times 0.36975} = \sqrt{136 - 44.37} = \sqrt{91.63} \ .$$

$$\therefore \quad \mathbf{a} = 9.57.$$

Cálculo de **B**.

$$\cos \mathbf{B} = \frac{\mathbf{a}^2 + \mathbf{c}^2 - \mathbf{b}^2}{2\mathbf{ac}} = \frac{9.57^2 + 10^2 - 6^2}{2 \times 9.57 \times 10} = \frac{91.63 + 100 - 36}{191.4} \ ;$$

$$\cos \mathbf{B} = \frac{191.63 - 36}{191.4} = \frac{155.63}{191.4} = 0.81311.$$

$$\therefore \quad \mathbf{B} = 35° \ 36'.$$

Cálculo de **C**.

$$\cos \mathbf{C} = \frac{\mathbf{a}^2 + \mathbf{b}^2 - \mathbf{c}^2}{2\mathbf{ab}} = \frac{9.57^2 + 6^2 - 10^2}{2 \times 9.57 \times 6} = \frac{91.63 + 36 - 100}{12 \times 9.57};$$

$$\cos \mathbf{C} = \frac{127.63 - 100}{114.84} = \frac{27.63}{114.84} = 0.24059.$$

$$\therefore \quad \mathbf{C} = 76° \, 6'.$$

EJERCICIOS

Resolver los siguientes triángulos oblicuángulos:

1) $\mathbf{a} = 32.45$, $\mathbf{b} = 27.21$. $\mathbf{C} = 66° \, 56'$. — *R.:* $\mathbf{c} = 33.19$, $\mathbf{A} = 64° \, 6'$, $\mathbf{B} = 48° \, 58'$.

2) $\mathbf{b} = 50$, $\mathbf{c} = 66.6$, $\mathbf{A} = 83° \, 26'$. — *R.:* $\mathbf{a} = 78.58$, $\mathbf{B} = 39° \, 13'$, $\mathbf{C} = 57° \, 21'$.

3) $\mathbf{a} = 40$, $\mathbf{c} = 24.86$, $\mathbf{B} = 98° \, 6'$. — *R.:* $\mathbf{b} = 50$, $\mathbf{A} = 52° \, 24'$, $\mathbf{C} = 29° \, 30'$.

4) $\mathbf{a} = 60$, $\mathbf{b} = 50$, $\mathbf{C} = 78° \, 28'$. — *R.:* $\mathbf{c} = 70$, $\mathbf{A} = 57° \, 7'$, $\mathbf{B} = 44° \, 25'$.

5) $\mathbf{b} = 49.8$, $\mathbf{c} = 77.6$, $\mathbf{A} = 59° \, 11'$. — *R.:* $\mathbf{a} = 67.4$, $\mathbf{B} = 39° \, 23'$, $\mathbf{C} = 81° \, 26'$.

6) $\mathbf{c} = 54.75$, $\mathbf{a} = 318$, $\mathbf{B} = 41° \, 27'$. — *R.:* $\mathbf{b} = 374$, $\mathbf{A} = 34° \, 15'$, $\mathbf{C} = 104° \, 18'$.

7) $\mathbf{a} = 1126.5$, $\mathbf{b} = 708.3$, $\mathbf{C} = 63° \, 48'$. — *R.:* $\mathbf{c} = 1032.3$, $\mathbf{A} = 78° \, 13'$, $\mathbf{B} = 37° \, 59'$.

8) $\mathbf{b} = 61.52$, $\mathbf{c} = 83.44$, $\mathbf{A} = 29° \, 14'$. — *R.:* $\mathbf{a} = 42.30$, $\mathbf{B} = 45° \, 18'$, $\mathbf{C} = 105° \, 28'$.

9) $\mathbf{a} = 11$, $\mathbf{b} = 21$, $\mathbf{C} = 97° \, 50'$. *R.:* $\mathbf{A} = 25° \, 50'$, $\mathbf{B} = 56° \, 20'$, $\mathbf{c} = 25$.

10) $\mathbf{b} = 40$, $\mathbf{c} = 24.8$, $\mathbf{A} = 98° \, 9'$. *R.:* $\mathbf{a} = 50$, $\mathbf{B} = 52° \, 21'$, $\mathbf{C} = 29° \, 30'$.

420. TERCER CASO: Dados un lado y dos ángulos.

Datos

$\mathbf{A} = 80° \, 25'$,

$\mathbf{B} = 35° \, 43'$,

$\mathbf{c} = 60$.

Fórmulas

$$\mathbf{A} + \mathbf{B} + \mathbf{C} = 180° \; ;$$

$$\frac{\mathbf{a}}{sen\,\mathbf{A}} = \frac{\mathbf{b}}{sen\,\mathbf{B}} = \frac{\mathbf{c}}{sen\,\mathbf{C}} .$$

Cálculo de **C**.

$$\mathbf{A} + \mathbf{B} + \mathbf{C} = 180° \; ; \quad 80° \, 25' + 35° \, 43' + \mathbf{C} = 180°; \quad 116° \, 8' + \mathbf{C} = 180°$$

$$\therefore \quad \mathbf{C} = 180° - 116° \, 8' = 63° \, 52'$$

Cálculo de **a**.

$$\frac{\mathbf{a}}{sen\,\mathbf{A}} = \frac{\mathbf{c}}{sen\,\mathbf{C}} ; \qquad \frac{\mathbf{a}}{sen\,80° \, 25'} = \frac{60}{sen\,63° \, 52'} .$$

$$\frac{\mathbf{a}}{0.98604} = \frac{60}{0.89777} .$$

$$\therefore \quad \mathbf{a} = \frac{60 \times 0.98604}{0.89777} = \frac{59.16240}{0.89777} = 65.88.$$

Cálculo de **b**.

$$\frac{\mathbf{b}}{sen\,\mathbf{B}} = \frac{\mathbf{c}}{sen\,\mathbf{C}} ; \qquad \frac{\mathbf{b}}{sen\,35° \, 43'} = \frac{60}{sen\,63° \, 52'} .$$

$$\frac{\mathbf{b}}{0.58378} = \frac{60}{0.89777} .$$

$$\therefore \quad \mathbf{b} = \frac{60 \times 0.58378}{0.89777} = 39.01.$$

EJERCICIOS

Resolver los siguientes triángulos oblicuángulos:

1) $a = 41$, $B = 27° 50'$, $C = 51°$. *R.:* $b = 19.5$, $c = 32.5$, $A = 101° 10'$.

2) $a = 78.6$, $A = 83° 26'$, $B = 39° 13'$. *R.:* $b = 50$, $c = 66.6$, $C = 57° 21'$.

3) $a = 1048$, $A = 63° 20'$, $B = 75° 47'$. *R.:* $b = 1136.8$, $c = 767.6$, $C = 40° 53'$.

4) $b = 50$, $A = 57° 7'$, $C = 78° 28'$. *R.:* $a = 60$, $c = 70$, $B = 44° 25'$.

5) $b = 31.5$, $A = 48° 25'$, $C = 61° 3'$. *R.:* $B = 70° 32'$, $a = 25$, $c = 29.25$.

6) $c = 547.5$, $B = 41° 27'$, $C = 104° 18'$. *R.:* $b = 374$, $a = 318$, $A = 34° 15'$.

7) $b = 40$, $B = 103° 37'$, $C = 24° 5'$. *R.:* $a = 32.6$, $c = 16.8$, $A = 52° 18'$.

8) $b = 61.5$, $A = 29° 14'$, $B = 45° 18'$. *R.:* $a = 42.30$, $c = 83.44$, $C = 105° 28'$.

9) $c = 15$, $C = 112° 37'$, $A = 53° 8'$. *R.:* $b = 4$, $a = 13$, $B = 14° 15'$.

10) $c = 24.8$, $B = 52° 21'$, $C = 29° 30'$. *R.:* $a = 50$, $b = 40$, $A = 98° 9'$.

421 AREA DE LOS TRIANGULOS OBLICUANGULOS Primer caso
Dados los tres lados. Se emplea la fórmula de Herón, ya estudiada en Geometría.

Ejemplo. Hallar el área del triángulo cuyos lados son: $\mathbf{a} = 18$, $\mathbf{b} = 26$ y $\mathbf{c} = 28$.

$$\mathbf{p} = \frac{\mathbf{a} + \mathbf{b} + \mathbf{c}}{2}; \qquad \mathbf{p} - \mathbf{a} = 36 - 18 = 18;$$

$$\mathbf{p} = \frac{18 + 26 + 28}{2}; \qquad \mathbf{p} - \mathbf{b} = 36 - 26 = 10;$$

$$\mathbf{p} = \frac{72}{2} = 36; \qquad \mathbf{p} - \mathbf{c} = 36 - 28 = 8.$$

$$A_t = \sqrt{\mathbf{p}(\mathbf{p} - \mathbf{a})(\mathbf{p} - \mathbf{b})(\mathbf{p} - \mathbf{c})} = \sqrt{36 \times 18 \times 10 \times 8};$$

$$A_t = \sqrt{36 \times 9 \times 2 \times 2 \times 5 \times 4 \times 2} = \sqrt{36 \times 9 \times 4 \times 5 \times 4 \times 2};$$

$$A_t = 6 \times 3 \times 2 \times 2\sqrt{5 \times 2} = 72\sqrt{10} = 72 \times 3.162.$$

$$\therefore \quad A_t = 227.694.$$

Segundo caso. Dados los lados y el ángulo comprendido. Si los lados son **a** y **b** y el ángulo comprendido **C** se utiliza la fórmula:

$$\mathbf{A} = \frac{1}{2}\mathbf{ab}\ sen\ \mathbf{C}.$$

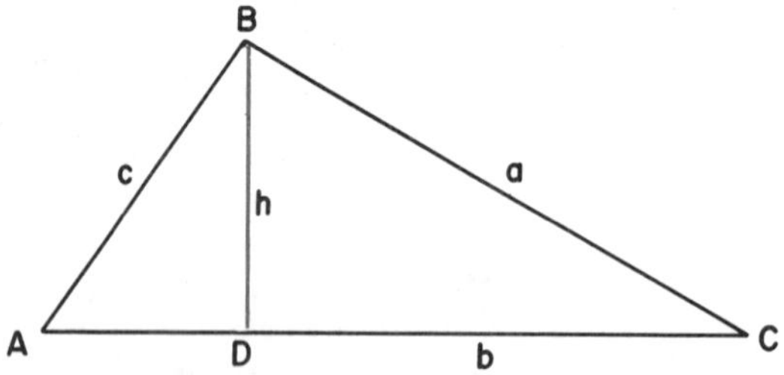

Fig. 335

DEMOSTRACIÓN. De la fórmula:

$$A_t = \frac{1}{2}\mathbf{bh}; \qquad (1)$$

$$\frac{\mathbf{h}}{\mathbf{a}} = sen\ \mathbf{C};$$

$$\therefore \quad \mathbf{h} = \mathbf{a}\ sen\ \mathbf{C}. \qquad (2)$$

Sustituyendo (2) en (1):

$$A_t = \frac{1}{2}\mathbf{ba}\ sen\ \mathbf{C}.$$

Análogamente se obtiene:

$$\text{Area} = \frac{1}{2}\mathbf{bc}\ sen\ \mathbf{A};$$

$$\text{Area} = \frac{1}{2}\mathbf{ac}\ sen\ \mathbf{B}.$$

Ejemplo. Hallar el área del triángulo cuyos datos son: $\mathbf{a} = 7$, $\mathbf{b} = 8$ y $\mathbf{C} = 30°$.

$$A_t = \frac{1}{2}\,ab\,sen\,C = \frac{1}{2} \times 7 \times 8\,sen\,30° \;;$$

$$A_t = \frac{1}{2} \times 56 \times 0.5 = 28 \times 0.5 = 14.$$

$$\therefore \quad A = 14.$$

Tercer caso. Dados un lado y dos ángulos. De la fórmula anterior:

$$A_t = \frac{1}{2}\,ab\,sen\,C \;; \qquad (1)$$

y de la ley de los senos:

$$\frac{a}{sen\,A} = \frac{b}{sen\,B} \cdots\cdots$$

se deduce, despejando **b**:

$$b = \frac{a\,sen\,B}{sen\,A} \;;$$

y sustituyendo en (1):

$$A_t = \frac{1}{2}\,a\left(\frac{a\,sen\,B}{sen\,A}\right) sen\,C\,.$$

$$\therefore \quad A_t = \frac{a^2\,sen\,B\;\;sen\,C}{2\,sen\,A}\,.$$

Análogamente se obtiene:

$$A_t = \frac{b^2\,sen\,A\;\;sen\,C}{2\,sen\,B} \;;$$

$$A_t = \frac{c^2\,sen\,A\;\;sen\,B}{2\,sen\,C} :$$

Ejemplo. Hallar el área del triángulo cuyos datos son: $A = 70°$, $B = 50°$ y $c = 50$.

$$A_t = \frac{c^2\,sen\,A\;\;sen\,B}{2\,sen\,C} = \frac{50^2\,sen\,70°\;\;sen\,50°}{2\,sen\,60°} \;;$$

$$A_t = \frac{2500 \times 0.93969 \times 0.76604}{2 \times 0.86603} = \frac{1250 \times 0.93969 \times 0.76604}{0.86603} \;;$$

$$A_t = \frac{899.7575}{0.86603} = 1038.9.$$

$$\therefore \quad A_t = 1038.9.$$

EJERCICIOS

Hallar las áreas de los triángulos oblicuángulos de los ejercicios anteriores de este capítulo.

RESPUESTAS

EJERCICIOS (*Dados los tres lados*)	EJERCICIOS (*Dados dos lados y el ángulo comprendido*)	EJERCICIOS (*Dados un lado y dos ángulos*)
1) 310.68	1) 405	1) 310.68
2) 28.5	2) 1655	2) 1655
3) 345	3) 493	3) 372000
4) 2590	4) 1470	4) 1470
5) 372000	5) 1660	5) 345
6) 751	6) 5750	6) 57600
7) 266.2	7) 354900	7) 266.2
8) 359	8) 1258.1	8) 1258.1
9) 24	9) 124.3	9) 24
10) 76.	10) 493.	10) 493.

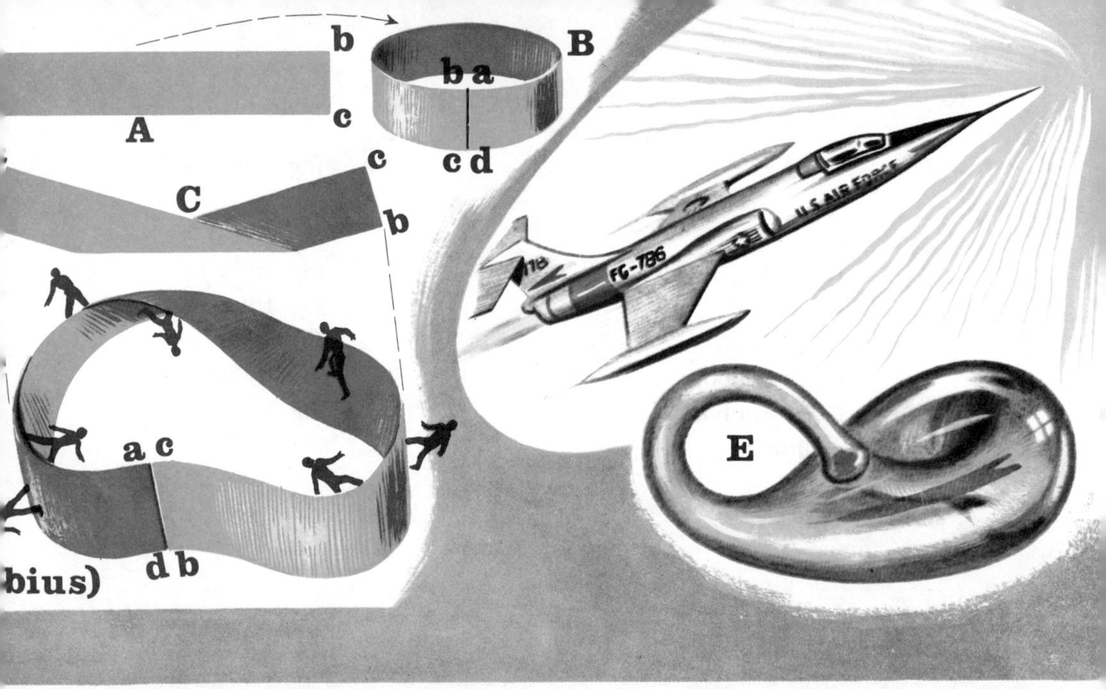

EOMETRÍA Y LA TOPOLOGÍA. La Topología Aatemática de lo posible» viene a ser una metría que solamente tiene en cuenta los con- s de «orden» y «continuidad». Fue bautizada ese nombre por Listing el año 1847. Así resulta la «cinta de Möbius», sobre la que, si imaginamos un hombre caminando, puede pasar del «anverso» al «reverso» de la misma sin «atravesarla»; es decir, «continuamente». La botella de Klein (fig. E) es otro ejemplo de superficie «unilátera».

28

Logaritmos. Logaritmos de las funciones trigonométricas

422. LOGARITMOS. Logaritmo de un número es el exponente a que hay que elevar otro número llamado base del sistema, para obtener el número dado. Si la base es 10 los logaritmos se llaman vulgares, decimales o de Briggs. Son los más usados en la matemática elemental.

Es decir: De las igualdades de la primera columna, se deducen las de la segunda columna:

$$10^{-3} = \frac{1}{10^3} = \frac{1}{1000} = 0.001\,, \qquad \text{resulta:} \quad \textit{log}\ 0.001 = -3$$

$$10^{-2} = \frac{1}{10^2} = \frac{1}{100} = 0.01\,, \qquad \text{"} \quad \textit{log}\ 0.01 = -2$$

$10^{-1} = \frac{1}{10^1} = \frac{1}{10} = 0.1$, resulta: $log\ 0.1 = -1$

$10^0 = 1$,	"	$log\ 1 = 0$
$10^1 = 10$,	"	$log\ 10 = 1$
$10^2 = 100$,	"	$log\ 100 = 2$
$10^3 = 1000$,	"	$log\ 1000 = 3$
$10^4 = 10000$,	"	$log\ 10000 = 4$
$10^5 = 100000$,	"	$log\ 100000 = 5$

y así sucesivamente.

423. PROPIEDADES DE LOS LOGARITMOS VULGARES. 1ª) Los únicos números cuyos logaritmos son números enteros, son las potencias de 10 de exponente entero.

Ejemplos:

$10^{-2} = 0.01$	....	$log\ 0.01 = -2$
$10^{-1} = 0.1$	....	$log\ 0.1 = -1$
$10^0 = 1$	....	$log\ 1 = 0$
$10^1 = 10$	....	$log\ 10 = 1$
$10^2 = 100$	....	$log\ 100 = 2$
$10^3 = 1000$	....	$log\ 1000 = 3$.

2ª) El logaritmo de los números comprendidos entre 1 y 10, tienen sus logaritmos comprendidos entre 0 y 1 ya que $log\ 1 = 0$ y $log\ 10 = 1$.

Ejemplos:

$log\ 2 = 0.3010$	....	$log\ 8 = 0.9031$
$log\ 4 = 0.6021$	....	$log\ 9 = 0.9542$.

Los números comprendidos entre 100 y 1000 tienen su logaritmo comprendido entre 2 y 3, ya que $log\ 100 = 2$ y $log\ 1000 = 3$.

Análogamente, los números comprendidos entre 1000 y 10000, tienen su logaritmo entre 3 y 4, ya que $log\ 1000 = 3$ y $log\ 10000 = 4$.

Ejemplos:

$log\ 200 = 2.3010$	....	$log\ 2000 = 3.3010$
$log\ 400 = 2.6021$	....	$log\ 4000 = 3.6021$
$log\ 800 = 2.9031$	....	$log\ 8000 = 3.9031$.

3ª) Los números negativos no tienen logaritmo. El logaritmo de todo número que no sea una potencia de 10 de exponente entero consta de una parte entera y una parte decimal. La parte entera se llama característica y la parte decimal mantisa.

Ejemplos:

$\log 2 = 0.3010$	....	característica $= 0$
		mantisa $= 0.3010.$
$\log 400 = 2.6021$	....	característica $= 2$
		mantisa $= 0.6021.$
$\log 8000 = 3.9031$	....	característica $= 3$
		mantisa $= 0.9031.$

La mantisa es *siempre* positiva.

La característica es *positiva* si el número es mayor que 1 y *negativa* cuando el número está comprendido entre 0 y 1.

La característica de los logaritmos de los números comprendidos entre 1 y 10, es cero.

Para hallar la característica del logaritmo de un *número* mayor que 1, se resta una unidad al número de cifras de su parte entera.

Ejemplos:

4856 tiene 4 cifras; la característica de su logaritmo es 3.
386 tiene 3 cifras; la característica de su logaritmo es 2.
8 tiene 1 cifra; la característica de su logaritmo es 0.
1215.65 tiene 4 cifras de parte entera; la característica de su logaritmo es 3.

Para hallar la característica de un *número* menor que 1, se suma la unidad al número de ceros que hay entre el punto decimal y la primera cifra significativa. Esta característica es negativa.

Ejemplos:

la característica de $\log 0.4$ es -1,
la característica de $\log 0.05$ es -2,
la característica de $\log 0.008$ es -3.

Cuando se escribe un logaritmo cuya característica es negativa, el signo menos se coloca sobre la característica y no delante de ella, porque de esta manera afectaría a todo el logaritmo y debemos recordar que las mantisas siempre son positivas.

Ejemplos:

$\log 0.04 = \bar{2}.6021$	que significa:	$-2 + 0.6021$
$\log 0.0008 = \bar{4}.9031$	" "	$-4 + 0.9031.$

424. CALCULO LOGARITMICO. Si **B** es la base de un sistema de logaritmos y **M** y **N** son dos números cualesquiera, tenemos:

$$\text{Si:}\quad \log M = x, \quad \text{entonces:}\quad B^x = M, \qquad (1)$$

$$\log N = y, \quad \text{"} \quad B^y = N. \qquad (2)$$

Logaritmo de un producto. "*El logaritmo de un producto es igual a la suma de los logaritmos de los factores*".

Multiplicando miembro a miembro (1) y (2), tenemos:

$$B^x \cdot B^y = MN,$$

$$B^{x+y} = MN.$$

$$\therefore \quad \log MN = x + y. \qquad (3)$$

Pero: $\log M = x$ y $\log N = y$.

Sustituyendo estos valores en (3), tenemos:

$$\log MN = \log M + \log N.$$

Logaritmo de un cociente. "*El logaritmo de un cociente es igual al logaritmo del dividendo menos el logaritmo del divisor*".

Dividiendo miembro a miembro (1) y (2), tenemos:

$$\frac{B^x}{B^y} = \frac{M}{N};$$

$$B^{x-y} = \frac{M}{N}.$$

$$\therefore \quad \log \frac{M}{N} = x - y. \qquad (4)$$

Pero: $\log M = x$ y $\log N = y$.

Sustituyendo estos valores en (4), tenemos:

$$\log \frac{M}{N} = \log M - \log N.$$

Logaritmo de una potencia. "*El logaritmo de una potencia es igual al exponente por el logaritmo de la base*".

Elevando a la potencia "n", ambos miembros de la igualdad (1), tenemos:

$$(B^x)^n = M^n.$$

$$\therefore \quad B^{n \cdot x} = M^n.$$

$$\therefore \quad \log M^n = n \cdot x. \qquad (5)$$

Y como: $\log \mathbf{M} = \mathbf{x}$, sustituyendo este valor en (5), tenemos:

$$\log \mathbf{M}^{\mathbf{n}} = \mathbf{n} \log \mathbf{M}.$$

Logaritmo de una raíz. "*El logaritmo de una raíz es igual al logaritmo del radicando dividido entre el índice de la raíz*".

Extrayendo raíz enésima en ambos miembros de la igualdad (1), tenemos:

$$\sqrt[n]{\mathbf{B}^{\mathbf{x}}} = \sqrt[n]{\mathbf{M}}.$$

$$\therefore \quad \mathbf{B}^{\frac{\mathbf{x}}{\mathbf{n}}} = \sqrt[n]{\mathbf{M}}.$$

$$\therefore \quad \log \sqrt[n]{\mathbf{M}} = \frac{\mathbf{x}}{\mathbf{n}}. \qquad (6)$$

Y como: $\log \mathbf{M} = \mathbf{x}$, sustituyendo este valor en (6), tenemos:

$$\log \sqrt[n]{\mathbf{M}} = \frac{\log \mathbf{M}}{\mathbf{n}}.$$

Ejemplos:

$$\log (3.4 \times 5.62) = \log 3.4 + \log 5.62$$

$$\log (25 \times 8.3 \times 615) = \log 25 + \log 8.3 + \log 615$$

$$\log \frac{1.8}{0.72} = \log 1.8 - \log 0.72$$

$$\log \frac{4.3 \times 5.9}{12.35} = \log 4.3 + \log 5.9 - \log 12.35$$

$$\log 3.2^9 = 9 \times \log 3.2$$

$$\log (7.8^5 \times 3.62) = 5 \log 7.8 + \log 3.62$$

$$\log \frac{4.6^4}{5} = 4 \times \log 4.6 - \log 5$$

$$\log \sqrt[5]{6.32} = \frac{\log 6.32}{5}$$

$$\log \left(\frac{\sqrt[4]{9}}{2} \right) = \frac{\log 9}{4} - \log 2.$$

425. ANTILOGARITMOS. **Se llama antilogaritmo, al número a que corresponde un logaritmo dado.**

Ejemplos:

Si:	$\log 2 = 0{,}3010$	......	$\text{antilog}\ 0{,}3010 = 2$
"	$\log 40 = 1.6021$	......	$\text{antilog}\ 1.6021 = 40$
"	$\log 800 = 2.9031$	......	$\text{antilog}\ 2.9031 = 800.$

EJERCICIOS

Calcular las características de los logaritmos de los siguientes números:

1) 432. .... *R.:* 2.
2) 86. .... *R.:* 1.
3) 7528. .... *R.:* 3.
4) 13.56. .... *R.:* 1.
5) 7.18. .... *R.:* 0.
6) 436.925. .... *R.:* 2.
7) 108.36. .... *R.:* 2.
8) 23.01. .... *R.:* 1.
9) 9.3426. .... *R.:* 0.
10) 48.35272. .... *R.:* 1.
11) 0.5. .... *R.:* $\bar{1}$.
12) 0.0028. .... *R.:* $\bar{3}$.
13) 0.000325. .... *R.:* $\bar{4}$.
14) 0.00000083. .... *R.:* $\bar{7}$.
15) 0.0000721. .... *R.:* $\bar{5}$.
16) 48365. .... *R.:* 4.
17) 324.762. .... *R.:* 2.
18) 18.36509. .... *R.:* 1.
19) 0.00723. .... *R.:* $\bar{3}$.
20) 0.000015. .... *R.:* $\bar{5}$.

Aplicar logaritmos a las siguientes expresiones:

21) **ab**. .... *R.:* $\log \mathbf{ab} = \log \mathbf{a} + \log \mathbf{b}$.
22) 5**x**. .... *R.:* $\log 5\mathbf{x} = \log 5 + \log \mathbf{x}$.
23) 42×5.6. .... *R.:* $\log (42 \times 5.6) = \log 42 + \log 5.6$.
24) $\frac{\mathbf{c}}{\mathbf{d}}$. .... *R.:* $\log \frac{\mathbf{c}}{\mathbf{d}} = \log \mathbf{c} - \log \mathbf{d}$.
25) $\frac{\mathbf{x}}{3}$. .... *R.:* $\log \frac{\mathbf{x}}{3} = \log \mathbf{x} - \log 3$.

26) $\frac{ab}{x}$. .... R.: $\log \frac{ab}{x} = \log a + \log b - \log x$.

27) $\frac{cd}{5}$. .... R.: $\log \frac{cd}{5} = \log c + \log d - \log 5$.

28) x^n. .... R.: $\log x^n = n \log x$.

29) b^4. .... R.: $\log b^4 = 4 \times \log b$.

30) 15^3. .... R.: $\log 15^3 = 3 \times \log 15$.

31) $3x^2$. .... R.: $\log 3x^2 = \log 3 + 2 \times \log x$.

32) $\frac{4b^3}{5}$. .... R.: $\log \frac{4b^3}{5} = \log 4 + 3 \log b - \log 5$.

33) $\sqrt[3]{A}$. .... R.: $\log \sqrt[3]{A} = \frac{\log A}{3}$.

34) $\frac{\sqrt[5]{12}}{x}$. .... R.: $\log \frac{\sqrt[5]{12}}{x} = \frac{\log 12}{5} - \log x$.

35) $\sqrt{M} \quad \sqrt[3]{N}$. .... R.: $\log \sqrt{M} \cdot \sqrt[3]{N} = \frac{\log M}{2} + \frac{\log N}{3}$.

36) Demostrar que:

$$\log \frac{\sqrt{1+n^2}-1}{\sqrt{1+n^2}+1} = 2\,[\log\left(\sqrt{1+n^2}-1\right) - \log n].$$

Calcular los antilogaritmos en las siguientes expresiones.

37) $\log 2 = 0.3010$. R.: 2.

38) $\log y = 0.6021$. R.: y.

39) $\log z = 0.9031$. R.: z.

40) $\log 20 = 1.3010$. R.: 20

41) $\log t = 2.6021$. R.: t.

42) $\log 8 = 0.9031$. R.: 8.

43) $\log m = \bar{1}.3010$. R.: m.

44) $\log 0.02 = \bar{2}.3010$. R.: 0.02.

45) $\log p = \bar{3}.9031$. R.: p.

46) $\log 100 = 2.000$. R.: 100.

47) $\log x = \bar{1}.8837$. R.: x.

48) $\log u = \bar{1}.9243$. R.: u.

49) $\log 3 = 0.4771$. R.: 3.

50) $\log h = 2.0016$. R.: h.

51) $\log w = 1.5145$. R.: w.

426. MANEJO DE LA TABLA DE LOGARITMOS. Existen muchas tablas de logaritmos de diversos autores, cuyo manejo viene explicado en

la misma tabla. Nos limitaremos a explicar el manejo de la tabla incluida como apéndice a este texto. Se emplea esta tabla para resolver dos cuestiones:

A) Hallar el logaritmo de un número dado.

B) Hallar el antilogaritmo de un logaritmo dado.

A) *Hallar el logaritmo de un número.* Primero se determina la característica de acuerdo con lo explicado en el inciso 423.

Para hallar la mantisa:

1ª) *Cuando se trata de un número de una cifra:* **se toma la mantisa de la decena correspondiente a dicho número, en la columna encabezada "0".**

log 1 = 0.000

log 2 = 0.3010

N	0	1	2	3	4
10	0000	0043	0086	0128	0170
11	0414	0453	0492	0531	0569
12	0792	0828	0864	0899	0934
13	1139	1173	1206	1239	1271
14	1461	1492	1523	1553	1584
15	1761	1790	1818	1847	1875
16	2041	2068	2095	2122	2148
17	2304	2330	2355	2380	2405
18	2553	2577	2601	2625	2648
19	2788	2810	2833	2856	2878
20	3010	3032	3054	3075	309
21	3222	3243	3263	3284	33
22	3424	3444	3464	3483	
23	3617	3636	3655	3674	
24	3802	820	3838	38	

2ª) *Cuando se trata de un número de dos cifras.* **Se busca el número en la columna N y se toma la mantisa en la columna encabezada cero.**

log 51 = 1.7076

N	0	1	2	3	4
48	6812	6821			
49	6902	6911	6920		
50	6990	6998	7007	7016	
51	7076	7084	7093	7101	71
52	7160	7168	7177	7185	7193
53	7243	7251	7259	7267	7275
54	7324	7332	7340	7348	7356

$\log 92 = 1.9638$

N					
	9494	9499	9504		
90	9542	9547	9552	[illegible]	
91	9590	9595	9600	9605	
92	9638	9643	9647	9652	[illegible]
93	9685	9689	9694	9699	[illegible]
94	9731	9736	9741	9745	9750
95	9777	9782	9786	9791	9795

3ª) *Cuando se trata de un número de tres cifras*. **Se buscan las dos primeras cifras en la columna N y se toma la mantisa en la columna correspondiente a la tercera cifra.**

$\log 382 = 2.5821$

$\log 412 = 2.6149$

N	0	1	2	3	
34					
35	5441	5453			
36	5563	5575	5587	5599	
37	5682	5694	5705	5717	[illegible]
38	5798	5809	5821	5832	5843
39	5911	5922	5933	5944	5955
40	6021	6031	6042	6053	6064
41	6128	6138	6149	6160	6170
42	6232	6243	6253	6263	6274
43	6335	6345	6355	6365	6375
44	6435	6444	6454	6464	[illegible]
45	6532	6542	6551	[illegible]	
[illegible]					

4ª) *Cuando se trata de un número de más de tres cifras*. **Este caso vamos a explicarlo desarrollando un ejemplo. Hallemos *log* 8.005. Primero determinamos la característica. Como la parte entera tiene una sola cifra, dicha característica es cero.**

Determinemos la mantisa: Se consideran las tres primeras cifras y buscamos *log* 8.00 y *log* 8.01.

$\log 8.00 = 0.9031$

$\log 8.01 = 0.9036$

N	0	1	2			
[illegible]	[illegible]					
78	8921	8927	8932	8938		
79	8976	8982	8987	8993	8998	
80	9031	9036	9042	9047	9053	[illegible]
81	9085	9090	9096	9101	9106	[illegible]
82	9138	9143	9149	9154	9159	[illegible]
83	9191	9196	9201	9206	9212	
84	9243	9248	9253	9258	9263	
85	9294	9299	9304	9309	9315	
86	9345	9350	9355	9360	[illegible]	
	[illegible]	9400	9405	[illegible]		

log 8.01 = 0.9036
log 8.00 = 0.9031

0.0005 ——— diferencia correspondiente a 0.01.

Sabiendo esta diferencia, calculamos la diferencia correspondiente a 0.005.

0.01 ——— 0.00005
0.005 ——— x

$$x = \frac{0.005 \times 0.0005}{0.01} = \frac{0.0000025}{0.01} = 0.00025$$

Entonces:

log 8.00 —— = 0.9031
diferencia para 0.005 —— = 0.00025

log 8.005 —— = 0.90335

427. MANERA DE HALLAR EL ANTILOGARITMO.

1º) *Cuando el logaritmo figura en la tabla.*

log x = 1.7076
x = 51
log y = 3.7259
y = 5320

log z = 0.7482

log u = $\bar{1}$.7642
u = 0.581

N	0	1	2	3	4
50	6990	6998	7007	7016	7024
51	7076	7084	7093	7101	7110
52	7160	7168	7177	7185	7193
53	7243	7251	7259	7267	7275
54	7324	7332	7340	7348	735
55	7404	7412	7419	7427	74
56	7482	7490	7497	7505	
57	7559	7566	7574	7582	
58	7634	7642	7649	7657	
59	7709	7716	7723	7731	
60	7782	7789	7796	78	
61	7853	7860	7868		
62	7924	7931	7938		

Cuando la mantisa se encuentre en la columna encabezada por "0". el antilogaritmo se encuentra en la columna encabezada por "N".

Cuando la mantisa se encuentra en una columna encabezada por "1", "2", etc., dicha cifra se coloca a continuación de las cifras tomadas en la columna "N".

La característica nos determina la posición del punto decimal, o sea, el número de cifras de la parte entera.

2º) *Cuando el logaritmo no figura en la tabla*

Vamos a explicarlo con un ejemplo.

Tenemos: $log\, \mathbf{x} = 1.0875$. Queremos determinar el valor de **x**; es decir el antilogaritmo correspondiente al logaritmo 1.0875.

Sabemos que la característica 1, significa que el número tiene dos cifras en su parte entera. Nos falta buscar cuales son estas cifras y ésto lo da la mantisa 0.0875.

Buscamos en la tabla la mantisa que más se aproxime por *defecto*.

$\mathbf{x} = 122$ ———

N	0	1	2	3	4
10	0000	0043	0086	0128	0170
11	0414	0453	0492	0531	0569
12	0792	0828	0864	0899	0934
13	1139	1173	1206	1239	1271
14	1461	1492	1523	1553	158
15	1761	1790	1818	1847	18

En este caso encontramos que la mantisa 0.0864 corresponde al número 12 en la columna 2. Es decir a un número cuyas cifras son 122.

Como sabemos que el número tiene dos cifras de parte entera, tenemos, que aproximadamente el valor buscado, es 12.2.

Si queremos obtener una aproximación mayor, es decir más cifras decimales, hacemos lo siguiente:

a) Hallamos la diferencia entre la mantisa que tenemos y la que hemos tomado de la tabla. A esta diferencia la llamaremos 1ª diferencia:

$$\begin{array}{rr} & 0.0875 \\ & 0.0864 \\ \hline 1^{a} \text{ diferencia} = & 0.0011 \end{array}$$

b) Hallamos la diferencia entre la mantisa tomada en la tabla y la mantisa siguiente que corresponde al número 123. A esta diferencia la llamaremos 2ª diferencia:

$$\begin{array}{rr} & 0.0899 \\ & 0.0864 \\ \hline 2^{a} \text{ diferencia} = & 0.0035 \end{array}$$

c) Ahora decimos:

Si 35 corresponde a una diferencia de 1
11 " " " " " x

$$x = \frac{11}{35} = 0.314.$$

Luego las cifras del número buscado son: 12.2314.

EJERCICIOS

Calcular las siguientes expresiones, empleando logaritmos:

1) $\frac{53.2 \times 16.24}{89.2} =$ .... *R.:* 9.685.

2) $\frac{71.5 \times 8.64}{0.5 \times 8.6} =$ .... *R.:* 143.665.

3) $\frac{(-6.3) \times (-9.432)}{(-0.05) \times 816.5} =$ .... *R.:* — 1.455.

4) $5^4 \times 0.3^3 =$ .... *R.:* 16.875.

5) $8^{\frac{1}{4}} \times 6^{\frac{1}{2}} \times 4^{\frac{2}{3}} =$ .... *R.:* 10.366.

6) $\frac{5^6}{4.3^4} =$ .... *R.:* 45.703.

7) $\frac{0.48^6}{2.4^4} =$ .... *R.:* 0.000368.

8) $\frac{8^{\frac{2}{3}}}{6^{\frac{8}{4}}} =$ .... *R.:* 1.043.

9) $\sqrt{8.36 \times 9.12} =$ .... *R.:* 8.731.

10) $\sqrt[4]{\frac{64.8 \times 203.5}{94.2}} =$ .... *R.:* 3.4.

11) $\sqrt[3]{\frac{3}{4}} \times \sqrt[4]{\frac{2}{5}} =$ .... *R.:* 0.7225.

12) $\left(\frac{7}{8}\right)^{\frac{3}{4}} =$ .... *R.:* 0.905.

13) $\left(\dfrac{0.06123}{0.1823}\right)^{\frac{2}{3}} =$ .... *R*.: 0.483.

14) $\sqrt{3} \times \sqrt{5} \times \sqrt{0.04} =$ .... *R*.: 0.775.

15) $\dfrac{\sqrt{46.28} \times \sqrt{62.15}}{\sqrt{215.3}} =$ .... *R*.: 3.655.

428. MANEJO DE LA TABLA DE FUNCIONES TRIGONOMETRICAS NATURALES. Esta tabla se emplea para resolver dos cuestiones:

1ª) Hallar el valor de una función trigonométrica de un ángulo dado.

2ª) Dado el valor de una función trigonométrica de un ángulo, hallar dicho ángulo.

Para hallar el valor de una función trigonométrica consideremos dos casos:

Caso A) Cuando el ángulo dado figura en la tabla. Para hallar el valor de una función de un ángulo menor de 45°, se busca el ángulo en la 1ª *columna de la izquierda* y el nombre de la función en la fila vertical correspondiente.

El valor de la función trigonométrica se halla en la intersección de la fila donde se lee el ángulo y la columna encabezada por la función trigonométrica buscada.

Ejemplo. Hallar *cos* 27° 20′.

Grados	Sen	Csc	Tan	Cot	Sec	Cos	
27° 0′	.4540	2.203	.5095	1.963	1.122	.8910	**63° 0′**
10′	566	190	132	949	124	897	50′
20′	592	178	169	935	126	884	40′
30′	.4617	2.166	.5206	1.921	1.127	.8870	30′
40′	643	154	243	907	129	857	20′
50′	669	142	280	894	131	843	10′
28° 0′	.4695	2.130	.5317	1.881	1.133	.8829	**62° 0′**
10′	720	118	354	868	134	816	50′
20′	746	107	392	855	136	802	40′
30′	.4772	2.096	.5430	1.842	1.138	.8788	30′
40′	797	085	467	829	140	774	20′
50′		074	505				
29°							

cos 27° 20′ = 0.8884

Si el ángulo dado es mayor de 45°, se busca el ángulo en la *última columna de la derecha*, y el nombre de la función en la *última fila inferior*.

El valor de la función se halla en la intersección de la fila y la **columna**, igual que en el ejemplo anterior.

Ejemplo 1. Hallar *cot* 54° 10′

					[illegible]	[illegible]	20′
			[illegible]	[illegible]	204	307	10′
34° 0′	.5592	1.788	.6745	1.483	1.206	.8290	**56° 0′**
10′	616	781	787	473	209	274	50′
20′	640	773	830	464	211	258	40′
30′	.5664	1.766	.6873	1.455	1.213	.8241	30′
40′	688	758	916	446	216	225	20′
50′	712	751	.6959	437	218	208	10′
35° 0′	.5736	1.743	.7002	1.428	1.221	.8192	**55° 0′**
10′	760	736	046	419	223	175	50′
20′	783	729	089	411	226	158	40′
30′	.5807	1.722	.7133	1.402	1.228	.8141	30′
40′	831	715	177	393	231	124	20′
50′	854	708	221	385	233	107	10′
36° 0′	.5878	1.701	.7265	1.376	1.236	.8090	**54° 0′**
	Cos	**Sec**	**Cot**	**Tan**	**Csc**	**Sen**	**Grados**

$$cot\ 54° \ 10' = 0.7221.$$

Caso B). Cuando el ángulo dado no figura en la tabla. En este caso, el valor de la función trigonométrica se determina por *interpolación*. La interpolación consiste en tomar dos valores inmediatamente próximos al valor buscado, uno superior y otro inferior, que se encuentran en la tabla y de ellos deducir el valor buscado.

Ejemplo 2. Hallar el *seno* de 20° 15′. Como el ángulo está comprendido entre 20° 10′ y 20° 20′, hallamos los senos de estos valores.

Grados	**Sen**	**Csc**	**Tan**	**Cot**	**Sec**	**Cos**	
18° 0′	.3090	3.236	.3249	3.078	1.051	.9511	
10′	118	207	281	047	052	502	50′
20′	[illegible]45	179	314	3.018	053	492	40′
30′				[illegible].989			
40′	305				062	417	20′
50′	393	947	607	773	063	407	10′
20° 0′	.3420	2.924	.3640	2.747	1.064	.9397	**70° 0′**
10′	448	901	673	723	065	387	50′
20′	475	878	706	699	066	377	40′
30′	.3502	2.855	.3739	2.675	1.068	.9367	30′
40′	529	833	772	651	069	356	20′
50′	557	812	805	628	070	346	10′
21° 0′	.3584	2.790	.3839	2.605	1.071	.9336	**69° 0′**
	[illegible]	769			[illegible]	325	50′
							40′

$$sen\ 20° \ 20' = 0.3475$$
$$sen\ 20° \ 10' = 0.3448$$
$$10' = 0.0027$$

Estableciendo la proporción correspondiente, tenemos:

$$10' \text{ ——— } 0.0027 \qquad x = \frac{0.0027 \times 5}{10} = \frac{0.0027}{2}$$

$$5' \text{ ——— } x \qquad x = 0.00135$$

$$\begin{array}{rr} & sen\ 20°\ 10' = 0.34480 \\ \text{parte proporcional a} & 5' = 0.00135 \\ \hline & sen\ 20°\ 15' = 0.34615 \end{array}$$

Ejemplo 3. Hallar el *coseno* de 27° 23′.

Grados	Sen	Csc	Tan	Cot	Sec	Cos	
27° 0′	.4540	2.203	.5095	1.963	1.122	.8910	**63° 0′**
10′	566	190	132	949	124	897	50′
20′	592	178	169	935	126	884	40′
30′	.4617	2.166	.5206	1.921	1.127	.8870	30′
40′	643	154	243	907	129	857	20′
50′	669	142	280	894	131	843	10′
28° 0′	.4695	2.130	.5317	1.881	1.133	.8829	**62° 0**
10′	720	118	354	868	134	816	50′
20′	746	107	392	855	136	802	40′
30′	4772	2.096	.5430	1.842	1.138	.8788	30′
40′	797	085	467	829	140	774	20′
50′	823	074	505	816	142	760	
	[illegible]		[illegible]	1.804			

$$\begin{array}{r} cos\ 27°\ 20' = 0.8884 \\ cos\ 27°\ 30' = 0.8870 \\ \hline 10' = 0.0014 \end{array}$$

$$10' \text{ ——— } 0.0014 \qquad x = \frac{0.0014 \times 3}{10}$$

$$3' \text{ ——— } x \qquad x = \frac{0.0042}{10} = 0.0004$$

$$\begin{array}{rr} & cos\ 27°\ 20' = 0.8884 \\ \text{parte proporcional a} & 3' = 0.0004 \\ \hline & cos\ 27°\ 23' = 0.8880 \end{array}$$

Obsérvese que en este caso, el valor obtenido para los 3′, se *resta*, porqué al aumentar el ángulo. el coseno *disminuye*. Lo mismo sucede con la *cotangente y con la cosecante.*

429. MANEJO DE LA TABLA DE FUNCIONES TRIGONOMETRICAS LOGARITMICAS. Es posible hallar el logaritmo de una función trigonométrica, hallando primero el valor de la función por medio de la tabla de funciones naturales y después buscar el logaritmo de dicho valor.

Ejemplo. Hallar el valor de $\log \operatorname{sen} 12^\circ\, 20'$.

Hallamos primero $\operatorname{sen} 12^\circ\, 20' = 0.2136$ y después $\log 0.2136 = \bar{1}.3296$.

Por tanto: $\log \operatorname{sen} 12^\circ\, 20' = \bar{1}.3296$.

Sin embargo, este procedimiento necesita emplear primero la tabla de funciones trigonométricas naturales y después la tabla de logaritmos.

Para eliminar esta operación, en dos etapas, se han preparado tablas que dan directamente los logaritmos de las funciones trigonométricas.

Las tablas que damos en el apéndice contienen en la primera columna de la izquierda, los ángulos desde 0° hasta 45° de 10′ en 10′.

Los ángulos desde 45° hasta 90°, se dan en orden inverso, en la primera columna de la derecha, también de 10′ en 10′.

Si el ángulo es menor de 45°, se busca en la columna de la izquierda y el nombre de la función se lee por la parte superior; cuando el ángulo es mayor de 45°′, se busca en la columna de la derecha y el nombre de la función se lee por la parte inferior.

Para facilitar la interpolación, se dan columnas de diferencias. Estas columnas encabezadas por la letra "d", están situadas a la derecha de las columnas "L *sen*" y "L *cos*" Las columnas de la tangente y la cotangente, encabezadas "L *tan*" y "L *cot*", tienen una diferencia común, situada entre las dos columnas, encabezada por las letras "dc".

Los senos y los cosenos tienen un valor menor que la unidad y, por tanto, los logaritmos de estos valores tienen características negativas.

Como también las tangentes de los ángulos menores de 45°, y las cotangentes de ángulos mayores de 45° y menores de 90° son menores que la unidad, sus logaritmos tienen característica negativa.

Para evitar escribir características negativas en la tabla, se pone 9 en lugar de $\bar{1}$; 8 en lugar de $\bar{2}$, etc.; por tanto, al tomarlos de la tabla, debemos recordar este convenio.

Las características de los logaritmos de las tangentes de los ángulos comprendidos entre 45° y 90°, son las que figuran en la tabla; también lo son las de los logaritmos de las cotangentes de ángulos menores de 45°.

En esta tabla no aparecen los valores de los logaritmos de las secantes y las cosecantes. En caso que fuera necesario calcularlos, recordemos que la secante y la cosecante son los recíprocos del coseno y el seno respectivamente.

Angulo	L Sen	d	L Cos	d	L Tan	dc	L Cot	
27° 0′	9.6570	2.5	9.9499	.7	9.7072	3.1	10.2928	**63°** 0′
10′	.6595	2.5	.9492	.6	.7103	3.1	.2897	50′
[illegible]	.6620	2.4	.9486		.7134	3.1	.2866	
	.66[illegible]		.9[illegible]			3.1		10′
[illegible]				.7			10.256[illegible]	**61°** 0′
[illegible]				.7	.746[illegible]	[illegible]	.2533	50′
[illegible]		2.2	.[illegible]404	.7	.7497	2.9	.2503	40′
30′	.6923	2.3	.9397	.7	.7526	3.0	.2474	30′
40′	.6946	2.2	.9390	.7	.7556	2.9	.2444	20′
50′	.6968	2.2	.9383	.8	.7585	2.9	.2415	10′
30° 0′	9.6990	2.2	9.9375	.7	9.7614	3.0	10.2386	**60°** 0′
10′	.7012	2.1	.9368	.7	.7644	2.9	.2356	50′
20′	.7033	2.2	.9361	.8	.7673	2.8	.2327	40′
30′	.7055	2.1	.9353	.7	.7701	2.9	.2299	30′
40′	.7076	2.1	.9346	.8	.7730	2.9	.2270	20′
50′	.7097	2.1	.9338	.7	.7759	2.9	.2241	10′
31° 0′	9.7118	2.1	9.9331	.8	9.7788	2.8	10.2212	**59°** 0′
10′	.7139	2.1	.9323	.8	.7816	2.9	.2184	50′
20′	.7160	2.1	.9315	.7	.7845	2.8	.2155	40′
30′	.7181	2.0	.9308	.8	.7873	2.9	.2127	
40′	.7201	2.1	.9300	.8	.7902		[illegible]	
50′			.9[illegible]		.7930			

Ejemplos

$$log\ sen\ 30° = \bar{1}.6990$$

$$log\ cos\ 30°\ 10' = \bar{1}.9368$$

$$log\ tan\ 30°\ 40' = \bar{1}.7730$$

$$log\ cot\ 31° = 0.2212$$

$$log\ cot\ 31°\ 10' = 0.2184.$$

20′	[illegible]63	1.4			.9595			
30′	.8297	1.4	.8676	1.1	.9621	2.5		
40′	.8311	1.3	.8665	1.2	.9646	2.5	[illegible]	
50′	.8324	1.4	.8653	1.2	.9671	2.6	.0329	10′
43° 0′	9.8338	1.3	9.8641	1.2	9.9697	2.5	10.0303	**47°** 0′
10′	.8351	1.4	.8629	1.1	.9722	2.5	.0278	50′
20′	.8365	1.3	.8618	1.2	.9747	2.5	.0253	40′
30′	.8378	1.3	.8606	1.2	.9772	2.6	.0228	30′
40′	.8391	1.4	.8594	1.2	.9798	2.5	.0202	20′
50′	.8405	1.3	.8582	1.3	.9823	2.5	.0177	10′
44° 0′	9.8418	1.3	9.8569	1.2	9.9848	2.6	10.0152	**46°** 0′
10′	.8431	1.3	.8557	1.2	.9874	2.5	.0126	50′
20′	.8444	1.3	.8545	1.3	.9899	2.5	.0101	40′
30′	.8457	1.2	.8532	1.2	.9924	2.5	.0076	30′
40′	.8469	1.3	.8520	1.3	.9949	2.6	.0051	20′
50′	.8482	1.3	.8507	1.2	9.9975	2.5	.0025	10′
45° 0′	9.8495		9.8495		10.0000		10.0000	**45°** 0′
	L Cos	d	L Sen	d	L Cot	dc	L Tan	Angulo

Ejemplos.

$$\log \operatorname{sen} 45^\circ\ 10' = \bar{1}.8507$$

$$\log \cos 45^\circ\ 20' = \bar{1}.8469$$

$$\log \cos 45^\circ\ 30' = \bar{1}.8457$$

$$\log \tan 45^\circ\ 40' = 0.0101$$

$$\log \cot 45^\circ\ 50' = \bar{1}.9874.$$

430. INTERPOLACION. Cuando se trata de buscar el logaritmo de una función trigonométrica que no está en la tabla, ya que en ella los valores están calculados de 10′ en 10′, necesitamos hacer un cálculo auxiliar, llamado *interpolación*. Vamos a explicarlo con ejemplos:

Ejemplo 1. Hallar *log sen* 30° 25′.

Buscamos: *log sen* 30° 20′.

$$\log \operatorname{sen} 30^\circ\ 20' = \bar{1}.7033.$$

Tomamos de la columna "d", la diferencia: 22 (veintidos diezmilésimas), que corresponde a 10′. Sabiendo esta diferencia, calculamos la diferencia correspondiente a 5′.

10′ ——— 22

5′ ——— x

$$x = \frac{22 \times 5'}{10'} = \frac{22}{2} = 11.$$

Entonces tenemos:

$$\log \operatorname{sen} 30'\ 20' = \bar{1}.7033$$

valor correspondiente a $5' = \underline{\quad 11}$

$$\log \operatorname{sen} 30^\circ\ 25' = \bar{1}.7044$$

El valor correspondiente a 5′, *lo sumamos* al *log sen* 30′ 20′, porque *el seno es una función creciente*. También lo es la tangente.

Ejemplo 2. Hallar *log cot* 45° 32′.

$$\log \cot 45^\circ\ 30' = \bar{1}.9924.$$

Tomamos de la columna "dc", la diferencia: 25 (veinticinco diezmilésimas) que corresponde a 10′. Sabiendo esta diferencia, calculamos la diferencia correspondiente a 2′.

$$\begin{array}{lcl} 10' & \text{———} & 25 \\ 2' & \text{———} & x \end{array} \qquad x = \frac{2' \times 25}{10'} = \frac{50}{10} = 5.$$

Entonces tenemos:

$$\begin{array}{rr} \log \cot 45^\circ 30' = & \bar{1}.9924 \\ \text{valor correspondiente a} \quad 2' = & 5 \\ \hline \log \cot 45^\circ 32' = & \bar{1}.9919 \end{array}$$

El valor correspondiente a 2′, *lo restamos* al *log cot* 45° 30′, porque la *cotangente es una función decreciente* También lo es el coseno.

EJERCICIOS

Hallar los siguientes valores:

1) *log tan* 5°. ———— R.: $\bar{2}.9420$.

2) *log cot* 9° 20′. ———— R.: 0.7842.

3) *log sen* 20° 32′. ———— R.: $\bar{1}.5450$.

4) *log cos* 25° 16′. ———— R.: $\bar{1}.9563$.

5) *log sen* 34° 40′. ———— R.: $\bar{1}.7550$.

6) *log cos* 51°. ———— R.: $\bar{1}.7989$.

7) *log sen* 59° 30′. ———— R.: $\bar{1}.9353$.

8) *log tan* 64° 42′. ———— R.: 0.3254.

9) *log cot* 71° 38′. ———— R.: $\bar{1}.5211$.

10) *log cos* 80° 20′. ———— R.: $\bar{1}.2251$.

11) *log sen* 85°. ———— R.: $\bar{1}.9983$.

12) *log cos* 55° 16′. ———— R.: $\bar{1}.7557$.

13) *log tan* 68° 12′. ———— R.: 0.3979.

14) *log sen* 74° 18′. ———— R.: $\bar{1}.9835$.

15) *log cos* 23° 12′. ———— R.: $\bar{1}.9634$

16) *log cot* 13° 5′. ——————— *R*.: 0.6338.

17) *log cos* 75°. ——————— *R*.: $\overline{1}.4130$.

18) *log cot* 54° 6′. ——————— *R*.: $\overline{1}.8597$.

19) *log sen* 17° 51′. ——————— *R*.: $\overline{1}.4865$.

20) *log cos* 72° 9′. ——————— *R*.: $\overline{1}.4865$.

eometría aplicada en la Era del espacio. El ›re moderno se ha lanzado a la conquista del cio sideral. Los satélites artificiales son verda- s cerebros que registran cuantos datos inte- a los científicos. Estos vehículos espaciales han preparado el camino al hombre.. El cosmonauta es el hombre del futuro. Estas naves que surcan la estratosfera nos ofrecen de nuevo formas de Geometría aplicada: esferas, conos. cilindros, triángulos, etcétera, al servicio de la ciencia moderna.

29

Aplicaciones de los logaritmos

431. APLICACION DE LOS LOGARITMOS A LA RESOLUCION DE TRIANGULOS Y AL CALCULO DE LAS AREAS. La aplicación de los logaritmos facilita notablemente la resolución de los triángulos a las áreas de los mismos, ya que los productos o cocientes se convierten en sumas o restas respectivamente.

432. APLICACION DE LOS LOGARITMOS PARA LA RESOLUCION DE TRIANGULOS RECTANGULOS. A las fórmulas empleadas para resolver los triángulos rectángulos y calcular sus áreas, se les aplica logaritmos, sin hacerles transformación alguna.

Se exceptúa el cálculo de la hipotenusa en el 1er. caso, que se suele calcular *sin emplear logaritmos.*

Primer caso. Resolver y calcular el área del triángulo:

$b = 208,\qquad c = 160,\qquad \angle A = 90°.$

Fórmulas: $a = \sqrt{b^2 + c^2}$; $\angle C = 90° - \angle B$;

$\tan B = \dfrac{b}{c}$; $\text{Area} = \dfrac{b \cdot c}{2}$.

Cálculo de a.

$$a = \sqrt{b^2 + c^2} = \sqrt{208^2 + 160^2} = \sqrt{43264 + 25600} = \sqrt{68864} = 262.04.$$

Cálculo de $\angle B$. $\tan B = \dfrac{b}{c}$.

$\log \tan B = \log b - \log c$
$\log \tan B = \log 208 - \log 160$
$\log 208 = 2.3181$
$\log 160 = 2.2041$
$\log \tan B = 2.3181 - 2.2041 = 0.1140.$

$\therefore \quad B = 52°\ 26'.$

Cálculo de $\angle C$.

$\angle C = 90° - \angle B$
$= 90° - 52°\ 26'$
$= 37°\ 34'$

Cálculo del área. $A = \dfrac{bc}{2}$.

$\log A = \log b + \log c - \log 2$
$\log A = \log 208 + \log 160 - \log 2$
$\log A = 2.3181 + 2.2041 - 0.3010$
$\log A = 4.2212$
$\therefore \quad A = 16642\ 31.$

Segundo caso. Resolver y calcular el área del triángulo:

$a = 690,\qquad b = 426,\qquad \angle A = 90°.$

Fórmulas: $c = \sqrt{(a+b)(a-b)}$; $\text{sen } B = \dfrac{b}{a}$.

$\angle C = 90° - \angle B$; $\text{Area} = \dfrac{b}{2}\sqrt{(a+b)(a-b)}$.

Cálculo de c. $c = \sqrt{(a+b)(a-b)}$.

$$\log c = \frac{\log (a+b) + \log (a-b)}{2}$$

$\log (a+b) = \log 1116 = 3.0476$
$\log (a-b) = \log 264 = 2.4216$

$$\log c = \frac{3.0476 + 2.4216}{2} = \frac{5.4692}{2}$$

$$\log c = 2.7346; \qquad \therefore \quad c = 542.$$

Cálculo de B. $\operatorname{sen} B = \dfrac{b}{a}$.

$$\log \operatorname{sen} B = \log b - \log a$$
$$\log \operatorname{sen} B = \log 426 - \log 690$$
$$\log 426 = 2.6294$$
$$\log 690 = 2.8388$$

$$\log \operatorname{sen} B = 2.6294 - 2.8388 = \bar{1}.7906$$
$$\therefore \quad \angle B = 38^\circ\ 7'.$$

Cálculo de $\angle C$. $\angle C = 90^\circ - \angle B = 90^\circ - 38^\circ\ 7'$.

$$\therefore \quad \angle C = 51^\circ\ 53'.$$

Cálculo del área. $A = \dfrac{bc}{2}$.

$$\log A = \log b + \log c - \log 2$$
$$\log A = \log 426 + \log 542 - \log 2$$
$$\log 426 = 2.6294$$
$$\log 542 = 2.7346$$
$$\log 2 = 0.3010$$
$$\log A = 2.6294 + 2.7346 - 0.3010$$
$$\log A = 5.0630$$
$$\therefore \quad A = 115600.$$

Tercer caso. Resolver y calcular el área del triángulo:

$c = 195$, $\angle B = 40^\circ\ 20'$, $\angle A = 90^\circ$.

Fórmulas: $\angle C = 90^\circ - \angle B$; $b = c \tan B$.

$a = \dfrac{c}{\operatorname{sen} C}$; Area $= \dfrac{1}{2} c^2 \tan B$

Cálculo de C. $\angle C = 90^\circ - \angle B = 90^\circ - 40^\circ\ 20'$.

$$\therefore \quad \angle C = 49^\circ\ 40'.$$

Cálculo de b. $b = c \tan B$.

$$\log b = \log 195 + \log \tan 40^\circ\ 20'$$

$$\log 195 = 2.2900$$

$$\log \tan 40^\circ\ 20' = \bar{1}.9289$$

$$\log b = 2.2900 + \bar{1}.9289 = 2.2189$$

$$\therefore \quad b = 165.5.$$

Cálculo de a. $a = \dfrac{c}{\operatorname{sen} C}$.

$$\log a = \log c - \log \operatorname{sen} C$$
$$\log a = \log 195 - \log \operatorname{sen} 49^\circ\ 40'$$
$$\log 195 = 2.2900$$
$$\log \operatorname{sen} 49^\circ\ 40' = \bar{1}.8821$$
$$\log a = 2.4079$$
$$\therefore \quad a = 255.8$$

Cálculo del área. $A = \dfrac{1}{2} c^2 \tan B$.

$$\log A = 2 \log c + \log \tan B - \log 2$$
$$\log A = 2 \log 195 + \log \tan 40^\circ\ 20' - \log 2$$
$$\log A = 2(2.2900) + \bar{1}.9289 - 0.3010$$
$$\log A = 4.5800 + \bar{1}.9289 - 0.3010$$
$$\log A = 4.2079$$
$$\therefore \quad A = 16140.$$

Cuarto caso. **Resolver y calcular el área del triángulo:**

$a = 80,$ $\quad \angle C = 63^\circ\ 15',$ $\quad \angle A = 90^\circ.$

Fórmulas: $\angle B = 90^\circ - \angle C$; $\quad c = a \operatorname{sen} C$.

$b = a \operatorname{sen} B$; $\quad \text{Area} = \dfrac{1}{4} a^2 \operatorname{sen} 2C$.

Cálculo del $\angle B$. $\angle B = 90^\circ - \angle C = 90^\circ - 63^\circ\ 15'$.

$$\therefore \quad \angle B = 26^\circ\ 45'.$$

Cálculo de c. $c = a \operatorname{sen} C$.

$$\log c = \log a + \log \operatorname{sen} C$$
$$\log c = \log 80 + \log \operatorname{sen} 63^\circ\ 15'$$
$$\log 80 = 1.9031$$
$$\log \operatorname{sen} 63^\circ\ 15' = \bar{1}.9508$$
$$\log c = 1.9031 + \bar{1}.9508$$
$$\log c = 1.8539$$
$$\therefore \quad c = 71.4$$

Cálculo de b. $b = a \operatorname{sen} B.$

$$\log b = \log a + \log \operatorname{sen} B$$
$$\log b = \log 80 + \log \operatorname{sen} 26^\circ\ 45'$$
$$\log \operatorname{sen} 26^\circ\ 45' = \bar{1}.6533$$

$$\log b = 1.9031 + \bar{1}.6533$$
$$\log b = 1.5564$$
$$\therefore \quad b = 36.01.$$

Cálculo del área. $A = \frac{1}{4} a^2 \operatorname{sen} 2C.$

$$A = \frac{1}{4} 80^2 \operatorname{sen} 2(63^\circ\ 15')$$

$$A = \frac{1}{4} 80^2 \operatorname{sen} 126^\circ\ 30'$$

$$\log A = 2 \log 80 + \log \operatorname{sen} 126^\circ\ 30' - \log 4$$

$$\log A = 2(1.9031) + \bar{1}.9052 - 0.6021$$

$$\log A = 3.8062 + \bar{1}.9052 - 0.6021$$
$$\log A = 3.1093$$
$$\therefore \quad A = 1286.$$

EJERCICIOS

Resolver y calcular el área de los siguientes triángulos rectángulos, empleando logaritmos.

1) $b = 22,$
$c = 45.$ —————— *R.:* $a = 50.08,$ $\angle B = 26^\circ\ 4',$ $\angle C = 63^\circ\ 56',$ Area $= 495.$

2) $a = 4,$
$\angle B = 62^\circ\ 30'.$ —————— *R.:* $b = 3.55,$ $\angle C = 27^\circ\ 30',$ $c = 1.84,$ Area $= 3.27.$

3) $b = 30,$
$\angle C = 40^\circ\ 30'$ —————— *R.:* $c = 25.62,$ $\angle B = 49^\circ\ 30',$ $a = 39.45,$ Area $= 384.30.$

4) $a = 43.5$, $\angle B = 38°$. ——— *R.:* $c = 34.28$, $\angle C = 52°$, $b = 26.78$, Area $= 459.01$.

5) $b = 240$, $\angle B = 62°$. ——— *R.:* $\angle C = 28°$, $c = 127.64$, $a = 271.80$, Area $= 15320$.

6) $c = 45$, $\angle B = 65° 50'$. ——— *R.:* $b = 100.29$, $\angle C = 24° 10'$, $a = 109.75$, Area $= 2256$.

7) $c = 60$, $\angle C = 28° 30'$ ——— *R.:* $b = 110.51$, $a = 125.74$, Area $= 3315.30$.

8) Un ingeniero necesita medir la altura de una torre AB. Se sitúa en un punto C, de manera que $BC = 60$ m y $\angle ACB = 58° 10'$. Hallar dicha altura. *R.:* 96.64 m.

9) Un árbol de 12 m de altura, proyecta una sombra de 20 m sobre un terreno horizontal. Hallar el ángulo de elevación del Sol. *R.:* 30° 50′.

10) Desde la parte superior de un faro de 60 m de altura sobre el nivel del mar, se observa un buque con un ángulo de depresión de 28° 30′. ¿Cuál es la distancia del buque al faro? *R.:* 110.50 m.

11) Un avión vuela rumbo al este con una velocidad de 300 km/h. Se encuentra con un viento que viene del Norte, con una velocidad de 60 km/h. Hallar la velocidad resultante y el rumbo verdadero del avión.
R.: 305.8 km/h.
S 78° 50′ *E*.

12) Para medir la anchura AB de un río, un agrimensor escoje un punto C tal que $BC = 30$ m y $\angle BCA = 62°$ y $\angle ABC = 90°$. Calcular la anchura del río. *R.:* 56.42 m.

13) Un túnel de 300 m de largo tiene una inclinación de 15°, respecto a la horizontal. ¿Cuál es la diferencia de nivel en ambos extremos?
R.: 77.64 m.

14) Se hace un disparo con un cañón que forma con la horizontal un ángulo de 40°. La velocidad de la bala es de 950 m/s. Hallar las componentes vertical y horizontal. *R.:* Vert. = 727.70 m/s.
Horiz. = 610.66 m/s.

15) En un tramo de carretera se asciende 50 m al recorrer 5 km. ¿Qué ángulo forma la carretera con la horizontal? *R.:* 34′.

16) Desde el último piso de un edificio de 50 m de altura, se observan dos autos estacionados en línea recta, en el mismo plano del observador. Los ángulos de depresión son: 38° y 21°. Hallar la distancia entre ellos.
R.: 191.7 m.

17) Una loma tiene una altura de 1200 m. Si desde un punto situado en el suelo, se observa la cúspide con un ángulo de elevación de 23° 40′, ¿a qué distancia está dicho punto? *R.:* 273.80 m.

433. APLICACION DE LOS LOGARITMOS PARA LA RESOLUCION DE TRIANGULOS OBLICUANGULOS.

1. *Seno de la mitad de un ángulo en función de los lados del triángulo*

Aplicando la ley de cosenos al ángulo A, tenemos:

$$a^2 = b^2 + c^2 - 2bc \cos A.$$

Despejando $\cos A$, tenemos:

$$a^2 - b^2 - c^2 = -2bc \cos A$$

$$-a^2 + b^2 + c^2 = 2bc \cos A.$$

$$\therefore \quad \cos A = \frac{b^2 + c^2 - a^2}{2bc}. \qquad (1)$$

Por otra parte, sabemos que:

$$\operatorname{sen} \frac{A}{2} = \sqrt{\frac{1 - \cos A}{2}}. \qquad (2)$$

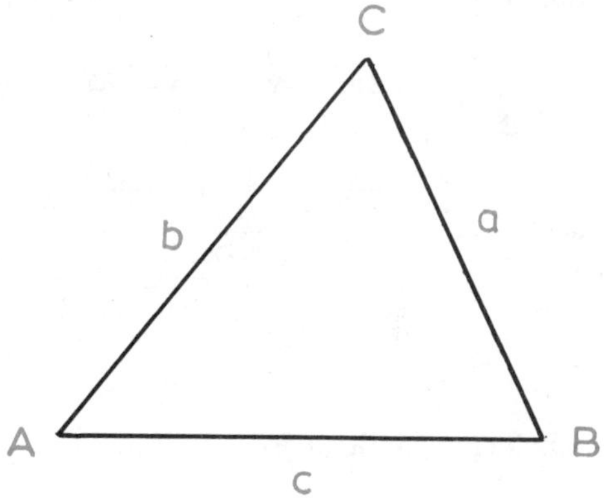

Fig. 336

Sustituyendo (1) en (2), tenemos:

$$\operatorname{sen} \frac{A}{2} = \sqrt{\frac{1 - \dfrac{b^2 + c^2 - a^2}{2bc}}{2}};$$

Efectuando;

$$\operatorname{sen} \frac{A}{2} = \sqrt{\frac{\dfrac{2bc - b^2 - c^2 + a^2}{2bc}}{2}};$$

Agrupando;

$$\operatorname{sen} \frac{A}{2} = \sqrt{\frac{a^2 - (b^2 - 2bc + c^2)}{4bc}};$$

$$\operatorname{sen}\frac{A}{2}=\sqrt{\frac{a^2-(b-c)^2}{4bc}};$$ Factorizando el trinomio;

$$\operatorname{sen}\frac{A}{2}=\sqrt{\frac{(a+b-c)(a-b+c)}{4bc}}; \qquad (3)$$ Factorizando la diferencia de cuadrados.

Llamando $2p$ al perímetro y restando $2b$ y $2c$, sucesivamente, tenemos:

$$\begin{array}{r} a+b+c=2p \\ -2b=-2b \\ \hline a-b+c=2p-2b \end{array}$$

$$\therefore \quad a-b+c=2(p-b). \qquad (4)$$

Análogamente:

$$\begin{array}{r} a+b+c=2p \\ -2c=-2c \\ \hline a+b-c=2p-2c \end{array}$$

$$\therefore \quad a+b-c=2(p-c). \qquad (5)$$

Sustituyendo (4) y (5), en (3), tenemos:

$$\operatorname{sen}\frac{A}{2}=\sqrt{\frac{2(p-c)\ 2(p-b)}{4bc}};$$

$$\operatorname{sen}\frac{A}{2}=\sqrt{\frac{4(p-b)(p-c)}{4bc}};$$ Simplificando y ordenando;

$$\therefore \quad \operatorname{sen}\frac{A}{2}=\sqrt{\frac{(p-b)(p-c)}{bc}}.$$

En forma análoga, se obtiene:

$$\operatorname{sen}\frac{B}{2}=\sqrt{\frac{(p-a)(p-c)}{ac}};$$

$$\operatorname{sen}\frac{C}{2}=\sqrt{\frac{(p-a)(p-b)}{ab}}. \qquad (6)$$

2. *Coseno de la mitad de un ángulo en función de los lados del triángulo.*

$$\cos\frac{A}{2}=\sqrt{\frac{1+\cos A}{2}}. \qquad (7)$$

Sustituyendo (1) en (7), tenemos:

$$\cos\frac{A}{2}=\sqrt{\frac{1+\frac{b^2+c^2-a^2}{2bc}}{2}};$$

$$\cos\frac{A}{2}=\sqrt{\frac{\frac{2bc+b^2+c^2-a^2}{2bc}}{2}};$$ Efectuando;

$$\cos\frac{A}{2}=\sqrt{\frac{\frac{(b^2+2bc+c^2)-a^2}{2bc}}{2}};$$ Agrupando;

$$\cos\frac{A}{2}=\sqrt{\frac{(b^2+2bc+c^2)-a^2}{4bc}};$$ Efectuando;

$$\cos\frac{A}{2}=\sqrt{\frac{(b+c)^2-a^2}{4bc}};$$ Factorizando el trinomio;

$$\therefore\quad \cos\frac{A}{2}=\sqrt{\frac{(b+c+a)(b+c-a)}{4bc}}.\qquad(8)$$ Factorizando la diferencia de cuadrados.

Si a **2p**, le restamos **2a**, tenemos:

$$a+b+c=2p\qquad(9)$$

$$\begin{array}{rl} -2a & =-2a \\ \hline -a+b+c & =2p-2a \end{array}$$

$$b+c-a=2(p-a).\qquad(10)$$

Sustituyendo (9) y (10), en (8), tenemos:

$$\cos\frac{A}{2}=\sqrt{\frac{2p\,[2(p-a)]}{4bc}};$$

$$\cos\frac{A}{2}=\sqrt{\frac{4p\,(p-a)}{4bc}};$$

$$\cos\frac{A}{2}=\sqrt{\frac{p(p-a)}{bc}}.$$

En forma análoga, se obtiene:

$$\cos\frac{B}{2}=\sqrt{\frac{p(p-b)}{ac}};$$

$$\cos\frac{C}{2}=\sqrt{\frac{p(p-c)}{ab}}.$$

3. *Tangente de la mitad de un ángulo en función de los lados del triángulo.*

$$\tan\frac{A}{2}=\frac{\operatorname{sen}\frac{A}{2}}{\cos\frac{A}{2}}.$$

Sustituyendo los valores ya calculados de $\operatorname{sen}\frac{A}{2}$ y $\cos\frac{A}{2}$, tenemos:

$$\tan\frac{A}{2}=\frac{\sqrt{\frac{(p-b)(p-c)}{bc}}}{\sqrt{\frac{p(p-a)}{bc}}}.$$

$$\therefore \quad \tan\frac{A}{2}=\sqrt{\frac{(p-b)(p-c)}{p(p-a)}}.$$

De la misma manera, podemos calcular:

$$\tan\frac{B}{2}=\sqrt{\frac{(p-a)(p-c)}{p(p-b)}}.$$

$$\tan\frac{C}{2}=\sqrt{\frac{(p-a)(p-b)}{p(p-c)}}.$$

434. APLICACION DE LOS LOGARITMOS PARA LA LEY DE TANGENTES. La ley de senos nos da:

$$\frac{a}{\operatorname{sen}A}=\frac{b}{\operatorname{sen}B},$$

cambiando los medios:

$$\frac{a}{b}=\frac{\operatorname{sen}A}{\operatorname{sen}B},$$

y aplicando una de las propiedades de las proporciones, tenemos:

$$\frac{a - b}{a + b} = \frac{sen\,A - sen\,B}{sen\,A + sen\,B}.$$

Transformando en producto el numerador y denominador de la segunda razón:

$$\frac{a - b}{a + b} = \frac{\cos\frac{1}{2}(A + B)\ sen\frac{1}{2}(A - B)}{sen\frac{1}{2}(A + B)\ \cos\frac{1}{2}(A - B)};$$

$$\frac{a - b}{a + b} = \cot\frac{1}{2}(A + B)\ \tan\frac{1}{2}(A - B);$$

$$\frac{a - b}{a + b} = \frac{1}{\tan\frac{1}{2}(A + B)}\ \tan\frac{1}{2}(A - B).$$

$$\therefore\quad \frac{a - b}{a + b} = \frac{\tan\frac{1}{2}(A - B)}{\tan\frac{1}{2}(A + B)}.$$

En la fórmula anterior es necesario que se cumpla $a > b$.

En caso que $b > a$, bastaría con invertir las diferencias $a - b$ y $A - B$, es decir:

$$\frac{b - a}{b + a} = \frac{\tan\frac{1}{2}(B - A)}{\tan\frac{1}{2}(B + A)}.$$

Resolución de triángulos oblicuángulos. *Primer caso.* Dados los tres lados.

En la fórmula $\tan\frac{A}{2} = \sqrt{\frac{(p - b)(p - c)}{p(p - a)}}$, multiplicando ambos términos del quebrado, por el paréntesis del denominador, $(p - a)$, tenemos:

$$\tan\frac{A}{2} = \sqrt{\frac{(p - a)(p - b)(p - c)}{p(p - a)^2}};$$

$$\tan\frac{A}{2} = \frac{1}{p - a}\sqrt{\frac{(p - a)(p - b)(p - c)}{p}},$$

recordando que $r = \sqrt{\frac{(p - a)(p - b)(p - c)}{p}}$, donde r es el radio del círculo inscrito al triángulo y haciendo la sustitución correspondiente, tenemos:

$$\tan\frac{A}{2} = \frac{1}{p - a}\, r .$$

$$\therefore \quad \tan\frac{A}{2} = \frac{r}{p - a} .$$

Análogamente:

$$\tan\frac{B}{2} = \frac{r}{p - b}; \qquad \tan\frac{C}{2} = \frac{r}{p - c} .$$

Area. Sabemos que el área de un triángulo en función de sus lados viene dada por la fórmula $A = \sqrt{p(p - a)(p - b)(p - c)}$, que se atribuye a Herón, matemático alejandrino.

Multiplicando y dividiendo por "p", el radicando tendremos:

$$A = \sqrt{\frac{p^2(p - a)(p - b)(p - c)}{p}} .$$

$$\therefore \quad A = p\sqrt{\frac{(p - a)(p - b)(p - c)}{p}} .$$

$$\therefore \quad A = pr .$$

Ejemplo. Resolver el triángulo $a = 163.6$; $b = 397.5$; $c = 253.7$.

$$p = \frac{a + b + c}{2} = \frac{163.6 + 397.5 + 253.7}{2} = \frac{814.8}{2} = 407.4.$$

$$p - a = 407.4 - 163.6 = 243.8.$$
$$p - b = 407.4 - 397.5 = 9.9.$$
$$p - c = 407.4 - 253.7 = 153.7.$$

$$r = \sqrt{\frac{(p - a)(p - b)(p - c)}{p}} .$$

$$\log r = \frac{\log (p - a) + \log (p - b) + \log (p - c) - \log p}{2} .$$

$$\log (p - a) = \log 243.8 = 2.3870.$$
$$\log (p - b) = \log 9.9 = 0.9956.$$
$$\log (p - c) = \log 153.7 = 2.1867.$$
$$\log p = \log 407.4 = 2.6100.$$
$$\log r = \frac{2.3870 + 0.9956 + 2.1867 - 2.6100}{2} = \frac{2.9593}{2} = 1.4796$$

Cálculo del $\angle A$. $\tan \frac{A}{2} = \frac{r}{p - a}$.

$$\therefore \quad \log \tan \frac{A}{2} = \log r - \log (p - a).$$

$$\log \tan \frac{A}{2} = 1.4796 - 2.3870 = \bar{1}.0926$$

$$\frac{A}{2} = 7^\circ\, 3'; \qquad \therefore \quad A = 14^\circ\, 6'.$$

Cálculo del $\angle B$. $\tan \frac{B}{2} = \frac{r}{p - b}$.

$$\therefore \quad \log \tan \frac{B}{2} = \log r - \log (p - b).$$

$$\log \tan \frac{B}{2} = 1.4796 - 0.9956 = 0.4840$$

$$\frac{B}{2} = 71^\circ\, 50'; \qquad \therefore \quad B = 143^\circ\, 40'$$

Cálculo del $\angle C$. $\tan \frac{C}{2} = \frac{r}{p - c}$.

$$\therefore \quad \log \tan \frac{C}{2} = \log r - \log (p - c).$$

$$\log \tan \frac{C}{2} = 1.4796 - 2.1867 = \bar{1}.2929$$

$$\frac{C}{2} = 11^\circ\, 6'; \qquad \therefore \quad C = 22^\circ\, 12'.$$

Area. $A = pr$.

$$\log A = \log p + \log r$$

$$\log A = 2.6100 + 1.4796 = 4.0896$$

$$\therefore \quad A = 12290.$$

Segundo caso. Dados dos lados y el ángulo comprendido.

Cálculo de los ángulos. Sea C el ángulo dado.

Sabemos, por la ley de tangentes que:

$$\frac{\mathbf{a}+\mathbf{b}}{\mathbf{a}-\mathbf{b}}=\frac{\tan\frac{1}{2}(\mathbf{A}+\mathbf{B})}{\tan\frac{1}{2}(\mathbf{A}-\mathbf{B})}.$$

$$\therefore \quad \tan\frac{1}{2}(\mathbf{A}-\mathbf{B})=\frac{\mathbf{a}-\mathbf{b}}{\mathbf{a}+\mathbf{b}}\tan\frac{1}{2}(\mathbf{A}+\mathbf{B}). \qquad (1)$$

Pero,

$$\angle A+\angle B+\angle C=180^\circ.$$

$$\therefore \quad \angle A+\angle B=180^\circ-\angle C.$$

Dividiendo por 2, ambos miembros:

$$\frac{\mathbf{A}+\mathbf{B}}{2}=\frac{180^\circ-\mathbf{C}}{2}.$$

$$\therefore \quad \frac{1}{2}(\mathbf{A}+\mathbf{B})=90^\circ-\frac{\mathbf{C}}{2}.$$

Entonces:

$$\tan\frac{1}{2}(\mathbf{A}+\mathbf{B})=\tan\left(90^\circ-\frac{\mathbf{C}}{2}\right)=\cot\frac{\mathbf{C}}{2}. \qquad (2)$$

Sustituyendo (2) en (1), tenemos:

$$\tan\frac{1}{2}(\mathbf{A}-\mathbf{B})=\frac{\mathbf{a}-\mathbf{b}}{\mathbf{a}+\mathbf{b}}\cot\frac{\mathbf{C}}{2}.$$

Esta fórmula y la que nos da $\angle A+\angle B$, nos permiten calcular el valor de **A** y el valor de **B**.

Para calcular el lado, se emplea la ley de senos.

Ejemplo. Resolver el triángulo:

$\mathbf{a}=322$, $\mathbf{b}=212$, $\angle C=110^\circ$.

$$\begin{array}{r} \mathbf{a}=322\\ \mathbf{b}=212\\ \hline \mathbf{a}+\mathbf{b}=534 \end{array} \qquad \begin{array}{r} \mathbf{a}=322\\ \mathbf{b}=212\\ \hline \mathbf{a}-\mathbf{b}=110 \end{array}$$

$$\angle A+\angle B+\angle C=180^\circ.$$

$$\angle A+\angle B=180^\circ-\angle C=180^\circ-110^\circ=70^\circ$$

$$\tan\frac{1}{2}(\mathbf{A}-\mathbf{B})=\frac{\mathbf{a}-\mathbf{b}}{\mathbf{a}+\mathbf{b}}\cot\frac{\mathbf{C}}{2}.$$

$$\log\tan\frac{1}{2}(\mathbf{A}-\mathbf{B})=\log(\mathbf{a}-\mathbf{b})+\log\cot\frac{\mathbf{C}}{2}-\log(\mathbf{a}+\mathbf{b})$$

$$log\ tan\ \frac{1}{2}\ (\mathbf{A} - \mathbf{B}) = log\ 110 + log\ cot\ \frac{110^\circ}{2} - log\ 534$$

$$log\ tan\ \frac{1}{2}\ (\mathbf{A} - \mathbf{B}) = log\ 110 + log\ cot\ 55^\circ - log\ 534$$

$$log\ 110 = 2.0414$$

$$log\ cot\ 55^\circ = \bar{1}.8452$$

$$log\ 534 = 2.7275$$

$$log\ tan\ \frac{1}{2}\ (\mathbf{A} - \mathbf{B}) = 2.0414 + \bar{1}.8452 - 2.7275$$

$$log\ tan\ \frac{1}{2}\ (\mathbf{A} - \mathbf{B}) = \bar{1}.1591$$

$$\frac{1}{2}\ (\mathbf{A} - \mathbf{B}) = 8^\circ\ 12' ; \qquad \therefore \quad \mathbf{A} - \mathbf{B} = 16^\circ\ 24' .$$

Comparando con este valor y el de $\angle A + \angle B = 70^\circ$, tenemos:

$$\begin{array}{r} \mathbf{A} - \mathbf{B} = 16^\circ\ 24' \\ \mathbf{A} + \mathbf{B} = 70^\circ \\ \hline 2\mathbf{A} = 86^\circ\ 24' \end{array} \qquad \begin{array}{l} \therefore \quad \angle A = \dfrac{86^\circ\ 24'}{2} \\ \therefore \quad \angle A = 43^\circ\ 12' . \end{array}$$

$$\begin{array}{r} \mathbf{A} + \mathbf{B} = \quad 69^\circ\ 60' \\ -\mathbf{A} + \mathbf{B} = -16^\circ\ 24' \\ \hline 2\mathbf{B} = \quad 53^\circ\ 36' \end{array} \qquad \begin{array}{l} \therefore \quad \angle B = \dfrac{53^\circ\ 36'}{2} \\ \therefore \quad \angle B = 26^\circ\ 48' . \end{array}$$

Comprobación:

$$\begin{array}{r} \angle A = \ \ 43^\circ\ 12' \\ \angle B = \ \ 26^\circ\ 48' \\ \angle C = 110^\circ \\ \hline \angle A + \angle B + \angle C = 179^\circ\ 60' = 180^\circ \end{array}$$

Cálculo del lado *c*. Para calcular el lado c, se emplea la ley de los senos.

$$\frac{\mathbf{a}}{sen\ \mathbf{A}} = \frac{\mathbf{c}}{sen\ \mathbf{C}} .$$

$$\therefore \qquad \mathbf{c} = \frac{\mathbf{a}\ sen\ \mathbf{C}}{sen\ \mathbf{A}} .$$

$$\begin{aligned} log\ \mathbf{c} &= log\ \mathbf{a} + log\ sen\ \mathbf{C} - log\ sen\ \mathbf{A} \\ &= log\ 322 + log\ sen\ 110^\circ - log\ sen\ 43^\circ\ 12' \end{aligned}$$

$$\log 322 = 2.5079$$

$$\log \operatorname{sen} 110^\circ = \bar{1}.9730$$

$$\log \operatorname{sen} 43^\circ\, 12' = \bar{1}.8354$$

$$\log \mathbf{c} = 2.5079 + \bar{1}.9730 - \bar{1}.8354 = 2.6455$$

$$\therefore\ \mathbf{c} = \operatorname{antilog} 2.6455 = 442.$$

Area. $\mathbf{A} = \frac{1}{2}\,\mathbf{ab} \operatorname{sen} \mathbf{C}$.

$$\log \mathbf{A} = \log \mathbf{a} + \log \mathbf{b} + \log \operatorname{sen} \mathbf{C} - \log 2$$

$$= \log 322 + \log 212 + \log \operatorname{sen} 110^\circ - \log 2$$

$$\log 322 = 2.5079$$

$$\log 212 = 2.3263$$

$$\log \operatorname{sen} 110^\circ = \bar{1}.9730$$

$$\log 2 = 0.3010$$

$$\log \mathbf{A} = 2.5079 + 2.3263 + \bar{1}.9730 - 0.3010 = 4.5062$$

$$\therefore\quad \mathbf{A} = 32100 \text{ aprox.}$$

Tercer caso. **Dados un lado y dos ángulos.**
Con la fórmula $\angle A + \angle B + \angle C = 180^\circ$, se calcula el otro ángulo. Los lados se calculan por medio de la ley de senos:

$$\frac{\mathbf{a}}{\operatorname{sen} \mathbf{A}} = \frac{\mathbf{b}}{\operatorname{sen} \mathbf{B}} = \frac{\mathbf{c}}{\operatorname{sen} \mathbf{C}} .$$

Ejemplo. Resolver el triángulo:

$$\angle A = 75^\circ\, 20', \qquad \angle B = 40^\circ\, 48', \qquad \mathbf{c} = 30.$$

Cálculo del $\angle C$.

$$\angle A + \angle B + \angle C = 180^\circ ; \qquad \therefore \quad \angle C = 180^\circ - (\angle A + \angle B) .$$

$$\angle C = 180^\circ - (75^\circ\, 20' + 40^\circ\, 48') = 180^\circ - 115^\circ\, 68'$$

$$\therefore \quad \angle C = 63^\circ\, 52' .$$

Cálculo del lado a

$$\frac{\mathbf{a}}{\operatorname{sen} \mathbf{A}} = \frac{\mathbf{c}}{\operatorname{sen} \mathbf{C}} ; \qquad \therefore \qquad \mathbf{a} = \frac{\mathbf{c} \operatorname{sen} \mathbf{A}}{\operatorname{sen} \mathbf{C}} .$$

$$\log a = \log c + \log \operatorname{sen} A - \log \operatorname{sen} C$$

$$= \log 30 + \log \operatorname{sen} 75^\circ 20' - \log \operatorname{sen} 63^\circ 52'$$

$$\log 30 = 1.4771$$

$$\log \operatorname{sen} 75^\circ 20' = \bar{1}.9856$$

$$\log \operatorname{sen} 63^\circ 52' = \bar{1}.9531$$

$$\log a = 1.4771 + \bar{1}.9856 - \bar{1}.9531 = 1.5096$$

$$\therefore \quad a = 32.33.$$

Cálculo del lado *b*.

$$\frac{b}{\operatorname{sen} B} = \frac{c}{\operatorname{sen} C}; \qquad \therefore \qquad b = \frac{c \operatorname{sen} B}{\operatorname{sen} C}.$$

$$\log b = \log c + \log \operatorname{sen} B - \log \operatorname{sen} C$$

$$= \log 30 + \log \operatorname{sen} 40^\circ 48' - \log \operatorname{sen} 63^\circ 52'$$

$$\log 30 = 1.4771$$

$$\log \operatorname{sen} 40^\circ 48' = \bar{1}.8152$$

$$\log \operatorname{sen} 63^\circ 52' = \bar{1}.9531$$

$$\log b = 1.4771 + \bar{1}.8152 - \bar{1}.9531 = 1.3392$$

$$\therefore \quad b = 21.84.$$

Area. $$A = \frac{c^2 \operatorname{sen} A \operatorname{sen} B}{2 \operatorname{sen} (A + B)}.$$

$$\log A = 2 \log c + \log \operatorname{sen} A + \log \operatorname{sen} B - [\log 2 + \log \operatorname{sen} (A + B)]$$
$$= 2 \log 30 + \log \operatorname{sen} 75^\circ 20' + \log \operatorname{sen} 40^\circ 48' - (\log 2 + \log \operatorname{sen} 116^\circ 8')$$

$$\log 30 = 1.4771$$

$$\log \operatorname{sen} 75^\circ 20' = \bar{1}.9856$$

$$\log \operatorname{sen} 40^\circ 48' = \bar{1}.8152$$
$$\log 2 = 0.3010$$

$$\log \operatorname{sen} 116^\circ 8' = \bar{1}.9531$$

$$\log A = 2 (1.4771) + \bar{1}.9856 + \bar{1}.8152 - (0.3010 + \bar{1}.9531)$$

$$= 2.9542 + \bar{1}.8008 - 0.2541$$
$$= 2.5009$$

$$\therefore \quad A = 316.9$$

EJERCICIOS

Resolver los siguientes triángulos, empleando logaritmos.

1) $\mathbf{a} = 41$, $\mathbf{b} = 19.50$, $\mathbf{c} = 32.48$. — $R.\!:$ $\angle A = 101^\circ\, 10'$, $\angle B = 27^\circ\, 50'$, $\angle C = 51^\circ$.

2) $\mathbf{a} = 10.4$, $\mathbf{b} = 9.5$, $\angle C = 45^\circ\, 52'$. — $R.\!:$ $\mathbf{c} = 7.8$, $\angle A = 73^\circ\, 10'$, $\angle B = 60^\circ\, 58'$.

3) $\mathbf{a} = 45$, $\angle A = 74^\circ\, 54'$, $\angle B = 43^\circ\, 21'$. — $R.\!:$ $\mathbf{b} = 32$, $\mathbf{c} = 41.06$, $\angle C = 61^\circ\, 45'$.

4) $\mathbf{a} = 37.40$, $\mathbf{b} = 38.25$, $\mathbf{c} = 25$. — $R.\!:$ $\angle A = 68^\circ\, 52'$, $\angle B = 72^\circ\, 34'$, $\angle C = 38^\circ\, 34'$.

5) $\mathbf{b} = 18$, $\mathbf{c} = 31$, $\angle A = 53^\circ\, 45'$. — $R.\!:$ $\mathbf{a} = 25$, $\angle B = 35^\circ\, 30'$, $\angle C = 90^\circ\, 45'$.

6) $\mathbf{b} = 38.25$, $\angle B = 72^\circ\, 33'$, $\angle C = 38^\circ\, 34'$. — $R.\!:$ $\mathbf{a} = 37.40$, $\angle A = 68^\circ\, 53'$, $\mathbf{c} = 25$.

7) $\mathbf{a} = 5.3$, $\mathbf{b} = 10.9$, $\mathbf{c} = 13$. — $R.\!:$ $\angle A = 23^\circ\, 40'$, $\angle B = 55^\circ\, 33'$, $\angle C = 100^\circ\, 47'$.

8) $\mathbf{a} = 15.2$, $\mathbf{b} = 40$, $\mathbf{c} = 30$. — $R.\!:$ $\angle A = 19^\circ$, $\angle B = 120^\circ\, 59'$, $\angle C = 40^\circ\, 1'$.

9) $\mathbf{a} = 731$, $\mathbf{b} = 652$, $\angle C = 70^\circ\, 25'$. — $R.\!:$ $\mathbf{c} = 800$, $\angle A = 59^\circ\, 25'$, $\angle B = 50^\circ\, 10'$.

10) $\mathbf{a} = 42$, $\mathbf{b} = 50$, $\mathbf{c} = 53.24$. — $R.\!:$ $\angle A = 47^\circ\, 50'$, $\angle B = 62^\circ\, 2'$, $\angle C = 70^\circ\, 8'$.

11) $\mathbf{a} = 25$. — $R.\!:$ $\angle A = 48^\circ\, 25'$.

	$\mathbf{b} = 31.5,$		$\angle B = 70° 32',$
	$\mathbf{c} = 29.3.$		$\angle C = 61° 3'.$
12)	$\mathbf{a} = 15.19,$	R.:	$\mathbf{b} = 40,$
	$\angle B = 120° 59',$		$\mathbf{c} = 30,$
	$\angle C = 40° 1'.$		$\angle A = 19°.$
13)	$\mathbf{a} = 17,$	R.:	$\angle A = 56° 45'.$
	$\mathbf{b} = 20,$		$\angle B = 79° 43',$
	$\mathbf{c} = 14.$		$\angle C = 43° 32'.$

Resolver los siguientes triángulos y calcular su área, aplicando logaritmos.

14)	$\mathbf{a} = 4732,$	R.:	$\angle A = 50° 8',$
	$\mathbf{b} = 5970,$		$\angle B = 75° 32',$
	$\mathbf{c} = 5009.$		$\angle C = 54° 20',$
			Area = 11470000.
15)	$\mathbf{b} = 4270,$	R.:	$\mathbf{a} = 3038,$
	$\mathbf{c} = 4900,$		$\angle B = 59° 46',$
	$\angle A = 37° 56'.$		$\angle C = 82° 18',$
			Area = 6432000.
16)	$\mathbf{c} = 2700,$	R.:	$\mathbf{b} = 1732,$
	$\angle A = 34° 47',$		$\mathbf{a} = 1615,$
	$\angle B = 37° 43'.$		$\angle C = 107° 30',$
			Area = 1334000.
17)	$\mathbf{a} = 12.21,$	R.:	$\mathbf{b} = 25.17,$
	$\mathbf{c} = 18.75,$		$\angle A = 27° 40',$
	$\angle B = 106° 52'.$		$\angle C = 45° 28',$
			Area = 109.5.
18)	$\mathbf{a} = 76.34,$	R.:	$\angle A = 39° 50',$
	$\mathbf{b} = 107.58,$		$\angle B = 64° 32',$
	$\mathbf{c} = 115.44.$		$\angle C = 75° 38',$
			Area = 3978.
19)	$\mathbf{a} = 4732,$	R.:	$\mathbf{b} = 5970,$
	$\angle B = 75° 32'.$		$\mathbf{c} = 5009,$
	$\angle C = 54° 20'.$		$\angle A = 50° 8',$
			Area = 11470000.
20)	$\angle A = 45° 46',$	R.:	$\mathbf{a} = 875,$
	$\angle C = 25° 50',$		$\mathbf{c} = 532,$
	$\mathbf{b} = 1158.7.$		$\angle B = 108° 24',$
			Area = 220900.

Tablas matemáticas

LOGARITMOS

N	0	1	2	3	4	5	6	7	8	9
10	0000	0043	0086	0128	0170	0212	0253	0294	0334	0374
11	0414	0453	0492	0531	0569	0607	0645	0682	0719	0755
12	0792	0828	0864	0899	0934	0969	1004	1038	1072	1106
13	1139	1173	1206	1239	1271	1303	1335	1367	1399	1430
14	1461	1492	1523	1553	1584	1614	1644	1673	1703	1732
15	1761	1790	1818	1847	1875	1903	1931	1959	1987	2014
16	2041	2068	2095	2122	2148	2175	2201	2227	2253	2279
17	2304	2830	2355	2380	2405	2430	2455	2480	2504	2529
18	2553	2577	2601	2625	2648	2672	2695	2718	2742	2765
19	2788	2810	2833	2856	2878	2900	2923	2945	2967	2989
20	3010	3032	3054	3075	3096	3118	3139	3160	3181	3201
21	3222	3243	3263	3284	3304	3324	3345	3365	3385	3404
22	3424	3444	3464	3483	3502	3522	3541	3560	3579	3598
23	3617	3636	3655	3674	3692	3711	3729	3747	3766	3784
24	3802	3820	3838	3856	3874	3892	3909	3927	3945	3962
25	3979	3997	4014	4031	4048	4065	4082	4099	4116	4133
26	4150	4166	4183	4200	4216	4232	4249	4265	4281	4298
27	4314	4330	4346	4362	4378	4393	4409	4425	4440	4456
28	4472	4487	4502	4518	4533	4548	4564	4579	4594	4609
29	4624	4639	4654	4669	4683	4698	4713	4728	4742	4757
30	4771	4786	4800	4814	4829	4843	4857	4871	4886	4900
31	4914	4928	4942	4955	4969	4983	4997	5011	5024	5038
32	5051	5065	5079	5092	5105	5119	5132	5145	5159	5172
33	5185	5198	5211	5224	5237	5250	5263	5276	5289	5302
34	5315	5328	5340	5353	5366	5378	5391	5403	5416	5428
35	5441	5453	5465	5478	5490	5502	5514	5527	5539	5551
36	5563	5575	5587	5599	5611	5623	5635	5647	5658	5670
37	5682	5694	5705	5717	5729	5740	5752	5763	5775	5786
38	5798	5809	5821	5832	5843	5855	5866	5877	5888	5899
39	5911	5922	5933	5944	5955	5966	5977	5988	5999	6010
40	6021	6031	6042	6053	6064	6075	6085	6096	6107	6117
41	6128	6138	6149	6160	6170	6180	6191	6201	6212	6222
42	6232	6243	6253	6263	6274	6284	6294	6304	6314	6325
43	6335	6345	6355	6365	6375	6385	6395	6405	6415	6425
44	6435	6444	6454	6464	6474	6484	6493	6503	6513	6522
45	6532	6542	6551	6561	6571	6580	6590	6599	6609	6618
46	6628	6637	6646	6656	6665	6675	6684	6693	6702	6712
47	6721	6730	6739	6749	6758	6767	6776	6785	6794	6803
48	6812	6821	6830	6839	6848	6857	6866	6875	6884	6893
49	6902	6911	6920	6928	6937	6946	6955	6964	6972	6981
50	6990	6998	7007	7016	7024	7033	7042	7050	7059	7067
51	7076	7084	7093	7101	7110	7118	7126	7135	7143	7152
52	7160	7168	7177	7185	7193	7202	7210	7218	7226	7235
53	7243	7251	7259	7267	7275	7284	7292	7300	7308	7316
54	7324	7332	7340	7348	7356	7364	7372	7380	7388	7396

TABLAS DE LOGARITMOS II.

N	0	1	2	3	4	5	6	7	8	
55	7404	7412	7419	7427	7435	7443	7451	7459	7466	7474
56	7482	7490	7497	7505	7513	7520	7528	7536	7543	7551
57	7559	7566	7574	7582	7589	7597	7604	7612	7619	7627
58	7634	7642	7649	7657	7664	7672	7679	7686	7694	7701
59	7709	7716	7723	7731	7738	7745	7752	7760	7767	7774
60	7782	7789	7796	7803	7810	7818	7825	7832	7839	7846
61	7853	7860	7868	7875	7882	7889	7896	7903	7910	7917
62	7924	7931	7938	7945	7952	7959	7966	7973	7980	7987
63	7993	8000	8007	8014	8021	8028	8035	8041	8048	8055
64	8062	8069	8075	8082	8089	8096	8102	8109	8116	8122
65	8129	8136	8142	8149	8156	8162	8169	8176	8182	8189
66	8195	8202	8209	8215	8222	8228	8235	8241	8248	8254
67	8261	8267	8274	8280	8287	8293	8299	8306	8312	8319
68	8325	8331	8338	8344	8351	8357	8363	8370	8376	8382
69	8388	8395	8401	8407	8414	8420	8426	8432	8439	8445
70	8451	8457	8463	8470	8476	8482	8488	8494	8500	8506
71	8513	8519	8525	8531	8537	8543	8549	8555	8561	8567
72	8573	8579	8585	8591	8597	8603	8609	8615	8621	8627
73	8633	8639	8645	8651	8657	8663	8669	8675	8681	8686
74	8692	8698	8704	8710	8716	8722	8727	8733	8739	8745
75	8751	8756	8762	8768	8774	8779	8785	8791	8797	8802
76	8808	8814	8820	8825	8831	8837	8842	8848	8854	8859
77	8865	8871	8876	8882	8887	8893	8899	8904	8910	8915
78	8921	8927	8932	8938	8943	8949	8954	8960	8965	8971
79	8976	8982	8987	8993	8998	9004	9009	9015	9020	9025
80	9031	9036	9042	9047	9053	9058	9063	9069	9074	9079
81	9085	9090	9096	9101	9106	9112	9117	9122	9128	9133
82	9138	9143	9149	9154	9159	9165	9170	9175	9180	9186
83	9191	9196	9201	9206	9212	9217	9222	9227	9232	9238
84	9243	9248	9253	9258	9263	9269	9274	9279	9284	9289
85	9294	9299	9304	9309	9315	9320	9325	9330	9335	9340
86	9345	9350	9355	9360	9365	9370	9375	9380	9385	9390
87	9395	9400	9405	9410	9415	9420	9425	9430	9435	9440
88	9445	9450	9455	9460	9465	9469	9474	9479	9484	9489
89	9494	9499	9504	9509	9513	9518	9523	9528	9533	9538
90	9542	9547	9552	9557	9562	9566	9571	9576	9581	9586
91	9590	9595	9600	9605	9609	9614	9619	9624	9628	9633
92	9638	9643	9647	9652	9657	9661	9666	9671	9675	9680
93	9685	9689	9694	9699	9703	9708	9713	9717	9722	9727
94	9731	9736	9741	9745	9750	9754	9759	9763	9768	9773
95	9777	9782	9786	9791	9795	9800	9805	9809	9814	9818
96	9823	9827	9832	9836	9841	9845	9850	9854	9859	9863
97	9868	9872	9877	9881	9886	9890	9894	9899	9908	9908
98	9912	9917	9921	9926	9930	9934	9939	9943	9948	9952
99	9956	9961	9965	9969	9974	9978	9983	9987	9991	9996

FUNCIONES TRIGONOMETRICAS NATURALES

Grados	Sen	Csc	Tan	Cot	Sec	Cos	
0° 0′	.0000		.0000		1.000	1.0000	90° 0′
10′	029	343.8	029	343.8	000	000	50′
20′	058	171.9	058	171.9	000	000	40′
30′	.0087	114.6	.0087	114.6	1.000	1.0000	30′
40′	116	85.95	116	85.94	000	0.9999	20′
50′	145	68.76	145	68.75	000	999	10′
1° 0′	.0175	57.30	.0175	57.29	1.000	.9998	89° 0′
10′	204	49.11	204	49.10	000	998	50′
20′	233	42.98	233	42.96	000	997	40′
30′	.0262	38.20	.0262	38.19	1.000	.9997	30′
40′	291	34.38	291	34.37	000	996	20′
50′	320	31.26	320	31.24	001	995	10′
2° 0′	.0349	28.65	.0349	28.64	1.001	.9994	88° 0′
10′	378	26.45	378	26.43	001	993	50′
20′	407	24.56	407	24.54	001	992	40′
30′	.0436	22.93	.0437	22.90	1.001	.9990	30′
40′	465	21.49	466	21.47	001	989	20′
50′	494	20.23	495	20.21	001	988	10′
3° 0′	.0523	19.11	.0524	19.08	1.001	.9986	87° 0′
10′	552	18.10	553	18.07	002	985	50′
20′	581	17.20	582	17.17	002	983	40′
30′	.0610	16.38	.0612	16.35	1.002	.9981	30′
40′	640	15.64	641	15.60	002	980	20′
50′	669	14.96	670	14.92	002	978	10′
4° 0′	.0698	14.34	.0699	14.30	1.002	.9976	86° 0′
10′	727	13.76	729	13.73	003	974	50′
20′	756	13.23	758	13.20	003	971	40′
30′	.0785	12.75	.0787	12.71	1.003	.9969	30′
40′	814	12.29	816	12.25	003	967	20′
50′	843	11.87	846	11.83	004	964	10′
5° 0′	.0872	11.47	.0875	11.43	1.004	.9962	85° 0′
10′	901	11.10	904	11.06	004	959	50′
20′	929	10.76	934	10.71	004	957	40′
30′	.0958	10.43	.0963	10.39	1.005	.9954	30′
40′	.0987	10.13	.0992	10.08	005	951	20′
50′	.1016	9.839	.1022	9.788	005	948	10′
6° 0′	.1045	9.567	.1051	9.514	1.006	.9945	84° 0′
10′	074	9.309	080	9.255	006	942	50′
20′	103	9.065	110	9.010	006	939	40′
30′	.1132	8.834	.1139	8.777	1.006	.9936	30′
40′	161	8.614	169	8.556	007	932	20′
50′	190	8.405	198	8.345	007	929	10′
7° 0′	.1219	8.206	.1228	8.144	1.008	.9925	83° 0′
10′	248	8.016	257	7.953	008	922	50′
20′	276	7.834	287	7.770	008	918	40′
30′	.1305	7.661	.1317	7.596	1.009	.9914	30′
40′	334	7.496	346	7.429	009	911	20′
50′	363	7.337	376	7.269	009	907	10′
8° 0′	.1392	7.185	.1405	7.115	1.010	.9903	82° 0′
10′	421	7.040	435	6.968	010	899	50′
20′	449	6.900	465	6.827	011	894	40′
30′	.1478	6.765	.1495	6.691	1.011	.9890	30′
40′	507	6.636	524	6.561	012	886	20′
50′	536	6.512	554	6.435	012	881	10′
9° 0′	.1564	6.392	.1584	6.314	1.012	.9877	81° 0′
	Cos	Sec	Cot	Tan	Csc	Sen	Grados

Grados	Sen	Csc	Tan	Cot	Sec	Cos	
9° 0′	.1564	6.392	.1584	6.314	1.012	.9877	81° 0′
10′	593	277	614	197	013	872	50′
20′	622	166	644	6.084	013	868	40′
30′	.1650	6.059	.1673	5.976	1.014	.9863	30′
40′	679	5.955	703	871	014	858	20′
50′	708	855	733	769	01	853	10′
10° 0′	.1736	5.759	.1763	5.671	1.015	.9848	80° 0′
10′	765	665	793	576	016	843	50′
20′	794	575	823	485	016	838	40′
30′	.1822	5.487	.1853	5.396	1.017	.9833	30′
40′	851	403	883	309	018	827	20′
50′	880	320	914	226	018	822	10′
11° 0′	.1908	5.241	.1944	5.145	1.019	.9816	79° 0′
10′	937	164	.1974	5.066	019	811	50′
20′	965	089	.2004	4.989	020	805	40′
30′	.1994	5.016	.2035	4.915	1.020	.9799	30′
40′	.2022	4.945	065	843	021	793	20′
50′	051	876	095	773	022	787	10′
12° 0′	.2079	4.810	.2126	4.705	1.022	.9781	78° 0′
10′	108	745	156	638	023	775	50′
20′	136	682	186	574	024	769	40′
30′	.2164	4.620	.2217	4.511	1.024	.9763	30′
40′	193	560	247	449	025	757	20′
50′	221	502	278	390	026	750	10′
13° 0′	.2250	4.445	.2309	4.331	1.026	.9744	77° 0′
10′	278	390	339	275	027	737	50′
20′	306	336	370	219	028	730	40′
30′	.2334	4.284	.2401	4.165	1.028	.9724	30′
40′	363	232	432	113	029	717	20′
50′	391	182	462	061	030	710	10′
14° 0′	.2419	4.134	.2493	4.011	1.031	.9703	76° 0′
10′	447	086	524	3.962	031	696	50′
20′	476	4.039	555	914	032	689	40′
30′	.2504	3.994	.2586	3.867	1.033	.9681	30′
40′	532	950	617	821	034	674	20′
50′	560	906	648	776	034	667	10′
15° 0′	.2588	3.864	.2679	3.732	1.035	.9659	75° 0′
10′	616	822	711	689	036	652	50′
20′	644	782	742	647	037	644	40′
30′	.2672	3.742	.2773	3.606	1.038	.9636	30′
40′	700	703	805	566	039	628	20′
50′	728	665	836	526	039	621	10′
16° 0′	.2756	3.628	.2867	3.487	1.040	.9613	74° 0′
10′	784	592	899	450	041	605	50′
20′	812	556	931	412	042	596	40′
30′	.2840	3.521	.2962	3.376	1.043	.9588	30′
40′	868	487	.2994	340	044	580	20′
50′	896	453	.3026	305	045	572	10′
17° 0′	.2924	3.420	.3057	3.271	1.046	.9563	73° 0′
10′	952	388	089	237	047	555	50′
20′	.2979	357	121	204	048	546	40′
30′	.3007	3.326	.3153	3.172	1.048	.9537	30′
40′	035	295	185	140	049	528	20′
50′	062	265	217	108	050	520	10′
18° 0′	.3090	3.236	.3249	3.078	1.051	.9511	72° 0′
	Cos	Sec	Cot	Tan	Csc	Sen	Grados

Grados	Sen	Csc	Tan	Cot	Sec	Cos	
18° 0′	.3090	3.236	.3249	3.078	1.051	.9511	72° 0′
10′	118	207	281	047	052	502	50′
20′	145	179	314	3.018	053	492	40′
30′	.3173	3.152	.3346	2.989	1.054	.9483	30′
40′	201	124	378	960	056	474	20′
50′	228	098	411	932	057	465	10′
19° 0′	.3256	3.072	.3443	2.904	1.058	.9455	71° 0′
10′	283	046	476	877	059	446	50′
20′	311	3.021	508	850	060	436	40′
30′	.3338	2.996	.3541	2.824	1.061	.9426	30′
40′	365	971	574	798	062	417	20′
50′	393	947	607	773	063	407	10′
20° 0′	.3420	2.924	.3640	2.747	1.064	.9397	70° 0′
10′	448	901	673	723	065	387	50′
20′	475	878	706	699	066	377	40′
30′	.3502	2.855	.3739	2.675	1.068	.9367	30′
40′	529	833	772	651	069	356	20′
50′	557	812	805	628	070	346	10′
21° 0′	3584	2.790	.3839	2.605	1.071	.9336	69° 0′
10′	611	769	872	583	072	325	50′
20′	638	749	906	560	074	315	40′
30′	.3665	2.729	.3939	2.539	1.075	.9304	30′
40′	692	709	.3973	517	076	293	20′
50′	719	689	.4006	496	077	283	10′
22° 0′	.3746	2.669	.4040	2.475	1.079	.9272	68° 0′
10′	773	650	074	455	080	261	50′
20′	800	632	108	434	081	250	40′
30′	.3827	2.613	.4142	2.414	1.082	.9239	30′
40′	854	595	176	394	084	228	20′
50′	881	577	210	375	085	216	10′
23° 0′	.3907	2.559	.4245	2.356	1.086	.9205	67° 0′
10′	934	542	279	337	088	194	50′
20′	961	525	314	318	089	182	40′
30′	.3987	2.508	.4348	2.300	1.090	.9171	30′
40′	.4014	491	383	282	092	159	20′
50′	041	475	417	264	093	147	10′
24° 0′	.4067	2.459	.4452	2.246	1.095	.9135	66° 0′
10′	094	443	487	229	096	124	50′
20′	120	427	522	211	097	112	40′
30′	.4147	2.411	.4557	2.194	1.099	.9100	30′
40′	173	396	592	177	100	088	20′
50′	200	381	628	161	102	075	10′
25° 0′	.4226	2.366	.4663	2.145	1.103	.9063	65° 0′
10′	253	352	699	128	105	051	50′
20′	279	337	734	112	106	038	40′
30′	.4305	2.323	.4770	2.097	1.108	.9026	30′
40′	331	309	806	081	109	013	20′
50′	358	295	841	066	111	.9001	10′
26° 0′	.4384	2.281	.4877	2.050	1.113	.8988	64° 0′
10′	410	268	913	035	114	975	50′
20′	436	254	950	020	116	962	40′
30′	.4462	2.241	.4986	2.006	1.117	.8949	30′
40′	488	228	.5022	1.991	119	936	20′
50′	514	215	059	977	121	923	10′
27° 0′	.4540	2.203	5095	1.963	1.122	.8910	63° 0′
	Cos	Sec	Cot	Tan	Csc	Sen	Grados

Grados	Sen	Csc	Tan	Cot	Sec	Cos	
27° 0′	.4540	2.203	.5095	1.963	1.122	.8910	**63° 0′**
10′	566	190	132	949	124	897	50′
20′	592	178	169	935	126	884	40′
30′	.4617	2.166	.5206	1.921	1.127	.8870	30′
40′	643	154	243	907	129	857	20′
50′	669	142	280	894	131	843	10′
28° 0′	.4695	2.130	.5317	1.881	1.133	.8829	**62° 0′**
10′	720	118	354	868	134	816	50′
20′	746	107	392	855	136	802	40′
30′	.4772	2.096	.5430	1.842	1.138	.8788	30′
40′	797	085	467	829	140	774	20′
50′	823	074	505	816	142	760	10′
29° 0′	.4848	2.063	.5543	1.804	1.143	.8746	**61° 0′**
10′	874	052	581	792	145	732	50′
20′	899	041	619	780	147	718	40′
30′	.4924	2.031	.5658	1.767	1.149	.8704	30′
40′	950	020	696	756	151	689	20′
50′	.4975	010	735	744	153	675	10′
30° 0′	.5000	2.000	.5774	1.732	1.155	.8660	**60° 0′**
10′	025	1.990	812	720	157	646	50′
20′	050	980	851	709	159	631	40′
30′	.5075	1.970	.5890	1.698	1.161	.8616	30′
40′	100	961	930	686	163	601	20′
50′	125	951	.5969	675	165	587	10′
31° 0′	.5150	1.942	.6009	1.664	1.167	.8572	**59° 0′**
10′	175	932	048	653	169	557	50′
20′	200	923	088	643	171	542	40′
30′	.5225	1.914	.6128	1.632	1.173	.8526	30′
40′	250	905	168	621	175	511	20′
50′	275	896	208	611	177	496	10′
32° 0′	.5299	1.887	.6249	1.600	1.179	.8480	**58° 0′**
10′	324	878	289	590	181	465	50′
20′	348	870	330	580	184	450	40′
30′	.5373	1.861	.6371	1.570	1.186	.8434	30′
40′	398	853	412	560	188	418	20′
50′	422	844	453	550	190	403	10′
33° 0′	.5446	1.836	.6494	1.540	1.192	.8387	**57° 0′**
10′	471	828	536	530	195	371	50′
20′	495	820	577	520	197	355	40′
30′	.5519	1.812	.6619	1.511	1.199	.8339	30′
40′	544	804	661	501	202	323	20′
50′	568	796	703	1.492	204	307	10′
34° 0′	.5592	1.788	.6745	1.483	1.206	.8290	**56° 0′**
10′	616	781	787	473	209	274	50′
20′	640	773	830	464	211	258	40′
30′	.5664	1.766	.6873	1.455	1.213	.8241	30′
40′	688	758	916	446	216	225	20′
50′	712	751	.6959	437	218	208	10′
35° 0′	.5736	1.743	.7002	1.428	1.221	.8192	**55° 0′**
10′	760	736	046	419	223	175	50′
20′	783	729	089	411	226	158	40′
30′	.5807	1.722	.7133	1.402	1.228	.8141	30′
40′	831	715	177	393	231	124	20′
50′	854	708	221	385	233	107	10′
36° 0′	.5878	1.701	.7265	1.376	1.236	.8090	**54° 0′**
	Cos	Sec	Cot	Tan	Csc	Sen	Grados

Grados	Sen	Csc	Tan	Cot	Sec	Cos	
36° 0′	.5878	1.701	.7265	1.376	1.236	.8090	54° 0′
10′	901	695	310	368	239	073	50′
20′	925	688	355	360	241	056	40′
30′	.5948	1.681	.7400	1.351	1.244	.8039	30′
40′	972	675	445	343	247	021	20′
50′	.5995	668	490	335	249	.8004	10′
37° 0′	.6018	1.662	.7536	1.327	1.252	.7986	53° 0′
10′	041	655	581	319	255	969	50′
20′	065	649	627	311	258	951	40′
30′	.6088	1.643	.7673	1.303	1.260	.7934	30′
40′	111	636	720	295	263	916	20′
50′	134	630	766	288	266	898	10′
38° 0′	.6157	1.624	.7813	1.280	1.269	.7880	52° 0′
10′	180	618	860	272	272	862	50′
20′	202	612	907	265	275	844	40′
30′	.6225	1.606	.7954	1.257	1.278	.7826	30′
40′	248	601	.8002	250	281	808	20′
50′	271	595	050	242	284	790	10′
39° 0′	.6293	1.589	.8098	1.235	1.287	.7771	51° 0′
10′	316	583	146	228	290	753	50′
20′	338	578	195	220	293	735	40′
30′	.6361	1.572	.8243	1.213	1.296	.7716	30′
40′	383	567	292	206	299	698	20′
50′	406	561	342	199	302	679	10′
40° 0′	.6428	1.556	.8391	1.192	1.305	.7660	50° 0′
10′	450	550	441	185	309	642	50′
20′	472	545	491	178	312	623	40′
30′	.6494	1.540	.8541	1.171	1.315	.7604	30′
40′	517	535	591	164	318	585	20′
50′	539	529	642	157	322	566	10′
41° 0′	.6561	1.524	.8693	1.150	1.325	.7547	49° 0′
10′	583	519	744	144	328	528	50′
20′	604	514	796	137	332	509	40′
30′	.6626	1.509	.8847	1.130	1.335	.7490	30′
40′	648	504	899	124	339	470	20′
50′	670	499	.8952	117	342	451	10′
42° 0′	.6691	1.494	.9004	1.111	1.346	.7431	48° 0′
10′	713	490	057	104	349	412	50′
20′	734	485	110	098	353	392	40′
30′	.6756	1.480	.9163	1.091	1.356	.7373	30
40′	777	476	217	085	360	353	20′
50′	799	471	271	079	364	333	10′
43° 0′	.6820	1.466	.9325	1.072	1.367	.7314	47° 0′
10′	841	462	380	066	371	294	50′
20′	862	457	435	060	375	274	40′
30′	.6884	1.453	.9490	1.054	1.379	.7254	30′
40′	905	448	545	048	382	234	20′
50′	926	444	601	042	386	214	10′
44° 0′	.6947	1.440	.9657	1.036	1.390	.7193	46° 0′
10′	967	435	713	030	394	173	50′
20′	.6988	431	770	024	398	153	40′
30′	.7009	1.427	.9827	1.018	1.402	.7133	30′
40′	030	423	884	012	406	112	20′
50′	050	418	.9942	006	410	092	10′
45° 0′	.7071	1.414	1.000	1.000	1.414	.7071	45° 0′
	Cos	Sec	Cot	Tan	Csc	Sen	Grados

LOGARITMOS DE LAS FUNCIONES TRIGONOMETRICAS

Angulo	L Sen	d	L Cos	d	L Tan	dc	L Cot	
0° 0′			10.0000	.0				90° 0′
10′	7.4637	301.1	.0000	.0	7.4637	301.1	12.5363	50′
20′	.7648	176.0	.0000	.0	.7648	176.1	.2352	40′
30′	7.9408	125.0	.0000	.0	7.9409	124.9	12.0591	30′
40′	8.0658	96.9	.0000	.0	8.0658	96.9	11.9342	20′
50′	.1627	79.2	10.0000	.1	.1627	79.2	.8373	10′
1° 0′	8.2419	66.9	9.9999	.0	8.2419	67.0	11.7581	89° 0′
10′	.3088	58.0	.9999	.0	.3089	58.0	.6911	50′
20′	.3668	51.1	.9999	.0	.3669	51.2	.6331	40′
30′	.4179	45.8	.9999	.1	.4181	45.7	.5819	30′
40′	.4637	41.3	.9998	.0	.4638	41.5	.5362	20′
50′	.5050	37.8	.9998	.1	.5053	37.8	.4947	10′
2° 0′	8.5428	34.8	9.9997	.0	8.5431	34.8	11.4569	88° 0′
10′	.5776	32.1	.9997	.1	.5779	32.2	.4221	50′
20′	.6097	30.0	.9996	.0	.6101	30.0	.3899	40′
30′	.6397	28.0	.9996	.1	.6401	28.1	.3599	30′
40′	.6677	26.3	.9995	.0	.6682	26.3	.3318	20′
50′	.6940	24.8	.9995	.1	.6945	24.9	.3055	10′
3° 0′	8.7188	23.5	9.9994	.1	8.7194	23.5	11.2806	87° 0′
10′	.7423	22.2	.9993	.0	.7429	22.3	.2571	50′
20′	.7645	21.2	.9993	.1	.7652	21.3	.2348	40′
30′	.7857	20.2	.9992	.1	.7865	20.2	.2135	30′
40′	.8059	19.2	.9991	.1	.8067	19.4	.1933	20′
50′	.8251	18.5	.9990	.1	.8261	18.5	.1739	10′
4° 0′	8.8436	17.7	9.9989	.0	8.8446	17.8	11.1554	86° 0′
10′	.8613	17.0	.9989	.1	.8624	17.1	.1376	50′
20′	.8783	16.3	.9988	.1	.8795	16.5	.1205	40′
30′	.8946	15.8	.9987	.1	.8960	15.8	.1040	30′
40′	.9104	15.2	.9986	.1	.9118	15.4	.0882	20′
50′	.9256	14.7	.9985	.2	.9272	14.8	.0728	10′
5° 0′	8.9403	14.2	9.9983	.1	8.9420	14.3	11.0580	85° 0′
10′	.9545	13.7	.9982	.1	.9563	13.8	.0437	50′
20′	.9682	13.4	.9981	.1	.9701	13.5	.0299	40′
30′	.9816	12.9	.9980	.1	.9836	13.0	.0164	30′
40′	8.9945	12.5	.9979	.2	8.9966	12.7	11.0034	20′
50′	9.0070	12.2	.9977	.1	9.0093	12.3	10.9907	10′
6° 0′	9.0192	11.9	9.9976	.1	9.0216	12.0	10.9784	84° 0′
10′	.0311	11.5	.9975	.2	.0336	11.7	.9664	50′
20′	.0426	11.3	.9973	.1	.0453	11.4	.9547	40′
30′	.0539	10.9	.9972	.1	.0567	11.1	.9433	30′
40′	.0648	10.7	.9971	.2	.0678	10.8	.9322	20′
50′	.0755	10.4	.9969	.1	.0786	10.5	.9214	10′
7° 0′	9.0859	10.2	9.9968	.2	9.0891	10.4	10.9109	83° 0′
10′	.0961	9.9	.9966	.2	.0995	10.1	.9005	50′
20′	.1060	9.7	.9964	.1	.1096	9.8	.8904	40′
30′	.1157	9.5	.9963	.2	.1194	9.7	.8806	30′
40′	.1252	9.3	.9961	.2	.1291	9.4	.8709	20′
50′	.1345	9.1	.9959	.1	.1385	9.3	.8615	10′
8° 0′	9.1436	8.9	9.9958	.2	9.1478	9.1	10.8522	82° 0′
10′	.1525	8.7	.9956	.2	.1569	8.9	.8431	50′
20′	.1612	8.5	.9954	.2	.1658	8.7	.8342	40′
30′	.1697	8.4	.9952	.2	.1745	8.6	.8255	30′
40′	.1781	8.2	.9950	.2	.1831	8.4	.8169	20′
50′	.1863	8.0	.9948	.2	.1915	8.2	.8085	10′
9° 0′	9.1943		9.9946		9.1997		10.8003	81° 0′
	L Cos	d	L Sen	d	L Cot	dc	L Tan	Angulo

Angulo	L Sen	d	L Cos	d	L Tan	dc	L Cot	
9° 0′	9.1943		9.9946		9.1997		10.8003	81° 0′
		7.9		.2		8.1		
10′	.2022		.9944		.2078		.7922	50′
		7.8		.2		8.0		
20′	.2100		.9942		.2158		.7842	40′
		7.6		.2		7.8		
30′	.2176		.9940		.2236		.7764	30′
		7.5		.2		7.7		
40′	.2251		.9938		.2313		.7687	20′
		7.3		.2		7.6		
50′	.2324		.9936		.2389		.7611	10′
		7.3		.2		7.4		
10° 0′	9.2397		9.9934		9.2463		10.7537	80° 0′
		7.1		.3		7.3		
10′	.2468		.9931		.2536		.7464	50′
		7.0		.2		7.3		
20′	.2538		.9929		.2609		.7391	40′
		6.8		.2		7.1		
30′	.2606		.9927		.2680		.7320	30′
		6.8		.3		7.0		
40′	.2674		.9924		.2750		.7250	20′
		6.6		.2		6.9		
50′	.2740		.9922		.2819		.7181	10′
		6.6		.3		6.8		
11° 0′	9.2806		9.9919		9.2887		10.7113	79° 0′
		6.4		.2		6.6		
10′	.2870		.9917		.2953		.7047	50′
		6.4		.3		6.7		
20′	.2934		.9914		.3020		.6980	40′
		6.3		.2		6.5		
30′	.2997		.9912		.3085		.6915	30′
		6.1		.3		6.4		
40′	.3058		.9909		.3149		.6851	20′
		6.1		.2		6.3		
50′	.3119		.9907		.3212		.6788	10′
		6.0		.3		6.3		
12° 0′	9.3179		9.9904		9.3275		10.6725	78° 0′
		5.9		.3		6.1		
10′	.3238		.9901		.3336		.6664	50′
		5.8		.2		6.1		
20′	.3296		.9899		.3397		.6603	40′
		5.7		.3		6.1		
30′	.3353		.9896		.3458		.6542	30′
		5.7		.3		5.9		
40′	.3410		.9893		.3517		.6483	20′
		5.6		.3		5.9		
50′	.3466		.9890		.3576		.6424	10′
		5.5		.3		5.8		
13° 0′	9.3521		9.9887		9.3634		10.6366	77° 0′
		5.4		.3		5.7		
10′	.3575		.9884		.3691		.6309	50′
		5.4		.3		5.7		
20′	.3629		.9881		.3748		.6252	40′
		5.3		.3		5.6		
30′	.3682		.9878		.3804		.6196	30′
		5.2		.3		5.5		
40′	.3734		.9875		.3859		.6141	20′
		5.2		.3		5.5		
50′	.3786		.9872		.3914		.6086	10′
		5.1		.3		5.4		
14° 0′	9.3837		9.9869		9.3968		10.6032	76° 0′
		5.0		.3		5.3		
10′	.3887		.9866		.4021		.5979	50′
		5.0		.3		5.3		
20′	.3937		.9863		.4074		.5926	40′
		4.9		.4		5.3		
30′	.3986		.9859		.4127		.5873	30′
		4.9		.3		5.1		
40′	.4035		.9856		.4178		.5822	20′
		4.8		.3		5.2		
50′	.4083		.9853		.4230		.5770	10′
		4.7		.4		5.1		
15° 0′	9.4130		9.9849		9.4281		10.5719	75° 0′
		4.7		.3		5.0		
10′	.4177		.9846		.4331		.5669	50′
		4.6		.3		5.0		
20′	.4223		.9843		.4381		.5619	40′
		4.6		.4		4.9		
30′	.4269		.9839		.4430		.5570	30′
		4.5		.3		4.9		
40′	.4314		.9836		.4479		.5521	20′
		4.5		.4		4.8		
50′	.4359		.9832		.4527		.5473	10′
		4.4		.4		4.8		
16° 0′	9.4403		9.9828		9.4575		10.5425	74° 0′
		4.4		.3		4.7		
10′	.4447		.9825		.4622		.5378	50′
		4.4		.4		4.7		
20′	.4491		.9821		.4669		.5331	40′
		4.2		.4		4.7		
30′	.4533		.9817		.4716		.5284	30′
		4.3		.3		4.6		
40′	.4576		.9814		.4762		.5238	20′
		4.2		.4		4.6		
50′	.4618		.9810		.4808		.5192	10′
		4.1		.4		4.5		
17° 0′	9.4659		9.9806		9.4853		10.5147	73° 0′
		4.1		.4		4.5		
10′	.4700		.9802		.4898		.5102	50′
		4.1		.4		4.5		
20′	.4741		.9798		.4943		.5057	40′
		4.0		.4		4.4		
30′	.4781		.9794		.4987		.5013	30′
		4.0		.4		4.4		
40′	.4821		.9790		.5031		.4969	20′
		4.0		.4		4.4		
50′	.4861		.9786		.5075		.4925	10′
		3.9		.4		4.3		
18° 0′	9.4900		9.9782		9.5118		10.4882	72° 0′
	L Cos	d	L Sen	d	L Cot	dc	L Tan	Angulo

 TABLAS DE LOGARITMOS DE LAS FUNCIONES TRIGONOMETRICAS III.

Angulo	L Sen	d	L Cos	d	L Tan	dc	L Cot	
18° 0′	9.4900	3.9	9.9782	.4	9.5118	4.3	10.4882	72° 0′
10′	.4939	3.8	.9778	.4	.5161	4.2	.4839	50′
20′	.4977	3.8	.9774	.4	.5203	4.2	.4797	40′
30′	.5015	3.7	.9770	.5	.5245	4.2	.4755	30′
40′	.5052	3.8	.9765	.4	.5287	4.2	.4713	20′
50′	.5090	3.6	.9761	.4	.5329	4.1	.4671	10′
19° 0′	9.5126	3.7	9.9757	.5	9.5370	4.1	10.4630	71° 0′
10′	.5163	3.6	.9752	.4	.5411	4.0	.4589	50′
20′	.5199	3.6	.9748	.5	.5451	4.0	.4549	40′
30′	.5235	3.5	.9743	.4	.5491	4.0	.4509	30′
40′	.5270	3.6	.9739	.5	.5531	4.0	.4469	20′
50′	.5306	3.5	.9734	.4	.5571	4.0	.4429	10′
20° 0′	9.5341	3.4	9.9730	.5	9.5611	3.9	10.4389	70° 0′
10′	.5375	3.4	.9725	.4	.5650	3.9	.4350	50′
20′	.5409	3.4	.9721	.5	.5689	3.8	.4311	40′
30′	.5443	3.4	.9716	.5	.5727	3.9	.4273	30′
40′	.5477	3.3	.9711	.5	.5766	3.8	.4234	20′
50′	.5510	3.3	.9706	.4	.5804	3.8	.4196	10′
21° 0′	9.5543	3.3	9.9702	.5	9.5842	3.7	10.4158	69° 0′
10′	.5576	3.3	.9697	.5	.5879	3.8	.4121	50′
20′	.5609	3.2	.9692	.5	.5917	3.7	.4083	40′
30′	.5641	3.2	.9687	.5	.5954	3.7	.4046	30′
40′	.5673	3.1	.9682	.5	.5991	3.7	.4009	20′
50′	.5704	3.2	.9677	.5	.6028	3.6	.3972	10′
22° 0′	9.5736	3.1	9.9672	.5	9.6064	3.6	10.3936	68° 0′
10′	.5767	3.1	.9667	.6	.6100	3.6	.3900	50′
20′	.5798	3.0	.9661	.5	.6136	3.6	.3864	40′
30′	.5828	3.1	.9656	.5	.6172	3.6	.3828	30′
40′	.5859	3.0	.9651	.5	.6208	3.5	.3792	20′
50′	.5889	3.0	.9646	.6	.6243	3.6	.3757	10′
23° 0′	9.5919	2.9	9.9640	.5	9.6279	3.5	10.3721	67° 0′
10′	.5948	3.0	.9635	.6	.6314	3.4	.3686	50′
20′	.5978	2.9	.9629	.5	.6348	3.5	.3652	40′
30′	.6007	2.9	.9624	.6	.6383	3.4	.3617	30′
40′	.6036	2.9	.9618	.5	.6417	3.5	.3583	20′
50′	.6065	2.8	.9613	.6	.6452	3.4	.3548	10′
24° 0′	9.6093	2.8	9.9607	.5	9.6486	3.4	10.3514	66° 0′
10′	.6121	2.8	.9602	.6	.6520	3.3	.3480	50′
20′	.6149	2.8	.9596	.6	.6553	3.4	.3447	40′
30′	.6177	2.8	.9590	.6	.6587	3.3	.3413	30′
40′	.6205	2.7	.9584	.5	.6620	3.4	.3380	20′
50′	.6232	2.7	.9579	.6	.6654	3.3	.3346	10′
25° 0′	9.6259	2.7	9.9573	.6	9.6687	3.3	10.3313	65° 0′
10′	.6286	2.7	.9567	.6	.6720	3.2	.3280	50′
20′	.6313	2.7	.9561	.6	.6752	3.3	.3248	40′
30′	.6340	2.6	.9555	.6	.6785	3.2	.3215	30′
40′	.6366	2.6	.9549	.6	.6817	3.3	.3183	20′
50′	.6392	2.6	.9543	.6	.6850	3.2	.3150	10′
26° 0′	9.6418	2.6	9.9537	.7	9.6882	3.2	10.3118	64° 0′
10′	.6444	2.6	.9530	.6	.6914	3.2	.3086	50′
20′	.6470	2.5	.9524	.6	.6946	3.1	.3054	40′
30′	.6495	2.6	.9518	.6	.6977	3.2	.3023	30′
40′	.6521	2.5	.9512	.7	.7009	3.1	.2991	20′
50′	.6546	2.4	.9505	.6	.7040	3.2	.2960	10′
27° 0′	9.6570		9.9499		9.7072		10.2928	63° 0′
	L Cos	d	L Sen	d	L Cot	dc	L Tan	Angulo

Angulo	L Sen	d	L Cos	d	L Tan	dc	L Cot	
27° 0′	9.6570	2.5	9.9499	.7	9.7072	3.1	10.2928	63° 0′
10′	.6595	2.5	.9492	.6	.7103	3.1	.2897	50′
20′	.6620	2.4	.9486	.7	.7134	3.1	.2866	40′
30′	.6644	2.4	.9479	.6	.7165	3.1	.2835	30′
40′	.6668	2.4	.9473	.7	.7196	3.0	.2804	20′
50′	.6692	2.4	.9466	.7	.7226	3.1	.2774	10′
28° 0′	9.6716	2.4	9.9459	.6	9.7257	3.0	10.2743	62° 0′
10′	.6740	2.3	.9453	.7	.7287	3.0	.2713	50′
20′	.6763	2.4	.9446	.7	.7317	3.1	.2683	40′
30′	.6787	2.3	.9439	.7	.7348	3.0	.2652	30′
40′	.6810	2.3	.9432	.7	.7378	3.0	.2622	20′
50′	.6833	2.3	.9425	.7	.7408	3.0	.2592	10′
29° 0′	9.6856	2.2	9.9418	.7	9.7438	2.9	10.2562	61° 0′
10′	.6878	2.3	.9411	.7	.7467	3.0	.2533	50′
20′	.6901	2.2	.9404	.7	.7497	2.9	.2503	40′
30′	.6923	2.3	.9397	.7	.7526	3.0	.2474	30′
40′	.6946	2.2	.9390	.7	.7556	2.9	.2444	20′
50′	.6968	2.2	.9383	.8	.7585	2.9	.2415	10′
30° 0′	9.6990	2.2	9.9375	.7	9.7614	3.0	10.2386	60° 0′
10′	.7012	2.1	.9368	.7	.7644	2.9	.2356	50′
20′	.7033	2.2	.9361	.8	.7673	2.8	.2327	40′
30′	.7055	2.1	.9353	.7	.7701	2.9	.2299	30′
40′	.7076	2.1	.9346	.8	.7730	2.9	.2270	20′
50′	.7097	2.1	.9338	.7	.7759	2.9	.2241	10′
31° 0′	9.7118	2.1	9.9331	.8	9.7788	2.8	10.2212	59° 0′
10′	.7139	2.1	.9323	.8	.7816	2.9	.2184	50′
20′	.7160	2.1	.9315	.7	.7845	2.8	.2155	40′
30′	.7181	2.0	.9308	.8	.7873	2.9	.2127	30′
40′	.7201	2.1	.9300	.8	.7902	2.8	.2098	20′
50′	.7222	2.0	.9292	.8	.7930	2.8	.2070	10′
32° 0′	9.7242	2.0	9.9284	.8	9.7958	2.8	10.2042	58° 0′
10′	.7262	2.0	.9276	.8	.7986	2.8	.2014	50′
20′	.7282	2.0	.9268	.8	.8014	2.8	.1986	40′
30′	.7302	2.0	.9260	.8	.8042	2.8	.1958	30′
40′	.7322	2.0	.9252	.8	.8070	2.7	.1930	20′
50′	.7342	1.9	.9244	.8	.8097	2.8	.1903	10′
33° 0′	9.7361	1.9	9.9236	.8	9.8125	2.8	10.1875	57° 0′
10′	.7380	2.0	.9228	.9	.8153	2.7	.1847	50′
20′	.7400	1.9	.9219	.8	.8180	2.8	.1820	40′
30′	.7419	1.9	.9211	.8	.8208	2.7	.1792	30′
40′	.7438	1.9	.9203	.9	.8235	2.8	.1765	20′
50′	.7457	1.9	.9194	.8	.8263	2.7	.1737	10′
34° 0′	9.7476	1.8	9.9186	.9	9.8290	2.7	10.1710	56° 0′
10′	.7494	1.9	.9177	.8	.8317	2.7	.1683	50′
20′	.7513	1.8	.9169	.9	.8344	2.7	.1656	40′
30′	.7531	1.9	.9160	.9	.8371	2.7	.1629	30′
40′	.7550	1.8	.9151	.9	.8398	2.7	.1602	20′
50′	.7568	1.8	.9142	.8	.8425	2.7	.1575	10′
35° 0′	9.7586	1.8	9.9134	.9	9.8452	2.7	10.1548	55° 0′
10′	.7604	1.8	.9125	.9	.8479	2.7	.1521	50′
20′	.7622	1.8	.9116	.9	.8506	2.7	.1494	40′
30′	.7640	1.7	.9107	.9	.8533	2.6	.1467	30′
40′	.7657	1.8	.9098	.9	.8559	2.7	.1441	20′
50′	.7675	1.7	.9089	.9	.8586	2.7	.1414	10′
36° 0′	9.7692		9.9080		9.8613		10.1387	54° 0′
	L Cos	d	L Sen	d	L Cot	dc	L Tan	Angulo

T-18 TABLAS DE LOGARITMOS DE LAS FUNCIONES TRIGONOMETRICAS V.

Angulo	L Sen	d	L Cos	d	L Tan	dc	L Cot	
36° 0′	9.7692	1.8	9.9080	1.0	9.8613	2.6	10.1387	**54° 0′**
10′	.7710	1.7	.9070	.9	.8639	2.7	.1361	50′
20′	.7727	1.7	.9061	.9	.8666	2.6	.1334	40′
30′	.7744	1.7	.9052	1.0	.8692	2.6	.1308	30′
40′	.7761	1.7	.9042	.9	.8718	2.7	.1282	20′
50′	.7778	1.7	.9033	1.0	.8745	2.6	.1255	10′
37° 0′	9.7795	1.6	9.9023	.9	9.8771	2.6	10.1229	**53° 0′**
10′	.7811	1.7	.9014	1.0	.8797	2.7	.1203	50′
20′	.7828	1.6	.9004	.9	.8824	2.6	.1176	40′
30′	.7844	1.7	.8995	1.0	.8850	2.6	.1150	30′
40′	.7861	1.6	.8985	1.0	.8876	2.6	.1124	20′
50′	.7877	1.6	.8975	1.0	.8902	2.6	.1098	10′
38° 0′	9.7893	1.7	9.8965	1.0	9.8928	2.6	10.1072	**52° 0′**
10′	.7910	1.6	.8955	1.0	.8954	2.6	.1046	50′
20′	.7926	1.5	.8945	1.0	.8980	2.6	.1020	40
30′	.7941	1.6	.8935	1.0	.9006	2.6	.0994	30′
40′	.7957	1.6	.8925	1.0	.9032	2.6	.0968	20′
50′	.7973	1.6	.8915	1.0	.9058	2.6	.0942	10
39° 0′	9.7989	1.5	9.8905	1.0	9.9084	2.6	10.0916	**51° 0′**
10′	.8004	1.6	.8895	1.1	.9110	2.5	.0890	50′
20′	.8020	1.5	.8884	1.0	.9135	2.6	.0865	40′
30′	.8035	1.5	.8874	1.0	.9161	2.6	.0839	30′
40′	.8050	1.6	.8864	1.1	.9187	2.5	.0813	20′
50′	.8066	1.5	.8853	1.0	.9212	2.6	.0788	10′
40° 0′	9.8081	1.5	9.8843	1.1	9.9238	2.6	10.0762	**50° 0′**
10′	.8096	1.5	.8832	1.1	.9264	2.5	.0736	50′
20′	.8111	1.4	.8821	1.1	.9289	2.6	.0711	40′
30′	.8125	1.5	.8810	1.0	.9315	2.6	.0685	30′
40′	.8140	1.5	.8800	1.1	.9341	2.5	.0659	20′
50′	.8155	1.4	.8789	1.1	.9366	2.6	.0634	10′
41° 0′	9.8169	1.5	9.8778	1.1	9.9392	2.5	10.0608	**49° 0′**
10′	.8184	1.4	.8767	1.1	.9417	2.6	.0583	50′
20′	.8198	1.5	.8756	1.1	.9443	2.5	.0557	40′
30′	.8213	1.4	.8745	1.2	.9468	2.6	.0532	30′
40′	.8227	1.4	.8733	1.1	.9494	2.5	.0506	20′
50′	.8241	1.4	.8722	1.1	.9519	2.5	.0481	10′
42° 0′	9.8255	1.4	9.8711	1.2	9.9544	2.6	10.0456	**48° 0′**
10′	.8269	1.4	.8699	1.1	.9570	2.5	.0430	50′
20′	.8283	1.4	.8688	1.2	.9595	2.6	.0405	40′
30′	.8297	1.4	.8676	1.1	.9621	2.5	.0379	30′
40′	.8311	1.3	.8665	1.2	.9646	2.5	.0354	20′
50′	.8324	1.4	.8653	1.2	.9671	2.6	.0329	10′
43° 0′	9.8338	1.3	9.8641	1.2	9.9697	2.5	10.0303	**47° 0′**
10′	.8351	1.4	.8629	1.1	.9722	2.5	.0278	50′
20′	.8365	1.3	.8618	1.2	.9747	2.5	.0253	40′
30′	.8378	1.3	.8606	1.2	.9772	2.6	.0228	30′
40′	.8391	1.4	.8594	1.2	.9798	2.5	.0202	20′
50′	.8405	1.3	.8582	1.3	.9823	2.5	.0177	10′
44° 0′	9.8418	1.3	9.8569	1.2	9.9848	2.6	10.0152	**46° 0′**
10′	.8431	1.3	.8557	1.2	.9874	2.5	.0126	50′
20′	.8444	1.3	.8545	1.3	.9899	2.5	.0101	40′
30′	.8457	1.2	.8532	1.2	.9924	2.5	.0076	30′
40′	.8469	1.3	.8520	1.3	.9949	2.6	.0051	20′
50′	.8482	1.3	.8507	1.2	9.9975	2.5	.0025	10′
45° 0′	9.8495		9.8495		10.0000		10.0000	**45° 0′**
	L Cos	d	L Sen	d	L Cot	dc	L Tan	Angulo

COMPLEMENTOS

n	n^2	n^3	$\sqrt{n}$	$\sqrt[3]{n}$	$1/n$	n	n^2	n^3	$\sqrt{n}$	$\sqrt[3]{n}$	$1/n$
1	1	1	1.000	1.000	1.0000	51	2,601	132,651	7.141	3.708	.0196
2	4	8	1.414	1.260	.5000	52	2,704	140,608	7.211	3.733	.0192
3	9	27	1.732	1.442	.3333	53	2,809	148,877	7.280	3.756	.0189
4	16	64	2.000	1.587	.2500	54	2,916	157,464	7.348	3.780	.0185
5	25	125	2.236	1.710	.2000	55	3,025	166,375	7.416	3.803	.0182
6	36	216	2.449	1.817	.1667	56	3,136	175,616	7.483	3.826	.0179
7	49	343	2.646	1.913	.1429	57	3,249	185,193	7.550	3.849	.0175
8	64	512	2.828	2.000	.1250	58	3,364	195,112	7.616	3.871	.0172
9	81	729	3.000	2.080	.1111	59	3,481	205,379	7.681	3.893	.0169
10	100	1,000	3.162	2.154	.1000	60	3,600	216.000	7.746	3.915	.0167
11	121	1,331	3.317	2.224	.0909	61	3,721	226,981	7.810	3.936	.0164
12	144	1,728	3.464	2.289	.0833	62	3,844	238,328	7.874	3.958	.0161
13	169	2,197	3.606	2.351	.0769	63	3,969	250,047	7.937	3.979	.0159
14	196	2,744	3.742	2.410	.0714	64	4,096	262,144	8.000	4.000	.0156
15	225	3,375	3.873	2.466	.0667	65	4,225	274,625	8.062	4.021	.0154
16	256	4,096	4.000	2.520	.0625	66	4,356	287,496	8.124	4.041	.0152
17	289	4,913	4.123	2.571	.0588	67	4,489	300,763	8.185	4.062	.0149
18	324	5,832	4.243	2.621	.0556	68	4,624	314,432	8.246	4.082	.0147
19	361	6,859	4.359	2.668	.0526	69	4,761	328,509	8.307	4.102	.0145
20	400	8,000	4.472	2.714	.0500	70	4,900	343,000	8.367	4.121	.0143
21	441	9,261	4.583	2.759	.0476	71	5,041	357,911	8.426	4.141	.0141
22	484	10,648	4.690	2.802	.0455	72	5,184	373,248	8.485	4.160	.0139
23	529	12,167	4.796	2.844	.0435	73	5,329	389,017	8.544	4.179	.0137
24	576	13,824	4.899	2.884	.0417	74	5,476	405,224	8.602	4.198	.0135
25	625	15,625	5.000	2.924	.0400	75	5,625	421,875	8.660	4.217	.0133
26	676	17,576	5.099	2.962	.0385	76	5,776	438,976	8.718	4.236	.0132
27	729	19,683	5.196	3.000	.0370	77	5,929	456,533	8.775	4.254	.0130
28	784	21,952	5.292	3.037	.0357	78	6,084	474,552	8.832	4.273	.0128
29	841	24,389	5.385	3.072	.0345	79	6,241	493,039	8.888	4.291	.0127
30	900	27,000	5.477	3.107	.0333	80	6,400	512,000	8.944	4.309	.0125
31	961	29,791	5.568	3.141	.0323	81	6,561	531,441	9.000	4.327	.0123
32	1,024	32,768	5.657	3.175	.0312	82	6,724	551,368	9.055	4.344	.0122
33	1,089	35,937	5.745	3.208	.0303	83	6,889	571,787	9.110	4.362	.0120
34	1,156	39,304	5.831	3.240	.0294	84	7,056	592,704	9.165	4.380	.0119
35	1,225	42,875	5.916	3.271	.0286	85	7,225	614,125	9.220	4.397	.0118
36	1,296	46,656	6.000	3.302	.0278	86	7,396	636,056	9.274	4.414	.0116
37	1,369	50,653	6.083	3.332	.0270	87	7,569	658,503	9.327	4.431	.0115
38	1,444	54,872	6.164	3.362	.0263	88	7,744	681,472	9.381	4.448	.0114
39	1,521	59,319	6.245	3.391	.0256	89	7,921	704,969	9.434	4.465	.0112
40	1,600	64,000	6.325	3.420	.0250	90	8,100	729,000	9.487	4.481	.0111
41	1,681	68,921	6.403	3.448	.0244	91	8,281	753,571	9.539	4.498	.0110
42	1,764	74,088	6.481	3.476	.0238	92	8,464	778,688	9.592	4.514	.0109
43	1,849	79,507	6.557	3.503	.0233	93	8,649	804,357	9.644	4.531	.0108
44	1,936	85,184	6.633	3.530	.0227	94	8,836	830,584	9.695	4.547	.0106
45	2,025	91,125	6.708	3.557	.0222	95	9,025	857,375	9.747	4.563	.0105
46	2,116	97,336	6.782	3.583	.0217	96	9,216	884,736	9.798	4.579	.0104
47	2,209	103,823	6.856	3.609	.0213	97	9,409	912,673	9.849	4.595	.0103
48	2,304	110,592	6.928	3.634	.0208	98	9,604	941,192	9.899	4.610	.0102
49	2,401	117,649	7.000	3.659	.0204	99	9,801	970,299	9.950	4.626	.0101
50	2,500	125,000	7.071	3.684	.0200	100	10,000	1,000,000	10.000	4.642	.0100

SOLUCIONES GEOMETRICAS

Figura	Nombre	Claves	Perímetro	Area
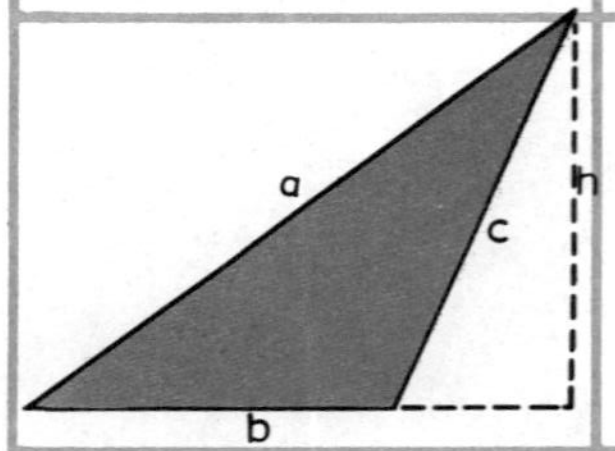	TRIANGULO	a, b, c = lados h = altura s = semiperímetro	$P = a + b + c$	$A = \frac{bh}{2}$ $s = \frac{a + b + c}{2}$
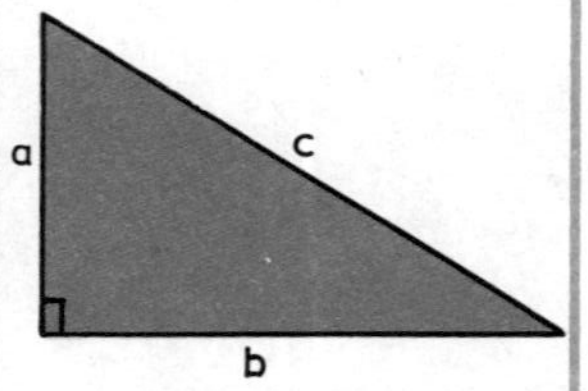	TRIANGULO RECTANGULO	a, b = lados menores (catetos) c = lado mayor (hipotenusa)	$P = a + b + c$	$A = \frac{ab}{2}$
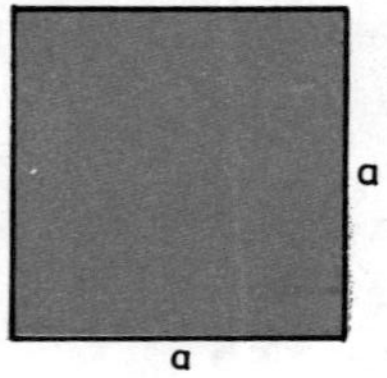	CUADRADO	a = lado	$P = 4a$	$A = a^2$
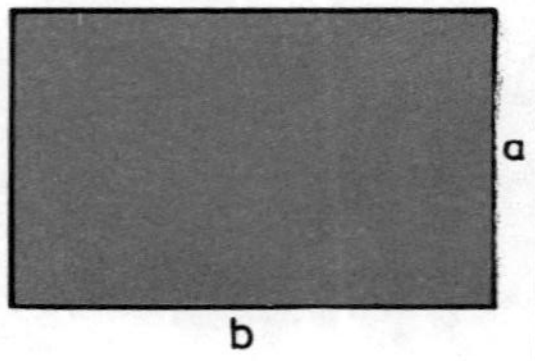	RECTANGULO	a = altura b = base	$P = 2(a + b)$	$A = ba$

Figura	Nombre	Claves	Perímetro	Area
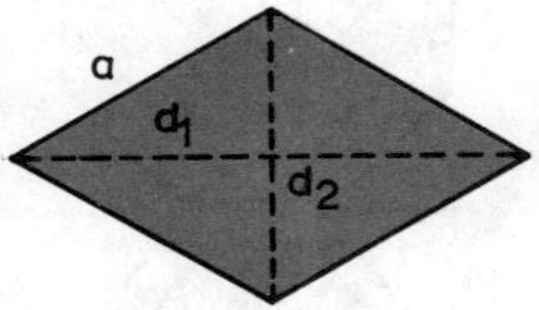	ROMBO	a = lado d_1, d_2 = diagonales	$P = 4a$	$A = \frac{d_1 d_2}{2}$
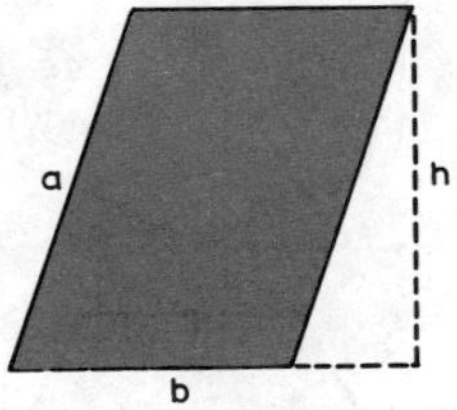	PARALELOGRAMO CUALQUIERA	a, b = lados h = altura	$P = 2(a + b)$	$A = bh$
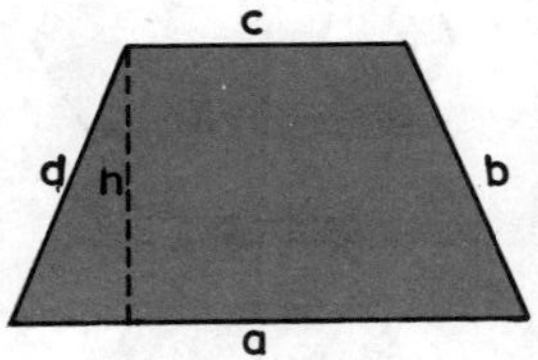	TRAPECIO	a, b, c, d = lados a, c = lados paralelos h = altura	$P = a + b + c + d$	$A = \left(\frac{a + c}{2}\right) h$
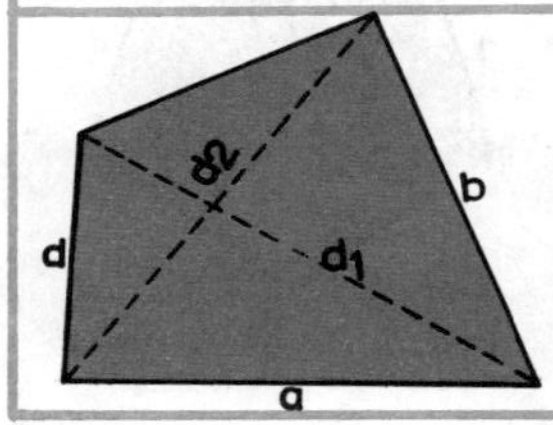	TRAPEZOIDE O CUADRILATERO CUALQUIERA	a, b, c, d = lados d_1, d_2 = diagonales	$P = a + b + c + d$	$A = \frac{1}{2}\sqrt{4(d_1 d_2)^2 - (a^2 - b^2 + c^2 - d^2)^2}$

Figura	Nombre	Claves	Perímetro	Area
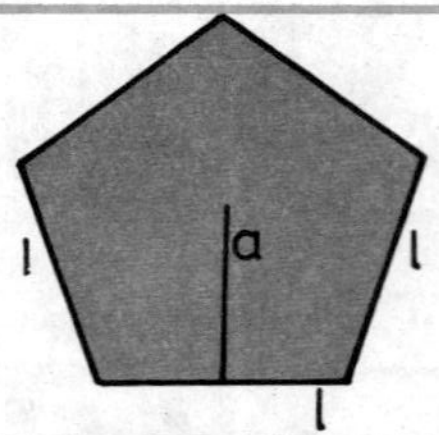	PENTAGONO	l = lado a = apotema	$P = nl$	$A = \frac{Pa}{2}$, $A = 1.721\ l^2$
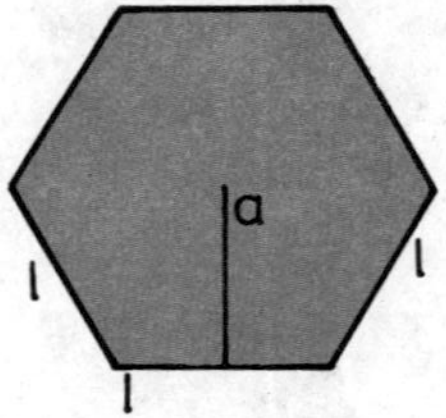	EXAGONO	l = lado a = apotema	$P = nl$	$A = \frac{Pa}{2}$, $A = 2.598\ l^2$
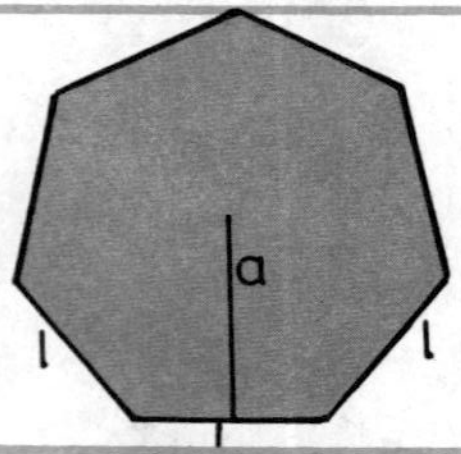	EPTAGONO	l = lado a = apotema	$P = nl$	$A = \frac{Pa}{2}$, $A = 3.634\ l^2$
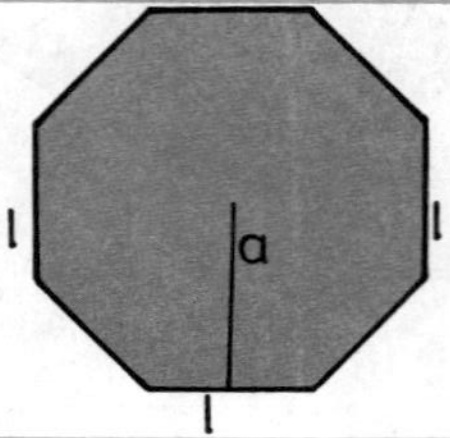	OCTAGONO	l = lado a = apotema	$P = nl$	$A = \frac{Pa}{2}$, $A = 4.828\ l^2$

Figura	Nombre	Claves	Perímetro	Area
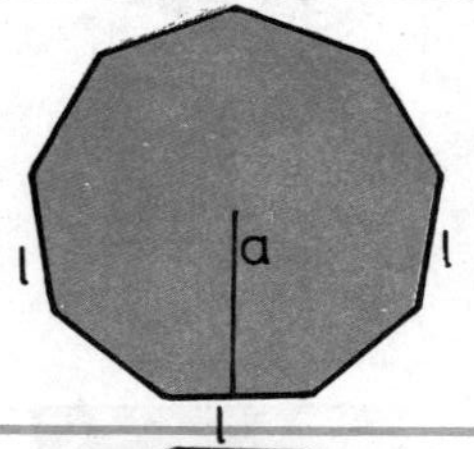	ENEAGONO	l = lado a = apotema	$P = nl$	$A = \frac{Pa}{2}$, $A = 6.182\ l^2$
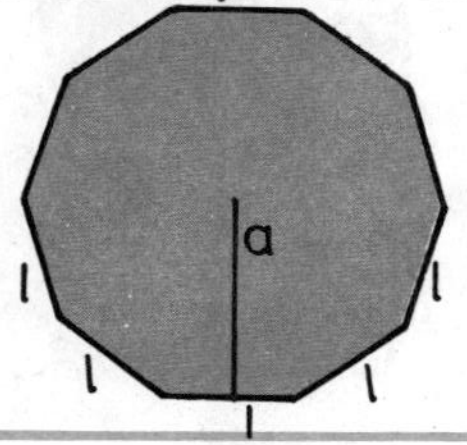	DECAGONO	l = lado a = apotema	$P = nl$	$A = \frac{Pa}{2}$, $A = 7.694\ l^2$
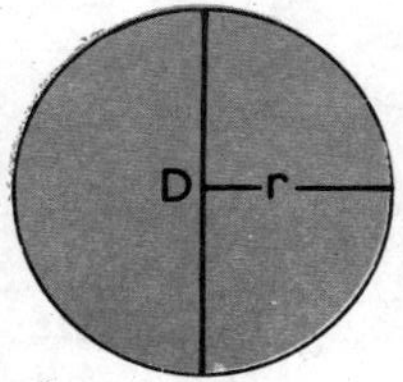	CIRCULO	D = diámetro r = radio $\pi = 3.1416$	$P = \pi D$ $P = 2\pi r$	$A = \frac{\pi D^2}{4}$ $A = \pi r^2$
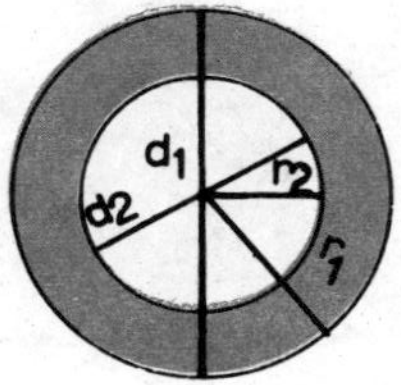	CORONA CIRCULAR	d_1 = diámetro mayor d_2 = diámetro menor r_1 = radio mayor r_2 = radio menor	P. ext. $= \pi d_1$ P. int. $= \pi d_2$ P. total: $\pi(d_1 + d_2)$	$A = \frac{\pi}{4}(d_1^2 - d_2^2)$ $A = \pi(r_1^2 - r_2^2)$

Figura	Nombre	Claves	Perímetro	Area
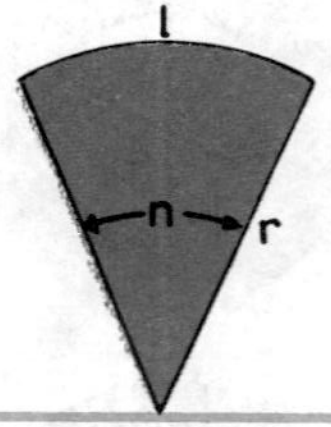	SECTOR CIRCULAR	l = longitud del arco r = radio n = número de grados	$l = 0.01745\ rn$ $P = l + 2r$	$A = \frac{\pi r^2 n}{360}$ $A = \frac{lr}{2}$
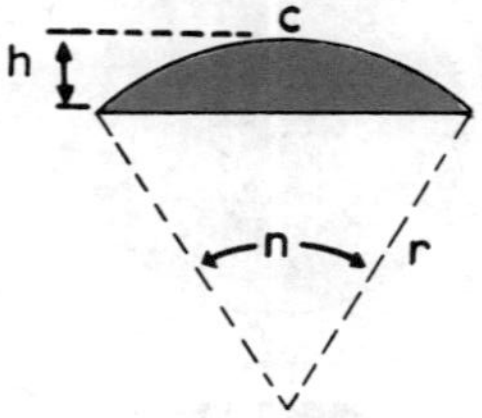	SEGMENTO CIRCULAR	c = cuerda r = radio h = altura n = número de grados	$P = 0.01745\ rn + c$	$A = \frac{\pi r^2 n}{360} - \frac{c(r - h)}{2}$
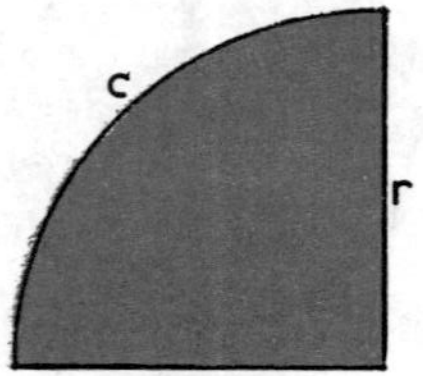	CUADRANTE	r = radio c = cuerda	$P = \frac{1}{2} r \pi + 2r$	$A = \frac{\pi r^2}{4} = 0.3927\ c^2$
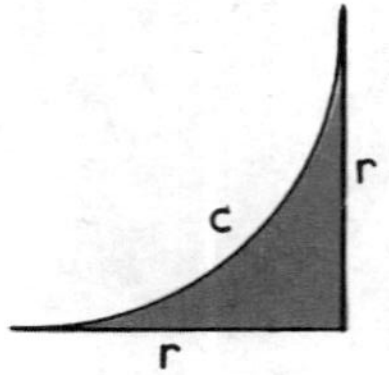	EMBECADURA	r = radio c = cuerda	$P = \frac{1}{2} r \pi + 2r$	$A = r^2 - \frac{\pi r^2}{4}$

Figura	Nombre	Claves	Area	Volumen
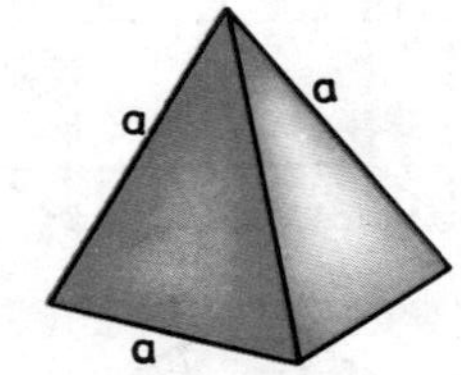	TETRAEDRO	a = arista	$A = 1.7321\ a^2$	$V = 0.1178\ a^3$
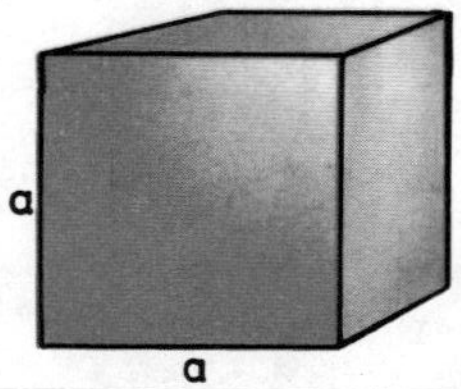	EXAEDRO	a = arista	$A = 6a^2$	$V = a^3$
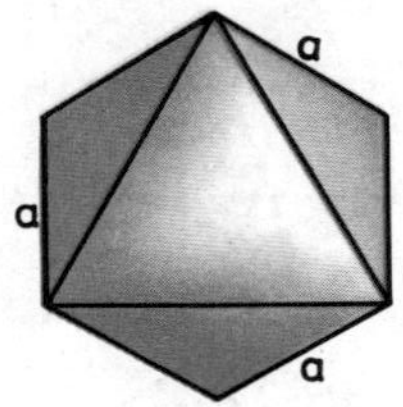	OCTAEDRO	a = arista	$A = 3.4642\ a^2$	$V = 0.4714\ a^3$
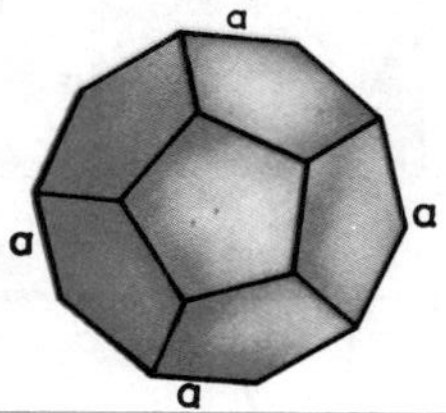	DODECAEDRO	a = arista	$A = 20.6457\ a^2$	$V = 7.6631\ a^3$

Figura	Nombre	Claves	Area	Volumen
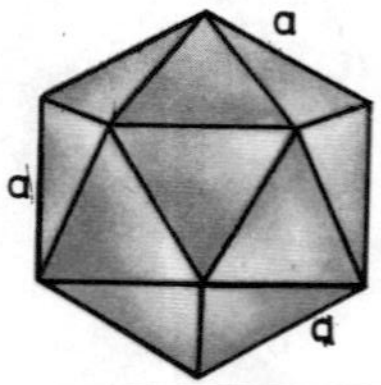	ICOSAEDRO	a = arista	$A = 8.6605\ a^2$	$V = 2.1817\ a^3$
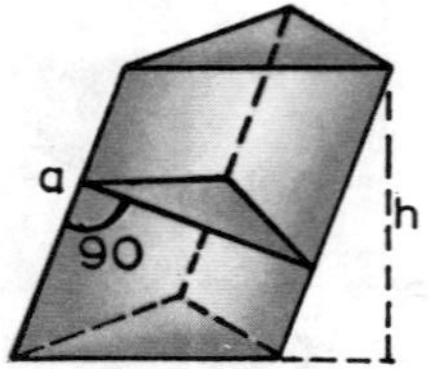	PRISMA CUALQUIERA	a = arista lateral . P = perímetro de la sección recta A_b = área de la base h = altura	$A_l = Pa$ $A_t = Pa + 2A_b$	$V = A_b h$
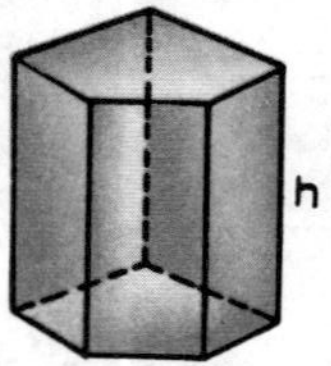	PRISMA RECTO	h = altura P = perímetro de la base A_b = área de la base	$A_l = Ph$ $A_t = Ph + 2A_b$	$V = A_b h$
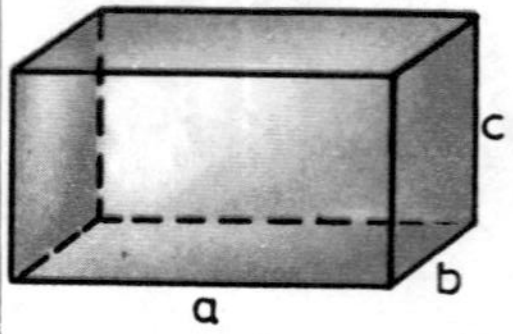	PARALEPIPEDO RECTANGULO	a = largo b = ancho c = altura	$A_l = 2(a + b)c$ $A_t = 2(a + b)c + 2ab$	$V = abc$

Figura	Nombre	Claves	Area	Volumen
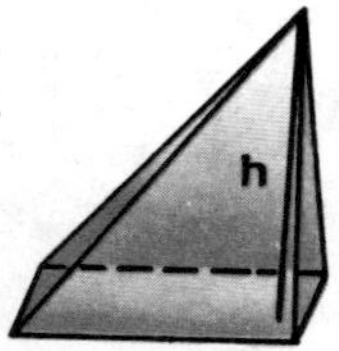	PIRAMIDE CUALQUIERA	A_l = Suma de las caras laterales A_b = área de la base A_t = área total. h = altura	$A_t = \bar{A_l} + A_b$	$V = \frac{1}{3} A_b h$
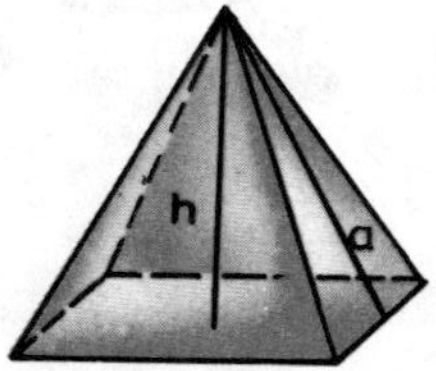	PIRAMIDE REGULAR	P = perímetro de la base a = apotema A_b = área de la base h = altura	$A_l = \frac{1}{2} Pa$ $A_t = \frac{1}{2} Pa + A_b$	$V = \frac{1}{3} A_b h$
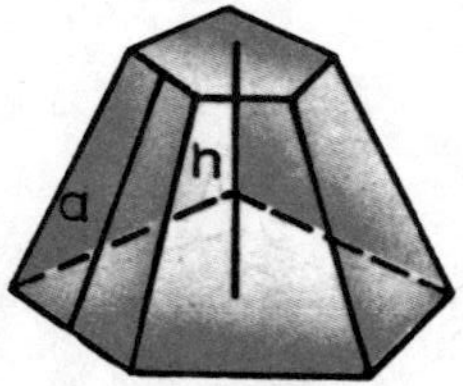	TRONCO DE PIRAMIDE REGULAR	a = apotema h = altura P = perímetro de la base superior P′ = perímetro de la base inferior A_b = área de la base superior A'_b = área de la base inferior	$A_l = \left(\frac{P + P'}{2}\right) a$ $A_t = \left(\frac{P + P'}{2}\right) a + A_b + A'_b$	$V = \frac{1}{3} h(A_b + A'_b + \sqrt{A_b A'_b})$
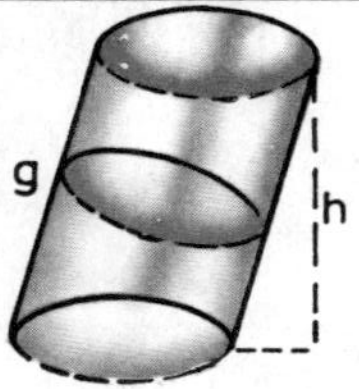	CILINDRO CUALQUIERA	g = generatriz C = perímetro de la sección recta A_b = área de la base h = altura	$A_l = Cg$ $A_t = Cg + 2A_b$	$V = A_b h$

Figura	Nombre	Claves	Area	Volumen
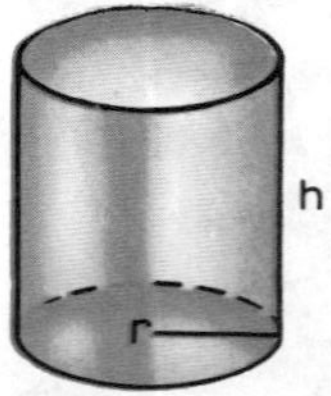	CILINDRO CIRCULAR RECTO	h = altura r = radio de la base	$A_l = 2\pi rh$ $A_t = 2\pi rh + 2\pi r^2$	$V = \pi r^2 h$
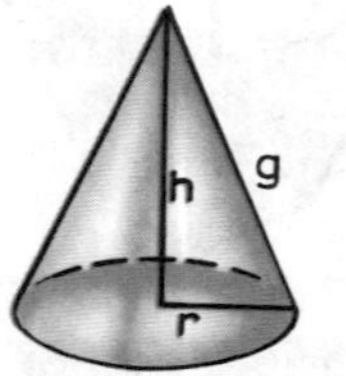	CONO CIRCULAR RECTO	g = generatriz h = altura r = radio de la base	$A_l = \pi rg$ $A_t = \pi rg + \pi r^2$	$V = \frac{1}{3} \pi r^2 h$
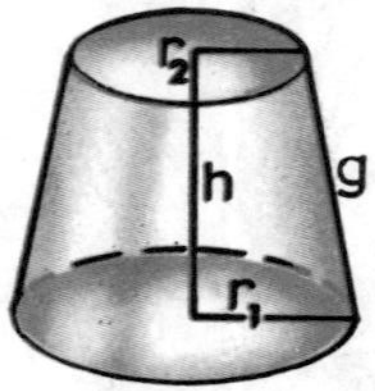	TRONCO DE CONO CIRCULAR RECTO	g = generatriz r_1 = radio de la base mayor r_2 = radio de la base menor h = altura	$A_l = \pi g (r_1 + r_2)$ $A_t = \pi g (r_1 + r_2) + \pi (r_1^2 + r_2^2)$	$V = \frac{1}{3}\pi h(r_1^2 + r_2^2 + r_1 r_2)$
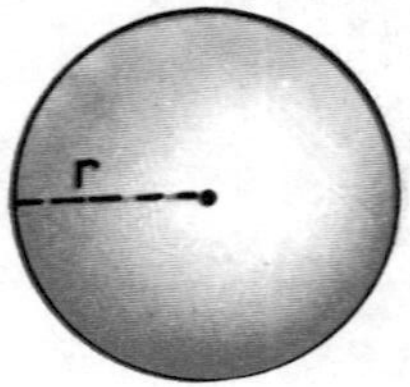	ESFERA	r = radio de la esfera	$A = 4\pi r^2$	$V = \frac{4}{3}\pi r^3$

Repasos de álgebra

Estos repasos de Algebra, han sido incluidos en este texto con el fin de que, al resolverlos, el alumno cuente con el bagaje matemático "necesario y suficiente" para que los problemas planteados, a lo largo de este libro, puedan ser solucionados armónicamente y sin "lagunas" que pudiesen arrastrar de conocimientos impartidos anteriormente. Por ello, cada uno de los 29 repasos funciona correlativamente con los 29 capítulos de que consta este libro siendo conveniente que el alumno proceda a dar respuesta a cada repaso *antes* de empezar a estudiar su capítulo correspondiente.

Repaso de Algebra N° 1

Hallar el valor numérico de las siguientes expresiones, para $a = 1$, $b = 2$, $c = 3$, $d = 4$, $m = \frac{1}{2}$, $n = \frac{2}{3}$, $p = \frac{1}{4}$

1) $(4p + 2b)(18n - 24p) + 2(8m + 2)(40p + a)$ R.: 162

2) $\dfrac{\left(a + \frac{d}{b}\right)}{(d - b)} \cdot \dfrac{\left(5 + \frac{2}{m^2}\right)}{p^2}$ R.: 312

3) $(a + b)(\sqrt{c^2 + 8b} - m\sqrt{n^2})$ R.: 14

4) $\left(\dfrac{\sqrt{a + c}}{2} + \dfrac{\sqrt{6n}}{2}\right) \div (c + d)\sqrt{p}$ R.: $\frac{4}{7}$

5) $3(c - b)\sqrt{32m} - 2(d - a)\sqrt{16p} - \dfrac{2}{n}$ R.: -3

6) $\dfrac{\sqrt{6abc}}{2\sqrt{8b}} + \dfrac{\sqrt{3mn}}{2(b - a)} - \dfrac{cdnp}{abc}$ R.: $\frac{11}{12}$

7) $\dfrac{a^2 + b^2}{b^2 - a^2} + 3(a + b)(2a + 3b)$ R.: $73\frac{2}{3}$

8) $b^2 + \left(\dfrac{1}{a} + \dfrac{1}{b}\right)\left(\dfrac{1}{b} + \dfrac{1}{c}\right) + \left(\dfrac{1}{n} + \dfrac{1}{m}\right)^2$ R.: $17\frac{1}{2}$

9) $(2m + 3n)(4p + 2c) - 4m^2n^2$ R.: $20\frac{5}{9}$

10) $\dfrac{m^2 - 2n^2}{p} + \dfrac{p^2 + c^2}{n}$ R.: $11\frac{11}{288}$

Repaso de Algebra Nº 2

Sumar las expresiones siguientes:

1) $nx + cn - ab; -ab + 8nx - 2cn - ab + nx - 5$

R.: $10nx - 3ab - cn - 5$

2) $a^3 + b^3; -3a^2b + ab^2 - b^3 - 5a^3 - 6ab^2 + 8; 3a^2b - 2b^3$

R.: $-4a^3 - 5ab^2 - 2b^3 + 8$

3) $27m^3 + 125n^3; -9m^2n + 25mn^2 - 14mn^2 - 8; 11mn^2 + 10m^2n$

R.: $27m^3 + m^2n + 22mn^2 + 125n^3 - 8$

4) $x^{a-1} + y^{b-2} + m^{x-4}; 2x^{a-1} - 2y^{b-2} - 2m^{x-4}; 3y^{b-2} - 2m^{x-4}$

R.: $3x^{a-1} + 2y^{b-2} - 3m^{x-4}$

5) $n^{b-1} - m^{x-3} + 8; -5n^{b-1} - 3m^{x-3} + 10; 4n^{b-1} + 5m^{x-3} - 18$

R.: m^{x-3}

6) $x^3y - xy^3 + 5; x^4 - x^2y^2 + 5x^3y - 6; -6xy^3 + x^2y^2 + 2; -y^4 + 3xy^3 + 1$

R.: $x^4 + 6x^3y - 4xy^3 - y^4 + 2$

7) $\frac{3}{4}a^2 + \frac{2}{3}b^2; -\frac{1}{3}ab + \frac{1}{9}b^2; \frac{1}{6}ab - \frac{1}{3}b^2$

R.: $\frac{3}{4}a^2 - \frac{1}{6}ab + \frac{4}{9}b^2$

8) $\frac{9}{17}m^2 + \frac{25}{34}n^2 - \frac{1}{4}; -15mn + \frac{1}{2}; \frac{5}{17}n^2 + \frac{7}{34}m^2 - \frac{1}{4} - \frac{7}{34}m^2 - 30\,mn + 3$

R.: $\frac{9}{17}m^2 - 45mn + \frac{35}{34}n^2 + 3$

9) $\frac{1}{2}b^2m - \frac{3}{5}cn - 2; \frac{3}{4}b^2m + 6 - \frac{1}{10}cn - \frac{1}{4}b^2m + \frac{1}{25}cn + 4; 2cn + \frac{3}{5} - \frac{1}{8}b^2m$

R.: $\frac{7}{8}b^2m + \frac{67}{50}cn + 8\frac{3}{5}$

10) $0.2a^3 + 0.4ab^2 - 0.5a^2b; \quad -0.8b^3 + 0.6b^2 - 0.3a^2b; \quad -0.4a^3 + 6 + 0.7a^2b;$
$0.2a^3 + 0.9b^3 + 0.6ab^2$

R.: $-0.1a^2b + ab^2 + 0.1b^3 + 6 + 0.6b^2$

Repaso de Algebra Nº 3

1) De la suma de: $ab + bc + ac$ con $-7bc + 8ac - 9$, restar la suma de $4ac - 3bc + 5ab$ con $3bc + 5ac - ab$.

R.: $-3ab - 6bc - 9$

2) De la suma de $a^2x - 3x^3$ con $a^3 + 3ax^2$, restar la suma de $-5a^2x + 11ax^2 - 11x^3$ con $a^3 + 8x^3 - 4a^2x + 6ax^2$

R.: $10a^2x - 14ax^2$

3) De la suma de $x^4 + x^2 - 3$; $-3x + 5 - x^3$; $-5x^2 + 4x + x^4$, restar la suma de $-7x^3 + 8x^2 - 3x + 1$ con $x^4 - 3$

R.: $x^4 + 6x^3 - 12x^2 + 4x + 4$

4) De la suma de $m^4 - n^4$; $-7mn^3 + 17m^3n - 4m^2n^2$; $-m^4 + 6m^2n^2 - 8n^4$, restar la suma de $6 - m^4$ con $-m^2n^2 + mn^3 - 4$

R.: $m^4 + 17m^3n + 3m^2n^2 - 8mn^3 - 9n^4 - 2$

5) De la suma de $a - 7 + a^3$; $a^5 - a^4 - 6a^2 + 8$; $-5a^2 - 11a + 26$, restar la suma de $-a^3 + a^2 - a^4$ con $-15 + 16a^3 - 8a^2 - 7a$

R.: $a^5 - 14a^3 - 4a^2 - 3a + 42$

6) Restar la suma de $a^2 + b^2 - ab$; $7b^2 - 8ab + 3a^2$; $-5a^2 - 17b^2 + 11ab$, de la suma de $3b^2 - a^2 + 9ab$ con $-8ab - 7b^2$

R.: $5b^2 - ab$

7) Restar la suma de $m^4 - 1$; $-m^3 + 8m^2 - 6m + 5$; $-7m - m^2 + 1$ de la suma de $m^5 - 16$ con $-16m^4 + 7m^2 - 3$

R.: $m^5 - 17m^4 + m^3 + 13m - 24$

8) Restar la suma de $x^5 - y^5$; $-2x^4y + 5x^3y^2 - 7x^3y^2$; $-6xy^4 - 7x^2y^3 - 8$ de la suma de $-x^3y^2 + 7x^4y + 11xy^4$ con $-xy^4 - 1$

R.: $-x^5 + 9x^4y + x^3y^2 + 7x^2y^3 + 16xy^4 + y^5 + 7$

9) Restar la suma de $7a^4 - a^6 - 8a$; $-3a^5 + 11a^3 - a^2 + 4$; $-6a^4 - 11a^3 - 2a + 8$; $-5a^3 + 5a^2 - 4a + 1$ de la suma de $-3a^4 + 7a^2 - 8a + 5$ con $5a^5 - 7a^3 + 41a^2 - 50a + 8$

R.: $a^6 + 8a^5 - 4a^4 - 2a^3 + 44a^2 - 44a$

10) Restar la suma de $a^5 - 7a^3x^2 + 9$; $-20a^4x + 21a^2x^3 - 199x^4$; $x^5 + 9a^3x^2 - 80$ de la suma de $-4x^5 + 18a^3x^2 - 8$; $-9a^4x - 17a^3x^2 + 11a^2x^3$; $a^5 + 36$

R.: $-5x^5 + 199x^4 - 10a^2x^3 - a^3x^2 + 11a^4x + 99$

Repaso de Algebra Nº 4

Simplificar suprimiendo signos de agrupación y reduciendo términos semejantes.

1) $4x^2 + [-(x^2 - xy) + (-3y^2 + 2xy) - (3x^2 + y^2)]$ R.: $3xy - 4y^2$

2) $a + \{(-2a + b) - (-a + b - c) + a\}$ R.: $a + c$

3) $2x + [-5x - (-2y + \{-x + y\})]$ R.: $-2x + y$

4) $-(a + b) + \{-3a + b - [-2a + b - (a - b)] + 2a\}$ R.: $a - 2b$

5) $-(-a + b) + [-(a + b) - (-2a + 3b) + (-b + a - b)]$

R.: $3a - 7b$

6) $7m^2 - \{-[m^2 + 3n - (5 - n) - (-3 + m^2)]\} - (2n + 3)$

R.: $7m^2 + 2n - 5$

7) $2a - (-4a + b) - \{-[-4a + (b - a) - (-b + a)]\}$ R.: b

8) $-[-(-a)] - [+(-a)] + \{-[-b + c] - [+(-c)]\}$

R.: b

9) $-\{-[-(a + b) - c)]\} - \{+[-(c - a + b)]\} + \{-[-a + (-b)]\}$

R.: $-a + b$

10) $-x + \{-(x + y) - [-x + (y - z) - (-x + y)] + y\}$ R.: $-2y + z$

Repaso de Algebra N° 5

Simplificar:

1) $-(a+b)-3\left[2a+b-(a+2)\right]$ R.: $-4a-4b+6$

2) $-\left[3x-2y+(x-2y)-2(x+y)-3(2x+1)\right]$ R.: $4x+6y+3$

3) $4x^2-\left\{-3x+5-\left[-x+x(2+x)\right]\right\}$ R.: $5x^2+4x-5$

4) $a-(x+y)-3(x-y)+2\left[-(x-2y)-2(-x-y)\right]$

R.: $a-2x+10y$

5) $-2(a-b)-3(a+2b)-4\left\{a-2b+2\left[-a+b-1+2(a-b)\right]\right\}$

R.: $-17a+12b+8$

6) $m-3(m+n)+\left\{-\left[-(-2n+n)-2-3(m-n+1)+m\right]\right\}$

R.: $-7n+5$

7) $-3(x-2y)+2\left\{-4\left[-2x-3(x+y)\right]\right\}-\left\{-\left[-(x+y)\right]\right\}$

R.: $36x+29y$

8) $5\left\{-(a+b)-3\left[-2a+3b-(a+b)+(-a-b)+2(-a+b)\right]-a\right\}$

R.: $80a-50b$

9) $-3\left\{-\left[+(-a+b)\right]\right\}-4\left\{-\left[-(-a-b)\right]\right\}$ R.: $a+7b$

10) $-a+b-2(a-b)+3\left\{-\left[2a+b-3(a+b-1)\right]\right\}$

$-3\left[-a+2(-1+a)\right]$ R.: $-3a+9b-3$

Repaso de Algebra Nº 6

Hallar el valor numérico de las expresiones siguientes, para:

$$a = -1;\ b = 2;\ c = -\frac{1}{2}$$

1) $(a-b)^2 + (b-c)^2 - (a-c)^2$ R.: 15

2) $(b+a)^3 - (b-c)^3 - (a-c)^3$ R.: $-14\frac{1}{2}$

3) $\frac{ab}{c} + \frac{ac}{b} - \frac{bc}{a}$ R.: $3\frac{1}{4}$

4) $(a+b+c)^2 - (a-b-c)^2 + c$ R.: $-6\frac{1}{2}$

5) $3(2a+b) - 4a(b+c) - 2c(a-b)$ R.: 3

Hallar el valor numérico de las expresiones siguientes, para:

$$a = 2;\ b = \frac{1}{3};\ x = -2;\ y = -1;\ m = 3,\ n = \frac{1}{2}$$

6) $\frac{x^4}{8} - \frac{x^2y}{2} + \frac{3xy^2}{2} - y^3$ R.: 2

7) $(a-x)^2 + (x-y)^2 + (x^2-y^2)(m+x-n)$ R.: $18\frac{1}{2}$

8) $(3x-2y)(2n-24n) + 4x^2y^2 - \frac{x-y}{2}$ R.: $60\frac{1}{2}$

9) $\frac{4x}{3y} - \frac{x^3}{2+y^3} + \left(\frac{1}{n} - \frac{1}{b}\right)x + x^4 - m$ R.: $25\frac{2}{3}$

10) $\frac{3a}{x} + \frac{2y}{m} + \frac{17n}{y} - \frac{m}{n} + 2(x-y+4)$ R.: $-12\frac{1}{6}$

Repaso de Algebra N° 7

1) $(x + 2)^2$ R.: $x^2 + 4x + 4$

2) $(x + 2)(x + 3)$ R.: $x^2 + 5x + 6$

3) $(x + 1)(x - 1)$ R.: $x^2 - 1$

4) $(x - 1)^2$ R.: $x^2 - 2x + 1$

5) $(1 + b)^3$ R.: $1 + 3b + 3b^2 + b^3$

6) $(a + b)(a - b)(a^2 - b^2)$ R.: $a^4 - 2a^2b^2 + b^4$

7) $(x + 1)(x - 1)(x^2 - 2)$ R.: $x^4 - 3x^2 + 2$

8) $(2a + x)^3$ R.: $8a^3 + 12a^2x + 6ax^2 + x^3$

9) $(x + 5)(x - 5)(x^2 + 1)$ R.: $x^4 - 24x^2 - 25$

10) $(a + 2)(a - 3)(a - 2)(a + 3)$ R.: $a^4 - 13a^2 + 36$

Repaso de Algebra Nº 8

Resolver las ecuaciones siguientes:

1) $(x-2)^2-(3-x)^2=1$ R.: 3

2) $14-(5x-1)(2x+3)=17-(10x+1)(x-6)$ R.: $-\frac{1}{12}$

3) $(x-2)^2+x(x-3)=3(x+4)(x-3)-(x+2)(x-1)+2$ R.: 4

4) $(3x-1)^2-5(x-2)-(2x+3)^2-(5x+2)(x-1)=0$ R.: $\frac{1}{5}$

5) $2(x-3)^2-3(x+1)^2+(x-5)(x-3)+4(x^2-5x+1)=4x^2-12$ R.: 1

6) $5(x-2)^2-5(x+3)^2+(2x-1)(5x+2)-10x^2=0$ R.: $-\frac{9}{17}$

7) $x^2-5x+15=x(x-3)-14+5(x-2)+3(13-2x)$ R.: 0

8) $3(5x-6)(3x+2)-6(3x+4)(x-1)-3(9x+1)(x-2)=0$ R.: $\frac{2}{7}$

9) $7(x-4)^2-3(x+5)^2=4(x+1)(x-1)-2$ R.: $\frac{1}{2}$

10) $5(1-x)^2-6(x^2-3x-7)=x(x-3)-2x(x+5)-2$ R.: $-\frac{7}{3}$

Repaso de Algebra Nº 9

Descomponer en factores:

1) $2a^2x + 2ax^2 - 3ax$ R.: $ax(2a + 2x - 3)$

2) $(x + y)(n + 1) - 3(n + 1)$ R.: $(n + 1)(x + y - 3)$

3) $6m - 9n + 21nx - 14mx$ R.: $(2m - 3n)(3 - 7x)$

4) $a^6 - 2a^3b^3 + b^6$ R.: $(a^3 - b^3)^2$

5) $1 + \frac{2b}{3} + \frac{b^2}{9}$ R.: $(1 + \frac{b}{3})^2$

6) $a^2m^4n^6 - 144$ R.: $(am^2n^3 + 12)(am^2n^3 - 12)$

7) $a^6 - (a - 1)^2$ R.: $(a^3 + a - 1)(a^3 - a + 1)$

8) $a^2 - b^2 - 2bc - c^2$ R.: $(a + b + c)(a - b - c)$

9) $(x + y)^2 + n^2 - m^2 - 2n(x + y)$ R.: $(x + y + m - n)(x + y - m - n)$

10) $c^4 - 5c^2 + 100$ R.: $(c^2 + 5c + 10)(c^2 - 5c + 10)$

Repaso de Algebra Nº 10

Descomponer en factores:

1) $4m^4 + 81n^4$ R.: $(2m^2 + 6mn + 9n^2)(2m^2 - 6mn + 9n^2)$

2) $m^2 - 12m + 11$ R.: $(m - 1)(m - 11)$

3) $x^2 + 8x - 180$ R.: $(x + 18)(x - 10)$

4) $m^2 + mn - 56n^2$ R.: $(m + 8n)(m - 7n)$

5) $(c + d)^2 - 18(c + d) + 65$

R.: $(c + d - 5)(c + d - 13)$

6) $2a^2 + 5a + 2$ R.: $(a + 2)(2a + 1)$

7) $x^3 + 3x^2 + 3x + 1$

R.: $(x + 1)^3$

8) $8x^3 - 27y^3$ R.: $(2x - 3y)(4x^2 + 6xy + 9y^2)$

9) $27x^3 - (x - y)^3$ R.: $(2x + y)(13x^2 - 5xy + y^2)$

10) $x^7 + 128$ R.: $(x + 2)(x^6 - 2x^5 + 4x^4 - 8x^3 + 16x^2 - 32x + 64)$

Repaso de Algebra Nº 11

Descomponer en factores:

1) $ax^3 + 10ax^2 + 25ax$ R.: $ax(x + 5)^2$

2) $3abx^2 - 3abx - 18ab$

R.: $3ab(x - 3)(x + 2)$

3) $(x + y)^4 - 1$ R.: $(x^2 + 2xy + y^2 + 1)(x + y + 1)(x + y - 1)$

4) $64 - x^6$ R.: $(2 + x)(2 - x)(x^2 + 2x + 4)(x^2 - 2x + 4)$

5) $x^5 - x$ R.: $x(x^2 + 1)(x + 1)(x - 1)$

6) $5a^4 - 3125$ R.: $5(a^2 + 25)(a + 5)(a - 5)$

7) $1 - a^6b^6$ R.: $(1 + ab)(1 - ab)(1 + ab + a^2b^2)(1 - ab + a^2b^2)$

8) $a^7 - ab^6$ R.: $a(a + b)(a - b)(a^2 + ab + b^2)(a^2 - ab + b^2)$

9) $3 - 3a^6$ R.: $3(1 + a)(1 - a)(a^2 + a + 1)(a^2 - a + 1)$

10) $x^7 + x^4 - 81x^3 - 81$

R.: $(x + 1)(x + 3)(x - 3)(x^2 + 9)(x^2 - x + 1)$

Repaso de Algebra Nº 12

Hallar el M.C.D., entre:

1) $a^2 - b^2;\ a^2 - 2ab + b^2$ R.: $a - b$

2) $4x^2 - y^2;\ (2x - y)^2$ R.: $2x - y$

3) $4a^2 + 8a - 12;\ 2a^2 - 6a + 4;\ 6a^2 + 18a - 24$

R.: $2(a - 1)$

4) $3x^2 - x;\ 27x^3 - 1;\ 18x^2 - 6x + 3ax - a + 6x - 2$

R.: $3x - 1$

5) $2a^2 - am + 4a - 2m;\ 2am^2 - m^3;\ 6a^2 + 5am - 4m^2$

R.: $2a - m$

Hallar el M.C.M, entre;

6) $3a^2x - 9a^2;\ x^2 - 6x + 9$ R.: $3a^2(x - 3)^2$

7) $(x - 1)^2;\ x^2 - 1$ R.: $(x + 1)(x - 1)^2$

8) $a^2 + a - 30;\ a^2 + 3a - 18$ R.: $(a + 6)(a - 5)(a - 3)$

9) $2a^2 + 2a;\ 3a^2 - 3a;\ a^4 - a^2$ R.: $6a^2(a + 1)(a - 1)$

10) $1 - a^3;\ 1 - a;\ 1 - a^2;\ 1 - 2a + a^2$ R.: $(1 + a)(1 - a)^2(1 + a + a^2)$

Repaso de Algebra Nº 13

Simplificar:

1) $\dfrac{8-a^3}{a^2+2a-8}$ R.: $-\dfrac{a^2+2a+4}{a+4}$

2) $\dfrac{a^2-b^2}{b^3-a^3}$ R.: $-\dfrac{a+b}{a^2+ab+b^2}$

3) $\dfrac{3bx-6x}{8-b^3}$ R.: $-\dfrac{3x}{b^2+2b+4}$

4) $\dfrac{(x-5)^3}{125-x^3}$ R.: $-\dfrac{(x-5)^2}{x^2+5x+25}$

5) $\dfrac{5x^3-15x^2y}{90x^3y^2-10x^5}$ R.: $-\dfrac{1}{2x(3y+x)}$

Efectuar:

6) $\dfrac{1}{ax}-\dfrac{1}{a^2+ax}+\dfrac{1}{a+x}$ R.: $\dfrac{x+1}{x(a+x)}$

7) $\dfrac{3x+2}{x^2+3x-10}-\dfrac{5x+1}{x^2+4x-5}+\dfrac{4x-1}{x^2-3x+2}$ R. $\dfrac{2x^2+27x-5}{(x+5)(x-2)(x-1)}$

8) $\dfrac{1}{5a+5}+\dfrac{1}{5a-5}-\dfrac{1}{10+10a}$ R.: $\dfrac{3a+1}{10(a+1)(a-1)}$

9) $\dfrac{a+b}{a^2-ab}+\dfrac{a}{b^2-a^2}$ R.: $\dfrac{b^2+2ab}{a(a+b)(a-b)}$

10) $\dfrac{x+3y}{y+x}+\dfrac{3y^2}{x^2-y^2}-\dfrac{x}{y-x}$ R.: $\dfrac{2x^2+3xy}{(x+y)(x-y)}$

Repaso de Algebra Nº 14

Efectuar:

1) $\frac{a+1}{a-1} \times \frac{3a-3}{2a+2} \div \frac{a^2-a}{a^2+a-2}$ R.: $\frac{3(a+2)}{2a}$

2) $\frac{a^2-8a+7}{a^2-11a+30} \times \frac{a^2-36}{a^2-1} \div \frac{a^2-a-42}{a^2-4a-5}$ R.: 1

3) $\frac{(a+b)^2-c^2}{(a-b)^2-c^2} \times \frac{(a+c)^2-b^2}{a^2+ab-ac} \div \frac{a+b+c}{a^2}$ R.: $\frac{a(a+b+c)}{a-b-c}$

4) $\frac{m^2+6mn+9n^2}{2m^2n+7mn^2+3n^3} \times \frac{4m^2-n^2}{8m^2-2mn-n^2} \div \frac{m^3+27n^3}{16m^2+8mn+n^2}$

R.: $\frac{4m+n}{n(m^2 \quad 3mn+9n^2)}$

5) $\frac{(a^2-3a)^2}{9-a^2} \times \frac{27-a^3}{(a+3)^2-3a} \div \frac{a^4-9a^2}{(a^2+3a)^2}$ R.: $a^2(a-3)$

Hallar el verdadero valor de:

6) $\frac{x-2}{x+3}$ para $x = 2$ R.: 0

7) $\frac{x^2-a^2}{x^2+a^2}$ para $x = a$ R.: 0

8) $\frac{a^2-a-6}{a^2+2a-15}$ para $a = 3$ R.: $\frac{5}{8}$

9) $\frac{x^2-7x+6}{x^2-2x+1}$ $x = 1$ R.: ∞ (no existe)

10) $\frac{x^2-y^2}{xy-y^2}$ $y = x$ R.: 2

Repaso de Algebra Nº 15

Simplificar:

1) $\dfrac{\dfrac{b}{a}}{1-\dfrac{b^2}{a^2}} \div \dfrac{1+\dfrac{b}{a-b}}{2-\dfrac{a-3b}{a-b}}$ R.: $\dfrac{b}{a-b}$

2) $\dfrac{a-b+\dfrac{a^2+b^2}{a+b}}{a+b-\dfrac{a^2-2b^2}{a-b}} \times \dfrac{b+\dfrac{b^2}{a}}{a-b} \times \dfrac{1}{1+\dfrac{2a-b}{b}}$ R.: 1

Resolver:

3) $\dfrac{x-2}{3}-\dfrac{x-3}{4}=\dfrac{x-4}{5}$ R.: $7\frac{4}{7}$

4) $\frac{3}{5}\left(\dfrac{2x-1}{6}\right)-\frac{4}{3}\left(\dfrac{3x+2}{4}\right)-\frac{1}{5}\left(\dfrac{x-2}{3}\right)+\frac{1}{5}=0$ R.: $-\frac{1}{2}$

5) $\dfrac{3}{x-4}=\dfrac{2}{x-3}+\dfrac{8}{x^2-7x+12}$ R.: 9

6) $\dfrac{1}{6-2x}-\dfrac{4}{5-5x}=\dfrac{10}{12-4x}-\dfrac{3}{10-10x}$ R.: $1\frac{2}{5}$

7) $ax-a(a+b)=-x-(1+ab)$ R.: $a-1$

8) $x(a+b)-3-a(a-2)=2(x-1)-x(a-b)$ R.: $\dfrac{a-1}{2}$

9) $\dfrac{x+m}{m}-\dfrac{x+n}{n}=\dfrac{m^2+n^2}{mn}-2$ R.: $n-m$

10) $\frac{3}{4}\left(\dfrac{x}{b}+\dfrac{x}{a}\right)-\frac{1}{3}\left(\dfrac{x}{b}-\dfrac{x}{a}\right)=\dfrac{5a+13b}{12a}$ R.: b

Repaso de Algebra Nº 16

En la fórmula:

1) $A = h\dfrac{(b+b')}{2}$, despejar b — R.: $b = \dfrac{2A - hb'}{h}$

2) $A = \dfrac{1}{2}(a-1)n$, despejar n — R.: $n = \dfrac{2A}{a-1}$

3) $A = \pi r^2$, despejar r — R.: $r = \sqrt{\dfrac{A}{\pi}}$

4) $a^2 = b^2 + c^2$, despejar b — R.: $b = \sqrt{a^2 - c^2}$

5) $V = \dfrac{1}{3}h\pi r^2$, despejar r — R.: $r = \sqrt{\dfrac{3V}{\pi h}}$

Representar gráficamente:

6) $y = 3x + 3$

7) $y = x - 3$

8) $y = \dfrac{x}{2} + 4$

9) $y = x^2 + 1$

10) $x^2 + y^2 = 49$

Repaso de Algebra Nº 17

Resolver los siguientes sistemas de ecuaciones:

1) $7x - 4y = 5$

$9x + 8y = 13$ R.: $x = 1,\ y = \frac{1}{2}$

2) $x - 5y = 8$

$-7x + 62y = 25$ R.: $x = 23,\ y = 3$

3) $11x - 9y = 2$

$13x - 15y = -2$ R.: $x = 1,\ y = 1$

4) $3x - (9x + y) = 5y - (2x + 9y)$

$4x - (3y + 7) = 5y - 47$ R.: $x = 6,\ y = 8$

5) $x = -\frac{3y + 3}{6}$

$y = -\frac{1 + 5x}{4}$ R.: $x = -1,\ y = 1$

6) $\frac{x}{m} + \frac{y}{n} = 2m$

$mx - ny = m^3 - mn^2$ R.: $x = m^2,\ y = mn$

7) $\frac{9}{x} + \frac{10}{y} = -11$

$\frac{7}{x} - \frac{15}{y} = -4$ R.: $x = -1,\ y = -5$

8) $ax + 2y = 2$

$\frac{ax}{2} - 3y = -1$ R.: $x = \frac{1}{a},\ y = \frac{1}{2}$

9) $\frac{3x}{5} + \frac{y}{4} = 2$

$x - 5y = 25$ R.: $x = 5,\ y = -4$

10) $\frac{x - 2}{2} - \frac{y - 3}{3} = 4$

$\frac{y - 2}{2} + \frac{x - 3}{3} = -\frac{11}{3}$ R.: $x = 4,\ y = -6$

Repaso de Algebra Nº 18

Resolver los siguientes sistemas de ecuaciones:

1) $6x + 3y + 2z = 12$

$9x - y + 4z = 37$

$10x + 5y + 3z = 21$

R.: $x = 5$

$y = -4$

$z = -3$

2) $x + 2z = 11$

$2y + z = 0$

$x + 2z = 11$

R.: $x = 3$

$y = -2$

$z = 4$

3) $\frac{x}{2} + \frac{y}{2} - \frac{z}{3} = 3$

$\frac{x}{3} + \frac{y}{6} - \frac{z}{2} = -5$

$\frac{x}{6} - \frac{y}{3} + \frac{z}{6} = 0$

R.: $x = 6$

$y = 12$

$z = 18$

4) $\frac{1}{x} + \frac{1}{y} = 5$

$\frac{1}{x} + \frac{1}{z} = 6$

$\frac{1}{y} + \frac{1}{z} = 7$

R.: $x = \frac{1}{2}$

$y = \frac{1}{3}$

$z = \frac{1}{4}$

5) $7x + 10y + 4z = -2$

$5x - 2y + 6z = 38$

$3x + y - z = 21$

R.: $x = 8$

$y = -5$

$z = -2$

Hallar el valor de las determinantes siguientes:

6) $\begin{vmatrix} 2 & 5 & -1 \\ 3 & -4 & 3 \\ 6 & 2 & 4 \end{vmatrix}$ R.: -44

7) $\begin{vmatrix} 3 & 2 & 5 \\ -1 & -3 & 4 \\ 2 & -2 & 5 \end{vmatrix}$ R.: 45

8) Resolver gráficamente:

$x + y + z = 5$

$3x + 2y + z = 8$

$2x + 3y + 3z = 14$

R.: $x = 1$, $y = 1$, $z = 3$

9) $2x + 2y + 3z = 24$

$4x + 5y + 2z = 35$

$3x + 2y + z = 19$

R.: $x = 3$, $y = 3$, $z = 4$

10) Resolver:

$2x - 3y + z + 4u = 0$

$3x + y - 5z - 3u = -10$

$6x + 2y - z + u = -3$

$x + y - 4z - 3u = -6$

R.: $x = -3$, $y = 4$, $z = -2$, $u = 5$

Repaso de Algebra N° 19

Desarrollar, aplicando la regla adecuada:

1) $(9ab^2 + 5a^2b^3)^2$ R.: $81a^2b^4 + 90a^3b^5 + 25a^4b^6$

2) $\left(\frac{2}{5}m^4 - \frac{5}{4}n^3\right)^2$ R.: $\frac{4}{25}m^8 - m^4n^3 + \frac{25}{16}n^6$

3) $(a^8 + 9a^5x^4)^3$ R.: $a^{24} + 27a^{21}x^4 + 243a^{18}x^8 + 729a^{15}x^{12}$

4) $\left(\frac{7}{8}x^5 - \frac{4}{7}y^6\right)^3$ R.: $\frac{343}{512}x^{15} - \frac{21}{16}x^{10}y^6 + \frac{6}{7}x^5y^{12} - \frac{64}{343}y^{18}$

5) $(5x^4 - 7x^2 + 3x)^2$ R.: $25x^8 - 70x^6 + 30x^5 + 49x^4 - 42x^3 + 9x^2$

6) $\left(\frac{a^2}{4} - \frac{3}{5} + \frac{b^2}{9}\right)^2$ R.: $\frac{a^4}{16} - \frac{3a^2}{10} + \frac{a^2b^2}{18} + \frac{9}{25} - \frac{2b^2}{15} + \frac{b^4}{81}$

7) $(x^4 - x^2 - 2)^3$ R.: $x^{12} - 3x^{10} - 3x^8 + 11x^6 + 6x^4 - 12x^2 - 8$

8) $\left(3 - \frac{x^2}{3}\right)^5$ R.: $243 - 135x^2 + 30x^4 - \frac{10x^6}{3} + \frac{5x^8}{27} - \frac{x^{10}}{243}$

9) $\left(\frac{a}{3} - \frac{3}{b}\right)^6$ R.: $\frac{a^6}{729} - \frac{2a^5}{27b} + \frac{5a^4}{3b^2} - \frac{20a^3}{b^3} + \frac{135a^2}{b^4} - \frac{486a}{b^5} + \frac{729}{b^6}$

Hallar el 6° término del desarrollo de:

10) $\left(2a - \frac{b}{2}\right)^8$ R.: $-14a^3b^5$

Repaso de Algebra Nº 20

1) $\sqrt[4]{81a^{12}b^{24}}$ R.: $3a^3b^6$

2) $\sqrt{x^6 - 2x^5 + 3x^4 + 1 + 2x - x^2}$ R.: $x^3 - x^2 + x + 1$

3) $\sqrt{\frac{x^2}{9} + \frac{79}{3} - \frac{20}{x} - \frac{10x}{3} + \frac{4}{x^2}}$ R.: $\frac{x}{3} - 5 + \frac{2}{x}$

4) $\sqrt[3]{x^{12} - 3x^8 - 3x^{10} + 6x^4 + 11x^6 - 12x^2 - 8}$ R.: $x^4 - x^2 - 2$

5) $\sqrt[3]{\frac{a^3}{8b^3} + \frac{15a}{8b} - \frac{5}{2} - \frac{3a^2}{4b^2} + \frac{15b}{8a} - \frac{3b^2}{4a^2} + \frac{b^3}{8a^3}}$ R.: $\frac{a}{2b} - 1 + \frac{b}{2a}$

Expresar con radical.

6) $x^{\frac{3}{2}} y^{\frac{1}{4}} z^{\frac{1}{5}}$ R.: $x\sqrt{x}\ \sqrt[4]{y}\ \sqrt[5]{z}$

Expresar con exponente positivo

7) $\frac{3}{x^{-1}y^{-5}}$ R.: $3xy^5$

8) Expresar sin denominador

$\frac{3a^2b^3}{a^{-1}x}$ R.: $3a^3b^3x^{-1}$

9) Expresar con exponente positivo

$\sqrt{a^{-3}}$ R.: $\frac{1}{a^{\frac{3}{2}}}$

10) Hallar el valor de

$(25)^{-\frac{1}{2}}$ R.: $\frac{1}{5}$

Repaso de Algebra Nº 21

1) Hallar el valor numérico, para $x = 16$, $y = 8$

$$\frac{x^{\frac{3}{4}}}{y^{-2}} + x^{-\frac{1}{2}}y^{-\frac{1}{3}} - x^0y^0 + \frac{x^4}{y^{\frac{4}{3}}}$$ R.: $4607\frac{1}{8}$

2) Multiplicar x^{-2} por $x^{-\frac{1}{3}}$ R.: $x^{-\frac{7}{2}}$

3) Multiplicar ordenando previamente

$a^{-1} + 2a^{-\frac{1}{2}}b^{-\frac{1}{2}} + 2b^{-1}$ por $a^{-1} - a^{-\frac{1}{2}}b^{-\frac{1}{2}} + b^{-1}$

R.: $a^{-2} + a^{-\frac{3}{2}}b^{-\frac{1}{2}} + a^{-1}b^{-1} + 2b^{-2}$

4) Dividir $a^{\frac{1}{3}}$ entre a R.: $a^{-\frac{2}{3}}$

5) Dividir, ordenando previamente

$15a^3 - 19a + a^2 + 17 - 24a^{-1} + 10a^{-2}$, entre $3a + 2 - 5a^{-1}$

R.: $5a^2 - 3a + 4 - 2a^{-1}$

6) Hallar el valor de:

$\left(a^{-\frac{2}{3}}\right)^3$ R.: a^{-2}

7) Desarrollar: $(\sqrt{x} - \sqrt{y})^3$ R.: $x^{\frac{3}{2}} - 3xy^{\frac{1}{3}} + 3x^{\frac{1}{2}}y - y^{\frac{3}{2}}$

8) $\sqrt{a^2 + 4a^{\frac{7}{4}} - 2a^{\frac{3}{2}} - 12a^{\frac{5}{4}} + 9a}$ R.: $a + 2a^{\frac{3}{4}} - 3a^{\frac{1}{2}}$

9) $\sqrt{a^4 - 10a + \frac{25}{a^2} - \frac{20}{a^3} + \frac{4}{a^4} + 4}$ R.: $a^2 - 5a^{-1} + 2a^{-2}$

10) $\sqrt{a^4b^4 + 6a^2b^2 + 7 - \frac{6}{a^2b^2} + \frac{1}{a^4b^4}}$ R.: $a^2b^2 + 3 - a^{-2}b^{-2}$

Repaso de Algebra Nº 22

Simplificar

1) $5a\sqrt[3]{160x^7y^9z^{13}}$ R.: $10ax^2y^3z^4\sqrt[3]{20xz}$

2) $\frac{3}{2}\sqrt{\frac{4a^2}{27y^3}}$ R.: $\frac{a}{3y^2}\sqrt{3y}$

3) $\sqrt[4]{25a^2b^2}$ R.: $\sqrt{5ab}$

4) Hacer entero el radical

$5x^2y\sqrt{3}$ R.: $\sqrt{75x^4y^2}$

5) Reducir al mínimo común índice

$\sqrt[3]{2ab};\ \sqrt[5]{3a^2x};\ \sqrt[15]{5a^3x^2}$ R.: $\sqrt[15]{32a^5b^5}$

$\sqrt[15]{27a^6x^3}$

$\sqrt[15]{5a^3x^2}$

6) Escribir de mayor a menor

$\sqrt{3},\ \sqrt[3]{5},\ \sqrt[5]{32}$ R.: $\sqrt[6]{32},\ \sqrt{3},\ \sqrt[3]{5}$

7) Reducir

$2\sqrt{5}-\frac{1}{2}\sqrt{5}+\frac{3}{4}\sqrt{5}$ R.: $\frac{9}{4}\sqrt{5}$

8) Simplificar

$2\sqrt{700}-15\sqrt{\frac{1}{45}}+4\sqrt{\frac{5}{16}}-56\sqrt{\frac{1}{7}}$ R.: $12\sqrt{7}$

9) Simplificar

$\sqrt{m^2n}-\sqrt{9m^2n}+\sqrt{16mn^2}-\sqrt{4mn^2}$ R.: $2n\sqrt{m}-2m\sqrt{n}$

10) Simplificar

$\frac{3}{5}\sqrt[3]{625}-\frac{3}{2}\sqrt[3]{192}+\frac{1}{7}\sqrt[3]{1715}-\frac{3}{8}\sqrt[3]{1536}$ R.: $4\sqrt{5}-9\sqrt{3}$

Repaso de Algebra Nº 23

Efectuar:

1) $5\sqrt{12} \times 3\sqrt{75}$ R.: 450

2) $(\sqrt{2}+\sqrt{3}+\sqrt{5}) \times (\sqrt{2}-\sqrt{3})$ R.: $\sqrt{10}-\sqrt{15}-1$

3) $\sqrt[4]{25x^2y^3} \times \sqrt[6]{125x^2}$ R.: $5\sqrt[12]{x^{10}y^9}$

4) $\sqrt{75x^2y^3} \div 5\sqrt{3xy}$ R.: $y\sqrt{x}$

5) $\frac{1}{2}\sqrt{2x} \div \frac{1}{4}\sqrt[6]{16x^4}$ R.: $\frac{2}{\sqrt[6]{2x}}$

Desarrollar

6) $(\sqrt{2}-\sqrt{3})^2$ R.: $5-2\sqrt{6}$

7) Simplificar

$\sqrt{2}\sqrt{2}$ R.: 2

8) $\frac{1}{\sqrt[3]{9x}}$ R.: $\frac{1}{3x}\sqrt[3]{3x^2}$

9) $\frac{19}{5\sqrt{2}-4\sqrt{3}}$ R.: $\frac{95\sqrt{2}+76\sqrt{3}}{2}$

10) $\frac{\sqrt{a}+\sqrt{x}}{2\sqrt{a}+\sqrt{x}}$ R.: $\frac{2a-x+\sqrt{ax}}{4a-x}$

Repaso de Algebra Nº 24

1) Racionalizar $\dfrac{2-\sqrt{3}}{2+\sqrt{3}+\sqrt{5}}$ R.: $\dfrac{2\sqrt{3}+8\sqrt{5}-5\sqrt{15}-1}{22}$

2) Dividir $\sqrt{2}+\sqrt{5}$ entre $\sqrt{2}-\sqrt{5}$ R.: $\dfrac{7+2\sqrt{10}}{-3}$

3) Resolver $\sqrt{9x-14}=3\sqrt{x+10}-4$ R.: 15

4) Resolver: $\dfrac{6}{\sqrt{x+8}}=\sqrt{x+8}-\sqrt{x}$ R.: 1

5) Simplificar $3\sqrt{-b^4}$ R.: $3b^2i$

6) Simplificar

$3\sqrt{-64}-5\sqrt{-49}+3\sqrt{-121}$ R.: 22i

7) Multiplicar $2\sqrt{-7}\times 3\sqrt{-28}$ R.: —84

8) Dividir $\sqrt{-150}\div\sqrt{-3}$ R.: $5\sqrt{2}$

9) Sumar:

$12-11\sqrt{-1};\ 8+7\sqrt{-1}$ R.: 20 — 4i

10) Sumar:

$1-i;\ 4+3i;\ \sqrt{2}+5i$ R.: $(5+\sqrt{2})+7i$

Repaso de Algebra N° 25

1) Sumar: $9 + i\sqrt{3}$; $9 - i\sqrt{3}$ R.: 18

2) Restar $8 - 7\sqrt{-1}$ de $15 - 4\sqrt{-1}$ R.: $7 + 3i$

3) De $-3 - 7\sqrt{-1}$ restar $-3 + 7\sqrt{-1}$ R.: $-14i$

4) Multiplicar $8 - \sqrt{-9}$ por $11 + \sqrt{-25}$ R.: $103 + 7i$

5) Multiplicar $\sqrt{2} - 5i$ por $\sqrt{2} + 5i$ R.: 27

6) Dividir $(5 - 3\sqrt{-1})$ entre $(3 + 4\sqrt{-1})$ R.: $\frac{3 - 29i}{25}$

7) Representar gráficamente $-1 - 5i$

8) Resolver: $49x^2 - 70x + 25 = 0$ R.: $\frac{5}{7}$

9) Resolver: $(x - 5)^2 - (x - 6)^2 = (2x - 3)^2 - 118$ R.: $7, -3\frac{1}{2}$

10) Resolver: $(2x - 3)^2 - (x + 5)^2 = -23$ R.: $7, \frac{1}{3}$

Repaso de Algebra Nº 26

Resolver las siguientes ecuaciones:

1) $5x(x-1)-2(2x^2-7x)=-8$ R.: $-1,\ -8$

2) $\frac{x-135}{x}-\frac{10(5x+5)}{x^2}=-18$ R.: $10,\ -\frac{5}{19}$

3) $x(x-1)-5(x-2)=2$ R.: $2,\ 4$

4) $x^2-2ax+a^2-b^2=0$ R.: $(a-b),\ (a+b)$

5) $\left(x+\frac{1}{3}\right)\left(x-\frac{1}{3}\right)=\frac{1}{3}$ R.: $\pm\frac{2}{3}$

6) $(x-3)^2-(2x+5)^2=-16$ R.: $0,\ -8\frac{2}{3}$

7) $2\sqrt{x}-\sqrt{x+5}=1$ R.: 4

8) $\sqrt{5x-1}-\sqrt{1-x}=\sqrt{4x}$ R.: $1,\ \frac{1}{5}$

9) $\sqrt{x+3}+\frac{6}{\sqrt{x+3}}=5$ R.: $1,\ 6$

10) $\sqrt{x}+\sqrt{x+8}=2\sqrt{x+3}$ R.: 1

Repaso de Algebra Nº 27

Determinar el carácter de las raices, sin resolver la ecuación.

1) $3x^2 - 2x + 5 = 0$ R.: Imaginarias

2) $3x^2 + 5x - 2 = 0$ R.: Reales, desiguales

3) $36x^2 + 12x + 1 = 0$ R.: Reales, iguales

4) Investigar si $-\frac{1}{5}$ y 2, son las raices de: $5x^2 - 11x + 2 = 0$

R.: No

5) Determinar la ecuación cuyas raices son: 0 y 2 R.: $x^2 - 2x = 0$

6) Hallar dos números cuya suma es $-3\frac{1}{3}$ y cuyo producto es 1

R.: -3 y $-\frac{1}{3}$

7) Descomponer en factores, hallando las raices:

$11x^2 - 153x - 180$ R.: $(11x + 12)(x - 15)$

Resolver:

8) $x^2 - 25 = 0$ R.: -5 y 5

9) $x^4 - 45x^2 - 196 = 0$ R.: ± 7

10) $x^8 - 41x^4 + 400 = 0$ R.: $\pm\sqrt{5}$, ± 2

Repaso de Algebra Nº 28

1) Transformar en suma de radicales simples:

$\sqrt{73 - 12\sqrt{35}}$ R.: $3\sqrt{5} - 2\sqrt{7}$

2) Hallar el 17° término de la progresión aritmética:

$\div \frac{2}{3}, \frac{5}{6}, 1$ R.: $3\frac{1}{3}$

3) Hallar la razón de la progresión aritmética:

$\div 1 \ldots - 4$ R.: $-\frac{5}{9}$

donde —4 es el 10° término.

4) Hallar la suma de los 9 primeros términos de la progresión aritmética:

$\div \frac{1}{2}, 1, \frac{3}{2}, \ldots$ R.: $22\frac{1}{2}$

5) Interpolar cuatro medios aritméticos entre 5 y 12

R.: $5, 6\frac{2}{5}, 7\frac{4}{5}, 9\frac{1}{5}, 10\frac{3}{5}, 12$

6) Hallar el 7° término de la progresión geométrica:

$\div\div 3 : 2 : \frac{4}{3}$ R.: $\frac{64}{243}$

7) Hallar el 5° término de la progresión geométrica:

$\div\div \frac{5}{6} : \frac{1}{2} : : :$ R.: $\frac{27}{250}$

8) Hallar la razón de la progresión geométrica de 8 términos:

$\div\div 5 : : : : : 640$ R.: 2

9) Hallar la suma de los 10 primeros términos de

$\div\div 2\frac{1}{4} : 1\frac{1}{2}$ R.: $6\frac{5537}{8748}$

10) Interpolar 5 medios geométricos entre 128 y 2

R.: 128 : 64 : 32 : 16 : 8 : 4 : 2

Repaso de Algebra N° 29

Hallar el valor, empleando logaritmos

1) $95.13 \div 7.23$ R.: 13.1577

2) 0.15^3 R.: 0.0034

3) $5\frac{1}{2} \times 3\frac{2}{3}$ R.: 4.6512

4) $\sqrt[3]{\frac{56813}{33117}}$ R.: 1.2077

Dados: $\log 2 = 0.3010$, $\log 3 = 0.4771$

$\log 5 = 0.6990$, $\log 7 = 0.8451$

Hallar:

5) $\log 120$ R.: 2.0792

6) $\log 0.875$ R.: $\bar{1}.9420$

Resolver

7) $0.2^x = 0.0016$ R.: 4

8) $5^{x-2} = 625$ R.: 6

Hallar el número de términos de la progresión:

9) $\div\!\!\div\, 2 : 3 : \ldots : \frac{243}{16}$ R.: 6

10) $\div\!\!\div\, 6 : 8 : \ldots : \frac{2048}{81}$ R.: 6

Ejercicios adicionales

Prólogo

El departamento de matemáticas de Publicaciones Cultural, ha preparado esta guía, tomando en cuenta lo siguiente:

1. Este texto se ha dividido en 90 partes correspondiendo cada una de ellas a una hora de clase, por lo que se supone que el curso normal se cubriría en 90 sesiones, dependiendo por supuesto de las características del grupo.
2. Se ha puesto especial énfasis en los puntos que el profesor desearía que sus alumnos tuvieran presentes en todo momento.
3. Al adjuntar esta guía, se ha aumentado el libro original en 450 problemas y, en cada una de estas 90 partes se han intercalado 5 problemas que, después de cada sesión, el alumno podrá resolver a manera de tarea o bien podrán utilizarse para efectuar pruebas o exámenes, razón por la cual deliberadamente se han omitido las respuestas.
4. Esta guía se hizo para impartir el curso de Geometría Plana y del Espacio, no obstante que el libro contiene también otros capítulos adicionales como son la Trigonometría, Logaritmos, Resolución de triángulos empleando logaritmos, etc.
5. A título de sugerencia para el profesor sería recomendable que después de exponer la parte teórica de una cierta sesión y dar los ejemplos que creyera conveniente, invitara a sus alumnos a resolver algunos de los problemas del libro que tienen respuesta y que se encuentran al final de cada capítulo y después de que ellos hubieran adquirido la confianza suficiente, intentaran resolver los de la guía.
6. Los problemas de la guía podrán calificarse como exámenes si se juzga conveniente o bien emplearse para tareas.
7. Por regla general, un profesor se ve obligado a recurrir a otros textos en busca de problemas adicionales. Esta guía tiene por objeto ahorrarle este trabajo sin que se quiera pasar por alto que para impartir una asignatura siempre es necesario consultar otros libros.
8. Con el objeto de enfatizar algunos puntos, se ha creido conveniente introducir el color para facilitar la tarea del estudiante.
9. En la mayoría de los problemas hay un espacio para sus respuestas, sin embargo, se encontrarán algunos cuya solución deberá hacerse por separado debido al trazado de curva que requiera el problema en particular y otros que implican la demostración de un teorema que requiere un espacio relativamente grande.
10. Se agradece de antemano cualquier sugerencia respecto a esta guía con el fin de mejorarla.

Los Editores

Introducción

BREVE RESEÑA HISTORICA

(Págs. 1-6) **1**

Babilonia, Egipto, Grecia.
Tales de Mileto.
Pitágoras de Samos.
Euclides (Elementos).
Platón.
Arquímedes de Siracusa.
Apolonio de Perga.
Herón de Alejandría.
Geometrías no Euclidianas
Lobatchevsky.
Riemann.

Puntos importantes

a) Forma en que contribuyeron estos científicos en la formación de la Geometría.
b) Ejemplos sobre la aplicación de la Geometría en los problemas prácticos.

Ejercicios adicionales

1. Decir a quién se debe el descubrimiento y la demostración, de la relación $a^2 = b^2 + c^2$ para cualquier triángulo rectángulo.

   Respuesta: ....

2. Señalar qué aportaciones dio Euclides a la Geometría.

   Respuesta: ....

   ....

3. ¿Quién demostró la fórmula para hallar el área de un triángulo en función de sus lados?

   Respuesta: ....

4. ¿En dónde comienza a formarse la Geometría como ciencia deductiva?

   Respuesta: ....

5. ¿En qué principios se basa la Geometría Euclidiana?

   Respuesta: ....

   ....

Calificación ____________

2 Generalidades

(Págs. 7-9)

Secciones

1. Método deductivo.
2. Axioma.
3. Postulado.
4. Teorema.
5. Corolario.
6. Teorema recíproco.
7. Lema.
8. Escolio.
9. Problema.

Puntos importantes

a) Diferencia fundamental entre los conceptos anteriores.
b) Aplicación de los conceptos anteriores por medio de ejemplos.

Ejercicios adicionales

1. Explicar en qué consiste el Método deductivo.

   Respuesta: ....

   ....

   ....

2. Decir si todo teorema recíproco es verdadero. Dar un ejemplo de acuerdo con su respuesta.

   Respuesta: ....

   ....

   ....

3. ¿Es posible que de un Corolario se deduzca un teorema? Dar razones.

   Respuesta: ....

   ....

4. De los siguientes enunciados, señalar cuál es teorema, axioma, postulado o problema:

   a) Construir la circunferencia que pasa por tres puntos dados.

   Respuesta ....

   b) El todo es mayor que sus partes.

   Respuesta ....

c) **Hay infinitos** puntos.

Respuesta ....

d) La suma de los ángulos interiores de un triángulo es igual a dos rectos.

Respuesta ....

5. Diga lo que entienda por Lema y por Escolio.

Respuesta: ....

....

....

....

Calificación ____________________

3

(Págs. 9-11)

Secciones
10. El punto.
11. La línea.
12. Cuerpos físicos y geométricos.
13. Superficies.

Puntos importantes

a) Concepto de punto y línea.
b) Ejemplos de línea recta, curva, quebrada, cerrada.
c) Dimensiones de: punto y línea.
d) Cuerpos geométricos. Sus dimensiones.
e) Superficies de los cuerpos. Sus dimensiones.

Ejercicios adicionales

1. Trazar dos puntos a 8 cm de distancia uno del otro. Trazar un tercer punto que diste 6 cm de cada uno de los dos puntos anteriores.

Respuesta: ....

2. Trazar dos puntos sobre el papel. Trazar una línea recta que pase por ellos. ¿Puede trazarse otra línea recta que pase por dichos puntos, diferente de la anterior?

Respuesta: ....

3. Trazar un punto en el papel. Trazar una línea recta que pase por el punto. ¿Cuántas líneas rectas puede trazar que pasen por dicho punto?

Respuesta: ....

4. ¿Cuántas superficies tiene el siguiente cuerpo geométrico? Señale por medio de letras dichas superficies.

Respuesta: ....
....
....
....

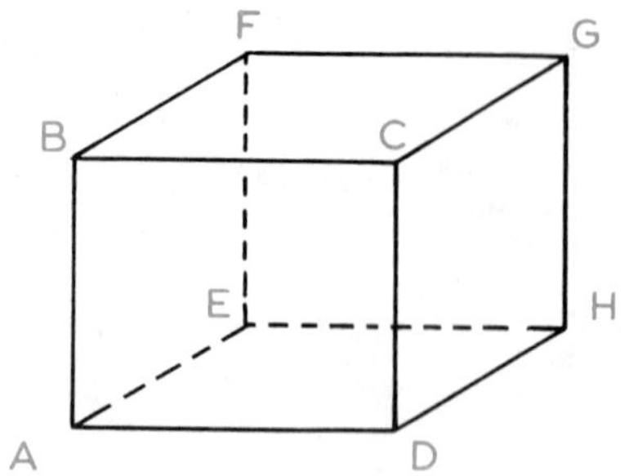

5. ¿Cuántas líneas rectas tiene la siguiente figura geométrica? ¿Es correcto decir que la figura es un cuerpo geométrico? ¿Por qué?

Respuesta: ....

....

....

....

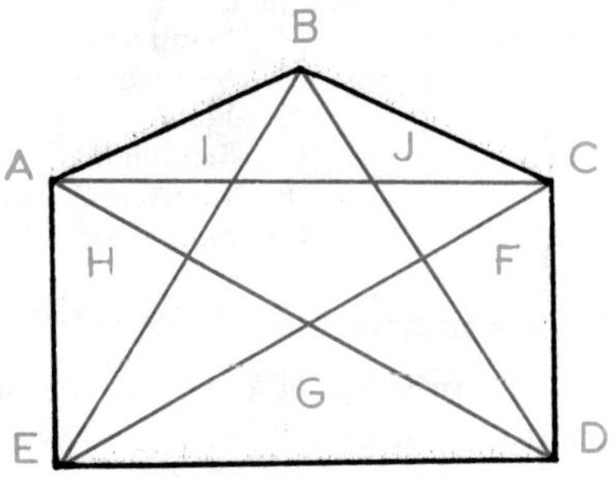

Calificación ____________

4

(Págs. 11-13)

Secciones
14. Semirrecta.
15. Segmento.
16. Plano.
17. Semiplano.
18. Intersección de planos.
19. Poligonales cóncavas y convexas.

Puntos importantes

a) Comprender el concepto de semirrecta y el de segmento. Condición para que tres puntos estén en una línea recta.
b) Propiedades características de los planos. Representación de un plano por medio de dos líneas rectas o por medio de tres puntos.
c) Ejemplos de intersecciones de planos y la línea diferente que se forma en la intersección de dichos planos.
d) Definición de poligonal cóncava y convexa. Lados y vértices de la poligonal.

Ejercicios adicionales

1. ¿Es posible que por tres puntos diferentes pasen dos planos diferentes?

Respuesta: ....

2. ¿En cuántas formas podría representar un plano?

Respuesta: ....

....

....

3. ¿Qué línea se forma en la intersección de las superficies de la figura?

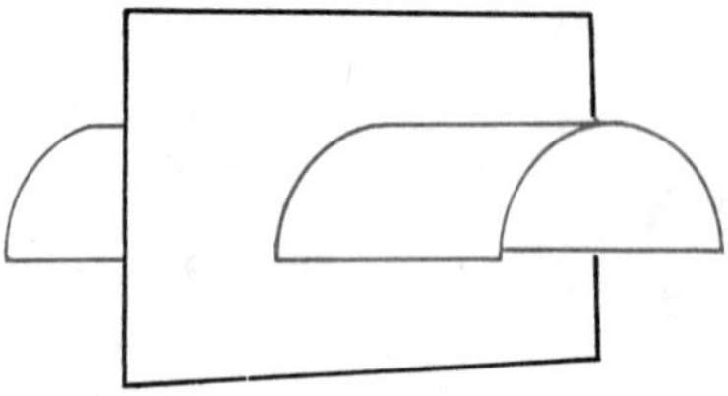

Respuesta: ....

....

....

4. Medir la poligonal siguiente y dar su longitud total en cm.

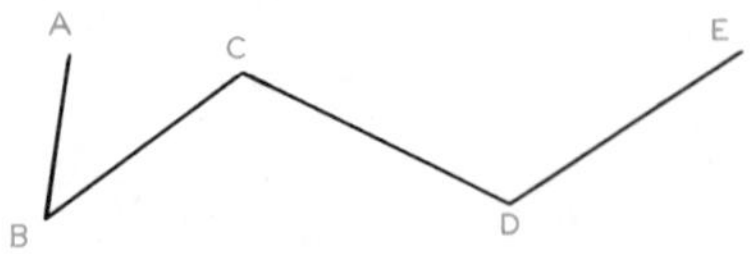

Respuesta: ....

....

....

5. ¿Cuántos lados tiene la poligonal anterior? ¿Cuántos vértices?

Respuesta: ....

Calificación ____________

(Págs. 13-17)

Secciones

20. Medida de segmentos.
21. Error.
22. Operaciones con segmentos.
23. Igualdad y desigualdad de segmentos.

Puntos importantes

a) Diferencia entre el sistema métrico decimal y el sistema inglés.
b) Medición de segmentos utilizando la regla y el compás.
c) Diversas clases de errores (de paralaje, de variación de instrumento de medición, etc.).
d) Ejercicios diversos de suma, resta, multiplicación, igualdad y desigualdad de segmentos.

Ejercicios adicionales

1. Dados los segmentos a y b, dibujar los segmentos $2a$, $3b$, $a - b$, $2a + b$.

Respuesta: ....

2. Utilizando la figura, completar lo siguiente:

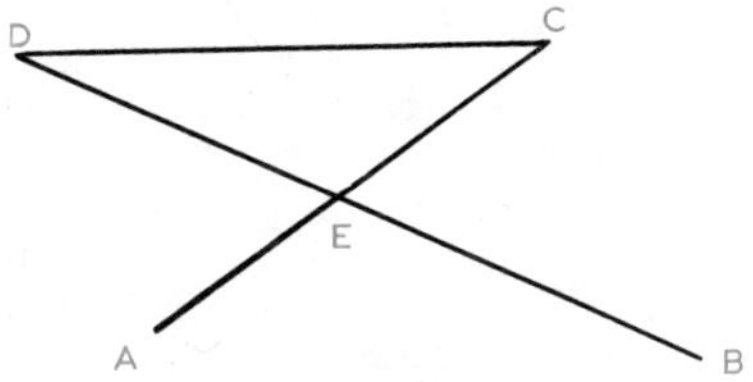

$\overline{BD} = \overline{DE} +$ ....

$\overline{AC} = \overline{AE} +$ ....

$\overline{EB} = \overline{BD}$ ....

3. El segmento AB mide 4 cm. Dividir el segmento $\overline{AC}$ en las mismas partes que el segmento $\overline{AB}$. ¿Cuánto mide cada parte de $\overline{AC}$?

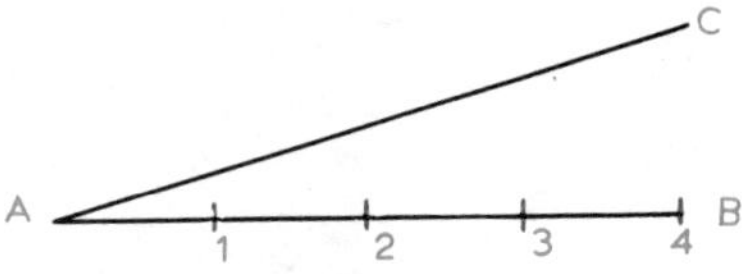

Respuesta: ....

....

4. Dados los segmentos siguientes, completar lo que a continuación se expresa, con los signos $=$, $<$ o $>$:

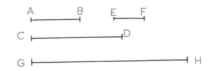

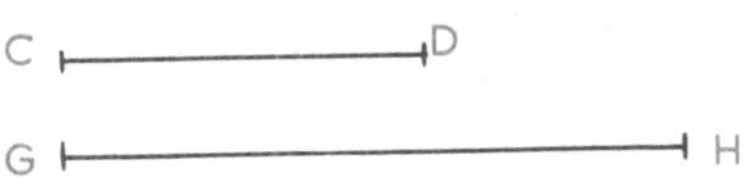

a) $\overline{AB}$ ...... $\overline{CD}$

b) $\overline{AB}$ ...... $\overline{EF}$

c) $\overline{GH}$ ...... $\overline{AB}$

d) $\overline{EF}$ ...... $\overline{CD}$

5. ¿En cuántas partes podría dividir un segmento dado?

Respuesta: ....

....

Calificación ____________

6

(Págs. 17-21)

Secciones
24. Geometría.
25. Teorema *1*.

Puntos importantes

a) Memorizar el concepto de Geometría.
b) Diversas Geometrías que existen dentro de la Matemática y diferencia entre cada una de ellas.
c) Demostrar el teorema *1* señalando lo que es hipótesis, construcción auxiliar y demostración.
d) Ejemplos de poligonales señalando cuál es la envolvente y cuál la envuelta.

Ejercicios adicionales

1. Probar que la suma de dos lados cualesquiera de un triángulo es mayor que el tercer lado.

   Respuesta: ....

   ....

2. ¿Cómo se llama la Geometría que estudia cuerpos geométricos?

   Respuesta: ....

3. Citar tres tipos de Geometrías diferentes que se estudian dentro de la Matemática.

   Respuesta: ....

   ....

4. Dibujar una poligonal señalando cuál es la envolvente y cuál la envuelta.

   Respuesta: ....

5. ¿Por qué se señala que las poligonales son convexas? ¿Si no son convexas, es posible que la envuelta sea mayor que la envolvente?

   Respuesta: ....

   ....

Calificación________________

7 Angulos

(Págs. 22-24)

Secciones

26. Angulo.
27. Medida de ángulos.
28. Relación entre grado sexagesimal y el radián.

Puntos importantes

a) Medición de diferentes ángulos.
b) Concepto de vértice y de lados de un ángulo.
c) Notar que se puede dividir la circunferencia en cualquier forma , y la ventaja de dividirla en grados sexagesimales.
d) Sistema circular. El radián. Ejemplos donde se utilice el sistema circular.
e) Memorizar la fórmula para la conversión entre el grado sexagesimal y el radián.

Ejercicios adicionales

1. Dibujar dos rectas tales que formen un ángulo de:

   a) $30° 20'$
   b) $65° 40'$
   c) $110° 30'$
   d) $200° 15'$
   e) $300° 50'$
   en el sistema sexagesimal.

2. ¿Cuál es el ángulo que expresado en radianes o en grados sexagesimales tiene el mismo valor numérico?

   Respuesta: ....

3. Trazar dos rectas tales que formen un ángulo de:

   a) $100^g\ 50^m\ 80^s$
   b) $200^g\ 75^m\ 30^s$
   c) $350^g\ 10^m\ 90^s$
   en el sistema centesimal.

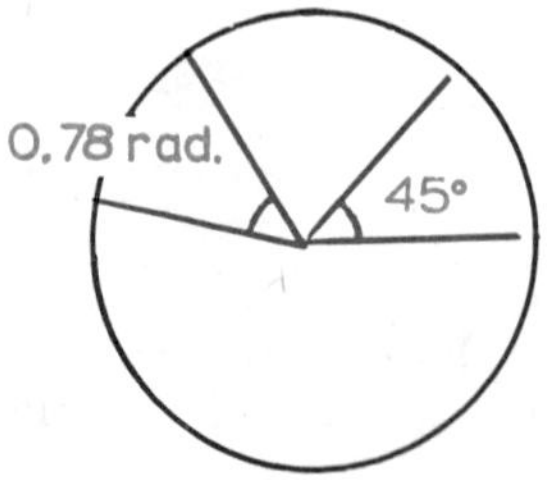

4. ¿Cuál ángulo es mayor en la figura?
   Respuesta: ....

   ....

5. ¿Cuántos segundos tiene un ángulo de $320° 40'$?

   Respuesta: ....

Calificación ____________________

(Págs. 24-26) **8**

Secciones

29. Angulos adyacentes.
30. Angulo recto.
31. Angulo llano.
32. Angulos complementarios.
33. Complemento de un ángulo.
34. Angulos suplementarios.
35. Suplemento de un ángulo.

Puntos importantes

a) Definición de ángulos: adyacentes, rectos, llanos, complementarios y suplementarios.
b) Complemento y suplemento de un ángulo.

Ejercicios adicionales

1. Los ángulos $\widehat{AOB}$ y $\widehat{BOC}$ son ángulos adyacentes. Si $\widehat{AOB} = 18° 25' 30''$, obtener el valor de $\widehat{BOC}$.

Respuesta: ....

2. Los ángulos $\widehat{AOB}$ y $\widehat{BOC}$ son complementarios. Obtener el valor de $\widehat{AOB}$ si $\widehat{BOC} = 40° 15' 45''$.

Respuesta: ....

3. ¿Cuál es el suplemento de cada uno de los siguientes ángulos?

a) 10° 15′ 18″
b) 85° 45′ 33″
c) 105° 30′ 02″

Respuestas: *a*) .... *b*) .... *c*) ....

4. ¿Cuándo se dice que dos ángulos son complementarios? ¿y cuándo son suplementarios?

Respuesta: ....

....

5. Obtener tres ángulos tales que su suma sea igual a un ángulo llano, el primero sea el quíntuplo del tercero, y el segundo sea el cuádruplo del tercero.

Respuesta: ....

....

Calificación ______________

9

(**Págs. 26-27**)

Secciones
36. Teorema *2*.
37. Angulos opuestos por el vértice.
38. Teorema *3*.
39. Angulos consecutivos.

Puntos importantes

a) Demostración de los teoremas 2 y 3, señalando la construcción auxiliar en cada caso.
b) Concepto y definición de ángulos opuestos por el vértice.
c) Ejemplos de ángulos consecutivos.

Ejercicios adicionales

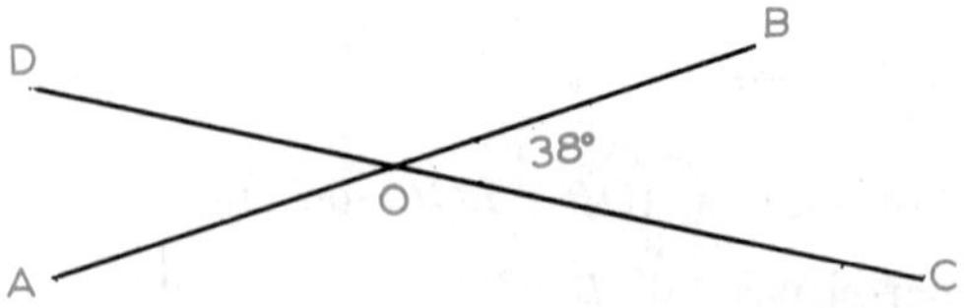

De la figura, obtener:

1. El valor del ángulo $\widehat{AOD}$.

Respuesta: ....

2. El valor del ángulo $\widehat{DOB}$.

Respuesta: ....

3. El valor de $\widehat{AOD} + \widehat{DOB}$.

Respuesta: ....

4. ¿Se puede decir que los ángulos $\widehat{AOB}$ y $\widehat{DOC}$ son consecutivos?

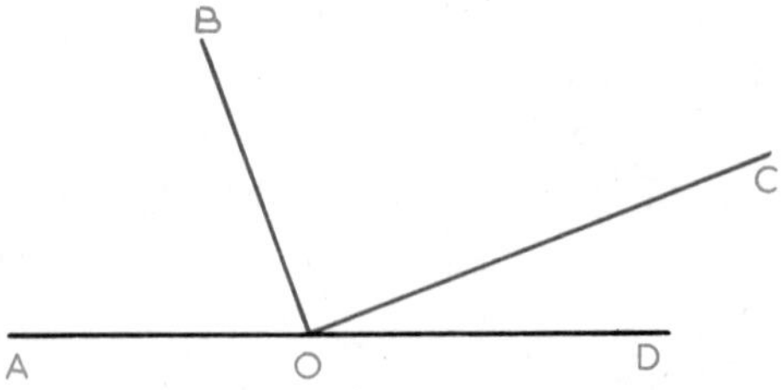

Respuesta: ....

5. De la figura anterior, diga cuáles ángulos son consecutivos y por qué.

Respuesta: ....

....

Calificación ____________

10

(Págs. 28-31)

Secciones
40. Teorema *4*.
41. Teorema *5*.

Puntos importantes

a) Demostración de los teoremas *4* y *5*.
b) Recalcar la forma de construir la hipótesis y la demostración de los teoremas.

Ejercicios adicionales

1. Dado el siguiente teorema, demostrarlo empleando los conceptos de hipótesis, tesis, construcción auxiliar y demostración:

   "La suma de los ángulos internos de un triángulo es 180°"

   Sugerencia:

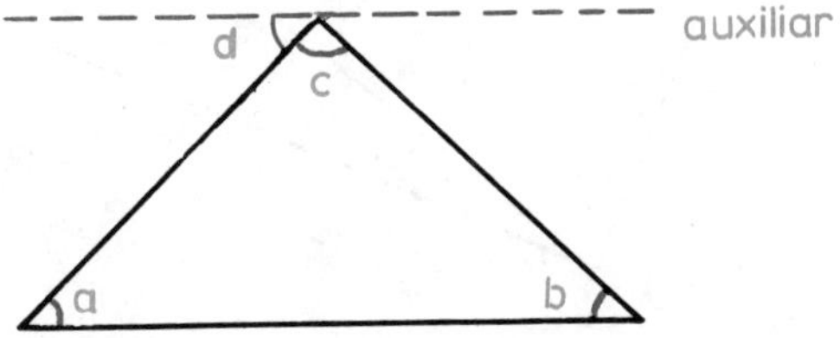

   Aprovechar la propiedad de que $\hat{a} = \hat{d}$ por alternos internos.

2. De la figura siguiente:

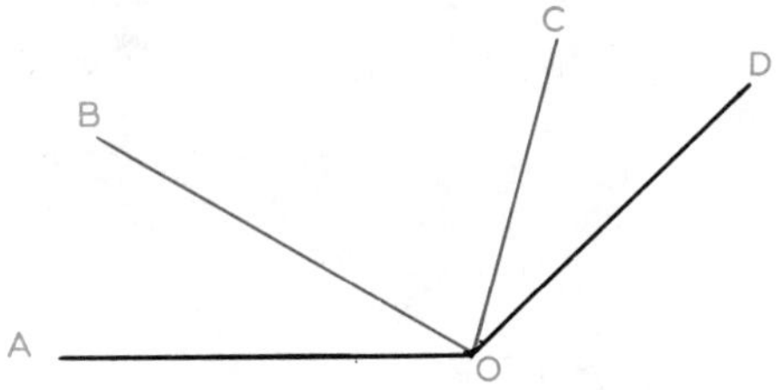

   ¿Cuál es el ángulo igual a $\widehat{AOD} - \widehat{COD}$?

   Respuesta: ....

3. De la figura anterior, ¿cuál es el ángulo igual a $\widehat{AOD} + \widehat{BOD} - \widehat{COD}$?

   Respuesta: ....

4. ¿Podría asegurarse que los ángulos $\widehat{AOB}$ y $\widehat{BCD}$ son adyacentes? Dar razones.

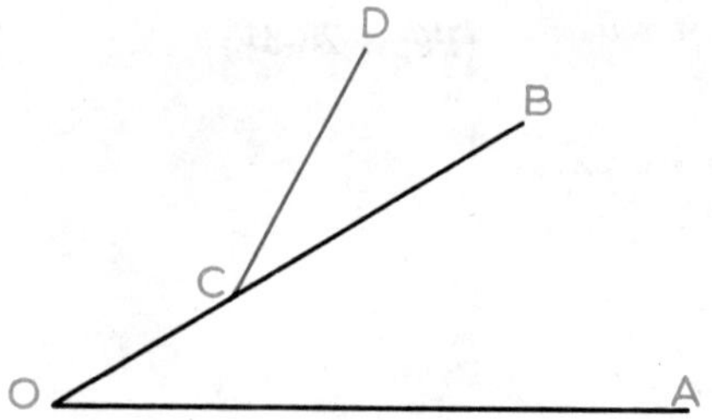

Respuesta: ....

....

....

5. Si el ángulo $\hat{1}$ es igual al doble del ángulo $\hat{2}$ y $\hat{2}$ es el triple del ángulo $\hat{3}$, ¿cuánto mide cada ángulo?

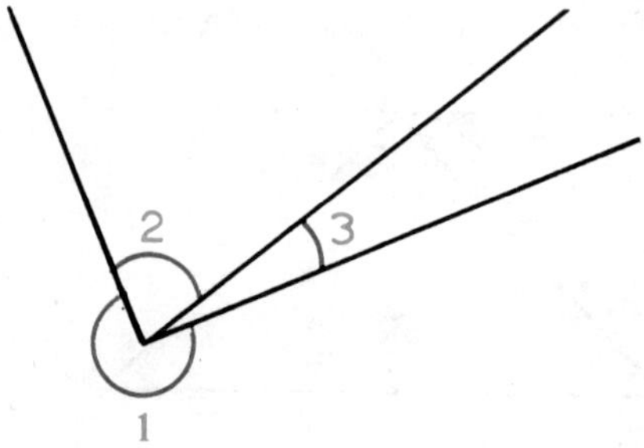

Respuesta $\hat{1}$ = ...

$\hat{2}$ = ...

$\hat{3}$ = ...

Calificación ______________

Perpendicularidad y paralelismo. Rectas cortadas por una secante. Angulos que se forman 11

(**Págs. 32-35**)

Secciones

42. Definiciones.
43. Carácter recíproco de la perpendicularidad.
44. Postulado.
45. Teorema *6*.

Puntos importantes

a) Concepto de rectas perpendiculares.
b) Análisis de lo que se verifica cuando se traza una perpendicular y varias oblicuas por un punto exterior a una recta.
c) Análisis de lo que se verifica al trazar por un punto exterior a una recta, varias rectas que corten a la primera.

Ejercicios adicionales

1. ¿Cuándo decimos que dos rectas son perpendiculares?

Respuesta: ....

....

2. Si por un punto exterior a una recta trazamos una perpendicular y varias oblicuas, ¿será alguna de las oblicuas, mayor que la perpendicular del punto a la recta?

Respuesta: ....

....

3. Si *CD* es perpendicular a $\overline{AB}$, ¿será $\overline{AB}$ perpendicular a $\overline{CD}$? ¿Por qué?

Respuesta: ....

....

4. ¿Cuántas perpendiculares a una recta podemos trazar que tengan la propiedad de pasar por un punto exterior a dicha recta?

Respuesta: ....

....

5. Si $\overline{AB} = 2\,\overline{BC}$ y $\overline{OB} \perp \overline{AC}$, ¿será $\overline{OA}$ mayor, igual o menor que $\overline{OC}$? Explicar en qué se basa para dar la respuesta.

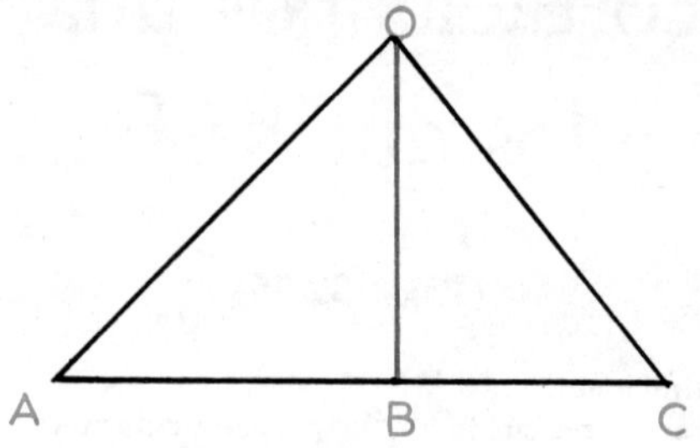

Respuesta: ....

....

....

Calificación ______________

(Págs. 35-36)

12

Secciones

46. Recíproco.
47. Distancia de un punto a una recta.
48. Paralelismo.
49. Teorema 7.
50. Corolario.

Puntos importantes

a) Concepto de distancia de un punto a una recta.
b) Concepto de paralelismo.
c) En el teorema 7, observar el hecho de que por un punto no pueden pasar dos perpendiculares a la misma recta.

Ejercicios adicionales

1. ¿Cuál es la distancia más corta que hay de un punto a una recta?

Respuesta: ....

....

2. ¿Cuándo decimos que dos rectas son paralelas?

Respuesta: ....

....

3. ¿Qué propiedad es aquella por la cual aceptamos que toda recta es paralela a sí misma?

Respuesta: ....

....

4. ¿Cuántas paralelas a una recta dada, se pueden trazar por un punto exterior a dicha recta?

Respuesta: ....

....

5. Si dos segmentos oblicuos son iguales, ¿equidistan sus pies del pie de la perpendicular?

Respuesta: ....

....

Calificación ____________________

13

(Págs. 36-38)

Secciones

51. Postulado de Euclides.
52. Corolario I.
53. Corolario II.
54. Corolario III.
55. Caracteres del paralelismo.
56. Método de demostración por reducción al absurdo.

Puntos importantes

a) Estudio del postulado de Euclides.

b) Observación respecto a que la negación de este postulado dio origen a las Geometrías no Euclidianas.

c) A partir del postulado, deducir los Corolarios I, II y III.

d) Los caracteres del paralelismo pueden ser expresados también como

1o. Reflexivo
2o. Simétrico
3o. Transitivo

que son los mismos que los enunciados en la sección 55.

e) En qué consiste el método de *reducción al absurdo.*

Ejercicios adicionales

1. ¿Qué podemos decir de dos rectas de un plano que son perpendiculares a una tercera?

   Respuesta: ....

   ....

2. ¿Cuántas paralelas a una recta dada, se pueden trazar por un punto exterior a dicha recta?

   Respuesta: ....

   ....

3. ¿Qué podemos decir de dos rectas paralelas a una tercera?

   Respuesta: ....

   ....

4. ¿Cómo es una perpendicular a una recta, con respecto a las paralelas de esta recta?

   Respuesta: ....

   ....

5. **Explicar en qué consiste el método de** *reducción al absurdo.*

Respuesta: ....

....

....

Calificación______________

14

(Págs. 38-40)

Secciones

57. Problemas gráficos.
58. Rectas cortadas por una secante.

Puntos importantes

a) Trazar una perpendicular a una recta dada, que pase por uno de sus puntos (por un extremo, por el centro o por cualquier otro punto).

b) Trazar paralelas a una recta dada, que pasen por un punto exterior a dicha recta.

c) Bisectriz de un ángulo cualquiera. Forma de trazarla.

Ejercicios adicionales

1. Trazar la perpendicular al segmento $\overline{AB}$, que pase por el punto medio de dicho segmento.

2. Trazar la perpendicular al segmento $\overline{AB}$ anterior, que pase por el punto *B*.
3. ¿Cómo trazaría la misma perpendicular del Ejercicio 2 sin prolongar el segmento $\overline{AB}$?

4. Trazar una paralela al segmento $\overline{AB}$, que pase por el punto *P*.

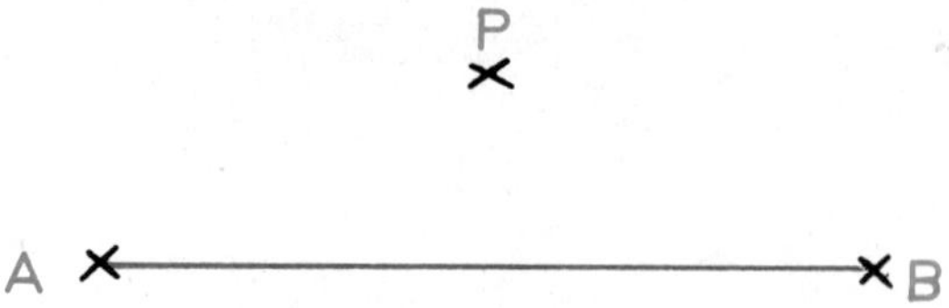

5. Trazar la bisectriz del ángulo $\widehat{AOB}$.

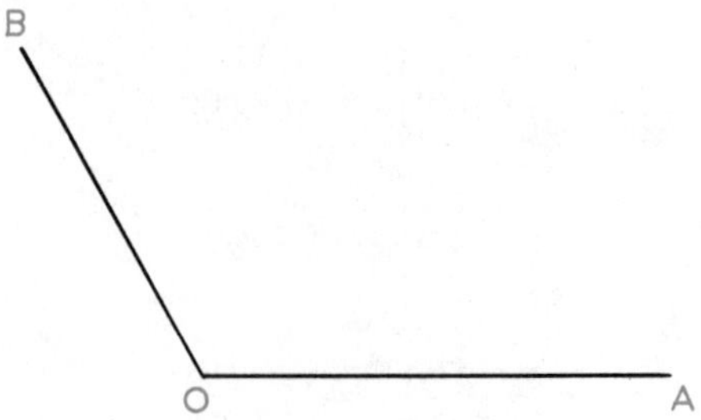

Calificación________________

(Págs. 40-41)

15

Secciones

59. Angulos internos.
60. Angulos externos.
61. Angulos alternos.
62. Angulos correspondientes.
63. Angulos conjugados.
64. Paralelas cortadas por una secante.
65. Recíproco.
66. Teorema *8*.
67. Recíproco.

Puntos importantes

a) Dadas dos rectas, cortadas por una secante, reconocer los distintos ángulos que se forman (internos, externos, etc.).

b) Postulado de las paralelas cortadas por una secante.

c) Teorema *8*.

Ejercicios adicionales

1. Dada la siguiente figura, decir qué ángulos son:

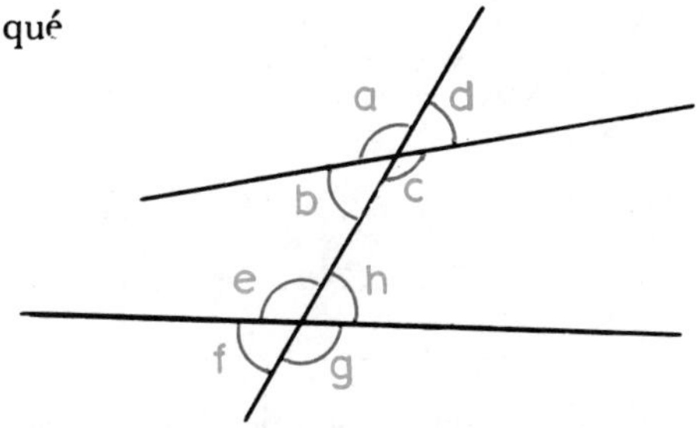

a) $\hat{b}$ y $\hat{h}$, $\hat{e}$ y $\hat{c}$

b) $\hat{b}$ y $\hat{c}$, $\hat{e}$ y $\hat{h}$

c) $\hat{a}$ y $\hat{d}$, $\hat{f}$ y $\hat{g}$

d) $\hat{a}$ y $\hat{e}$, $\hat{d}$ y $\hat{h}$

e) $\hat{c}$ y $\hat{h}$, $\hat{b}$ y $\hat{e}$

Respuesta: *a*) .... *b*) .... *c*) .... *d*) .... *e*) ....

2. Demostrar que la suma de los ángulos internos de un triángulo cualquiera es 180°

Respuesta: ....

....

3. Dada la figura, demostrar que la suma de sus ángulos internos es 360°.

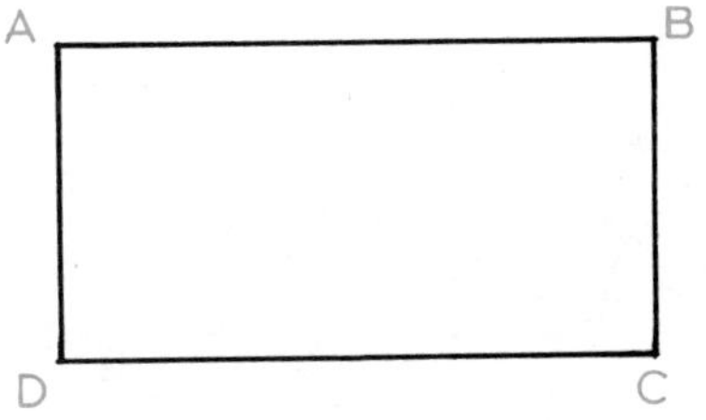

Respuesta: ....

....

....

4. Si $\overline{MN} \parallel \overline{PQ}$,

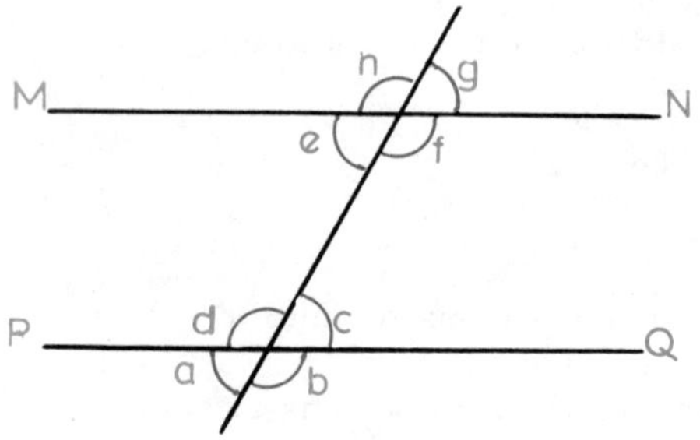

decir qué nombre reciben los ángulos:

a) $\hat{d}$ y $\hat{h}$, $\hat{a}$ y $\hat{e}$, $\hat{c}$ y $\hat{g}$, $\hat{b}$ y $\hat{f}$.

b) $\hat{h}$ y $\hat{f}$, $\hat{g}$ y $\hat{e}$, $\hat{d}$ y $\hat{b}$, $\hat{c}$ y $\hat{a}$.

c) $\hat{f}$ y $\hat{d}$, $\hat{e}$ y $\hat{c}$, $\hat{h}$ y $\hat{b}$, $\hat{g}$ y $\hat{a}$.

Respuesta: *a*) ....

b) ....

c) ....

5. Si $\hat{g} = 49°$ en la figura del ejercicio anterior, escriba los valores de los siguientes ángulos:

a) $\hat{h}$ *b*) $\hat{e}$ *c*) $\hat{f}$ *d*) $\hat{a}$ *e*) $\hat{b}$ *f*) $\hat{c}$ *g*) $\hat{d}$

Respuestas: *a*) .... *b*) .... *c*) .... *d*) ....

e) .... *f*) .... *g*) ....

Calificación ____________________

(Págs. 42-46) **16**

Secciones

Puntos importantes

a) Demostración de los teoremas *9, 10* y *11*.
b) Recíprocos respectivos de los teoremas anteriores.
c) Notar que los 3 teoremas anteriores tienen teoremas recíprocos, y no todos los teoremas tienen su recíproco.

Ejercicios adicionales

1. De la figura, si $\overline{GF}$ es la bisectriz de $\widehat{EFD}$, $\overline{EH}$ es la bisectriz de $\widehat{BEF}$ y $\overline{CD} \parallel \overline{AB}$,

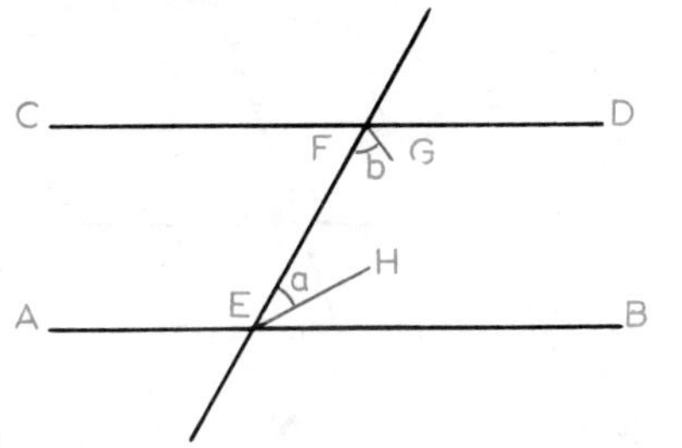

demostrar que $\hat{a} + \hat{b} = 90°$.

Respuesta: . . . .

. . . .

. . . .

2. Si el ángulo $\hat{1}$ es igual al ángulo $\hat{2}$ más el ángulo $\hat{3}$, demostrar que $\overline{AB}$ es paralela a $\overline{CD}$.

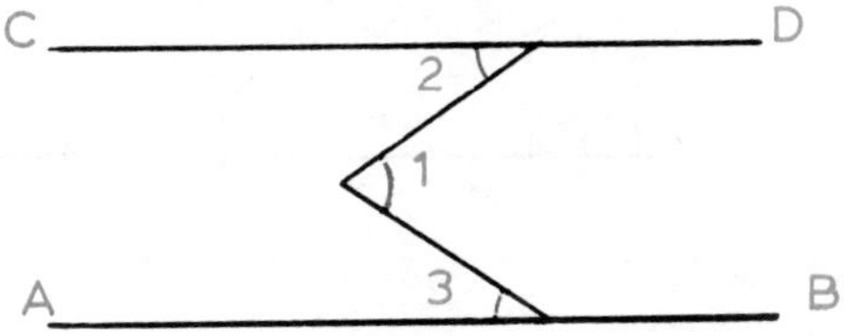

Respuesta: . . . .

. . . .

. . . .

3. Si $\overline{AB} \parallel \overline{CD}$, $\overline{RS} \perp \overline{ST}$, y $\hat{1} = 55°$, indicar el valor de los siguientes ángulos:

a) $\hat{2}$
b) $\hat{3}$
c) $\hat{4}$
d) $\hat{5}$

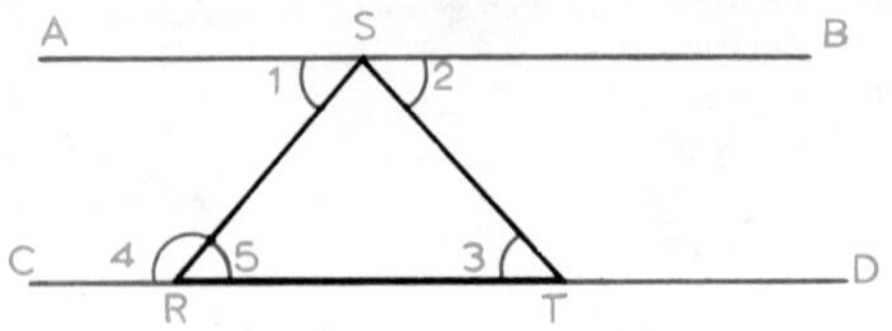

Respuestas: *a*) $\hat{2}$ = ... *b*) $\hat{3}$ = ...
c) $\hat{4}$ = ... *d*) $\hat{5}$ = ...

4. Si $\overline{MN} \parallel \overline{OP}$, $\hat{a} = 10°$, $\hat{f} = 60°$, indicar el valor de los ángulos siguientes:

a) $\hat{b}$
b) $\hat{c}$
c) $\hat{d}$
d) $\hat{e}$
e) $\hat{g}$

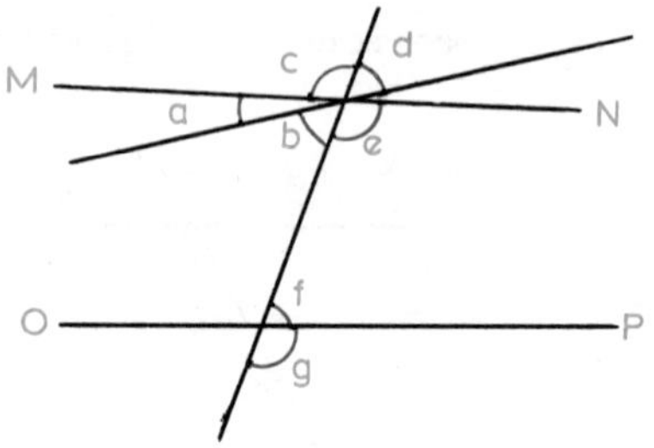

Respuestas: *a*) $\hat{b}$ = ... *b*) $\hat{c}$ = ... *c*) $\hat{d}$ = ...
d) $\hat{e}$ = ... *e*) $\hat{g}$ = ...

5. Si $\hat{1} = \hat{2}$, y $\hat{3} = \hat{4}$, demostrar que $\hat{5} = \hat{3} + \hat{1} - \hat{6}$

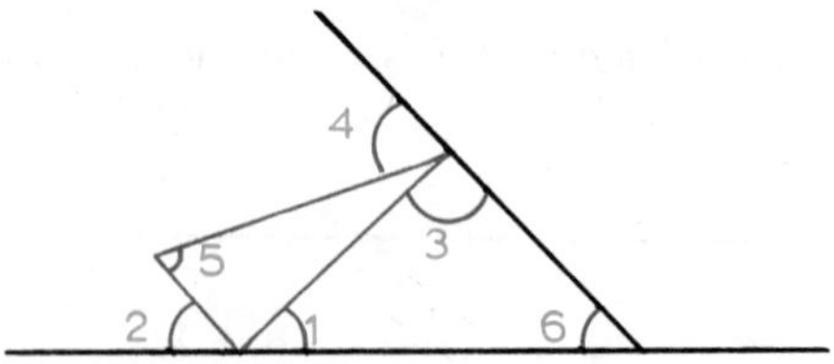

Respuesta: ....

....

Calificación ______________

Angulos con lados paralelos o perpendiculares 17

(Págs. 47-49)

Secciones
74. Teorema *12*.
75. Teorema *13*.
76. Teorema. *14*.

Puntos importantes

a) Teoremas *12, 13* y *14*.

Ejercicios adicionales

Dado el teorema siguiente: "si los lados de un ángulo son perpendiculares a los lados de otro, los ángulos son iguales o suplementarios", completar lo que se indica.

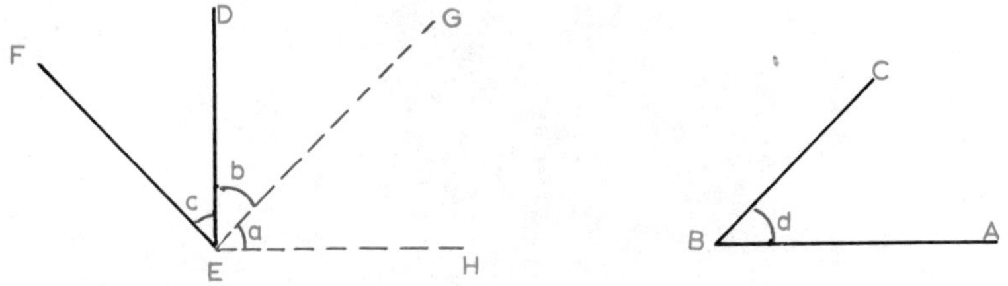

Hipótesis: $\overline{AB} \perp \overline{DE}$, $\overline{FE} \perp \overline{BC}$.

Tesis: $\hat{d} = \hat{c}$.

Construcción auxiliar: Trácese $\overline{EG} \perp \overline{FE}$ y $\overline{EH} \perp \overline{DE}$.
Demostración:

1. $\overline{BA} \perp \overline{DE} \therefore \overline{BA} \parallel \overline{EH}$. ¿Por qué?

Respuesta: ....

2. $\therefore \hat{d} = \hat{a}$. ¿Por qué?

Respuesta: ....

3. $\hat{c}$ es el complemento de $\hat{b}$. ¿Por qué?

Respuesta: ....

4. $\hat{a}$ también es complemento de $\hat{b}$. ¿Por qué?

Respuesta: ....

5. $\therefore \hat{c} = \hat{a}$. ¿Por qué?

Respuesta: ....

....

y se concluye que $\hat{d} = \hat{c}$.

Calificación________________

18

(Págs. 49-53)

Secciones

77. Teorema *15*.
78. Teorema *16*.
79. Teorema *17*.

Puntos importantes

a) Teoremas *15, 16* y *17*.

b) Dada cualquier figura relativa a igualdad de ángulos, definir la igualdad de éstos en forma rápida y correcta.

Ejercicios adicionales

Indicar si son falsos o verdaderos los siguientes enunciados:

1. Si dos ángulos tienen sus lados respectivamente perpendiculares, dichos ángulos son complementarios.

Respuesta: ....

2. Si un punto pertenece a la bisectriz de un ángulo, éste es equidistante de los lados del ángulo.

Respuesta: ....

3. Si dos ángulos son complementarios a un mismo ángulo, estos ángulos son suplementarios.

Respuesta: ....

4. Dos ángulos son adyacentes cuando tienen un lado común.

Respuesta: ....

5. Si los lados de un ángulo son paralelos a los lados de otro, dichos ángulos son iguales o suplementarios.

Respuesta: ....

Calificación ____________________

19 Triángulos y generalidades

(Págs. 54-58)

Secciones

80. Triángulo.
81. Clasificación de los triángulos.
82. Rectas y puntos notables en el triángulo.

Puntos importantes

a) Definición de triángulo.

b) Elementos de un triángulo.

c) Clasificación de los triángulos atendiendo a sus lados y a sus ángulos.

d) Qué se entiende por perímetro y por semiperímetro. Fórmula del semiperímetro de un triángulo cualquiera.

e) Memorización de lo que es: mediana, altura, bisectriz, icentro, baricentro, ortocentro, circuncentro y mediatriz de un triángulo.

Ejercicios adicionales

1. Atendiendo a sus lados ¿qué clase de triángulos son los siguientes?

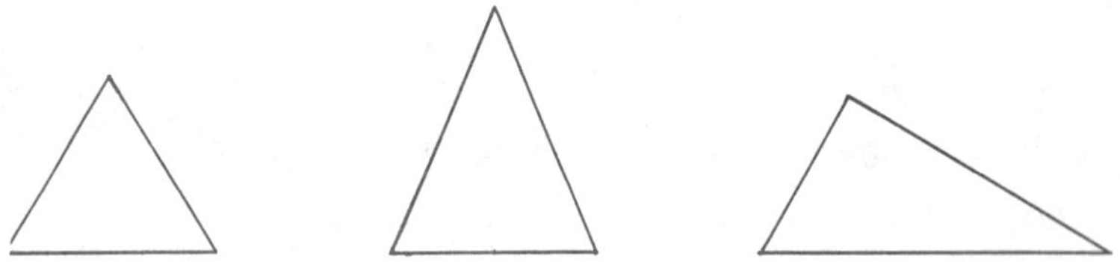

Respuesta: . . . .

2. Atendiendo a sus ángulos ¿qué clase de triángulos son los siguientes?

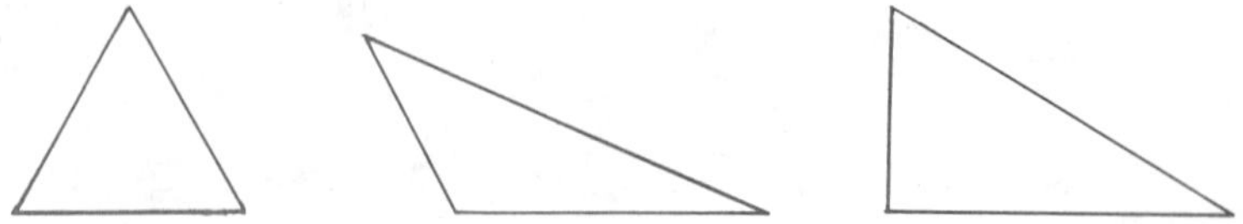

Respuesta: . . . .

3. Decir los nombres de los siguientes elementos del triángulo en el cual se cumple que: $\overline{AC} = \overline{CD}$, $\overline{AD} \perp \overline{BG}$, $\overline{GD} \perp \overline{AF}$ y $\overline{GE} = \overline{ED}$.

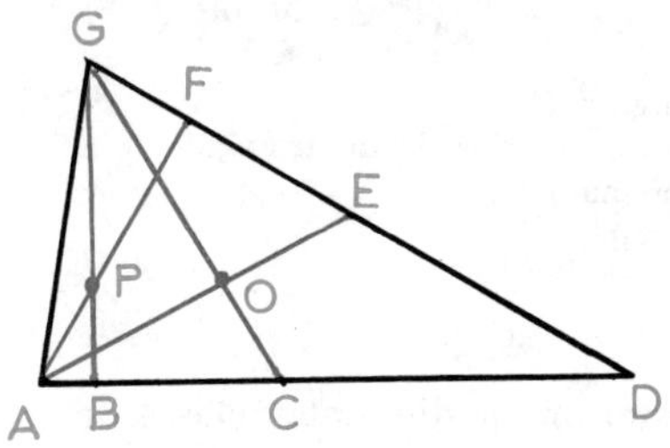

a) $\overline{AE}$ *b*) $\overline{GB}$ *c*) Punto *O* *d*) Punto *P*.

Respuestas: *a*) .... *b*) ....
c) .... *d*) ....

4. Decir los nombres de los siguientes elementos del triángulo, en el cual se cumple que: $\overline{AD} = \overline{DB}$, $\overline{AE} = \overline{EC}$, $\overline{ER} \perp \overline{AC}$, $\overline{NR} \perp \overline{AB}$, $\hat{a} = \hat{b}$, $\hat{c} = \hat{d}$.

a) $\overline{ER}$

b) $\overline{AS}$

c) Punto *Q*.

d) Punto *R*.

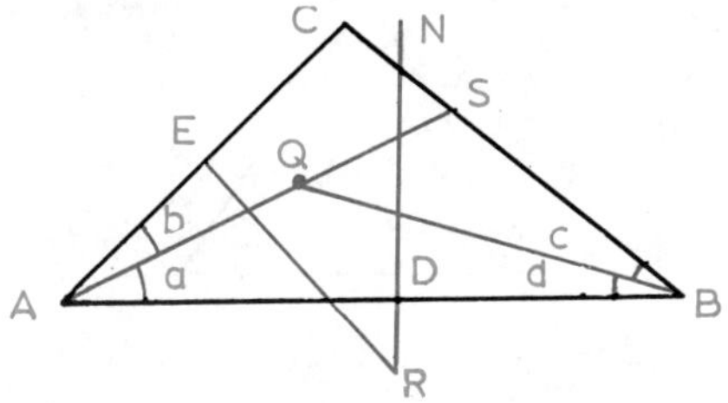

Respuestas: *a*) .... *b*) ....
c) .... *d*) ....

5. ¿En qué clase de triángulos coinciden el *baricentro* el *ortocentro* el *icentro* y el *circuncentro*?

Respuesta: ....

Calificación ______________

20

(Págs. 58-60)

Secciones

83. Teorema *18*.
84. Angulo exterior de un triángulo.
85. Teorema *19*.
86. Teorema *20*.

Puntos importantes

a) Señalar el ángulo exterior en diferentes clases de triángulos.

b) Memorizar los teoremas *18* y *20*, ya que se aplican constantemente en diversas ciencias.

Ejercicios adicionales

1. Si el ángulo $\hat{1}$ es igual a 30° y $\widehat{EBC}$ es recto, dar los valores de los ángulos $\widehat{BAC} + \widehat{ACB}$ y de $\widehat{ABC}$.

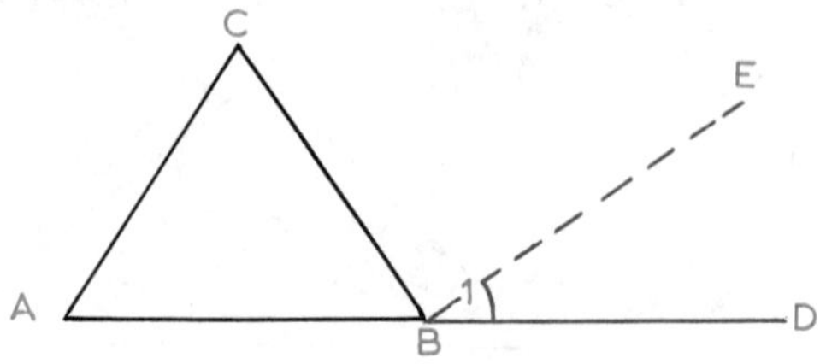

Respuesta: ....

....

2. Encontrar el ángulo en el vértice de un triángulo isósceles si el ángulo exterior en dicho vértice es igual a 140°.

Respuesta: ....

3. Un triángulo isósceles tiene un ángulo de 30° en el vértice. ¿Qué ángulos forman las bisectrices de los otros dos ángulos?

Respuesta: ....

4. ¿Cuál es el menor ángulo que puede ser formado en un triángulo rectángulo?

Respuesta: ....

....

5. ¿Es cierto que en un triángulo equilátero de cualquier magnitud, siempre el ángulo exterior en cualquier vértice será igual a 120°? ¿Por qué?

Respuesta: ....

....

Calificación ____________

(Págs. 60-63)

21

Secciones
87. Igualdad de triángulos.
88. Propiedades de los triángulos.

Puntos importantes

a) Enunciado de los teoremas de igualdad de triángulos.
b) Mínimo de condiciones que deben cumplirse para que dos triángulos sean iguales.
c) Lados y ángulos homólogos en un triángulo.
d) Propiedades de los triángulos.

Ejercicios adicionales

Responder con Falso o Verdadero a los siguientes enunciados:

1. Dos triángulos son iguales si tienen los tres lados respectivamente iguales.

Respuesta: ....

2. En un triángulo, un lado es mayor que la suma de los otros dos lados y menor que la diferencia.

Respuesta: ....

3. Dos triángulos son iguales si superpuestos coinciden.

Respuesta: ....

4. Dos triángulos son iguales si tienen iguales dos lados y el ángulo comprendido entre ellos.

Respuesta: ....

5. En un triángulo a mayor lado se opone menor ángulo y viceversa.

Respuesta: ....

Calificación ______________

22 Casos de igualdad de triángulos

(Págs. 64-67)

Secciones

89. Primer Caso.
90. Segundo Caso.
91. Tercer Caso.

Puntos importantes

a) Explicar en qué consiste el método de superposición para facilitar la demostración de los teoremas correspondientes al Primero, Segundo y Tercer Caso de Igualdad de Triángulos.

b) Memorización de los tres teoremas anteriores.

Ejercicios adicionales

En la figura siguiente:

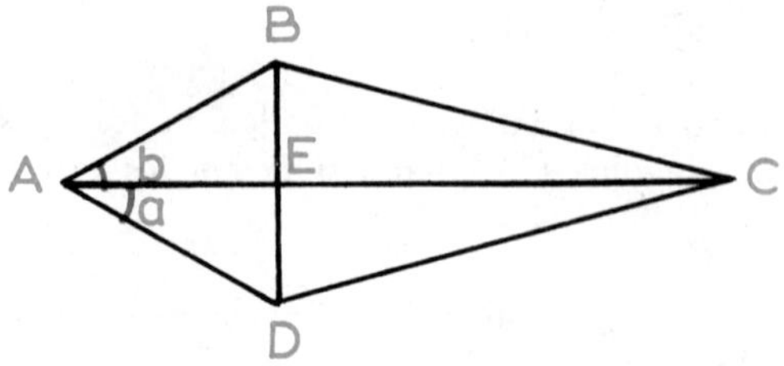

se cumple que $\overline{AB} = \overline{AD}$ y $\overline{DC} = \overline{BC}$. Demostrar que:

1. $\hat{a} = \hat{b}$.

Respuesta: ....

2. $\triangle ADE$ es igual a $\triangle ABE$.

Respuesta: ....

3. $\overline{BE} = \overline{ED}$.

Respuesta: ....

4. $\overline{AC} \perp \overline{BD}$.

Respuesta: ....

5. $\triangle ABC = \triangle ADC$.

Respuesta: ....

....

Calificación ____________

(Págs. 67-72) **23**

Secciones

92. Casos de igualdad de triángulos rectángulos.
93. Aplicaciones de la igualdad de triángulos.

Puntos importantes

a) Máximas condiciones para que se cumpla la igualdad en los triángulos rectángulos.

b) Diferentes casos y demostración de cada uño de ellos.

c) Aplicaciones diversas que pueden realizarse utilizando la propiedad de igualdad de triángulos rectángulos.

Ejercicios adicionales

1. Si $\overline{BD}$ es la bisectriz del ángulo $\widehat{ABC}$, $\overline{CD} \perp \overline{BC}$ y $\overline{AD} \perp \overline{AB}$.

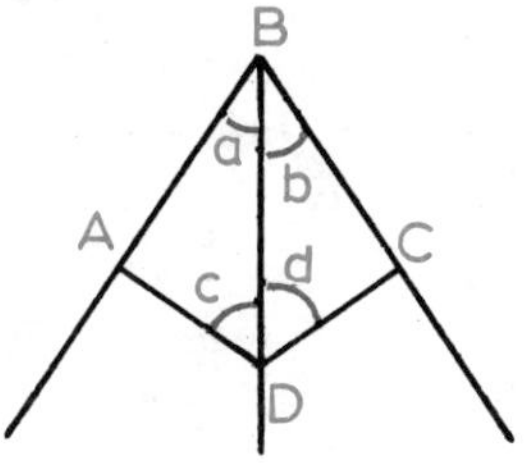

Demostrar que $\overline{CD} = \overline{AD}$.

Respuesta: ....

....

2. De la figura anterior, si $\overline{CD} = \overline{AD}$, $\overline{CD} \perp \overline{BC}$ y $\overline{AD} \perp \overline{AB}$, demostrar que $\overline{BD}$ es la bisectriz del ángulo $\widehat{ABC}$.

Respuesta: ....

....

3. Si $\widehat{ABC}$ es isósceles, $\overline{AC} = \overline{BC}$ y $\overline{CD}$ es la bisectriz del ángulo $\widehat{ACB}$, demostrar que $\widehat{ADC} = \widehat{BDC}$.

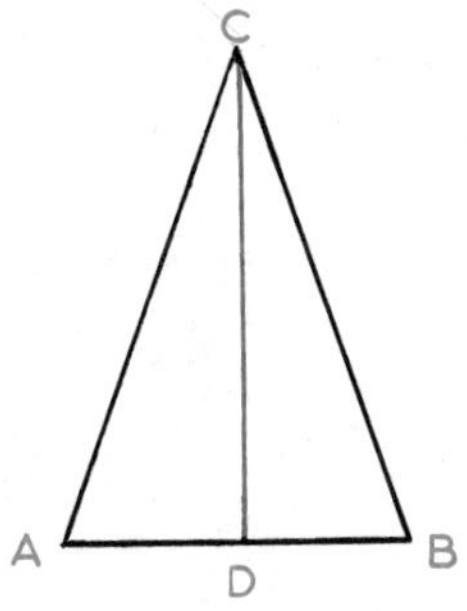

Respuesta: ....

....

4. En la figura anterior, si $\overline{CD}$ es la bisectriz de $\widehat{ACB}$ y $\overline{CD} \perp \overline{AB}$, demostrar que $\overset{\triangle}{ADC} = \overset{\triangle}{BDC}$.

Respuesta: ....

....

5. Demostrar el siguiente Corolario deducido de los Teoremas de Igualdad de Triángulos rectángulos: "Si un ángulo agudo de un triángulo rectángulo es igual a un ángulo agudo de otro triángulo rectángulo, los otros ángulos agudos de ambos triángulos rectángulos son iguales".

Respuesta: ....

....

....

Calificación ____________________

Polígonos 24

(Págs. 73-75)

Secciones
94. Definiciones.
95. Diagonal.

Puntos importantes

a) Definición de polígono.
b) Elementos de un polígono.
c) Perímetro. Fórmula del perímetro de un polígono cualquiera.
d) Memorizar los nombres de los polígonos de acuerdo con el número de lados que tengan éstos.
e) Definición de diagonal de un polígono.

Ejercicios adicionales

1. ¿Cómo se llama el polígono que tiene todos sus lados y ángulos iguales?

   Respuesta: ....

2. Si un polígono tiene n lados, ¿cuántos vértices tendrá? ¿y cuántos ángulos?

   Respuesta: ....

3. Si un polígono regular tiene 12 lados y cada lado mide 4.5 cm ¿cuánto mide su perímetro?

   Respuesta: ....

4. Decir el nombre de los polígonos siguientes de acuerdo con el número de lados dado:

   3 lados *Respuesta:* ....
   4 lados ....
   5 lados ....
   6 lados ....
   8 lados ....
   10 lados ....
   12 lados ....

5. Definir lo que es diagonal de un polígono.

   Respuesta: ....
   ....

Calificación ________________

25

(**Págs. 75-77**)

Secciones

96. Teorema *24*.
97. Valor de un ángulo interior de un polígono regular.
98. Teorema *25*.
99. Valor de un ángulo exterior de un polígono regular.
100. Teorema *26*.

Puntos importantes

a) Memorizar la fórmula para obtener la suma de los ángulos interiores de un polígono en función del número de lados de dicho polígono.
b) Deducir el valor de un ángulo interior de un polígono regular, partiendo de la fórmula anterior.
c) Analizar el Teorema *25*.
d) Fórmula del valor de un ángulo exterior de un polígono regular en función del número de lados del polígono.
e) Aplicación del teorema *26* en diferentes polígonos.

Ejercicios adicionales

1. La razón de la suma de los ángulos interiores de un polígono a la suma de los ángulos exteriores es de 5:1. ¿de qué polígono se trata?

   Respuesta: ....

2. La suma de los ángulos interiores de un polígono es igual a cuatro veces la suma de los ángulos exteriores de dicho polígono. ¿De qué polígono se trata?

   Respuesta: ....

3. En el Pentágono Regular siguiente, calcular el valor de los ángulos que se muestran en la figura:

   a) $\hat{a}$ = ____________
   b) $\hat{b}$ = ____________
   c) $\hat{c}$ = ____________

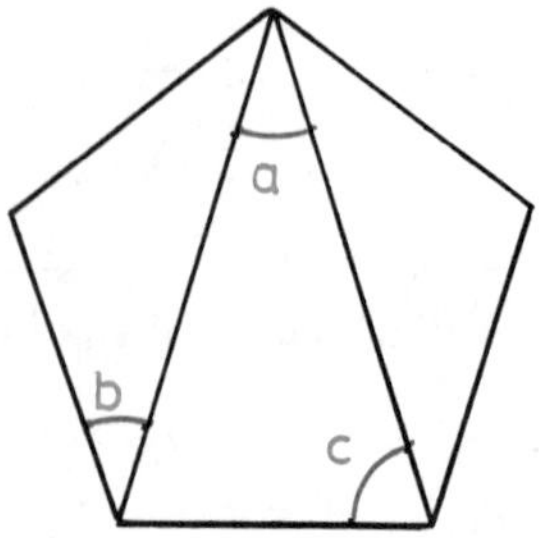

4. En la figura, se encuentra dibujado un polígono regular. Conteste lo que a continuación se pide:

a) $\hat{a} =$ ____________

b) $\hat{b} =$ ____________

c) $\hat{c} =$ ____________

d) $\hat{d} =$ ________

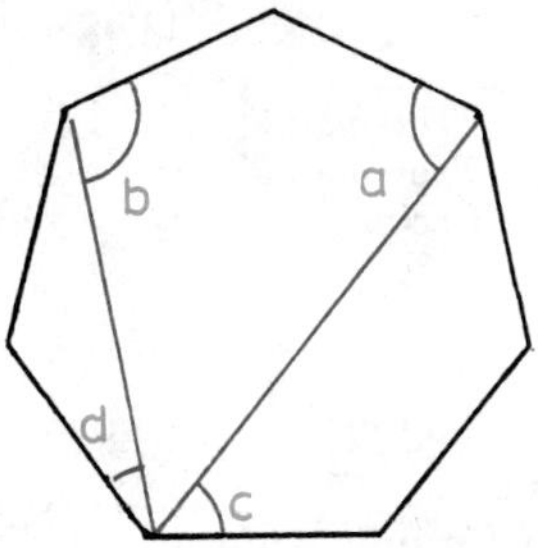

5. Si la suma de los ángulos exteriores de un polígono regular es igual a la suma de los ángulos interiores de dicho polígono ¿cuántos lados tiene?

Respuesta: . . . .

Calificación________________

26

(Págs. 77-80)

Secciones

101. Teorema *27*.
102. Teorema *28*.
103. Recíproco

Puntos importantes

a) Número total de diagonales que pueden trazarse desde todos los vértices, en un polígono cualquiera.

b) Aplicación de la fórmula anterior en diversos polígonos.

c) Igualdad de polígonos al descomponerlos en igual número de triángulos que sean respectivamente iguales.

Ejercicios adicionales

1. Si el número de diagonales que pueden trazarse desde un vértice de un polígono es igual a la suma de los ángulos interiores dividido por 240, ¿de qué polígono se trata?

   Respuesta: ....

2. El número de diagonales que pueden trazarse desde un vértice de un polígono es igual a la suma de los ángulos exteriores menos 358. ¿Cuántos lados tiene dicho polígono?

   Respuesta: ....

3. ¿Cuál es el número total de diagonales que se pueden trazar en un Eneágono?

   Respuesta: ....

4. ¿Cuál es el polígono en el cual se pueden trazar 90 diagonales en total?

   Respuesta: ....

5. Si el número total de diagonales que se pueden trazar en un polígono es igual al cuádruplo del número de diagonales que se pueden trazar desde un vértice ¿de qué polígono se trata?

   Respuesta: ....

Calificación________________

Cuadriláteros 27

(**Págs. 81-82**)

Secciones

Puntos importantes

a) Definición de Cuadrilátero.
b) Elementos de un cuadrilátero.
c) Aplicación de las fórmulas ya vistas, que nos dan la suma de los Angulos Interiores, las diagonales desde un vértice, y el número total de diagonales en un cuadrilátero.

Ejercicios adicionales

1. ¿Cuál es el número de diagonales que se pueden trazar desde un vértice en un cuadrilátero?

   Respuesta: ....

2. ¿Cuál es el número total de diagonales que se pueden trazar en un cuadrilátero?

   Respuesta: ....

3. ¿Cuál es el valor de la suma de los ángulos interiores en un cuadrilátero?

   Respuesta: ....

4. "La suma de los ángulos interiores de un cuadrilátero es igual a la suma de los ángulos exteriores de dicho cuadrilátero". Demostrar esta aseveración, aplicando las fórmulas adecuadas.

   Respuesta: ....

   ....

5. Expresar lo que se entiende por vértices y ángulos opuestos de un cuadrilátero.

   Respuesta: ....

   ....

Calificación ____________________

28

(Págs. 82-85)

Secciones

111. Clasificación de los cuadriláteros.
112. Clasificación de los paralelogramos.
113. Clasificación y elementos de los trapecios.
114. Clasificación de los trapezoides.

Puntos importantes

a) Memorización de la clasificación de los cuadriláteros.
b) Reconocer por medio de las figuras, de qué tipo de cuadrilátero se trata.
c) Nombres de los trapecios y elementos de los mismos.

Ejercicios adicionales

Decir si son *Falsos* o *Ciertos* los siguientes enunciados:

1. Rectángulo es el cuadrilátero que tiene sus cuatro ángulos y los lados iguales.

   Respuesta: ....

2. Romboide es el cuadrilátero que tiene los lados iguales y los ángulos contiguos desiguales.

   Respuesta: ....

3. Trapecios Rectángulos son los cuadriláteros que tienen dos ángulos rectos.

   Respuesta: ....

4. La distancia entre las bases de un Trapecio se llama diagonal.

   Respuesta: ....

5. En los Trapezoides simétricos, las diagonales forman un ángulo de 60°.

   Respuesta: ....

Calificación________________

(Págs. 86-88) 29

Secciones

Puntos importantes

a) Demostración de las propiedades de los paralelogramos.
b) Mostrar la ventaja en la construcción de paralelogramos, conociendo sus propiedades.
c) Propiedades particulares del rectángulo, del rombo y del cuadrado, a partir de las propiedades generales de los paralelogramos.
d) Demostración del teorema *29* y su teorema recíproco.

Ejercicios adicionales

1. Construir un cuadrado cuya diagonal sea igual a 4 cm.

   Respuesta: ....

2. Construir un rombo cuya diagonal sea igual a 5 cm.

3. ¿Cuál sería el máximo valor que puede tener un lado de un rectángulo, si las diagonales son iguales a 7 cm cada una?

   Respuesta: ....

4. Demostrar la siguiente propiedad de los paralelogramos: "Dos ángulos consecutivos de un paralelogramo son suplementarios".

   Respuesta: ....

   ....

5. Aplicando la igualdad de triángulos, demostrar que "Las diagonales de un rectángulo son iguales".

Respuesta: ....

....

Calificación________________

Segmentos proporcionales 30

(Págs. 89-91)

Secciones

118. Repaso de las propiedades de las proporciones.
119. Cuarta proporcional.
120. Tercera proporcional.
121. Media proporcional.
122. Serie de razones iguales.
123. Razón de dos segmentos.
124. Segmentos proporcionales.

Puntos importantes

a) Explicar lo que se entiende por razón y por proporción.
b) Definir lo que es el antecedente y el consecuente en una proporción cualquiera.
c) Memorizar las propiedades principales de las proporciones indicadas en la Sección 118.
d) Analizar lo que es cuarta, tercera y media proporcional.
e) Comprender el concepto de segmentos proporcionales.

Ejercicios adicionales

1. Un número es igual a 275 veces otro número y la razón de estos dos números es 7:12. Hallar dichos números.

Respuesta: ....

2. Encontrar la media proporcional entre 6 y 24.

Respuesta: ....

3. Encontrar la cuarta proporcional a 3, 5 y 27.

Respuesta: ....

4. Encontrar el valor de x en la proporción:

$$\frac{x}{2y} = \frac{18y}{x}$$

Respuesta: ....

5. Encontrar el valor de x en la siguiente proporción.

$$(2x + 8) : (x + 2) = (2x + 5) : (x + 1)$$

Respuesta: ....

Calificación ______________

31

(Págs. 91-94)

Secciones

Puntos importantes

a) Establecer la forma de dividir un segmento en una razón dada.
b) Demostrar que el punto *P* que se obtiene al dividir el segmento en una razón dada es único.
c) Teorema de Tales.
d) Demostrar que el teorema de Tales es absolutamente general, y que se verifica para cualquier número de paralelas y para cualquier posición de las transversales.
e) Demostrar que el teorema también se verifica lo mismo que los segmentos sean conmensurables o inconmensurables entre sí.
f) Explicar lo que significa que dos segmentos sean conmensurables o inconmensurables entre sí.

Ejercicios adicionales

1. Dividir el segmento $\overline{AB}$ en la razón $\frac{3}{5}$.

2. Dividir el segmento $\overline{AB}$ en la razón $\frac{5}{3}$.

3. Si $\frac{x-2}{4}=\frac{c}{3}$, demostrar que también $\frac{x+2}{4}=\frac{c+3}{3}$.

Respuesta: ....

....

4. ¿Son $\sqrt{2}$ y $\sqrt{3}$ conmensurables?

Respuesta: ....

5. Demostrar que en la figura $\frac{\overline{CB}}{\overline{BA}}=\frac{\overline{CD}}{\overline{DE}}$ si se cumple que $\overline{BD} \parallel \overline{AE}$.

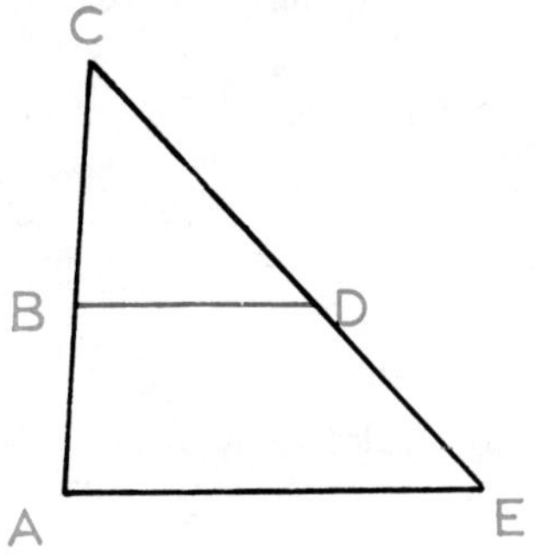

Respuesta: ....

....

Calificación ____________________

32

(Págs. 94-96)

Secciones
129. Teorema *32*.
130. Recíproco.
131. Corolario.

Puntos importantes

a) Aplicación del teorema de Tales para la demostración del teorema *32*.
b) Demostración del teorema recíproco y del corolario del teorema *32*.

Ejercicios adicionales

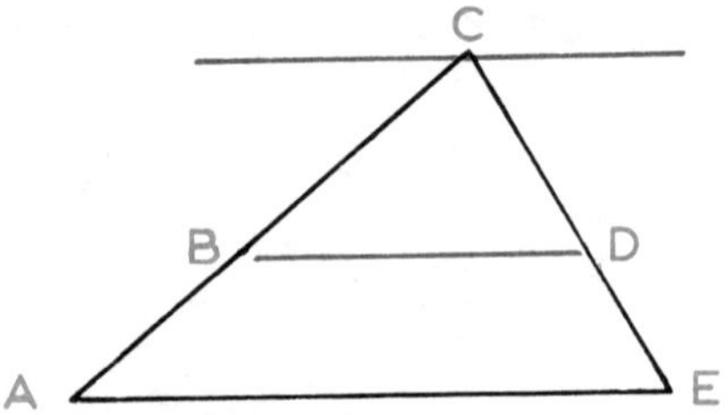

1. En la figura, si $\overline{BD} \parallel \overline{AE}$ y $\overline{CB} = 2\overline{AB}$, ¿qué valor tienen $\overline{CD}$ y $\overline{DE}$?

Respuesta: ....

2. En la figura, si $\overline{BD} \parallel \overline{AE}$, $\overline{CB} = 9$ cm, $\overline{BA} = 4.5$ cm y $\overline{CD} = 7$ cm ¿qué valor tiene $\overline{DE}$?

Respuesta: ....

3. En la figura, si $\overline{BD} \parallel \overline{AE}$ y $\overline{CB} = \frac{2}{3}\overline{CA}$, ¿qué valor tienen $\overline{CD}$ y $\overline{CE}$?

Respuesta: ....

4. Los lados no paralelos de un trapezoide miden 10 y 15 cm, respectivamente. Una recta paralela a las bases divide al lado de 10 cm en la razón 1:4. Encontrar en qué razón queda dividido el segmento que mide 15 cm.

Respuesta: ....

5. Una línea paralela a un lado de un triángulo y que pasa por el centroide de dicho triángulo ¿en qué razón divide a los otros dos lados del triángulo?

Respuesta: ....

Calificación ______________

(Págs. 97-98)

33

Secciones

132. Teorema *33*.
133. Problema.
134. Comprobación.

Puntos importantes

a) Propiedad de la bisectriz de un ángulo interior de un triángulo.
b) Forma de calcular los segmentos determinados en uno de los lados de un triángulo, por la bisectriz del ángulo opuesto a dicho lado.
c) Enseñar a comprobar los valores obtenidos sumando los segmentos. La suma de estos segmentos debe ser igual a la magnitud del lado considerado del triángulo.

Ejercicios adicionales

1. Los tres lados de un triángulo miden 20 cm, 16 cm y 12 cm. Encontrar los segmentos determinados en el lado menor por la bisectriz del ángulo opuesto a dicho lado.

   Respuesta: ....

2. Repetir el ejercicio 1, pero determinando los segmentos en el lado mayor.

   Respuesta: ....

3. Muestre cómo dividir un lado de un triángulo en segmentos proporcionales a los otros dos lados.

   Respuesta: ....

   ....

4. Los tres lados de un triángulo miden 16, 24 y 32. Encontrar los segmentos determinados en el lado mayor por la bisectriz del ángulo opuesto a dicho lado.

   Respuesta: ....

5. Repetir el ejercicio anterior, pero determinando los segmentos sobre el lado menor.

   Respuesta: ....

Calificación ____________________

34

(Págs. 98-103)

Secciones

Puntos importantes

a) Resolución de problemas relativos a razones y proporciones empleando el método gráfico.

b) Ejercitar el manejo del compás y la regla.

Ejercicios adicionales

Resolver los ejercicios siguientes gráficamente:

1. Dividir proporcionalmente a 3, 5 y 7 un segmento de 15 cm.

Respuesta: ....

2. Hallar la cuarta proporcional a segmentos que miden 3, 6 y 9 cm.

Respuesta: ....

3. Hallar la tercera proporcional a segmentos que miden 5 y 7 cm.

Respuesta: ....

4. Dados los segmentos w, y, z, construir un segmento x tal que $yx = wz$.

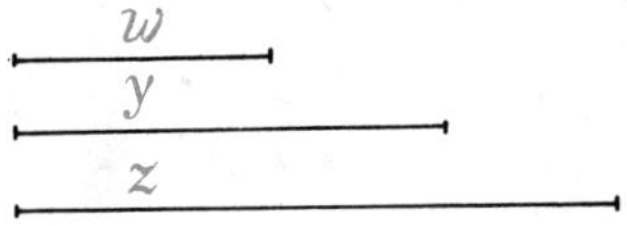

Respuesta: . . . .

5. Encontrar la cuarta proporcional a segmentos que miden 2, 5 y 3 cm en magnitud respectivamente. Compruébese algebraicamente.

Respuesta: . . . .

Calificación ________________

35 Semejanza de triángulos

(Págs. 104-106)

Secciones

Puntos importantes

a) Definición de semejanza de triángulos.
b) Signo de semejanza.
c) Memorizar la forma de establecer la proporcionalidad de los lados.
d) Los caracteres de la semejanza de triángulos también pueden ser definidos como: 1) *Reflexivo*, 2) *Simétrico*, 3) *Transitivo*.

Ejercicios adicionales

1. Definir lo que se entiende por lados homólogos de un triángulo.

Respuesta: ....

....

2. ¿Qué se entiende por razón de semejanza en un triángulo?

Respuesta: ....

....

3. Establecer la proporcionalidad de los lados de los triángulos siguientes en los cuales se cumple que $\hat{a} = \hat{d}$, $\hat{b} = \hat{e}$, $\hat{c} = \hat{f}$.

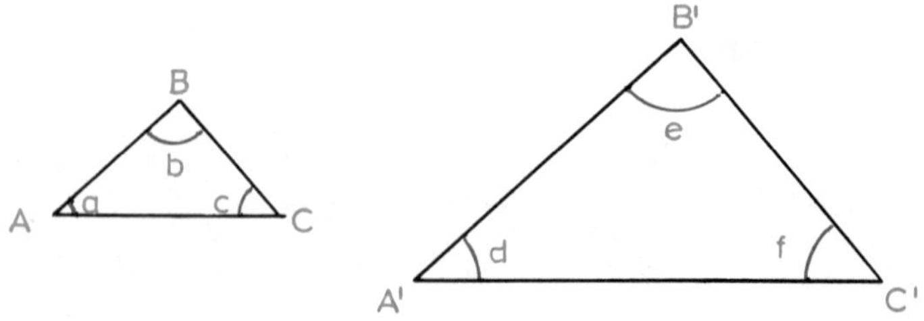

Respuesta: ....

....

4. ¿Cuándo se dice que dos triángulos son semejantes?

Respuesta: ....

....

5. Si los ángulos de dos triángulos son respectivamente iguales ¿serán iguales también sus lados respectivos?

Respuesta: ....

....

Calificación ________________

36

(**Págs. 106-108**)

Secciones

144. Teorema *34*.
145. Casos de semejanza de triángulos.

Puntos importantes

a) Teorema fundamental de existencia de triángulos semejantes.
b) Teorema recíproco.
c) Definición de los casos de semejanza de triángulos.
d) Memorizar los casos y ejemplificarlos numéricamente.

Ejercicios adicionales

Contestar con *Falso* o *Verdadero* los siguientes enunciados:

1. Toda paralela o un lado forma con los otros dos lados un triángulo igual al primero.

   Respuesta: ....

2. Dos triángulos son semejantes si tienen dos lados respectivamente iguales.

   Respuesta: ....

3. Dos triángulos son semejantes si tienen dos lados proporcionales e igual el ángulo opuesto a uno de estos lados.

   Respuesta: ....

4. Dos triángulos son semejantes si tienen dos ángulos respectivamente iguales.

   Respuesta: ....

5. Todo triángulo semejante a otro es igual a uno de los triángulos que pueden obtenerse trazando una paralela a la base de éste.

   Respuesta: ....

Calificación ____________________

(Págs. 109-112)

Secciones
146. Primer caso.
147. Segundo caso.
148. Tercer caso.

Puntos importantes

a) Importancia fundamental de los casos de semejanza de triángulos, debida a su constante aplicación.
b) Demostración de los tres casos utilizando el teorema fundamental de existencia de triángulos semejantes.

Ejercicios adicionales

Indicar la proporción necesaria para demostrar la semejanza de triángulos en los siguientes ejercicios:

1.

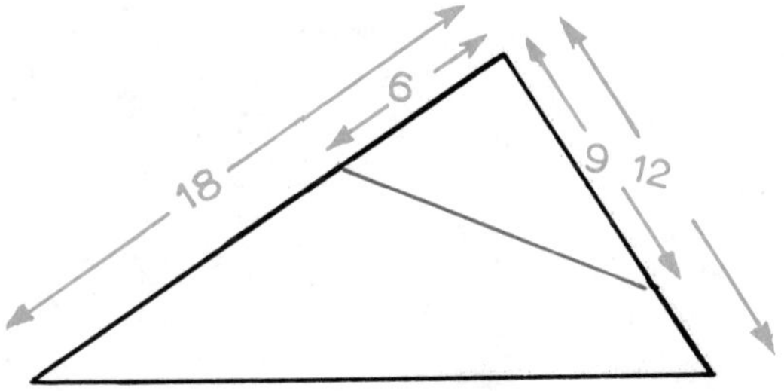

Respuesta: ....

2.

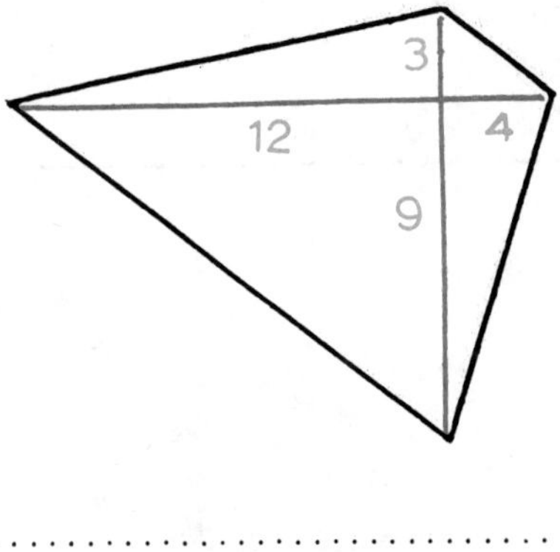

Respuesta: ....

3.

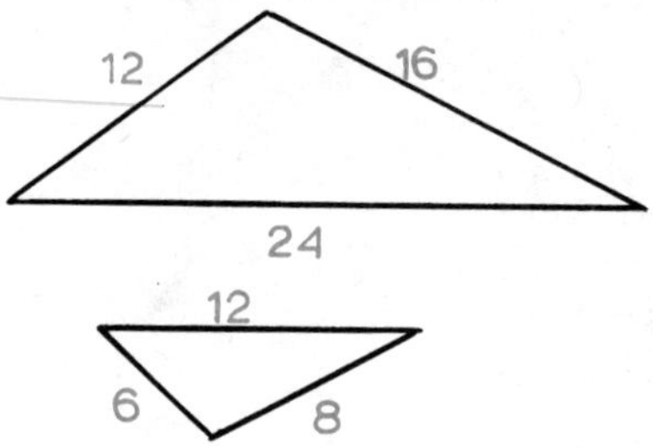

Respuesta: ....

4.

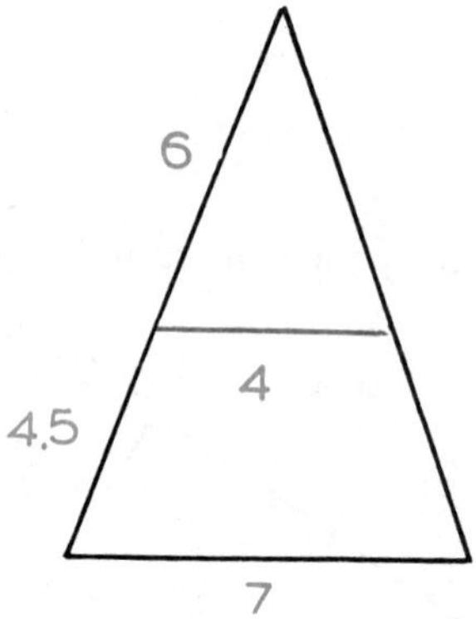

Respuesta: ....

5.

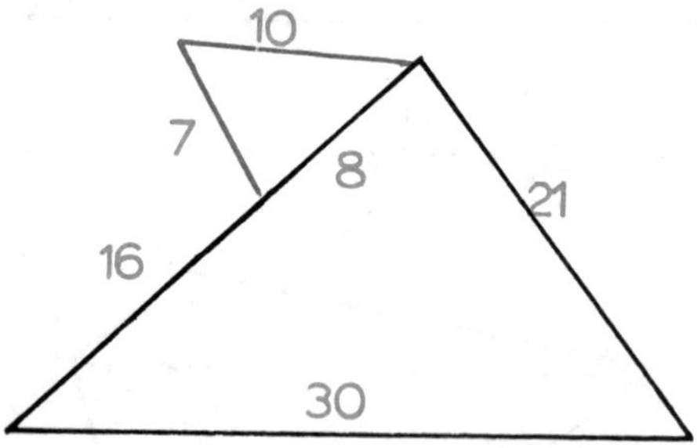

Respuesta: ....

Calificación ____________

Secciones

149. Casos de semejanza de triángulos rectángulos.
150. Proporcionalidad de las alturas de dos triángulos semejantes.

Puntos importantes

a) Razonar los casos de semejanza de triángulos rectángulos.
b) Notar que las demostraciones se facilitan al tratar con triángulos rectángulos.
c) Ejemplos relativos a la proporcionalidad de las alturas de dos triángulos semejantes.

Ejercicios adicionales

1. La sombra de un árbol, cuya altura no se conoce, mide 15 m, y la sombra de una vara vertical de 6 m de alto mide 2 m. Las medidas fueron tomadas a la misma hora, estando el árbol y la vara muy próximos uno del otro, ¿qué altura tiene el árbol?

Respuesta: ....

Demostrar los siguientes enunciados:

2. Dos triángulos son semejantes si sus lados son respectivamente paralelos.

Respuesta: ....

....

3. Dos triángulos son semejantes si sus lados son respectivamente perpendiculares.

Respuesta: ....

....

4. Dos triángulos semejantes a un tercero, son semejantes entre sí.

Respuesta: ....

....

5. La altura trazada a la hipotenusa de un triángulo rectángulo divide al triángulo en dos triángulos semejantes entre sí y con dicho triángulo.

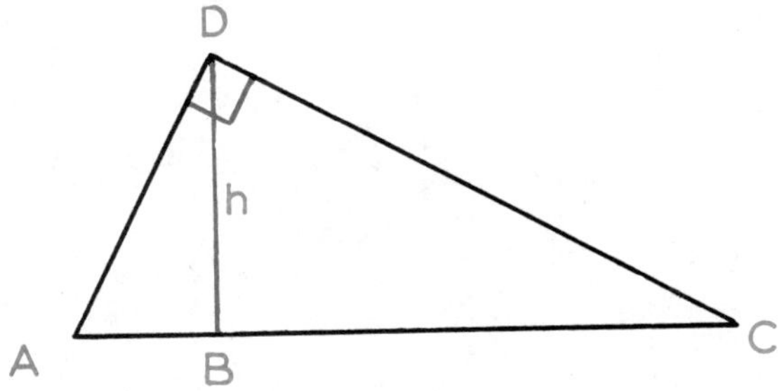

Respuesta: ....

....

Calificación ______________

Relaciones métricas en los triángulos

(Págs. 117-120)

39

Secciones

151. Proyecciones.
152. Proyecciones de los lados de un triángulo.
153. Teorema *38*.

Puntos importantes

a) Hacer notar que las proyecciones son la base de la geometría descriptiva.
b) Definición de proyección.
c) Proyección de un segmento en varias posiciones, sobre una recta dada.
d) Forma de expresar las proyecciones evitando confusiones.
e) Estudiar con cuidado lo que se verifica al trazar la altura correspondiente a la hipotenusa en un triángulo rectángulo.

Ejercicios adicionales

1. ¿Qué conclusiones se pueden obtener si las proyecciones de dos lados de un triángulo sobre el tercer lado son iguales?

   Respuesta: ....

2. ¿Cuál es la proyección de un segmento sobre una recta, si dicho segmento es paralelo a la recta?

   Respuesta: ....

3. ¿Cuál será la proyección si el segmento es perpendicular a la recta?

   Respuesta: ....

4. ¿Son únicas las proyecciones de los catetos de un triángulo rectángulo sobre la hipotenusa?

   Respuesta: ....

   ....

5. ¿Cuál sería la proyección de un cateto sobre el otro cateto en un triángulo rectángulo?

   Respuesta: ....

Calificación________________

40

(Págs. 120-123)

Secciones

154. Teorema *39*.
155. Corolario 1º.
156. Corolario 2º.
157. Teorema *40*.

Puntos importantes

a) Memorizar el teorema de Pitágoras.
b) Generalizar el teorema de Pitágoras.
c) Aplicación de la ley de Pitágoras para la resolución de un rombo, de un triángulo isósceles, de un trapecio, etc.

Ejercicios adicionales

1. Encontrar la altura de un triángulo isósceles si su base mide 8 cm y sus lados iguales miden 10 cm cada uno.

   Respuesta: ....

2. Encontrar el lado l de un rombo si sus diagonales miden 30 y 40 cm, respectivamente.

   Respuesta: ....

3. Hallar la diagonal d de un rombo si un lado mide 26 cm y la otra diagonal mide 20 cm.

   Respuesta: ....

4. Encontrar la altura del trapecio de la figura:

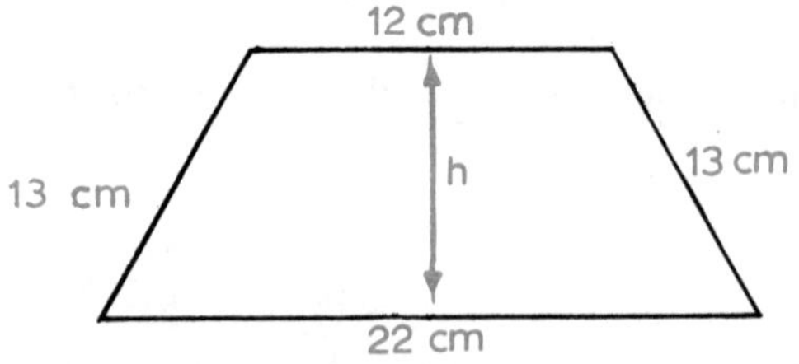

   Respuesta: ....

5. Encontrar el lado de un cuadrado si su diagonal mide 5 cm.

   Respuesta: ....

Calificación________________

(Págs. 123-127) 41

Secciones

158. Clasificación de un triángulo conociendo los tres lados.
159. Cálculo de la proyección de un lado sobre otro.
160. Cálculo de la altura de un triángulo en función de los lados.

Puntos importantes

a) Aplicación del teorema de Pitágoras para reconocer si un triángulo es rectángulo, acutángulo u obtusángulo.

b) Proyecciones de un lado de un triángulo sobre otro lado. La trigonometría facilita este cálculo empleando la función coseno.

c) Memorizar la fórmula para calcular la altura de un triángulo en función de los lados.

Ejercicios adicionales

1. Clasificar los triángulos siguientes, dados sus lados:

a) $a = 7, \quad b = 6, \quad c = \sqrt{85}$

b) $a = 6 \quad b = 5 \quad c = 8$

c) $a = 7 \quad b = 6 \quad c = 6.5$

Respuesta: a)................ *b)*................ *c)*................

2. Dados los lados de un triángulo, $a = 14$, $b = 7$, $c = 9$, calcular la proyección de los lados a y b sobre el lado c.

Respuesta: ....

....

3. Calcular la menor altura de los siguientes triángulos:

a) $a = 12, \quad b = 18, \quad c = 16$

b) $a = 30, \quad b = 24, \quad c = 18$

c) $a = 2, \quad b = 3, \quad c = 4$

Respuesta: a)................ *b)*................ *c)*................

4. Calcular la mayor altura de los siguientes triángulos:

a) $a = 9, \quad b = 8, \quad c = 6$

b) $a = 8, \quad b = 6, \quad c = 11$

c) $a = 7, \quad b = 8, \quad c = 10$

Respuesta: a)................ *b)*................ *c)*................

5. Dadas las tres alturas de un triángulo ¿podrían calcularse los tres lados de dicho triángulo?

Respuesta: ....

Calificación________________

Circunferencia y círculo

(Págs. 128-131) **42**

Secciones

161. Definición.
162. Puntos interiores y puntos exteriores.
163. Círculo.
164. Circunferencias iguales.
165. Arco de circunferencia.
166. Cuerda.
167. Diámetro.
168. Posiciones de una recta y una circunferencia.
169. Figuras en el círculo.
170. Angulos centrales y arcos correspondientes.

Puntos importantes

a) Conceptos que deben memorizarse.
— Definición de circunferencia y círculo.
— Cuerda, arco y diámetro de una circunferencia.
— Secante y tangente a una circunferencia.

b) Figuras que deben analizarse:
— Segmento circular.
— Sector circular.
— Corona circular.
— Trapecio circular.

c) Puntos comunes de una secante y de una tangente con una circunferencia.

d) Comprender el concepto de ángulo central y de arco correspondiente a dicho ángulo.

Ejercicios adicionales

Escribir el número que le corresponde en las figuras a los elementos siguientes:

—— Punto interior
—— Punto exterior
—— Arco
—— Cuerda
—— Diámetro
—— Secante
—— Tangente
—— Radio
—— Segmento circular
—— Sector circular
—— Corona circular
—— Trapecio circular
—— Angulo central

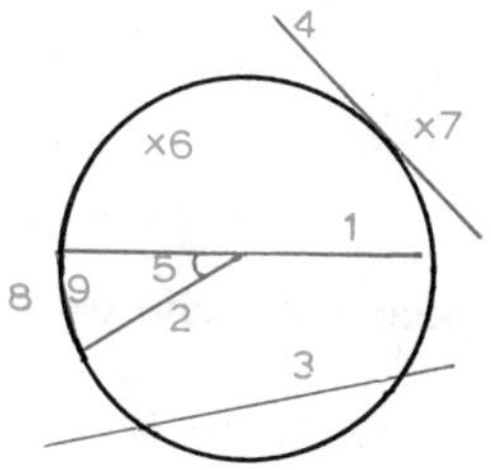

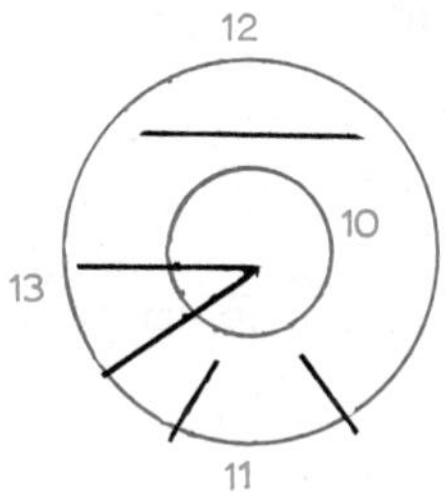

Calificación________________

43

(Págs. 131-133)

Secciones

171. Igualdad de ángulos y arcos.
172. Desigualdad de ángulos y arcos.
173. Arcos consecutivos, y suma y diferencia de arcos.
174. Teorema *42*.

Puntos importantes

a) Ejemplos de igualdad y desigualdad de ángulos y arcos.
b) Operaciones de suma y diferencia de arcos.
c) Propiedades del diámetro.

Ejercicios adicionales

1. Si un arco se divide en dos partes, ¿su ángulo central quedará dividido también en dos partes?

   Respuesta: . . . .

2. En la figura siguiente, O es el centro de la circunferencia y $\overline{AB}$ es su diámetro. Si $\overline{OD} \parallel \overline{AC}$, demostrar que $\hat{a} = \hat{b}$.

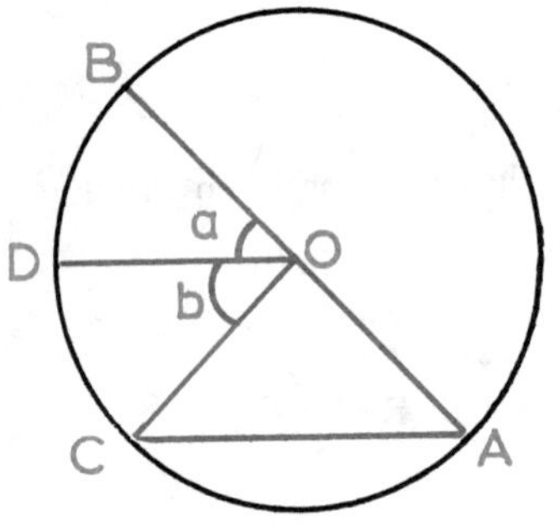

   Respuesta: . . . .

   . . . .

3. ¿Cuánto mide el ángulo central de una cuerda igual al radio del círculo?

   Respuesta: . . . .

4. ¿Cómo se llaman los lados de un ángulo inscrito?

   Respuesta: . . . .

5. Si $\overline{OB} \perp \overline{AC}$, demostrar que $\hat{a} = \hat{b}$

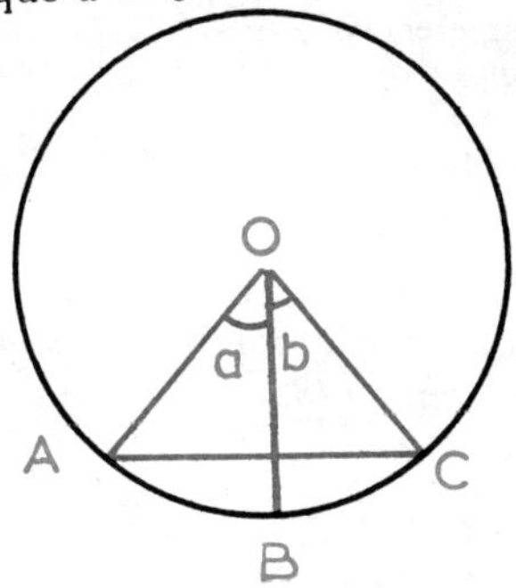

Respuesta: ....

....

Calificación______________________

44

(Págs. 133-135)

Secciones
175. Semicircunferencias.
176. Semicírculos.
177. Teorema *43*.
178. Teorema *44*.

Puntos importantes

a) Comprender el concepto de semicircunferencia y de semicírculo.
b) Estudiar con cuidado el teorema. *43*.
c) Comprender el teorema *44*.

Ejercicios adicionales

1. En la figura, si $\overline{AC}$ es diámetro de la circunferencia, demostrar que $\widehat{ABC}$ es recto.

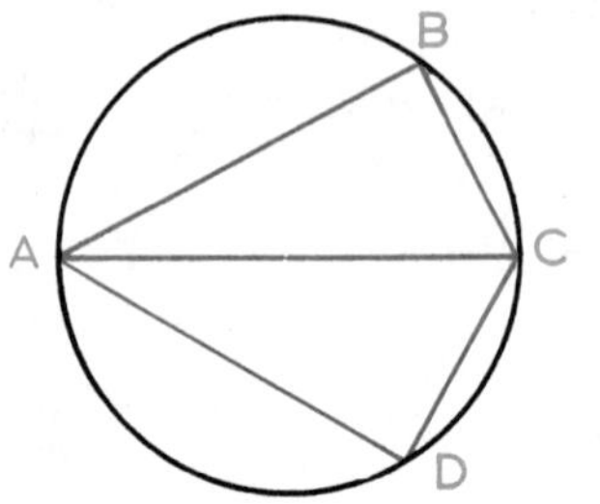

Respuesta: ....

....

2. En la figura anterior, si $\overline{AB} = \overline{AD}$ y $\overline{BC} = \overline{DC}$, demostrar que $\overline{AC}$ es el diámetro.

Respuesta: ....

....

3. En la figura, $\overline{AB}$ es el diámetro y la bisectriz del ángulo $\widehat{ACD}$. $\overline{ON} \perp \overline{AC}$ y $\overline{OM} \perp \overline{AD}$. Demostrar que $\overline{AC} = \overline{AD}$.

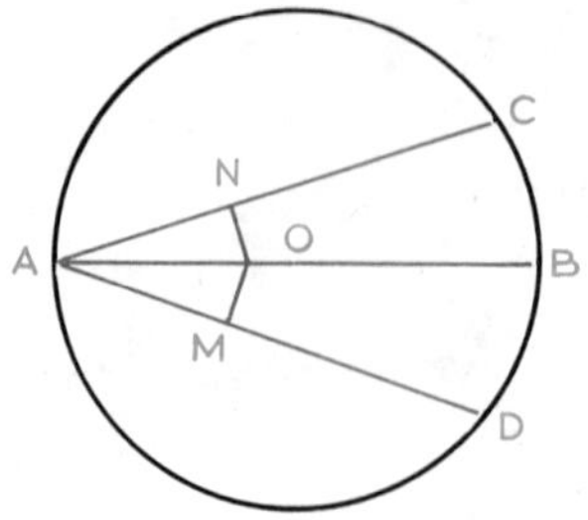

Respuesta: ....

....

4. En la figura anterior, si $\overset{\frown}{AD} = \overset{\frown}{AC}$, $\overline{ON} \perp \overline{AC}$ y $\overline{OM} \perp \overline{AD}$, demostrar que $\widehat{AON} = \widehat{AOM}$.

Respuesta: ....

....

5. ¿Es lo mismo decir semicircunferencia que semicírculo? ¿Por qué?

Respuesta: ....

Calificación ____________

45

Secciones

179. Teorema *45.*
180. Teorema recíproco.
181. Teorema *46.*
182. Teorema recíproco.

Puntos importantes

a) Relaciones entre las cuerdas y los arcos correspondientes.
b) Relaciones entre las cuerdas y sus distancias al centro.
c) Ejercicios de aplicación para la comprensión de dichas relaciones.
d) Teoremas recíprocos respectivos.

Ejercicios adicionales

Contestar con *Falso* o *Verdadero* los siguientes enunciados:

1. Diámetros del mismo o de círculos iguales son iguales.

   Respuesta: ....

2. En círculos iguales, cuerdas iguales tienen arcos iguales.

   Respuesta: ....

3. Un diámetro perpendicular a una cuerda biseca dicha cuerda y su arco.

   Respuesta: ....

4. Si un radio biseca a una cuerda, entonces forma con dicha cuerda 60°.

   Respuesta: ....

5. En un mismo círculo, cuerdas iguales equidistan del centro del círculo.

   Respuesta: ....

Calificación ____________________

Secciones

183. Tangente a la circunferencia.
184. Teorema *47.*
185. Teorema recíproco.
186. Normal a una circunferencia.
187. Teorema *48.*

Puntos importantes

a) Tangente y normal a una circunferencia.
b) Punto de tangencia o punto de contacto.
c) Perpendicularidad de la tangente con el radio, en el punto de contacto.
d) Demostración del teorema *47.*
e) Distancia de un punto a una circunferencia (cuando el punto es interior y cuando es exterior).

Ejercicios adicionales

1. ¿Cómo se llama el punto común a una circunferencia y a una tangente a dicha circunferencia?

Respuesta: ....

2. Demostrar: "Una línea recta perpendicular a un radio de una circunferencia en su extremo, es tangente a dicha circunferencia".

Respuesta: ....

....

3. Demostrar que $\hat{a} = \hat{b}$ en la figura, si $\overline{BD}$ es el diámetro de la circunferencia y $\overline{BD} \parallel \overline{AC}$.

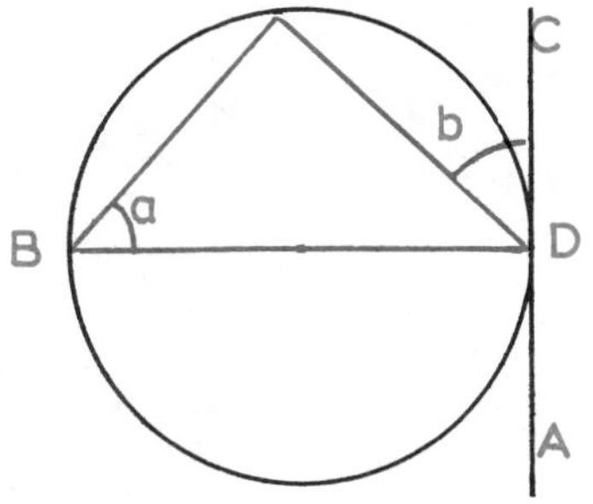

Respuesta: ....

....

4. Si $\overline{AB}$ es tangente a la circunferencia y O es el centro de dicha circunferencia, encontrar el radio de la circunferencia si $\overline{AB} = 4$ y $\overline{AO} = 6$.

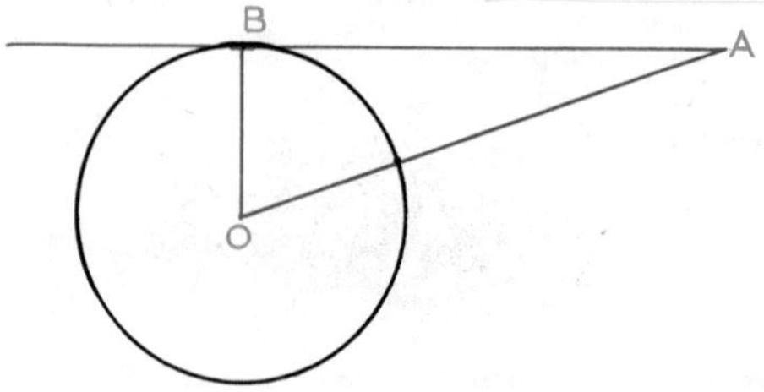

Respuesta: ....

5. En la figura anterior, si el radio de la circunferencia es igual a 8 y $\overline{AB} = 12$, encontrar $\overline{AO}$.

Respuesta: ....

Calificación________________

(Págs. 141-144)

Secciones

188. Posiciones relativas de dos circunferencias.
189. Circunferencias exteriores.
190. Circunferencias tangentes exteriormente.
191. Circunferencias secantes.
192. Circunferencias tangentes interiormente.
193. Circunferencias interiores.
194. Circunferencias concéntricas.

Puntos importantes

a) Posiciones relativas de dos circunferencias.
b) Propiedades respecto a la distancia entre los centros de las circunferencias.
c) Puntos comunes según sus posiciones relativas.

Ejercicios adicionales

En el espacio en blanco escribir el número correspondiente de acuerdo con la posición de las circunferencias siguientes:

—— Circunferencias tangentes interiormente.
—— Circunferencias tangentes exteriormente.
—— Circunferencias exteriores.
—— Circunferencias secantes
—— Circunferencias interiores.

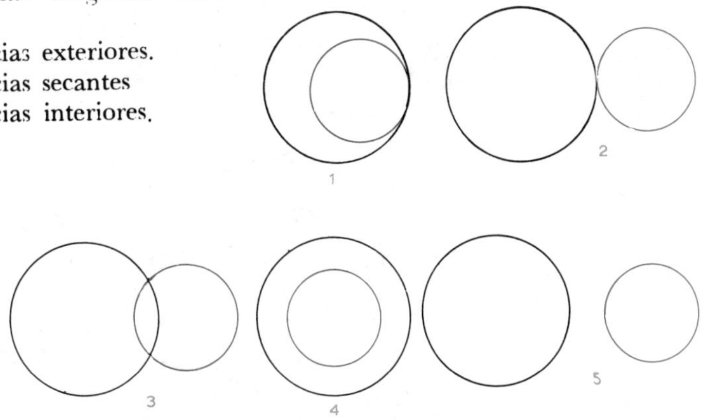

Calificación ____________

48

(Págs. 144-148)

Secciones
195. Teorema *49*.
196. Teorema recíproco.
197. Teorema *50*.

Puntos importantes

a) Aprender las fórmulas respectivas que nos dan las distancias entre los centros de dos circunferencias de acuerdo con sus posiciones relativas.
b) Demostración del teorema *50*. Recalcar el hecho de que las paralelas pueden estar en cualquier posición respecto a la circunferencia, en los tres casos de dicho teorema.

Ejercicios adicionales

1. Si $r_1 = 4$ cm y $r_2 = 6$ cm, encontrar la distancia entre los centros de las circunferencias siguientes:

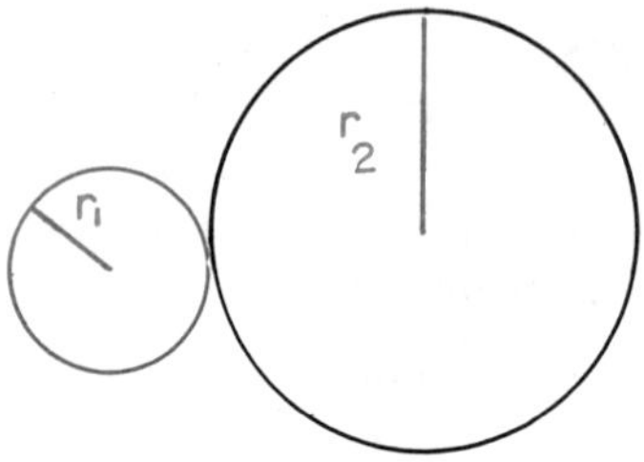

Respuesta: ....

2. Si $r_1 = 10$ cm y $r_2 = 20$ cm, encontrar la distancia entre los centros de las circunferencias siguientes.

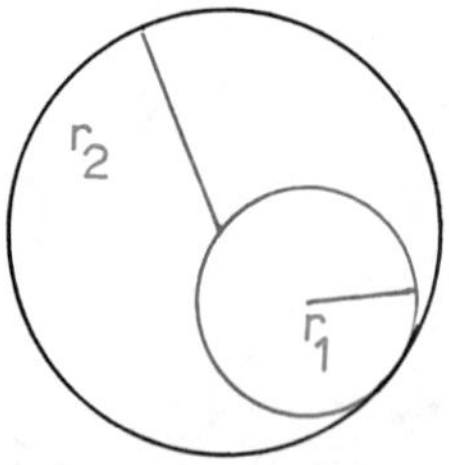

Respuesta: ....

3. Demostrar: "Si dos líneas rectas determinan arcos iguales en una circunferencia, éstas son paralelas".

Respuesta: ....

....

4. Construir gráficamente la tangente a la circunferencia siguiente en el punto *A*.

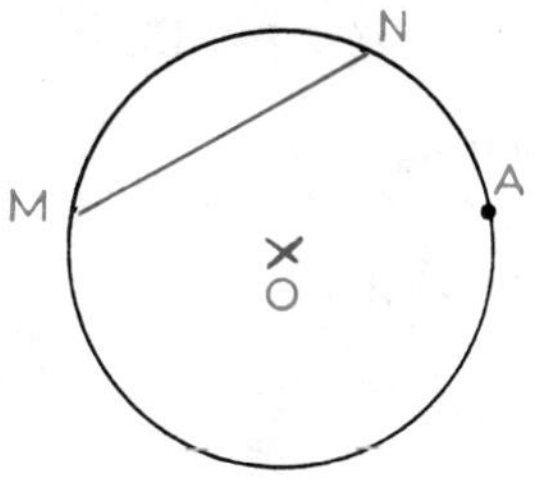

5. Construir una tangente paralela a la cuerda $\overline{MN}$ de la circunferencia del ejercicio anterior.

Calificación______________

49 Angulos en la circunferencia

(Págs. 149-151)

Secciones

Puntos importantes

a) Definiciones de ángulos en la circunferencia.
b) Comprender el concepto de que a igualdad de ángulos, las longitudes de los arcos son distintas para circunferencias diferentes.
c) Comprender lo que es ángulo inscrito, semi-inscrito y ex-inscrito.

Ejercicios adicionales

1. Escribir el nombre de los siguientes ángulos en la figura.

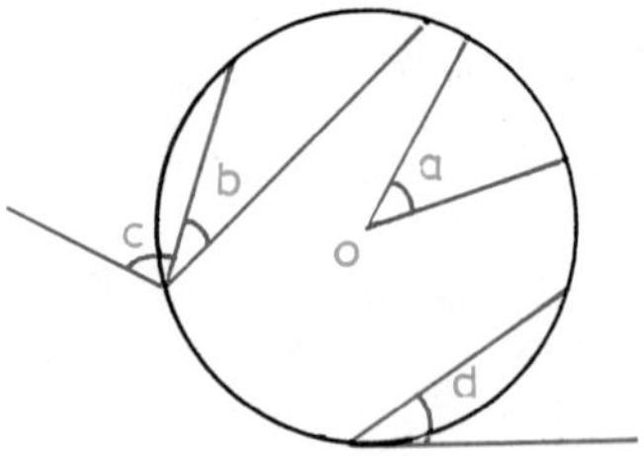

Respuestas: $\hat{a}$ ....
$\hat{b}$ ....
$\hat{c}$ ....
$\hat{d}$ ....

2. ¿Cuál es el mayor valor de un ángulo inscrito en una circunferencia?

Respuesta: ....

3. Demostrar que: "En una misma circunferencia o en circunferencias iguales, los ángulos centrales son proporcionales a sus arcos correspondientes".

Respuesta: ....

....

4. Trazar, utilizando un transportador, los ángulos siguientes: a) 23° b) 47° c) 115° d) 223° e) 345°.

Respuesta: ....

5. Definir lo que es ángulo semi-inscrito y ángulo ex-inscrito.

Respuesta: ....

....

....

Calificación ____________________

50

(Págs. 151-154)

Secciones

203. Teorema *51*.
204. Corolario *1*.
205. Corolario *2*.
206. Arco capaz de un ángulo.

Puntos importantes

a) Medida del ángulo inscrito. Demostración de los diferentes casos tomando en cuenta la posición del centro de la circunferencia respecto a los lados del ángulo inscrito.

b) Ejemplificar el corolario *1*. Todos los ángulos inscritos en el mismo arco son iguales. Definición de arco capaz.

c) Memorizar el corolario *2* del teorema *51*.

Ejercicios adicionales

De la figura siguiente:

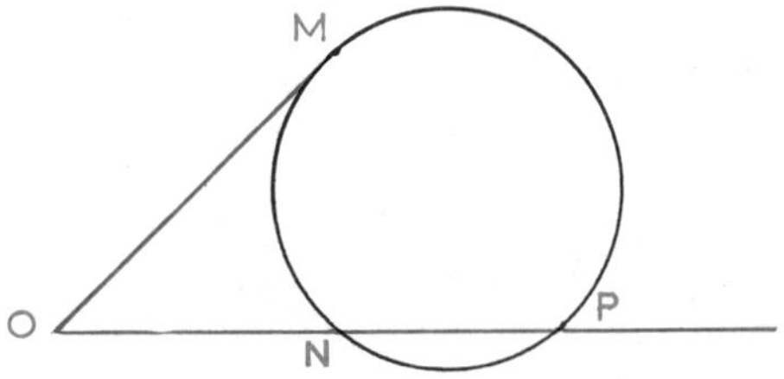

1. Si $\overset{\frown}{MP} = 220°$ y $\hat{O} = 40°$, encontrar $\overset{\frown}{MN}$.

Respuesta: ....

2. Si $\overset{\frown}{MN} = 55°$ y $\hat{O} = 30°$, encontrar $\overset{\frown}{MP}$.

Respuesta: ....

3. Si $\overset{\frown}{MP} = 200°$ y $\overset{\frown}{PN} = 110°$, encontrar $\hat{O}$.

Respuesta: ....

4. Si $\overset{\frown}{PN} = 120°$ y $\overset{\frown}{MN} = 70°$, encontrar $\hat{O}$.

Respuesta: ....

5. En la figura siguiente, encontrar x y y, si $x = \overset{\frown}{AB}$, $y = \hat{O}$.

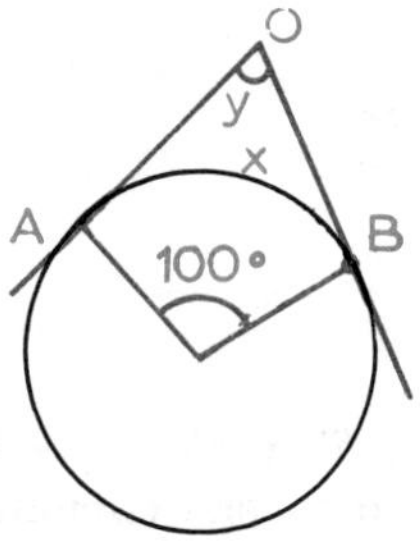

Respuesta: ....

Calificación ____________

51

(Págs. 154-156)

Secciones
207. **Teorema *52*.**
208. **Teorema *53*.**
209. **Angulo interior.**
210. **Angulo exterior.**

Puntos importantes

a) Demostración de los teoremas *52* y *53* respecto a la medida del ángulo semi-inscrito y del ángulo ex-inscrito en una circunferencia.
b) Recordar lo que es punto exterior y punto interior a una circunferencia.
c) Definición de ángulo interior y ángulo exterior.

Ejercicios adicionales

1. Si $x = 50°$, encontrar y en la figura siguiente:

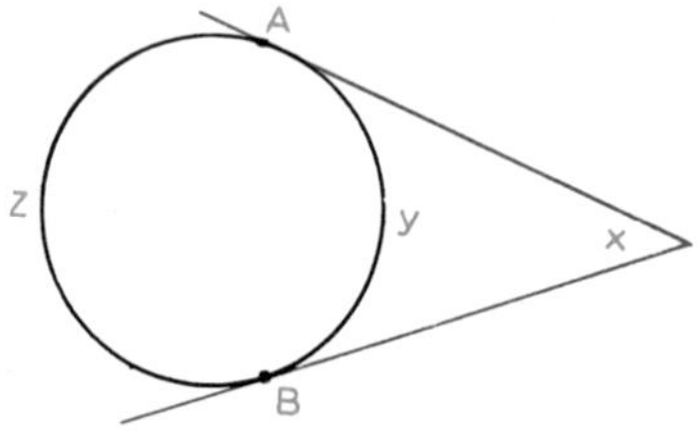

Respuesta: . . . .

2. En la figura anterior, si $z = 200°$, encontrar x.

Respuesta: . . . .

3. En la figura siguiente, si $\overset{\frown}{AB} = 100°$ y $\overset{\frown}{CD} = 90°$, encontrar $\widehat{BOA}$.

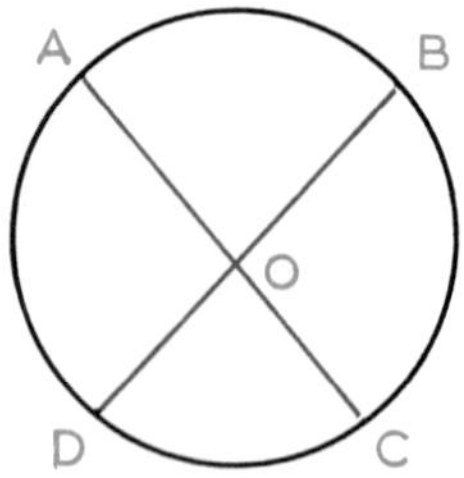

Respuesta: . . . .

4. En la figura anterior, si $\widehat{DOA} = 60°$ y $\overset{\frown}{AB} = 105°$, encontrar $\widehat{CD}$.

Respuesta: ....

5. En la figura siguiente, si $\overset{\frown}{AB} = 180°$ y $\widehat{COA} = 73°$, encontrar $\overset{\frown}{BC}$.

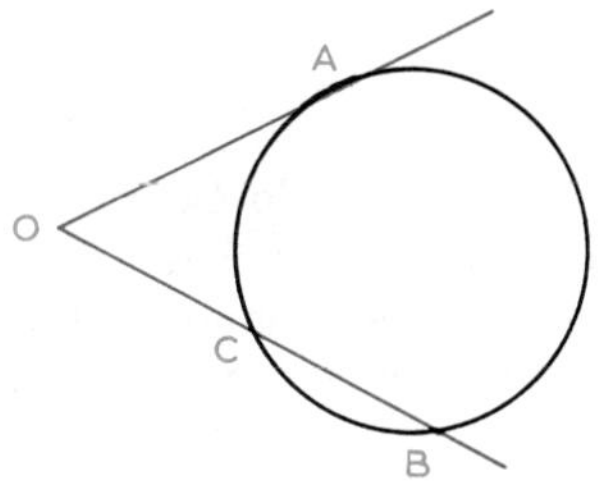

Respuesta: ....

Calificación____________________

Relaciones métricas en la circunferencia

52

(**Págs. 157-161**)

Secciones

211. Teorema *54.*
212. Teorema *55.*
213. Teorema *56.*

Puntos importantes

a) Medida del ángulo interior y del ángulo exterior a una circunferencia.
b) Memorizar las fórmulas que nos dan dichas medidas.
c) Ejemplos diversos sobre medidas de ángulos interiores y exteriores.
d) Fórmula que nos da la relación entre dos cuerdas que se cortan en una circunferencia.

Ejercicios adicionales

En la figura, si O es el centro de la circunferencia, $\widehat{ODE} = 22°$ y $\overset{\frown}{CD} = 93°$, encontrar:

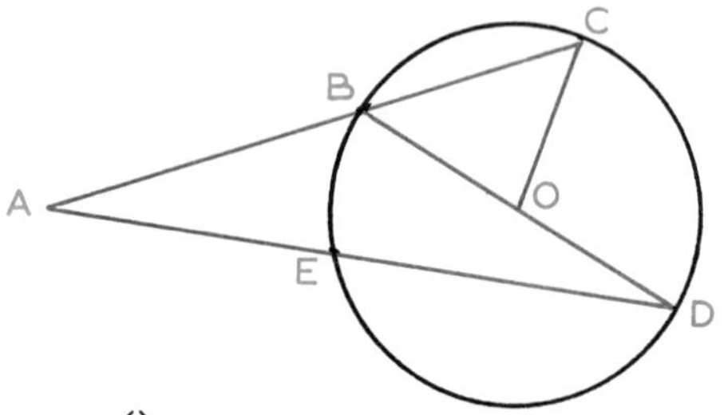

1. La medida del ángulo $\widehat{COD}$.

Respuesta: ....

2. La medida del arco $\overset{\frown}{BE}$.

Respuesta: ....

3. La medida del arco $\overset{\frown}{BC}$.

Respuesta: ....

4. La medida del ángulo $\widehat{BAE}$.

Respuesta: ....

5. Inscribir geométricamente un ángulo de 45° en una circunferencia.

Respuesta: ....

Calificación ____________________

(Págs. 161-163)

Secciones

214. Teorema *57*.
215. Teorema *58*.
216. División áurea.
217. Cálculo analítico del segmento áureo.

Puntos importantes

a) Conceptos que deben memorizarse:
- Fórmula de la relación entre secantes.
- Fórmula de la relación entre la tangente y la secante trazadas desde un punto exterior a una circunferencia.

b) Comprender el concepto de segmento áureo.

c) Aplicando la propiedad de las proporciones calcular analíticamente el segmento áureo y establecer la fórmula respectiva.

Ejercicios adicionales

1. La circunferencia de la figura tiene por radio 6 cm; siendo O su centro, $\overline{AB} =$ 2 cm y $\overline{AE} = 4$ cm, calcular $\overline{AC}$.

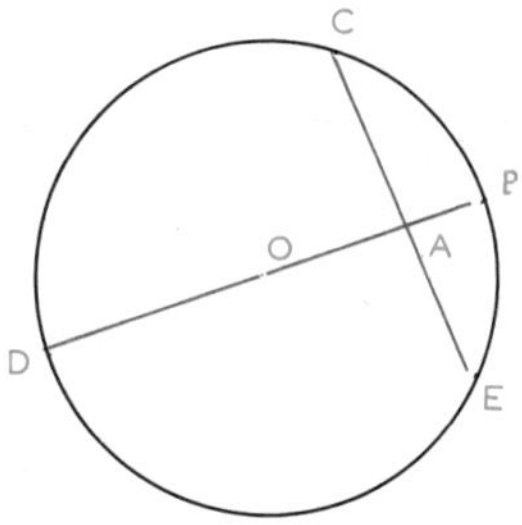

Respuesta: . . . .

2. Si en la figura anterior $\overline{AD} =$ 18 cm, $\overline{AB} =$ 3 cm y $\overline{AC} =$ 5 cm, calcular $\overline{AE}$.

Respuesta: . . . .

3. Si en la figura, $\overline{AB} =$ 4 cm, $\overline{CD} =$ 3.5 cm y $\overline{QB} =$ 5 cm, calcular $\overline{QD}$.

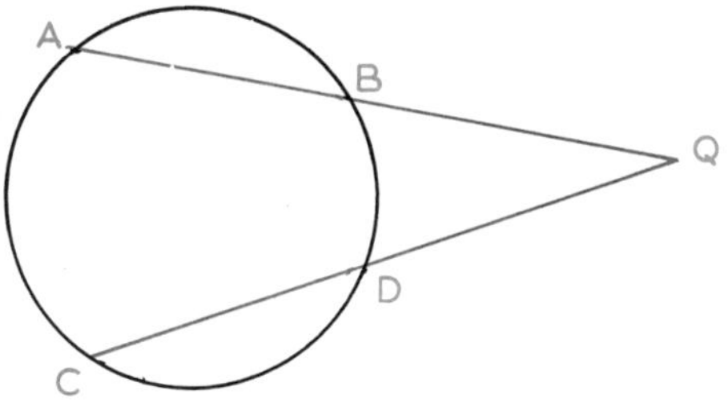

Respuesta: . . . .

4. En la figura siguiente, si $\overline{QT} = 15$ cm y $\overline{QA} = 7$ cm, encontrar **el valor** de $\overline{AB}$.

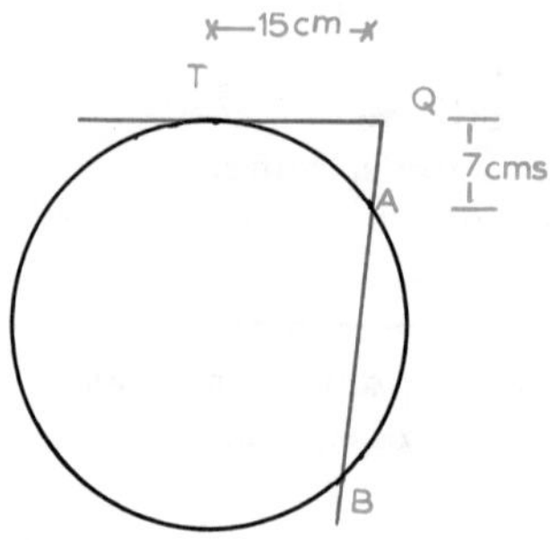

Respuesta: ....

5. Si el segmento áureo de un segmento es igual a 7 cm ¿cuánto mide dicho segmento?

Respuesta: ....

Calificación ______________

(Págs. 163-166)

Secciones

Puntos importantes

a) Realizar los ejemplos de la sección 218 para calcular los segmentos áureos.
b) Forma de resolver el problema de la división áurea gráficamente.
c) Comparar soluciones gráficas y analíticas y establecer la justificación del método gráfico.

Ejercicios adicionales

1. Encontrar la fórmula en la que se obtenga el segmento en función del segmento áureo: $a = f(x)$:

   Respuesta: ....

2. ¿Cuál es el segmento cuyo segmento áureo es igual a 11 cm?

   Respuesta: ....

3. Encontrar gráficamente el segmento áureo de un segmento de 11 cm de longitud.

   Respuesta: ....

   ....

4. Demostrar que el segmento total es igual a 1.61 veces el segmento áureo.

   Respuesta: ....

5. Hallar gráficamente el segmento áureo de 19 cm y comprobar analíticamente.

   Respuesta: ....

Calificación ____________

55 Relaciones métricas en los polígonos regulares

(**Págs. 167-170**)

Secciones

Puntos importantes

a) Conceptos que deben memorizarse:
- Definición de polígono regular.
- Radio de un polígono regular.
- Angulo central.

b) Comprender los conceptos de:
- Polígono inscrito y circunscrito.
- Circunferencia inscrita y circunscrita.

c) Forma de trazar gráficamente un polígono inscrito o circunscrito a una circunferencia.

d) Demostración de los teoremas *59* y *60.*

Ejercicios adicionales

Definir los términos que a continuación se indican:

1. Polígonos regulares.

Respuesta: ....

....

2. Polígono inscrito y polígono circunscrito.

Respuesta: ....

....

....

3. Circunferencia inscrita y circunferencia circunscrita.

Respuesta: ....

....

....

4. Radio de un polígono regular.

Respuesta: ....

....

5. Angulo central.

Respuesta: ....

....

Calificación ____________________

56

(Págs. 170-172)

Secciones

231. Teorema *61*.
232. Apotema.
233. Cálculo de la apotema en función del lado y del radio.

Puntos importantes

a) Memorizar el concepto de apotema.
b) Analizar el teorema *61* y generalizarlo: Todo polígono regular puede ser inscrito o circunscrito a una circunferencia.
c) Analizar la construcción gráfica necesaria para calcular la fórmula del apotema en función del lado y del radio.
d) Hacer notar que el teorema de Pitágoras es la única ayuda necesaria para llegar a dicha fórmula.

Ejercicios adicionales

1. ¿Qué se entiende por apotema?

   Respuesta: ....

   ....

2. Demostrar que "todo polígono regular puede ser circunscrito en una circunferencia".

   Respuesta: ....

   ....

3. ¿Cuánto mide la apotema de un hexágono de 6 cm de radio?

   Respuesta: ....

4. Expresar el lado de un polígono en función del radio y de la apotema.

   Respuesta: ....

   ....

5. ¿Cuánto mide el radio de un hexágono si su apotema tiene un valor de 8 cm?

   Respuesta: ....

Calificación ____________

(Págs. 172-176)

Secciones

234. Cálculo del lado del polígono regular inscrito de doble número de lados.
235. Cálculo del lado del polígono circunscrito.
236. Aplicaciones.

Puntos importantes

a) Razonar la forma de construir la fórmula del lado del polígono regular inscrito de doble número de lados.
b) Notar que se utiliza solamente el teorema de Pitágoras generalizado y la fórmula del apotema en función del radio y del lado, para llegar a la fórmula anterior.
c) Memorizar las construcciones auxiliares para el cálculo de los lados del polígono inscrito y circunscrito.
d) Resolver los ejemplos de la sección 236.

Ejercicios adicionales

1. Calcular el lado de un dodecágono inscrito en una circunferencia, en la cual se encuentra inscrito un hexágono cuyo lado mide 4 cm.

   Respuesta: ....

2. Si el lado de un cuadrado inscrito en una circunferencia es igual a 23 cm, calcular el lado del octágono inscrito en la misma circunferencia.

   Respuesta: ....

3. Basándose en los datos del ejercicio 2, calcular el lado del polígono de 32 lados inscrito en la misma circunferencia.

   Respuesta: ....

4. El lado de un pentágono inscrito en una circunferencia de 18 cm de radio, mide $9\sqrt{5.53}$ cm; calcular el lado del decágono inscrito en la misma circunferencia.

   Respuesta: ....

5. Calcular el lado del polígono de 20 lados inscrito en la circunferencia del ejercicio 4.

   Respuesta: ....

Calificación ____________________

58

(Págs. 176-179)

Secciones

237. Cálculo del lado del hexágono regular.
238. Cálculo del lado del triángulo equilátero.
239. Lado del cuadrado.
240. Teorema *62*.

Puntos importantes

a) Memorizar el hecho de que el lado del hexágono regular inscrito es igual al radio.

b) Cálculo del hexágono regular, del triángulo equilátero y del cuadrado inscrito.

c) Deducir los pasos necesarios para el cálculo del lado de cualquier polígono inscrito en una circunferencia.

Ejercicios adicionales

1. Calcular el lado del hexágono regular inscrito en una circunferencia de 7.62 cm de diámetro.

   Respuesta: ....

2. El lado de un triángulo equilátero inscrito en una circunferencia mide 3.6 cm. Calcular el lado del cuadrado inscrito en la misma circunferencia.

   Respuesta: ....

3. ¿Cuánto mide la altura de un triángulo equilátero inscrito en una circunferencia de 7.6 cm de radio?

   Respuesta: ....

4. El lado de un cuadrado inscrito en una circunferencia mide 11 cm. Calcular el lado del triángulo equilátero inscrito en la misma circunferencia.

   Respuesta: ....

5. Aplicando la propiedad del segmento áureo, calcular el lado del decágono regular inscrito en una circunferencia de 1 m de radio.

   Respuesta: ....

Calificación ____________________

(Págs. 179-183)

Secciones

Puntos importantes

a) Propiedad que tiene el lado del decágono regular inscrito respecto al segmento áureo del radio.

b) Aprovechando esta propiedad calcular el lado del decágono inscrito.

c) Razonar la propiedad que tiene el lado del pentágono regular. Estudiar la construcción auxiliar detenidamente.

d) Cálculo del pentágono y del octágono regular inscritos.

e) Comprobación del lado del pentágono por los dos métodos.

Ejercicios adicionales

1. Aplicando la propiedad del segmento áureo, calcular el lado del decágono regular inscrito en una circunferencia de 21 cm de diámetro.

   Respuesta: ....

2. Si un decágono inscrito en una circunferencia tiene 10 cm de medida por lado, calcular el valor del radio de la circunferencia a la que está inscrito.

   Respuesta: ....

3. Aplicando la propiedad que tiene el lado del pentágono regular, encontrar el valor de un lado de éste si está inscrito a una circunferencia que tiene un radio de 14 cm.

   Respuesta: ....

4. Construir el resultado del problema anterior, midiendo la hipotenusa y comparándola con el resultado obtenido analíticamente.

   Respuesta: ....

5. Si el lado de un octágono regular es igual a 3 cm, calcular el radio de la circunferencia a la que puede estar inscrito.

   Respuesta: ....

Calificación ____________________

60 Polígonos semejantes. Medida de la circunferencia.

(Págs. 183-189)

Secciones

Puntos importantes

a) Cálculo del lado dodecágono regular inscrito.
b) Hacer un cuadro general de las fórmulas obtenidas y dando el valor de un radio cualquiera, aplicar las fórmulas para calcular el lado de cualquier polígono inscrito.
c) Establecer los requisitos indispensables para que dos polígonos sean semejantes.
d) Definición de lados homólogos en dos polígonos semejantes.
e) Explicar lo que significa:
— Condición necesaria.
— Condición suficiente.
— Condición necesaria y suficiente.

Ejercicios adicionales

1. Hallar el lado del dodecágono regular inscrito en una circunferencia que tiene 2 m de radio.

   Respuesta: ....

2. Expresar el lado del octágono regular inscrito en una circunferencia, en función del lado del pentágono regular inscrito en la misma circunferencia.

   Respuesta: ....

3. Encontrar la fórmula del lado del dodecágono regular inscrito en una circunferencia, en función del lado del octágono regular inscrito en la misma circunferencia.

   Respuesta: ....

4. ¿Es necesaria y suficiente la condición de que dos polígonos son semejantes cuando tienen sus ángulos ordenadamente iguales y sus lados homólogos proporcionales?

Respuesta: ....

5. ¿Cuándo se dice que una condición es necesaria y cuándo que es suficiente?

Respuesta: ....

Calificación ______________

61

(Págs. 189-192)

Secciones

249. Teorema *64*.
250. Teorema *65*.
251. Corolario.
252. Teorema *66*.

Puntos importantes

a) Teorema *64* de semejanza de polígonos regulares.

b) Razón de los lados, de los radios y de las apotemas de dos polígonos regulares del mismo número de lados.

c) Memorizar la fórmula encontrada en el teorema *65*.

d) Demostración de que la razón entre el perímetro de un polígono regular y el radio o diámetro de la circunferencia circunscrita es constante. Ejemplificar.

e) Aprovechar la propiedad de las poligonales (envolvente y envuelta), para demostrar el teorema *66*.

Ejercicios adicionales

Contestar con *Falso* o *Verdadero* los siguientes enunciados:

1. Dos polígonos irregulares del mismo número de lados son semejantes.

Respuesta: ....

2. La razón de los lados de dos polígonos regulares del mismo número de lados es igual a la razón de sus diámetros.

Respuesta: ....

3. La razón entre el perímetro de un polígono regular y el radio de la circunferencia circunscrita, es constante para todos los polígonos regulares del mismo número de lados.

Respuesta: ....

4. En una circunferencia, el perímetro de un polígono regular de $2n$ lados es menor que el perímetro del polígono regular inscrito de n lados.

Respuesta: ....

5. La razón de los perímetros de dos polígonos regulares del mismo números de lados inscritos a circunferencias diferentes, es igual a la razón de los diámetros de dichas circunferencias.

Respuesta: ....

Calificación ________________

(Págs. 193-196) 62

Secciones

253. Teorema *67*.
254. Longitud de la circunferencia.
255. Relación entre la apotema y el radio.
256. Teorema *68*.
257. Corolario.
258. El número π.
259. Corolario.

Puntos importantes

a) Explicar lo que se entiende por límite.
b) Demostración de que el límite del polígono inscrito, cuando el número de lados se hace infinito, es la circunferencia en la cual está inscrito dicho polígono.
c) Analizar la relación de la circunferencia al diámetro para cualquier circunferencia.
d) El número π. Diversas formas de obtenerlo. Irracionalidad de dicho número.
e) Memorizar la fórmula $C = 2\pi r$.

Ejercicios adicionales

Conteste con *Si* o *No* los siguientes ejercicios:

1. La relación de la circunferencia al radio es constante para todas las circunferencias.

   Respuesta: ....

2. La longitud de una circunferencia depende del diámetro de dicha circunferencia.

   Respuesta: ....

3. La razón de las longitudes de dos circunferencias cualesquiera, es constante.

   Respuesta: ....

4. Conociendo el valor de la longitud de una circunferencia, podemos trazarla.

   Respuesta: ....

5. El número π es racional.

   Respuesta: ....

Calificación ______________

63

(Págs. 196-202)

Secciones

260. Cálculo de la longitud de una circunferencia.
261. Longitud de un arco de circunferencia de n°.
262. Cálculo de valores aproximados de π.
263. Método gráfico para rectificar aproximadamente una circunferencia.
264. Justificación de la construcción anterior.

Puntos importantes

a) Aplicaciones de la fórmula de la circunferencia en función del radio.
b) Memorización de la fórmula que nos da la longitud de un arco de $n°$ en función del radio y de los $n°$
c) Entender la forma de obtener valores cada vez más aproximados al valor de π (método de los perímetros).
d) Analizar el método gráfico para rectificar una circunferencia.

Ejercicios adicionales

1. La longitud de una circunferencia es de 3 m. Calcular el radio de dicha circunferencia.

   Respuesta: ....

2. El lado del pentágono inscrito en una circunferencia mide 3 cm. Hallar el valor de la longitud de la circunferencia.

   Respuesta: ....

3. Un arco de 60° mide 6 m. Hallar el diámetro de la circunferencia que contiene dicho arco.

   Respuesta: ....

4. Rectificar gráficamente una circunferencia que tiene 4 cm de diámetro.

   Respuesta: ....

5. Hallar el ángulo $\widehat{AOB}$ en la figura, con los datos siguientes: $\overset{\frown}{AB} = 2$ m, $\overline{OB}$ = radio = 1.5 m.

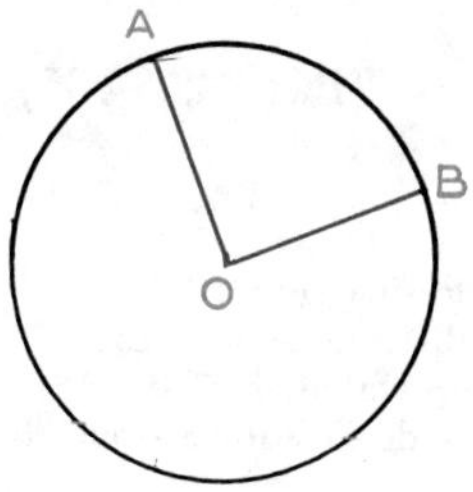

Respuesta: ....

Calificación________________

64 Areas

(Págs. 203-205)

Secciones

Puntos importantes

a) Conceptos que deben memorizarse.
- — Definición de superficie.
- — Definición de área.
- — Figuras equivalentes.

b) Comprender el concepto de *"medir una superficie"*.
c) Forma de medir una superficie.
d) Ejercicios respecto a suma y diferencia de áreas.
e) Caracteres de equivalencia.

Ejercicios adicionales

1. Definir lo que es área.

Respuesta: ....

....

2. Definir lo que es superficie.

Respuesta: ....

....

3. ¿Cómo son las áreas de dos figuras equivalentes?

Respuesta: ....

....

4. Expresar los caracteres o propiedades de la equivalencia de figuras.

Respuesta: ....

....

5. ¿Cómo se efectúa la medida de una superficie?

Respuesta: ....

....

....

Calificación ______________

65

(Págs. 205-207)

Secciones

271. Teorema *69*.
272. Teorema *70*.
273. Teorema *71*.

Puntos importantes

a) Explicar lo que significa unidad común de medida.
b) Analizar el teorema *69*.
c) A partir del teorema *69*, demostrar los teoremas *70 y 71*.
d) Ejercicios que faciliten la comprensión de estos teoremas.

Ejercicios adicionales

1. Dos rectángulos son iguales, si tienen iguales las bases y las alturas respectivamente.

Respuesta: ....

....

2. Si dos rectángulos tienen las alturas iguales, sus áreas son proporcionales a las bases.

Respuesta: ....

....

3. La razón de las áreas de dos rectángulos es proporcional a la razón del producto de las bases por sus alturas.

Respuesta: ....

....

4. Si en la figura, A es el punto medio de $\overline{BC}$ y $\overline{DE}$ y $\overline{BD} \parallel \overline{CE}$, demostrar que el área del triángulo $\overset{\triangle}{BDE}$ es igual al área del triángulo $\overset{\triangle}{BCE}$.

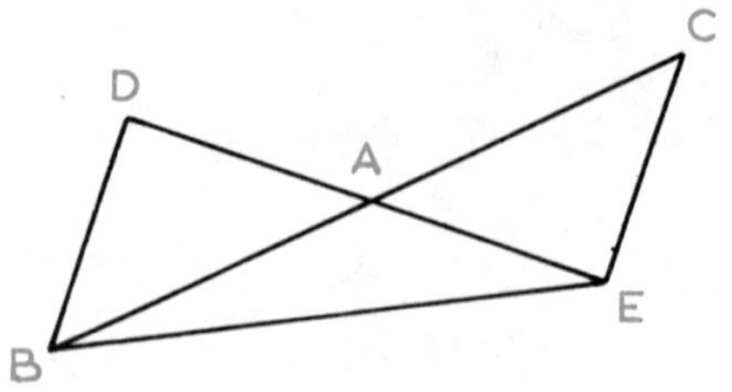

Respuesta: ....

....

5. **Si en la figura, *O* es el punto medio de *MN* y *BD*, y *ABCD* es un paralelogramo, demostrar que el área del paralelogramo *ABNM* = área del paralelogramo *MNCD*.**

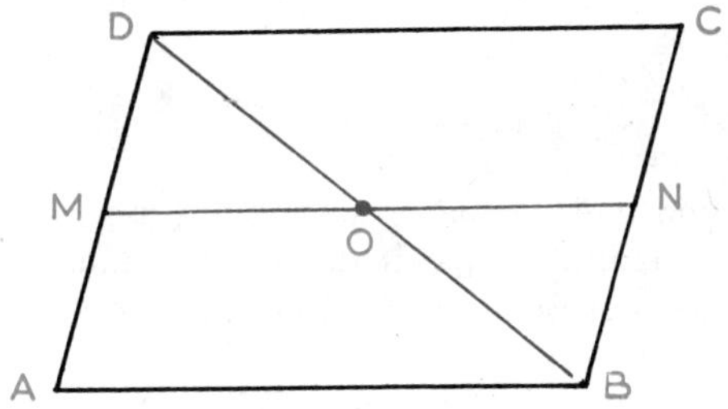

Respuesta: ....

....

Calificación________________

66

(Págs. 207-209)

Secciones
274. Teorema *72.*
275. Teorema *73.*
276. Corolario.

Puntos importantes

a) Memorizar la fórmula que nos da el área del rectángulo.
b) Deducir el área del cuadrado a partir de la del rectángulo.
c) Memorizar la fórmula del área del cuadrado.

Ejercicios adicionales

1. El área de un cuadrado es igual a 60 cm^2. Encontrar el radio del círculo en que puede estar inscrito.

   Respuesta: ....

2. La diagonal de un rectángulo mide 10 cm y forma un ángulo de 35° con un lado. Hallar el área del rectángulo.

   Respuesta: ....

3. El área de un rectángulo es de 43 cm^2 y un lado mide 6 cm; encontrar el valor de la diagonal del rectángulo.

   Respuesta: ....

4. El lado de un cuadrado mide $x - 2$. Encontrar su área.

   Respuesta: ....

5. Un terreno está valuado en $300.00 el metro cuadrado. Si mide 18 m de lado y el terreno tiene forma cuadrangular ¿cuál es el precio de dicho terreno?

   Respuesta: ....

Calificación ____________________

(Págs. 209-212)

Secciones

277. Teorema *74*.
278. Teorema *75*.
279. Corolario *1*.
280. Corolario *2*.
281. Corolario. *3*.

Puntos importantes

a) Area del paralelogramo.
b) Razonar con respecto al área del paralelogramo y la del rectángulo.
c) Memorizar el área del triángulo.
d) Demostrar el corolario *1* y *2*.
e) Recordar la definición de equivalencia de figuras geométricas.

Ejercicios adicionales

1. Si las áreas de un rectángulo y de un paralelogramo son iguales, ¿cuál será la altura del paralelogramo si su base mide 10 cm y la base y la altura del rectángulo miden 14 y 12 cm, respectivamente?

Respuesta: ....

2. Encontrar el área de la figura siguiente:

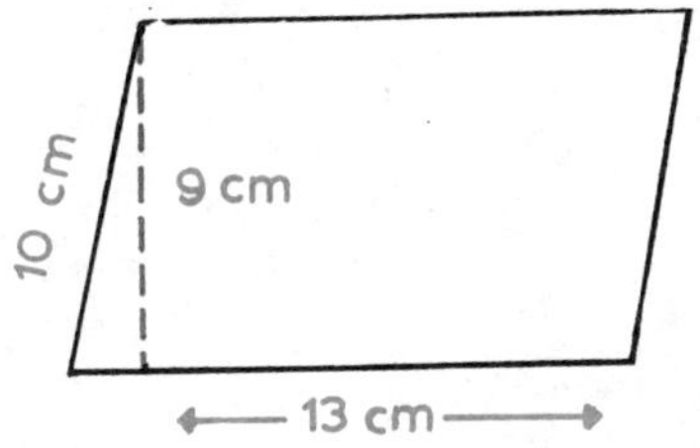

Respuesta: ....

3. Si un triángulo y un cuadrado tienen áreas y bases iguales, y el lado del cuadrado es de 7 cm ¿cuál es la altura del triángulo?

Respuesta: ....

4. La hipotenusa y un lado de un triángulo rectángulo miden 24 y 17 cm respectivamente. Encontrar el área del triángulo rectángulo.

Respuesta: ....

5. Expresar el área de un paralelogramo en función del área de un triángulo que tenga igual base y altura que dicho paralelogramo.

Respuesta: ....

Calificación ____________________

(Págs. 212-214)

Secciones
282. Teorema *76.*
283. Teorema *77.*

Puntos importantes

a) Deducción del teorema *76* y *77.*
b) Aplicación de los teoremas anteriores en ejercicios diversos.

Ejercicios adicionales

1. Encontrar el área del triángulo $\overset{\triangle}{ABC}$ si $\overline{AD} = 6$ m, $\overline{AE} = 7$ m, $\overline{BD} = 1$ m, $\widehat{DAE} = 60°$ y área del triángulo $\overset{\triangle}{ADE} = 18.19$ m^2.

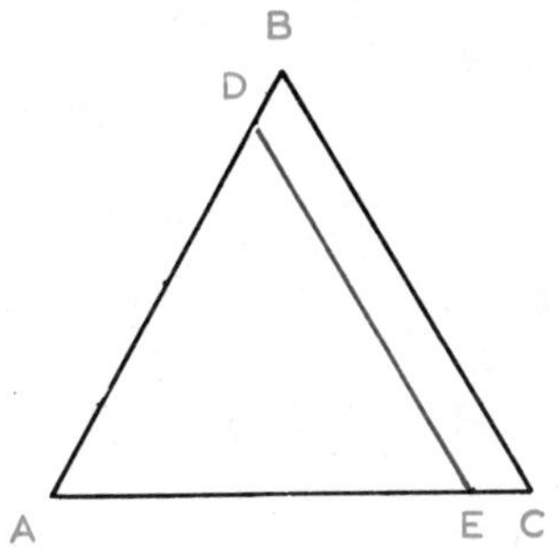

Respuesta: ....

2. En la figura siguiente, si $\overline{AC} = 8$ m, $\overline{AC'} = 9$ m, y área del $\overset{\triangle}{ABC} = 30$ m^2, encontrar el área del $\overset{\triangle}{AB'C'}$.

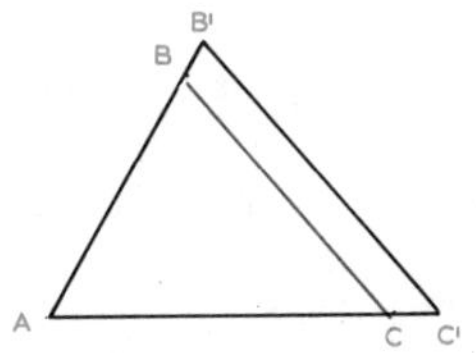

Respuesta: ....

3. En la figura anterior, si $\overline{AB} = 6$ m, área del triángulo $AB'C' = 60$ m^2 y área del triángulo $ABC = 50$ m^2, encontrar la magnitud del lado $\overline{AB'}$.

Respuesta: ....

4. En la figura anterior, si $\overline{AB'} = 3\ \overline{AB}$ y área del $\overset{\triangle}{ABC} = 10\ m^2$, encontrar el área del $\overset{\triangle}{AB'C'}$.

Respuesta: ....

5. En la figura anterior, si $\overset{\triangle}{AB'C'} = 2\ \overset{\triangle}{ABC}$ y $\overline{AC} = 3$ cm, encontrar $\overline{AC'}$.

Respuesta: ....

Calificación ____________________

Secciones
284. Teorema *78*.
285. Teorema *79*.
286. Teorema *80*.

Puntos importantes

a) Memorizar la fórmula del área del triángulo en función de sus lados.
b) Deducir de esta fórmula, el área del triángulo equilátero.
c) Analizar la fórmula del área del triángulo en función de sus lados y del radio de la circunferencia inscrita.

Ejercicios adicionales

1. Los lados de un triángulo son 6, 7 y 10 m, respectivamente. Hallar su área.

   Respuesta: ....

2. En un triángulo, un lado mide 3 m, otro lado 5 m y su semiperímetro es igual a 3.75 m. Encontrar el área de dicho triángulo.

   Respuesta: ....

3. El área de un triángulo es igual a 28 cm^2 y dos lados miden 9.5 y 7.8 cm respectivamente. Hallar el valor de su semiperímetro.

   Respuesta: ....

4. El área de un triángulo equilátero es igual a 13 cm^2. Encontrar el valor del lado.

   Respuesta: ....

5. El semiperímetro y el área de un triángulo miden 3 cm y $\sqrt{3}$ cm^2, respectivamente. Encontrar el radio de la circunferencia inscrita en dicho triángulo.

   Respuesta: ....

Calificación ____________

70

(Págs. 217-220)

Secciones
287. Teorema *81*.
288. Teorema *82*.
289. Corolario.
290. Teorema *83*.

Puntos importantes

a) Conceptos que deben memorizarse.
— Area del triángulo en función de sus lados y del radio de la circunferencia circunscrita.
— Area del rombo.
— Area del cuadrado en función de su diagonal.
— Area del trapecio.

b) Comparar las fórmulas del área del cuadrado en función de su diagonal y la del rombo.

c) Escribir las fórmulas de las áreas con palabras y memorizarlas de esta manera.

Ejercicios adicionales

1. Encontrar la fórmula del radio de la circunferencia circunscrita en un triángulo. en función de los lados únicamente de dicho triángulo.

   Respuesta: ....

2. Si los lados de un triángulo miden 7, 7.5 y 8 cm, respectivamente, encontrar el área y el radio de la circunferencia circunscrita en dicho triángulo.

   Respuesta: ....

3. El área de un rombo es igual a 28 cm^2. Encontrar el valor de la diagonal.

   Respuesta: ....

4. La diagonal de un cuadrado mide 6 cm. Hallar su área.

   Respuesta: ....

5. Demostrar que el área de un trapecio es igual al producto de la altura por la línea media (es el segmento que une los puntos medios de los lados no paralelos).

   Respuesta: ....

Calificación ________________

(Págs. 220-223)

Secciones
291. Teorema *84*.
292. Teorema *85*.
293. Corolario.

Puntos importantes

a) Conceptos que deben memorizarse:
Area de un polígono regular.
Area del círculo.
b) Estudiar los teoremas *84* y *85*.
c) Analizar los conceptos de límite para la demostración del área del círculo.

Ejercicios adicionales

1. El área de un pentágono es igual a 23 m^2. Encontrar el valor de su lado.

Respuesta: ....

2. Encontrar el área de un triángulo equilátero si su apotema es igual a $2\sqrt{3}$ cm.

Respuesta: ....

3. Hallar el área de una circunferencia si su diámetro mide 3 m.

Respuesta: ....

4. El área de una circunferencia es igual a 20 m^2. Hallar el lado del pentágono inscrito en dicha circunferencia.

Respuesta: ....

5. La apotema de un hexágono es igual a 13 cm. Hallar el valor de la razón de las áreas de la circunferencia circunscrita y de dicho polígono.

Respuesta: ....

Calificación____________________

(Págs. 223-226)

72

Secciones
294. Teorema *86.*
295. Teorema *87.*
296. Corolario.
297. Sectores circulares semejantes.
298. Teorema *88.*

Puntos importantes

a) Deducción del área de una corona circular.
b) Memorizar la fórmula del área del sector circular.
c) Comparar el área del sector circular con el área de un triángulo que tenga por base la longitud del arco del sector y por altura el radio de la circunferencia.
d) Propiedades de los sectores circulares semejantes.

Ejercicios adicionales

1. Encontrar el área de una corona circular comprendida entre dos circunferencias de longitudes iguales a 12π m y 10π m, respectivamente.

Respuesta: ....

2. El área de una corona circular es igual a 33 m^2 y su radio mayor mide 4 m. Encontrar el radio menor de dicha corona.

Respuesta: ....

3. Encontrar el ángulo central de un arco cuya longitud es de 12π cm si el área del sector circular es igual a 48π cm^2.

Respuesta: ....

4. Si el área de un sector de una circunferencia de 4 m de radio mide 16 m^2, encontrar el área del sector semejante al anterior en una circunferencia de 5 m de radio.

Respuesta: ....

5. Encontrar el área de un sector circular de 60° si el radio de la circunferencia es igual a 6 cm.

Respuesta: ....

Calificación ______________

Secciones

299. Teorema *89*.
300. Corolario.
301. Area del segmento circular.

Puntos importantes

a) Deducir la fórmula para calcular el área del trapecio circular.
b) Equivalencia entre el trapecio circular y el trapecio rectílineo. Condiciones.
c) Razonar la forma de hallar el área de un segmento circular.
d) Hacer un resumen de fórmulas para la aplicación directa de ellas.

Ejercicios adicionales

1. Encontrar el área de un trapecio circular limitado por dos radios que forman un ángulo central de 25° y por dos arcos de radios 28 y 35 cm, respectivamente.

   Respuesta: ....

2. Encontrar el área de un segmento circular si el radio de la circunferencia es de 8 cm y su ángulo central es de 75°.

   Respuesta: ....

3. Hallar el área de un segmento circular si su cuerda mide 20 cm y está a una distancia de 4 cm del centro de la circunferencia.

   Respuesta: ....

4. Hallar el área de la figura siguiente:

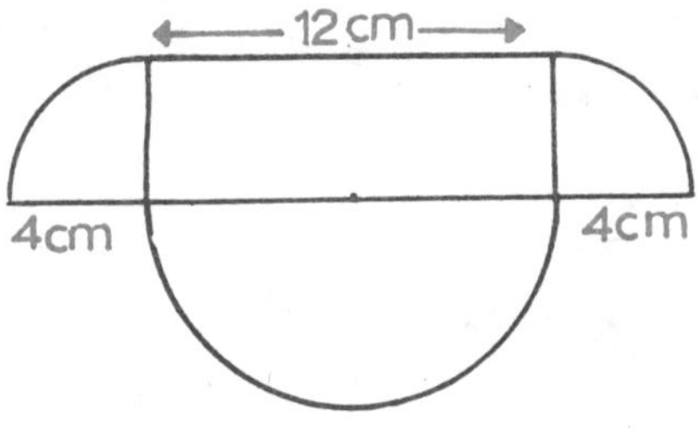

Respuesta: ....

5. **Hallar el área sombreada de la figura siguiente donde r_1 y r_2 son los radios de las circunferencias correspondientes.**

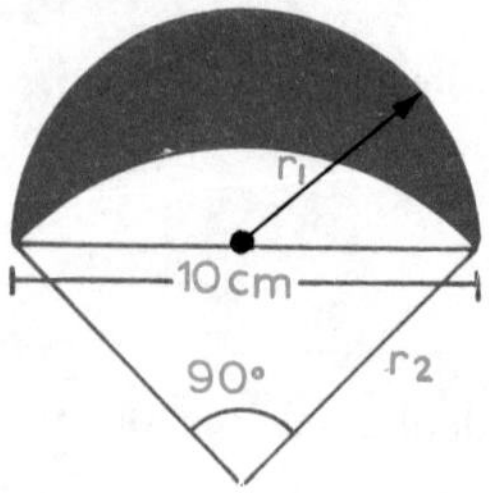

Respuesta: ....

Calificación ________________

Rectas y planos

(Págs. 233-236)

Secciones

Puntos importantes

a) Analizar las diversas formas de determinar un plano.
b) Comprobar que las únicas posiciones que pueden tener dos planos entre sí son: cortarse o ser paralelos.
c) Determinar las posiciones que pueden ocupar una recta y un plano. Igualmente para las posiciones de dos rectas en el espacio.
d) Intersecciones de dos planos paralelos con un tercer plano que los corte.
e) Analizar los teoremas *91* y *92*.

Ejercicios adicionales

1. ¿Puede determinarse un plano por dos puntos? ¿Por tres puntos situados en una línea recta? ¿Por qué?

   Respuesta: ....

   ....

2. ¿Es posible que la intersección de dos planos sea un punto? Dar razones.

   Respuesta: ....

   ....

3. ¿Cuándo se cumple que una recta y un plano tienen más de un punto común?

   Respuesta: ....

   ....

4. ¿En qué caso dos rectas tienen más de un punto común?

   Respuesta: ....

   ....

5. Demostrar el teorema siguiente:
Una recta perpendicular a otras dos que se intersecan, es perpendicular al plano formado por dichas rectas.

Respuesta: ....

....

....

Calificación__________________

RECTAS Y PLANOS

(Págs. 236-239)

Secciones

310. Teorema *93*.
311. Teorema *94*.
312. Teorema *95*.
313. Teorema *96*.
314. Recta perpendicular a un plano.

Puntos importantes

a) Analizar los teoremas *93* y *94*.

b) Estudiar detenidamente el teorema *95*.

c) Demostrar que los segmentos correspondientes que se forman al cortar dos rectas con un sistema de planos, son proporcionales.

d) Memorizar el concepto de recta perpendicular a un plano y pie de la perpendicular.

Ejercicios adicionales

Contestar con *Falso* o *Verdadero* los siguientes enunciados:

1. Si un plano corta a uno de dos planos paralelos, corta también al otro.

   Respuesta: ....

2. Si dos planos son paralelos a un mismo plano, tienen una recta común.

   Respuesta: ....

3. Dos rectas paralelas a una tercera tienen un punto común.

   Respuesta: ....

4. Si se cortan dos rectas por un par de planos paralelos, los segmentos correspondientes son proporcionales.

   Respuesta: ....

5. Una recta es perpendicular a un plano si es perpendicular a una de las rectas del plano que pasa por la intersección.

   Respuesta: ....

Calificación____________________

76

(Págs. 239-242)

Secciones

315. Distancia de un punto *P* a un plano α.
316. Paralelismo y perpendicularidad.
317. Distancia entre dos planos α y β paralelos.
318. Postulados.
319. Angulo diedro.
320. Angulo rectilíneo correspondiente a un diedro. Medida de un ángulo diedro.
321. Igualdad y desigualdad de ángulos diedros.
322. Angulos diedros consecutivos.

Puntos importantes

a) Analizar cuál es la distancia de un punto *P* a un plano α.

b) Comprobar que dos rectas paralelas son perpendiculares a un plano, si y sólo si una de las rectas es perpendicular a dicho plano.

c) Visualizar dos planos paralelos en el espacio y la distancia entre dichos planos. Comprobar que esta distancia es la mínima que existe entre los planos.

d) Memorizar los conceptos de:
- — Angulo diedro.
- — Caras del diedro.
- — Aristas del diedro.
- — Angulo rectilíneo de un diedro.
- — Angulos diedros consecutivos.

e) Definición de igualdad y desigualdad de ángulos diedros.

Ejercicios adicionales

1. ¿Cuál es la distancia del punto *P* al plano de la figura, si $\overset{\triangle}{APB}$ es perpendicular al plano, $\overline{AB} = 16$ cm, $\overline{AP} = 12$ cm y $\overline{BP} = 18$ cm?

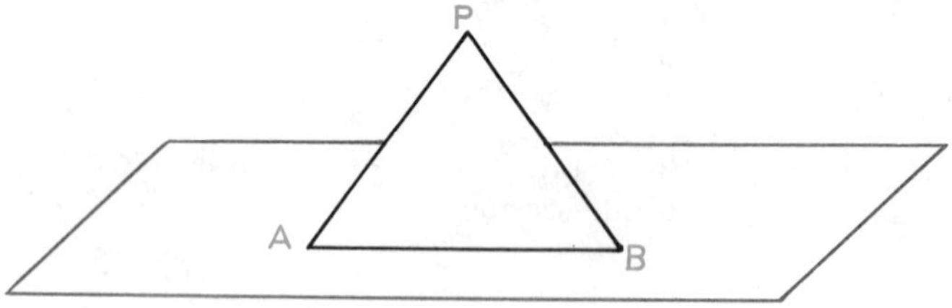

Respuesta: . . . .

2. ¿Cuál es la distancia entre dos planos paralelos?

Respuesta: . . . .

3. Explicar lo que es un ángulo diedro.

Respuesta: ....

4. En la figura siguiente, encuentre dos pares de ángulos diedros consecutivos.

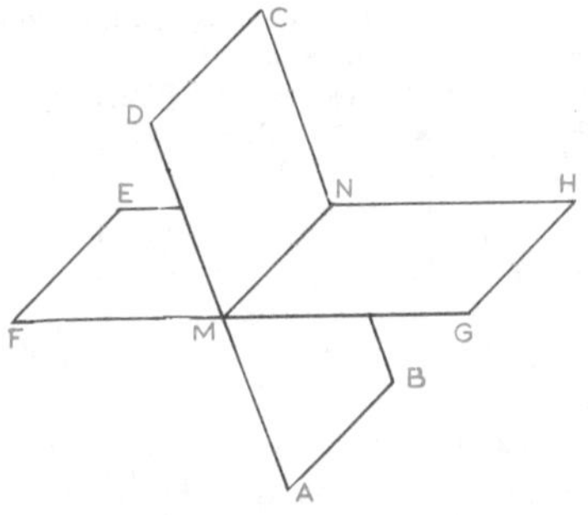

Respuesta: ....

5. ¿Pueden tener una arista común dos ángulos diedros? ¿Pueden tener una cara común? ¿Por qué?

Respuesta: ....

Calificación___________________

77

(Págs. 242-245)

Secciones

323. Planos perpendiculares.
324. Plano bisector de un ángulo diedro.
325. Proyección de un punto A sobre un plano α.
326. Distancia entre dos rectas que se cruzan.
327. Angulo poliedro convexo.
328. Sección plana de un ángulo poliedro.
329. Angulos diedros en un ángulo poliedro.

Puntos importantes

a) Definición de planos perpendiculares aprovechando la definición de ángulo diedro.
b) Comprobar las propiedades de los planos.
c) Perpendicularidad de los planos bisectores de dos diedros adyacentes.
d) Proyectar diversos puntos sobre un mismo plano y verificar el paralelismo de las perpendiculares bajadas de los puntos al plano.
e) Analizar cuál es la distancia entre dos rectas que guarden diferentes posiciones en el espacio.
f) Memorizar los conceptos siguientes:
  — Plano bisector de un ángulo diedro.
  — Angulo poliedro convexo.
  — Angulos diedros en un ángulo poliedro.
  — Sección plana de un ángulo poliedro.

Ejercicios adicionales

1. Demostrar: Dos planos son perpendiculares entre sí, si uno de ellos forma con el otro dos ángulos diedros adyacentes iguales.

   Respuesta: ....

   ....

2. Demostrar: Si de un punto interior a un ángulo diedro trazamos las perpendiculares a las caras del diedro, el plano determinado por las rectas perpendiculares será perpendicular a las caras del diedro.

   Respuesta: ....

   ....

3. Demostrar: Cualquier punto que equidiste de las caras de un ángulo diedro, está contenido en un plano que biseca dicho ángulo diedro.

   Respuesta: ....

   ....

4. La distancia del punto *P* a la arista del ángulo diedro recto *ABMN* es igual a 30 cm; encontrar la distancia del punto *P* considerado a las caras del diedro, si dicho punto está contenido en el plano bisector del ángulo diedro recto *ABMN*.

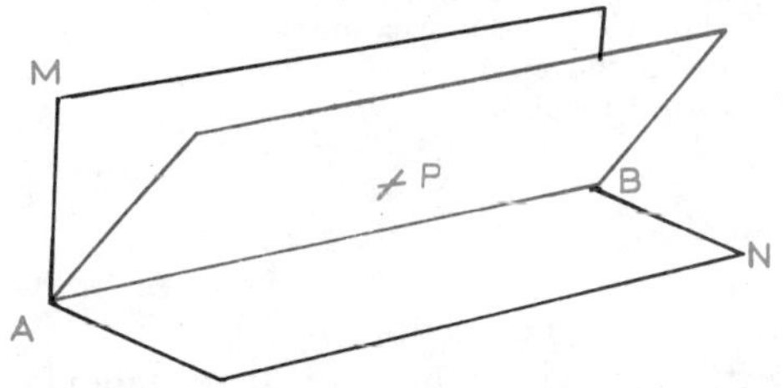

Respuesta: ....

5. Un segmento de recta que mide 18 cm forma un ángulo de 60° con un plano α. Encontrar la longitud de su proyección en el plano α.

Respuesta: ....

Calificación ____________________

78

(Págs. 245-249)

Secciones

330. Angulo triedro.
331. Clasificación de los triedros.
332. Poliedro convexo.
333. Poliedros regulares.

Puntos importantes

a) Memorizar lo que es un ángulo triedro.
b) Definir: triedro rectángulo, birrectángulo y trirrectángulo.
c) Dibujar un poliedro convexo de acuerdo con su definición.
d) Memorizar el nombre de los cinco poliedros regulares de 4, 6, 8, 12 y 20 caras respectivamente.
e) Comprobar que únicamente hay cinco poliedros regulares convexos.

Ejercicios adicionales

1. Definir lo que es un ángulo triedro.

   Respuesta: ....

2. ¿Cuáles son los triedros isósceles?

   Respuesta: ....

   ....

3. ¿Cuál es la propiedad más importante que tiene un poliedro convexo?

   Respuesta: ....

4. ¿Cuántos poliedros regulares convexos existen y por qué razón?

   Respuesta: ....

5. Dado el número de caras de los poliedros regulares, escribir su nombre correspondiente a continuación de cada uno de ellos:

   4 caras ____________

   6 caras ____________

   8 caras ____________

   12 caras ____________

   20 caras ____________

Calificación ____________

Prismas y pirámides 79

(**Págs. 250-253**)

Secciones

Puntos importantes

a) Memorizar los conceptos de:
- — Prisma.
- — Prisma recto.
- — Prisma oblicuo.
- — Paralelepípedo.
- — Ortoedro.
- — Cubo.
- — Romboedro.
- — Pirámide.

b) Estudiar lo que son las caras laterales, aristas laterales y altura de un prisma.

c) Clasificación de los prismas.

d) Verificar que en el ortoedro, el cuadrado de la diagonal es igual a la suma de los cuadrados de las tres aristas que concurren en un mismo vértice. Notar que la aplicación del teorema de Pitágoras es lo más importante para realizar esta demostración.

e) Clasificación de las pirámides.

Ejercicios adicionales

1. Definir lo que es un prisma.

Respuesta: ....

....

2. ¿Cuánto mide la diagonal de un ortoedro si sus lados miden 4, 6 y 8 cm respectivamente?

Respuesta: ....

3. Deducir la fórmula de la diagonal de un cubo en función de un lado l.

Respuesta: ....

4. ¿Qué es una pirámide?

Respuesta: ....

....

5. ¿En qué se basa la clasificación de los pirámides?

Respuesta: ....

....

Calificación ____________

Secciones

341. Pirámide regular.
342. Teorema *98*.
343. Areas de los poliedros.
344. Prisma recto.
345. Sección recta de un prisma.
346. Area lateral de un prisma cualquiera.

Puntos importantes

a) Estudiar el teorema *98*.
b) Memorizar los conceptos de:
— Pirámide regular.
— Apotema de una pirámide regular.
c) Analizar lo que es el área total y el área lateral de un prisma o pirámide.
d) Deducir las fórmulas del área lateral y total de un prisma recto.
e) Determinar las diversas rectas formadas en prismas diferentes.

Ejercicios adicionales

1. La altura de una pirámide de base cuadrada es igual a 16 m y el área de una sección paralela al plano de la base y a 6 m de ésta, es de 56.25 m^2. Hallar el área de la base de la pirámide.

Respuesta: ....

2. Encontrar el área lateral y el área total de un prisma recto de 7.5 cm de alto, que tiene por base un pentágono cuyos lados miden 3 cm.

Respuesta: ....

3. Si el área lateral y total de un prisma recto miden 85 y 200 cm^2, encontrar la altura de dicho prisma si su base es un octágono regular.

Respuesta: ....

4. Encontrar el área lateral de un prisma recto si su base es un triángulo equilátero con un área de 15 cm^2 y su altura es igual al triple de la magnitud de un lado de la base.

Respuesta: ....

5. El perímetro de la base de un prisma recto mide 14 m y su área lateral es igual a 324 m^2. Encontrar su altura.

Respuesta: ....

Calificación ____________________

81

(Págs. 257-261)

Secciones
347. Pirámide regular.
348. Tronco de pirámide. Area lateral y total.

Puntos importantes

a) Examinar el área lateral de una pirámide regular y memorizar su fórmula respectiva.
b) Deducir la fórmula del área total de una pirámide regular cualquiera.
c) Estudiar lo que es un tronco de pirámide y pirámide deficiente.
d) Estudiar cuidadosamente la fórmula del área lateral y la del área total de un tronco de pirámide.

Ejercicios adicionales

1. Encontrar el área lateral de una pirámide regular si el perímetro de la base mide 108 m y la altura de una de las caras laterales es igual a 11 m.

   Respuesta: ....

2. Encontrar la fórmula del área total de una pirámide cuadrangular en función de las diagonales de la base y de la altura de la pirámide.

   Respuesta: ....

3. El perímetro de la base mayor de un tronco de pirámide es igual a 85 cm y el semiperímetro de la base menor es igual a las dos quintas partes del perímetro de la base mayor. Encontrar la apotema del tronco si su área lateral mide 800 cm^2.

   Respuesta: ....

4. La base de una pirámide cuadrangular mide 8 cm de lado. Si el área total es igual al doble del área lateral de la pirámide, encontrar el valor de dichas áreas.

   Respuesta: ....

5. Hallar el área total de un tronco de pirámide hexagonal regular si las bases miden 8 y 5 cm de lado respectivamente, y la altura del tronco de pirámide es de 5 cm.

   Respuesta: ....

Calificación ____________________

Volúmenes de los poliedros 82

(Págs. 262-265)

Secciones
349. Definiciones.
350. Teorema *99*.

Puntos importantes

a) Memorizar la definición de volumen de un poliedro.
b) Estudiar las diferentes unidades que existen para expresar el volumen de un cuerpo.
c) Fórmula del volumen de un ortoedro.

Ejercicios adicionales

1. Explicar lo que es volumen de un poliedro.

   Respuesta: . . . .

2. ¿Cuántos cm^3 hay en 18 m^3?

   Respuesta: . . . .

3. Si el volumen de un ortoedro es igual a 25 m^3 y el área de la base 10 m^2, encontrar la altura de dicho ortoedro.

   Respuesta: . . . .

4. Encontrar la fórmula del volumen de un cubo en función de su diagonal.

   Respuesta: . . . .

5. Si el volumen de un cubo es numéricamente igual al duplo del cuadrado de un lado de dicho cubo, encontrar el lado y el volumen del cubo.

   Respuesta: . . . .

Calificación________________

83

(Págs. 265-268)

Secciones

Puntos importantes

a) Estudiar los teoremas *100, 101* y *102*.
b) Igualdad de prismas. Propiedades.
c) Memorizar la definición de prisma truncado.

Ejercicios adicionales

Contestar con *Cierto* o *Falso* los siguientes enunciados:

1. La razón de los volúmenes de dos pirámides de igual base es igual a la razón de sus alturas respectivas.

   Respuesta: ....

2. La razón de los volúmenes de dos pirámides de igual altura es proporcional al producto de sus bases respectivas.

   Respuesta: ....

3. La razón de los volúmenes de dos ortoedros es igual a la razón de los productos de dos de sus dimensiones.

   Respuesta: ....

4. Dos prismas rectos que tienen iguales sus bases y sus alturas, tienen diferentes áreas laterales.

   Respuesta: ....

5. Prisma truncado es la porción de prisma comprendida entre la base y un plano paralelo a dicha base que corte a todas las aristas laterales.

   Respuesta: ....

Calificación ______________

(Págs. 269-272) 84

Secciones

356. Prismas equivalentes.
357. Teorema *103*.
358. Teorema *104*.
359. Teorema *105*.

Puntos importantes

a) Estudiar la equivalencia de prismas. Verificar la igualdad de volúmenes en prismas equivalentes.
b) Demostrar la equivalencia que existe entre el prisma oblicuo y el prisma recto, y las condiciones necesarias para que se cumpla esta equivalencia.
c) Memorizar el volumen de un paralelepípedo recto.
d) Deducir el volumen de un paralelepípedo cualquiera.

Ejercicios adicionales

1. Si el volumen de un paralelepípedo recto es igual al doble de la base y al triple de la altura, encontrar dicho volumen.

   Respuesta: ....

2. Expresar el volumen de un paralelepípedo recto cuya base es un cuadrado, en función de la diagonal de la base si la altura es igual a las dos terceras partes de la diagonal.

   Respuesta: ....

3. ¿Cuándo son dos prismas equivalentes?

   Respuesta: ....

   ....

4. Escribir los caracteres que tiene la equivalencia de prismas.

   Respuesta: ....

   ....

5. ¿Qué condiciones deben existir para que un prisma oblicuo sea equivalente a un prisma recto?

   Respuesta: ....

   ....

Calificación ____________________

85

(Págs. 272-275)

Secciones
360. Teorema *106*.
361. Teorema *107*.
362. Teorema *108*.

Puntos importantes

a) Descomponer cualquier paralelepípedo en dos prismas triangulares equivalentes.
b) Estudiar el teorema *107*.
c) Demostrar la equivalencia que existe entre dos tetraedros de igual altura y bases equivalentes.
d) Recordar la definición de límite.

Ejercicios adicionales

1. Encontrar el volumen del prisma triangular de la figura:

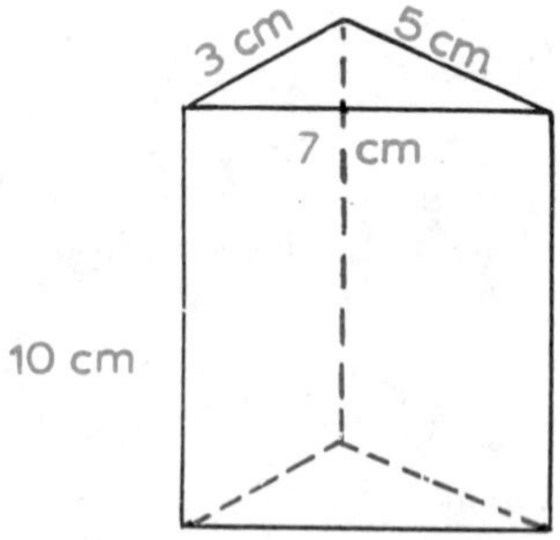

Respuesta: ....

2. Establecer la fórmula del volumen de un prisma triangular en función de la altura y los lados de la base de dicho prisma.

Respuesta: ....

3. ¿Cuál es el límite de los volúmenes de los prismas inscritos en un tetraedro?

Respuesta: ....

4. ¿Por dónde debe pasar el plano que divide a un paralelepípedo en dos prismas triangulares equivalentes? ¿Por qué?

Respuesta: ....

....

5. Encontrar la fórmula del volumen del tetraedro regular en función de una de sus aristas.

Respuesta: ....

Calificación ____________________

86

(Págs. 275-277)

Secciones
363. Teorema *109.*
364. Teorema *110.*

Puntos importantes

a) Demostrar que el volumen del tetraedro es igual a la tercera parte del volumen de un prisma triangular de la misma base e igual altura.
b) A partir del teorema anterior, establecer la fórmula del volumen de una pirámide cualquiera.
c) Memorizar dicha fórmula expresada en palabras.

Ejercicios adicionales

1. Demostrar: "Toda pirámide es la tercera parte de un prisma que tenga igual base e igual altura".

   Respuesta: ....

   ....

2. Encontrar el volumen de una pirámide cuya base mide 108 m^2 y su altura es igual a 12 m.

   Respuesta: ....

3. Demostrar: "La razón de los volúmenes de dos pirámides es igual a la de los productos de sus bases por sus alturas".

   Respuesta: ....

   ....

4. Encontrar el volumen de una pirámide que mide 7 m de altura y cuya base es un rombo cuyas diagonales miden 4 y 3.5 m.

   Respuesta: ....

5. Demostrar: "Dos pirámides de igual altura y bases equivalentes, son equivalentes".

   Respuesta: ....

   ....

Calificación ________________

Secciones

365. Teorema *111*.
366. Teorema *112*.
367. Volumen del tronco de pirámide de bases paralelas.

Puntos importantes

a) Memorizar el teorema 111 y demostrarlo analizándolo cuidadosamente.
b) Establecer la fórmula del teorema anterior.
c) Estudiar detenidamente el teorema 112.
d) Deducir la fórmula del volumen del tronco de pirámide de bases paralelas.

Ejercicios adicionales

Encontrar el volumen de los troncos de pirámides siguientes:

1.

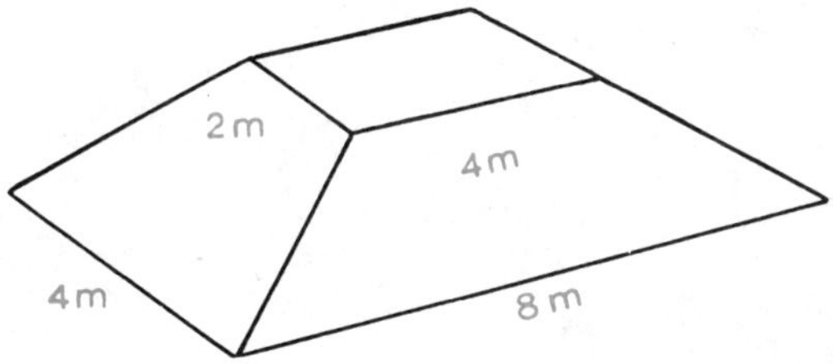

Respuesta: ....

2.

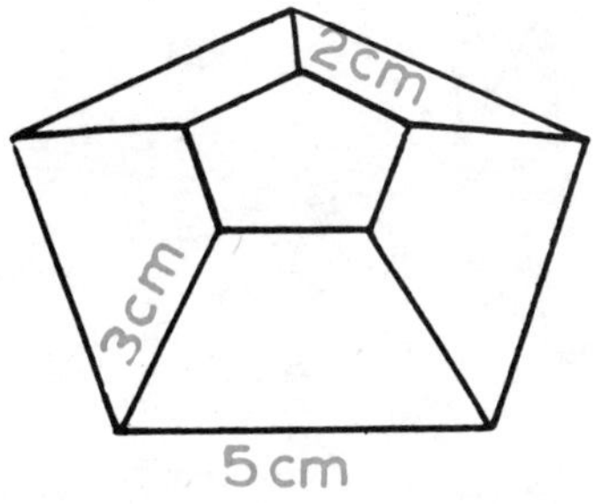

Respuesta: ....

3. $r_1 = 5$ cm
$r_2 = 8$ cm
$t = 11$ cm

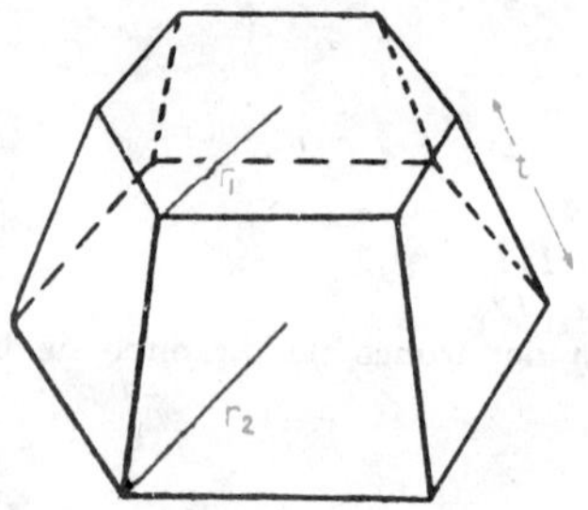

Respuesta: ....

4.

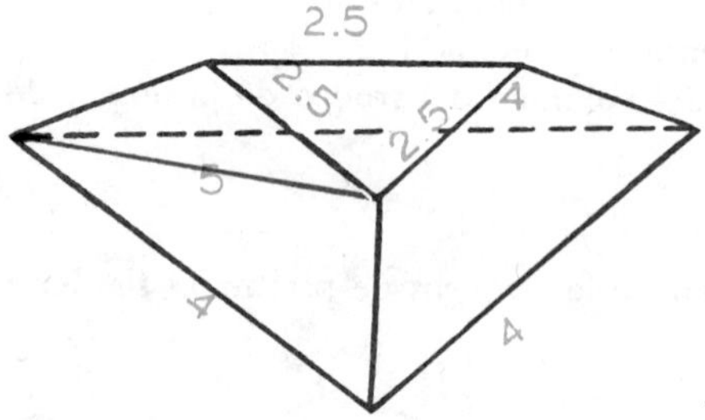

Respuesta: ....

5.

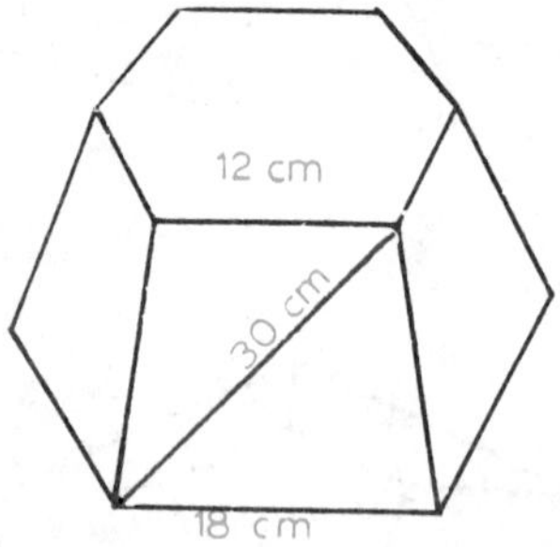

Respuesta: ....

Calificación ________

Cuerpos redondos

88

(Págs. 283-288)

Puntos importantes

a) Entender lo que es una superficie de revolución.
b) Estudiar las formas de engendrar las superficies de un cilindro, de un cono y de una esfera.
c) Establecer las fórmulas del área lateral, total y del volumen de un cilindro.
d) Memorizar las definiciones siguientes:
— Cilindro.
— Volumen del cilindro.
— Superficie cónica de revolución.
— Generatriz y directriz de un cono.
— Cono circular recto.
e) Deducir las fórmulas del área lateral, total y del volumen del cono circular recto.

Ejercicios adicionales

1. ¿Cómo se engendra una superficie de revolución?

Respuesta: ....

....

2. Encontrar el área lateral, total y el volumen de un cilindro de 6 m de altura y 3 m de radio.

Respuesta: ....

3. ¿Qué superficies engendran a un cilindro, a un cono y a una esfera?

Respuesta: ....

....

4. Si el área lateral y el área total de un cono circular miden 43 y 65 cm^2 respectivamente, hallar el valor de la generatriz y del radio de dicho cono.

Respuesta: ....

5. **Si el volumen de un cono y su altura miden 100 m^3 y 4 m respectivamente, hallar su radio.**

Respuesta: ....

Calificación________________

CUERPOS REDONDOS

(**Págs. 288-294**)

Secciones

372. Tronco de cono. Areas lateral y total.
373. Superficie esférica y esfera.
374. Posiciones relativas de una recta y una esfera.
375. Cono y cilindro circunscrito a una esfera.
376. Figuras en la superficie esférica y en la esfera.

Puntos importantes

a) Memorizar las definiciones siguientes:
— Tronco de cono.
— Superficie esférica.
— Esfera.
— Casquete esférico.
— Segmento esférico.
— Huso esférico.
— Cuña esférica.
— Triángulo esférico.
— Angulo esférico.

b) Deducir las fórmulas correspondientes al área lateral, total y al volumen del tronco de cono.

c) Estudiar las posiciones relativas de una recta y una esfera.

d) Obtención del cono y del cilindro circunscritos en una esfera determinada.

Ejercicios adicionales

1. Encontrar el valor del área lateral y del área total de un tronco de cono que mide 8 y 6.5 cm de radios y cuya generatriz forma un ángulo de 45° con el radio mayor.

Respuesta: ....

2. Hallar el volumen de un tronco de cono que tiene una altura de 16 m y cuyos radios miden 9 y 7 m respectivamente.

Respuesta: ....

3. Definir lo que es un casquete esférico y un segmento esférico.

Respuesta: ....

....

4. ¿Cómo se llama la porción de superficie esférica limitada por dos semicírculos máximos?

Respuesta: ....

5. ¿Qué es un ángulo esférico? ¿y qué es un triángulo esférico?

Respuesta: ....

Calificación ______________

(Págs. 294-301) **90**

Puntos importantes

a) Establecer los pasos necesarios para encontrar la fórmula del área de una superficie esférica.
b) Deducir las áreas de una zona esférica y de un huso esférico.
c) Establecer la fórmula del volumen de la esfera.
d) Memorizar la fórmula del volumen de la esfera en función de su radio.

Ejercicios adicionales

1. Encontrar el área de una superficie esférica de 3.8 m de diámetro.

Respuesta: ....

2. Si el radio de una esfera mide 5.4 cm y la altura de un casquete esférico es igual a 3.2 cm, encontrar el área de dicho casquete esférico.

Respuesta: ....

3. Encontrar el volumen comprendido entre la parte exterior de la esfera y la parte interior de la figura siguiente:

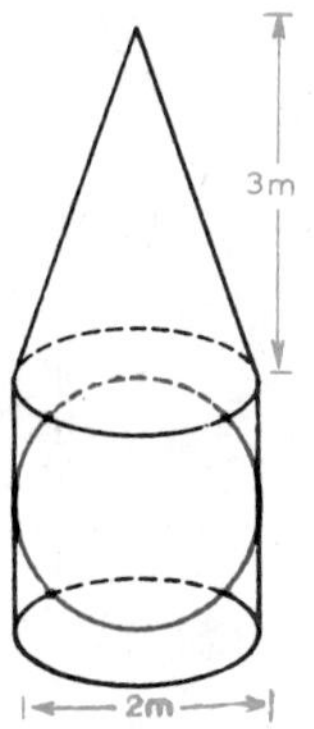

Respuesta: ....

4. Si el volumen de una esfera es igual a 283 cm^3, encontrar su diámetro.

Respuesta: ....

Encontrar el volumen comprendido entre la esfera y el tetraedro regular inscrito, si el radio de la esfera es igual a 1 m.

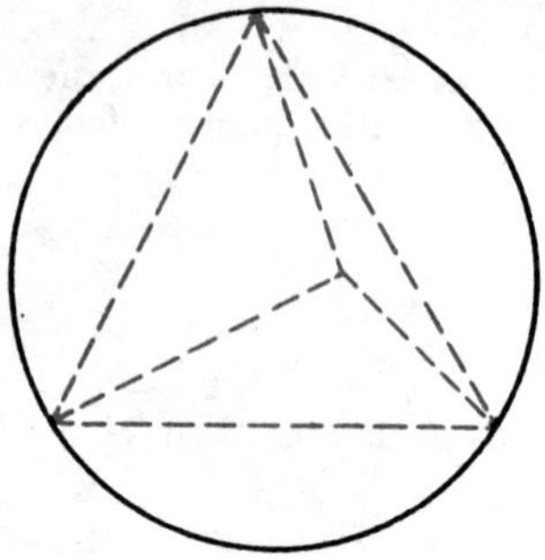

Respuesta: ....

Calificación ____________

J. BARRENECHEA